西安交通大学 XI'AN JIAOTONG UNIVERSITY

本科"十四五"规划教材

普通高等教育电气类专业"十四五"系列教材

电气工程基础

（第3版）

主编　王秀丽

编写　王秀丽　王建学　王锡凡

　　　宋国兵　焦在滨　施　围

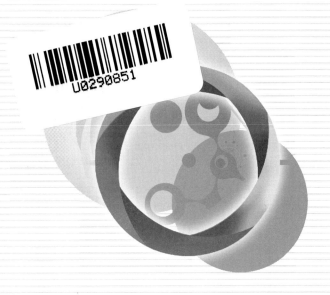

U0290851

西安交通大学出版社

XI'AN JIAOTONG UNIVERSITY PRESS

内容提要

本书全面阐述电力工业的基本知识,包括:电力系统的构成,电力系统稳态运行及故障分析计算,电力设备及其接线方式和选择的原则,远距离输电,电力系统继电保护和过电压保护,电力系统自动化,电力市场等。本书力求使读者能基本掌握和运用这些理论和方法,在各章均附有数字例题、思考题和习题。书中还尽力反映电力工业的新技术和发展趋势,补充了大规模发展新能源情况下的相关内容,并对本书难以容纳的专门问题指出了有关参考文献,以利进一步深入学习。

本书可作为高等学校电气工程学院本科学生的教材,并可供电力工业、电力设备制造业有关科研、设计与运行、制造人员参考,或作为培训教材。

图书在版编目(CIP)数据

电气工程基础/王秀丽主编. —3 版. —西安:西安
交通大学出版社,2021.7(2024.8 重印)
ISBN 978 - 7 - 5693 - 2126 - 5

Ⅰ.①电… Ⅱ.①王… Ⅲ.①电工技术-高等学校-
教材 Ⅳ.①TM

中国版本图书馆 CIP 数据核字(2021)第 069002 号

书　　名	电气工程基础(第 3 版)
	DIANQI GONGCHENG JICHU
主　　编	王秀丽
责任编辑	任振国
责任校对	陈　昕
出版发行	西安交通大学出版社
	(西安市兴庆南路 1 号　邮政编码 710048)
网　　址	http://www.xjtupress.com
电　　话	(029)82668357　82667874(市场营销中心)
	(029)82668315(总编办)
传　　真	(029)82668280
印　　刷	陕西日报印务有限公司
开　　本	787mm×1 092mm　1/16　印张 27.25　字数 677 千字
版次印次	2021 年 7 月第 3 版　2024 年 8 月第 3 次印刷
书　　号	ISBN 978 - 7 - 5693 - 2126 - 5
定　　价	58.00 元

如发现印装质量问题,请与本社市场营销中心联系。
订购热线:(029)82665248　(029)82667874
投稿热线:(029)82664954
读者信箱:jdlgy@yahoo.cn

第 3 版前言

《电气工程基础》第 2 版于 2009 年出版,涵盖了电力系统稳态运行分析和计算、电力系统的短路电流计算、电气设备和电气主系统、电网设计及电气设备选择、远距离大容量输电、继电保护、电力系统自动化、电力系统过电压防护及绝缘配合、电力市场等电气工程领域的基本内容,问世十多年来在我国高校电气工程通识类课程的教学中发挥了重要的作用。

当今能源问题日益受到关注,电力系统是我国 2060 年前实现碳中和目标的重要载体,发电侧的可再生能源替代和消费侧的再电气化成为电力工业发展的重要方向。与时俱进,反映能源转型过程中电力工业在基础理论、技术进步和运营机制上的巨大变化是教材更新的首要任务。

《电气工程基础》第 3 版在继承前 2 版内容扎实、体系完整的基础上,融入了电力工业发展的新理论、新技术,相信能使读者对现代电气工程有一个更加全面的理解。本书是西安交通大学"十四五"规划教材重点资助项目,已被中国电力教育协会评选为"2020 年中国电力教育协会高校电气类专业精品教材"(编号:CAE-PE‐EE‐2020‐57)。

本书由西安交通大学电气工程学院 6 位教授参与编写,其中王锡凡院士执笔第 1 章和第 5 章,尤其是对第 1 章《绪论》做了全面更新。王建学教授修改了第 2、第 3 章的部分内容,补充了新能源的运行特性及短路电流计算的新方法。焦在滨教授修改了第 4 章,补充了新型装置和电力电子化设备的特性及选择方式。王秀丽教授执笔第 6 章和第 10 章,结合国内外电力系统的发展进行了大幅度修改。宋国兵教授修改了第 7 章和第 8 章的内容,补充了智能电网、微电网、新型通信方式对自动化的影响。施围教授继续负责第 9 章的撰写和修改。

王秀丽教授任主编,承担了本书的统稿工作。在此向参与前 2 版编写的各位作者表示诚挚的敬意和感谢。在编写本书的过程中,我们得到西安交通大学电气工程学院的领导和同仁的大力支持,在此也表示由衷的感谢。最后希望读者能及时指出书中的谬误并提出改进意见,以期本书可以不断完善。

编 者

2020 年 12 月

第 2 版前言

《电气工程基础》一书出版已十多年了,这期间电力工业无论在技术上还是体制上都发生了巨大的变化。由于环境保护和能源短缺问题日益受到关注,替代能源和可再生能源发电成为电力工业发展的重要方向。从上世纪90年代开始的电力市场化改革使电力系统运行出现了深刻的变化。这一版《电气工程基础》在编写时我们尽可能考虑了近十年来电力工业发展的趋势和新理论、新技术,相信能使读者对现代电气工程有一个较全面的理解。

本书是一项集体教学研究成果,共有七位教授参与本书的编写工作:王锡凡教授执笔第1章和第5章并任本书主编,李建华教授执笔第2章和第3章,张伏生教授执笔第4章,王秀丽教授执笔第6章和第10章,索南加乐教授执笔第7章,盛寿麟教授执笔第8章,施围教授执笔第9章。在编写过程中得到西安交通大学电气工程学院的领导和同仁的大力支持,对提高本书的水平有很大帮助。在此也希望读者能及时指出书中的谬误并提出改进意见,以期本书不断得到完善。

编　者

2009 年 2 月 24 日

目　录

3

第1章 绪 论

电力工业是国民经济的一个重要组成部分,其使命包括发电、输电及向用户配电(售电)的全部过程。完成这些任务的实体是电力系统。电力系统相应地由发电厂、输电系统、配电系统及电力用户组成。本章主要阐述电力工业的特点及电力系统的构成。

1.1 电力工业的特点及构成

电力工业是一个重要的基础工业。由于电能易于控制且便于转变成其它形式的能量(光能、热能、机械能、化学能等),因此,它在国民经济各部门及日常生活中都得到了广泛的应用。很难想象现代生产和现代文明能离开电能的应用。在当前世界范围的能源革命中,电力工业处于核心位置,其核心思想是尽可能扩大国民经济中的用电比重,即所谓"再电气化",而发电则尽可能采用可再生能源。2020 年,我国电能仅占终端能源消费的 27%,争取 2050 年达到 50%,再电气化还有很大发展空间。

由于电能在目前难以大量储存,因此电力工业的另一特点是其生产、传输和消费是一个连续的过程,电能的生产时时刻刻都应与电能的消费相平衡。由于可再生能源不像常规火电、水电那样易于调节,因此随着能源革命的进展,可再生能源的吸纳问题日益突出。为了克服这一困难,目前世界各国都在研究开发储能装置。

此外,由于电能是以电磁波的速度传播的,因此电力系统中任何设备的投入或切除都会立刻影响其它设备的运行状态。

最后,电力系统是投资密集、技术密集的产业,同时也是消耗一次能源最大的产业。

如前所述,电力系统是电力工业的物理实体,由发电厂、输电系统、配电系统及负荷四部分组成,图 1-1 表示了一个简单电力系统的基本结构。

发电厂把一次能源转化为电能。这里的一次能源包括矿物燃料(煤、石油、天然气等),核燃料(铀、钍等)以及可再生能源,如水能、风能、太阳能、海洋能等。我国已有多个发电厂的装机容量超过 200 万 kW,三峡水电站的装机容量超过 2000 万 kW。关于各种类型的发电厂的介绍详见 1.4 节。

发电厂的位置一般远离用电负荷中心,距离可达几百千米、甚至上千千米。这就需要建设高压输电线路以完成远距离大容量的输电任务。目前世界上已投入运行的输电线路电压在110 kV 到 750 kV 之间。由于我国地域辽阔,能源基地距负荷中心较远,我国目前已建成多回1000 kV 以上的特高压交、直流输电线路,承担远距离大容量输电任务。

配电系统将电能分配给用户。一般分为高压配电系统和低压配电系统两级,有些大城市已采用 110 kV 和 220 kV 配电系统。低压配电网的电压是 380 V/220 V 的三相四线制。

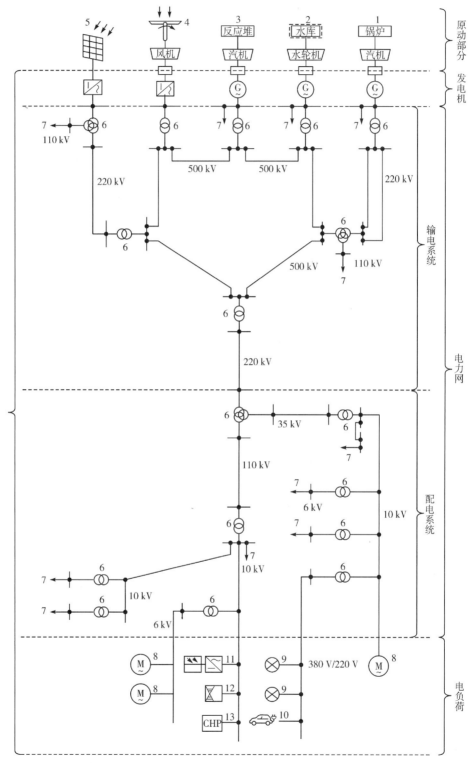

1—火电；2—水电；3—核电；4—风电；5—太阳能发电；6—变压器；7—负荷；8—电动机；
9—电灯；10—电动汽车；11—分布式光伏；12—小型风机；13—热电联产机组。

图 1-1 电力系统的构成

我国采用的电压等级和相应的输电范围如表 1-1 所示。当输送距离超过 500 km 时,采用 ±500 kV 或特高压直流输电系统具有一定的优越性。

表 1-1　我国的电压等级及输电范围

电压等级/kV	输送容量/MW	输送距离/km
3	0.1～1	1～3
6	0.1～1.2	4～15
10	0.2～2	6～20
35	2～15	20～50
60	3.5～30	30～100
110	10～50	50～150
220	100～500	100～300
330	200～800	200～600
500	1000～1500	150～850
750	1500～3000	500～1000
1000	2000～10000	1500～3000

各电压等级中的电器设备的额定电压如表 1-2 所示。由表 1-2 可以看出,对同一电压等级而言,不同的电气设备额定电压不一定相同。作为电力负荷的用电设备的额定电压和电网的额定电压相同,如表中第一列所示。发电机作为电源一般将额定电压提高 5%,以补偿输

表 1-2　电气设备的额定电压

用电设备的额定线电压/kV	交流发电机额定线电压/kV	变压器额定线电压/kV	
		一次绕组	二次绕组
3	3.15	3 及 3.15	3.15 及 3.3
6	6.3	6 及 6.3	6.3 及 6.6
10	10.5	10 及 10.5	10.5 及 11
—	15.75	15.75	—
35		35	38.5
(60)		(60)	(66)
110		110	121
(154)		(154)	(169)
220		220	242
330		330	363
500		500	525
750		750	825
1000		1000	1100

电过程的电压损耗,如表中第二列所示。变压器的一次绕组作为受电(用电)设备,应和电网的额定电压一致;但是当其直接与发电机相连时,则应与发电机的额定电压一致,如表中第三列所示。变压器的二次绕组作为电源,其额定电压应提高 5% 或 10%,视其送电距离而定,如表中第四列所示。

负荷是用户或用电设备的总称,因此包括照明设备、牵引设备(如各种电动机)、电热装置,等等。在电力系统的术语中,负荷也经常用来表示用户的用电功率。

以上电力系统的结构显示了电能生产、输送、分配与应用各环节及其相互关系,称为一次系统。此外,为了保证电力系统正常运行,还必须设有相应的测量、监视、控制以及保护系统,这些统称为二次系统。只有当一次系统和二次系统合理规划设计、可靠运行维护时,才能保证电力系统在技术上达到高指标,经济上达到高效益。

如何衡量电力系统的技术水平和经济效益呢? 这涉及对电力系统规划设计和运行维护的基本要求,概括起来有以下几点。

1. 对用户连续供电

这一要求也称为可靠性要求。中断供电将造成生产停顿、生活混乱,甚至可能危及人身和设备安全,给国民经济造成很大损失。因此,电力部门的首要任务就是满足用户对连续供电的要求。

为此,电力系统应不断建设,使系统有足够的发、输、配电设备,以满足不断增长的用电需要。在这个意义上,电力工业作为一个基础工业应该优先发展。

即使有足够的发、输、配电容量,由于规划设计的失误、种种设备缺陷、运行过失以及天灾等,也可能导致对用户供电的中断。因此,必须精心规划设计,认真维修设备,正确操作运行,才能减少事故,提高供电的可靠性。

我国对不同的供电区域制定了相应的可靠性标准。

2. 保证电能质量

电能质量指标包括频率、电压及波形。用电设备应在额定电压下运行以保证合理的技术经济指标,电压过高、过低都会影响用电设备的正常工作。一般规定电压偏移不应超过额定电压的 ±5%。偏移过大可能造成设备损坏,甚至引起人身事故。

交流电能的频率偏离 50 Hz 也会影响设备的技术经济性能。例如,频率降低会引起电动机转速下降,频率升高则转速也升高。这些对转速敏感的水泵、风机的正常工作有很大影响。对转速有严格要求的部门,如纺织工业,频率波动将直接影响其产品质量。电力系统对频率的偏移规定在 ±0.2 Hz 以内。

电能质量的另一指标是交流电的波形。标准交流电的波形应是正弦波。但是由于电力系统中有谐波源(如各种整流设备)的存在,使电压或电流中都含有一些谐波分量。这些谐波分量不仅使系统的效率下降,也会对计算机、自动化设备等产生较大干扰。因此,把谐波分量降低到容许的范围内是保证电能质量的一项重要任务。我国对公用电网谐波电压的限值如表 1-3 所示[1]。

表 1-3　公用电网谐波电压限值

电网电压/kV	电压总谐波畸变率	各次谐波电压含有率	
		奇次	偶次
0.38	5.0	4.0	2.0
6	4.0	3.2	1.6
10			
35	3.0	2.4	1.2
66			
110	2.0	1.6	0.8

表中电压总谐波畸变率的定义为

$$电压总谐波畸变率 = \frac{U_H}{U_1} \times 100\% \tag{1-1}$$

其中: U_1 为基波电压的方均根值; U_H 为谐波电压含量,即

$$U_H = \sqrt{\sum_{n=2}^{\infty} (U_n)^2} \tag{1-2}$$

式中: U_n 为第 n 次谐波电压的方均根值。

3.经济性

节约能源是当今世界上普遍关注的问题。电能生产规模很大,消耗大量一次能源。因此,降低生产每千瓦时电能所消耗的能源和降低各环节的损耗都有重要意义。为此,应尽量采用高效节能的发电设备,合理地发展电力网以降低电能输配过程中的损耗。此外,合理分配各发电厂之间的电力负荷,充分发挥经济性能高的发电厂的作用,并注意水电与火电之间的调配也都是保证电力系统经济运行的重要措施。

4.防止环境污染

随着工业发展,人类生存环境正在遭受破坏。环境保护已成为当前全球性战略课题。2020 年,燃煤的火电厂约占我国总发电装机容量的 57%,是温室气体排放的重要来源。逐步减小火电比重,大力发展可再生能源发电,如水电、风电、太阳能发电,提高对可再生能源发电的比重,已成为当今我国电力工业转型的重要任务。此外,燃烧排到大气中的硫和氮的氧化物也都会成为严重的污染源。为此,除应在火电厂采用除尘器、脱硫塔之外,在规划建造火电厂时还应注意厂址的选择、烟囱的高度以及燃料的含硫量等。

为了提高电力工业的社会效益,从 20 世纪 80 年代开始在世界范围内进行了电力工业的重组和电力市场化的进程。改革的主要目标是打破电力工业传统的垄断运营模式,厂网分开,开放电网,实现竞争,进而降低电能成本,提高服务质量,促进电力工业健康发展。电力工业改革终将会对电力系统的规划、运行以及分析方法带来深刻的影响(详见第 10 章)。

1.2　我国的电力工业

我国电力工业的历史可以追溯到 1882 年,那年在上海建立了第一个发电厂。到 1949 年

全国的发电设备总容量仅达到 185 万 kW,年发电量约 43 亿 kW·h。新中国成立后,特别是改革开放以来,我国电力工业才得到迅速的发展,发电装机容量的发展情况如图 1-2 所示。到 2020 年底,全国发电装机容量已超过 22 亿 kW,发电量接近 7.5 万亿 kW·h,居世界第一位。为应对能源革命,近年来我国积极开展了风电、太阳能发电设备的建设,新能源发电装机容量增长情况如图 1-3 所示。

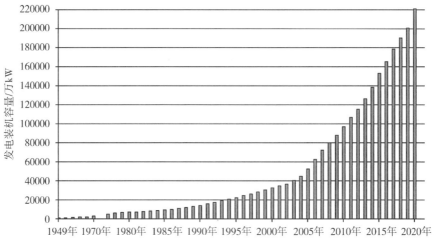

图 1-2　我国发电装机容量增长情况

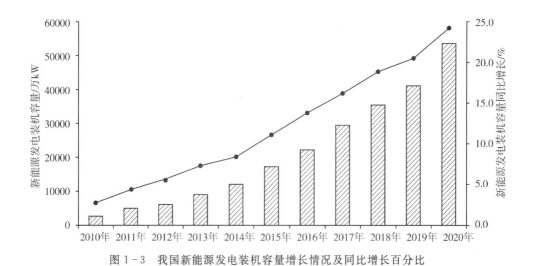

图 1-3　我国新能源发电装机容量增长情况及同比增长百分比

我国 2020 年电力系统发电装机容量的构成情况可参看图 1-4。由图可以看出,当前我国的火电比重占 56.6%,给环境保护和能源革命带来很大的挑战。

在发电装机容量增长的同时,我国电力网络也有较大的发展。新中国成立初期我国输电线路最高电压为 110 kV。随着电网规模不断加大,输电线路的电压等级也不断提高。目前已建成多回特高压交流和特高压直流输电线路。我国和世界交流输电线路电压系统的演化历程如图 1-5 所示。2020 年我国 220 kV 及以上的输电线路长度如表 1-4 所示。

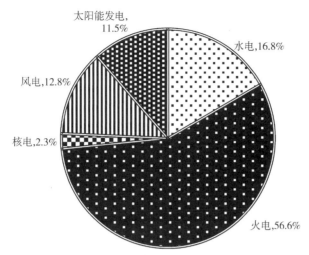

图 1-4　我国电力系统发电装机容量的构成情况

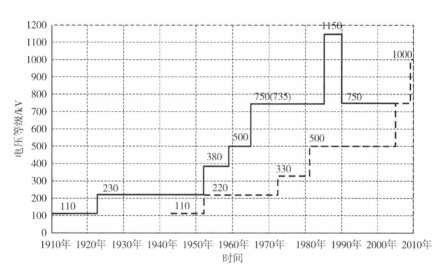

——— 世界交流电压等级发展；－－－－ 我国交流电压等级发展。

图 1-5　我国和世界交流输电线路电压等级的演化历程

表 1-4　我国 220 kV 及以上输电线路的长度发展情况（2020 年）

交流输电线路		直流输电线路	
电压/kV	长度/km	电压/kV	长度/km
220	475217	±400	1639
330	33967	±500	13733
500	201533	±660	1334
750	24346	±800	21907
1000	13072	±1100	3295
总计	748135	总计	45983

我国的煤炭和水能资源比较丰富。就蕴藏量而言,煤炭居世界第三位,仅次于俄罗斯及美国;水能资源则居世界第一位。我国的煤炭和水能资源分布很不均匀,如表1-5所示。煤炭资源主要集中在华北和西北地区;水能资源则主要集中在西南地区。这就给我国电力工业发展带来一定困难,大容量超高压远距离输电线路成为电力系统发展的关键。

表1-5　我国的煤炭及水能资源分布

地区	煤炭资源(标准煤)/亿 t	水能资源/万 kW
东北	140	1199
华北	3050	69
西北	1035	4194
中南	180	6743
西南	530	23234
华东	310	1790

目前,按人口平均我国电力工业仍落后于发达国家,但发展较快。2016年我国人均用电量为4321 kW·h,而美国和日本人均用电量分别为13542 kW·h和8084 kW·h。2020年我国全社会的用电量达到7.5万亿kW·h,人均用电量接近5000 kW·h,和2016年相比有明显增长,而美国和日本的人均用电量仍保持在2016年的水平。

1.3　电力系统的负荷

1.3.1　电力负荷的组成

电力负荷在今后能源消费革命中将会得到更大发展,而且其特性对电力系统的运行有重要影响。电力系统负荷是由国民经济各部门的用电负荷组成的。2020年我国第一、第二、第三产业和居民用电的比重分别为1.1%、68.2%、16.1%和14.6%。和发达国家相比,我国第三产业和居民用电的比重偏低,还有较大的发展空间。

电力系统的负荷包括各式各样的用电设备,如照明设备、异步电动机、同步电动机、电热电炉、整流设备等。在不同行业中这些用电设备所占比重也不相同。表1-6中表示了几种行业的典型数据。表中的比重是按设备的容量(额定功率)计算的。由于目前照明设备及办公自动化设备所占比重不大,故未统计在表内。但是,这一部分负荷有迅速增大的趋势。

表1-6　几种工业部门用电设备比重　　　　　　　　　　　　　（单位:%）

类型	综合性中小工业	棉纺工业	化学工业:化肥厂、焦化厂	化学工业:电化厂	大型机械加工工业	钢铁工业
异步电动机	79.1	99.8	56.0	13.0	82.5	20.0
同步电动机	3.2		44.0		1.3	10.0
电热电炉	17.7	0.2			15.0	70.0
整流设备				87.0	1.2	

①比重按功率计;

②照明设备的比重很小,未统计在内。

1.3.2 电力负荷的特性

一般交流用电设备所消耗的功率包括有功功率及无功功率,其大小与其电源的电压及频率有关。这种关系称为负荷特性,它对电力系统的运行有重要影响。

图 1-6 表示某地区负荷的特性。这种特性是当系统频率及电压缓慢变化时,地区负荷的有功功率及无功功率的变化情况,因此又叫负荷的静特性。通常负荷的静特性可以用电压和频率的多项式或指数函数来表示。

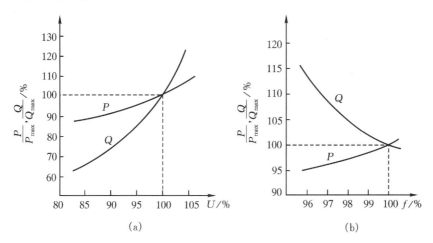

图 1-6 某地区负荷的电压特性及频率特性
(a)静态电压特性;(b)静态频率特性

负荷特性的多项式表示如下:

$$P_L + jQ_L = P_{L0}[a + b(U/U_0) + c(U/U_0)^2] + jQ_{L0}[d + e(U/U_0) + f(U/U_0)^2]$$
$$(1-3)$$

其中:P_{L0}, Q_{L0} 为电压 U_0 时的负荷有功功率及无功功率;P_L, Q_L 为电压 U 时的负荷有功功率及无功功率;a, b, c, d, e, f 为常数,由试验确定。

负荷特性的指数表示形式为

$$P_L + jQ_L = P_{L0}(U/U_0)^{N_{PV}} + jQ_{L0}(U/U_0)^{N_{QV}}$$
$$(1-4)$$

式中:N_{PV}, N_{QV} 为常数,由试验确定。究竟采用多项式表示还是指数形式表示,要根据系统的具体情况确定。

1.3.3 电力负荷曲线

电力系统各用户的负荷功率总是在不断变化的。影响负荷变化的因素很多,主要有以下几点。

①作息时间的影响:一般深夜是全天负荷的最低点,中午休息也往往出现负荷下降的情况。

②生产工艺的影响:冶炼工业和化学工业等属于连续性生产行业,电力负荷比较稳定。三班制的机械加工工业除交接班时负荷较小以外负荷也很平稳。一班制工业的电力负荷主要集中在白天,全天负荷波动较大。

③气候影响:阴雨天气使白天照明负荷增加。夏季温度升高时,空调设备的负荷上升。随着空调设备的逐渐普及,气温将成为电力负荷的一个敏感因素。

④季节影响:由于季节性的负荷、用户设备的扩充以及负荷的年增长等,负荷在一年中呈现一些规律性的变化。目前我国大部分地区电力负荷在夏季较低,但个别南方地区由于夏季气温高,空调负荷大,再加上防汛及灌溉,夏季负荷可能大于冬季负荷。

电力负荷随时间变化的关系一般用负荷曲线来描述。根据持续的时间,负荷曲线可以分为日负荷曲线、周负荷曲线和年负荷曲线;根据所涉及的范围,负荷曲线可分为个别用户的负荷曲线、变电站负荷曲线、电力系统的负荷曲线等。这里所指的电力负荷一般指有功功率,但在有些情况下也可能指无功功率。

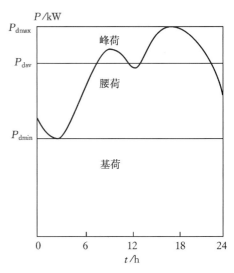

图 1-7　日负荷曲线

在电力系统规划和运行中,应用最多的是电力系统的日负荷曲线(见图 1-7),与其相关的特性指标有两个,现简述如下。

(1)日负荷率　日平均负荷与日最大负荷之比,通常用 γ 来表示,

$$\gamma = P_{dav}/P_{dmax} \qquad (1-5)$$

式中:P_{dav} 为日平均负荷;P_{dmax} 为日最大负荷,如图 1-7 所示。

(2)日最小负荷率　日最小负荷与日最大负荷之比,通常用 β 来表示,

$$\beta = P_{dmin}/P_{dmax} \qquad (1-6)$$

式中:P_{dmin} 为日最小负荷。

γ 和 β 的数值与用户的构成情况、生产班次及调整负荷的措施有关。很明显 $\beta \leqslant \gamma \leqslant 1$。在图 1-7 中,小于日最小负荷 P_{dmin} 的部分称为基荷,大于日平均负荷 P_{dav} 的部分称为峰荷,两者之间的部分称为腰荷。

日负荷曲线主要用于研究电力系统日运行方式,如经济运行、调峰措施、安全分析、调压和无功补偿等。有时为了安排开停机计划、接线方式等还需要未来一周的负荷曲线。

另一类常用的负荷曲线是年最大负荷曲线。该曲线由 12 个点组成,分别代表 12 个月的最大负荷功率,如图 1-8 所示。在农业排灌等季节性负荷比重较小的系统中,如不计因新用户接入而引起的负荷随时间的增长(图中

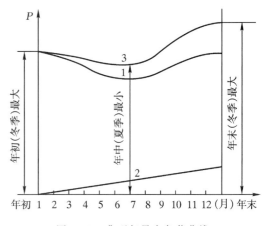

图 1-8　典型年最大负荷曲线

直线 2),它大体上像一条余弦曲线(图中曲线 1)。图中曲线 3 是计及新用户接入后的年最大负荷曲线。应该指出,随着空调设备利用日益普及,夏季最大负荷有逐步增大的趋势。

在进行电力系统规划和研究系统运行的经济效益时,还要用到持续负荷曲线。这是一种派生的负荷曲线。它不是按时间顺序,而是按某一研究周期内电力负荷递减的顺序绘制成的负荷曲线。根据研究周期,有日持续负荷曲线、月持续负荷曲线、年持续负荷曲线等。图 1 - 9 表示了日负荷曲线与相应的日持续负荷曲线的关系。图中

$$t'_i = \sum_j t_{ij} \tag{1-7}$$

式中:t_{ij} 为负荷为 P_i 时,时序负荷曲线在 j 段的持续时间;t'_i 为负荷为 P_i 时,日持续负荷曲线的持续时间。

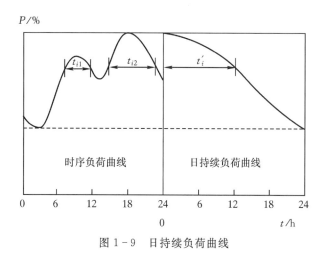

图 1 - 9　日持续负荷曲线

1.4　各类发电厂的生产过程

传统的电力系统广泛采用的有凝汽式电厂、热电厂、水电厂、核电厂及抽水蓄能电厂等。目前世界各国都在大力发展太阳能、风力、地热、潮汐等新型能源发电厂,以减少温室气体排放。为了合理地运用这些发电厂,应对各类发电厂的运行特性有一定了解。

1.4.1　火电厂

火电厂的主要发电设备包括锅炉、汽轮机和发电机,其辅助设备有冷凝器、给水加热器、各种水泵、磨煤机、除氧器、脱硫脱硝设备、烟囱及各种量测与控制设备。燃煤式火电厂的工作过程如图 1 - 10 所示。煤从贮煤场用输送皮带送到煤粉设备中磨成细粉并加热干燥,然后送进锅炉,与鼓风机吹进来的空气混合燃烧,将所发热量传给锅炉中的水,使其产生蒸汽。蒸汽送到汽轮机后逐级膨胀做功,驱动发电机发电。蒸汽在汽轮机内的压力和温度逐渐降低,最后进入冷凝器。凝结成的水再用水泵送到低压给水加热器,最后又输入锅炉。在冷凝过程中,蒸汽要把从锅炉吸取热量的 60% 释放给冷却水,这就是凝汽式火电厂最高热效率不超过 40% 的原因。

这类火电厂所消耗的燃料和冷却水量是相当大的。以 60 万 kW 的火电机组为例,每天要消耗 6000~7000 t 煤及 200 万 m³ 以上的冷却水。除了凝汽式火电厂以外,还有供热式火电厂或简称热电厂。这种火电厂不仅向系统供电,而且向用户供热。这类火电厂采用的汽轮机

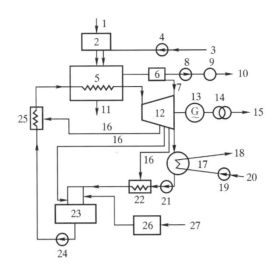

1—原煤；2—制粉设备；3—空气；4—鼓风机；5—锅炉；6—除尘器；7—出灰；8—引风机；9—烟囱；10—排烟；11—出渣；12—汽轮机；13—发电机；14—主变压器；15—电能输出；16—抽气；17—冷凝器；18—冷却水出口；19—循环水泵；20—冷却水进口；21—冷凝水泵；22—低压给水加热器；23—除氧器；24—给水泵；25—高压给水加热器；26—水处理设备；27—补给水。

图 1-10 燃煤式火电厂的工作过程

有背压式和抽气式两种。

(1) 背压式机组 它的特点是蒸汽经过汽轮机后不进入凝汽器，而被用来直接向用户供热或向工业用户供低压蒸汽。这种机组以供热为主，在没有热负荷的情况下不能发电。但是，当发电机故障时机组都可以利用减温、减压装置继续供热。

(2) 抽汽式机组 这种机组和凝汽式汽轮机相似，只是中间有 1～2 级可供抽汽。抽汽量可根据用热的需要进行调整。无论抽汽多少，这类机组都能发出额定电力。火电厂在汽轮机进口处的蒸汽压力和温度称为汽轮机的初参数。火电厂按照汽轮机的初参数可以分为六类，如表 1-7 所示。

表 1-7 火电厂按汽轮机初参数分类

类型	进汽温度/℃	进汽压力/MPa	容量/万 kW
低温低压火电厂	<360	<1.52(15atm)	<0.3
中温中压火电厂	370～450	2.03～4.06(20～40atm)	<5
高温高压火电厂	480～535	6.08～10.13(60～100atm)	2.5～10
超高压火电厂	530～550	12.16～14.19(120～140atm)	>10
亚临界压力火电厂	550～570	16.21～18.24(160～180atm)	>20
超临界压力火电厂	>570	>22.9(226atm)	>30
超超临界压力火电厂	>580	>27(266atm)	>60

目前在国际上最大的汽轮发电机组单机容量已达 130 万 kW，我国制造的 100 万 kW 发电机组也已投入运行。

火电厂运行情况与所供给的燃料有很大关系。石油的发热量一般为 4.1868×10^7 J/kg,天然气的发热量为 4.6055×10^7 J/m³。不同种类煤的发热量差异很大。每千克发热量达到 2.931×10^7 J 的煤称为标准煤。一般质量较好的煤及无烟煤的发热量为 $(1.6747\sim2.5121)\times10^7$ J/kg,劣质烟煤的发热量为 $(1.0467\sim1.6747)\times10^7$ J/kg,褐煤的发热量为 $(0.83736\sim1.6747)\times10^7$ J/kg。

在电力系统中,火电厂的运行特性可以归纳为以下三点。

①火电厂的出力和发电量比较稳定。只要发电设备正常、燃料充足就可以按其额定装机容量发电。

②火电厂有最小技术出力的限制。负荷太小时锅炉可能出现燃烧不稳定的现象。一般燃煤火电厂的最小技术出力为其额定出力的 40%～50%,这样就限制了负荷调节能力。特殊设计的调峰火电机组的最小技术出力可以降低到 13%,但造价较高。

③火电厂机组启动技术复杂,且需耗费大量的燃料、电能等。以 5 万 kW 的机组为例,从冷态启动到带满负荷需要 6 h。因此火电机组不宜经常启停。

此外,火电厂负荷调节非常缓慢,国产 30 万 kW 机组试验表明,改变负荷的速率仅为每分钟 1%～2%。

总之,高温高压火电机组不宜经常启停,最好承担系统基荷,并保持在接近满负荷的情况下运行,以获得最高的运行效率和最低的煤耗。中温中压机组在必要时可以担任变动的负荷即腰荷或峰荷,但不经济。

1.4.2　水电厂

水力发电是利用天然水流的水能来生产电能,其发电功率与河流的落差及流量有关,可用下式表示

$$N = 9.81QH\eta \tag{1-8}$$

式中:N 为水流的发电功率,kW;Q 为某一时段内的平均流量,m³/s;H 为河段的落差,又称为水头,m;η 为水轮发电机组的效率,%。

根据开发河段的水文、地形、地质等自然条件,水电厂可以分为三类。

1.坝式水电厂

见图 1-10,拦河筑坝可提高开发河段 AB 的水位,使原河段的落差 H_{AB} 集中在坝址 B 处,从而得到水头 H。进入水力机组的平均流量为坝址 B 处的平均流量 Q_B。由于筑坝抬高水位而在 A 处形成回水段,故有落差损失

$$\Delta H = H_{AB} - H \tag{1-9}$$

坝址上游 AB 段常因形成水库而发生淹没。若淹没损失不大则可以建设中、高水坝,以获取较高的水头,这种水电厂称为坝后式水电厂,如图 1-11(a)所示,其厂房建在坝的下游,不承受上游水压力。

若地形、地质等条件不容许建设高坝,则可利用低坝获取水头。在这种情况下,厂房也成为挡水建筑的一部分,如图 1-11(b)所示。这种水电厂称为河床式水电厂。

坝式水电厂往往形成较大的水库,因而能进行流量调节,即径流调节,这种水电厂所引取的水量经过水库调节已不同于天然流量。因此,其发电出力较好地符合电力系统的要求。当不能形成径流调节所需的较大水库时,则只能按天然流量发电,称为径流式水电厂。

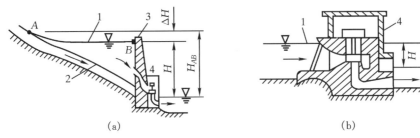

1—抬高后的水位；2—原河；3—坝；4—厂房。

图 1-11 坝式水电厂

(a)坝后式水电厂；(b)河床式水电厂

2.引水式水电厂

如图 1-12 所示，沿河修建引水道，以使河段 AB 的落差 H_{AB} 集中在引水道末的厂房 B 处，从而获得水头 H。引水道也有一定水头损失 ΔH。图 1-12(a)所示水电厂是用沿岸修筑坡降平缓的明渠或无压遂道来集中落差 H_{AB}，称为无压引水式水电厂。图 1-12(b)所示水电厂则由隧道或管道集中落差，称为有压引水式水电厂。引水式水电厂没有水库，一般为径流式水电厂。

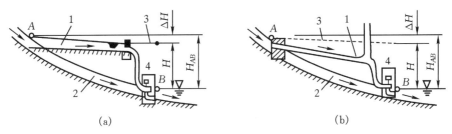

1—引水道；2—原河；3—能坡线；4—厂房。

图 1-12 引水式水电厂

(a)无压引水式水电厂；(b)有压引水式水电厂

3.混合式水电厂

如图 1-13 所示，河段 ABC 有落差 H_{AC}。BC 段上不宜建坝，但落差 H_{BC} 可以利用。在这种情况下可以在 B 处筑坝以集中 AB 段的落差 H_{BC}。再从 B 处建引水道(常为有压引水道)至 C 处以集中 BC 段的落差 H_{BC}，这样，除去 AB，BC 两段水头损失 ΔH_1 和 ΔH_2 后可以获得水头 H。

大部分混合式水电厂可以进行径流调节。

水电厂最突出的运行特性是其出力和发电量

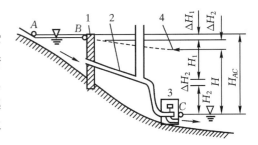

1—坝；2—引水道；3—厂房；4—能坡线。

图 1-13 混合式水电厂

随天然径流量的情况而变化。由于天然径流量在一年内或各年间有很大的波动，即使通过水库调节可以减少其波动幅度，但仍不能完全消除。因此，水电厂的出力和发电量受水文条件及水库调节情况的影响。在丰水年，电能有余，可能引起弃水；在枯水年则电能不足，可能导致用户停电。

水电厂有时还可能由于水头太低,使水轮机组达不到其额定出力。水电厂水头下降的原因为:在低水头水电厂,由于洪水期天然流量过大而使下游水位猛涨引起;在中水头水电厂,由于洪水期末水库水位下降过低引起。

水电厂运行的另一特点是启停迅速方便。一般从停机状态到满负荷运行需时仅 1～2 min。此外,水轮机出力在一定幅度变化时仍能维持较高的效率。因此水电厂适合在电力系统担任调峰及调频任务。水电厂的能源是水能,不像火电厂那样需要燃料。因此,水电厂的运行费用几乎与生产的电量无关。在一定时期内,当天然来水多时发电量亦多,而运行费用并不显著增加。所以,水电厂应充分利用天然来水所提供的能量。这个特点对确定它在电力系统中的运行方式有很大影响。

1.4.3 核电厂

核能又称原子能,它是原子核裂变时释放出来的能量。根据已探明能源储量来看,地球上的石油和天然气在今后几十年内将被用完,煤炭也只能再用几百年。但是,可开发的核燃料所提供的裂变能可供人类用几千年,而聚变能则几乎是用之不竭的。从长远来看,核能将成为重要的能源之一。

自 1956 年世界第一座核电厂建成以来,目前世界核电发电量已达总电能的 17%,有 17个国家核电发电量比重已超过其总电量的 1/4。我国当前核能发电量的比重较低,估计今后在能源革命的形势下核电会有较快的发展。

目前,核电厂主要用 U^{235} 当燃料。用一个外来的中子轰击 U^{235},可使之分裂为两个质量较小的原子核,同时会放出巨大的裂变能,而且链锁反应使这种裂变能连续不断地释放出来。1 kg U^{235} 的原子核如全部裂变,可产生 6.7×10^{13} J 的热量,大约相当于 2300 t 标准煤所产生的热量。

核电厂的发电部分主要由反应堆、蒸汽发生器、汽轮机及发电机四部分组成,如图 1-14 所示。反应堆的核心称为堆芯,核燃料 U^{235} 或 Pu^{235} 就放置在堆芯中。堆芯为中子轰击原子核

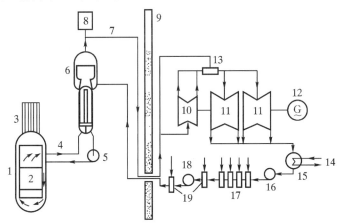

1—压水反应堆;2—堆芯;3—控制棒传动装置;4—次回路;5—冷却剂泵;6—蒸汽发生器;7—二次回路;
8—加压器;9—反应堆安全壳;10—高压气缸;11—低压气缸;12—发电机;13—脱水器;
14—冷却水;15—冷凝器;16—凝结水泵;17—给水加热器;18—给水泵;19—给水加热器。

图 1-14 核电站的构成

产生裂变能的中枢,亦称为活性区。反应堆内核裂变所产生的热能使堆蕊温度极高,需要用冷却剂加以吸收。冷却剂吸热增温后,经过一次回路流到蒸汽发生器,把热量传递给二次回路管道中的水,使其变为蒸汽。冷却剂最后用泵仍抽回反应堆内。蒸汽从二次回路进入汽轮机高压缸和低压缸作功,驱动发电机。这里的汽轮发电机组在结构上和一般火电厂相似,只是核电厂产生的蒸汽压力低,故汽轮发电机的体积较大。

核电厂需要连续地在其额定出力状态下运行,在电力系统中总是分担基荷。核电厂大约每年需要更换一次燃料,一般要停运半个月左右。此外,由于核电厂主要设备及辅助设备很复杂,检修时间较长,因此在有核电厂的电力系统中需要设置较大的发电机组备用容量,并要求有抽水蓄能机组进行调峰配合。

核电除了是清洁能源以外,另一个重要优点是核燃料以少胜多。一座 100 万 kW 的压水堆核电厂一年只需要25～30 t低浓铀作为燃料,而同容量的燃煤火电厂一年需要 250 万 t原煤。

核电厂在我国缺少能源的东南沿海地区无疑具有广阔的发展前景。

1.4.4　抽水蓄能电厂

在我国电力系统的日负荷曲线上,一般上午和下午各出现一次高峰,半夜则有一低谷。当系统最小负荷率 β 较小时,在火电机组和核电比重较大的系统可能出现机组最小技术出力大于日最小负荷的情况。这时为了维持在谷荷时火电厂和核电厂的稳定运行,可利用系统盈余的发电出力从高程较低的下水库抽水到高程较高的上水库,把电能转换为水能,蓄存起来。在白天出现峰荷时再从上水库放水发电。这就是抽水蓄能电厂的主要功能和它的工作特性。抽水蓄能电厂按其运行周期可以分为以下几种。

①日抽水蓄能电厂,以日为运行周期。在夜间负荷处于低谷时进行一次抽水,约 8～12 h;白天出现峰荷时发电一到二次,总时间约 6～10 h,如图 1 - 15所示。

②周抽水蓄能电厂,以周为运行周期。一般仍维持夜间抽水、白天发电的方式。但在周末系统负荷较低时,可利用盈余的发电出力延长抽水时间,使下周工作日能加长担任峰荷的时间,多发电。显然,它所需的库容较日抽水蓄能电厂大。

③季抽水蓄能电厂,它可将汛期多余水量抽蓄到上水库里,供枯水期增加发电量。

目前工作水头在 600 m 以下的抽水蓄能电厂几乎全部采用可逆式机组,即其水轮机在抽水时工作在水泵状态,在发电时工作在通常的水轮机状态。这种机

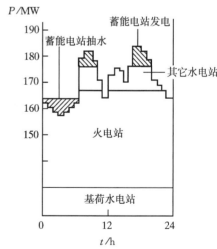

图 1 - 15　日抽水蓄能电厂的工作情况

组运行的灵活性有的已超过常规的水力发电机组,从开始启动到带满负荷仅需 11 s,运行的可靠性也大大提高。

抽水蓄能电厂除了调峰填谷以外,对电力系统还有以下功能。

①担任系统备用容量。当系统水电比重较小时,大部分设备备用容量要由火电厂承担,这

就迫使部分火电机组经常处于旋转备用状态,因而效率降低,煤耗上升。在此情况下可以充分利用抽水蓄能机组灵活可靠的特点,替代火电机组充当事故备用。

②担任系统负荷备用,以发挥其调频作用。

③担任调压任务,当不进行抽水及发电时,距负荷中心较近的抽水蓄能电厂可以利用同步发电机多带无功负荷,进行电压调节。

④使水电厂更好地发挥综合利用效益。水库具有综合利用效益的水电厂,其发电经常受到限制。例如担负灌溉用水的水电厂,在农田不用水的季节,水库应保留蓄水量以备以后灌溉之用,使发电量减小。如装设抽水蓄能机组,则该水电厂每天仍可发电调峰,夜间再从下水库抽回到上水库,使灌溉水量不受损失。

最后,由于可再生能源发电的随机性和不可控性,为了充分利用其电能,需要一定容量的储能设备与其配合运行。当前储能设备价格相对较贵,抽水蓄能电厂可以在提高可再生能源利用率方面发挥巨大作用。

1.4.5 风力发电厂

风能是再生能源,风电有利于环境保护。因此,在能源日益紧缺和对环境保护日益重视的今天,世界各国都在大力推进风电的发展。

我国风能资源丰富,总计储量约 32 亿 kW,可用于发电的开发容量约 2.5 亿 kW,居世界首位。2020 年,我国的风电装机容量已达 28153 万 kW,居世界第一位,占我国总装机容量的 12.8%。

目前风力涡轮普遍采用水平轴三浆叶的形式,主要分双馈式和直驱式两种。双馈式风机结构如图 1 - 16 所示。风力发电机的转速很低,在 10～30 r/min。因此一般需要很大的齿轮箱将其转速提高到发电机所要求的转速(1500 r/min)。

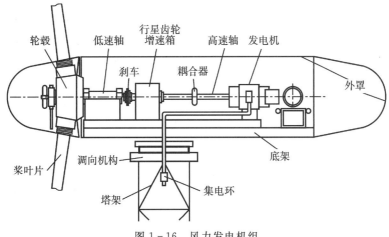

图 1 - 16 风力发电机组

20 世纪 90 年代的风力发电机组主要采用定速型,其转速是定值,由电网频率、齿轮升速比和发电机的极对数确定

$$n = \frac{60f}{pk} \tag{1-10}$$

式中:n 为发电机组转数,r/min;f 为电网频率,Hz;p 为发电机组的极对数;k 为齿轮升速比。

近年来,变速风电机组成为风电发展的主流。变速风机可根据风速连续调节风机转速。这样,首先可以提高机械功率的转换效率,获得更多的电能;其次,由于转速和输出功率同步变化,使风机的机械转矩近似维持不变,因而减少了最大机械载荷。但是,风机转速的变化引起所发出电能频率的变化。为了维持与电网的同步,就需要增加电力电子装置,从而提高了机组的造价。

风轮所产生的机械功率与风速有以下关系

$$P = \frac{1}{2}C_{p}A\rho V^{3} \tag{1-11}$$

式中:P 为风力机组的机械输出功率,W;C_{p} 为风能利用系数;A 为风轮扫风面积,m^{2};ρ 为空气密度,kg/m^{3};V 为风速,m/s。

风力机组的典型功率输出特性一般分为四段,如图 1-17 所示。

① 当风速 $V < 3$ m/s 时,风机处于制动状态,无功率输出;

② 当风速为 3 m/s $\leqslant V < 10$ m/s 时,功率按 (1-11) 式计算;

③ 当风速为 10 m/s $\leqslant V < 25$ m/s 时,风机输出额定功率;

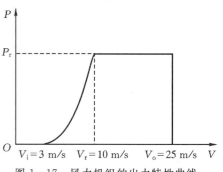

图 1-17 风力机组的出力特性曲线

④ 当风速 $V \geqslant 25$ m/s 时,为了保护风机,整个风力发电机组制动,输出功率为 0。

直驱式风机又称无齿轮风机,可以采用永磁同步发电机或电励磁同步发电机。由于去掉了齿轮,直驱式风机需要利用增加极对数的方法使其输出的电能达到电网的交流电频率。

风电的主要优点是替代和节约石化燃料,减少有害气体的排放,有利于环境保护。但是风速的不确定性较大,其输出功率难以控制,因此会引起电力系统输电线路功率的波动和负荷点电压的波动。在研究含有风电的电力系统运行时,对此必须充分注意。

1.4.6 太阳能发电

地球一年可接受太阳辐射高达 1.8×10^{18} kW·h,是全球能耗的几万倍。太阳能发电主要有光伏发电和太阳能热发电两种方式。近年来我国光伏发电装机迅猛发展,2017 年已达 13050 万 kW,占我国总装机容量的 7.34%。以下主要对光伏发电作简要介绍。

自从 1893 年光生伏打效应发现和 1954 年实用光伏电池问世以来,太阳能光伏电池研究取得了很大进步。特别是近年来光伏板成本迅速下降加上人们对温室气体排放的担心大大促进了太阳能光伏发电的飞速发展。

太阳能电池主要由半导体硅制成,太阳照射后能发出直流电。因此,必须通过逆变装置转换成交流电,才能与电网的交流电合起来使用,如图 1-18 所示。

光伏发电系统分为集中式和分布式两种。集中式光伏发电大多修建于沙漠之类常规难以利用的空地,其规模可达几十万千瓦以上,通过高压输电线路向电力系统供电。分布式一般将光伏板安装在屋顶,其容量由几千瓦到数十千瓦,发出的电量除供居民自己用电外,还可以反

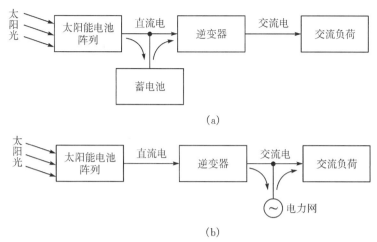

(a)

(b)

图 1-18 光伏发电原理与应用

(a)太阳能发电系统的基本结构(原型);(b)太阳能发电系统

馈给电网。由于分布式光伏发电的灵活性、经济性,世界各国都给予了优惠和鼓励政策。

1.5 电力线路的结构

电力线路包括输电线路和配电线路。就其结构来说,电力线路主要有架空线路和电缆线路两类。

架空线路将导线架设在线路杆塔上(如图 1-19 所示),由导线、避雷线(或称架空地线)、杆塔、绝缘子和金具等组成。电缆线路则将电缆敷设于地下。现分别叙述如下。

1.5.1 导线和避雷线

导线的作用是传导电流、输送电能,而避雷线的作用是把雷电流引入大地,以保护电力线路免遭雷击而引起过电压的破坏。

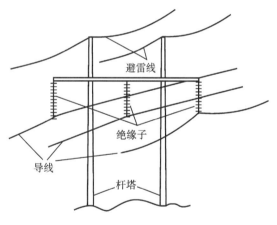

图 1-19 110 kV 架空线路的结构

架空线路的导线和避雷线在露天工作,要受到风力、覆冰、温度变化的影响,而且还会受到空气中各种化学杂质的侵蚀。因此,导线和避雷线除了要求有良好的导电性能外,还应有较高的机械强度和耐化学腐蚀的性能。

目前常用的导线材料有铜、铝、铝合金等。在导线的型号上,材料以相应的拉丁字母表示,如铝——L、钢——G、铜——T、铝合金——HL 等。避雷线一般用钢线,在特殊情况下也有用钢芯铝线的。

导线除在低压(380/220 V)配电线路采用绝缘线以外,一般均用裸线。为了充分利用导线,减少趋肤效应的影响并增加导线的柔韧性及强度,架空线路多采用绞合的多股导线,在型号上用 J 表示,其结构如图 1-20 所示。由于单纯的多股铝线的机械强度较低,目前电压在

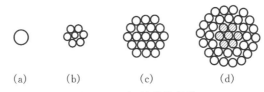

图 1-20 裸导线的结构

(a)单股线;(b),(c)一种金属的多股绞线;(d)两种金属的多股绞线

10 kV 以上的输电线路上广泛采用钢芯铝(绞)线。这种导线是将铝线绕在单股或多股钢绞线的外层作为主要载流部分,而机械荷载主要由钢线承担。

钢芯铝线又根据其铝线与钢线的截面积比值不同(因而机械强度也不同)分为三类:

①普通钢芯铝线:型号为 LGJ,它的铝截面 S_L 和钢截面 S_G 的比值 S_L/S_G 为 5.3~6.1;

②轻型钢芯铝线:型号为 LGJQ,它的截面比 S_L/S_G 为 7.6~8.3;

③加强钢芯铝线:型号为 LGJJ,它的截面比 S_L/S_G 为 4~4.5。

导线型号后面的数字代表主要载流体的标称面积,其单位为 mm²,例如,LGJ—240 表示普通钢芯铝线,铝线部分的标称面积为 240 mm²。

输电线路电压超过 220 kV 时,为了减小电晕损耗和线路电抗,常常采用分裂导线。分裂导线是用保持一定距离的几根导线组成一相导线,导线之间距离为 400~450 mm。这种导线排列可使其周围的电磁场发生变化,减少沿面的电场强度和磁场强度,从而避免或减少电晕现象的发生。

图 1-21 表现了正在架设的 1000 kV 特高压输电线路,其中每一相都由 8 根导线构成。

图 1-21 1000 kV 特高压输电线路

1.5.2 杆 塔

杆塔用来支持导线和避雷线,并使导线之间以及导线与大地之间保持一定距离。

根据所采用的材料,杆塔可以分为木杆、钢筋混凝土杆和铁塔三种。为了节约木材,木杆在我国已不多用。钢筋混凝土杆大多用离心法绕制而成,有等径杆和锥形杆两种。为了运输和施工方便,主杆可以分段装配。按照结构形式,钢筋混凝土杆有单杆和 II 型杆两种,如图1-22所示。

铁塔是由角铁用焊接、铆接或用螺栓连接而成的,形式甚多,结构比较复杂,多用于高压输电线路或有大跨越的地方。我国常用的铁塔有酒杯型和猫头型。图1-23所示为一座酒杯型铁塔。

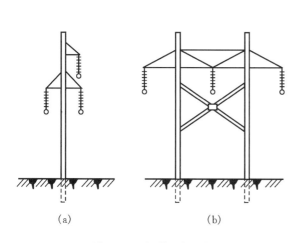

(a)　　　　　　(b)

图1-22　钢筋混凝土杆

(a)单杆;(b)II 型杆

图1-23　酒杯型铁塔

1.5.3　绝缘子和金具

绝缘子是用来支持或悬挂导线,并使导线与杆塔绝缘的一种瓷质或玻璃元件。绝缘子应有足够的绝缘强度和机械强度,对化学污染有足够的抵抗能力,并能适应周围大气温度和湿度的变化。

架空线路使用的绝缘子有针式和悬式两种。针式绝缘子使用电压不超过 35 kV(如图1-24(a)所示)。悬式绝缘子(如图1-24(b)所示)是成串使用的,常用于 35 kV 以上的架空输电线路上,标号为 X。X 后的数字表示可以承受机械荷重的吨数。不同电压等级输电线路需要悬式绝缘子的最少个数如表1-8所示。

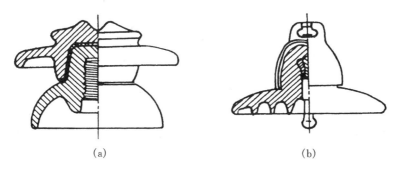

(a)　　　　　　　　　　　　(b)

图1-24　针式绝缘子和悬式绝缘子

(a)针式;(b)悬式

表 1 - 8　输电线路需要悬式绝缘子的最少个数

电压等级/kV	35	60	110	154	220	330	500
每串个数	3	5	7	10	13	19	28

架空线路使用很多金具,如连接导线用的接线管;连接悬式绝缘子用的挂环、挂板和连板;把导线固定在悬式绝缘子串上用的各种线夹;防止导线振动用的防震锤、护线条;以及为了使高压输电线路绝缘子串上电压分布均匀的均压环等。所有这些金属部件统称为金具,这里不再作进一步介绍,有兴趣的读者可参看参考文献[7]。

1.5.4　电　缆

电力电缆一般由三部分组成,即导体、绝缘层和保护包皮。电缆的导线通常用多股铜绞线或铝绞线以增加电缆的柔韧性。根据电缆中导体数目的不同,有单芯电缆、三芯电缆和四芯电缆几种。单芯电缆的导线截面形状总是圆的。三芯或四芯电缆的导线截面除了圆形而外,更多采用扇形,如图 1 - 25(a)所示,这样可以充分利用电缆的总面积。电缆的绝缘层用来使导体与导体之间,以及导体与保护包皮之间绝缘。绝缘层使用的绝缘材料种类很多,如橡胶、沥青、聚乙稀、麻、丝、纸等。电缆的保护包皮是保护绝缘层,使其在运输、敷设和运行过程中不受外力损伤,并防止水分浸入。它应具有一定的机械强度。在油浸纸绝缘电缆中保护包皮还有防止绝缘油外流的作用。常用的保护包皮有铅包皮和铝包皮。为了防止外力破坏,在保护包皮外还有钢带铠甲。电缆除按芯数和导体形状分类外,还可按结构分为统包型、屏蔽型和分相铅包型。图 1 - 25(a)所示电缆即为统包型,三相芯线绝缘层外有一共同的铅皮。这种电缆内部电场分布不均匀,不能充分利用绝缘强度,只用于 10 kV 以下的电缆。10 kV 以上的电缆常采用屏蔽型和分相铅包型。屏蔽型的每相芯线绝缘外面都包有金属带,如图 1 - 25(b)所示,这样可以得到均匀分布的辐射电场,更好地利用电缆的绝缘。

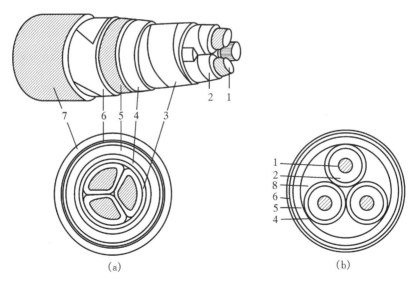

1—导体;2—相绝缘;3—带绝缘;4—铝(铅)包;5—麻衬;6—钢带铠装;7—麻被;8—填麻。

图 1 - 25　常用电缆的构造

(a)纸绝缘铝(铅)包钢带铠装;(b)纸绝缘分相铝(铅)包裸钢带铠装

小　结

电力工业包括发电厂和输变电系统。从规划的运行的角度来看,电力系统则是由发电厂、电力网(输变电系统)和电力负荷构成的整体。电力负荷是电力工业的服务对象,也是促进电力技术发展的动力。在研究电力系统时,应牢记对其运行和规划的基本要求。

本章介绍了我国电力工业发展的情况。虽然我国发电机组的容量和年发电量已在世界上名列前茅,但在人均用电量上还远落后于发达国家。因此,我国的电力工业还有很大的发展空间,在这一领域的新技术还有待我们去开发和创造。

本门课属于专业基础课程,在学习过程中特别要注意理论联系实际,要用心体会工程上处理问题的一些思路和方法,为学习后续课程和今后工作打好基础。

思考题及习题

1-1　电力工业的主要特点是什么?

1-2　电力系统主要由哪几部分构成,其作用如何?

1-3　什么是电力系统的一次系统、二次系统?

1-4　对电力系统运行的基本要求是什么?

1-5　简述电力系统在能源革命中的作用。

1-6　能源革命对电力系统有哪些影响?

1-7　我国能源分布有何特点? 对电力工业发展有何影响?

1-8　什么是电力系统负荷静特性? 如指数 $N_{PV}=0.8$,$N_{QV}=2.1$,当电压下降7％时,有功负荷及无功负荷有何变化?

1-9　试说明影响电力系统负荷大小的因素。

1-10　列举负荷曲线的种类。最常用的负荷曲线是什么?

1-11　日负荷率及日最小负荷率的物理意义为何? 对电力系统运行有何意义?

1-12　设一年中某地有 n 个日典型负荷曲线为 $f_i(t)$,分别代表 d_i 天$(i=1,2,\cdots,n)$,求全年的电能消耗量。

1-13　某地的负荷曲线数据如上题所述。试用该数据编制求全年持续负荷曲线的计算机程序。

1-14　火电厂有几类? 它们的主要运行特点是什么?

1-15　水电厂有几类? 它们的主要运行特点是什么?

1-16　核电厂的运行特点是什么?

1-17　抽水蓄能电厂在电力系统中的作用如何?

1-18　风力发电有何优缺点? 给电力系统运行带来哪些影响?

1-19　架空输电线路由哪几个主要部分组成,其作用如何?

1-20　为什么架空线多采用钢芯铝绞线?

1-21　电缆由哪几部分组成,如何分类?

第2章 电力系统正常运行时的分析和计算

2.1 概 述

电力系统的基本任务是安全、可靠、经济地为用户提供充足的电能。为了完成这一基本任务,在电力系统的规划、设计和运行过程中需要进行一系列技术和经济的分析与计算。要对电力系统进行分析与计算,首先必须掌握电力系统的基础知识和基本计算方法,建立电力系统各元件的数学模型,通过数学模型把电力系统中物理现象的分析归纳为某种形式的数学问题。就电力系统运行状态而言,一般分为正常稳态运行方式和故障时的暂态过程。电力系统在绝大多数的情况下是运行在正常的、相对静止的稳态方式下。本章的任务就是阐述电力系统在正常、稳态情况下的运行特点,建立电力系统主要元件及电力系统的数学模型,在此基础上学习电力系统稳态分析计算的原理和方法。电力系统稳态运行问题包含两个方面的内容:一方面是电力系统正常运行状态的分析与计算,其中包括输电线路和变压器的特性、参数、等值电路以及电力系统的等值电路和潮流计算。另一方面是在正常情况下电力系统的运行状态的调整与控制,其中包括电力系统的无功功率平衡;系统电压与无功功率的关系;各种电压调整的原理及分析计算的方法;有功功率平衡;有功功率与频率的关系;发电机组、负荷的功频静特性;系统频率的一次调整与二次调整的概念。

2.2 三相输电线路

要研究电力系统在运行中的各种物理现象和过程,并进行分析计算,首先必须掌握电力系统各元件的特性。从电的角度来看,无论电力网络如何复杂,都可以做出它的等值电路,然后应用交流电路理论进行分析计算。由第1章中已知电力线路是电力系统的一个重要组成部分,电力线路包括输电线路和配电线路,我们主要研究输电线路。输电线路分为两种:架空线路和电缆线路。由于架空线路的建设费用比电缆线路要低得多,而且架空线路便于施工、维护和检修,在电力系统中绝大多数的线路均采用架空线,下面来建立架空输电线路的模型。

当架空线路传输电能时,伴随着一系列的物理现象。当有功率传输时,首先,导线上会产生热量,而且随功率的增加,热效应越显著;其次,当交流电流通过输电线路时,在导线的周围会产生交变的磁场,交变的磁链匝链导线,将在导线中产生感应电动势;第三,当交流电压加在输电线路上时,在导线的周围会产生交变的电场,在交变的电场作用下,不同电压的导线之间及导线对大地之间会产生电荷的移动,从而形成容性电流和容性功率(这种现象也称为充电现象);最后,在高电压的作用下,由于导线表面的电场强度超过允许值使空气游离放电(在电力系统中常称这种现象为电晕现象),由于绝缘不完善引起少量电流的泄漏等。为了描述这些基本的物理现象,用电阻 R 来反映输电线路的热效应,用电感 L 来反映输电线路的磁场效应,用电容 C 来反映输电线路的电场效应,用电导 G 来反映输电线路的电晕现象和泄漏现象,这些统称为输电线路的电气参数。一般输电线路的长度比输电线路的半径要大得多,因此可以认为输电线路为一无限长直导线,导线周围的电磁场为均匀电磁场,表征输电线路物理现象的电气参数是沿线路均匀分布的,也就是说输电线路是一均匀分布参数的电路。以下讨论如何根据线路的结构及导线材料来确定输电线路的电气参数。

2.2.1　架空线路的电阻

架空线路的电阻是电力网产生有功损耗和电能损耗的主要原因。众所周知,导线单位长度的直流电阻可由下式来计算

$$R_0 = \rho/S \quad \Omega/\mathrm{km} \tag{2-1}$$

式中:R_0 为导线单位长度的电阻,Ω/km;ρ 为导线材料的电阻率,$\Omega \cdot \mathrm{mm}^2/\mathrm{km}$;$S$ 为导线的截面积,mm^2。考虑到交流电流通过导线时的趋肤效应和邻近效应以及导线标称尺寸的近似性,电力系统中计算用的交流电阻采用如下修正数值:铜:$\rho = 18.5\ \Omega \cdot \mathrm{mm}^2/\mathrm{km}$,铝:$\rho = 31.5\ \Omega \cdot \mathrm{mm}^2/\mathrm{km}$。实际上,各种型号的导线电阻值均可以在《电力工程手册》中查到。手册中查到的电阻值一般为 20℃时的值,应用时可根据实际温度按下式进行修正

$$R_t = R_{20}[1 + \alpha(t - 20)] \quad \Omega/\mathrm{km} \tag{2-2}$$

式中:R_t,R_{20} 分别为 t ℃和 20 ℃时的电阻值;α 为电阻的温度系数,铝线为 0.0036,1/℃;铜线为 0.00382,1/℃。

2.2.2　架空线路的电抗

在交流电路中,电抗 X 与相应电感 L 有如下关系

$$X = 2\pi f L \quad \Omega$$

而电感为单位电流产生的磁链

$$L = \psi/i \quad \mathrm{H}$$

下面从每相输电线所匝链的磁链关系来分析每相线路的电感。

首先考虑单根无限长直导体的磁链,再利用叠加原理考虑实际的三相输电线路每相匝链的磁链,进而得出每相的等值电感参数。

1.无限长直导线的磁链

通常电工原理中磁链定义为线圈匝数与磁通数量的乘积。我们把单根长直导线想象成在无限远处闭合的一匝线圈,只要求出这无限远处闭合的一匝线圈的磁通,即可求得相应的磁链。

设单根长直导线的半径为 r,导线中电流为 i 且电流密度均匀,导线内部和外部的磁通为一系列的同心圆,如图 2-1 所示。

当 $x > r$,即考虑导线外部磁场时,应用安培环路定律于路径 L_1,有

$$H_x = \frac{i}{2\pi x} \quad \mathrm{A/m}$$

式中:H_x 为半径为 x 的同心圆磁路的磁场强度。

当 $x \leqslant r$,即考虑导线内部磁场时,应用安培环路定律于路径 L_2,有

$$H_x = \frac{i}{2\pi r^2}x$$

考虑磁通密度与磁场强度的关系有

$$B_x = \mu H_x = \mu_r \mu_0 H_x \quad T$$

式中：μ 为介质的导磁系数，是相对导磁系数 μ_r 与绝对导磁系数 μ_0 的乘积。$\mu_0 = 4\pi \times 10^{-7}$，在空气中 $\mu_r = 1$，在无磁性的导线中 $\mu_r \approx 1$。

下面求单位长度的单根导线距导线中心半径为 D 以内的磁链。如图 2-2 所示，该磁链由导线外部磁链 ψ_1 和导线内部磁链 ψ_2 两部分组成，现在分别考虑这两种情况。

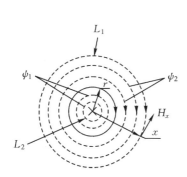
　　图 2-1　单根长直导线内磁场分析

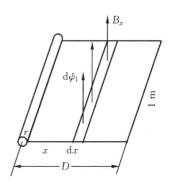
　　图 2-2　穿过长方体的磁通

导线外部的磁链：对图 2-2 中微元面积上 dx 的磁通 $d\psi_1 = B_x dx$ 进行积分可得

$$\psi_1 = \mu_0 \int_r^D \frac{i}{2\pi x} dx = \frac{\mu_0 i}{2\pi} \ln \frac{D}{r} \tag{2-3}$$

导线内部的磁链：在路径 L_2 中磁链只匝链了导线的部分截面积，在假设导线内部电流均匀的条件下，导线内部的磁链可由以下积分求得

$$\psi_2 = \mu_r \mu_0 \int_0^r \frac{x}{2\pi r^2} \frac{\pi x^2}{\pi r^2} i \, dx = \frac{\mu_r \mu_0}{8\pi} i \tag{2-4}$$

上式说明导线内部磁链与半径无关，只与流过的电流及导线材料有关。

这样，就得到了单根导线在宽为 D（单位为 m）、长度为 1 m 的长方形的总磁链为

$$\psi = \psi_1 + \psi_2 = \left(2\ln \frac{D}{r} + \frac{\mu_r}{2}\right) i \times 10^{-7} \quad \text{Wb/m} \tag{2-5}$$

与之对应的电感为

$$L = \psi / i = \left(2\ln \frac{D}{r} + \frac{\mu_r}{2}\right) \times 10^{-7} \quad \text{H/m} \tag{2-6}$$

2.三相输电线路的电感

现在考虑实际输电线路的情况，如图 2-3 所示。

我们仍然只对以 A 相导线为中心、半径为 D_A 内的磁链感兴趣，但与单根导线不同的是要考虑 B，C 两相导线电流产生的磁链对 A 相导线磁链的影响。应用叠加原理，先考虑 B 相导线电流的影响，设其它导线电流为零。如图所示，i_B 产生的磁力线是一系列同心圆，磁力线 ψ_1

（导线 B,A 之间所有磁力线）不匝链导体 A,故不考虑其影响,ψ_5（D_A 以外的磁为线）虽然匝链导线 A,却在 D_A 之外,故也不考虑,磁力线 ψ_2,ψ_3,ψ_4 与导线 A 匝链,其中 ψ_2,ψ_4 之间的磁力线为所需考虑的所有磁力线。因此,只需考虑 x 轴上点 E 和点 F 之间 i_B 所产生的磁通。由式（2-3）可求出当 B 导线中流过电流 i_B 时匝链到 A 相导线的磁链

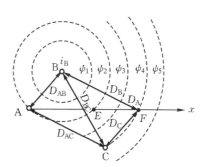

$$\psi_{AB} = \frac{\mu_0}{2\pi} i_B \ln \frac{D_B}{D_{AB}} \tag{2-7}$$

类似可以求得,当 C 相导线中流过电流 i_C 时匝链到 A 导线的磁链

图 2-3　i_B 匝链 A 相导线的磁链

$$\psi_{AC} = \frac{\mu_0}{2\pi} i_C \ln \frac{D_C}{D_{AC}} \tag{2-8}$$

考虑了 B,C 两导线电流影响后,A 导线至 F 点的总磁链为

$$\psi_A = \frac{\mu_0}{2\pi} \left[i_A \left(\frac{\mu_r}{4} + \ln \frac{D_A}{r} \right) + i_B \ln \frac{D_B}{D_{AB}} + i_C \ln \frac{D_C}{D_{AC}} \right] \tag{2-9}$$

当 D_A,D_B,D_C 都增大到无穷远时,式（2-9）就是计及 B,C 相影响时匝链 A 相的单位长度的总磁链。这时 $D_A = D_B = D_C$,且在三相对称条件下 $i_A + i_B + i_C = 0$。上式可写为

$$\psi_A = \left(2i_A \ln \frac{1}{r} + 2i_B \ln \frac{1}{D_{AB}} + 2i_C \ln \frac{1}{D_{AC}} + \frac{\mu_r}{2} i_A \right) \times 10^{-7} \tag{2-10}$$

用相同的方法可以求出 ψ_B,ψ_C。由式（2-10）可以看出,当 $D_{AB} \neq D_{BC} \neq D_{AC}$ 时,也即输电线三根导线间距离不相等时 ψ_A,ψ_B,ψ_C 是不相等的,因而求出的三相电感也不相等。在电力系统中,为了使线路阻抗对称,在线路中每隔一定的距离需将三相导线进行换位,从而使每相导线都均匀地处在不同位置,如图 2-4 所示。

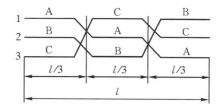

图 2-4　输电线路的换位

例如,A 相导线开始在位置 1,经过一定距离后转移到位置 2,再到位置 3,重复此循环。这样在第一段,A 相的磁链公式为

$$\psi_A^{(1)} = 2 \left(i_A \ln \frac{1}{r} + i_B \ln \frac{1}{D_{AB}} + i_C \ln \frac{1}{D_{AC}} + \frac{\mu_r}{4} i_A \right) \times 10^{-7}$$

第二段 A 相的磁链为

$$\psi_A^{(2)} = 2 \left(i_A \ln \frac{1}{r} + i_B \ln \frac{1}{D_{BC}} + i_C \ln \frac{1}{D_{AB}} + \frac{\mu_r}{4} i_A \right) \times 10^{-7}$$

第三段 A 相的磁链为

$$\psi_A^{(3)} = 2 \left(i_A \ln \frac{1}{r} + i_B \ln \frac{1}{D_{AC}} + i_C \ln \frac{1}{D_{BC}} + \frac{\mu_r}{4} i_A \right) \times 10^{-7}$$

取三者的平均值作为换位后 A 相的总磁链

$$\psi_A = \frac{1}{3} \times (\psi_A^{(1)} + \psi_A^{(2)} + \psi_A^{(3)})$$

$$= \frac{2}{3}\left[3i_A\ln\frac{1}{r} + (i_B + i_C)\left(\ln\frac{1}{D_{AB}D_{BC}D_{AC}}\right) + \frac{3\mu_r}{4}i_A\right] \times 10^{-7}$$

计及 $i_B + i_C = -i_A$，得

$$\psi_A = \left(2\ln\frac{1}{r} + 2\ln\sqrt[3]{D_{AB}D_{BC}D_{AC}} + \frac{\mu_r}{2}\right)i_A \times 10^{-7}$$

$$= \left(2\ln\frac{\sqrt[3]{D_{AB}D_{BC}D_{AC}}}{r} + \frac{\mu_r}{2}\right)i_A \times 10^{-7}$$

令 $\sqrt[3]{D_{AB}D_{BC}D_{AC}} = D_m$，称 D_m 为三相导线的几何均距，则 A 相导线每米的电感为

$$L_A = \left(2\ln\frac{D_m}{r} + \frac{\mu_r}{2}\right) \times 10^{-7} \quad H/m \tag{2-11}$$

由以上推导可知，经过换位后三相导线每米的电感量是相等的，有 $L_A = L_B = L_C$。每相的电感均为考虑了其它两相互感影响后的一相等值电感，在单相电路中可以直接应用。将式（2-11）中的自然对数换算为常用对数，m 换算为 km，再考虑 $\omega = 2\pi f$，就得到最常用的电抗计算公式

$$X_0 = 2\pi f\left(4.6\lg\frac{D_m}{r} + 0.5\mu_r\right) \times 10^{-4}$$

将工频 $f = 50$ Hz，$\mu_r = 1$ 代入，得

$$X_0 = 0.1445\lg\frac{D_m}{r} + 0.0157$$

$$= 0.1445\lg\frac{D_m}{r'} \quad \Omega/km \tag{2-12}$$

式中：$r' = 0.779r$，称为等值半径。

由式（2-12）可以看出，输电线路的电抗与导线截面积、导线在杆塔上的布置有关。但由于各种类型的导线截面积与线间距离差别不会很大，又由于电抗与几何均距、导线半径之间为对数关系，因此架空线的电抗变化不大，在 110 kV 网络中一般在 0.4 Ω/km 左右。

3.分裂导线输电线路的电抗

在电力系统高压、超高压和特高压远距离输电线路中，为防止电晕，减少电抗，往往采用分裂导线。分裂导线中的各相导体一般由 2～8 根间隔远比相间距离小的导体用支架支撑着，布置在一个半径为 R 的圆周上，每相四分裂的导线如图 2-5 所示。

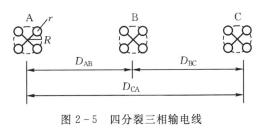

图 2-5　四分裂三相输电线

每相具有 n 根导体的分裂导线的等值电抗可以按下式计算

$$X_0 = 0.1445\lg\frac{D_m}{r_{eq}} + \frac{0.0157}{n} \quad \Omega/km \tag{2-13}$$

与式（2-12）相比，式中第二项除以 n，式中第一项以 r_{eq} 代替导线半径。r_{eq} 为分裂导线的等值半径

$$r_{eq} = \sqrt[n]{r d_{12} d_{13} \cdots d_{1n}}$$

式中:r 为单根导体的半径,mm;$d_{12}, d_{13}, \cdots, d_{1n}$ 为某根导体与其余 $n-1$ 根导体间的距离;由于分裂导线线路的等值半径加大,一般较单根导线线路的电抗减小约 20% 以上,其具体数值视每相的分裂根数而定。750 kV 输电线路分裂根数为 6 根,1000 kV 输电线路分裂根数为 8 根。电力工程设计手册等资料中列出了各类导线的电抗值,一般情况下不必用公式计算电抗值,而是直接查表。

2.2.3　输电线路的电纳

当交流电源加在输电线路上时,导线上的充电电荷不断地变化,电荷在导线上的流动形成了输电线路中的充电电流,这个电流将影响到线路的电压降、功率因数等。此电流在相位上超前电压,是容性电流。我们用电纳来表征输电线路的这一物理现象。

电纳是表征电压施加在导体上时所产生的电场效应的参数,用符号 B 来表示

$$B = \omega C$$

所以,求电纳的核心在于求电容 C。电力线路的导线间在电压作用下形成电场,导线电荷与电压的比值称为线路电容,即

$$C = \frac{q}{u}$$

为了计算输电线路的电容,我们从分析带电导体周围电场入手。先考虑带有电荷 q 的无限长直导线表面与距该表面 D 处的电位差。图 2-6 示出单根长直导线的电场分布图。

由图可见,等位面是一系列与导线同心的圆柱面。单根导线单位长度电荷为 q 时,距导线表面 x 处的电通密度 D_x 为

$$D_x = \frac{q}{2\pi x}$$

电场强度 E_x 为

$$E_x = D_x / \varepsilon_x$$

图 2-6　单根导线的电场分布

式中:ε_x 为介电常数,$\varepsilon_x = \varepsilon_r \varepsilon_0$。其中 ε_r 为相对介电常数,对于空气,$\varepsilon_r = 1$;ε_0 为真空介电常数,$\varepsilon_0 = \dfrac{1}{3.6\pi \times 10^{10}}$ F/m。经换算可得

$$E_x = 1 \times 3.6\pi \times 10^{10} \frac{q}{2\pi x} = 1.8 \times 10^{10} \frac{q}{x}$$

因此,在图 2-7 中,单根长直导线表面与距表面 D 处的电位差为

$$u_{rD} = -\int_D^r 1.8 \times 10^{10} q \frac{\mathrm{d}x}{x}$$

$$= 1.8 q \ln \frac{D}{r} \times 10^{10}$$

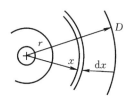

图 2-7　电场中两点之间的电位差

然后应用叠加原理求有 B 相电压影响时,A 相导体表面与距 A 相导线表面 D 处的电位差,并考虑三相架空线路的完全换位,可得出 A,B 相导线之间的电位差,同理也可得 A,C 相导线之间的电位差

$$u_{AB} = 1.8\left(q_A \ln\frac{D_m}{r} + q_B \ln\frac{r}{D_m}\right) \times 10^{10} \quad V$$

$$u_{AC} = 1.8\left(q_A \ln\frac{D_m}{r} + q_C \ln\frac{r}{D_m}\right) \times 10^{10} \quad V$$

式中：q_A，q_B，q_C 分别为 A，B，C 三相导线单位长度的电荷。在三相线路对称（即 $i_A + i_B + i_C = 0$）的情况下，有

$$u_{AB} + u_{AC} = 3u_A$$

可得 A 相导线对中性点的电位差，计及 $q_B + q_C = -q_A$ 后，得

$$u_A = 1.8q_A \ln\frac{D_m}{r} \times 10^{10} \quad V$$

则

$$C_A = C_B = C_C = \frac{1}{1.8\ln\dfrac{D_m}{r} \times 10^{10}} \quad F/m$$

将上式中的自然对数换算成常用对数，长度 m 化成 km，同时取 $\omega = 2\pi f$，$f = 50$ Hz，代入电纳表达式 $B = \omega C$，可得常用的对称三相线路每千米电纳计算公式

$$B = \frac{7.58}{\lg\dfrac{D_m}{r}} \times 10^{-6} \quad S/km \qquad (2-14)$$

显然，架空线路的电纳变化也不大，在 110 kV 网络中其值一般在 2.85×10^{-6} S/km 左右。对于分裂导线仍可用式（2-14）来计算其电纳，只是导线的半径用等值半径 r_{eq} 替代。分裂线的采用改变了导线周围的电场分布，等效地增大了导线半径，从而增大了每相导线的电纳。从物理意义上讲采用分裂导线后，不同电压的导线数增加，自然增强了线路的充电现象。

2.2.4　输电线路的电导

如前所述，电导是描述当电压施加在导体上时产生的泄漏现象和电晕现象的参数。一般情况下线路导体的绝缘良好，因而泄漏电流很小，可以被忽略。电晕是当导体表面的电场强度超过空气的击穿强度时导体表面的空气游离而产生局部放电的现象。因为电晕产生功率损耗，在设计时就要避免在正常运行条件下发生电晕。防止电晕的有效方法是增大导线半径，导线的半径越大，导体表面的电场强度就越小。参考文献[8]中列出了对应于各级电压下在晴天不发生电晕时导线的最小半径和相应的导线型号。选择导线截面时应遵守这一规定。因此，在一般的电力系统计算中可忽略电晕损耗，从而可以取

$$G = 0$$

最后还应指出，由于电缆线路的三相导线相距较近，导线的截面可能不是圆形，同时电缆周围的介质也不是空气，外部还有铝包和钢带，因此电缆线路的电抗和电纳很难用解析法计算，一般采用测量的方法。实际应用中，电缆线路的结构和尺寸已系列化，参数可由制造厂提供，使用时可以直接查手册。一般，电缆线的电阻略大于同截面积的架空线，而电抗小于同电压等级的架空线，电纳大于同电压等级的架空线。

2.2.5　输电线路的稳态方程和等值电路

以上导出的各输电线路每相的等值参数，可以用在三相对称系统输电线路的等值电路中。

实际上,输电线路的电气参数是沿线均匀分布的。下面首先讨论输电线路稳态方程,(在此基础上建立起集中参数的等值电路。)输电线路的电阻 R 和电抗 X 是与线路电流有关的物理量,所以串联在线路中;电纳 B 与电导 G 是与线路电压有关的物理量,则并联在线路中。图 2-8 表示出均匀分布参数的输电线路。

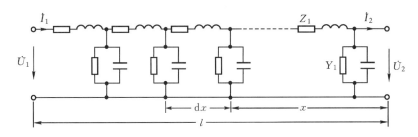

图 2-8　均匀分布参数的输电线路

现利用此电路推导输电线路端点处电压和电流之间的关系:

$$Z_1 = r_1 + j\omega L_1$$
$$Y_1 = g_1 + j\omega C_1$$

式中:Z_1,Y_1 分别表示每 km 输电线路的串联阻抗和并联导纳。经推导可以得出输电线路中任意点的电压和电流与末端电压和电流的关系如下:

$$\left.\begin{array}{l} \dot{U}_x = \dot{U}_2 \cosh\gamma x + Z_c \dot{I}_2 \sinh\gamma x \\ \dot{I}_x = \dfrac{\dot{U}_2}{Z_c}\sinh\gamma x + \dot{I}_2 \cosh\gamma x \end{array}\right\} \tag{2-15}$$

式中:$\gamma = \sqrt{Z_1 Y_1} = \alpha + j\beta$,称为线路的传播系数。传播系数的实部表示电压和电流行波振幅的衰减特性;虚部表示行波相位的变化特性。$Z_c = \sqrt{Z_1/Y_1}$,为线路的特征阻抗,也称为波阻抗。当线路末端负荷阻抗等于线路波阻抗 Z_c 时,负荷阻抗所消耗的功率称为自然功率。当线路输送功率为自然功率时,输电线路运行有很多特点,详见第 6 章。在一般情况下我们只对输电线路两端点的电压、电流感兴趣,把 $x = l$ 代入式(2-15)可得到输电线路两端点电压、电流的关系:

$$\left.\begin{array}{l} \dot{U}_1 = \dot{U}_2 \cosh\gamma l + Z_c \dot{I}_2 \sinh\gamma l \\ \dot{I}_1 = \dfrac{\dot{U}_2}{Z_c}\sinh\gamma l + \dot{I}_2 \cosh\gamma l \end{array}\right\} \tag{2-16}$$

下面推导输电线路的等值电路。式(2-16)也可以用两端口网络的通用常数表示:

$$\left.\begin{array}{l} \dot{U}_1 = A\dot{U}_2 + B\dot{I}_2 \\ \dot{I}_1 = C\dot{U}_2 + D\dot{I}_2 \end{array}\right\} \tag{2-17}$$

传输矩阵为

$$\begin{bmatrix} A & B \\ C & D \end{bmatrix} = \begin{bmatrix} \cosh\gamma l & Z_c \sinh\gamma l \\ \dfrac{1}{Z_c}\sinh\gamma l & \cosh\gamma l \end{bmatrix} \tag{2-18}$$

由电工原理可知,对这样一个无源的两端口网络可以用 Ⅱ 型或 T 型等值电路来代替。由于 T 型等值电路增加了一个节点,故一般不采用。把一条输电线路用 Ⅱ 型等值电路来代替,实质上是把具有分布参数特性的输电线路用一集中参数的等值电路来表示。设 Ⅱ 型等值电路如图 2-9 所示,下面讨论图中参数 Z',Y' 与传输矩阵中 A,B,C,D 的关系。

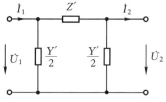

图 2-9　输电线路 Ⅱ 型等值电路

由图可知:

$$\left.\begin{array}{l} \dot{U}_1 = \left(1 + \dfrac{Z'Y'}{2}\right)\dot{U}_2 + Z'\dot{I}_2 \\[2mm] \dot{I}_1 = Y'\left(1 + \dfrac{Z'Y'}{4}\right)\dot{U}_2 + \left(1 + \dfrac{Z'Y'}{2}\right)\dot{I}_2 \end{array}\right\} \qquad (2-19)$$

为使 Ⅱ 型电路与输电线路方程等值,比较式(2-19)与式(2-16),则可解出:

$$\left.\begin{array}{l} Z' = Z_c \sinh\gamma l \\[2mm] Y' = \dfrac{1}{Z_c}\dfrac{2(\cosh\gamma l - 1)}{\sinh\gamma l} \end{array}\right\} \qquad (2-20)$$

可将式(2-20)进一步转换为

$$\left.\begin{array}{l} Z' = Z k_Z \\[1mm] Y' = Y k_Y \end{array}\right\} \qquad (2-21)$$

式中:Z,Y 为线路的串联阻抗及并联导纳,且

$$\left.\begin{array}{l} Z = Z_0 l \\[1mm] Y = Y_0 l \end{array}\right\}$$

k_Z,k_Y 为修正系数,分别为

$$\left.\begin{array}{l} k_Z = \dfrac{\sinh\gamma l}{\gamma l} \\[4mm] k_Y = \dfrac{\tanh\dfrac{\gamma l}{2}}{\dfrac{\gamma l}{2}} \end{array}\right\} \qquad (2-22)$$

k_Z,k_Y 不仅与线路结构、长度有关,而且还与频率有关。在电力系统中,当 $l > 300$ km 时,输电线路中分布参数的特性比较明显,要对集中参数 Z,Y 进行修正,即用 Z' 和 Y' 表示的 Ⅱ 型等值电路,这时 Ⅱ 型等值电路中 $Z' = Z k_Z$,$Y' = Y k_Y$。对中距离输电线路,即 50 km $< l < 300$ km,且频率在 50 Hz 时,k_Z,k_Y 接近于 1,故可用 Z 及 Y 直接取代 Z',Y',不必进行参数的修正。这种电路称为标准 Ⅱ 型等值电路。对距离 $l < 50$ km 的输电线路,可以不计分布参数和对地电容的影响,即只用 $Z = Z_0 l$ 来表示短输电线路。

例 2-1　计算一无损耗开路输电线路受端的电压,并用三种模型比较其结果。$\dot{U}_1$ 是固定始端电压。

解　"开路"表示 $\dot{I}_2 = 0$,"无损耗"表示传播系数为实部 $\alpha = 0$,$\gamma = j\beta$。

长线模型:$\dot{U}_1 = \dot{U}_2 \cosh\gamma l = \dot{U}_2 \cos\beta l$

可以看出,在空载时,$\dot{U}_2 > \dot{U}_1$。

中线模型:$\dot{U}_1 = \left(1 + \dfrac{ZY}{2}\right)\dot{U}_2 = \left[1 + \dfrac{(\gamma l)^2}{2}\right]\dot{U}_2 = \left[1 - \dfrac{(\beta l)^2}{2}\right]\dot{U}_2$

括号[ ]中的项是 $\cos\beta l$ 级数展开的前两项,当 βl 很小时也有 $\dot{U}_2 > \dot{U}_1$。

短线模型: $\dot{U}_1 = \dot{U}_2$

只保留了 $\cos\beta l$ 级数展开的第一项,失去了在 βl 很小时 $\dot{U}_2 > \dot{U}_1$ 的特性。

下面用 110 kV 输电线路的典型参数 $\beta = 1.067 \times 10^{-3} l$,$f = 50$ Hz,对不同长度的线路,比较各种模型的 $\dot{U}_2$。

(1)当线路 $l = 50$ km 时,$\beta l \approx 0.053390$

长线: $\dot{U}_1 = 0.998575 \dot{U}_2$

中线: $\dot{U}_1 = 0.998574 \dot{U}_2$

短线: $\dot{U}_1 = \dot{U}_2$

可见,用简单的短线模型计算 $\dot{U}_2$ 造成的误差可以忽略。

(2)当线路 $l = 200$ km 时,$\beta l \approx 0.21354$

长线: $\dot{U}_1 = 0.977287 \dot{U}_2$

中线: $\dot{U}_1 = 0.997200 \dot{U}_2$

短线: $\dot{U}_1 = \dot{U}_2$

长线模型与中线模型间的差异不是很显著,在对计算结果要求不高的情况下可以忽略,短线模型的误差略有增加,在本算例中可达到 3%。

(3)当线路 $l = 600$ km 时,$\beta l \approx 0.64062$

长线: $\dot{U}_1 = 0.801725 \dot{U}_2$

中线: $\dot{U}_1 = 0.7948 \dot{U}_2$

短线: $\dot{U}_1 = \dot{U}_2$

随着线路的增长,长线和中线模型的差异增加,短线模型的误差已达 20% 左右。

从以上结果可以看出,在 50 Hz 情况下,采用中距离线路的标准 Ⅱ 型等值电路带来的误差并不是很大。因此,在一般正常稳态运行情况下常采用这种模型作为输电线路模型。

2.3　电力变压器

电力变压器是电力系统中的一个重要元件,它提供了可靠而且有效的变换电压的方法。按类型划分有双绕组变压器、三绕组变压器、自耦变压器以及各种有载调压变压器。按用途划分有升压变压器、降压变压器、配电变压器、联络变压器。在电力系统分析计算中,主要关注变压器各侧电压、电流和功率的关系,本节将讨论正常运行情况下变压器的等值电路。

2.3.1　双绕组变压器的等值电路

双绕组变压器一般用在只有两级电压的发电厂和变电站中,可分为单相变压器组和三相变压器组两类。单相变压器组是由三个单相变压器联接而成的,各相的磁路完全分开。三相变压器普遍采用三柱式铁芯,在正常对称运行条件下,三相磁势相量之和为零,它的电磁特性与单相变压器组相同。三相变压器与同容量单相变压器相比价格要低得多,在系统中优先采用。只有在变压器容量很大,制造或运输有困难时,才考虑采用单相变压器。正常运行时三相变压器的单相等值电路如图 2-10(a)所示。

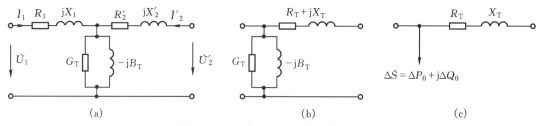

图 2 - 10　双绕组变压器的等值电路

该图是归算到一次侧的等值电路，R_1 和 X_1 为一次侧绕组的电阻和漏抗。R_2' 和 X_2' 为二次侧绕组的电阻和漏抗归算到一次侧的值，它与实际值的关系为：$R_2' = k^2 R_2$，$X_2' = k^2 X_2$。k 为变压器的一次侧额定电压 U_{1N} 和二次侧额定电压 U_{2N} 之比，即 $k = U_{1N}/U_{2N}$。二次侧电压和电流的归算值与实际值关系分别为 $U_2' = kU_2$，$I_2' = I_2/k$。

电力变压器的励磁电流 I_m 一般很小，为额定电流的 2% 左右，新产品大多数都小于 1%。为了简化计算，常采用图 2 - 10(b) 所示 Γ 型等值电路，把励磁支路移到两侧（一般是移到电源侧），其中 $R_T = R_1 + R_2'$，$X_T = X_1 + X_2'$。根据变压器出厂时所提供的短路实验和空载实验的数据可决定 R_T，X_T，G_T，B_T 四个参数的数值。

1.短路实验与变压器电阻 R_T 和漏抗 X_T

变压器的短路实验是将变压器二次侧短路，在一次侧逐渐加电压，直到二次侧达到其额定电流，此时测得的有功功率为短路损耗 P_K，测得的电源侧电压（一次侧所加电压）为短路电压，此电压与变压器额定电压 U_{1N} 之比的百分数称为短路电压百分数 U_K%。短路实验时，所加电压较低，变压器的铁耗很小，故可将短路损耗 P_K 看作是额定电流时变压器一次和二次绕组的总铜耗，即

$$P_K = 3 I_N^2 R_T \quad kW$$

在电力系统计算中，常用变压器三相额定容量 S_N 和额定线电压 U_N 进行参数计算。若 S_N，U_N，I_N 及 P_K 的单位分别采用 MV·A，kV，kA，kW，则有

$$R_T = \frac{P_K}{1000} \cdot \frac{U_N^2}{S_N^2} \quad \Omega \tag{2-23}$$

一般电力变压器绕组的漏抗 X_T 远大于电阻 R_T，例如 110 kV，25 MV·A 的变压器，其 $X_T/R_T = 16$，故可以近似认为短路电压全部降落在变压器的漏抗 X_T 上。

因此，可以写出如下关系

$$U_K\% = \frac{U_K}{U_N} \times 100 = \frac{\sqrt{3} I_N X_T}{U_N} \times 100$$

并进一步得到

$$X_T = \frac{U_K\%}{100} \cdot \frac{U_N^2}{S_N} \quad \Omega \tag{2-24}$$

一般 35 kV 双绕组变压器 $U_K\% \approx 6.5 \sim 8$；110 kV 变压器 $U_K\% \approx 10.5$；220 kV 变压器 $U_K\% \approx 12 \sim 14$。

2.空载实验与变压器电导 G_T 和电纳 B_T

变压器空载实验将二次侧三相开路，在一次侧加电压到额定值。这时测出的有功功率为

空载损耗 P_0，测得的电流为空载电流 I_0，也即为励磁电流 I_m。空载电流常用百分数表示：$I_0\% = \dfrac{I_0}{I_N} \times 100$。

由于变压器的空载电流很小，故可忽略一次侧绕组中的铜耗，近似认为空载损耗全部为变压器的铁损。因此可以写出如下关系：

$$P_0 = 3\left(\frac{U_N}{\sqrt{3}}\right)^2 G_T \times 10^3$$

从而得到

$$G_T = \frac{P_0}{1000 U_N^2} \quad \text{S} \tag{2-25}$$

式中：P_0 为空载损耗，kW；U_N 为变压器额定电压，kV。在励磁支路中，电导 G_T 远小于电纳 B_T，空载电流与流过 B_T 支路的电流几乎相等，因此

$$I_0\% = \frac{I_0}{I_N} \times 100 = \frac{U_N}{\sqrt{3}} B_T \cdot \frac{1}{I_N} \times 100 = \frac{U_N^2}{S_N} B_T \times 100$$

则有

$$B_T = \frac{I_0\%}{100} \cdot \frac{S_N}{U_N^2} \quad \text{S} \tag{2-26}$$

对双绕组变压器而言，建立等效电路时，参数有归算到哪一侧的问题。若式（2-23）～式（2-26）中电压用 U_{1N}，则参数为归算到一次侧的值；若用 U_{2N}，则参数为归算到二次侧的值。有时在工程计算中因变压器的电压变化不大，常把变压器的导纳支路表示成额定电压下的励磁功率的形式，如图 2-10(c) 所示，图中，$\Delta P_0 = P_0/1000$（MW），$\Delta Q_0 = U_N^2 B_T$（Mvar）。

2.3.2　三绕阻变压器的等值电路

三绕组变压器一般用在发电厂和变电站中有三级电压的场所，它具有减少变压器台数，减少投资，减少占地面积的优点。归算到一次侧的三绕组变压器的等值电路如图 2-11 所示。

三绕组变压器三个绕组的容量可以不同，以最大的一个绕组容量为变压器的额定容量。国产三绕组变压器一般有以下三种类型：100/100/100；100/50/100；100/100/50。首先讨论各绕组容量相等时三绕组变压器的参数计算。三绕组变压器的导纳由

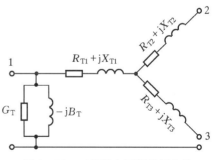

图 2-11　三绕组变压器等值电路

空载实验确定，其方法与双绕组变压器的情况完全一样，这里不再赘述。三绕组变压器的短路实验是在两两绕组之间做的。通过短路实验，可测得：$P_{K(1-2)}$，$P_{K(1-3)}$，$P_{K(2-3)}$，$U_{K(1-2)}\%$，$U_{K(1-3)}\%$，$U_{K(2-3)}\%$。设 P_{K1}，P_{K2}，P_{K3} 分别为三个绕组额定电流下的铜耗，则有

$$P_{K(1-2)} = P_{K1} + P_{K2}$$
$$P_{K(1-3)} = P_{K1} + P_{K3}$$
$$P_{K(2-3)} = P_{K2} + P_{K3}$$

由上式可解得

$$P_{K1} = \frac{1}{2}(P_{K(1-2)} + P_{K(1-3)} - P_{K(2-3)})$$

$$P_{K2} = \frac{1}{2}(P_{K(1-2)} + P_{K(2-3)} - P_{K(1-3)})$$ 　　(2-27)

$$P_{K3} = \frac{1}{2}(P_{K(1-3)} + P_{K(2-3)} - P_{K(1-2)})$$

参照式(2-23)可计算出各绕组的电阻分别为

$$R_{T1} = \frac{P_{K1}}{1000} \cdot \frac{U_N^2}{S_N^2} \quad \Omega$$

$$R_{T2} = \frac{P_{K2}}{1000} \cdot \frac{U_N^2}{S_N^2} \quad \Omega$$ 　　(2-28)

$$R_{T3} = \frac{P_{K3}}{1000} \cdot \frac{U_N^2}{S_N^2} \quad \Omega$$

式中各量的单位同式(2-23)。

设 $U_{K1}\%$,$U_{K2}\%$,$U_{K3}\%$ 为各绕组的短路电压百分数,则有

$$U_{K(1-2)}\% = U_{K1}\% + U_{K2}\%$$

$$U_{K(1-3)}\% = U_{K1}\% + U_{K3}\%$$

$$U_{K(2-3)}\% = U_{K2}\% + U_{K3}\%$$

解得

$$U_{K1}\% = \frac{1}{2}(U_{K(1-2)}\% + U_{K(1-3)}\% - U_{K(2-3)}\%)$$

$$U_{K2}\% = \frac{1}{2}(U_{K(1-2)}\% + U_{K(2-3)}\% - U_{K(1-3)}\%)$$ 　　(2-29)

$$U_{K3}\% = \frac{1}{2}(U_{K(1-3)}\% + U_{K(2-3)}\% - U_{K(1-2)}\%)$$

参照式(2-24)可得各绕组的等值电抗

$$X_{T1} = \frac{U_{K1}\%}{100} \cdot \frac{U_N^2}{S_N} \quad \Omega$$

$$X_{T2} = \frac{U_{K2}\%}{100} \cdot \frac{U_N^2}{S_N} \quad \Omega$$ 　　(2-30)

$$X_{T3} = \frac{U_{K3}\%}{100} \cdot \frac{U_N^2}{S_N} \quad \Omega$$

与双绕组参数计算相同,当参数归算到一次侧时式(2-28)和式(2-30)中用 U_{1N};当参数归算到二次侧则用 U_{2N};当参数归算到三次侧则用 U_{3N}。公式中各量的单位同双绕组计算公式。

对于三个绕组容量比不等的变压器,短路实验给出的功率损耗值是一对绕组中容量较小的一方达到它本身额定电流时的值,如对于 100/100/50 类型的变压器;$P_{K(1-3)}$,$P_{K(2-3)}$ 是在第三绕组达到额定电流,而第一、第二绕组只达到 $I_N/2$ 时得到的值;$P_{K(1-2)}$ 则是第一、第二绕组均为 I_N 时的值。短路电压与功率损耗情况类似。因此,在使用这些实验数据进行计算前,要把 $P_{K(1-3)}$ 和 $P_{K(2-3)}$ 归算到额定电流时的值。因为短路损耗与电流的平方成正比,短路电压

与电流成正比,则有

$$
\left.
\begin{aligned}
P_{K(1-3)} &= P'_{K(1-3)}\left(\frac{I_N}{I_N/2}\right)^2 = 4P'_{K(1-3)} \\
P_{K(2-3)} &= P'_{K(2-3)}\left(\frac{I_N}{I_N/2}\right)^2 = 4P'_{K(2-3)}
\end{aligned}
\right\} \tag{2-31}
$$

$$
\left.
\begin{aligned}
U_{K(1-3)}\% &= 2U'_{K(1-3)}\% \\
U_{K(2-3)}\% &= 2U'_{K(2-3)}\%
\end{aligned}
\right\} \tag{2-32}
$$

对于 100/50/100 类型的三绕组变压器也用同样的方法归算。短路损耗和短路电压归算后,就可以利用式(2-28)和式(2-30)计算各绕组电阻和等值电抗。

自耦变压器一般均为三绕组,低压绕组一般联结成三角形。它只有 100/100/50 一种类型。自耦变压器一、二次侧除了磁耦合外,还有电的联系。从变压器绕组端点来看,与三绕组变压器相同,它的等值电路和参数的确定均同三绕组变压器,不再详述。

最后还需说明变压器在其高压绕组(三绕组还包括中压绕组)除主接头外还有多个分接头,可改变高压侧(或中压侧)绕组的匝数,从而进行分级调压。若分接头可在带负荷即不停电的情况下调整,则称为有载调压变压器。有载调压变压器的分接头调节方便灵活,可随时随负荷的变化调整变压器的输出电压;但其价格较高,切换开关动作寿命较短。普通变压器只能在停电的情况下改变分接头,所以必须根据负荷的大致波动情况事先选择出适当的分接头,以保持变压器的输出电压在所要求的范围内。制造厂给出的实验数据是在主接头上进行试验的数据,所以求出的阻抗和导纳参数只适用于主接头,当切换到其它分接头时,这些参数均有变化,不过一般变压器调节范围有限,可以忽略由分接头变化而引起的参数变化。

与双绕组变压器一样,有时为了简化计算,并联支路用功率损耗形式表示,计算公式同双绕组。

例 2-2　某变电站装设一台 SSPSL1O—120000/220 型自耦变压器,额定电压为 242/121/10.5 kV,容量比为 100/100/50,其试验数据为

$$
P_{K(1-2)} = 700 \text{ kW}, \quad P'_{K(1-3)} = 260 \text{ kW}, \quad P'_{K(2-3)} = 230 \text{ kW},
$$

$$
U_{K(1-2)}\% = 24.7, \quad U'_{K(1-3)}\% = 7.45, \quad U'_{K(2-3)}\% = 4.5,
$$

$$
P_0 = 130.5 \text{ kW}, \quad I_0\% = 0.9
$$

求变压器归算到高压侧的等值参数和等值电路。

解　1.首先对短路损耗、短路电压百分数进行归算,并计算 $P_{K1}, P_{K2}, P_{K3}, U_{K1}\%, U_{K2}\%, U_{K3}\%$

$$
P_{K(1-3)} = 4P'_{K(1-3)} = 4 \times 260 = 1040 \text{ kW}
$$

$$
P_{K(2-3)} = 4P'_{K(2-3)} = 4 \times 230 = 920 \text{ kW}
$$

$$
P_{K1} = \frac{1}{2}(700 + 1040 - 920) = 410 \text{ kW}
$$

$$
P_{K2} = \frac{1}{2}(700 + 920 - 1040) = 290 \text{ kW}
$$

$$
P_{K3} = \frac{1}{2}(1040 + 920 - 700) = 630 \text{ kW}
$$

$$
U_{K(1-3)}\% = 2U'_{K(1-3)}\% = 2 \times 7.45 = 14.9
$$

$$
U_{K(2-3)}\% = 2U'_{K(2-3)}\% = 2 \times 4.5 = 9
$$

$$
U_{K1}\% = \frac{1}{2}(24.5 + 14.9 - 9) = 15.2
$$

$$U_{K2}\% = \frac{1}{2}(24.5+9-14.9)=9.3$$

$$U_{K3}\% = \frac{1}{2}(14.9+9-24.5)=-0.3$$

2. 利用式(2-28)计算各绕组的电阻

$$R_{T1} = \frac{410}{1000} \times \frac{242^2}{120^2} = 1.6674\ \Omega$$

$$R_{T2} = \frac{290}{1000} \times \frac{242^2}{120^2} = 1.1794\ \Omega$$

$$R_{T3} = \frac{630}{1000} \times \frac{242^2}{120^2} = 2.5622\ \Omega$$

3. 利用式(2-30)计算各绕组的电抗

$$X_{T1} = \frac{15.2 \times 242^2}{100 \times 120} = 74.181\ \Omega$$

$$X_{T2} = \frac{9.3 \times 242^2}{100 \times 120} = 45.387\ \Omega$$

$$X_{T3} = \frac{-0.3 \times 242^2}{100 \times 120} = -1.46\ \Omega$$

4. 计算励磁支路的电导和电纳 G_T，B_T

$$G_T = \frac{130.5}{1000 \times 242^2} = 2.228 \times 10^{-6}\ S$$

$$B_T = \frac{0.9 \times 120}{100 \times 242^2} = 1.844 \times 10^{-5}\ S$$

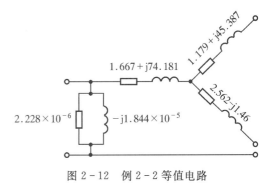

图 2-12　例 2-2 等值电路

等值电路如图 2-12 所示。

上述例题中 X_{T3} 计算出来为负值。这是由于三绕组变压器中同相的三个绕组漏磁通分布比双绕组复杂得多，每个绕组的漏磁通均由本身的漏磁通和其它绕组的互漏磁通组成，而计算时的三绕组等值电路实质上是将实际变压器用一个只有自漏磁通而没有互漏磁通的变压器等值。所以，等值电路 X_{T1}，X_{T2}，X_{T3} 是各绕组的等值自漏抗。当某一绕组受另两个绕组互漏磁的影响最大时，它的等值电抗最小，甚至为负，此负值只是数值上的等值，并不表明该绕组呈容性。此类情况在三绕组变压器中压侧和低压侧绕组都有可能出现。

2.4　多电压级电力系统

实际电力系统是由不同电压的电力网通过变压器联结而成的，系统的各元件（发电机、输电线路、变压器等）均处于不同的电压等级之中。在进行电力系统计算时必须建立全系统的等值电路。本节将介绍建立多电压级的电力网等值电路的方法。

2.4.1　多电压级电力网的等值电路

要建立多电压级的电力网等值电路，必须把系统中所有元件参数、各节点电压、各支路的电流归算到指定的某一个电压等级下，这一指定的电压等级称为基准级。原则上基准级可以任意指定,但是为了减少运算量,一般选元件较多的高压网,因为在基准级下的元件参数不必归算。设 $k_1, k_2, \cdots, k_n$ 为某元件所在电压级与基准级之间串联的 n 台变压器的变比。可按下列各式将该电压级中元件的参数及电气量归算到基准级:

$$\left.\begin{array}{l} R' = R(k_1 k_2 \cdots k_n)^2 \\ X' = X(k_1 k_2 \cdots k_n)^2 \\ B' = B\left(\dfrac{1}{k_1 k_2 \cdots k_n}\right)^2 \\ U' = U(k_1 k_2 \cdots k_n) \\ I' = I\left(\dfrac{1}{k_1 k_2 \cdots k_n}\right) \end{array}\right\} \qquad (2-33)$$

式中:R, X, B, U, I 分别为非基准级(未归算时)的电阻、电抗、电导、电纳、电压和电流。R',X', B', U', I' 分别为归算到基准级下的值。以上各式的变压器变比 k 取为

$$k = \frac{\text{指向基准级一侧的电压}}{\text{被归算一侧的电压}} \qquad (2-34)$$

值得注意,在归算中各变压器要用实际变比,若变压器分接头切换后,则要用切换后的分接头电压。由此可见,当某些变压器分接头改变时,等值电路中的某些参数要重新计算。

2.4.2 标幺值表示的多电压级电力网的等值电路

在电力系统的计算中,各元件的参数及其它电气量可以用有单位的有名值进行计算,也可以用一种没有量纲的标幺值进行计算。在标幺制中,一个物理量的标幺值是它的有名值与选定的同量纲基准值之比。因此,当选定的基准值不同时,对同一个物理量的有名值而言,其标幺值是不同的。标幺值的定义为

$$\text{物理量的标幺值} = \frac{\text{物理量的有名值}}{\text{物理量的基准值}}$$

标幺值计算的关键在于基准值的选取。首先各基准值应满足各有名物理量之间的各种关系。例如我们常用以下公式

$$S = \sqrt{3} UI, \quad U = \sqrt{3} ZI, \quad Y = 1/Z \qquad (2-35)$$

相应的基准值也应满足以下公式

$$S_B = \sqrt{3} U_B I_B, \quad U_B = \sqrt{3} Z_B I_B, \quad Y_B = 1/Z_B \qquad (2-36)$$

这样就可以保证标幺值表示的电路公式中各量之间的关系仍保持不变。在实际系统的计算中,一般先选定 S_B 和 U_B,其它基准值应按式(2-36)的关系求出

$$I_B = S_B / \sqrt{3} U_B \qquad (2-37)$$

$$Z_B = U_B^2 / S_B \qquad (2-38)$$

有了各量的基准值后,各量的标幺值很容易算出

$$\left.\begin{array}{l} S_* = (P + jQ)/S_B = P/S_B + jQ/S_B = P_* + jQ_* \\ Z_* = (R + jX)/Z_B = R/Z_B + jX/Z_B = R_* + jX_* \\ Y_* = 1/Z_*; \quad U_* = U/U_B; \quad I_* = I/I_B \end{array}\right\} \qquad (2-39)$$

其次,基准值选取应尽可能使标幺值直观,易于计算。例如基准功率通常取 100 MV·A 或 1000 MV·A,计算结果很容易从标幺值得到有名值,不易出错。又如,基准电压常选为网络

的额定电压,电力系统正常运行时,各节点电压一般在额定值附近,使各节点电压的标幺值均在 1 附近,这样不但能直观地评价各节点电压的质量,也容易判断计算的正确性。

电力系统中许多元件的参数,常用本身额定容量和额定电压为基准的标幺值表示。在这种情况下,应首先把不同基准值的标幺值换算成电力网统一基准值表示的标幺值才能进行计算。换算的方法是先计算出各元件的有名值,再用系统统一的基准值 S_B,U_B 化成新的标幺值。以阻抗为例有

$$Z_* = \left(Z_{*N} \cdot \frac{U_N^2}{S_N} \right) \frac{S_B}{U_B^2}$$

式中:Z_* 为统一基准值下的新标幺值;Z_{*N} 为基准值是 S_N,U_N 下的旧标幺值。

有了以上标幺值的概念和计算方法,很容易在有名值电力网等值电路基础上得到标幺值电力网等值电路。有关标幺值的近似计算方法将在短路计算中介绍。

2.5　简单电力系统的运行分析

电力系统正常运行情况下,运行、管理和调度人员需要知道在给定运行方式下各母线的电压是否满足要求,系统中的功率分布是否合理,元件是否过载,系统有功、无功损耗各是多少等情况。为了了解上述运行情况所做的计算,称为系统的潮流计算。潮流计算是电力系统中最基本、最常用的一种计算。我们先通过简单电力系统介绍一些基本的概念及手算潮流方法,然后再通过复杂电力系统介绍潮流计算的计算机计算方法。

2.5.1　电力网的电压降和功率损耗

首先讨论电力线路(也适用于变压器串联支路)的电压降。若先不考虑线路的并联支路,等值电路如图 2-13(a)所示。电压降落是首末端电压的相量差,以节点 2(受端)的相电压为参考相量,可以求出节点 1(始端)的相电压。线路的电压相量图如图 2-13(b)所示。

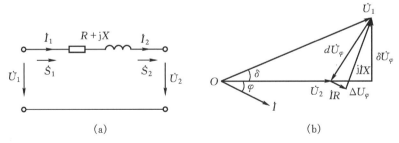

图 2-13　电力线路串联支路等值电路及相量图

在单相电路中有

$$\dot{U}_{1\varphi} = \dot{U}_{2\varphi} + d\dot{U}_{\varphi}$$

$d\dot{U}_{\varphi}$ 为线路的电压降落

$$d\dot{U}_{\varphi} = \dot{I}_{\varphi}(R + jX)$$
$$= \frac{\overset{*}{\dot{S}}_{2\varphi}}{\dot{U}_{2\varphi}}(R + jX) = \frac{P_{2\varphi} - jQ_{2\varphi}}{\dot{U}_{2\varphi}}(R + jX)$$

$$=\frac{P_{2\varphi}R+Q_{2\varphi}X}{U_{2\varphi}}+\mathrm{j}\frac{P_{2\varphi}X-Q_{2\varphi}R}{U_{2\varphi}}$$

上式中的实部称为电压降落的纵分量，用 ΔU_φ 表示，其数值为

$$\Delta U_\varphi=\frac{P_{2\varphi}R+Q_{2\varphi}X}{U_{2\varphi}} \tag{2-40}$$

上式中的虚部称为电压降落的横分量，用 δU_φ 表示，其数值为

$$\delta U_\varphi=\frac{P_{2\varphi}X-Q_{2\varphi}R}{U_{2\varphi}} \tag{2-41}$$

由相量图可以求得以末端电压为参考相量的始端电压幅值 $U_{1\varphi}$ 和相位角 δ 为

$$U_{1\varphi}=\sqrt{(U_{2\varphi}+\Delta U_\varphi)^2+(\delta U_\varphi)^2} \tag{2-42}$$

$$\delta=\arctan\frac{\delta U_\varphi}{U_{2\varphi}+\Delta U_\varphi} \tag{2-43}$$

电压损耗为首末端电压幅值之差

$$\Delta U=|U_{1\varphi}|-|U_{2\varphi}| \tag{2-44}$$

在线路较短时，线路两端相角差一般不大，可以忽略电压降落的横分量。近似认为

$$\begin{aligned}U_{1\varphi}&=U_{2\varphi}+\Delta U_\varphi\\&=U_{2\varphi}+\frac{P_{2\varphi}R+Q_{2\varphi}X}{U_{2\varphi}}\end{aligned} \tag{2-45}$$

可见，可以近似地用电压降落的纵分量 ΔU_φ 表示线路始末端的电压损耗。以上公式是以单相功率和相电压推导得出的，在电力系统分析中常用三相功率和线电压。式(2-40)～式(2-45)中将相电压改为线电压，单相功率换成三相功率，关系式仍然成立(请读者自行验证)。各量用标幺值表示也同样适用。在后面的分析和计算中，只要不作特殊说明，均是以单相图进行三相计算。

图 2-13(b)是以末端电压 $\dot{U}_2=U_2\angle 0°$ 为参考时的电压相量图。实际上也可以以始端电压 $\dot{U}_1$ 作为参考相量，这时虽然电压降落不变，但电压降纵分量 ΔU_φ 和电压降横分量 δU_φ 都不一样，因此相量图不一样，同时计算电压降落时要用始端功率。

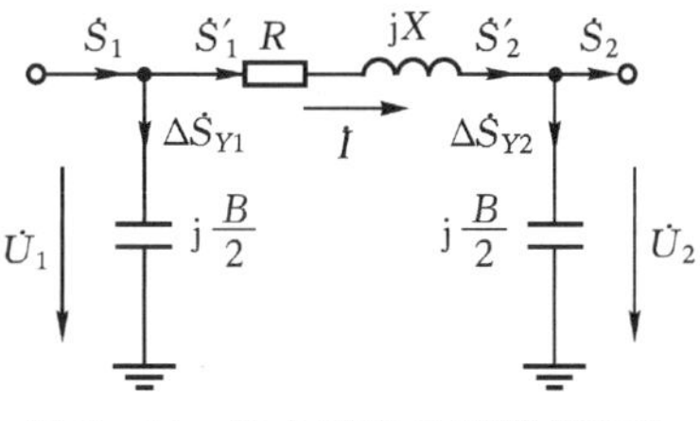

图 2-14 输电线路 Π 型等值电路

当线路流过电流或功率时，输电线路的电阻和电抗上必然产生功率损耗。图 2-14 中示出了输电线路的等值 Π 型电路。

设 $\Delta\dot{S}_Z$ 为串联支路三相功率损耗，$\dot{S}'_2$ 为串联支路末端功率，有

$$\begin{aligned}\Delta\dot{S}_Z&=3I^2(R+\mathrm{j}X)\\&=\frac{P_2'^2+Q_2'^2}{U_2^2}(R+\mathrm{j}X)\end{aligned} \tag{2-46}$$

设 $\Delta\dot{S}'_{Y2}$ 为线路末端并联支路消耗的功率，有

$$\Delta\dot{S}_{Y2}=\sqrt{3}\,\dot{U}_2\cdot\overset{*}{I}_{Y2}=\sqrt{3}\,\dot{U}_2\left(\frac{\dot{U}_2}{\sqrt{3}}\cdot\mathrm{j}\frac{B}{2}\right)^*=-\mathrm{j}U_2^2\frac{B}{2} \tag{2-47}$$

可见输电线路并联支路消耗的是容性无功功率,即发出感性无功功率,它的大小与所加电压的平方成正比,而与线路流过的负荷无直接关系,即使线路空载,也会存在这一功率,所以这一功率也称为充电功率。设 $\Delta \dot{S}'_{Y1}$ 为线路始端并联支路消耗的功率,同理有

$$\Delta \dot{S}_{Y1} = -jU_1^2 \frac{B}{2} \tag{2-48}$$

$$\dot{U}_1 = \dot{U}_2 + \frac{P'_2 R + Q'_2 X}{U_2} + j \frac{P'_2 X - Q'_2 R}{U_2}$$

$$P'_2 + jQ'_2 = P_2 + jQ_2 - jU_2^2 \frac{B}{2} \tag{2-49}$$

线路功率损耗为

$$\Delta \dot{S} = \Delta P + j\Delta Q = \frac{P_2'^2 + Q_2'^2}{U_2^2}(R + jX) - jU_1^2 \frac{B}{2} - jU_2^2 \frac{B}{2} \tag{2-50}$$

线路的电压损耗为

$$\Delta U = \frac{P'_2 R + Q'_2 X}{U_2} \tag{2-51}$$

在高压网中一般 $R \ll X$,故电压降落主要由无功功率流过电抗时产生。由式(2-46)可以看出,即使输电线路不输送有功($P'_2 = 0$),同样会存在有功功率的损耗,这意味着有能量的损耗。所以为了避免过大的电压降,避免有功功率损耗的增加,在电力系统中无功功率一般采取就地平衡的原则,避免远距离传送无功功率。

当输电线路轻载时,串联支路消耗的无功功率可能会小于并联支路的充电功率。由式(2-49)可以看出这时 Q'_2 为负值,而代入式(2-51)中,ΔU 为负值。也就是说这时出现了线路始端电压低于末端电压的情况,或者说若始端保持正常值时,末端电压将高于正常值。在超高压输电线路中,线路的充电功率比较大,而输电线路输送功率的功率因数比较高,输送的无功功率通常比较小,在严重的情况下末端电压的升高会给电力系统带来危害,这是不允许的。在超高压网中线路末端常接有并联电抗器,其作用就是为在线路空载或轻载时吸收充电功率,避免线路上出现过电压现象。

由图 2-13(b)的相量图可以看到,在高压网中若 $R \ll X$ 时,有

$$U_1 \sin\delta = IX \cos\varphi$$

将此式两边同乘以 U_2

$$U_1 U_2 \sin\delta = IU_2 \cos\varphi \cdot X$$

则

$$P_2 = \frac{U_1 U_2}{X} \sin\delta$$

上式说明当输电线路 U_1,U_2 一定时,P_2 的大小由 $\dot{U}_1$,$\dot{U}_2$ 之间的夹角决定。当 $\dot{U}_1$ 超前 $\dot{U}_2$ 时,$\delta > 0$,$P_2 > 0$,即有功功率从电压相量超前的一端流向电压相量滞后的一端。由图2-13(b)还可以看到

$$U_1 \cos\delta = U_2 + IX \sin\varphi$$

将上式进行变换

$$U_2(U_1 \cos\delta - U_2) = IU_2 \sin\varphi \cdot X$$

则有

$$Q_2 = \frac{U_2(U_1\cos\delta - U_2)}{X} \approx \frac{U_2(U_1 - U_2)}{X}$$

可见,输电线路上流过的 Q_2 的大小由 U_1 和 U_2 的幅值所决定。当 $U_1 > U_2$ 时,$Q_2 > 0$,即无功功率从电压幅值高的一端流向电压幅值低的一端。以上讨论的是输电线路的电压降落和功率损耗,可按同样的原理利用变压器的等值电路计算变压器的电压降落和功率损耗。变压器串联支路的电压降如式(2-40)~式(2-43)所示,功率损耗如式(2-46)所示,只是用变压器等值电阻 R_T 和电抗 X_T。变压器并联支路功率损耗如下式

$$\Delta \dot{S}_{TY} = U_1^2(G_T + jB_T) \tag{2-52}$$

变压器的总功率损耗为

$$\Delta P_T = \frac{P_2^2 + Q_2^2}{U_2^2}R_T + U_1^2 G_T \tag{2-53}$$

$$\Delta Q_T = \frac{P_2^2 + Q_2^2}{U_2^2}X_T + U_1^2 B_T \tag{2-54}$$

可以看出,变压器的有功功率损耗和无功功率损耗都是由两部分组成:一部分是与通过的负荷平方成正比的损耗;另一部分为与负荷无关的分量。而且变压器的并联支路是电感性的,因而它消耗感性无功功率。

2.5.2　辐射形电力网的潮流计算

负荷只能从一个方向得到电源的电力网称为辐射形电力网,也称为开式网。辐射形电力网有明确的始端和末端,功率流向确定,图 2-15(a)所示就是一个简单的开式网络。

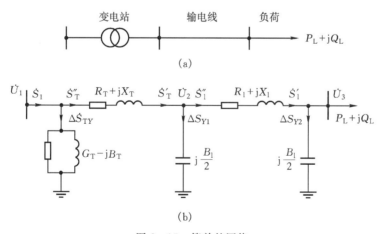

图 2-15　简单的网络

辐射形电力网的潮流计算就是根据已知的负荷、节点电压,求未知的节点电压、网络的功率分布、电压降落和功率损耗。由于开式网络结构简单,因此潮流计算也较为简单,根据已知条件的不同,一般分为以下两种。

1.已知同一点电压和功率的潮流计算

图 2-15(b)为图(a)的等值电路。设已知末端的功率 P_L+jQ_L 及末端电压 $\dot{U}_3$，求始端的功率 $\dot{S}_1$ 及始端电压 $\dot{U}_1$。由于已知同一点的功率和电压，可直接用上述公式由末端逐级向始端推算。为使计算步骤清楚明了，各点的功率均标在等值电路图中。

线路串联支路末端功率

$$\dot{S}'_1 = P'_1 + jQ'_1 = P_L + jQ_L - jU_3^2\frac{B_1}{2}$$

线路串联支路始端功率

$$\dot{S}''_1 = P''_1 + jQ''_1 = P'_1 + jQ'_1 + \frac{P'^2_1 + Q'^2_1}{U_3^2}(R_1 + jX_1)$$

线路始端电压

$$\dot{U}_2 = \dot{U}_3 + d\dot{U}_1 = \dot{U}_3 + \frac{P'_1R_1 + Q'_1X_1}{U_3} + j\frac{P'_1X_1 - Q'_1R_1}{U_3}$$

线路始端的充电功率

$$\triangle\dot{S}''_{lY_1} = -jU_2^2\frac{B_1}{2}$$

变压器末端功率

$$\dot{S}'_T = P'_T + jQ'_T = P''_1 + jQ''_1 - jU_2^2\frac{B_1}{2}$$

变压器串联支路始端功率

$$\dot{S}''_T = P''_T + jQ''_T = P'_T + jQ'_T + \frac{P'^2_T + Q'^2_T}{U_2^2}(R_T + jX_T)$$

电压 $\dot{U}_1$ 为

$$\dot{U}_1 = \dot{U}_2 + \triangle\dot{U}_T = \dot{U}_2 + \frac{P'_TR_T + Q'_TX_T}{U_2} + j\frac{P'_TX_T - Q'_TR_T}{U_2}$$

变压器并联支路损耗

$$\triangle\dot{S}_{TY} = U_1^2(G_T + jB_T)$$

输入变压器的功率为

$$\dot{S}_1 = P''_T + jQ''_T + U_1^2(G_T + jB_T)$$

如果已知端电压和始端功率，要求末端电压和功率，则可用相同的方法从变压器始端逐步推算出各点电压和网络的功率分布，不同的只是电压降落和功率损耗的符号不同。

2.已知不同点电压和功率的潮流分布计算

在电力系统中通常已知末端负荷的功率。而始端或者是发电厂，或者是变电站，发电厂母线电压和某些电压中枢点的变电站的电压往往是已知的。故一般在图 2-15 中已知末端功率 P_L+jQ_L 和始端电压 $\dot{U}_1$，待求末端电压 $\dot{U}_3$ 和始端功率 $\dot{S}_1$。对这类问题可以采用逐步逼近或迭代法求解。

第一步先设末端电压为网络额定电压，然后按已知同一点电压和功率的方法进行功率分布计算。在这一步的计算中认为除首端电压外，其它节点电压均为网络额定电压，不必进行电压降落的计算。

第二步用求得的始端功率和始端电压进行电压分布计算。

在要求精确的场合可以不断地进行迭代直至满足要求。一般在实用手算时只需进行一次功率分布和一次电压分布计算。下面用例题说明该方法的具体计算步骤。

例 2 - 3　简单辐射网及等值电路如图 2 - 16 所示。已知末端负荷功率 $\dot{S}_L = 10 + j8\ MV\cdot A$，始端电压为 115 kV。线路参数 $R_1 + jX_1 = 10.5 + j20.1\ \Omega$，$j\dfrac{B_1}{2} = j6.975 \times 10^{-5}\ S$。变压器参数为 31500 kV·A，110/11 kV，$P_K = 86\ kW$，$U_K\% = 10.5$，$P_0 = 23.5\ kW$，$I_0\% = 0.9$。试进行功率和电压分布计算。

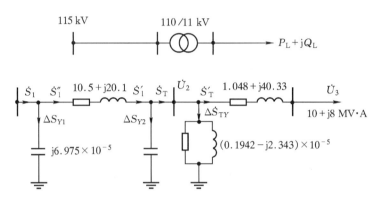

图 2 - 16　例 2 - 3 网络及等值电路图

解　1.求变压器等值电路参数（归算到高压侧）

$$R_T = \frac{86}{1000} \times \frac{110^2}{31.5^2} = 1.048\ \Omega$$

$$X_T = \frac{10.5}{100} \times \frac{110^2}{31.5} = 40.333\ \Omega$$

$$G_T = \frac{23.5}{1000} \times \frac{1}{110^2} = 1.942 \times 10^{-6}\ \Omega$$

$$B_T = \frac{0.9}{100} \times \frac{31.5}{110^2} = 2.343 \times 10^{-5}\ \Omega$$

2.设各节点电压为 U_N（除始端外），从末端至始端求功率分布

$$\Delta \dot{S}_T = \frac{10^2 + 8^2}{110^2} \times (1.048 + j40.333) = 0.014 + j0.547\ MV\cdot A$$

$$\dot{S}'_T = 10 + j8 + 0.014 + j0.547 = 10.014 + j8.547\ MV\cdot A$$

$$\Delta \dot{S}_{TY} = 110^2 \times (1.942 \times 10^{-6} + j2.343 \times 10^{-5}) = 0.024 + j0.248\ MV\cdot A$$

$$\dot{S}_T = 10.014 + j8.547 + 0.024 + j0.284 = 10.034 + j8.824\ MV\cdot A$$

$$\Delta \dot{S}_{Y2} = 110^2 \times (-j6.975 \times 10^{-5}) = -j0.844\ MV\cdot A$$

$$\dot{S}'_1 = 10.038 + j8.824 - j0.844 = 10.038 + j7.980\ MV\cdot A$$

$$\Delta \dot{S}_1 = \frac{10.038^2 + 7.987^2}{110^2} \times (10.5 + j20.1) = 0.143 + j0.273\ MV\cdot A$$

$$\dot{S}''_1 = 10.038 + j7.987 + 0.143 + j0.273 = 10.181 + j8.253\ MV\cdot A$$

$$\Delta \dot{S}_{Y1} = 115^2 \times (-j6.975 \times 10^{-5}) = -j0.922\ MV\cdot A$$

$$\dot{S}_1 = 10.181 + j8.253 - j0.922 = 10.181 + j7.331 \ \text{MV·A}$$

3.求电压 $\dot{U}_2, \dot{U}_3$

$$\dot{U}_2 = \dot{U}_1 - \Delta \dot{U}_1$$

$$= 115\angle 0° - \frac{10.181 \times 10.5 + 8.253 \times 20.1}{115} - j\frac{10.181 \times 20.1 - 8.253 \times 10.5}{115}$$

$$= 115 - 2.372 - j1.026$$

$$= 112.628 - j1.026$$

$$= 112.633\angle -0.523° \ \text{kV}$$

$$\dot{U}_3 = \dot{U}_2 - \Delta \dot{U}_T$$

$$= 112.633 - \frac{10.014 \times 1.048 + 8.547 \times 40.333}{112.633} - j\frac{10.014 \times 40.333 - 8.547 \times 1.048}{112.633}$$

$$= 109.479 - j3.506$$

$$= 109.535\angle -1.83° \ \text{kV}$$

归算到低压侧的 $\dot{U}_3$ 为

$$\dot{U}_3 = 109.535\angle -1.83° \times \frac{11}{110} = 10.954\angle -1.83° \ \text{kV}$$

电力系统中的网络结构并不都是辐射形。在高压输电系统中往往采用环形网络和多端供电网络。这种结构下,负荷可以从两个和两个以上的方向得到电源,所以供电的可靠性高,通常也把环形网和多端供电网络称为闭式网。闭式网的结构复杂,因此在手算潮流时,常采用近似方法,而且比开式网潮流计算方法复杂。这里不再详述,有兴趣的读者可参阅文献[8,10]。

2.5.3　电力系统中的电能损耗计算

在电力系统中,不但要进行功率损耗的计算,而且还要进行电能损耗的计算。若流经电力线路和变压器的负荷功率在一段时间 T 内不变时,电能损耗可用下式计算:

$$\Delta A = \Delta PT = \frac{P^2 + Q^2}{U^2} RT$$

式中: ΔP 为线路或变压器的有功损耗; P, Q 为流经线路或变压器的有功及无功功率; R 为线路或变压器的电阻。

在一般情况下,线路和变压器串联支路中的功率是随时间变化的。因此,不能简单地用上式来计算电能损耗,需用积分式来计算:

$$\Delta A = \int_0^T \Delta P(t) \mathrm{d}t = R \int_0^T \left(\frac{S}{U}\right)^2 \mathrm{d}t \qquad (2-55)$$

一般 T 取 8760 h,这时的 ΔA 即为全年的电能损耗。由于负荷随时间变化规律很难用简单的函数式表示,因而直接用式(2-55)来计算线路和变压器中的电能损耗比较困难。在工程计算中常采用一些近似的方法计算电力网的电能损耗。最常用的方法是利用最大负荷损耗时间法来近似计算电能损耗。

当 U 维持常数,功率因数为 1.0 时,式(2-55)可改写为

$$\Delta A = \frac{P_{max}^2 R}{U^2} \int_0^{8760} P_*^2(t) \mathrm{d}t = \Delta P_{max} \tau_{max} \qquad (2-56)$$

式中: $\Delta P_{max} = \dfrac{P_{max}^2 R}{U^2}$ 为流过最大负荷功率时的有功功率损耗, τ_{max} 称为最大负荷损耗时间,且

$$\tau_{\max} = \int_0^{8760} P_*^2(t)\,\mathrm{d}t$$

式 $(2-56)$ 中的 $P_*(t)$ 为功率 $P(t)$ 的标幺值

$$P_*(t) = P(t)/P_{\max}$$

如图 $2-17$ 所示,以最大负荷功率 $P_{\max}$ 为基准值作负荷曲线 AB,其下方的面积 $OABD$ 即为最大负荷利用小时 $T_{\max}$,而 $P^2(t)$ 下的面积 $OACD$ 即为 $\tau_{\max}$。显然,$\tau_{\max}$ 与负荷曲线的形状有关,$T_{\max}$ 愈大则 $\tau_{\max}$ 也俞大,在任何情况下 $\tau_{\max} \leqslant T_{\max}$。根据一些典型的负荷曲线求出一系列 $(T_{\max},\tau_{\max})$,这样就可以建立两者之间的函数关系。换言之,可以由 $T_{\max}$ 求出(或查出)$\tau_{\max}$。$\tau_{\max}$ 除了与负荷曲线有关外,还与其功率因数有关。因为一般负荷的有功功率曲线与无功功率曲线是

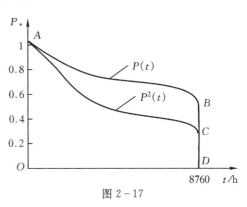

图 $2-17$

不同的。具体地讲,无功功率在一年中的变化比较平缓,因此考虑无功功率后,$\tau_{\max}$ 有增大的趋势。而且功率因数愈低,则无功功率对整个 ΔA 的影响愈大,所以 $\tau_{\max}$ 增大的趋势也愈明显。$\tau_{\max}$ 与 $T_{\max}$ 及最大负荷时的功率因数 $\cos\varphi$ 的关系如表 $2-1$ 所示。一般可由负荷的性质查出 $T_{\max}$,再根据 $T_{\max}$ 及 $\cos\varphi$ 查出 $\tau_{\max}$ 值,即可利用式 $(2-56)$ 计算全年的电能损耗。

表 $2-1$　最大负荷损耗时间 $\tau_{\max}$ 与最大负荷利用小时数 $T_{\max}$ 的关系

$T_{\max}/\mathrm{h}$	$\cos\varphi$				
	0.60	0.85	0.90	0.95	1.00
2000	1500	1200	1000	800	700
2500	1700	1500	1250	1100	950
3000	2000	1800	1600	1400	1250
3500	2350	2150	2000	1800	1600
4000	2750	2600	2400	2200	2000
4500	3150	3000	2900	2700	2500
5000	3600	3500	3400	3200	3000
5500	4100	4000	3950	3750	3600
6000	4650	4600	4500	4350	4200
6500	5250	5200	5100	5000	4850
7000	5950	5900	5800	5700	5600
7500	6500	6600	6550	6500	6400
8000	7400	—	7350	—	7250

变压器并联支路的电能损耗可按下式进行计算:

$$\Delta A_Y = P_0 T \quad \mathrm{kW \cdot h}$$

式中:T 为变压器每年投入运行的小时数;P_0 为变压器的空载损耗,kW。当有 n 台变压器并联运行,并且电压为额定值时,全年的电能损耗为

$$\Delta A = \frac{S_{\max}^2}{n S_N^2} P_K \tau_{\max} + n P_0 T \quad \mathrm{kW \cdot h} \qquad (2-57)$$

式中:S_N 为变压器的额定容量,MV·A;S_{max} 为变压器的最大负荷,MV·A;n 为并联运行的变压器台数;P_K 为变压器短路损耗,kW;τ_{max} 为最大负荷损耗时间,h。

2.6　复杂电力系统潮流计算

实际中的电力系统在不断地扩大,结构也日益复杂,已不可能用上节介绍的人工手算的方法来计算复杂系统的潮流。随着计算技术的迅速发展和普及,电子计算机已成为分析计算复杂电力系统各种运行情况的主要工具。在本节中将介绍利用计算机计算电力系统潮流的数学模型和计算方法。

2.6.1　节点电压方程与导纳矩阵和阻抗矩阵

下面以简单的三母线系统为例说明建立电力网节点电压方程的方法。

图 2-18(a)示出三母线系统结线图。为分析方便,暂时略去变压器。

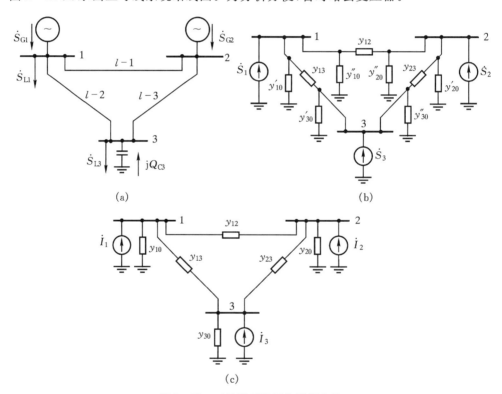

图 2-18　三母线系统图和等值电路

母线 1 上接有发电机 G_1 和地区负荷 $\dot S_{L1}$,母线 2 上只接有发电机 G_2;母线 3 上接有负荷 $\dot S_{L3}$,同时接有向系统提供感性无功功率 Q_{C3} 的并联电容器组。各母线上的电源称为母线注入功率,各母线上的负荷称为母线抽出功率。把各个节点上的母线注入功率(取正号)和母线抽出功率(取负号)加起来,称为向母线注入的节点功率。将各节点的注入功率用功率源表示,线路用导纳型等值 Ⅱ 型电路表示,可得出三母线系统的等值电路如图 2-18(b)所示,其中

$$\dot{S}_1 = \dot{S}_{G1} - \dot{S}_{L1}$$

$$\dot{S}_2 = \dot{S}_{G2}$$

$$\dot{S}_3 = jQ_{C3} - \dot{S}_{L3}$$

若把各节点导纳相加,把节点功率源变换成电流源,可得到用电流源表示的等值电路如图 2-18(c)所示。从而可建立起三母线电力网的节点电压方程:

$$\dot{I}_1 = Y_{11} \dot{U}_1 + Y_{12} \dot{U}_2 + Y_{13} \dot{U}_3$$

$$\dot{I}_2 = Y_{21} \dot{U}_1 + Y_{22} \dot{U}_2 + Y_{23} \dot{U}_3$$

$$\dot{I}_3 = Y_{31} \dot{U}_1 + Y_{32} \dot{U}_2 + Y_{33} \dot{U}_3$$

显然

$$Y_{11} = y_{10} + y_{12} + y_{13} \qquad Y_{12} = Y_{21} = -y_{12}$$

$$Y_{22} = y_{20} + y_{12} + y_{23} \qquad Y_{13} = Y_{31} = -y_{13}$$

$$Y_{33} = y_{30} + y_{13} + y_{23} \qquad Y_{23} = Y_{32} = -y_{23}$$

写成矩阵形式

$$\begin{bmatrix} \dot{I}_1 \\ \dot{I}_2 \\ \dot{I}_3 \end{bmatrix} = \begin{bmatrix} Y_{11} & Y_{12} & Y_{13} \\ Y_{21} & Y_{22} & Y_{23} \\ Y_{31} & Y_{32} & Y_{33} \end{bmatrix} \begin{bmatrix} \dot{U}_1 \\ \dot{U}_2 \\ \dot{U}_3 \end{bmatrix} \qquad (2-58)$$

简写为 $I = YU$,Y 阵为节点导纳矩阵。

把式(2-58)两边左乘节点导纳矩阵的逆阵,可得以节点阻抗表示的节点方程:

$$\begin{bmatrix} \dot{U}_1 \\ \dot{U}_2 \\ \dot{U}_3 \end{bmatrix} = \begin{bmatrix} Z_{11} & Z_{12} & Z_{13} \\ Z_{21} & Z_{22} & Z_{23} \\ Z_{31} & Z_{32} & Z_{33} \end{bmatrix} \begin{bmatrix} \dot{I}_1 \\ \dot{I}_2 \\ \dot{I}_3 \end{bmatrix} \qquad (2-59)$$

简写为 $U = ZI$,Z 阵为节点阻抗矩阵 $Z = Y^{-1}$。

由三母线系统很容易推广到有 n 个母线的系统。n 节点系统的导纳矩阵表示的节点方程为

$$\begin{bmatrix} \dot{I}_1 \\ \dot{I}_2 \\ \vdots \\ \dot{I}_i \\ \vdots \\ \dot{I}_j \\ \vdots \\ \dot{I}_n \end{bmatrix} = \begin{bmatrix} Y_{11} & Y_{12} & \cdots & Y_{1i} & \cdots & Y_{1j} & \cdots & Y_{1n} \\ Y_{21} & Y_{22} & \cdots & Y_{2i} & \cdots & Y_{2j} & \cdots & Y_{2n} \\ \vdots & \vdots & & \vdots & & \vdots & & \vdots \\ Y_{i1} & Y_{i2} & \cdots & Y_{ii} & \cdots & Y_{ij} & \cdots & Y_{in} \\ \vdots & \vdots & & \vdots & & \vdots & & \vdots \\ Y_{j1} & Y_{j2} & \cdots & Y_{ji} & \cdots & Y_{jj} & \cdots & Y_{jn} \\ \vdots & \vdots & & \vdots & & \vdots & & \vdots \\ Y_{n1} & Y_{n2} & \cdots & Y_{ni} & \cdots & Y_{nj} & \cdots & Y_{nn} \end{bmatrix} \begin{bmatrix} \dot{U}_1 \\ \dot{U}_2 \\ \vdots \\ \dot{U}_i \\ \vdots \\ \dot{U}_j \\ \vdots \\ \dot{U}_n \end{bmatrix} \qquad (2-60)$$

简写为 $\dot{I}_n = Y_n \dot{U}_n$。从式(2-60)可以看出,当在节点 i 加单位电压($\dot{U}_i = 1$),而其它点均接地时($\dot{U}_j = 0, j = 1, \cdots, n, j \neq i$),节点导纳矩阵的自导纳 Y_{ii} 的数值等于此时注入节点 i 的电流值

$$\dot{I}_i = Y_{ii}$$

也即当除节点 i 外,其它节点均接地时,i 点对地的总导纳,数值上等于

$$Y_{ii} = y_{i0} + \sum_{j \in i}^{n} y_{ij}$$

$j \in i$ 的含义为与 i 节点有直接联系的 j 节点。同时可以看到,当节点 i 加单位电压,而其它节点均接地时,节点导纳矩阵的互导纳 Y_{ij} 的数值等于此时节点 j 的注入电流

$$\dot{I}_j = Y_{ij} = -y_{ij}$$

因为 $\dot{I}_j$ 实际上是由 j 节点流出的电流,故互导纳为负值。

电力网的导纳矩阵具有如下特点:

①为 $n \times n$ 阶复数矩阵。

②每一非对角元素 Y_{ij} 是节点 i 和 j 之间支路导纳的负值。当 i 和 j 之间没有直接联系时 $Y_{ij} = 0$。在实际电力系统中,每一节点平均与 $3 \sim 5$ 个相邻节点有直接联系,故导纳矩阵为稀疏矩阵。

③为对称矩阵,有 $Y_{ij} = Y_{ji}$。计算机中存放导纳矩阵时,只需存放上三角(或下三角),以节约内存。

n 节点系统阻抗矩阵表示的节点方程为

$$
\begin{bmatrix} \dot{U}_1 \\ \vdots \\ \dot{U}_i \\ \vdots \\ \dot{U}_j \\ \vdots \\ \dot{U}_n \end{bmatrix} =
\begin{bmatrix}
Z_{11} & \cdots & Z_{1i} & \cdots & Z_{1j} & \cdots & Z_{1n} \\
\vdots & & \vdots & & \vdots & & \vdots \\
Z_{i1} & \cdots & Z_{ii} & \cdots & Z_{ij} & \cdots & Z_{in} \\
\vdots & & \vdots & & \vdots & & \vdots \\
Z_{j1} & \cdots & Z_{ji} & \cdots & Z_{jj} & \cdots & Z_{jn} \\
\vdots & & \vdots & & \vdots & & \vdots \\
Z_{n1} & \cdots & Z_{ni} & \cdots & Z_{nj} & \cdots & Z_{nn}
\end{bmatrix}
\begin{bmatrix} \dot{I}_1 \\ \vdots \\ \dot{I}_i \\ \vdots \\ \dot{I}_j \\ \vdots \\ \dot{I}_n \end{bmatrix}
\tag{2-61}
$$

简写为 $\dot{U}_n = \mathbf{z}_n \dot{I}_n$。

当在节点 i 注入一单位电流($\dot{I}_i = 1$),其余节点均开路($\dot{I}_j = 0, j = 1, \cdots, n, j \neq i$)时,节点阻抗矩阵的自阻抗 Z_{ii} 等于此时节点 i 的电压值,即

$$\dot{U}_i = Z_{ii}$$

Z_{ii} 也可以看成是其它节点开路时,节点 i 对地的等值阻抗。节点阻抗矩阵的互阻抗 Z_{ij} 等于此时节点 j 的电压值,即

$$\dot{U}_j = Z_{ij}$$

一般情况下,注入单位电流的节点 i 的电压要大于其它节点总电压,所以 $Z_{ii} > Z_{ij}$。

电力网阻抗矩阵的特点如下:

①为 $n \times n$ 阶复数矩阵。

②$Z_{ji} = Z_{ij}$,为对称矩阵。

③当节点 i 注入单位电流时,$U_j \neq 0, (j = 1, \cdots, n, j \neq i)$,所以 $Z_{ji} \neq 0$,阻抗矩阵为满阵。

④阻抗矩阵不能通过网络图直接得到,必须通过导纳矩阵求逆或其它方式形成。

以上的讨论中没有涉及变压器,当变压器用下面介绍的 Ⅱ 型等值电路表示后,很容易形成网络的节点导纳矩阵,节点电压方程的形成也不存在问题。

2.6.2　具有非标准变比变压器的等值电路

在电力系统正常运行中,常常需要改变某些变压器分接头的位置,以调整有关母线的电压。在 2.4.1 节中曾经提到,当某些变压器分接头位置改变时,电力网等值电路中的某些参数要重新归算。对于大规模复杂的电力网,这将需要花费很大的工作量,而且也很不方便。在利用计算机进行潮流计算时,采用一种包含变比的变压器的等值电路。当变压器分接头改变时,只需改变变压器等值电路中的参数,而不必重新计算其它参数,从而简化了计算。下面介绍这种变压器模型。

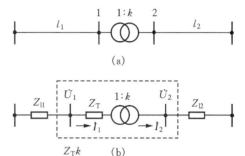

图 $2-19$(a)示出一多电压级网络,k 为变压器的变比,$k=U_2/U_1$。在图 $2-19$(b)中实际的变压器用一个归算到 1 侧的变压器阻抗和一个变比为 k 的理想变压器(无损耗)来代替。线路 l_1,l_2 的阻抗 Z_{l1},Z_{l2} 分别为线路所在电压级下的阻抗值。在这个电路中除变压器参数归算到 1 侧外,线路参数均未归算。

图 $2-19$　包含变比的多电压级网络

对图 $2-19$(b)虚线框内的变压器,可列出如下方程:

$$(\dot{U}_1 - Z_{\mathrm{T}} \dot{I}_1)k = \dot{U}_2 \tag{2-62}$$

$$\dot{I}_1 = k \dot{I}_2 \tag{2-63}$$

由以上两式可以解出:

$$\dot{I}_1 = \frac{k-1}{Z_{\mathrm{T}}k}\dot{U}_1 + \frac{1}{Z_{\mathrm{T}}k}(\dot{U}_1 - \dot{U}_2) \tag{2-64}$$

$$\dot{I}_2 = \dot{I}_1/k = -\frac{(k-1)}{Z_{\mathrm{T}}k^2}\dot{U}_2 + \frac{1}{Z_{\mathrm{T}}k}(\dot{U}_1 - \dot{U}_2) \tag{2-65}$$

由式($2-64$),式($2-65$)可得到图 $2-20$(a)所示用阻抗表示的变压器 Ⅱ 型等值电路。变压器采用这种等值电路时,不管变比 k 是否变化,两侧电压和电流都是实际值,不存在归算问题,只是变压器等值电路中的参数发生了变化。

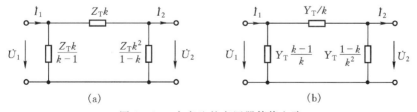

图 $2-20$　含变比的变压器等值电路

若令 $Y_{\mathrm{T}}=1/Z_{\mathrm{T}}$,可得出如图 $2-20$(b)所示的用导纳表示的 Ⅱ 型等值电路。这种变压器的 Ⅱ 型等值电路是不对称的,三个支路中的阻抗是数学上的等值,不像变压器 Γ 型电路中的参数有明确的物理意义。当 $k\neq1$ 时,两条并联支路的阻抗符号总相反,负号总是出现在电压等级较高一侧的支路中。

在电力系统的具体计算时,常采用称为非标准变比的变压器等值电路。系统等值电路的参数按事先选定的基准电压归算到基准级,基准电压一般取变压器两侧电力网额定电压。如前所述图 2-19(a)中,取 Z_{l1} 所在的电压级为基本级,Z_{l2} 需要用基准变比归算到基本级变为 Z'_{l2}。在这种情况下,可以做出图 2-21(a)的电路,当取 $k_* = \dfrac{U_2/U_1}{U_{2B}/U_{1B}}$ 时,显然与图 2-19(b)是完全一样的。我们可以做出图 2-21(b)的电路,称 U_{2B}/U_{1B} 为标准变比,称 k_* 为非标准变比或变比标幺值。图中 $Z'_{l2}=Z_{l2}(U_{1B}/U_{2B})^2$,把图(b)中非标准变比变压器用 Ⅱ 型等值电路表示,可得到图 2-21(c)所示的电力网等值电路。当变压器分接头变化时,只有 Ⅱ 型等值电路的参数发生变化,其它参数的归算都不发生变化。当 Z_{l1},Z_{l2} 以事先选定的基准功率 S_B 和基准电压 U_B 化为标幺值时,U_{1B} 和 U_{2B} 选为基准电压之比,以上方法同样正确。非标准变比三绕组变压器也可根据上述原理作出等值电路,有兴趣的读者可参阅参考书[5,8]有关章节。

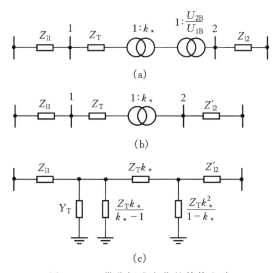

图 2-21　带非标准变化的等值电路

2.6.3　电力系统的功率方程

在实际的电力系统中,已知运行条件往往不是节点的注入电流而是发电机和负荷的功率。因此不能用上节介绍的节点电压方程来进行潮流计算。必须在已知节点导纳矩阵的情况下,用已知的节点功率来代替未知的节点注入电流,再求得各节点电压,进而求得整个系统的潮流分布。

某节点 i 的节点电压方程可改写为

$$\overset{*}{\dot{I}}_i = \frac{\overset{*}{\dot{S}}_i}{\overset{*}{\dot{U}}_i} = \sum_{j \in i}^{n} \dot{Y}_{ij} \dot{U}_j$$

$$\dot{S}_i = \dot{U}_i \sum_{j \in i}^{n} \overset{*}{\dot{Y}}_{ij} \overset{*}{\dot{U}}_j \qquad (2-66)$$

功率方程中的节点电压可以用不同形式表示。当节点电压 $\dot{U}_i$ 用直角坐标形式 $\dot{U}_i = e_i + jf_i$ 表示时,可得直角坐标的功率方程。若导纳矩阵元素为 $Y_{ij}=G_{ij}+jB_{ij}$,把功率方程展开成实数形式,在 n 个节点的系统中可得到 $2n$ 个实数的方程:

$$P_i = e_i \sum_{j \in i}^{n} (G_{ij}e_j - B_{ij}f_j) + f_i \sum_{j \in i}^{n} (G_{ij}f_j + B_{ij}e_j)$$
$$i = 1, \cdots, n \qquad (2-67)$$
$$Q_i = f_i \sum_{j \in i}^{n} (G_{ij}e_j - B_{ij}f_j) - e_i \sum_{j \in i}^{n} (G_{ij}f_j + B_{ij}e_j)$$

若节点电压用极坐标表示 $\dot{U}_i = U_i e^{j\delta_i}$，$\dot{U}_j = U_j e^{j\delta_j}$，可得用极坐标表示的 $2n$ 个实数方程：

$$P_i = U_i \sum_{j \in i}^{n} U_j (G_{ij}\cos\delta_{ij} + B_{ij}\sin\delta_{ij})$$
$$i = 1, \cdots, n \qquad (2-68)$$
$$Q_i = U_i \sum_{j \in i}^{n} U_j (G_{ij}\sin\delta_{ij} - B_{ij}\cos\delta_{ij})$$

式中：$\delta_{ij} = \delta_i - \delta_j$。

很容易看出，电力系统的每个节点上有 4 个变量：节点注入有功功率 P_i；节点注入无功功率 Q_i；节点电压实部 e_i；节点压虚部 f_i（或是电压的幅值 U_i 和相角 δ_i）。也就是说在 n 个母线系统中有 $4n$ 个变量，用以上 $2n$ 个方程是解不出 $4n$ 个变量的。为了使潮流计算有确定的解，必须根据系统的实际情况给定 $2n$ 个变量，去求其余 $2n$ 个变量。这就是系统节点分类的问题。在潮流计算中常把节点分成三类。

①PQ 节点：已知节点的有功功率 P_i 和无功功率 Q_i，求节点的电压幅值和角度。这种节点对应于实际系统中的负荷节点和给定发电机有功和无功出力的发电机节点。

②PV 节点：已知节点的有功功率 P_i 和需要维持的电压幅值 U_i，待求的是节点的无功功率 Q_i 和电压角度 δ_i。这种节点对应于给定发电机有功出力并控制发电机母线电压的发电厂母线及装有无功补偿装置的变电站母线。

③平衡节点：这种节点用来平衡全系统的功率。由于电网中的有功和无功损耗均为各母线电压的函数，在各母线电压未计算出来时是未知的，因而不能确定电网中所有发电机所发功率，必须有一台容量较大的机组来担负平衡全网功率的任务，这个发电机节点称为平衡节点。在平衡节点上，电压幅值取 $U = 1$，$\delta = 0$，有功功率 P 和无功功率 Q 待求。一般一个系统中只设一个平衡节点。

节点经过这样分类后，每个节点上 4 个变量中均有 2 个变量是已知的，全网剩 $2n$ 个变量，可由 $2n$ 个功率方程解出。

需要指出，新能源电站控制方式与常规电源有显著的不同，潮流计算应根据实际情况处理为不同类型节点，可以见本章第 2.6.5 节。

2.6.4　牛顿-拉夫逊潮流计算方法

由式（2-67）和式（2-68）可以看出功率方程是节点电压向量的非线性代数方程组。目前求解非线性代数方程组，一般采用的是迭代方法。利用电子数字计算机进行数值迭代计算可以达到非常精确的结果。在本节中先给大家介绍牛顿-拉夫逊迭代法，然后介绍其在电力系统中的应用。

1.牛顿-拉夫逊法简介

牛顿-拉夫逊法（Newton-Raphson Method）是求解非线性代数方程有效的迭代计算方法。它的要点是把非线性方程的求解过程转化为对相应的线性方程的求解过程，即逐次线性化。先从一维非线性方程式的解来阐明它的意义和推导过程，然后推广到 n 维变量的情况。

设有一维非线性代数方程

$$f(x) = 0 \tag{2-69}$$

设方程的初始解为 $x^{(0)}$,它与真解的误差为 $\Delta x^{(0)}$,则式(2-69)可写为

$$f(x^{(0)} - \Delta x^{(0)}) = 0 \tag{2-70}$$

在 $x^{(0)}$ 处将方程式(2-70)展开为泰勒级数

$$f(x^{(0)} - \Delta x^{(0)}) = f(x^{(0)}) - f'(x^{(0)})\Delta x^{(0)} + \frac{1}{2!}f''(x^{(0)})\Delta x^{(0)2} - \cdots +$$

$$(-1)^n \frac{1}{n!}f^{(n)}(x^{(0)})(\Delta x^{(0)})^n + \cdots = 0 \tag{2-71}$$

若 $x^{(0)}$ 接近真解,则 $\Delta x^{(0)}$ 很小,故可以将式(2-71)中 $\Delta x^{(0)}$ 的二次方及以后各高次项略去,则上式可简化为

$$f(x^{(0)} - \Delta x^{(0)}) \approx f(x^{(0)}) - f'(x^{(0)})\Delta x^{(0)} \approx 0 \tag{2-72}$$

可得:

$$\Delta x^{(0)} = \frac{f(x^{(0)})}{f'(x^{(0)})} \tag{2-73}$$

从上式解出 $\Delta x^{(0)}$,即可修正初值得到进一步的解

$$x^{(1)} = x^{(0)} - \Delta x^{(0)} \tag{2-74}$$

式中:$x^{(1)}$ 称为 $f(x)$ 的一次近似解。

以上过程可以用图 2-22 说明其意义。

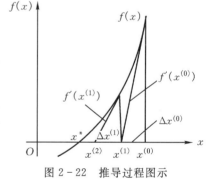

$f'(x^{(0)})$ 是曲线在 $x^{(0)}$ 点的斜率,由图上所示关系可以看出 $x^{(1)}$ 较 $x^{(0)}$ 更接近于方程 $f(x)$ 的真解 x^*。将 $x^{(1)}$ 作为新的初值再代入式(2-73)便可求出新的修正量 $\Delta x^{(1)}$,可得进一步的解 $x^{(2)}$。重复以上过程,若前后两次迭代解的差值小于给定的允许误差值 ε(一般在标幺值计算时取 10^{-4}),则认为求得真解。

图 2-22　推导过程图示

把式(2-72)写成一般的迭代式

$$f(x^{(\nu)}) = f'(x^{(\nu)})\Delta x^{(\nu)} \tag{2-75}$$

$$\Delta x^{(\nu)} = \frac{f(x^{(\nu)})}{f'(x^{(\nu)})}$$

$$x^{(\nu+1)} = x^{(\nu)} - \Delta x^{(\nu)}$$

式中:ν 表示迭代次数。

将以上结果推广到 n 维多变量的非线性方程的情况。方程

$$f_i(x_1, x_2, \cdots, x_n) = 0 \qquad i = 1, \cdots, n$$

可用向量 $\boldsymbol{F}(x) = 0$ 表示,式(2-75)可写为

$$\boldsymbol{F}(x^{(\nu)}) = \boldsymbol{J}^{(\nu)} \Delta x^{(\nu)} \tag{2-76}$$

式(2-76)称为修正方程式,式中 $\boldsymbol{J}$ 为向量 $\boldsymbol{F}(x)$ 对变量 x 的一阶偏导数矩阵,称为雅可比矩阵。

一般迭代式为

$$\Delta x^{(\nu)} = \boldsymbol{J}^{(\nu)-1} \boldsymbol{F}(x^{(\nu)}) \tag{2-77}$$

$$x^{(\nu+1)} = x^{(\nu)} - \Delta x^{(\nu)} \tag{2-78}$$

2.牛顿-拉夫逊法潮流计算

用牛顿-拉夫逊法计算系统潮流时只需把功率方程改变成修正方程式的形式,便可进行迭代。下面推导极坐标形式的牛顿-拉夫逊计算方法。将式(2-68)用功率误差的形式写出:

$$\left.\begin{aligned}\Delta P_i &= P_i - U_i \sum_{j \in i}^{n} U_j (G_{ij} \cos\delta_{ij} + B_{ij} \sin\delta_{ij}) = 0 \\ \Delta Q_i &= Q_i - U_i \sum_{j \in i}^{n} U_j (G_{ij} \sin\delta_{ij} - B_{ij} \cos\delta_{ij}) = 0\end{aligned}\right\} \tag{2-79}$$

若系统中除平衡节点外均为 PQ 节点时,迭代求解过程就是先给定一组电压幅值和角度的初始值,不断地迭代求解修正量,不断地修正电压幅值和角度,使电压幅值和角度向精确值逼近,进而使功率的不平衡量逐步趋于零。实际系统中总是有 PV 节点,它与 PQ 节点的约束方程是不同的。设系统中有 n 个节点,其中第 n 个节点为平衡节点,其电压幅值和电压相角已知,不参加迭代。系统中有 m 个 PQ 节点,故 PV 节点数为 $n-(m+1)$ 个。对于 PV 节点,因为电压幅值给定,无功功率未知,无功功率方程对它没有约束,则未知数减少 $n-(m+1)$ 个。全系统共有方程数为 $n+m-1$。

其中 $n-1$ 个有功方程,m 个无功方程:

$$\left.\begin{aligned}\Delta P_i &= P_i(U, \delta) \quad i = 1, \cdots, n-1 \\ \Delta Q_i &= Q_i(U, \delta) \quad i = 1, \cdots, m\end{aligned}\right\} \tag{2-80}$$

给定 $U_i^{(0)}$,$\delta_i^{(0)}$,将 $U_i^{(0)} - \Delta U_i^{(0)}$,$\delta_i^{(0)} - \Delta\delta_i^{(0)}$ 代入式(2-80)中,再按泰勒级数展开并略去 ΔU_i 及 $\Delta\delta_i$ 二次以上各高次项可得修正方程式

$$\begin{bmatrix} \Delta P_1 \\ \Delta P_2 \\ \vdots \\ \Delta P_{n-1} \\ \Delta Q_1 \\ \vdots \\ \Delta Q_m \end{bmatrix} = \begin{bmatrix} H_{ij} & N_{ij} \\ \hdashline J_{ij} & L_{ij} \end{bmatrix} \begin{bmatrix} \Delta\delta_1 \\ \Delta\delta_2 \\ \vdots \\ \Delta\delta_{n-1} \\ \Delta U_1/U_1 \\ \vdots \\ \Delta U_m/U_m \end{bmatrix} \tag{2-81}$$

在式(2-81)中用 U_i 除以 ΔU_i,只是使雅可比矩阵各元素形式上一致,简化雅可比矩阵的计算和表示,不影响计算的收敛性和精度。

由式(2-79)可以求出雅可比矩阵的各元素。

$i \neq j$ 时(非对角元素):

$$\left.\begin{aligned}H_{ij} &= \frac{\partial \Delta P_i}{\partial \delta_j} = -U_i U_j (G_{ij} \sin\delta_{ij} - B_{ij} \cos\delta_{ij}) \\ N_{ij} &= \frac{\partial \Delta P_i}{\partial U_j} U_j = -U_i U_j (G_{ij} \cos\delta_{ij} + B_{ij} \sin\delta_{ij}) \\ J_{ij} &= \frac{\partial \Delta Q_i}{\partial \delta_j} = U_i U_j (G_{ij} \cos\delta_{ij} + B_{ij} \sin\delta_{ij}) \\ L_{ij} &= \frac{\partial \Delta Q_i}{\partial U_j} U_j = -U_i U_j (G_{ij} \sin\delta_{ij} - B_{ij} \cos\delta_{ij})\end{aligned}\right\} \tag{2-82}$$

$i=j$ 时(对角元素):

$$\left.\begin{array}{l} H_{ii}=\dfrac{\partial \Delta P_i}{\partial \delta_i}=Q_i+B_{ii}U_i^2 \\[2mm] N_{ii}=\dfrac{\partial \Delta P_i}{\partial U_i}=-P_i-G_{ii}U_i^2 \\[2mm] J_{ii}=\dfrac{\partial \Delta Q_i}{\partial \delta_i}=-P_i+G_{ii}U_i^2 \\[2mm] L_{ii}=\dfrac{\partial \Delta Q_i}{\partial U_i}=-Q_i+B_{ii}U_i^2 \end{array}\right\} \qquad (2-83)$$

把式(2-81)简写为如下的迭代式:

$$\begin{bmatrix} \Delta P^{(\nu)} \\ \Delta Q^{(\nu)} \end{bmatrix} = \begin{bmatrix} H^{(\nu)} & N^{(\nu)} \\ J^{(\nu)} & L^{(\nu)} \end{bmatrix} \begin{bmatrix} \Delta \delta^{(\nu)} \\ \Delta U^{(\nu)} U^{-1} \end{bmatrix} \qquad (2-84)$$

上式为一组线性方程式,可直接解得 $\Delta\delta^{(\nu)}$,$\Delta U^{(\nu)}$,从而可得到新的解:

$$\left.\begin{array}{l} \delta^{(\nu+1)}=\delta^{(\nu)}-\Delta\delta^{(\nu)} \\ U^{(\nu+1)}=U^{(\nu)}-\Delta U^{(\nu)} \end{array}\right\} \qquad (2-85)$$

把这一组新解代入式(2-84),反复迭代计算,直到所有节点 $|\Delta P_i|<\varepsilon$,$|\Delta Q_i|<\varepsilon$,或者 $|\Delta U_i|<\varepsilon$,$|\Delta\delta_i|<\varepsilon$,迭代结束,$\varepsilon$ 一般取 $10^{-4}\sim 10^{-6}$,视要求精度而定。

求出各节点电压后,则可按

$$\left.\begin{array}{l} P_n=U_n\sum\limits_{j=1}^{n}U_j(G_{nj}\cos\delta_{nj}+B_{nj}\sin\delta_{nj}) \\[2mm] Q_n=U_n\sum\limits_{j=1}^{n}U_j(G_{nj}\sin\delta_{nj}-B_{nj}\cos\delta_{nj}) \end{array}\right\} \qquad (2-86)$$

求出平衡节点功率,按

$$Q_i=U_i\sum_{j=1}^{n}U_j(G_{ij}\sin\delta_{ij}-B_{ij}\cos\delta_{ij}) \qquad i=m+1,\cdots,n-1$$

求出 PV 节点的无功功率。

设线路和变压器的等值 Π 型电路如图 2-23 所示。y_{ij},y_{i0},y_{j0} 分别为支路导纳和支路对地导纳,则支路功率为

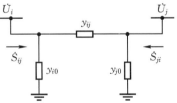

图 2-23　Π 型等值电路中的功率

$$\dot{S}_{ij}=U_i^2 y_{i0}+\dot{U}_i(\dot{U}_i-\dot{U}_j)y_{ij}$$

$$\dot{S}_{ji}=U_j^2 y_{j0}+\dot{U}_j(\dot{U}_j-\dot{U}_i)y_{ij}$$

支路上的功率损耗为

$$\Delta\dot{S}_{ij}=\dot{S}_{ij}+\dot{S}_{ji}$$

通过以上计算我们得到了 PQ 节点的电压与相角、PV 节点的无功功率与相角,以及平衡节点的有功功率与无功功率,进而可以得到各支路上的功率与功率损耗,至此我们完成了电力系统潮流中主要电气量的计算。

另外,在电力系统中也常用到直角坐标形式的牛顿-拉夫逊的计算方法,及在极坐标形式下演变的 PQ 法,由于篇幅限制,在此不再详述,可参阅文献[5,8]。

例 2-4　双母线系统如图 2-24 所示,图中各参数均为标幺值。已知:

$$\dot{S}_{L1} = 10 + j3, \quad \dot{S}_{L2} = 20 + j10, \quad \dot{U}_1 = 1\angle 0°,$$
$$P_{G2} = 15, \quad Q_{G2} = 9, \quad X_1 = 0.1, \quad B_1/2 = 0.1$$

试写出:1.网络的节点导纳矩阵;

2.极坐标表示的功率方程及相应的修正方程式,并给定初值作一次潮流迭代计算。

解 1. 由图 2-24 写出系统导纳矩阵:

$$Y_{11} = \frac{1}{jX_L} + j\frac{B}{2} = \frac{1}{j0.1} + j0.1 = j9.9$$

$$Y_{22} = \frac{1}{jX_L} + j\frac{B}{2} = \frac{1}{j0.1} + j0.1 = j9.9$$

$$Y_{21} = Y_{12} = -\frac{1}{jX_L} = j10$$

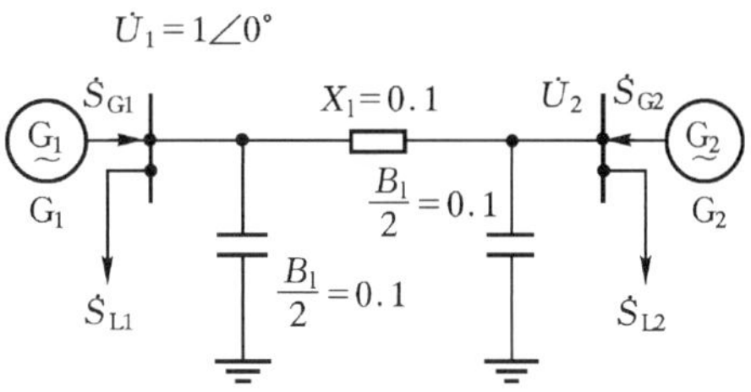

故

$$\boldsymbol{Y} = \begin{bmatrix} Y_{11} & Y_{12} \\ Y_{21} & Y_{22} \end{bmatrix} = \begin{bmatrix} -j9.9 & j10 \\ j10 & -j9.9 \end{bmatrix}$$

图 2-24 例 2-4 图

2. 写出功率误差方程式和修正方程式

功率误差方程式:

$$\Delta P_2 = P_2 - U_2 \sum_{j=1}^{2} U_2(G_{2j}\cos\delta_{2j} + B_{2j}\sin\delta_{2j}) = P_2 - U_2 U_1(G_{21}\cos\delta_{21} + B_{21}\sin\delta_{21}) - U_2^2 G_{22}$$

$$\Delta Q_2 = Q_2 - U_2 \sum_{j=1}^{2} U_2(G_{2j}\sin\delta_{2j} - B_{2j}\cos\delta_{2j}) = Q_2 - U_2 U_1(G_{21}\sin\delta_{21} - B_{21}\cos\delta_{21}) + U_2^2 B_{22}$$

修正方程式:

$$\begin{bmatrix} \Delta P_2 \\ \Delta Q_2 \end{bmatrix} = \begin{bmatrix} \dfrac{\partial \Delta P_2}{\partial \delta_2} & \dfrac{\partial \Delta P_2}{\partial U_2} U_2 \\ \dfrac{\partial \Delta Q_2}{\partial \delta_2} & \dfrac{\partial \Delta Q_2}{\partial U_2} U_2 \end{bmatrix} \begin{bmatrix} \Delta \delta_2 \\ \Delta U_2 / U_2 \end{bmatrix}$$

3. 给定节点 2 电压初值 $\dot{U}_2^{(0)} = 1\angle 0°$,并将已知 $\dot{U}_1^{(0)} = 1\angle 0°$ 代入功率误差方程式和修正方程式,得:

$$\Delta P_2 = (15-20) - 0 = -5$$

$$\Delta Q_2 = (9-10) - (-10) + (-9.9) = -0.9$$

$$\frac{\partial \Delta P_2}{\partial \delta_2} = U_2 U_1(G_{21}\sin\delta_{21} - B_{21}\cos\delta_{21}) = -10$$

$$\frac{\partial \Delta P_2}{\partial U_2} U_2 = -U_2 U_1(G_{21}\cos\delta_{21} + B_{21}\sin\delta_{21}) - 2U_2^2 G_{22} = 0$$

$$\frac{\partial \Delta Q_2}{\partial \delta_2} = -U_2 U_1(G_{21}\cos\delta_{21} + B_{21}\sin\delta_{21}) = 0$$

$$\frac{\partial \Delta Q_2}{\partial U_2} U_2 = -U_2 U_1(G_{21}\sin\delta_{21} - B_{21}\cos\delta_{21}) + 2U^2 B_{22} = 10 + 2 \times (-9.9) = -9.8$$

代入修正方程

$$\begin{bmatrix} -5 \\ -0.9 \end{bmatrix} = \begin{bmatrix} -10 & 0 \\ 0 & -9.8 \end{bmatrix} \begin{bmatrix} \Delta \delta_2 \\ \Delta U_2 / U_2 \end{bmatrix}$$

解得:$\Delta \delta_2 = 0.5$,$\Delta U_2 = 0.092$

进行修正:$\delta_2^{(1)} = \delta_2^{(0)} - \Delta \delta_2 = -0.5$,$U_2^{(1)} = U_2^{(0)} - \Delta U_2 = 1 - 0.092 = 0.908$

把 $\delta_2^{(1)}$,$U_2^{(1)}$ 代入修正方程式,可进一步解出 $\Delta \delta_2^{(1)}$,$\Delta U_2^{(1)}$,进而可得 $\delta_2^{(2)}$,$U_2^{(2)}$,…直至 ΔP_2,ΔQ_2 小于 10^{-4} 后停止迭代。

图 2-25 给出了牛顿-拉夫逊潮流计算程序框图。

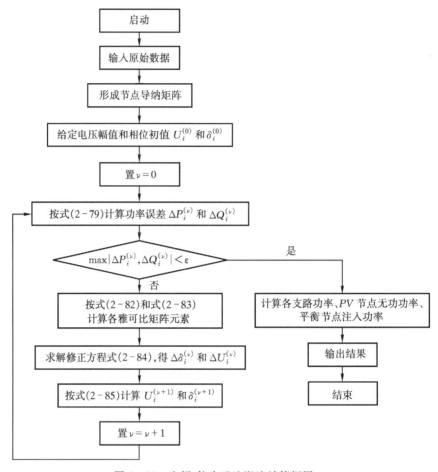

图 2-25　牛顿-拉夫逊法潮流计算框图

2.6.5　含新能源节点的电力系统潮流计算

伴随风电、光伏等新能源并网规模的增大,在电力系统分析中应计及新能源电站的影响,其中潮流计算主要针对新能源并网的电气量稳态特性。下面将对此进行简单介绍。

风电、光伏等新能源具有随机性、间歇性等特点,其转换需要较为复杂的发电结构和控制方法,从而广泛采用了电力电子装置,在进行潮流分析时必须充分考虑一次能源特性和能源转换装置控制策略。

一种常见的控制模式是恒功率因数控制。以变速恒频风力发电机为例阐述,此时功率因数(或者功率因数角 φ)给定,在由风资源和转换曲线决定了风电机组的有功功率 P 后,无功功率可以通过公式 $Q = P\tan\varphi$ 计算得到,此时风电机组可以视为 PQ 节点来处理。

另外一种典型控制模式是恒电压控制方式,此时新能源场站可以视为 PV 节点来处理,但同时需要重点关注无功功率是否越界。在每次迭代计算中,要进行无功功率 Q 的校核,防止越界。如果发生无功越界时,该节点应转换为 PQ 节点来处理。

新能源种类很多,控制方法复杂,更多控制模式在潮流中的处理方法可以进一步参考其它资料。

2.7　无功功率平衡及无功功率与电压的关系

电力系统的运行电压水平取决于无功功率的平衡,系统中各种无功功率电源的出力应能满足系统负荷和网络损耗在额定电压下对无功功率的需求,否则电压就会偏离额定值。下面先介绍无功功率平衡,然后讨论无功功率与电压水平的关系。

2.7.1　无功功率平衡[①]

1.无功功率电源

传统同步发电机是电力系统中最基本的无功功率电源,可以通过调节发电机的励磁电流来改变发电机发出的无功功率。由电机学中发电机的 $P-Q$ 功率极限图可知,只有当发电机运行在额定状态时,发电机才有最大视在功率,其容量才能得到充分的利用。当发电机在低于其额定功率因数运行时,发电机所发有功功率降低,其发出的无功功率比额定运行状态时的无功功率大。因此,在系统有功备用比较充足的情况下,可利用靠近负荷中心的发电机,在降低有功功率的条件下,多发无功功率,以提高电网电压水平。

普通异步风力发电机本身没有励磁设备,在向电网注入有功功率的同时,还需要从外部电网吸取一定的无功量,其无功功率消耗特性取决于风机的有功功率、机端电压和转差率。双馈异步风机、永磁直驱风机和光伏发电机组等设备通过电力电子装置与电网相连,可实现功率因数在一定范围内的调节,例如功率因数从超前 0.95 调节到滞后 0.95 范围内,因而具有调节无功功率出力的能力。

除发电机外,电力系统的无功功率电源还有同期调相机、静电电容器、静止无功补偿器等。

同期调相机可以看成是专用于空载运行的大容量的同步电动机,是专门用来发无功功率的补偿装置。同期调相机运行时,吸收电网较小的有功功率(约为其额定容量的 1.5%～3%),以克服各种损耗。同期调相机有过激和欠激两种运行方式。过激运行时,调相机发出感性无功功率;欠激运行时,调相机吸收感性无功功率或发出容性无功功率,起着电抗器的作用。欠激运行时只能达到额定容量的 50%～60%。调相机的额定容量是指过激运行时的额定无功功率。一般调相机均装有自动励磁调节装置,在系统电压变化时能自动地、平滑地改变其无功功率输出,以维持母线电压。

调相机的优点是,它不但能输出感性无功功率,在必要时还能吸收感性无功功率,具有良好的电压调节特性。它的缺点是价格高,运行维护复杂,损耗较大。随着静止无功补偿器和静止无功发生器等无功补偿装置的推广使用,调相机在传统应用的场景有所减少。近年来国家大力发展的特高压直流输电和柔性直流输电对无功补偿装置提出了新的要求,调相机以其在故障瞬间的电压支撑能力强、暂态响应速度快、过载能力大等特点,重新在交直流系统中发挥了重要作用。

静止电容器也是电力系统中一种重要的无功功率电源,广泛地应用于电力系统中,以改善负荷的功率因数,减少线路中的无功功率流动,从而达到降低系统的功率损耗和电压损耗的目

---

① "无功功率平衡"在有关电力系统的不少书籍和文件中,都采用了"无功平衡"这一习惯简化用语。对应的还有"无功电源""无功补偿""无功备用"等。

的。在电力系统常用的无功功率补偿装置中,电容器的单位容量价格最低,有功功率损耗最小(约为额定容量的 0.3%～0.5%),运行维护最简便。同时它可以分散安装在用户处,实现无功功率就地平衡。它的主要缺点是电压的调节效应差。事实上,电容器所提供的无功功率 Q_C 与所联母线电压平方成正比,即

$$Q_C = \frac{U^2}{X_C} = U^2 \omega C$$

当母线电压升高时,它发出的无功功率多,使系统电压进一步升高;当母线电压低时,它发出的无功功率少,使系统电压进一步降低。这个特性对系统的电压稳定是不利的。另外,电容器只能分批投切,不能像调相机那样可以连续调节无功功率和吸收感性无功功率。

静止补偿器是 20 世纪 70 年代后期出现的新型的无功补偿装置,它避免了调相机和电容器运行中的缺点,兼有两者的优点。静止补偿器由可控电抗器和电容器并联组成。设电容器发出的无功功率为 Q_C,静止补偿装置有不同的电抗器吸收的无功功率为 Q_L,则静止补偿器发出的无功功率为($Q_C - Q_L$)。通常电抗器吸收的无功功率 Q_L 可根据负荷的变动情况来自动调节,从而达到维持母线电压的目的。根据调节方式的不同,静止补偿装置有不同的类型。

静止无功补偿器不但在稳态运行时具有良好的调节性能,而且能快速跟踪负荷的变化,反应迅速,对冲击负荷有很好的适应性,能满足动态无功功率补偿的要求。同时静止无功补偿器也是柔性输电 FACTS 的重要组成部分,在第 6 章中将有进一步的介绍。

2.无功功率负荷

电力系统中无功负荷主要是异步电动机和变压器。电动机吸取的无功功率由励磁电抗吸收的无功功率 Q_{LC} 和由漏抗吸收的无功功率 Q_{LD} 两部分组成,即

$$Q_\Sigma = Q_{LC} + Q_{LD}$$

Q_{LC} 的大小取决于激磁电流,而激磁电流随加于电动机上的电压变化,变化趋势与电压相同。且当电压处于额定电压附近时,激磁电流的变化幅度较大;随着电压逐渐减小,激磁电流的变化幅度也将减小;当电压明显低于额定值时,电压变化引起的 Q_{LC} 变小。

由于电动机最大转矩与电压平方成正比,电压下降时,引起电动机的转差增大,负荷电流 I_{LD} 增加,因此相应的无功功率 Q_{LD} 也增加。也就是说,当电压从额定电压开始下降时,Q_{LC} 下降显著,成为决定 Q_Σ 的主导方面;当电压降低到某一临界值后,Q_{LC} 的变化不大,而 Q_{LD} 随电压下降而增加,这时 Q_Σ 主要受 Q_{LD} 的影响。图 2-26 示出异步电动机的无功功率-电压静特性。电力系统综合负荷的无功功率-电压静特性与异步电动机的曲线相似。

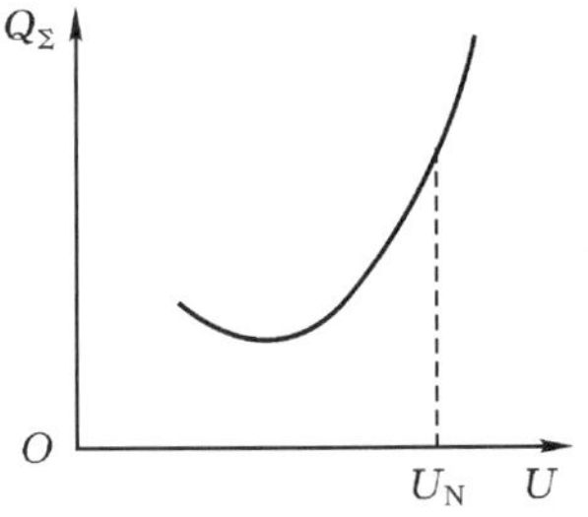

变压器的无功功率损耗也包括励磁损耗和漏抗中的无功损耗两部分。励磁支路的无功功率损耗与变压器所加电压平方有关。设变压器在额定电压下运行,励磁损耗为 ΔQ_0,有

图 2-26　异步电动机无功功率-电压静特性

$$\Delta Q_0 = U^2 B_T = \frac{I_0\%}{100} S_N$$

绕组漏抗中的无功功率损耗 ΔQ_T 与通过变压器的功率成比例,即

$$\Delta Q_{\mathrm{T}} = 3X_{\mathrm{T}}I^2 = \left(\frac{S}{U}\right)^2 X_{\mathrm{T}} = \frac{U_{\mathrm{K}}\%U_{\mathrm{N}}^2}{100S_{\mathrm{N}}}\left(\frac{S}{U}\right)^2$$

当变压器运行在额定电压,通过功率为 S 时,消耗的总无功功率为

$$\Delta Q_{\Sigma} = \left[\frac{I_0\%}{100} + \frac{U_{\mathrm{K}}\%}{100}\left(\frac{S}{S_{\mathrm{N}}}\right)^2\right]S_{\mathrm{N}} \tag{2-87}$$

一般 110 kV 以上的变压器空载电流百分数为 $0.1\% \sim 2\%$,短路电压百分数为 $10\% \sim 20\%$。对一台变压器而言,满载时,无功损耗约为其额定容量的 12% 左右。在多电压级网络中,变压器的无功损耗约为无功负荷的 75%。

电力线路上的无功功率损耗包括串联电抗和并联电纳中的无功功率损耗两部分。串联电抗消耗系统的无功功率与所通过的电流平方成正比。线路并联电纳中的无功损耗呈容性,其大小与线路电压的平方成正比。当输电线路输送容量小于自然功率时,线路充电功率大于线路消耗的无功功率,整条线路呈容性;当线路输送的容量大于自然功率时,线路消耗的无功功率大于线路的充电功率,线路呈感性,这时,输电线路相当于系统的无功负荷。

在电力系统中,电源所发出的无功功率必须与无功负荷和无功损耗相平衡,同时无功功率电源的容量中还应有一定的备用。在进行系统无功功率平衡时,应按照最大无功负荷的运行方式进行,为减少电力系统中无功功率的流动,还需对无功功率的传输加以规划,尽量做到无功功率的就地平衡。

2.7.2　无功功率与电压水平的关系

下面以简单系统来说明系统的无功功率与电压水平的关系。图 2-27(a)示出一简单系统,图 2-27(b)为忽略其元件电阻的等值电路,其中 X 为发电机、变压器、线路的总电抗,E 为发电机电动势,$P+\mathrm{j}Q$ 表示发电机送到用户的功率,图 2-27(c)为图 2-27(b)的相量图。

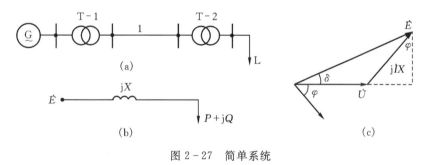

图 2-27　简单系统
(a)网络图;(b)等值电路;(c)相量图

设负荷的无功-电压静特性如图 2-26 所示。下面分析发电机送往负荷的无功功率与电压的关系。由图 2-27(c)的相量图可得:

$$P = UI\cos\varphi = \frac{EU}{X}\sin\delta$$

$$Q = UI\sin\varphi = \frac{EU}{X}\cos\delta - \frac{U^2}{X}$$

将上两式两边同时平方后相加,消去 δ,得:

$$P^2 + \left(Q + \frac{U^2}{X}\right)^2 = \left(\frac{EU}{X}\right)^2$$

则

$$Q = \sqrt{\left(\frac{EU}{X}\right)^2 - P^2} - \frac{U^2}{X}$$

当负荷有功功率 P 和发电机电动势 E 为定值时，发电机送至负荷的无功功率 Q 与电压 U 的关系如图 2-28 曲线 1 所示，为一条抛物线。它与负荷的无功-电压静特性曲线 2 交于 a 点。对应负荷点的电压值为 U_a，即系统的无功功率平衡在负荷电压为 U_a 的情况下。当系统无功负荷增加时，负荷的无功-电压静特性曲线平行上移至曲线 $2'$。若发电机的电动势 E 不变（即励磁电流不变），系统供应的无功功率电源不变，此时 a' 为新的无功功

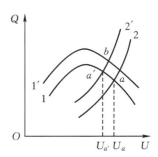

图 2-28　系统电压与无功功率的关系

率的平衡点。显然这时负荷点的电压为 $U_{a'}(<U_a)$。这说明无功负荷增加后，若系统无功功率电源不增加，系统的无功功率平衡只能在低于原来的电压水平下实现。换言之，系统的无功电源已不能满足在电压 U_a 下无功功率平衡的需要，只能降低电压运行，以取得在较低电压下的无功功率平衡。如果发电机有足够的无功功率备用，通过调节励磁电流，增大发电机的电动势 E，则发电机的无功功率特性曲线移到曲线 $1'$，使曲线 $1'$ 和 $2'$ 相交于 b 点，b 点所对应的负荷节点电压达到或接近原来的 U_a。由此可见，系统的无功功率电源比较充足，就能满足较高电压水平下无功功率平衡的需要，系统就有较高的运行电压水平。在电力系统中应力求做到额定电压下的无功功率平衡，并根据实现额定电压下的无功功率平衡要求，装设必要的无功补偿设备。

2.8　电力系统的电压调整

电压是衡量电能质量的主要指标之一，电压偏移超过允许值时，会给电力系统的经济和安全等方面带来很不利影响。电压偏移 $\Delta U\%$ 的定义为

$$\Delta U\% = \frac{U - U_N}{U_N} \times 100$$

式中：U 为系统母线的运行电压，kV；U_N 为母线的额定电压，kV。

保证电压偏移在允许的范围之内，是电力系统运行的主要要求之一。由于系统中的负荷不断变化，系统的潮流分布也随时间变化，各元件产生的电压降落也是时间的函数，为了使系统的节点电压偏移在允许的范围内，需要了解电力系统电压调整的方法。

电力系统中有许多发电厂、变电站和大量的负荷节点，要全部监视、控制所有的节点电压是不可能的，也是不必要的。在电力系统中往往是对一些主要的供电点，如区域性发电厂的高压母线、枢纽变电站的二次母线以及有大量地方性负荷的发电厂母线的电压进行监视和调整。如果这些节点的电压满足要求，则这些节点附近的其它节点的电压基本上也能满足要求。这些电压控制点称为电压监视中枢点，简称电压中枢点。

　　利用电压中枢点进行电压控制,实际上是根据电压中枢点附近负荷节点对电压偏移的要求,确定中枢点电压允许变化的上下限。具体确定的方法见参考文献[8]。

　　中枢点的调压方式一般分为以下三种:

　　(1)逆调压　在最大负荷时将中枢点电压调整到$1.05U_N$,在最小负荷时降低到U_N。这种方式适用于供电线路较长,负荷变动比较大的场合。

　　(2)恒调压　在任何负荷的情况下都将中枢点电压保持在略高于U_N,如$1.02\sim1.05U_N$间的某一值上。这种调压方式有时也称为常调压。

　　(3)顺调压　在最大负荷时中枢点电压不得低于$1.025U_N$,最小负荷时中枢点电压不得高于$1.075U_N$。这种方式适用于用户对电压要求不高或线路较短、负荷变动不大的场合。

　　下面较详细地论述电力系统的电压调整原理及方法。

2.8.1　电压调整的原理图

　　为保证电力系统有较好的电压质量,除系统中要有足够的无功电源外,还必须对负荷点的电压进行调整。下面以图 2 - 29 所示的简单电力系统说明电压调整的几种手段。

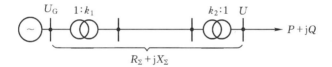

图 2 - 29　电压调整的手段

　　图中k_1,k_2分别为升压变压器和降压变压器的变比,R_Σ和X_Σ为归算到高压侧的变压器和线路的总阻抗。为分析方便,忽略变压器励磁支路和线路的并联支路以及网络的功率损耗。负荷点的电压为

$$U = (U_G k_1 - \Delta U)/k_2$$
$$= \left(U_G k_1 - \frac{PR_\Sigma + QX_\Sigma}{U_N}\right)/k_2 \qquad (2-88)$$

　　由式(2-88)可见,为调整用户端电压U有如下的措施:

　　①改变发电机端电压U_G;

　　②改变变压器的变比k_1,k_2;

　　③改变网络中流动的无功功率Q;

　　④在高压网中一般满足$R_\Sigma < X_\Sigma$,因此,改变输电线路的电抗X_Σ也是有效的调压措施。

　　下面分别简述这几种方法的调压原理及计算方法。

2.8.2　利用发电机进行调压

　　发电机端电压由励磁调节器控制,改变调节器的电压整定值便可改变发电机的端电压。这种调压措施不需要另外增加设备,在各种调压方式中应优先考虑。调节发电机电压,实际上是调节发电机励磁电流,改变发电机的无功功率输出。因此,发电机端电压的调节受发电机无功功率极限的限制,当发电机输出的无功功率达到上限或下限时,发电机就不能继续进行调压。对于不同类型的供电网络,发电机所起的作用是不同的。

　　由发电机直接供电的小系统,在最大负荷时,系统电压损耗最大,发电机应保持较高的端电压,以提高网络电压;反之,在最小负荷时,发电机应维持低一些的电压,以满足电力网各点的电压要求。也就是说,在发电机直接供电的小系统中,依靠发电机进行逆调节,一般可满足用户的电压要求。

　　对于多级电压的电力网,单靠发电机调压就无法满足系统各点的电压要求,必须与其它调压措施配合使用。显然,如果发电机能实现逆调压,则会减轻其它调压设备的负担,使系统的电压调整容易解决一些。

2.8.3　改变变压器变比调压

　　改变变压器的变比 k,即改变变压器分接头,可以达到改善变压器低压侧或高压侧电压的目的。下面以图 2-30(a)的电路为例说明变压器分接头的选择方法。图 2-30(b)为其等值电路,变压器阻抗归算到高压侧。U_1 为变压器高压母线电压,可通过网络的潮流计算得到;U_2' 为归算到高压侧的低压侧电压,可由 $U_1 - \Delta U_\mathrm{T}$ 得到;U_2 为低压侧要求达到的电压。

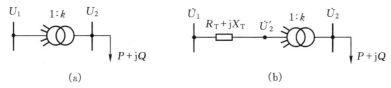

图 2-30　降压变压器及其等值电路

　　在不考虑变压器功率损耗的情况下,有下列关系式:

$$U_2 = U_2' k = (U_1 - \Delta U_\mathrm{T})k$$
$$= \left(U_1 - \frac{PR_\mathrm{T} + QX_\mathrm{T}}{U_1}\right)k \tag{2-89}$$

式中:$k = U_{2\mathrm{N}}/U_{1\mathrm{t}}$;$U_{2\mathrm{N}}$ 为降压变压器低压侧额定电压;$U_{1\mathrm{t}}$ 为降压变压器高压侧某分接头电压。将变比用分接头电压表示,代入式(2-89),可求得变压器高压侧分接头电压

$$U_{1\mathrm{t}} = U_2' \frac{U_{2\mathrm{N}}}{U_2}$$
$$= \left(U_1 - \frac{PR_\mathrm{T} + QX_\mathrm{T}}{U_1}\right)\frac{U_{2\mathrm{N}}}{U_2} \tag{2-90}$$

　　按式(2-90)求出的变压器分接头,只是某一种运行方式下的分接头,不能满足各种不同运行方式的要求,尤其对普通变压器,不可能随时停电来更换分接头。在实际计算中采用的方法是,分别取最大负荷和最小负荷两种情况,计算出 $U_{1\mathrm{max}}$,ΔU_{Tmax},$U_{2\mathrm{max}}'$ 和 $U_{1\mathrm{min}}$,ΔU_{Tmin},$U_{2\mathrm{min}}'$,再计算出 $U_{1\mathrm{tmax}}$,$U_{1\mathrm{tmin}}$,然后取两者的平均值,具体公式如下:

$$U_{1\mathrm{tmax}} = (U_{1\mathrm{max}} - \Delta U_{\mathrm{Tmax}})\frac{U_{2\mathrm{N}}}{U_{2\mathrm{max}}} = U_{2\mathrm{max}}'\frac{U_{2\mathrm{N}}}{U_{2\mathrm{max}}}$$

$$U_{1\mathrm{tmin}} = (U_{1\mathrm{min}} - \Delta U_{\mathrm{Tmin}})\frac{U_{2\mathrm{N}}}{U_{2\mathrm{min}}} = U_{2\mathrm{min}}'\frac{U_{2\mathrm{N}}}{U_{2\mathrm{min}}}$$

$$U_{1\mathrm{t}} = \frac{U_{1\mathrm{tmax}} + U_{1\mathrm{tmin}}}{2} \tag{2-91}$$

式中:$U_{2\mathrm{max}}$,$U_{2\mathrm{min}}$ 分别为最大、最小负荷时变压器低压侧要求的电压。

　　由式(2-91)确定的 U_{1t} 不一定是变压器所具有的分接头电压,则根据 U_{1t} 选择一个最接近的实际分接头电压,然后校验所选的分接头是否能满足低压侧母线电压的要求。若 U_{2max} 和 U_{2min} 均在要求值的范围内,则认为该分接头满足调压的要求。若 U_{2max} 和 U_{2min} 相差较大时,可能会出现无论选择哪一个分接头都无法满足调压要求的情况,这时则需要用有载调压变压器或者与其它调压措施相配合。

　　升压变压器分接头的选择方法与降压变压器分接头的选择方法基本相同,只是潮流方向不同,而且一般按高压侧的电压要求选择分接头。

　　上述选择双绕组变压器分接头的方法也适合于三绕组变压器分接头的选择,但需根据变压器的运行方式依次选择高、中压分接头。如三绕组降压变压器,负荷从变压器的高压侧流向中压和低压侧时,先把变压器的高压绕组和低压绕组看成是一个两绕组降压变压器,由变压器低压侧的电压要求确定高压侧分接头。然后把高压绕组和中压绕组看成一个双绕组变压器,根据中压侧的电压要求选择中压侧的分接头。

　　最后必须强调,当系统无功功率不足时,只靠改变变压器的分接头,达不到调压的目的,必须合理地加装无功补偿装置。

例 2-5　某降压变电站归算到高压侧的变压器参数及负荷已标在图 2-31 中,最大负荷时,高压侧母线电压为 113 kV,最小负荷时为 115 kV。低压侧母线电压允许变动范围为 10～11 kV,求变压器的分接头。

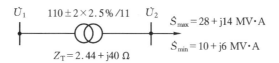

图 2-31　例 2-5 图

　　解　最大负荷时,归算到高压侧的变压器二次侧电压为

$$U'_{2max}=113-\frac{28\times2.44+14\times40}{113}=107.5\ \text{kV}$$

最小负荷时,归算到高压侧的变压器二次侧电压为

$$U'_{2min}=115-\frac{10\times2.44+6\times40}{115}=112.7\ \text{kV}$$

按题意要求,最大负荷时二次侧母线电压不得低于 10 kV,则分接头电压应为

$$U_{tmax}=107.5\times\frac{11}{10}=118.25\ \text{kV}$$

最小负荷时二次侧母线电压不得高于 11 kV,则分接头电压为

$$U_{tmin}=112.7\times\frac{11}{11}=112.7\ \text{kV}$$

取平均值:

$$U_t=\frac{1}{2}(118.25+112.7)=115.475\ \text{kV}$$

选择最接近的分接头电压　$U_t=115.5$ kV($2\times2.5\%$挡)

　　校验:

$$U_{2max}=107.5\times\frac{11}{115.5}=10.238\ \text{kV}(>10\ \text{kV})$$

$$U_{2\min}=112.7\times\frac{11}{115.5}=10.733 \text{ kV}(<11 \text{ kV})$$

所选分接头是满足要求的。

2.8.4 并联无功补偿设备调压

在电力系统的适当地点加装无功补偿设备,可以减少线路和变压器中输送的无功功率,从而改变线路和变压器的电压损耗,达到调压的目的。

下面利用图 2-32(a)所示的简单系统说明并联无功补偿容量的确定方法。

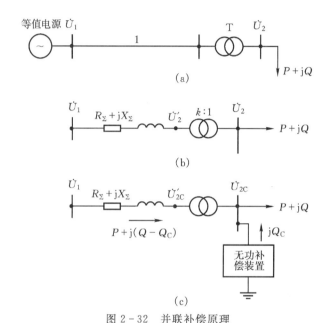

图 2-32　并联补偿原理

若不计电压降落的横分量,当末端未装无功补偿设备时(如图 2-32(b)),等值电源母线电压为

$$U_1=U_2'+\frac{PR_\Sigma+QX_\Sigma}{U_2'}$$

式中:R_Σ,X_Σ 为归算到高压侧的总电阻和电抗;U_2' 为未装无功补偿设备时,变电站二次侧电压 U_2 归算到高压侧的值。当在变电站低压母线上加装无功补偿设备后(如图 2-32(c)),等值电源母线电压为

$$U_1=U_{2C}'+\frac{PR_\Sigma+(Q-Q_C)X_\Sigma}{U_{2C}'}$$

式中:U_{2C}' 为加装无功补偿设备后,变电站二次侧要求电压 U_{2C} 归算到高压侧的值。

若等值电源母线电压保持不变,由上两式相等可以解出当二次侧要求电压 U_{2C} 已知时,所需补偿的无功功率

$$Q_C=\frac{U_{2C}'}{X_\Sigma}\left[(U_{2C}'-U_2')+\left(\frac{PR_\Sigma+QX_\Sigma}{U_{2C}'}-\frac{PR_\Sigma+QX_\Sigma}{U_2'}\right)\right]$$

由于补偿前的电压 U_2' 与补偿后的电压 U_{2C}' 不会相差太大,故上式右侧第二项可以忽略,有

$$Q_C = \frac{U'_{2C}}{X_\Sigma}(U'_{2C} - U'_2)$$

若用补偿后低压侧要求电压 U_{2C} 表示,则有

$$Q_C = \frac{U_{2C}}{X_\Sigma}\left(U_{2C} - \frac{U'_2}{k}\right)k^2 \qquad (2-92)$$

由式(2-92)看出,无功补偿容量的确定不仅取决于调压的要求,也取决于变压器的变比。对不同的无功补偿设备,变压器变比选择的方法不同。

1.静电电容器

静电电容器只能发出感性无功功率,在高峰负荷时提高电网的电压水平。在负荷较低时,全部或部分切除电容器,防止电压水平过高。因此,在选用电容器作无功补偿设备时,变压器的分接头按最小负荷电容器全部切除的条件考虑。

设最小负荷时,低压侧要求电压为 $U_{2\min}$,归算到高压侧的值为 $U'_{2\min}$,变压器分接头电压为

$$U_{t\min} = U'_{2\min}\frac{U_{2N}}{U_{2\min}} \qquad (2-93)$$

U_{2N} 为变压器低压侧额定电压,选一接近的实际变压器分接头,变比

$$k = U_{t\min}/U_{2N}$$

然后根据最大负荷时二次侧要求的电压 $U_{2C\max}$,确定无功补偿容量

$$Q_C = \frac{U_{2C\max}}{X_\Sigma}\left(U_{2C\max} - \frac{U'_{2\max}}{k}\right)k^2 \qquad (2-94)$$

2.同期调相机

同期调相机在最大负荷时能过激运行,输出感性无功功率。在最小负荷时又能欠激运行,吸收感性无功功率。在选择调相机额定容量时,希望在满足调压要求条件下,容量越小越好。若能选择适当的分接头,使最大负荷时补偿的无功功率等于额定值 Q_{CN};在最小负荷运行时,吸收的无功功率恰好等于 αQ_{CN}(α 取 $0.5\sim0.6$),这样选择的 Q_{CN} 将是最经济的。

设最大负荷时调相机应选取的额定容量

$$Q_{CN} = \frac{U'_{2C\max}}{X_\Sigma}(U'_{2C\max} - U'_{2\max})$$

最小负荷时调相机只能吸取 αQ_{CN},有

$$-\alpha Q_{CN} = \frac{U'_{2C\min}}{X_\Sigma}(U'_{2C\min} - U'_{2\min})$$

两式相除可得所需的变压器变比

$$k = \frac{\alpha U_{2C\max}U'_{2\max} + U_{2C\min}U'_{2\min}}{\alpha U^2_{2C\max} + U^2_{2C\min}} \qquad (2-95)$$

得出变比后代入式(2-94)中,可求得调相机的补偿容量 Q_{CN}。

在高压网中,$R \ll X$,无功功率所引起的电压损耗占很大的比例。所以在高压网中,利用并联无功补偿设备来改变无功功率分布从而进行电压调整才有明显的效果。在低压网中 R 比较大,改变无功功率分布进行调压的效果不大。

例 2 - 6　简单电力系统及其等值电路如图 2 - 33 所示,电源端母线电压在最大、最小负荷时均保持不变,$U_1 = 115$ kV,现用户要求实现恒调压,使 $U_2 = 10.5$ kV。试确定负荷端应装无功补偿设备容量:1.电容器;2.同期调相机(计算中不考虑并联支路,不计功率损耗及电压降落的横分量)。

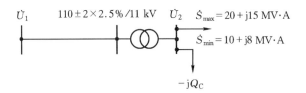

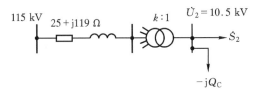

图 2 - 33　例 2 - 6 系统及其等值电路

解　未进行补偿前最大、最小负荷时,低压侧母线归算到高压侧的电压为

$$U'_{2max} = 115 - \frac{20 \times 25 + 15 \times 119}{115} = 95.13 \text{ kV}$$

$$U'_{2min} = 115 - \frac{10 \times 25 + 8 \times 119}{115} = 104.54 \text{ kV}$$

1. 采用电容器补偿

按最小负荷时的电压要求,选择变压器的分接头电压

$$U_{tmin} = U'_{2min} \frac{U_{2N}}{U_{2min}} = 104.54 \times \frac{11}{10.5} = 109.5 \text{ kV}$$

选取主接头电压 110 kV。

按最大负荷时的调压要求确定 Q_C:

$$Q_C = \frac{U_{2max}}{X_\Sigma} \left(U_{2max} - \frac{U'_{2max}}{k} \right) k^2$$

$$= \frac{10.5}{119} \times \left(10.5 - 95.13 \times \frac{11}{110} \right) \times \left(\frac{110}{11} \right)^2 = 8.7 \text{ Mvar}$$

校验:在最大负荷时补偿装置全部投入,低压侧归算到高压侧的电压为

$$U'_{2Cmax} = 115 - \frac{20 \times 25 + (15 - 8.7) \times 119}{115} = 104.13 \text{ kV}$$

最大负荷时低压侧电压为

$$U_{2Cmax} = 104.13 \times \frac{11}{110} = 10.41 \text{ kV}$$

最小负荷时的低压侧电压为

$$U_{2Cmin} = 104.54 \times \frac{11}{110} = 10.54 \text{ kV}$$

基本满足调压要求。

2. 采用同期调相机

首先确定变压器的变比,设欠激运行时 $\alpha = 0.5$,由式(2 - 95)可得:

$$k = \frac{U_{2Cmin} U'_{2min} + \alpha U_{2Cmax} U'_{2max}}{U_{2Cmin}^2 + \alpha U_{2Cmax}^2} = 9.657$$

高压分侧分接头电压为

$$U_t = 9.657 \times 11 = 106.23 \text{ kV}$$

选取分接头电压为 107.25 kV($-2.5\%U_N$)

按最大负荷求 Q_C：

$$Q_C = \frac{U_{2Cmax}}{X_\Sigma} \left(U_{2Cmax} - \frac{U'_{2max}}{k} \right) k^2$$

$$= \frac{10.5}{119} \times \left(10.5 - 95.13 \times \frac{11}{107.25} \right) \times \left(\frac{107.25}{11} \right)^2$$

$$= 6.23 \text{ Mvar}$$

根据调相机的产品型号，选用 7.5 Mvar 的调相机。

校验：

在最大负荷时，调相机输出 7.5 Mvar 的感性无功功率，降压变压器低压侧归算到高压侧电压为

$$U'_{2Cmax} = 115 - \frac{20 \times 25 + (15 - 7.5) \times 119}{115} = 102.89 \text{ kV}$$

在最小负荷时，调相机欠激运行吸取 $\frac{1}{2}Q_C = 3.75$ Mvar 无功功率，则

$$U'_{2Cmin} = 115 - \frac{10 \times 25 + (8 + 3.75) \times 119}{115} = 100.66 \text{ kV}$$

在最大、最小负荷时低压母线的实际电压为

$$U_{2Cmax} = 102.89 \times \frac{11}{107.25} = 10.55 \text{ kV}$$

$$U_{2Cmin} = 100.66 \times \frac{11}{107.25} = 10.32 \text{ kV}$$

基本满足电压要求。

2.8.5　线路串联电容补偿装置调压

在线路比较长、负荷变动比较大，或向冲击负荷供电的情况下，在线路中串联电容器，用容性电抗抵消线路的一部分感性电抗，使线路等值参数 X 变小，从而可以改变电压损耗，达到调压的目的。

图 2-34(a)为一架空输电线路的等值电路(忽略对地电容)。未加装串联电容器前，线路的电压损耗为

$$\Delta U = \frac{PR_1 + QX_1}{U}$$

线路上串入容抗为 X_C 的电容器后，如图 2-34(b)，电压损耗为

$$\Delta U' = \frac{PR_1 + Q(X_1 - X_C)}{U}$$

显然，$\Delta U' < \Delta U$，因此线路末端电压水平提高了，线路末端电压提高值为

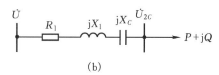

图 2-34　串联电容器补偿

$$\Delta U'' = \Delta U - \Delta U' = \frac{QX_C}{U}$$

则由上式可解得电容补偿装置的容抗值为

$$X_C = \frac{U \Delta U''}{Q} \qquad (2-96)$$

由于单个串联电容器的额定电压不高(最高约 1～2 kV),额定容量也不大(约 20～40 Mvar),所以实际上的串联电容补偿装置是由许多个电容器串、并联组成的串联电容器组。串联电容器组的并联支路数 m,可根据线路通过的最大负荷电流 $I_{\max}$ 来确定。设每台电容器的额定电流为 I_{CN},则应有

$$m I_{CN} \geqslant I_{\max} \qquad (2-97)$$

每一并联支路串联数 n,可根据最大电流通过 X_C 时的电压降 $I_{\max} X_C$ 确定。设每台电容器的额定电压为 U_{CN},则

$$n U_{CN} \geqslant I_{\max} X_C \qquad (2-98)$$

三相总共需要串联电容器组总容量为 $3mnQ_{CN}$。串联电容器所提高的末端电压的数值 $Q X_C / U$ 随无功负荷的大小而变化,负荷大时增大,负荷小时减小,与调压要求相一致。同时串联电容器随负荷变化反应快,起到自动调整电压的作用。它适用于 110 kV 以下,线路较长、$\cos\varphi$ 较低或有冲击负荷的线路上。10 kV 及以下的架空线路 R_1 / X_1 很大,使用串联电容补偿是不经济和不合理的。220 kV 以上的远距离输电线路采用串联电容补偿,可用电力电子设备进行自动控制,详见第 6 章,其作用在于提高运行稳定性和提高线路的输电能力。

实际电力系统的电压调整问题是一个复杂的综合性问题。系统中各母线电压与各线路中的无功功率是互相关联的。所以各种调压措施要相互配合,使全系统各点电压均满足要求,并使全网无功功率分布合理,有功功率损耗达到最小。

2.8.6　线路并联电抗器调压

输电线路并联电抗器也是无功补偿装置重要的组成部分,其作用在于当输电线路处于空载或轻载时发生末端电压升高,通过投入并联电抗器来增加感性无功功率,实现对电力系统中冗余的容性无功功率的平衡,以防止末端电压越限。

以输电线路 Ⅱ 型等值电路(图 2-35)为例进行推导。由 2.5.1 节可知,当输电线路轻载时,串联支路消耗的无功功率可能会小于并联支路的充电功率。由式可以看出这时 Q_2' 为负值,代入式中会使得 ΔU 为负值,即线路始端电压低于末端电压。

在线路末端并联一电抗器 X_L,如图 2-35 所示。

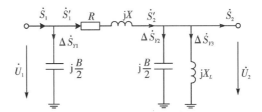

图 2-35　末端并联电抗器后的 Ⅱ 型等值电路

设 $\Delta \dot{S}_{Y3}$ 为并联电抗器消耗的功率,则

$$\Delta \dot{S}_{Y3} = \mathrm{j} \frac{U_2^2}{X_L} \qquad (2-99)$$

此时式(2-49)变为

$$P'_2 + \mathrm{j}Q'_2 = P_2 + \mathrm{j}Q_2 - \mathrm{j}U_2^2\frac{B}{2} + \mathrm{j}\frac{U_2^2}{X_L} \qquad (2-100)$$

可见并联电抗器的加入使 Q'_2 增大,通过调整并联电抗器的容量,可使 Q'_2 的值为非负数,代入式中会使得 ΔU 为正值,线路始端电压高于末端电压,从而避免了末端电压升高而出现的过电压现象。

2.9　电力系统的有功功率和频率调整

本节主要讨论有功功率和频率调整的一般概念,不涉及有功负荷的经济分配和系统频率调整的具体计算,有兴趣的读者可以参阅文献[8,10,13]。

2.9.1　有功功率平衡和频率的关系

系统频率的变化是由于作用在发电机组转轴上的转矩不平衡所引起的。若机械转矩大于电磁转矩,则频率升高;反之频率下降。发电机输出的电磁功率是由系统负荷、系统结构及系统运行状态决定的,这些因素的变化是随机的、瞬时的。而发电机输入的机械功率则是由原动机的汽门或导水叶的开度决定的,这些又受控于原动机的调速系统。调速系统调节汽门或导水叶的速度相对迟缓,无法适应发电机电磁功率的变化。因此严格保证系统频率为额定频率是不切实际的,通常规定一个允许的频率偏移范围,如我国规定在大容量同步电网频率偏移范围为 50 ± 0.2 Hz,而在小容量电网中可以放宽到 50 ± 0.5 Hz。为了保证频率偏移不超过允许值,需要在系统负荷变化或由其它原因造成电磁转矩变化时,及时调整原动机的机械功率,尽量使发电机转轴上的功率平衡。

2.9.2　有功负荷的变动规律

电力系统中的负荷变动用负荷曲线表示,这在第 1 章中已介绍过。负荷曲线是调度运行的重要依据。实际系统的日负荷曲线如图 2-36(a)所示,这种不规则的负荷变动可以分解成三种负荷变动的曲线,如图 2-36(b)所示。

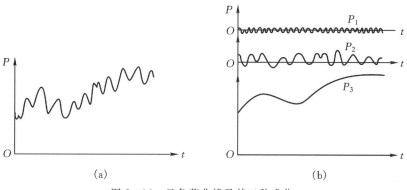

(a)　　　　　　　　　　　　　　　(b)

图 2-36　日负荷曲线及其三种成分

曲线 P_1 对应于变动幅度很小、周期最短的负荷变化,它是由于中小型用电设备的投入和切除引起的,带有很大的随机性。曲线 P_2 变化幅度较小、周期较长,对应于工业电炉、电力机车、压延机械等冲击性负荷。曲线 P_3 是日负荷曲线的基本部分,它是由国民经济、生产、生活和气象等变化因素所决定的。曲线 P_1,P_2 对应的负荷是无法预测的,要通过原动机的调速器、调频器调节发电机的输入功率来随时平衡负荷的变化。曲线 P_3 对应的负荷一般可以通过研究历年运行的统计资料和负荷可能变化的趋势加以预测,并按照优化原则在各发电厂、发电机组之间实现有功功率的经济分配。

2.9.3　电力系统有功功率电源备用

电力系统有功功率电源发出的功率在任何时间都应与系统的负荷和总网损相平衡。系统发电机的装机容量,不仅应满足最大负荷、网络损耗及发电厂厂用电的需要,还必须考虑有一定数量的备用容量。系统中有功功率电源备用容量按其用途可分为以下几种。

（1）负荷备用　为了满足系统中短时的负荷变动和短期内计划外的负荷增加而设置的备用。负荷备用容量的大小与系统负荷的大小有关,一般为最大负荷的 $2\%\sim5\%$。大系统采用较小的百分数,小系统采用较大的百分数。

（2）事故备用　在发电设备发生偶然事故时,为保证向用户正常供电而设置的备用。事故备用容量的大小与系统容量的大小、机组台数、单机容量以及对系统供电可靠性要求的高低有关。一般为最大负荷的 $5\%\sim10\%$,但不能小于系统中最大一台机组的容量。

（3）检修备用　为系统发电设备中能定期检修而设置的备用。它与系统中的发电机台数、年负荷曲线、检修周期、检修时间的长短、设备新旧程度等有关。检修备用与前两种备用不同,是事先按排的。检修分大修和小修两种:小修一般安排在节假日或负荷低谷期;大修时,水电厂安排在枯水期,火电厂安排在一年中系统综合负荷最小的季节。

（4）国民经济备用　考虑国民经济超计划增长和新用户的出现而设置的备用。这部分备用与国民经济增长有关,一般取最大负荷的 $3\%\sim5\%$。

以上四种备用中,负荷备用和事故备用是在一旦需要时能立即投入的备用,显然不能是"静止"的冷备用,只能够是"旋转"的热备用。所谓热备用是指运转中的发电设备可能产生的最大功率与实际发电量之差,热备用一般隐含在系统运行着的机组之中,一旦需要马上可以发出功率。从保证供电可靠性和良好的电能质量来看,热备用越多越好,但热备用容量过大将使大量的发电机低于额定功率运行,偏离发电机的最佳运行点,造成效率低下。考虑到事故备用和负荷备用一般不会同时出现,故热备用容量不需要按事故备用和负荷备用的总和来确定。一般热备用容量应大于负荷备用,并包括事故备用的一部分。冷备用是设备完好而待投入运行的发电设备的最大可能出力,能听命于调度随时启动,可作为检修备用、国民经济备用和一部分事故备用。

2.9.4　电力系统的频率调整

在进行频率调整前,有必要概括地了解电力系统负荷、发电机的有功功率和频率的关系,称这种关系为有功功率-频率静态特性。然后了解电力系统频率的一次调整和二次调整的概念。

负荷的有功功率-频率静态特性(简称负荷的功频静特性)取决于负荷的组成。理论分析和实测都表明在额定频率附近,负荷的功频静特性可以近似用一直线表示,如图 2-37 所示。

直线的斜率为

$$k_{\mathrm{L}} = \tan\beta = \frac{\Delta P_{\mathrm{L}}}{\Delta f} \quad \mathrm{MW/Hz} \qquad (2-101)$$

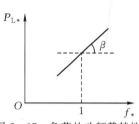

图 2-37　负荷的功频静特性

k_{L} 称为负荷的功频静特性系数,它表示负荷吸收的有功功率随频率变化的大小。频率下降时,负荷吸收的有功功率自动减小;频率上升时,负荷的有功功率自动增加。显然,负荷的这种特性有利于系统的频率稳定。

发电机组的速度调节是由原动机附设的调速器来实现的,发电机的功频静特性取决于原动机的调速系统。当外界负荷增大时,发电机输入功率小于输出功率,使转速和频率下降,调速器的作用将使发电机输出功率增加,转速和频率上升。但转速和频率的上升由于调速器本身特性的影响要略低于原来负荷变化前的值。当负荷减小时,发电机输入功率大于输出功率,使转速和频率增加,调速器的作用使发电机输出功率减小,转速和频率下降,但略高于原来的值,可见调速器的调节过程是一个有差调节过程,其有功功率-频率静态特性曲线近似为一直线,如图 2-38 所示。此特性称为发电机组的功频静特性。

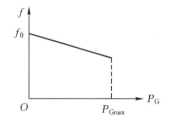

图 2-38　发电机组的功频静特性

一般发电机的功频静特性以静态调差系数 σ 表示。静态调差系数定义为

$$\sigma = -\Delta f / \Delta P_{\mathrm{G}} \quad \mathrm{Hz/MW} \qquad (2-102)$$

上式之所以取负号,是由于发电机组的调差系数总为正值,而 Δf 和 ΔP_{G} 的符号总相反。调差系数的标幺值 σ_* 表示发电机组负荷改变时相应的频率偏移,例如 $\sigma_* = 0.05$,表示若负荷变化 1%,频率将偏移 0.05%;若负荷改变 2%,频率将偏移 0.1%(0.05 Hz)。调差系数的倒数称为发电机组的功频静特性系数,用 k_{G} 表示:

$$k_{\mathrm{G}} = 1/\sigma = -\Delta P_{\mathrm{G}}/\Delta f \quad \mathrm{MW/Hz} \qquad (2-103)$$

k_{G} 表示频率发生单位变化时,发电机组输出功率的变化量;负号表示频率下降时,发电机组的有功出力将增加。

现代电力系统中所有并列运行的发电机组都装有调速器,当系统负荷变化时,有可调容量机组的调速器均将自动对系统频率的变化做出反应,即按着各自的静特性及时调节各发电机的出力,使有功功率重新达到平衡,以保持频率的偏移在一定范围之内。由调速器自动调整负荷变化引起的频率变化称之为频率的一次调整。我们可以用图 2-39 说明频率一次调整的概念。

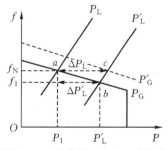

图 2-39　频率的一次和二次调整

P_{G} 为发电机组频率特性,P_{L} 为负荷的频率特性,两者的交点 a 为系统的原始运行点,设此时系统频率为 f_{N},对应的负荷为 P_1。当系统负荷增加到 P'_{L} 时,$P'_{\mathrm{L}} > P_1$,系统频率开始下降,随着系统频率的下降,负荷频率调节效应使负荷增量有所减小,从图中的 ΔP_{L} 减小到 $\Delta P'_{\mathrm{L}}$。此刻,发电

机组调速器的作用使发电机出力增大,与P'_L交于b点,达到发电机有功输出与系统有功负荷之间的平衡,系统频率为f_1不再变化,显然,$f_1 < f_N$。若$\Delta f = f_1 - f_N$在系统允许的频率偏移范围内,b点则为正常运行点。显而易见,在系统负荷变化很大的情况下,单靠调速器进行一次调频往往不能使频率的偏移保持在允许的范围之内,必须进行频率的二次调整,才能使频率偏移保持在允许的范围之内或实现无差调节。

传统的频率二次调整是通过发电机组调速器的转速整定元件,也称为调频器来实现的。频率的二次调整就是操作调频器,使发电机组的频率特性平行地上下移动,从而使负荷变动引起的频率偏移可保持在允许范围内。如图 2-39 中虚线所示,经发电机调频器的调整,使发电机组的频率特性上移为P'_G,与负荷特性曲线交于c点,系统频率恢复为f_N。

频率的二次调整只有部分发电厂承担,即系统中的发电厂分为调频厂和非调频厂两类。调频厂负责整个系统的频率调整任务,要求有足够的调整容量,具有较快的调整速度,能适应负荷变化的需要,同时调整出力时经济性要好。在水火电厂并存的电力系统中,一般选容量大的水电厂担任调频任务。在丰水季节,为了充分利用水力资源,水电厂带满负荷,由效率居中的大容量火电厂担任调频,以提高系统运行的经济性。非调频厂在系统正常运行情况下只按调度中心预先安排的日发电计划运行,只进行频率的一次调整,而不参加频率的二次调整。

现代电力系统地区电力系统间逐步互联,形成大的区域电网,如我国即将形成全国的联合电力系统。这就要求在控制系统频率的同时,控制省与省之间、地区与地区之间通过联络线交换的有功功率。仅仅有自动调频装置完不成这个任务。在现代电力系统中完成这一任务的是自动发电控制(Automatic Generation Control,AGC)系统,AGC 的实现不仅使负荷变动反应速度快,频率波动小,而且还同时实现有功负荷的经济分配,保持联络线交换的净功率按照事先约定的协议执行,并能满足系统安全经济运行的各种约束条件,使得整个系统的频率偏差更小,运行更经济。其具体是由负荷频率控制(Load Frequency Control,LFC)和经济调度控制(Economic Dispatching Control,EDC)两者结合来完成。

2.9.5　新能源电力系统的备用及频率调整

大规模新能源并网给电力系统备用配置带来挑战。受风速、光照等自然条件,以及机组本身的特性影响,新能源出力与传统电厂相比波动性更大,可能会在短时间内使系统出现大量的功率缺额。电力系统从传统的负荷单侧波动转变为电源侧和负荷侧的双侧波动,为了应对大规模新能源在电源侧的波动,有文献指出有必要为此专门保留一定容量的备用,即新能源备用。新能源备用设定与当地新能源出力波动的分布特性密切相关,当前趋势是以能够应对给定概率波动场景的方式来优化配置。

同样的,新能源机组初期并不要求能提供频率调整功能。近年来伴随系统运行的需求,新能源电站的有功控制系统经过改造后,可以模拟常规电厂的有功-频率特性,使得新能源机组也具有快速的频率响应能力。在此基础上,国内外电力行业标准也逐步对新能源调频提出了具体要求。

小　结

本章主要论述了电力系统正常稳态运行时的基本概念及分析计算,并简要介绍了电压、频率的调整问题。

首先，阐述了架空输电线路参数的物理意义及影响输电线路参数的因素，建立了输电线路的 Ⅱ 型等值电路。对于双绕组变压器主要论述了如何利用制造厂提供的技术数据 $P_K,U_K\%$，$P_0,I_0\%$ 计算变压器等值电路中 R_T,X_T,G_T,B_T。对于绕组容量不同的三绕组变压器和自耦变压器必须先进行容量归算后，再进行参数计算。多电压等级电力网等值电路的建立有两种方法：一种是有名值方法，按实际变比把系统各元件参数归算到统一电压级下；另一种是标幺值方法，在有名值参数归算的基础上，选统一的功率基准值和电压基准值把各元件参数化成标幺值。

其次，讨论了简单电力系统的分析和计算，给出了电压降落、功率损耗的概念及计算公式，介绍了简单开式网络的潮流计算方法，从中给出了一些必须掌握的电力系统基本概念。对于复杂电力系统首先推导出复杂网络的节点电压方程，讨论了节点导纳矩阵和节点阻抗矩阵元素的物理意义。然后，建立了具有非标准变比的等值电路，介绍了系统变量和节点的分类以及电力系统的非线性功率方程。接着比较详细地介绍了牛顿-拉夫逊法进行潮流计算的方法及求解框图。最后简要介绍了含新能源节点的电力系统潮流计算方法。

另外，本章讨论了电力系统无功功率平衡和电压调整。首先介绍了系统的无功功率电源、无功功率负荷。其后讨论了电力系统的无功功率平衡，指出电力系统必须保证在正常电压水平下的无功功率平衡。此外还讨论了电压调整的各种方式的原理及计算方法。在系统无功充足的情况下可采用发电机和变压器分接头进行调压；在无功功率不足的系统，首要的问题是要增加无功功率电源，在负荷附近并联电容器和同期调相机及静补装置；对于有冲击负荷和功率因数较低的线路上可采用串联电容器；应对轻载、空载线路的末端电压升高可采用并联电抗器。电压调整是一个综合性的问题，各种调压方案要进行经济技术比较后才能确定。

本章还讨论了有功功率平衡和频率调整的基本问题，其中介绍了有功功率和频率的关系，有功负荷的变动规律。介绍了负荷的功频静特性和发电机组的功频静特性。在此基础上介绍了系统的一次调频和二次调频的概念。频率的一次调整是系统中所有发电机均参加，由发电机组的调速器完成的。二次调频是由系统指定的调频厂的发电机组的调频器完成的。最后，简要介绍了现代电力系统 AGC 的概念、新能源电力系统的备用及频率调整要求。

思考题及习题

2-1 架空输电线路的电阻、电抗、电纳和电导对应输电线路的哪些物理现象，这些参数受哪些因素的影响？

2-2 短距离、中距离和长距离输电线路的等值电路有何不同？为什么？

2-3 同容量、同电压等级的升压变压器和降压变压器的电气参数是否相同？为什么？

2-4 不同绕组容量的三绕组变压器为什么要进行容量归算？如何进行容量归算？

2-5 电力网潮流计算的目的是什么？

2-6 电压降落和电压损耗有何区别？有何联系？

2-7 通过电压损耗公式推出在高压网中电力系统有功功率与电压相位角的关系，无功功率与电压幅值的关系。

2-8 电力线路并联导纳中的功率损耗与变压器并联导纳中的功率损耗有何不同？

2-9 电力系统的节点导纳矩阵、节点阻抗矩阵有何特点？两者有何关系？两个矩阵元素的物理意义分别是什么？

2-10 为什么求解潮流方程时要将系统的节点分类？各类节点有何特点？

2-11 用计算机计算系统潮流时，变压器用 Π 型等值电路有什么好处？如何建立变压器的 Π 型等值电路？

2-12 无功功率平衡与系统的电压水平有何关系，试用电源和负荷的无功功率电压静特性曲线说明。

2-13 用简单电力系统说明电力系统电压调整有哪些方式，并说明各方式的优缺点。

2-14 何谓一次调频？一次调频如何完成？能否做到无差调节，为什么？

2-15 何谓二次调频？二次调频如何完成？能否做到无差调节，为什么？

2-16 某 110 kV 输电线路，长度为 180 km，导线为 LGJ—150，计算半径为 8.5 mm，水平排列，线间距离为 4 m，试计算输电线路参数，并画出等值电路。

2-17 双绕组变压器型号为 SFL—40000，额定电压为 121/10.5 kV；$P_K = 230$ kW，$U_K \% = 10.5$，$P_0 = 57$ kW，$I_0 \% = 2.5$，试分别计算该变压器归算到高压侧、低压侧的有名值参数，并画出等值电路。

2-18 某台容量为 20 MV·A 的三相三绕组变压器，三个绕组的容量比为 100/100/50；额定电压为 121/38.5/10.5 kV；绕组间的短路损耗 $P_{K(1-2)} = 152.9$ kW，$P'_{K(1-3)} = 52$ kW，$P'_{K(2-3)} = 47$ kW；绕组间短路电压百分值分别为 $U_{K(1-2)} \% = 10.5$，$U_{K(1-3)} \% = 18$，$U_{K(2-3)} \% = 6.5$；空载损耗 $P_0 = 75$ kW；空载电流百分数 $I_0 \% = 4.1$。试求变压器参数，并画出等值电路。

2-19 简单电力系统如图 2-40 所示。

(1)选 110 kV 为基本段作出电力网的有名值等值电路；

(2)选基准容量 $S_B = 100$ MV·A，基准电压 $U_B = 110$ kV，作出该网络的标幺值等值电路。

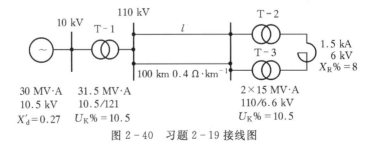

图 2-40　习题 2-19 接线图

2-20 110 kV 架空线路长 100 km，导线型号为 LGJ—240，计算半径为 10.8 mm，水平排列，相间距离 4 m，线路末端电压为 105 kV，负荷 $\dot{S}_L = 42 + j26$ MV·A，求线路的电压降落、电压损耗、功率损耗。

2-21 如图 2-41 所示输电系统，两台变压器型号相同，额定电压 $U_N = 220/11$ kV，$P_K = 1000$ kW，$U_K \% = 12.5$，$P_0 = 450$ kW，$I_0 \% = 3.5$，$U_A = 245$ kV。求该输电系统的电压和功率分布。

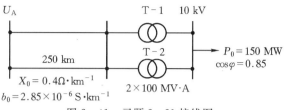

图 2-41　习题 2-21 接线图

2-22 一三绕组降压变压器归算至高压侧的等值电路和所带负荷如图 2-42 所示,其额定电压为 110/38.5/6.6 kV。现实际变比为 110/38.5(1+5%)/6.6 kV,低压侧母线实际电压为 6 kV,求高压和中压母线的实际电压(不计电压降落的横分量)。

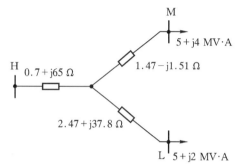

图 2-42　习题 2-22 接线图

2-23 简单电力网的等值电路如图 2-43 所示,写出该网络的节点导纳矩阵。

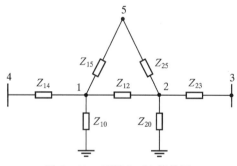

图 2-43　习题 2-23 接线图

2-24 已知理想变压器的变比 k_* 及阻抗 Z_T,试作出图 2-44 所示四种情况的 Π 型等值电路。

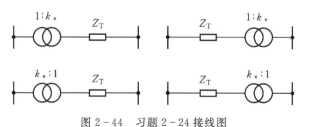

图 2-44　习题 2-24 接线图

2-25 如图 2-45 所示,节点 1 为平衡节点,给定 $\dot{U}_1=1\angle 0°$,节点 2 为 PQ 节点,给定 $\dot{S}_2=1+j0.8$,试写出:

(1)网络的导纳矩阵;

(2)列出极坐标形式的功率误差方程式和修正方程式;

(3)取 $\dot{U}_2^{(1)}=1\angle 0°$,迭代求解出 $\dot{U}_2=U_2^{(1)}\angle\delta^{(1)}$。

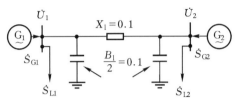

图 2-45　习题 2-25 接线图

2-26 试利用牛顿-拉夫逊潮流程序,借助计算机计算图 2-46 所示系统的潮流分布。

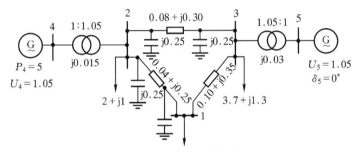

图 2-47　习题 2-26 接线图

2-27 某降压变电站装设一台容量为 20 MV·A、电压为 110/11 kV 的变压器。要求变压器低压侧的电压偏移在最大、最小负荷时分别不超过额定值 2.5% 和 7.5%,变电站低压侧的最大负荷为 18 MV·A,最小负荷为 7 MV·A,$\cos\varphi=0.7$。变压器高压侧的电压在任何运行情况下均维持 107.5 kV。变压器参数为:$P_K=163$ kW,$U_K\%=10.5$,不计变压器激磁影响。试选择变压器的分接头。

2-28 图 2-47 所示升压变压器,额定容量为 31.5 MV·A,变比为 $10.5/121\pm 2\times 2.5\%$ kV,归算至高压侧的阻抗为 $Z_T=3+j48$ Ω,负荷功率为 $\dot{S}_{max}=24+j16$ MV·A,$\dot{S}_{min}=13+j10$ MV·A。高压母线的电压要求分别为 $U_{max}=120$ kV,$U_{min}=112$ kV,试选择变压器分接头。

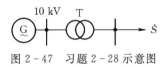

图 2-47　习题 2-28 示意图

2-29 图 2-48 所示三绕组变压器,变压器各绕组归算至高压侧的阻抗,最大、最小负荷及对应的高压母线电压均标在图中。中压侧要求恒调压,电压保持 35.8 kV,低压侧要求逆调压。变压器变比为 $110\pm 2\times 2.5\%$ $/38.5\pm 2\times 2.5\%$ $/6.6$ kV,试选择高、中压侧的分接头。

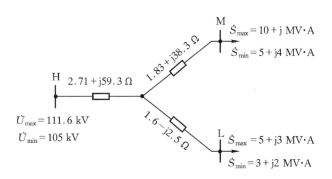

图 2 - 48 习题 2 - 29 接线示意图

2 - 30 如图 2 - 49 所示网络,线路和变压器归算到高压侧的阻抗已标在图中。电源总电压 $U_S = 117$ kV恒定。如变压器低压母线要求保持 10.4 kV 恒定,试确定并联补偿设备的容量。

(1)采用电容器;

(2)采用调相机($\alpha = 0.5$)。

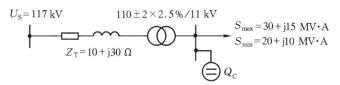

图 2 - 49 习题 2 - 30 接线图

第3章 电力系统的短路电流计算

3.1 概　述

本章主要讨论电力系统短路时的物理过程及分析计算方法。

在电力系统可能发生的各种故障中,对系统危害最大,而且发生概率最高的是短路故障。所谓短路,是指电力系统中相与相之间或相与地之间的非正常连接。在电力系统正常运行时,除中性点外,相与相或相与地之间是相互绝缘的。如果由于绝缘破坏而构成通路,电力系统就发生了短路故障。通常引起绝缘损坏的原因有:绝缘材料的自然老化、机械损伤、雷电造成过电压等。此外,运行人员的误操作,如带负荷拉隔离刀闸,设备检修后遗忘拆除临时接地线而误合刀闸均可造成短路;另外,鸟兽跨接在裸露的载流部分以及风、雪、雹等自然灾害也会造成短路。

在三相系统中,可能发生的短路有:三相短路($f^{(3)}$)、两相短路($f^{(2)}$)、两相短路接地($f^{(1,1)}$)以及单相接地短路($f^{(1)}$)。

三相短路时系统三相电路仍然是对称的,称为对称短路,其它几种短路均使三相电路不对称,称为不对称短路。电力系统短路故障大多数发生在架空线部分。以单相短路所占的比例最高。发生短路时,由于供电回路的阻抗减小以及突然短路时的暂态过程,使短路点及附近电力设备流过的短路电流可能达到额定值的几倍甚至十几倍,从而引起导体及绝缘的严重发热甚至损坏。同时,在短路刚开始,电流瞬时值达到最大时,电力设备的导体间将受到很大的电动力,可能引起导体或线圈变形以致损坏。在电流急剧增加的同时,系统中的电压突然降低,短路点附近电压下降得最多,这将影响用户用电设备的正常工作。短路故障的最严重后果是并列运行的发电机失去同步,引起系统解列,大面积停电。另外,不对称接地短路将引起不平衡电流,产生不平衡磁通,会在邻近平行的通信线路内感应相当大的电动势,造成对通信系统的干扰,甚至危及设备和人身安全。

为了减少短路故障对电力系统的危害,一方面必须采取限制短路电流的措施,合理设计电网,如分层分区运行、扩大负荷中心环网结构、母线分列运行、在线路上装设电抗器、在变压器上加装中性点小电抗等;另一方面是迅速将发生短路的部分与系统其它部分隔离开来,使无故障部分恢复正常运行。这就要依靠继电保护装置检测出故障,并有选择地使最接近短路点的、流过短路电流的断路器断开。系统中大多数的短路都是瞬时性的,因此架空线路普遍采用自动重合闸装置。有关自动重合闸内容可参考电力系统自动装置等书籍和资料。短路电流的计算主要是为了选择电气设备,校验电气设备的热稳定和动稳定;进行继电保护设计和调整。此外,在进行接线方案的比较和选择时也必须进行短路电流的计算。

电力网中除了同一地点短路以外,还可能在不同地点同时发生短路。相对于在一处发生故障而言,不同地点同时发生短路称为多重短路或复故障。在本书中主要讨论简单短路故障。

对于复故障本书不作讨论,有兴趣的读者可参阅文献[5,7,8,9]。

3.2　无限大功率电源供电系统的三相短路电流

　　所谓无限大功率电源是指无论由此电源供电的网络中发生什么扰动,电源的电压幅值和频率均为恒定的电源。对这种电路进行短路暂态过程的分析,能比较容易得到短路电流的各种分量,衰减时间常数及冲击电流,最大有效值电流等概念。为进一步分析同步电机的短路暂态过程打下基础。

3.2.1　三相短路的暂态过程

　　图 3-1 所示为一由无限大功率电源供电的三相对称电路。短路发生前,电路处于三相对称的稳定状态,以 A 相为例,其电压和电流可表示为

$$u_A = U_m \sin(\omega t + \alpha) \tag{3-1}$$
$$i_A = I_{m|0|} \sin(\omega t + \alpha - \varphi_{|0|}) \tag{3-2}$$
$$I_{m|0|} = \frac{U_m}{\sqrt{(R+R')^2 + \omega^2(L+L')^2}}$$
$$\varphi_{|0|} = \arctan \frac{\omega(L+L')}{R+R'}$$

式中:u_A,i_A 分别为 A 相电压和电流的瞬时值;$I_{m|0|}$ 为短路前的电流幅值,下标|0|表示短路前稳态运行状态;U_m 为电源的电压幅值;α 为电源电动势的初相角。

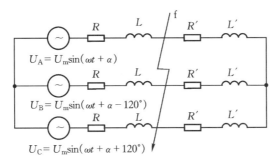

图 3-1　无限大功率电源供电的三相电路

　　当电源在 f 点发生三相短路后,原电路被分成两个独立的回路,左侧回路仍与电源相连,但每相阻抗由$(R+R')+j\omega(L+L')$减小到 $R+j\omega L$。短路后电源供给的电流从原来的稳态值逐渐过渡到由电源和新阻抗所决定的短路稳态值。右侧回路中没有电源,该回路电流则逐渐衰减到零。

　　设短路发生在 $t=0$ 时刻,由于左侧电路仍为三相对称电路,仍可只研究其中的一相。对于 A 相,其微分方程式如下:

$$L \frac{di_A}{dt} + Ri_A = U_m \sin(\omega t + \alpha) \tag{3-3}$$

式(3-3)是一个一阶常系数线性非齐次微分方程。解式(3-3),得 A 相的短路电流为

$$i_A = I_{pm}\sin(\omega t + \alpha - \varphi) + c\,e^{-t/T_a} \tag{3-4}$$

式中：I_{pm} 为短路电流交流分量（也称为周期分量）的幅值，$I_{pm} = U_m/\sqrt{R^2 + (\omega L)^2}$；$\varphi$ 为短路的阻抗角，$\varphi = \arctan(\omega L/R)$；$c$ 为积分常数，由初始条件决定，其值为短路电流直流分量（也称为非周期分量）的起始值；T_a 为直流分量电流衰减时间常数，$T_a = L/R$。

由式（3-4）可见，由无限大功率电源供电的电路的短路电流在暂态过程中包含有两个分量：交流分量和直流分量。前者属于强制电流，也是回路的稳态电流，其值取决于电源电压和回路阻抗，它的幅值在暂态过程中不变；后者属于自由电流，是为保持电感性电路中的磁链和电流不能突变而出现的分量，它在暂态过程中以时间常数 T_a 按指数规律衰减，最后衰减为零。

式（3-4）中的积分常数 c 可由初始条件来决定。在电感性的电路中，通过电感的电流不能突变，短路发生后瞬间的电流 i_{A0} 应等于短路前瞬间的电流值 $i_{A|0|}$。即在 $t=0$ 时有

$$i_{A|0|} = I_{m|0|}\sin(\alpha - \varphi_{|0|}) = i_{A0} = I_{pm}\sin(\alpha - \varphi) + c$$

所以

$$c = I_{m|0|}\sin(\alpha - \varphi_{|0|}) - I_{pm}\sin(\alpha - \varphi) \tag{3-5}$$

将式（3-5）代入式（3-4）中，得：

$$i_A = I_{pm}\sin(\omega t + \alpha - \varphi) + [I_{m|0|}\sin(\alpha - \varphi_{|0|}) - I_{pm}\sin(\alpha - \varphi)]e^{-t/T_a} \tag{3-6}$$

式（3-6）为 A 相短路电流的表达式。由于三相对称，用 $\alpha - 120°$ 或 $\alpha + 120°$ 代替公式（3-6）中的 α，可以得到 B 相和 C 相短路电流的如下表达式：

$$\left. \begin{aligned} i_B &= I_{pm}\sin(\omega t + \alpha - 120° - \varphi) + [I_{m|0|}\sin(\alpha - 120° - \varphi_{|0|}) - \\ &\quad I_{pm}\sin(\alpha - 120° - \varphi)]e^{-t/T_a} \\ i_C &= I_{pm}\sin(\omega t + \alpha + 120° - \varphi) + [I_{m|0|}\sin(\alpha + 120° - \varphi_{|0|}) - \\ &\quad I_{pm}\sin(\alpha + 120° - \varphi)]e^{-t/T_a} \end{aligned} \right\} \tag{3-7}$$

由式（3-6）、式（3-7）可见，三相短路电流的稳态分量分别为三个幅值相等，相位相差 120° 的交流分量。每相短路电流中包含有逐渐衰减的直流分量。显然，三相的直流分量电流在每一时刻都不相等。

3.2.2　短路冲击电流和最大有效值电流

1.短路冲击电流

图 3-2 所示为三相短路电流变化的波形图，图中 $i_{A|0|}$，$i_{B|0|}$，$i_{C|0|}$ 分别为 A，B，C 相短路前瞬间的电流；i_{aA0}，i_{aB0}，i_{aC0} 分别为 A，B，C 相短路电流直流分量的起始值；i_{pA0}，i_{pB0}，i_{pC0} 分别为 A，B，C 相短路电流交流分量的起始值。由图可见，由于存在直流分量，短路后将出现比短路电流交流分量幅值还大的短路电流最大瞬时值，此电流称为短路冲击电流。短路电流在电气设备中产生的电动力与短路冲击电流的平方成正比。为了校验电气设备的动稳定度，必须计算短路冲击电流。

在电源电压幅值和短路回路阻抗恒定的情况下，短路电流交流分量的幅值是一定的，而直流分量则是按指数规律单调衰减。因此，直流电流的初值越大，暂态过程中短路冲击电流也就越大。由式（3-7）可见，直流分量的起始值大小与电源电压的初始角 α、短路前回路中电流值 $i_{m|0|}$ 及 φ 角等有关。

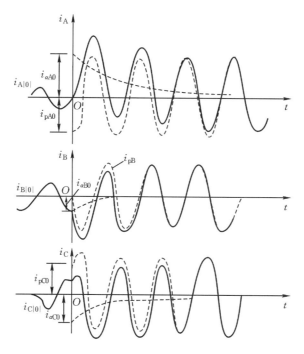

图 3 - 2　三相短路电流变化的波形图

下面分析在什么条件下短路将出现最大的短路冲击电流。

图 3 - 3 所示为 $t = 0$ 时刻 A 相的电源电压($\dot{U}_{mA}$)、短路前的电流($\dot{I}_{mA|0|}$)和短路电流交流分量($\dot{I}_{pmA}$)的相量图。图中相量 $\dot{I}_{mA|0|}$,$\dot{I}_{pmA}$ 在时间轴 t 上的投影分别代表短路前电流和短路后交流分量在 $t = 0$ 时刻的瞬时值 $i_{A|0|}$ 和 i_{pA0},它们的差值即为直流分量的起始值 $i_{\alpha A0}$。由图可见,如果改变 α,使相量差 $\dot{I}_{mA|0|} - \dot{I}_{pmA}$ 与时间轴平行,则直流

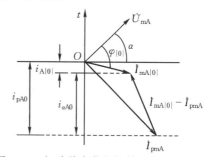

图 3 - 3　短路前有载的初始状态电流相量图

分量 $i_{\alpha A0}$ 值最大;若相量差 $\dot{I}_{mA|0|} - \dot{I}_{pmA}$ 与时间轴垂直,则 $i_{\alpha A0} = 0$,自由分量不存在,即在短路发生瞬间,短路前电流的瞬时值正好等于短路后交流分量的瞬时值,从而使 A 相电流从一种稳态直接进入另一种稳态,没有暂态过程。

由以上分析可知,若短路前空载,即 $\dot{I}_{mA|0|} = 0$,这时 $\dot{I}_{pmA}$ 在 t 轴上的投影即为 $i_{\alpha A0}$,若短路时电源电压正好过零,即 $\alpha = 0$,且电路为纯电感电路时($\varphi = 90°$),短路瞬时直流分量有最大的起始值,即等于交流分量的幅值。将这些条件代入式(3 - 6)中,可得到 A 相全电流的表达式:

$$i_A = -I_{pm}\cos\omega t + I_{pm}e^{-t/T_a} \tag{3-8}$$

此时 A 相的冲击电流最大,其波形图示于图 3 - 4 中。

以上是 A 相的情况,对 B,C 相也可以作类似的分析。三相短路电流中的直流分量起始值不可能同时最大或同时为零。在任意初相角下,总有一相的直流分量起始值最大。

　　由图 3-4 可见,短路电流的最大瞬时值,短路冲击电流,将在短路发生后的半个周期时出现。在 $f=50\mathrm{Hz}$ 的情况下,大约为 0.01s 时出现冲击电流。由此可得冲击电流值:

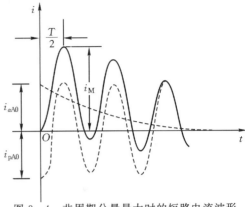

$$i_{\mathrm{M}} = I_{\mathrm{pm}} + I_{\mathrm{pm}}\mathrm{e}^{-0.01/T_{\mathrm{a}}}$$
$$= (1 + \mathrm{e}^{-0.01/T_{\mathrm{a}}})I_{\mathrm{pm}}$$
$$= K_{\mathrm{M}}I_{\mathrm{pm}} \qquad (3-9)$$

式中 K_{M} 称为冲击系数,它表示冲击电流为短路电流交流分量幅值的倍数。当时间常数 T_{a} 由零变到无限大时,冲击系数的变化范围为

$$1 \leqslant K_{\mathrm{M}} \leqslant 2$$

图 3-4　非周期分量最大时的短路电流波形

　　在实用计算中,当短路发生在单机容量为 12MW 及以上的发电机母线上时,取 $K_{\mathrm{M}}=1.9$,当短路发生在其它地点时,取 $K_{\mathrm{M}}=1.8$,当短路发生在发电厂高压侧母线时,取 $K_{\mathrm{M}}=1.85$。冲击电流主要用于检验电气设备和载流导体的动稳定度。

2. 短路电流的最大有效值

　　在短路过程中,任一时刻 t 的短路电流的有效值 I_t,是以时刻 t 为中心的一个周期 T 内瞬时电流的方均根值,即

$$I_t = \sqrt{\frac{1}{T}\int_{t-\frac{T}{2}}^{t+\frac{T}{2}} i_t^2 \mathrm{d}t} = \sqrt{\frac{1}{T}\int_{t-\frac{T}{2}}^{t+\frac{T}{2}} (i_{pt} + i_{at})^2 \mathrm{d}t} \qquad (3-10)$$

式中: i_t, i_{pt}, i_{at} 分别为 t 时刻的短路电流,短路电流的交流分量瞬时值和短路电流直流分量的瞬时值。

　　如上所述,直流分量电流是随时间衰减的。在实际的电力系统中,短路电流交流分量的幅值(详见 3.3 节)也是随时间衰减的。因此,严格按式(3-10)计算短路电流的有效值相当复杂。为了简化计算,通常近似认为直流分量在以时间 t 为中心的一个周期 T 内恒定不变,因而它在时间 t 的有效值就等于它在 t 时刻的瞬时值,即

$$I_{at} = i_{at}$$

　　对于交流的分量,也认为它在所计算的周期内幅值是恒定的。因此, t 时刻交流分量的有效值为

$$I_{pt} = I_{\mathrm{pm}}/\sqrt{2} = 0.707 I_{\mathrm{pm}}$$

　　由图 3-4 可知,最大有效值电流发生在短路后约半个周期时,因此最大有效值电流根据式(3-8)、式(3-9)可表示为

$$I_{\mathrm{M}} = \sqrt{(I_{\mathrm{pm}}/\sqrt{2})^2 + i_{at(t=0.01s)}^2}$$
$$= 0.707 I_{\mathrm{pm}} \sqrt{1 + 2(K_{\mathrm{M}} - 1)^2} \qquad (3-11)$$

　　当 $K_{\mathrm{M}}=1.8$ 时, $I_{\mathrm{M}}=1.0675 I_{\mathrm{pm}}$;当 $K_{\mathrm{M}}=1.9$ 时, $I_{\mathrm{M}}=1.145 I_{\mathrm{pm}}$。
　　短路电流的最大有效值常用于校验断路器的断流能力。

3.3　同步发电机突然三相短路的物理过程及短路电流的分析

上一节中讨论了无限大电源供电电路发生三相对称短路的情况。实际上电力系统发生短路故障时,作为电源的同步发电机不能看成无限大容量,其内部也存在暂态过程,因而不能保持其端电压和频率不变。在一般的情况下,分析和计算电力系统短路时,必须计及同步发电机的暂态过程。由于发电机转子的惯量较大,在分析短路电流时可近似地认为发电机转子保持同步转速,只考虑发电机的电磁暂态过程。

3.3.1　同步发电机在空载情况下突然三相短路的物理过程

同步发电机稳态对称运行时,电枢磁势的大小不随时间而变化,在空间以同步速度旋转,由于它与转子没有相对运动,因而不会在转子绕组中感应出电流。但是在发电机端突然三相短路时,定子电流在数值上将急剧变化。由于电感回路的电流不能突变,定子绕组中必然有其它自由分量产生,从而引起电枢反应磁通变化。这个变化又影响到转子,在转子绕组中感生出电流,而这个电流又进一步影响定子电流的变化。这种定子、转子间的互相影响使暂态过程变得相当复杂。

图 3-5 为凸极同步发电机的示意图。定子三相绕组分别用绕组 A—X,B—Y,C—Z 表示,绕组的中心轴A,B,C 轴线彼此相差 120°。转子极中心线用 d 轴表示,称为纵轴或直轴;极间轴线用 q 轴表示,称为横轴或交轴。转子逆时针旋转为正方向,q 轴超前 d 轴 90°。励磁绕组 ff′的轴线与 d 轴重合。阻尼绕组用两个互相正交的短接绕组等效,轴线与 d 轴重合的称为 DD′阻尼绕组,轴线与 q 轴重合的称为 QQ′阻尼绕组。定子各相绕组轴线的正方向作为各绕组磁链的正方向,各相绕组中正方向电流产生的磁链的方向与绕组轴线的正方向相反,即定子绕组中正电流产生负磁通。励磁绕组及 d 轴阻尼绕组磁链的正方向与 d 轴正方向一致,q 轴阻尼绕

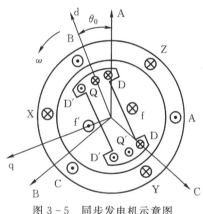

图 3-5　同步发电机示意图

组磁链的正方向与 q 轴正方向一致,转子绕组中正向电流产生的磁链与轴线的正方向相同,即在转子方面,正电流产生正磁通。下面分析发电机空载突然短路的暂态过程。

1.定子回路短路电流

设短路前发电机处于空载状态,气隙中只有励磁电流 $i_{f|0|}$ 产生的磁链,扣除漏磁链后,穿过主磁路为主磁链 ψ_0 匝链定子三相绕组,又设 θ_0 为转子 d 轴与 A 相绕组轴线的初始夹角。由于转子以同步转速旋转,主磁链匝链定子三相绕组的磁链随着 $\theta(\theta_0+\omega t)$ 的变化而变化,因此

$$\left.\begin{array}{l}\psi_{A|0|}=\psi_0\cos(\theta_0+\omega t)\\[4pt]\psi_{B|0|}=\psi_0\cos(\theta_0+\omega t-120°)\\[4pt]\psi_{C|0|}=\psi_0\cos(\theta_0+\omega t+120°)\end{array}\right\}\qquad(3-12)$$

若在 $t=0$ 时,定子绕组突然三相短路,在这一瞬间匝链定子三相磁链的瞬时值为

$$\left.\begin{array}{l}\psi_{A0}=\psi_0\cos\theta_0\\\psi_{B0}=\psi_0\cos(\theta_0-120°)\\\psi_{C0}=\psi_0\cos(\theta_0+120°)\end{array}\right\} \qquad (3-13)$$

根据磁链守恒定律,任何一个闭合的超导体线圈(先不考虑发电机电阻),它的磁链应保持不变,如果外来条件要迫使线圈的磁链发生变化,线圈中会感应出自由电流分量,来维持线圈的磁链不变。根据这个定律,发电机定子三相绕组要维持 ψ_{A0},ψ_{B0},ψ_{C0} 不变,但主磁链匝链到定子三相回路的磁链仍然是 $\psi_{A|0|}$,$\psi_{B|0|}$,$\psi_{C|0|}$。因此,短路瞬间定子三相绕组中必然感应电流,该电流产生的磁链 ψ_A,ψ_B,ψ_C 应满足磁链守恒原理,有

$$\left.\begin{array}{l}\psi_A+\psi_{A|0|}=\psi_{A0}\\\psi_B+\psi_{B|0|}=\psi_{B0}\\\psi_C+\psi_{C|0|}=\psi_{C0}\end{array}\right\} \qquad (3-14)$$

将式(3-12)、式(3-13)代入上式,得

$$\left.\begin{array}{l}\psi_A=\psi_0\cos\theta_0-\psi_0\cos(\theta_0+\omega t)\\\psi_B=\psi_0\cos(\theta_0-120°)-\psi_0\cos(\theta_0+\omega t-120°)\\\psi_C=\psi_0\cos(\theta_0+120°)-\psi_0\cos(\theta_0+\omega t+120°)\end{array}\right\} \qquad (3-15)$$

根据定子电流规定的正方向与磁链正方向相反,定子三相短路电流为[8]

$$\left.\begin{array}{l}i_A=-I_m\cos\theta_0+I_m\cos(\theta_0+\omega t)\\i_B=-I_m\cos(\theta_0-120°)+I_m\cos(\theta_0+\omega t-120°)\\i_C=-I_m\cos(\theta_0+120°)+I_m\cos(\theta_0+\omega t+120°)\end{array}\right\} \qquad (3-16)$$

由上可知定子短路电流中含有基波交流分量和直流分量。基波交流分量是三相对称的,直流分量是三相不相等的。定子绕组中的直流分量在空间形成恒定的磁势。当转子旋转时,由于转子纵轴向和横轴向的磁阻不同,转子每转过180°电角度(频率为基频的2倍),磁阻经历一个变化周期。只有在这个恒定的磁势上增加一个适应磁阻变化的、具有2倍同步频率的交变分量才可能得到真正不变的磁通。因此在定子的三相短路电流中,还应有2倍同步频率的电流,与直流分量共同作用,才能真正维持定子绕组的磁链不变。2倍频率电流的幅值取决于纵轴和横轴磁阻之差,其值一般不大。

2.励磁回路电流分量

定子突然短路瞬间,在定子绕组中将产生基波交流分量电流,它们的磁链分别和励磁绕组的主磁链 ψ_0 所产生的磁链互相抵消。三相基波交流电流合成的同步旋转磁场作用在转子的 d 轴上,形成对励磁绕组的去磁作用。但是,励磁绕组也是电感性线圈,其匝链的磁链也要维持短路时的值不变,因此,在励磁绕组中也会突然感生出一个与励磁电流同方向的直流电流,来抑制定子去磁磁链对励磁绕组的影响。另一方面,定子电流中的直流分量所产生的在空间静止的磁场,相对于转子则是以同步转速旋转的,从而使转子励磁绕组产生一个同步频率的交变磁链,在转子励磁绕组中将感生一个同步频率的交流分量,来抵消定子直流电流和倍频电流产生的电枢反应。同样的道理,短路后,定子侧磁链也企图穿过阻尼绕组,DD′阻尼绕组为维持本身磁链不突变,也会感应直流分量和基波交流分量,在假定定子回路电阻为零时,定子基波电流只有直轴方向的电枢反应,故 QQ′阻尼绕组中只有基波交流分量没有直流分量。

从以上的分析可知,定子回路短路电流的基波交流分量和转子回路的自由直流分量是互相依存和相互影响的。由于转子绕组实际存在着电阻,其中的自由直流电流分量最终将衰减为零。与之对应的定子的基波交流分量以相同的时间常数从短路初始值最终衰减为稳态值。这对分量的衰减时间常数用 T'_d 表示。T'_d 主要取决于转子回路的电阻和等值电感。

定子回路的直流分量和倍频分量与转子回路的基波分量是互相依存和影响的。由于实际的定子回路有电阻,定子回路的直流分量和倍频分量最终衰减到零。与之相对应的转子回路的基波交流电流也最终衰减到零。它们以相同的时间常数 T_a 衰减,T_a 主要取决于定子绕组的电阻和等值电感。

表 3 - 1　定子和转子绕组中的各种电流分量

	强制分量	自由分量			
定子侧	稳态短路电流 I_∞	基波自由分量 $\Delta I'_\omega = I' - I_\infty$		直流分量 ΔI_a	倍频分量 $\Delta I_{2\omega}$
转子侧	励磁电流 $i_{f|0|}$	自由直流 Δi_{fa}		基波交流分量 $\Delta i'_{f\omega}$	

表中:I' 为基波分量的起始有效值;I_∞ 为基波分量的短路稳态有效值。

以上分析了同步发电机在突然三相短路时的物理过程及定子、转子中的短路电流分量。下面从物理概念出发对三相短路时定子绕组中的基波分量起始值进行定量的分析。

3.3.2　无阻尼绕组同步发电机空载时的突然三相短路电流

首先简要地回顾一下同步发电机稳态运行方程、相量图和等值电路。

在稳态运行时,凸极发电机在忽略定子电阻情况下,电压方程为

$$\dot{E}_q = \dot{U} + j\dot{I}_d X_d + j\dot{I}_q X_q \tag{3-17}$$

式中:$\dot{E}_q$ 为空载电势,正比于励磁电流;$\dot{U}$ 为发电机的端电压;$\dot{I}_d$,$\dot{I}_q$ 分别为定子电流的纵轴和横轴分量;X_d,X_q 为发电机纵轴和横轴的同步电抗。

通常已知的是发电机端电压和定子全电流,而空载电势 $\dot{E}_q$ 和 $\dot{I}_d$,$\dot{I}_q$ 均是未知的。为了利用式(3-17)求空载电势,必须首先确定 q 轴的位置。一般利用如下方法确定 q 轴的位置,进而求出 $\dot{E}_q$。

将式(3-17)改写如下:

$$\dot{E}_q = \dot{U} + j\dot{I}_d X_d + j\dot{I}_q X_q + j\dot{I}_d X_q - j\dot{I}_d X_q$$
$$= \dot{U} + j(\dot{I}_d + \dot{I}_q)X_q + j\dot{I}_d(X_d - X_q)$$
$$= \dot{E}_Q + j\dot{I}_d(X_d - X_q) \tag{3-18}$$

式中:$\dot{E}_Q$ 为虚构电动势,其方向在 q 轴上,有

$$\dot{E}_Q = \dot{U} + j\dot{I}X_q \tag{3-19}$$

可见,$\dot{E}_Q$ 可以用发电机正常运行时的端电压 $\dot{U}$ 和电流 $\dot{I}$ 求出,自然也就确定了 d,q 轴,进而求出 $\dot{I}_d$ 后利用式(3-18)可计算 $\dot{E}_q$。

若把端电压分解成两个轴向分量,即

$$\dot{U} = \dot{U}_d + \dot{U}_q$$

方程(3-17)可以改写为

$$\left.\begin{aligned} \dot{E}_q &= \dot{U}_q + j\,\dot{I}_d X_d \\ 0 &= \dot{U}_d + j\,\dot{I}_q X_q \end{aligned}\right\} \tag{3-20}$$

图 3-6(a)给出了凸极同步发电机正常稳态运行时的相量图,图 3-6(b)给出了同步发电机稳态时的等值电路。

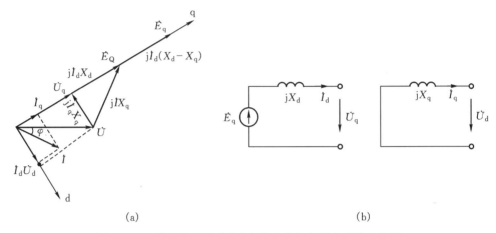

(a)　　　　　　　　　　　　　　　(b)

图 3-6　正常稳态运行时的凸极发电机相量图和等值电路图

图 3-7 为隐极发电机在正常稳态运行时的相量图和等值电路图。

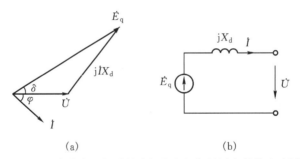

(a)　　　　　　　　　　　　　　　(b)

图 3-7　正常稳态运行时的隐极发电机相量图和等值电路图

　　在发电机突然短路时,由于暂态过程中各种分量的产生,发电机在暂态过程中对应的电动势、电抗均发生变化,不能再通过稳态方程求暂态过程中的短路电流。由上面物理概念的分析可见,若不考虑倍频分量(倍频分量一般较小),发电机定子短路电流中只含有基波交流分量和直流分量。在空载短路的情况下,直流分量起始值与基波交流分量的起始值大小相等,方向相反。若能求得基波交流电流,则定子短路全电流也就确定了。

　　图 3-8(a)绘出了短路前空载时励磁回路的磁通图,图中 ψ_0 为励磁绕组主磁通(与短路前的空载电动势 $E_{q|0|}$ 对应),$\psi_{f\sigma}$ 为励磁绕组的漏磁通。

　　当不计阻尼绕组的作用,定子侧突然空载短路时,定子侧的电枢反应磁通 ψ_R 要穿过励磁绕组,为抵消定子基波交流电流的电枢反应,励磁回路必然感生自由直流分量 $\Delta i_{f\alpha}$,此刻对应的磁通图形如图 3-8(b)所示。图中 ψ_R 为定子基波电流 I' 产生的电枢反应磁通,ψ'_σ 为定子绕组漏磁通;ψ_0 和 $\psi_{f\sigma}$ 仍为励磁电流 $i_{f|0|}$ 产生的主磁通和漏磁通;$\Delta\psi_0$ 和 $\Delta\psi_{f\sigma}$ 为 $\Delta i_{f\alpha}$ 所对应的

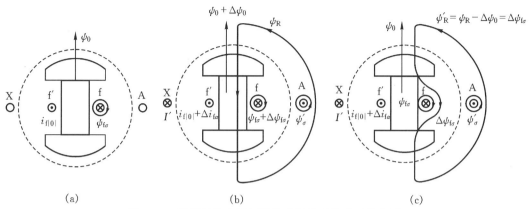

图 3 - 8　无阻尼发电机短路前及短路后的磁通分布图

主磁通和漏磁通。为保持短路瞬间磁链不变，$\Delta\psi_0$，$\Delta\psi_{f\sigma}$ 和 ψ_R 之间有如下关系：

$$\Delta\psi_0 + \Delta\psi_{f\sigma} = \psi_R \qquad (3-21)$$

短路后瞬时的空载电动势 E_{q0} 为对应 $\psi_0 + \Delta\psi_0$ 的电动势。显然由于 Δi_{fa} 的出现，$E_{q0} \neq E_{q|0|}$，即短路后空载电动势 E_{q0} 突然增加，这时由于发电机机端电压 $U_G = 0$，暂态短路电流起始有效值为

$$I' = E_{q0}/X_d \qquad (3-22)$$

由于 E_{q0}，Δi_{fa}，$\Delta\psi_0$ 均为未知量，无法利用式（3 - 22）求出暂态短路电流的起始值。

为更明确地表达暂态的物理过程，用图 3 - 8(c) 等值地代替图 3 - 8(b)。在短路瞬间，由于 $\Delta\psi_0$ 对 ψ_R 的抵消作用，励磁回路仍保持原有的磁通 $\psi_0 + \psi_{f\sigma}$，而定子的电枢反应磁通可等值地用 ψ'_R 表示，$\psi'_R = \psi_R - \Delta\psi_0$ 在穿过气隙后被挤到励磁绕组的漏磁路径上，$\psi'_R = \Delta\psi_{f\sigma}$，$\psi'_R$ 经过的磁路上磁阻比 ψ_R 的大。因此，此时所对应的纵轴电抗比同步电抗 X_d 要小，称此纵轴等值电抗为暂态电抗 X'_d，且 $X'_d = X'_{ad} + X_\sigma$，其中 X'_{ad} 为电枢反应磁通走励磁绕组漏磁路径时的电枢反应电抗，X_σ 为定子绕组的漏电抗。显然该时刻的电动势仍为 ψ_0 所对应的空载电动势 $E_{q|0|}$，则短路瞬间的定子短路基波电流分量的起始值为

$$I' = E_{q|0|}/X'_d \qquad (3-23)$$

很容易理解，当短路达到稳态时，Δi_{fa}，$\Delta\psi_0$ 及 $\Delta\psi_{f\sigma}$ 衰减为零，可由下式求出稳态短路电流：

$$I_\infty = E_{q|0|}/X_d \qquad (3-24)$$

求得了基波交流分量起始值和稳态短路电流后，再考虑到各自由分量的衰减时间常数，可得到无阻尼绕组同步发电机空载短路时的 A 相短路电流的表达式

$$i_A = \left(\frac{E_{q|0|}}{X'_d} - \frac{E_{q|0|}}{X_d}\right)\cos(\omega t + \theta_0)e^{-\frac{t}{T'_d}} + \frac{E_{q|0|}}{X_d}\cos(\omega t + \theta_0) - \frac{E_{q|0|}}{X'_d}\cos\theta_0 e^{-\frac{t}{T_a}} \quad (3-25)$$

分别用 $\theta_0 - 120°$ 和 $\theta_0 + 120°$ 代替上式中的 θ_0，可得到 B 相和 C 相的短路电流表达式。

3.3.3　无阻尼绕组同步发电机负载时的突然三相短路电流

带负载运行的发电机突然短路时，仍然遵循磁链守恒原理，从物理概念可以推论出短路电流中仍有前述的各种分量，所不同的是短路前已有电枢反应磁通 $\psi_{R|0|}$，所以定子短路电流表达式略有不同。显然，短路稳态电流仍为 $I_\infty = E_{q|0|}/X_d$。

一般情况下负载电流不是纯感性的,它的电枢反应磁通按双反应原理分解为纵轴电枢反应磁通 $\psi_{Rd|0|}$ 和横轴电枢反应磁通 $\psi_{Rq|0|}$,这时对应的电压平衡方程式为式(3 – 20)。

在负载情况下突然短路,当假定定子回路电阻为零时,短路瞬时的定子基波交流分量初始值只有纵轴电枢反应即 $I' = I'_d$。图 3 – 9 为该时刻纵轴方向的磁通图。

短路瞬间,定子基波电流突然增大($\dot{I}' = \dot{I}_{d|0|} + \Delta \dot{I}$),为保持励磁回路磁链守恒,励磁绕组中产生自由直流分量 $\Delta i_{f\alpha}$,其对应的磁通 $\Delta \psi_0$ 和

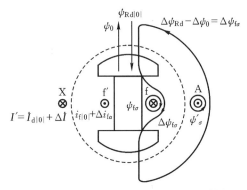

图 3 – 9   负载情况下突然短路瞬间的纵轴方向磁通图(定子回路电阻为零)

$\Delta \psi_{f\sigma}$ 以抵制 $\Delta \dot{I}$ 产生的磁通 $\Delta \psi_{Rd}$(电枢反应的增量)穿过励磁绕组。与空载短路分析方法类似,$\Delta \psi_{Rd} - \Delta \psi_0$ 走励磁绕组漏磁通路径,对定子绕组的作用可用定子电流增量 $\Delta \dot{I}(= I' - \dot{I}_{d|0|})$ 在相应的电枢反应电抗 X'_{ad} 上的电压降来表示。此时定子纵轴的电压平衡方程式为

$$\dot{E}_{q|0|} - j \dot{I}_{d|0|} X_{ad} - j(\dot{I}' - \dot{I}_{d|0|}) X'_{ad} - j \dot{I}' X_\sigma = 0 \tag{3 – 26}$$

$$\dot{E}_{q|0|} - j \dot{I}_{d|0|} X_{ad} + j \dot{I}_{d|0|} X'_{ad} = j \dot{I}' X'_d \tag{3 – 27}$$

将式(3 – 27)略加整理有:

$$\dot{E}_{q|0|} - j \dot{I}_{d|0|} (X_{ad} + X_\sigma) + j \dot{I}_{d|0|} (X'_{ad} + X_\sigma) = j \dot{I}' X'_d$$

可得:

$$\dot{E}_{q|0|} - j \dot{I}_{d|0|} X_d + j \dot{I}_{d|0|} X'_d = j \dot{I}' X'_d \tag{3 – 28}$$

由稳态方程式(3 – 20)知: $U_{q|0|} = E_{q|0|} - j I_{d|0|} X_d$

则有:

$$\dot{U}_{q|0|} + j \dot{I}_{d|0|} X'_d = j \dot{I} X'_d \tag{3 – 29}$$

等号左端由短路前的运行方式所决定,可以看作是短路前横轴分量在 X'_d 后的电动势,称其为横轴暂态电动势 $E'_{q|0|}$,即:

$$\dot{E}'_{q|0|} = \dot{U}_{q|0|} + j \dot{I}_{d|0|} X'_d \tag{3 – 30}$$

由式(3 – 29)得:

$$\dot{E}'_{q|0|} = j \dot{I}' X'_d \tag{3 – 31}$$

带负荷短路时,定子基波交流分量暂态短路电流的起始值为

$$\dot{I}' = \dot{E}'_{q|0|} / X'_d \tag{3 – 32}$$

由上所述,暂态电动势 $\dot{E}'_{q|0|}$ 可以用短路前运行方式对应的式(3 – 30)求得,再利用式(3 – 32)来计算短路瞬间的短路电流的起始值,这表明了暂态电动势在短路前后瞬间是不变的。实际上严格的数学推导证明了 $\dot{E}'_{q|0|}$ 与短路前励磁绕组匝链的磁链 $\psi_{f|0|}$ 成正比(见文献[8]),具体表达式为

$$\dot{E}'_{q|0|} = \frac{X_{ad}}{X_f}\psi_{f|0|} \tag{3-33}$$

X_f 为励磁绕组电抗。根据磁链守恒原理，励磁绕组的总磁链 $\psi_{f|0|}$ 在短路瞬间不能突变，故 $\dot{E}'_{q|0|}$ 在短路瞬间也不会变，因此

$$\dot{E}'_{q|0|} = \dot{E}'_{q0} \tag{3-34}$$

显然，只要把空载短路电流表达式（3-25）中与 X'_d 对应的电动势换成 $\dot{E}'_{q0}$，则可得到负载情况下突然短路时的定子 A 相短路电流的表达式：

$$i_A = \left(\frac{E'_{q|0|}}{X'_d} - \frac{E_{q|0|}}{X_d}\right)\cos(\omega t + \theta_0)e^{-\frac{t}{T'_d}} + \frac{E_{q|0|}}{X_d}\cos(\omega t + \theta_0) - \frac{E'_{q|0|}}{X'_d}\cos\theta_0 e^{-\frac{t}{T_a}} \tag{3-35}$$

如果短路不是直接在发电机端部，而是有外接电抗 X_1 情况下，则以 X_d+X_1，X'_d+X_1 分别去代替式中的 X_d，X'_d 即可。这时各电流分量的幅值将减小，T'_d 较端点短路时增大，按 T'_d 衰减的电流衰减变慢。而 T_a 较端点短路时减小，按 T_a 衰减的电流分量，由于外电路中电阻所占的比重增大，加快了衰减。

由式（3-30）可见，$E'_{q0}=E'_{q|0|}$ 虽然可用稳态参数计算，但首先必须要确定定子电流的纵轴和横轴分量，即要确定 q 轴和 d 轴。为简化计算，常常采用另一个暂态电动势 E' 来近似代替 $\dot{E}'_{q|0|}$，即：

$$\dot{E}' = \dot{U} + j\dot{I}X'_d \tag{3-36}$$

$\dot{E}'$ 为 X'_d 后的虚构电动势。图 3-10 中示出 $\dot{E}_q$，$\dot{E}'_q$，$\dot{E}'$ 相量关系，图 3-11 示出发电机用 $\dot{E}'$ 为等值电动势时的等值电路图。实际上 $\dot{E}$ 在 q 轴上的分量即为 $\dot{E}'_q$，因两者之间的夹角很小，故两者在数值上差别不大，可以用 $\dot{E}'$ 近似代替 $\dot{E}'_{q|0|}$。但 $\dot{E}'$ 并不具备正比于 $\psi_{f|0|}$ 的性质。用 $\dot{E}'$ 代替 $\dot{E}'_q$ 后，短路电流基波分量的起始值可以表示为

$$I' = E'/X'_d \tag{3-37}$$

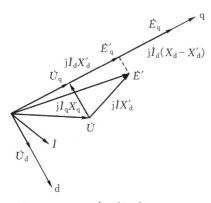

图 3-10　含有 $\dot{E}_q$，$\dot{E}'_q$，$\dot{E}'$ 的相量图

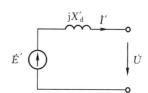

图 3-11　发电机电动势用 $\dot{E}'$ 时的等值电路图

3.3.4　有阻尼绕组同步发电机的突然三相短路电流

在以上的分析中没有考虑阻尼绕组的作用。实际的发电机中存在着阻尼绕组。由于阻尼绕组的存在使发电机突然短路过程的分析和计算更加复杂。但从基本概念和分析的方法来看

与无阻尼时是基本相似的。它的特殊性是在当突然短路时,电枢反应磁通的变化量不但企图穿过励磁绕组,还将穿过纵轴阻尼绕组和横轴阻尼绕组。而纵轴阻尼绕组和横轴阻尼绕组为维持自身磁链不突变,必然要感应出自由分量的电流,而纵轴阻尼绕组和励磁绕组之间还存在着互感关系。因此短路瞬间的纵轴方向的磁链守恒是靠这两个绕组的自由分量共同维持的。由于 q 轴方向也有闭合线圈,要准确、全面地分析有阻尼同步发电机的短路电流时必须考虑横轴方向的磁链守恒。这里只重点介绍纵轴方向的次暂态电抗 X''_d 和次暂态电动势 $\dot{E}''$。

图 3-12(a)为空载时计及阻尼绕组短路后的纵轴磁通图。其中,ψ_0 和 $\psi_{f\sigma}$ 为励磁电流 $i_{f|0|}$ 产生的主磁通和漏磁通;$\Delta\psi_0$ 为励磁绕组和纵轴阻尼绕组共同产生的磁通;$\Delta\psi_{f\sigma}$ 为 Δi_{fa} 产生的漏磁通;$\Delta\psi_{D\sigma}$ 为纵轴阻尼绕组的漏磁通;ψ_R 为定子短路电流产生的磁通。为维持短路瞬间励磁绕组磁链不变,有如下磁通平衡方程:

$$\Delta\psi_0 + \Delta\psi_{f\sigma} = \psi_R$$
$$\Delta\psi_0 + \Delta\psi_{D\sigma} = \psi_R$$

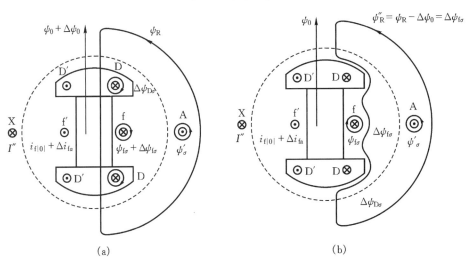

(a)　　　　　　　　　　　　　　　(b)

图 3-12　计及阻尼绕组时同步发电机短路后纵轴方向的磁通图

图 3-12(b)是与图 3-12(a)等值的、电枢反应磁通走漏磁路径的磁通图。由图 3-12(b)可以看出,短路瞬间为维持励磁回路的总磁链不变,电枢反应磁通穿过气隙后被迫走励磁绕组和纵轴阻尼绕组的漏磁路径。由于 ψ''_R 经过磁路的磁阻比图 3-8(c)所示的 ψ'_R 时还要大,因此所对应的纵轴电抗比暂态电抗还要小,称这时对应的纵轴等值电抗为次暂态电抗 X''_d。$X''_d = X''_{ad} + X_\sigma$,其中 X''_{ad} 为电枢反应磁通走纵轴阻尼绕组和励磁绕组漏磁路径时对应的电枢反应电抗,显然 $X''_d < X'_d$。

可以推论,在横轴方向也存在着横轴等值次暂态电抗 X''_q,且 $X''_q < X_q$。

空载短路时,ψ_0 对应的电动势为空载电动势,故短路电流的起始值为

$$I'' = E_{q|0|}/X''_d \qquad (3-38)$$

I'' 称为次暂态电流起始值。

在负载短路时,类似不考虑阻尼绕组负载短路的分析,不难得出如下的电压平衡方程式:

$$\dot{E}''_{|0|} = \dot{U}_0 + j\dot{I}_{|0|}X''_d \qquad (3-39)$$

$\dot{E}''$ 为虚构的 X''_d 后的次暂态电动势。一般 X''_d 的标幺值较小,故 $\dot{E}''_{|0|}$ 与 $U_{|0|}$ 的值相差不大,在

近似计算中常令 $\dot{E}''_{|0|}$ 的标幺值为 1,则次暂态电流的标幺值为

$$I'' = 1/X''_d \tag{3-40}$$

图 3-13 给出了有阻尼绕组同步发电机空载时突然短路的定子 A 相电流 ($\theta_0 = 0°$) 的示意图。

以上从物理概念出发,分析了突然短路后的发电机暂态和次暂态过程。通过以上的讨论可以清楚地看到,同步发电机短路电流的基波交流电流在短路后暂态过程中是不断变化的。变化的根本原因是定子三相绕组空间内有闭合的转子绕组而改变着定子电枢反应磁通的路径,使定子绕组的等值电抗发生变化。以上给出的概念和公式对于工程上近似计算短路电流已足够准确。如读者需要更深入地掌握短路过程以及有关电抗、电动势及时间常数的意义可参考文献[8]和[9]中的有关内容。

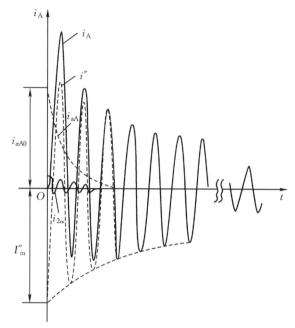

图 3-13　有阻尼同步发电机空载短路时
定子 A 相电流示意图

例 3-1　一台额定容量为 50 MW 的同步发电机,额定电压为 10.5 kV,额定功率因数为 0.8,次暂态电抗 X''_d 为 0.135(以发电机额定参数为基准值的标幺值)。试计算发电机在空载情况下(端电压为额定电压)突然三相短路后短路电流交流分量的起始幅值 I''_m。

解　发电机空载情况下 $U_{|0|*} = E''_{|0|*} = 1$,基波交流分量起始有效值的标幺值为

$$I'' = \frac{E''_0}{X''_d} = \frac{E''_{|0|}}{X''_d} = \frac{1}{0.135} = 7.41$$

发电机的额定电流也即发电机的基准电流为

$$I_N = I_B = \frac{50}{\sqrt{3} \times 10.5 \times 0.8} = 3.44 \text{ kA}$$

短路电流交流分量起始幅值为

$$I_m = \sqrt{2} \times 7.41 \times 3.44 = 36.05 \text{ kA}$$

由上例可见,短路电流交流分量起始幅值可达额定电流的 10 倍以上。如再考虑最严重情况下短路时,直流分量有最大值,这时的短路电流的最大瞬时值将接近额定电流的 20 倍。

3.4　电力系统三相短路的实用计算

由于电力系统是由很多台发电机和各种负荷,通过复杂的网络联结组成的,因而要准确计算三相短路电流的各分量及其变化情况是十分困难和复杂的。在工程实际问题中,多数情况下只需计算短路瞬间的短路电流基波交流分量的起始值。而基波交流分量起始值的计算并不困难,只需将各同步发电机用其暂态电动势(或次暂态电动势)和暂态电抗(或次暂态电抗)作

为等值电势和电抗,短路点作为零电位,然后将网络作为稳态交流电路进行计算,即可得到短路电流基波交流分量的起始值。在短路电流的实用计算中,为了简化计算,常采取以下一些假设:

①所有发电机的电动势均同相位,这对于短路支路来说,计算得到的短路电流的数值偏大。

②发电机的等值电势为

$$\dot{E}'' = \dot{U} + j\dot{I}X''_d$$

$$或\ \dot{E}' = \dot{U} + j\dot{I}X'_d$$

为免正常运行方式的计算,在标幺值计算时,电动势的模值还可以近似取 1。

③不计磁路饱和,认为系统各元件为线性元件,这样计算时可应用叠加原理。

④在短路电流的计算中,由于短路电流比正常负荷电流大得多,多数情况下可不考虑负荷。在必须考虑负荷时,负荷用恒定阻抗表示。距离短路点较近的电动机,在短路瞬间会向短路点提供短路电流,需要另作处理。

⑤忽略元件的电阻及并联支路,只考虑元件的感抗。

⑥系统中的短路为金属性短路,即过渡电阻为零。

3.4.1　电抗标幺值的近似计算

在短路电流的计算中,普遍采用近似计算的标幺值法。它的特点是,取系统各级的平均额定电压为相应的基准电压,即 $U_B = U_{av}$,而且认为每一元件的额定电压就等于其相应的平均额定电压。这样,变压器的变比就取为相应平均额定电压之比。从而在标幺值的计算中避免了电压的归算。网络的平均额定电压按下式算出,并再进行必要的归整:

$$U_{av} = \frac{1.1U_N + U_N}{2}\ \ kV$$

我国电力系统中各电压等级的平均额定电压规定如下:

网络额定电压(kV):　　　6　　10　　35　　110　　220　　330　　500

网络平均额定电压(kV):　6.3　10.5　37　115　230　345　525

特别的,更高等级电压的平均额定电压尚未有国家标准。在工程计算中,750 kV 平均额定电压可以采用 800 kV,1000 kV 平均额定电压可以采用 1050 kV。

采用近似计算时,各元件参数标幺值的计算公式如下。

发电机:$X_{G*} = X_{GN*}\dfrac{S_B}{S_{GN}}$　(X_{GN*}:以发电机额定值为基值的标幺值)

变压器:$X_{T*} = \dfrac{U_K\%}{100}\dfrac{S_B}{S_{TN}}$

线路:$X_{1*} = X_1\dfrac{S_B}{U_{av}^2}$　(U_{av}:线路所在网络的平均额定电压)

电抗器:$X_{R*} = \dfrac{X_R\%}{100}\dfrac{U_{RN}}{\sqrt{3}\ I_{RN}}\dfrac{S_B}{U_{av}^2}$　(U_{av}:电抗器所在网络的平均额定电压)

例 3-2　电力系统接线如图 3-14 所示,元件额定功率、电压、参数等均标在图中,试求出各元件标幺值。

解　取 $U_B = U_{av}$,$S_B = 100\ MV\cdot A$

$$X_{G*} = X'_d\frac{U_{GN}^2}{S_{GN}}\frac{S_B}{U_{BI}^2} = 0.4 \times \frac{10.5^2}{30} \times \frac{100}{10.5^2} = 0.4 \times \frac{100}{30} = 1.333$$

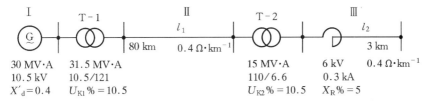

图 3 - 14　例 3 - 2 附图

$$X_{T1*} = \frac{U_K\%}{100} \frac{U_{T1NII}^2}{S_{T1N}} \frac{S_B}{U_{BII}^2} = \frac{10.5}{100} \times \frac{115^2}{31.5} \times \frac{100}{115^2} = 0.105 \times \frac{100}{31.5} = 0.333$$

$$X_{l1*} = l_1 X_{01} \frac{S_B}{U_{av}^2} = 80 \times 0.4 \times \frac{100}{115^2} = 0.242$$

$$X_{T2*} = \frac{U_{K2}\%}{100} \frac{U_{T2NII}^2}{S_{T2N}} \frac{S_B}{U_{BII}^2} = \frac{10.5}{100} \times \frac{115^2}{15} \times \frac{100}{115^2} = 0.105 \times \frac{100}{15} = 0.7$$

$$X_{R*} = \frac{X_R\%}{100} \frac{U_{RN}}{\sqrt{3} I_{RN}} \frac{S_B}{U_{BIII}^2} = \frac{5}{100} \times \frac{6}{\sqrt{3} \times 0.3} \times \frac{100}{6.3^2} = 1.456$$

$$X_{l2*} = l_2 X_{02} \frac{S_B}{U_{BIII}^2} = 3 \times 0.4 \times \frac{100}{6.3^2} = 3.023$$

由该例题看出,采用近似计算法时,各元件参数标幺值的计算公式非常简单。不必再考虑电压归算问题。

3.4.2　短路电流交流分量起始值的计算

1.应用网络的等值电动势 E_Σ 和电抗 X_Σ 计算短路电流起始值

一个复杂的网络经过等值变换化简后可得到只有一条有源支路 E_Σ 和 X_Σ 的简单形式,短路点 f 的短路电流 $I_f = E_\Sigma / X_\Sigma$,根据戴维南定理可知,$E_\Sigma$ 即为短路前节点 f 的开路电压,X_Σ 就是从 f 点与地之间看进网络的等值阻抗,也称为网络对短路点的输入阻抗。在近似计算时,取发电机电动势 $E''_* = 1$,则 $E_\Sigma = 1$,输入阻抗倒数即为短路点短路电流的标幺值。

例 3 - 3　在图 3 - 15(a)所示的电力系统中,节点 f_1 和 f_2 分别发生了三相短路,试计算发电机提供的次暂态电流和 f_2 点短路时的短路冲击电流。冲击系数取 $K_M = 1.8$。

解　取 $U_B = U_{av}$,$S_B = 100$ MV·A。

等值电路如图 3 - 15(b)所示。其中 X_1,X_2 分别为发电机 G_1,G_2 的次暂态电抗;X_3,X_4 分别为变压器 T - 1,T - 2 的电抗;X_5,X_6 分别为线路和电抗器电抗,其具体值如下:

$$X_1 = 0.136 \times \frac{100}{30} = 0.453$$

$$X_2 = 0.2 \times \frac{100}{20} = 1$$

$$X_3 = 0.105 \times \frac{100}{40} = 0.263$$

$$X_4 = 0.105 \times \frac{100}{20} = 0.525$$

$$X_5 = \frac{1}{2} \times 0.4 \times 80 \times \frac{100}{115^2} = 0.121$$

$$X_6 = 0.05 \times \frac{10}{\sqrt{3} \times 0.3} \times \frac{100}{10.5^2} = 0.873$$

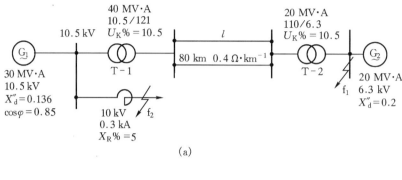

(a)

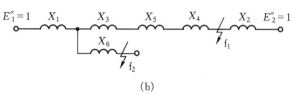

(b)

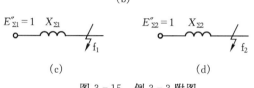

(c)   (d)

图 3 – 15　例 3 – 3 附图

当 f_1 点发生三相短路时,采用短路电流计算假定条件,并经网络化简可得图 3 – 15(c),其中

$$E''_{\Sigma 1} = 1, \quad X_{\Sigma 1} = (X_1 + X_3 + X_4 + X_5) \mathbin{/\!/} X_2 = 1.3615 \mathbin{/\!/} 1 = 0.577$$

$$I''_f = \frac{E''_{\Sigma 1}}{X_{\Sigma 1}} = \frac{1}{0.577} \times \frac{100}{\sqrt{3} \times 6.3} = 15.883 \text{ kA}$$

发电机 G_1 提供的短路电流为 $\qquad I''_{f1} = \dfrac{E''_1}{1.3615} \times \dfrac{100}{\sqrt{3} \times 6.3} = 6.731 \text{ kA}$

发电机 G_2 提供的短路电流为 $\qquad I''_{f2} = \dfrac{E''_2}{1} \times \dfrac{100}{\sqrt{3} \times 6.3} = 9.165 \text{ kA}$

当 f_2 点发生三相短路时,经网络化简可得图 3 – 15(d),其中

$$E''_{\Sigma 2} = 1, \quad X_{\Sigma 2} = X_1 \mathbin{/\!/} (X_2 + X_3 + X_4 + X_5) + X_6 = 0.453 \mathbin{/\!/} 1.909 + 0.873 = 1.239$$

短路点的短路电流为

$$I''_f = \frac{E''_{\Sigma 2}}{X_{\Sigma 2}} = \frac{1}{1.239} \times \frac{100}{\sqrt{3} \times 10.5} = 0.807 \times \frac{100}{\sqrt{3} \times 10.5} = 4.438 \text{ kA}$$

发电机 G_1 提供的短路电流为

$$I''_{f1} = \frac{1.909}{0.453 + 1.909} \times 0.807 \times \frac{100}{\sqrt{3} \times 10.5} = 3.585 \text{ kA}$$

发电机 G_2 提供的短路电流为

$$I''_{f2} = \frac{0.453}{0.453 + 1.909} \times 0.807 \times \frac{100}{\sqrt{3} \times 10.5} = 0.852 \text{ kA}$$

f_2 短路时各发电机提供的短路冲击电流为

$$I_{f1} = \sqrt{2} \times 3.585 \times 1.8 = 9.24 \text{ kA}$$

$$I_{f2} = \sqrt{2} \times 0.852 \times 1.8 = 2.196 \text{ kA}$$

2.应用各电源对短路点的转移阻抗计算短路电流

在需要分别求出系统中每个发电机单独向短路点提供的短路电流时,往往不把所有的电源都合并成一个等值电源来计算短路电流,而是要求出这些电源分别与短路点之间直接相连的电抗。电源和短路点直接相联的电抗称之为该电源对短路点的转移阻抗。这样,应用各转移阻抗求各电源送出的短路电流,短路点总的短路电流即为各电源所提供的短路电流之和。下面的例题说明了计算转移阻抗和利用转移阻抗求短路电流的方法。

例 3-4　图 3-16(a)所示的电力系统中,f 点发生三相短路,求各电源对短路点的转移阻抗,并计算短路电流。

解　取 $U_B = U_{av}$,$S_B = 100\ \text{MV·A}$。等值电路如图 3-16(b)所示,其中 X_1,X_2 分别为发电机 G_1,G_2 的次暂态电抗;X_3,X_4 分别为输电线和电抗器的电抗;X_5,X_6 分别为变压器 T_1,T_2 的电抗。

$$X_1 = 0.125 \times \frac{100}{15} = 0.833,\ E_{1*} = \frac{7.4}{6.3} = 1.175$$

$$X_2 = 0.125 \times \frac{100}{15} = 0.833,\ E_{2*} = \frac{6.6}{6.3} = 1.048$$

$$X_3 = \frac{1}{2} \times 50 \times 0.4 \times \frac{100}{115^2} = 0.076$$

$$X_4 = \frac{10}{100} \times \frac{6}{\sqrt{3} \times 0.6} \times \frac{100}{6.3^2} = 1.455$$

$$X_5 = X_6 = 0.105 \times \frac{100}{7.5} = 1.4$$

图 3-16(b)中 X_5,X_6,X_4 组成的 △ 形等值变换成 Y 形。等值电路如图(c)所示,其中

$$X_7 = \frac{X_5 X_6}{X_4 + X_5 + X_6} = \frac{1.4 \times 1.4}{1.457 + 1.4 + 1.4} = \frac{1.96}{4.255} = 0.461$$

$$X_8 = \frac{X_4 X_5}{X_4 + X_5 + X_6} = \frac{1.455 \times 1.4}{4.255} = 0.479$$

$$X_9 = \frac{X_4 X_6}{X_4 + X_5 + X_6} = \frac{1.455 \times 1.4}{4.255} = 0.479$$

将图 3-16(c)中的串联电抗相加得图 3-16(d),其中

$$X_{10} = 0.076 + 0.461 = 0.537$$
$$X_{11} = 0.833 + 0.479 = 1.312$$

然后把图 3-16(d)中的 X_{10},X_8,X_{11} 组成的 Y 形变换成 △ 形,则可求得各电源对短路点的转移电抗,如图 3-16(e)所示,其中

$$X_{fS} = 0.537 + 0.479 + \frac{0.479 \times 0.537}{1.312} = 1.212$$

$$X_{f2} = 0.479 + 1.312 + \frac{0.479 \times 1.312}{0.537} = 2.961$$

$$X_{f1} = 0.833$$

短路点短路电流为

$$I_{f*} = \frac{U_S}{X_{fS}} + \frac{E_2''}{X_{f2}} + \frac{E_1''}{X_{f1}} = \frac{1}{1.212} + \frac{1.048}{2.961} + \frac{1.175}{0.833} = 2.59$$

化为有名值

$$I_f = I_{f*} \frac{S_B}{\sqrt{3} U_B} = 2.59 \times \frac{100}{\sqrt{3} \times 6.3} = 23.736\ \text{kA}$$

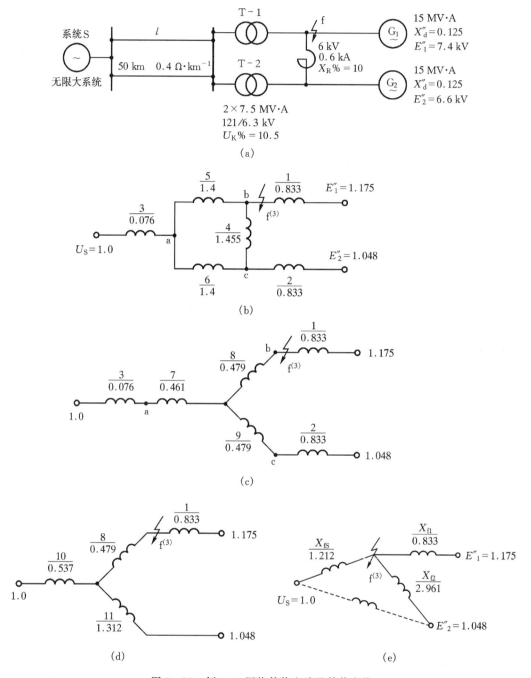

图 3-16　例 3-4 网络等值电路及等值变换

　　电力系统中也常用短路容量来反映三相短路的严重程度。短路容量的定义为:某点的短路容量等于该点短路时的短路电流乘以该点短路前的额定电压。用有名值表示时为

$$S_f = \sqrt{3} U_N I_f \approx \sqrt{3} U_{av} I_f \tag{3-41}$$

用标幺值表示时为

$$S_{\mathrm{f}*} = \frac{\sqrt{3}U_{\mathrm{av}}I_{\mathrm{f}}}{\sqrt{3}U_{\mathrm{B}}I_{\mathrm{B}}} = \frac{I_{\mathrm{f}}}{I_{\mathrm{B}}} = I_{\mathrm{f}*} = \frac{1}{X_{\Sigma*}} \tag{3-42}$$

由上式看到,短路容量的大小反映了该点短路时短路电流的大小。同时也反映了该点输入阻抗的大小。系统的功率愈大,网络联系愈紧密,则等值电抗愈小,短路容量愈大。在工程计算中,往往不知道系统的等值电抗值,但若已知与该系统相连母线的短路容量,则系统的电抗标幺值为 $1/S_{\mathrm{f}*}$。如果不知道母线的短路容量,在近似计算中可以将接在母线上的断路器的额定断流容量作为该母线的短路容量。因为在选择断路器时,断路器的容量应大于或等于在断路器后面发生三相短路时的短路容量。因此,若已知断路器的断流容量,则其标幺值的倒数可作为系统的等值电抗标幺值。下面用例题说明之。

例 3 - 5　图 3 - 17 所示系统参数不详,已知与系统相接的一出线所装断路器 QF 的额定断流容量为 1000 MV·A,求 f 点发生三相短路瞬间的短路功率。

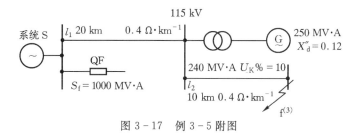

图 3 - 17　例 3 - 5 附图

解　取 $S_{\mathrm{B}} = 250\ \mathrm{MV\cdot A}, U_{\mathrm{B}} = U_{\mathrm{av}}$

图 3 - 18(a)为该系统等值电路图,图中 X_1 为发电机 G 的次暂态电抗;X_2 为变压器的电抗;X_3,X_4 分别为线路 1 和线路 2 的电抗,X_{S} 为系统 S 的等值电抗。

$$X_1 = 0.12 \times \frac{250}{250} = 0.120$$

$$X_2 = \frac{10}{100} \times \frac{250}{240} = 0.104$$

$$X_3 = 0.4 \times 20 \times \frac{250}{115^2} = 0.151$$

$$X_4 = 0.4 \times 10 \times \frac{250}{115^2} = 0.0756$$

根据断路器 QF 的额定断流容量来确定系统等值电抗。当 f_1 点发生三相短路时,发电厂 G 对 f_1 点的等值电抗为

$$X_{\mathrm{Gf}*} = 0.151 + 0.104 + 0.12 = 0.375$$

在短路瞬间发电厂 G 提供 f_1 点的短路功率为

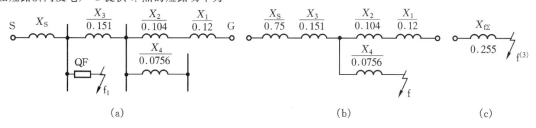

图 3 - 18　例 3 - 5 等值电路

$$S_{Gf*} = \frac{1}{X_{Gf*}} = \frac{1}{0.375} = 2.667$$

有名值为

$$S_{Gf} = 2.667 \times 250 = 666.75 \text{ MV·A}$$

因此系统 S 提供的短路功率为

$$S_{Sf} = 1000 - 666.75 = 333.25 \text{ MV·A}$$

系统电抗标幺值为

$$X_{S*} = \frac{1}{S_{Sf*}} = \frac{1}{\dfrac{333.25}{250}} = 0.75$$

求出系统电抗标幺值后,在 f 点发生短路时,很容易从图 3-18(a)化简到 3-18(b)图,进而得到 3-18(c)图,在图(c)中

$$X_{f\Sigma*} = 0.0756 + (0.75 + 0.151) /\!/ (0.104 + 0.12) = 0.255$$

短路点最大可能的短路电流和短路功率为

$$I_{f*} = \frac{1}{X_{f\Sigma*}} = \frac{1}{0.255} = 3.92$$

$$S_f = S_{f*} S_B = I_{f*} S_B = 3.92 \times 250 = 980.4 \text{ MV·A}$$

以上介绍的是短路瞬间 $t=0$ s 时短路电流基波交流分量起始值的实用计算方法。短路后任意时刻短路电流的基波交流分量的计算通常采用运算曲线的方法确定。从前述的内容知,短路电流的基波交流分量是许多参数的复杂函数。在发电机的参数及运行初始状态给定后,短路电流只是短路点与电源的距离(用外接电抗 X_e 表示)和时间 t 的函数。把归算到发电机容量的外接电抗的标幺值与发电机次暂态电抗 X''_d 之和定义为计算电抗 X_{js}。短路电流交流分量的标幺值可以表示为计算电抗和时间的函数,反映这一函数关系的曲线称为运算曲线。国内有关部门根据统计的方法,针对我国同步发电机容量的配置情况,根据不同的 X_{js} 和时间 t,分别算出汽轮发电机和水轮发电机的各种运算曲线。这样在具体使用时可直接查运算曲线,得出 $t>0$ 时刻的短路电流,有关运算曲线的详细内容请参阅参考书[8,9]。

3.5　电力系统不对称短路的分析和计算

电力系统中的短路故障大多数是不对称的。一般采用对称分量法来计算。用对称分量法分析和计算系统不对称短路时,所采用的参数是电力系统各元件的相序参数。在本节中首先介绍对称分量法在不对称短路中的应用,并给出电力系统各元件的序参数以及电力系统各序网络的构成,最后对不对称故障进行分析计算。利用对称分量法计算的不对称短路电流,仍然是在 $t=0$ 时短路电流基波交流分量的起始值。

3.5.1　对称分量法

对称分量法的原理是:一个不对称的三相量,可以分解成为正序、负序和零序三个对称的三相量。在线性网络中这三序是相互独立的,对每一序可按分析三相对称系统的方法来处理。然后将三个对称系统的分析计算结果,按照一定的关系组合起来,得出不对称三相量。下面以图 3-19 所示的不对称三相量为例,说明对称分量法的分解和合成方法的原理与公式。

图中 $\dot{F}_a$,$\dot{F}_b$,$\dot{F}_c$ 可以代表三相不对称的电流、电压、磁链等。由图 3-19(a)可见正序分量

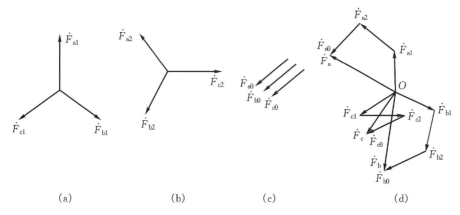

图 3 - 19　对称分量法

(a)正序;(b)负序;(c)零序;(d)正、负、零序合成的相量图

为三个大小相等,相位彼此差 120°,相序与正常运行方式一致的一组对称相量。图 3 - 19(b)负序分量为三个大小相等,相位相差 120°,相序与正常运行方式相反的一组对称相量。图 3 - 19(c)中零序分量为三个大小相等,相位相同的一组对称相量。这三组对称相量合成后组成一组不对称的三相量如图 3 - 19(d)所示。

当选择 a 相作为基准相,并引入旋转相量 $a = e^{j120°}$ 后,正、负、零序相量有以下关系:

正序分量:　　　　　　　　　　　$\dot{F}_{b1} = a^2 \dot{F}_{a1}$,　　$\dot{F}_{c1} = a \dot{F}_{a1}$

负序分量:　　　　　　　　　　　$\dot{F}_{b2} = a \dot{F}_{a2}$,　　　$\dot{F}_{c2} = a^2 \dot{F}_{a2}$

零序分量:　　　　　　　　　　　$\dot{F}_{b0} = \dot{F}_{c0} = \dot{F}_{a0}$

图 3 - 19(d)中的 $\dot{F}_a, \dot{F}_b, \dot{F}_c$ 可以表示为

$$\begin{bmatrix} \dot{F}_a \\ \dot{F}_b \\ \dot{F}_c \end{bmatrix} = \begin{bmatrix} 1 & 1 & 1 \\ a^2 & a & 1 \\ a & a^2 & 1 \end{bmatrix} \begin{bmatrix} \dot{F}_{a1} \\ \dot{F}_{a2} \\ \dot{F}_{a0} \end{bmatrix} \tag{3-43}$$

上式可简写为

$$\dot{F}_P = T \dot{F}_S \tag{3-44}$$

式中:$\dot{F}_P$ 为三相相量,$\dot{F}_S$ 为三序相量,T 为系数矩阵,上式说明三组对称相量合成得一组不对称相量。

T 矩阵有唯一的逆阵

$$T^{-1} = \frac{1}{3} \begin{bmatrix} 1 & a & a^2 \\ 1 & a^2 & a \\ 1 & 1 & 1 \end{bmatrix}$$

将式(3 - 43)两边分别乘以 T^{-1},得:

$$\begin{bmatrix} \dot{F}_{a1} \\ \dot{F}_{a2} \\ \dot{F}_{a0} \end{bmatrix} = \frac{1}{3} \begin{bmatrix} 1 & a & a^2 \\ 1 & a^2 & a \\ 1 & 1 & 1 \end{bmatrix} \begin{bmatrix} \dot{F}_{a} \\ \dot{F}_{b} \\ \dot{F}_{c} \end{bmatrix} \qquad (3-45)$$

简写为

$$\dot{\boldsymbol{F}}_{S} = \boldsymbol{T}^{-1} \dot{\boldsymbol{F}}_{P} \qquad (3-46)$$

上式说明一组不对称三相量可以唯一地分解成三组对称分量。

由式(3-45)可见,若 $\dot{F}_a + \dot{F}_b + \dot{F}_c = 0$,则对称分量中不包括零序分量。在三相系统中三相线电压之和恒等于零,故线电压中没有零序分量。在没有中性线的星形接线中,$\dot{I}_a + \dot{I}_b + \dot{I}_c = 0$,因而不存在电流的零序分量。在三角形接法中,线电流是相电流之差,相电流中的零序分量在闭合的三角形中自成环流,线电流中没有零序分量。零序电流必须以中性线(或地线)作为通路,且中性线中的零序电流为一相零序电流的3倍。

3.5.2　电力系统各元件的序阻抗

电力系统各元件的序阻抗是指施加在该元件端点的某序电压与流过该序电流的比值。分析各元件的序电抗时,需分析元件各相之间的磁耦合关系。尤其是系统元件的零序电抗与元件的结构及零序电流的路径有关,分析计算较为复杂。在此只给出一般性的结论,详细的理论分析和公式推导请参阅参考书[8]。

系统中各元件的正序电抗,就是各元件在正常对称运行状态下的电抗。

对具有静止磁耦合的元件,其正序电抗和负序电抗均相等,如变压器和线路的正序电抗 X_1 等于负序电抗 X_2。这是由于三相电流的相序改变,并不改变元件各相之间的互感。

对同步发电机等旋转元件,定子电流中的基波负序分量在空气隙中产生与转子旋转方向相反的旋转磁场,即定、转子之间存在有相对运动的磁耦合。对定子负序磁场来说,转子的绕组为保持自身磁链不变,总处在次暂态状态,负序旋转磁场产生的磁通随着转子的位置不同,所遇到的磁阻不同,在纵轴方向对应的电抗为 X''_d,在横轴方向对应的电抗为 X''_q。因此,发电机的负序电抗取 X''_d 和 X''_q 的平均值,由下式给出:

$$X_2 = \frac{1}{2}(X''_d + X''_q) \qquad (3-47)$$

作为近似估计值,汽轮发电机和具有阻尼绕组的水轮发电机,$X_2 = 1.22 X''_d$;没有阻尼绕组的水轮发电机,$X_2 = 1.45 X''_d$;在实用计算中一般取 $X_2 \approx X''_d$。

下面分别叙述各元件的零序电抗。

1.同步发电机

当零序电流在发电机定子绕组(中性点接地)中流过时,由于三个电流大小相等并且相位相同,而且定子的三个绕组在空间相差 120°,因此,三个电流所产生的合成磁场为零,只剩有每个绕组的漏磁通,数值一般较小。发电机的零序电抗就是这种条件下的漏电抗,一般可取

$$X_0 = (0.15 \sim 0.6) X''_d \qquad (3-48)$$

2.架空输电线路

当架空线路流过零序电流时,不像过正、负序电流那样三相线路互为回路,必须另有回路。

在中性点直接接地的系统中,通过三相线路中的零序电流经过大地构成电路。电流在地中流过的等值深度与土壤的导电性有关。因而输电线路的零序电抗除导线电抗外,应加上地回路电抗的影响。由于三相零序电流是同方向的,相间的互感是相互增强的,因而零序电抗较正序电抗大。当架空输电线周围有架空地线,或者其它回路时,由于互感的影响,架空地线和其它回路的线路中流过零序电流将影响到该架空输电线路所匝链的零序磁通。因此,架空线的零序电抗除与土壤的电导率、等值深度有关外,还与输电线路有无架空地线、是否双回线等因素有关。根据理论分析和实际测量,在实用计算中架空线每一回路的每相零序电抗可采用表 3-2 给出的数值,表中 X_1 为单位长度的正序参数。

表 3-2　不同类型的输电线路的零序电抗($X_1 \approx 0.4\ \Omega \cdot km^{-1}$)

线路类型	X_0/X_1	线路类型	X_0/X_1
无架空地线单回线	3.5	有良导体架空地线双回路	3.0
无架空地线双回线	5.5	有钢导体架空地线双回路	4.7
有良导体架空地线单回线	2.0	35 kV 电缆线路($X_1=0.12\ \Omega \cdot km^{-1}$)	4.6
有钢导体架空地线单回线	3.0	6~10 kV 电缆线路($X_1=0.08\ \Omega \cdot km^{-1}$)	4.6

3.变压器

当在变压器的端部施加零序电压时,其绕组中有无零序电流,且零序电流的大小与变压器三相绕组的接线方式和变压器的结构密切相关。零序电压施加在变压器绕组的三角形侧或不接地星形侧时,无论另一侧绕组的接线方式如何,变压器中均没有零序电流流通。这时变压器的零序电抗 $X_0 = \infty$。

当零序电压施加在绕组连接成接地星形一侧时,大小相等,相位相同的零序电流将通过三相绕组经中点流入大地,但另一侧,有无零序电流则取决于该侧的接线方式,下面分不同绕组接线方式进行讨论。

(1) $Y_0/\triangle$ 接线变压器　如图 3-20(a)所示,当在 Y_0 侧流过零序电流时,在 $\triangle$ 侧绕组中感生零序电动势。这个零序电动势在三角形绕组中形成环流,以电压降落形式消耗于三角形绕组的漏抗中,而外电路无零序电流流过,这相当于该绕组短接,其等值电路如图 3-20(b)所示。零序电抗 X_0 为

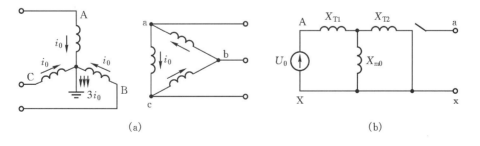

(a)　　　　　　　　　　　　　　　　　(b)

图 3-20　$Y_0/\triangle$ 接线变压器零序等值电路

$$X_0 = X_{T1} + \frac{X_{T2} X_{m0}}{X_{T2} + X_{m0}} \tag{3-49}$$

式中：X_{T1}，X_{T2} 分别为变压器一、二次侧绕组的漏抗；X_{m0} 为零序励磁电抗。

（2）Y_0/Y 接线变压器　如图 3-21(a)所示，当在 Y_0 侧流过零序电流时，由于 Y 侧中性点不接地，零序电流无通路，因此无零序电流通过，其等值电路如图 3-21(b)所示，零序电抗为

$$X_0 = X_{T1} + X_{m0} \tag{3-50}$$

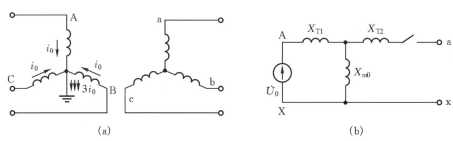

图 3-21　Y_0/Y 接线变压器零序等值电路

（3）Y_0/Y_0 接线变压器　如图 3-22(a)所示，当在 Y_0 侧流过零序电流时，在二次侧绕组中感应零序电势，图 3-22 Y_0/Y_0 接线变压器的零序等值电路是否有零序电流流通，取决于变压器二次绕组侧所联线路的对端中性点是否接地，接地则有零序电流流通；不接地则相当于二次绕组为 Y 形联接。其等值电路如图 3-22(b)所示。

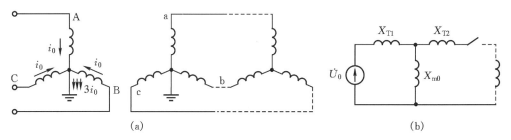

图 3-22　Y_0/Y_0 接线变压器零序等值电路

在以上讨论的这几种变压器的零序等值电路中，零序励磁电抗 X_{m0} 对零序等值电抗影响很大。当变压器加正序电压时，正序励磁磁通均在铁芯内部，磁阻较小。所以正序励磁电抗很大。加零序电压时则不一样，零序励磁磁通所走路径与变压器的结构有关。当三相变压器为三个单相变压器所组成时，各相磁路独立，各序磁通都以铁芯为通路，因而各序励磁电抗均相等，X_{m0} 很大，在短路电流计算中可以认为 $X_{m0} = \infty$。

如果变压器是三相三柱式，在三相绕组中施加零序电压后，三相磁通同相位，只能经过油箱壁构成回路，因此零序磁通所遇到的磁阻很大，零序励磁电抗 X_{m0} 比正序时要小得多，这时的 X_{m0} 一般实测给出。在电力系统中也常常使用三绕组变压器，为提供三次谐波的通路，改善电势波形，在三个绕组中往往有一侧接成三角形。三绕组变压器的接线方式一般有 $Y_0/\triangle/\triangle$，$Y_0/\triangle/Y$，$Y_0/\triangle/Y_0$ 三种。三种接线中都有三角形接线，当 X_{m0} 较大时，则三绕组变压器零序电路将由三个绕组的漏抗组成。其零序等值电路如图 3-23 所示。

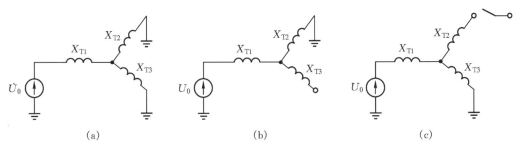

图 3 - 23 各种接线的三相三绕组变压器零序等值电路

(a) $Y_0/\triangle/\triangle$；(b) $Y_0/\triangle/Y$；(c) $Y_0/\triangle/Y_0$

3.5.3 电力系统的各序等值网络

在用对称分量法进行不对称短路计算时,要作出正序、负序、零序网的等值电路。

正序网络就是通常用以计算对称三相短路的网络,其中含有发电机的次暂态电动势 E'' (或暂态电动势 E'),所有元件的电抗均用正序电抗表示。

负序电流在网络中所流经的元件与正序电流相同。所以,组成负序网络的元件与组成正序网络的元件完全相同,只是发电机的负序电动势为零,故负序网络为无源网络。网络中各元件的电抗均用负序电抗表示。

由于零序电流以地为回路,故变压器的接法和中性点接地的方式,对网络中零序电流的分布及零序网络的结构有决定性的影响。另外,不同地点发生不对称故障,零序电流分布和零序网络结构也不相同。因此,一般情况下零序网络结构和正序、负序网络不一样,而且元件参数也不一样。

在不对称短路计算中,绘制零序网络是一项很重要的任务。在绘制零序网络时,要查明零序电流可能流通的路径,然后将零序电流流通的变压器、线路和其它元件用前述的等值电路和零序阻抗代替,零序电流流不通的元件不必反映在零序网中。同时要注意正确处理中性点接地阻抗,在单相等值电路中,它的阻抗要取实际值的 3 倍。

例 3 - 6 如图 3 - 24 所示回路,当 f 点发生不对称短路时,要求画出零序电流的分布情况并作出零序等值网络。

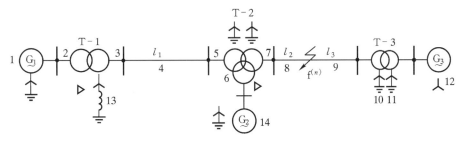

图 3 - 24 例 3 - 6 系统接线图

解 为了确定零序网络,首先要弄清零序电流的途径,通常是从故障点出发,由近及远逐个元件观察零序电流的途径。先观察 f 点右侧,变压器 T - 3 为 Y_0/Y_0 接线,零序电流经过 l_3 流入变压器绕组 10,经中性点返回。零序电流流过绕组 10 时,在变压器绕组 11 中感生零序电动势,由于发电机 G_3 星形接线中性点不接地,虽然在绕组 11 中感生有零序电动势,但没有零序电流,故 G_3 不能反映在零序网络中。再从 f 点左侧观察,三绕组变压器 T-2 为 $Y_0/Y_0/\triangle$ 接线,零序电流可以通过线路 l_2 流经 Y_0 绕组 7,从中性点入地构成回路,所以绕组 7 和线路 l_2 应反映在零序网中。由于绕组 6 为三角形连接,绕组中感生的零序电动势在三角形中形成零序电流环流,不能流出绕组 6,即使发电机 G_2 为星形接地连接,仍没有零序电流流过,故 G_2 不能反映在零序网中。变压器绕组 5 同时也感生零序电动势,由于变压器 T-1 绕组 3 为星形经阻抗接地,故零序电流流经线路 l_1、变压器绕组 3 及接地电阻 13,接地电阻应以 3 倍的值出现在零序网中。与绕组 6 和 G_2 的道理一样,发电机 G_1 中没有零序电流。零序电流的分布如图 3-25(a)所示,零序网络如图 3-25(b)所示。

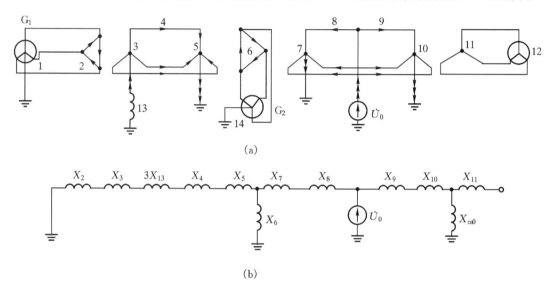

(a)

(b)

图 3-25　例 3-6 零序网络及等值电路图
(a)零序电流的分布图;(b)零序等值电路

3.5.4　电力系统不对称短路故障处电压、电流的分析及计算

下面以图 3-26(a)所示的简单电力系统 f 点发生 b,c 相短路接地说明应用对称分量法计算不对称短路的原理及计算的一般方法。

图 3-26(a)f 点发生 b,c 相短路接地时,在短路点 f 对地处有 $\dot{U}_{fa}\neq0,\dot{U}_{fb}=\dot{U}_{fc}=0;\dot{I}_{fa}=0,\dot{I}_{fb}\neq0,\dot{I}_{fc}\neq0$。短路处这些不对称的电压、电流如图 3-26(b)所示。这组三相不对称电压和电流可以分解为正序、负序、零序三组对称分量,如图 3-26(c)所示,然后用叠加原理求解图 3-26(c)所示电路。图 3-26(d)为正序网络,图 3-26(e)为负序网络,图 3-26(f)为零序网络。

对于图 3-26(d),(e),(f)所示的三相电路,均为三相对称电路,网络中各元件的阻抗也是三相对称的,因此可以只取一相进行分析计算。

从短路点向网内观察,正序网络是一有源的两端网络,可以用戴维南定理等值为一电动势和一阻抗的串联,如图 3-27(a)所示,这个单相等值网络称为正序等值网络。图中等值电势 $\dot{E}_\Sigma$ 即为 f_1n_1 端的开路电压,也为故障前 f 点的相电压 $\dot{U}_{fa|0|}$,$X_{\Sigma 1}$ 为正序网内所有电源短接时,从 f 点看进正序网的输入阻抗。

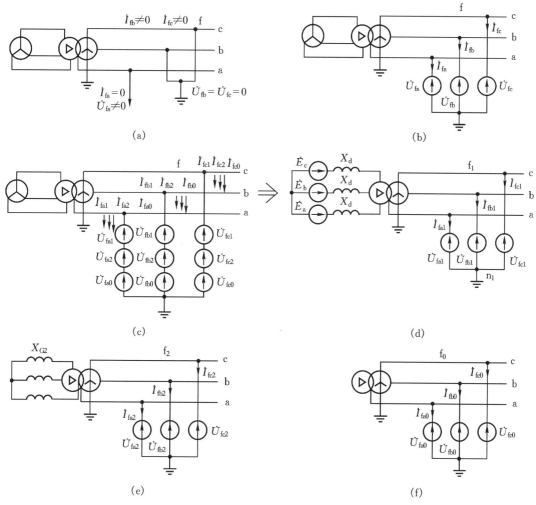

图 3 - 26　利用对称分量法及叠加原理分析不对称短路

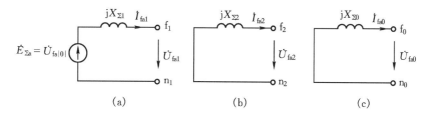

图 3 - 27　三序等值网络

（a）正序等值网络；（b）负序等值网络；（c）零序等值网络

　　同理，图 3 - 27(b)为负序等值网络，负序等值网络为无源两端网络，$X_{\Sigma 2}$ 为从 $f_2 n_2$ 端看进负序网的输入阻抗。

　　图 3 - 27(c)为零序等值网络，也为无源两端网络，$X_{\Sigma 0}$ 为从 $f_0 n_0$ 端看进零序网的输入阻抗。

实际电力系统不管多复杂,均能通过网络的等值变换和化简,作出类似图 3 - 27 所示的各序等值电路。根据图 3 - 27 所示的各序等值电路可写出如下的电压方程式:

$$
\left.
\begin{array}{r}
\dot{E}_{\Sigma a} - \mathrm{j}\,\dot{I}_{fa1} X_{\Sigma 1} = \dot{U}_{fa1} \\
- \mathrm{j}\,\dot{I}_{fa2} X_{\Sigma 2} = \dot{U}_{fa2} \\
- \mathrm{j}\,\dot{I}_{fa0} X_{\Sigma 0} = \dot{U}_{fa0}
\end{array}
\right\}
\tag{3-51}
$$

这三个方程式中含有 6 个变量,还需根据短路类型的边界条件列出三个方程,才能求解。图 3 - 28 给出了两相短路接地故障处的情况,其故障处的边界条件为

$$
\dot{I}_{fa} = 0, \qquad \dot{U}_{fb} = \dot{U}_{fc} = 0
$$

将上述条件转换成对称分量(以下略去序分量的 a 相脚标),有

$$
\dot{I}_{fa} = \dot{I}_{f1} + \dot{I}_{f2} + \dot{I}_{f0} = 0 \tag{3-52}
$$

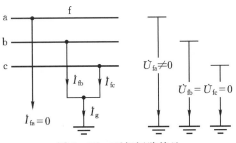

图 3 - 28　两相短路接地

$$
\begin{bmatrix} \dot{U}_{f1} \\ \dot{U}_{f2} \\ \dot{U}_{f0} \end{bmatrix} = \frac{1}{3} \begin{bmatrix} 1 & a & a^2 \\ 1 & a^2 & a \\ 1 & 1 & 1 \end{bmatrix} \begin{bmatrix} \dot{U}_{fa} \\ \dot{U}_{fb} \\ \dot{U}_{fc} \end{bmatrix} = \begin{bmatrix} \dfrac{1}{3}\dot{U}_{fa} \\[2mm] \dfrac{1}{3}\dot{U}_{fa} \\[2mm] \dfrac{1}{3}\dot{U}_{fa} \end{bmatrix} \tag{3-53}
$$

而故障处的各相电流和电压可按式(3 - 43)求得。

在实际应用中常常用复合序网图来求解故障点的各序电压和各序电流。根据式(3 - 52)、式(3 - 53)可得出两相接地短路时序分量的边界条件:

$$
\dot{I}_{f1} + \dot{I}_{f2} + \dot{I}_{f0} = 0 \tag{3-54}
$$

$$
\dot{U}_{f1} = \dot{U}_{f2} = \dot{U}_{f0} \tag{3-55}
$$

可见,在两相短路接地的情况下,三序电压相等,而三序电流之和为零。这样由式(3 - 54)和式(3 - 55)组成的 6 个方程式,可以解出两相短路接地时故障点的各序电流和各序电压。把图 3 - 27 中所示的各序等值电路在故障处并联起来,则可以组成满足序边界条件的两相短路接地的复合序网图,如图3 - 29所示。根据复合序网图很容易求得故障处各序电压和电流,显然,其结果与联立求解式(3 - 54)、式(3 - 55)是完全一样的。

根据复合序网图可得出:

$$
\dot{I}_{f1} = \frac{\dot{E}_{\Sigma}}{\mathrm{j} X_{\Sigma 1} + \mathrm{j}\,\dfrac{X_{\Sigma 2} X_{\Sigma 0}}{X_{\Sigma 2} + X_{\Sigma 0}}} \tag{3-56}
$$

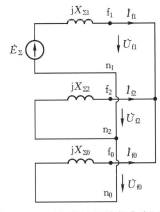

图 3 - 29　两相接地短路复合序网图

$$\dot{I}_{f2} = -\dot{I}_{f1} \frac{X_{\Sigma 0}}{X_{\Sigma 2} + X_{\Sigma 0}} \tag{3-57}$$

$$\dot{I}_{f0} = -\dot{I}_{f1} \frac{X_{\Sigma 2}}{X_{\Sigma 2} + X_{\Sigma 0}} \tag{3-58}$$

故障相的短路电流为

$$\dot{I}_{fb} = a^2 \dot{I}_{f1} + a\dot{I}_{f2} + \dot{I}_{f0} = a^2 \dot{I}_{f1} - a\dot{I}_{f1} \frac{X_{\Sigma 0}}{X_{\Sigma 2} + X_{\Sigma 0}} - \dot{I}_{f1} \frac{X_{\Sigma 2}}{X_{\Sigma 2} + X_{\Sigma 0}}$$

$$= \dot{I}_{f1} \left(a^2 - \frac{X_{\Sigma 2} + aX_{\Sigma 0}}{X_{\Sigma 2} + X_{\Sigma 0}} \right) \tag{3-59}$$

$$\dot{I}_{fc} = a\dot{I}_{f1} + a^2 \dot{I}_{f2} + \dot{I}_{f0} = a\dot{I}_{f1} - a^2 \dot{I}_{f1} \frac{X_{\Sigma 0}}{X_{\Sigma 2} + X_{\Sigma 0}} - \dot{I}_{f1} \frac{X_{\Sigma 2}}{X_{\Sigma 2} + X_{\Sigma 0}}$$

$$= \dot{I}_{f1} \left(a - \frac{X_{\Sigma 2} + a^2 X_{\Sigma 0}}{X_{\Sigma 2} + X_{\Sigma 0}} \right) \tag{3-60}$$

将 $a = -\frac{1}{2} + j\frac{\sqrt{3}}{2}$，$a^2 = -\frac{1}{2} - j\frac{\sqrt{3}}{2}$ 代入式(3-59)、式(3-60)，并将式两端取模值，整理后，可得短路处故障相电流的有效值:

$$\dot{I}_{fb} = \dot{I}_{fc} = \sqrt{3}\sqrt{1 - \frac{X_{\Sigma 2}X_{\Sigma 0}}{(X_{\Sigma 2} + X_{\Sigma 0})^2}}\ \dot{I}_{f1} \tag{3-61}$$

两相接地短路时，流入地中的电流为

$$\dot{I}_g = \dot{I}_{fb} + \dot{I}_{fc} = 3\dot{I}_0 = -3\dot{I}_{f1} \frac{X_{\Sigma 2}}{X_{\Sigma 2} + X_{\Sigma 0}} \tag{3-62}$$

由复合序网图可求得短路处电压的各序分量为

$$\dot{U}_{f1} = \dot{U}_{f2} = \dot{U}_{f0} = j\frac{X_{\Sigma 2}X_{\Sigma 0}}{X_{\Sigma 2} + X_{\Sigma 0}} \dot{I}_{f1} \tag{3-63}$$

短路点非故障相电压为

$$\dot{U}_{fa} = 3\dot{U}_{f1} = j\frac{3X_{\Sigma 2}X_{\Sigma 0}}{X_{\Sigma 2} + X_{\Sigma 0}} \dot{I}_{f1} \tag{3-64}$$

根据 b，c 两相短路接地时的边界条件及式(3-52)、式(3-53)可画出两相短路接地时，故障处短路电流和电压的相量图，如图 3-30 所示。

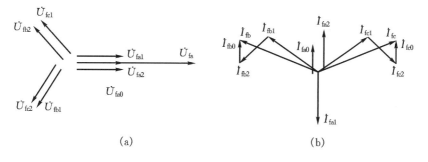

(a) (b)

图 3-30 两相短路接地时电压、电流相量图
(a)电压相量图；(b)电流相量图

　　用类似的方法可以推导出单相短路接地、两相短路的边界条件及各序电流、电压关系及复合序图。在此不一一详述,具体分析推导请参阅文献[8,9]。现将各种短路类型的边界条件、序分量关系、复合序网等关系归纳于表 3-3 中。

表 3-3　　各种不对称短路的边界条件、序分量、短路电流及复合序网

短路类型	短路处边界条件	各序电流、电压关系	正序电流与短路电流关系	复合序网
$f^{(1)}$	$\dot{I}_{fb}=\dot{I}_{fc}=0$ $\dot{U}_{fa}=0$	$\dot{I}_{f1}=\dot{I}_{f2}=\dot{I}_{f0}=\dfrac{E_\Sigma}{j(X_{\Sigma1}+X_{\Sigma2}+X_{\Sigma0})}$ $\dot{U}_{f1}+\dot{U}_{f2}+\dot{U}_{f0}=0$	$I_{fa}=3I_{f1}$	三序网串联
$f^{(2)}$	$\dot{U}_{fb}=\dot{U}_{fc}$ $\dot{I}_{fa}=0 \quad \dot{I}_{fb}=-\dot{I}_{fc}$	$\dot{I}_{f1}=\dfrac{E_\Sigma}{j(X_{\Sigma1}+X_{\Sigma2})}$ $\dot{I}_{f1}=-\dot{I}_{f2} \quad \dot{U}_{f1}=\dot{U}_{f2}$	$I_{fb}=I_{fc}=\sqrt{3}\,I_{f1}$	正负序网并联
$f^{(1,1)}$	$\dot{U}_{fb}=\dot{U}_{fc}=0$ $\dot{I}_{fa}=0$	$\dot{I}_{f1}=\dfrac{E_\Sigma}{j(X_{\Sigma1}+X_{\Sigma2}/\!/X_{\Sigma0})}$ $\dot{I}_{f1}+\dot{I}_{f2}+\dot{I}_{f0}=0$ $\dot{U}_{f1}=\dot{U}_{f2}=\dot{U}_{f0}$	$I_{fb}=I_{fc}$ $=\sqrt{3}\sqrt{1-\dfrac{X_{\Sigma0}X_{\Sigma2}}{(X_{\Sigma0}+X_{\Sigma2})^2}}\,I_{f1}$	三序网并联

　　由表 3-3 可以看出各种不对称短路的故障点正序电流的计算公式可以统一用下式表示:

$$\dot{I}_{f1}=\frac{\dot{E}_\Sigma}{j(X_{\Sigma1}+X_\Delta)} \tag{3-65}$$

　　正序电流与短路电流也可用一个关系式表示:

$$I_f=MI_{f1} \tag{3-66}$$

　　从表 3-3 中很容易看出:

$$f^{(1)} \quad X_\Delta=X_{\Sigma2}+X_{\Sigma0} \quad M=3$$

$$f^{(2)} \quad X_\Delta=X_{\Sigma2} \quad M=\sqrt{3}$$

$$f^{(1,1)} \quad X_\Delta=X_{\Sigma2}/\!/X_{\Sigma0} \quad M=\sqrt{3}\sqrt{1-\frac{X_{\Sigma2}X_{\Sigma0}}{(X_{\Sigma2}+X_{\Sigma0})^2}}$$

　　式(3-65)所表示的关系说明求解各种不对称短路的正序分量,可以利用图 3-31 所示的正序增广网络来计算。对三相短路来说 $\dot{I}_{f1}$ 即为短路基波交流分量,其中 $X_\Delta=0$, $M=1$。

　　上述关系称为正序等效定则。正序等效定则在不对称短路和系统稳定性计算中都有广泛的应用。

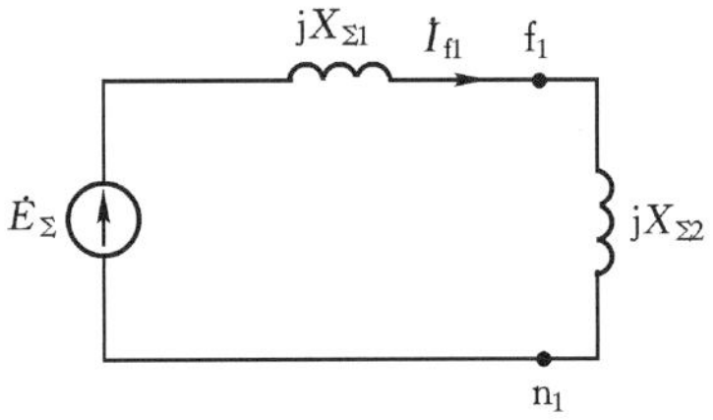

图 3-31　正序增广网络

　　以上的分析只适用于短路点是纯金属短路情况。如短路点是经过阻抗短路,则必须根据短路的实际情况列出边界条件,分析出各序电压、电流的关系,作出复合序网图,再计算短路处的序电流和序电压,这里不再详述。

　　以上介绍的方法仅适用于计算 $t=0$ 时不对称短路电流交流分量的起始值。任意时刻的不对称短路电流的周期分量的计算工程上可以采用查运算曲线的方法,具体方法可参阅参考书[8,9]。要想获得任意时刻的更准确结果,也可以基于电力系统稳定性分析的结果来获得。

此外,短路电流的计算标准较多,有 IEC 标准、IEEE 标准、行业标准等,可以根据需要采用。

例 3 - 7　已知系统接线如图 3 - 32,变压器 T - 2 高压母线发生 bc 相金属性不对称短路接地,试分别计算短路瞬间故障点的短路电流和各相电压,已知数据如下:

发电机 G:100 MV·A,10.5 kV,$X''_d = X_2 = 0.14$,$E' = 10.5$ kV

变压器 T - 1 和 T - 2:参数相同,50 MV·A,$U_K \% = 10.5$

线路 l:平行双回线,200 km,每回 $X_1 = 0.4$ Ω·km^{-1},$X_0 = 3X_1$

负荷 L - 1:40 MV·A,$X_1 = 1.2$,$X_2 = 0.35$

负荷 L - 2:40 MV·A,$X_1 = 1.2$,$X_2 = 0.35$

故障前 f 点电压 $U_{f|0|} = 115$ kV

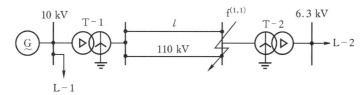

图 3 - 32　例 3 - 7 系统接线图

解　取 $S_B = 100$ MV·A,$U_B = U_{av}$。各元件电抗标幺值,标在各序网络图 3 - 33 中(请读者自行验算)。

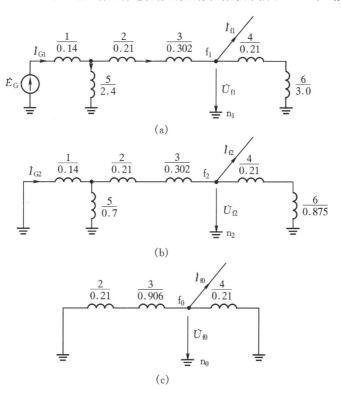

图 3 - 33　例 3 - 7 各序网络图
(a)正序;(b)负序;(c)零序

正序网络对短路点的等值电抗：
$$X_{\Sigma 1} = [(X_1 \mathbin{/\!/} X_5) + X_2 + X_3] \mathbin{/\!/} (X_4 + X_6) = 0.536$$
负序网对短路点的等值电抗：
$$X_{\Sigma 2} = [(X_1 \mathbin{/\!/} X_5) + X_2 + X_3] \mathbin{/\!/} (X_4 + X_6) = 0.398$$
零序网对短路点的等值电抗：
$$X_{\Sigma 0} = (X_2 + X_3) \mathbin{/\!/} X_4 = 0.177$$
正常运行时 f 点电压：
$$U_{f|0|*} = E_{\Sigma *} = 115/115 = 1$$
当 bc 相发生两相短路接地时，复合序网如图 3 - 34 所示。

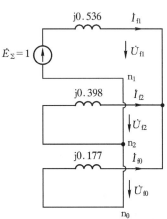

图 3 - 34　bc 相发生两相短路
接地时的复合序网

$$X_\Delta = \frac{X_{\Sigma 2} X_{\Sigma 0}}{X_{\Sigma 2} + X_{\Sigma 0}} = \frac{j0.398 \times j0.177}{j(0.398 + 0.177)} = j0.123$$

$$\dot{I}_{f1} = \frac{\dot{E}_\Sigma}{j(X_{\Sigma 1} + X_\Delta)} = \frac{1}{j(0.536 + 0.123)} = -j1.517$$

$$\dot{I}_{f2} = -\frac{X_{\Sigma 0}}{X_{\Sigma 2} + X_{\Sigma 0}} \dot{I}_{f1} = \frac{0.177}{0.177 + 0.398} \times (-j1.157) = j0.467$$

$$\dot{I}_{f0} = -\frac{X_{\Sigma 2}}{X_{\Sigma 2} + X_{\Sigma 0}} \dot{I}_{f1} = -\frac{0.398}{0.177 + 0.398} \times (-j1.157) = j1.05$$

各序电压为　$\dot{U}_{f1} = \dot{U}_{f2} = \dot{U}_{f0} = j \dot{I}_{f1} X_\Delta = (-j1.517) \times j0.123 = 0.187$

故障处的短路电流为

$$\dot{I}_{fa} = \dot{I}_{f1} + \dot{I}_{f2} + \dot{I}_{f0} = -j1.517 + j0.467 + j1.05 = 0$$

$$\dot{I}_{fb} = a^2 \dot{I}_{f1} + a \dot{I}_{f2} + \dot{I}_{f0} = -e^{j240°} \times j1.517 + e^{j120°} \times j0.467 + j1.05$$
$$= -1.178 + j1.575 = 2.331 \angle 137.49°$$

$$\dot{I}_{fc} = a \dot{I}_{f1} + a^2 \dot{I}_{f2} + \dot{I}_{f0} = -e^{j120°} \times j1.517 + e^{j240°} \times j0.467 + j1.05$$
$$= 1.178 + j1.575 = 2.331 \angle 42.51°$$

故障点各相电压为

$$\dot{U}_{fa} = \dot{U}_{f1} + \dot{U}_{f2} + \dot{U}_{f0} = 3\dot{U}_{f1} = 3 \times 0.187 = 0.561$$

$$\dot{U}_{fb} = \dot{U}_{fc}$$

短路点电流、电压的有名值分别为

$$I_{fb} = I_{fc} = 2.331 \times \frac{100}{\sqrt{3} \times 115} = 1.17 \text{ kA}$$

$$U_{fa} = 0.561 \times \frac{115}{\sqrt{3}} = 37.25 \text{ kV}$$

3.5.5　不对称短路非故障处电压、电流的计算

在分析电力系统故障时，不仅需要计算出故障点的电流和电压，往往还要计算出流过网络中某些支路的电流和某些非故障处的电压。采用的方法是分别从正序、负序和零序网中求出所求支路的正序、负序和零序电流，然后将三序电流合成计算各相电流。同理，计算出各序网某节点的三序电压，然后再合成三相电压。

对于正序网络，各电源电势已知，短路点处正序电压和正序电流确定后，可按一般电路的计算方法求出正序电流和电压的分布。若短路前网络的正常电流和电压已知，也可应用叠加原理，把正序网络分解为正常时的网络和正序故障分量的网络。这时只需计算正序故障分量的网络,其中各电源的电动势均短路,只有在短路点加有正序电压$\dot{U}_{\mathrm{f1}}$,由此无源网络中可以方便地求出正序电压、电流故障分量的分布,然后再与正常分量叠加即可得实际的正序电流和电压。在近似计算时可以忽略负荷,认为正常电流分量为零。正常运行时各点电压标幺值为 1。

对于负序和零序网络,只有短路点存在负序和零序电压,当短路点的负序和零序电压、电流求出后很容易求得网络中的负序和零序电压和电流的分布。

各序网络图是将三相等值为星形连接的一相等值电路图。如果计算处与短路点之间连结的变压器均为 Y/Y-12 接线,则从各序网求得的该处的正序、负序、零序电压和电流就是实际的各序电压和电流,不必进行相位移动。应用这些序分量即可合成得该处各相电流和电压。也就是说 Y/Y-12 接线的变压器在正序和负序情况下两侧电压和电流同相位。

若待计算处与短路点间有 Y/△ 连接的变压器,则从各序网求得的该处正序、负序电流和电压必须分别转过不同的相位才是该处的实际各序分量。应用实际的正序、负序电流和电压才能合成得到该处的各相电流和电压。

图 3-35(a)表示 Y/△-11 接线的变压器。如在 Y 侧施以正序电压,△侧的线电压与 Y 侧的相电压同相位,但△侧的相电压却超前 Y 侧相电压 30°,如图 3-35(b)所示。当 Y 侧施以负序电压时,△侧的相电压落后于 Y 侧相电压 30°,如图 3-35(c)所示。变压器两侧电压的正序和负序分量有以下关系:

$$
\left.
\begin{array}{l}
\dot{U}_{\mathrm{a1}} = \dfrac{1}{k}\,\dot{U}_{\mathrm{A1}}\,\mathrm{e}^{-\mathrm{j}30\cdot N} = \dfrac{1}{k}\,\dot{U}_{\mathrm{A1}}\,\mathrm{e}^{-\mathrm{j}30\times11} = \dfrac{1}{k}\,\dot{U}_{\mathrm{A1}}\,\mathrm{e}^{\mathrm{j}30°} \\[3mm]
\dot{U}_{\mathrm{a2}} = \dfrac{1}{k}\,\dot{U}_{\mathrm{A2}}\,\mathrm{e}^{\mathrm{j}30\cdot N} = \dfrac{1}{k}\,\dot{U}_{\mathrm{A2}}\,\mathrm{e}^{\mathrm{j}30\times11} = \dfrac{1}{k}\,\dot{U}_{\mathrm{A2}}\,\mathrm{e}^{-\mathrm{j}30°}
\end{array}
\right\}
\tag{3-67}
$$

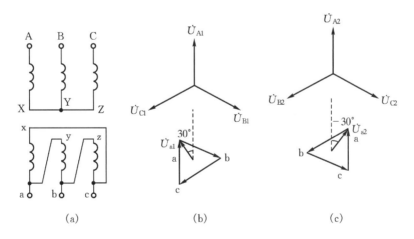

　　　　　(a)　　　　　　　　　　(b)　　　　　　　　　　(c)

图 3-35　Y/△-11 接线变压器两侧电压的正序、负序分量的相位关系

式中:k 为变压器变比,$k = \dfrac{U_{1\mathrm{N}}}{U_{2\mathrm{N}}}$,$U_{1\mathrm{N}}$ 为 Y 侧线电压,$U_{2\mathrm{N}}$ 为△侧线电压;N 为变压器连接钟点数。

不难理解,当不计损耗时,变压器两侧的功率因数相等,变压器两侧的正序、负序电流的相位关系和电压的相位关系是一致的,有

$$
\left.
\begin{array}{l}
\dot{I}_{\mathrm{a1}} = k\,\dot{I}_{\mathrm{A1}}\,\mathrm{e}^{-\mathrm{j}30\cdot N} = k\,\dot{I}_{\mathrm{A1}}\,\mathrm{e}^{\mathrm{j}30°} \\[3mm]
\dot{I}_{\mathrm{a2}} = k\,\dot{I}_{\mathrm{A2}}\,\mathrm{e}^{\mathrm{j}30\cdot N} = k\,\dot{I}_{\mathrm{A2}}\,\mathrm{e}^{-\mathrm{j}30°}
\end{array}
\right\}
\tag{3-68}
$$

例 3 - 8　试计算例 3 - 7 中 f 点发生两相短路接地时,发电机的各相电流及发电机机端母线的各相电压。

解　由例 3 - 7 已知短路处的 $\dot{I}_{\mathrm{f1}} = -\mathrm{j}1.517, \dot{U}_{\mathrm{f1}} = 0.187$,由图 3 - 33(a)所示正序网络图可计算出发电机支路正序电流 $\dot{I}_{\mathrm{G1}}$ 和发电机母线正序电压 $\dot{U}_{\mathrm{G1}}$。

流过变压器 T - 1 和线路 l 的正序电流为

$$\dot{I}_{\mathrm{l1}} = \dot{I}_{\mathrm{f1}} + \frac{\dot{U}_{\mathrm{f1}}}{\mathrm{j}(X_4 + X_6)} = -\mathrm{j}1.517 + \frac{0.187}{\mathrm{j}3.21} = -\mathrm{j}1.575$$

发电机端正序电压为

$$\dot{U}_{\mathrm{G1}} = \dot{U}_{\mathrm{f1}} + \dot{I}_{\mathrm{l1}}\mathrm{j}(X_2 + X_3) = 0.187 + (-\mathrm{j}1.517) \times \mathrm{j}0.512 = 0.993$$

流过发电机的正序电流为

$$\dot{I}_{\mathrm{G1}} = \dot{I}_{\mathrm{l1}} + \frac{\dot{U}_{\mathrm{G1}}}{\mathrm{j}X_5} = -\mathrm{j}1.575 + \frac{0.993}{\mathrm{j}2.4} = -\mathrm{j}1.989$$

同理,由图 3 - 33(b)(c)可求出负序网中 $\dot{I}_{\mathrm{G2}}, \dot{U}_{\mathrm{G2}}$ 及零序网中 $\dot{I}_{\mathrm{G0}}, \dot{U}_{\mathrm{G0}}$

$$\dot{I}_{\mathrm{G2}} = \mathrm{j}0.244, \quad \dot{U}_{\mathrm{G2}} = 0.036, \quad \dot{I}_{\mathrm{G0}} = 0, \quad \dot{U}_{\mathrm{G0}} = 0$$

发电机各相电流分别为

$$\dot{I}_{\mathrm{Ga}} = \dot{I}_{\mathrm{G1}}\mathrm{e}^{\mathrm{j}30°} + \dot{I}_{\mathrm{G2}}\mathrm{e}^{-\mathrm{j}30°} = -\mathrm{j}1.989\mathrm{e}^{\mathrm{j}30°} + \mathrm{j}0.244\mathrm{e}^{-\mathrm{j}30°}$$
$$= 1.117 - \mathrm{j}1.512 = 1.880\angle - 53.55°$$

$$\dot{I}_{\mathrm{Gb}} = a^2\,\dot{I}_{\mathrm{G1}}\mathrm{e}^{\mathrm{j}30°} + a\,\dot{I}_{\mathrm{G2}}\mathrm{e}^{-\mathrm{j}30°} = \mathrm{e}^{\mathrm{j}240°}(-\mathrm{j}1.989)\mathrm{e}^{\mathrm{j}30°} + \mathrm{e}^{\mathrm{j}120°}(\mathrm{j}0.244)\mathrm{e}^{-\mathrm{j}30°}$$
$$= -1.989 - 0.24 = -2.233$$

$$\dot{I}_{\mathrm{Gc}} = a\,\dot{I}_{\mathrm{G1}}\mathrm{e}^{\mathrm{j}30°} + a^2\,\dot{I}_{\mathrm{G2}}\mathrm{e}^{-\mathrm{j}30°} = \mathrm{e}^{\mathrm{j}120°}(-\mathrm{j}1.989)\mathrm{e}^{\mathrm{j}30°} + \mathrm{e}^{\mathrm{j}240°}(\mathrm{j}0.244)\mathrm{e}^{-\mathrm{j}30°}$$
$$= 1.117 + \mathrm{j}1.512 = 1.880\angle 53.55°$$

其有名值为

$$\dot{I}_{\mathrm{Ga}} = 1.88 \times \frac{100}{\sqrt{3} \times 10.5} = 10.337 \text{ kA}, \quad \dot{I}_{\mathrm{Gb}} = 12.278 \text{ kA}, \quad \dot{I}_{\mathrm{Gc}} = 10.337 \text{ kA}$$

发电机端三相电压分别为

$$\dot{U}_{\mathrm{Ga}} = \dot{U}_{\mathrm{G1}}\mathrm{e}^{\mathrm{j}30°} + \dot{U}_{\mathrm{G2}}\mathrm{e}^{-\mathrm{j}30°} = 0.993\mathrm{e}^{\mathrm{j}30°} + 0.036\mathrm{e}^{-\mathrm{j}30°}$$
$$= 0.891 + \mathrm{j}0.479 = 1.012\angle 28.26°$$

$$\dot{U}_{\mathrm{Gb}} = a^2\,\dot{U}_{\mathrm{G1}}\mathrm{e}^{\mathrm{j}30°} + a\,\dot{U}_{\mathrm{G2}}\mathrm{e}^{-\mathrm{j}30°} = \mathrm{e}^{\mathrm{j}240°} \times 0.993\mathrm{e}^{\mathrm{j}30°} + \mathrm{e}^{\mathrm{j}120°} \times 0.036\mathrm{e}^{-\mathrm{j}30°}$$
$$= -\mathrm{j}0.993 + \mathrm{j}0.036 = \mathrm{j}0.957$$

$$\dot{U}_{\mathrm{Gc}} = a\,\dot{U}_{\mathrm{G1}}\mathrm{e}^{\mathrm{j}30°} + a^2\,\dot{U}_{\mathrm{G2}}\mathrm{e}^{-\mathrm{j}30°} = \mathrm{e}^{\mathrm{j}120°} \times 0.993\mathrm{e}^{\mathrm{j}30°} + \mathrm{e}^{\mathrm{j}240°} \times 0.036\mathrm{e}^{-\mathrm{j}30°}$$
$$= -0.891 + \mathrm{j}0.479 = 1.012\angle 151.74°$$

其有名值为

$$\dot{U}_{\mathrm{Ga}} = 1.02 \times \frac{10.5}{\sqrt{3}} = 6.135 \text{ kV}, \quad \dot{U}_{\mathrm{Gb}} = 5.802 \text{ kV}, \quad \dot{U}_{\mathrm{Gc}} = 6.135 \text{ kV}$$

3.6　计算机计算复杂系统短路电流原理及框图

由于实际电力系统的结构复杂,大型电力系统短路电流的计算一般均用计算机进行计算。本节只介绍计算机计算的基本原理,不涉及具体的计算程序。以下方法只适合于计算短路电流的基波交流分量的起始值 I''。

3.6.1　三相短路电流的计算机算法

在三相短路的计算中,通常采用叠加原理,图 3-36(a)给出了计算短路电流 I'' 的等值网络。图中 G 代表发电机端电压节点,$\dot{E}''$ 和 X''_d 分别代表发电机的等值电动势和电抗,L 代表负荷节点,f 代表短路点。图 3-36(b)给出了应用叠加原理把图 3-36(a)分解成正常运行(正常分量)和故障分量两个网络,其中正常运行的网络可通过潮流计算求解,故障分量的计算由短路电流计算程序完成。

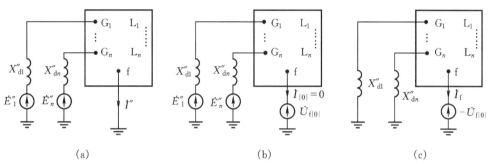

（a）　　　　　　　　　　（b）　　　　　　　　　　（c）

图 3-36　计算短路电流 I'' 的等值网络(不计负荷)

(a)短路网络;(b)正常分量;(c)故障分量

在工程实际中常采用近似的实用计算法,即不计负荷的影响,正常运行方式为空载运行,网络中各点电压均为 1;故障分量网络中,$\dot{U}_{f|0}=1$。只需进行故障分量的计算。故障分量网络与潮流计算时的网络的差别在于发电机节点上多了对地电抗 X''_d。因此只需在原有的导纳矩阵的发电机节点上追加对地电纳,则可利用节点导纳矩阵计算出节点阻抗矩阵。根据节点阻抗矩阵元素的定义,当仅仅在短路点 f 向网络注入单位电流,而其它节点电流为零时,短路点的电压值即为 f 点的自阻抗 Z_{ff}(从 f 点看进网络的输入阻抗),其它节点电压值即为该节点与短路点之间的互阻抗 Z_{jf}。计算出 Z_{ff} 和 Z_{jf} 后就不难计算短路电流了。

具体计算步骤如下:应用节点导纳矩阵作一次线性方程组的求解,解下列方程:

$$\begin{bmatrix} Y_{11} & \cdots & Y_{1f} & \cdots & Y_{1n} \\ \vdots & & \vdots & & \vdots \\ Y_{f1} & \cdots & Y_{ff} & \cdots & Y_{fn} \\ \vdots & & \vdots & & \vdots \\ Y_{n1} & \cdots & Y_{nf} & \cdots & Y_{nn} \end{bmatrix} \begin{bmatrix} \dot{U}_1 \\ \vdots \\ \dot{U}_f \\ \vdots \\ \dot{U}_n \end{bmatrix} = \begin{bmatrix} 0 \\ \vdots \\ 1 \\ \vdots \\ 0 \end{bmatrix} \qquad (3-69)$$

解得各节点电压即有

$$\dot{U}_1 = Z_{f1}, \cdots, \dot{U}_f = Z_{ff}, \cdots, \dot{U}_n = Z_{fn}$$

短路点的短路电流(由故障点流出)为

$$I_f = \frac{U_{f|0}}{Z_{ff}} = \frac{1}{Z_{ff}} \qquad (3-70)$$

即 f 点的短路电流等于该点自阻抗的倒数。

由图 3-36(c)可以看出,在故障分量网络的短路点注入电流 $-\dot{I}_f$,可由下式求得各节点的故障电压分量：

$$
\begin{bmatrix}
\Delta\dot U_1 \\
\vdots \\
\Delta\dot U_f \\
\vdots \\
\Delta\dot U_n
\end{bmatrix}
=
\begin{bmatrix}
Z_{11} & \cdots & Z_{if} & \cdots & Z_{in} \\
\vdots & & \vdots & & \vdots \\
Z_{f1} & \cdots & Z_{ff} & \cdots & Z_{fn} \\
\vdots & & \vdots & & \vdots \\
Z_{n1} & \cdots & Z_{nf} & \cdots & Z_{nn}
\end{bmatrix}
\begin{bmatrix}
0 \\
\vdots \\
-\dot I_f \\
\vdots \\
0
\end{bmatrix}
=
\begin{bmatrix}
Z_{if} \\
\vdots \\
Z_{ff} \\
\vdots \\
Z_{nf}
\end{bmatrix}
(-\dot I_f)
\qquad (3-71)
$$

则各节点短路后的电压为

$$
\left.
\begin{aligned}
\dot U_1 &= \dot U_{1|0|} + \Delta\dot U_1 \approx 1 - Z_{if}\dot I_f \\
&\ \ \vdots \\
\dot U_n &= \dot U_{n|0|} + \Delta\dot U_n \approx 1 - Z_{nf}\dot I_f
\end{aligned}
\right\}
\qquad (3-72)
$$

任一支路 $i\text{-}j$ 的电流为

$$
\dot I_{ij} = \frac{\dot U_i - \dot U_j}{Z_{ij}} \approx \frac{\Delta\dot U_i - \Delta\dot U_j}{Z_{ij}}
\qquad (3-73)
$$

Z_{ij} 为 $i\text{-}j$ 支路的阻抗。

　　以上介绍的方法实际上是利用节点导纳矩阵一次求得与故障点有关的一列节点阻抗矩阵元素。在实际的短路电流的计算中，需要多次应用节点导纳矩阵求解不同故障点的有关阻抗，因此在程序中应将节点导纳矩阵进行三角分解，以备节点电流向量变化时反复调用。图 3-37 给出了应用节点导纳矩阵计算短路电流的原理框图。

3.6.2　不对称短路电流的计算机算法

　　对于一个复杂的电力系统，除故障点外，系统本身是三相阻抗对称的，可以用三个互相独立的序网来代表，如图 3-38 所示。其中正序网为有源网络，负序和零序网为无源网络。

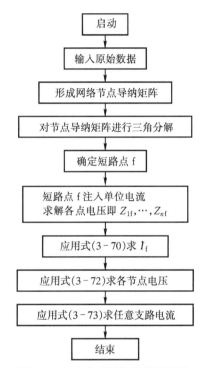

图 3-37　节点导纳矩阵计算短路电流的原理框图

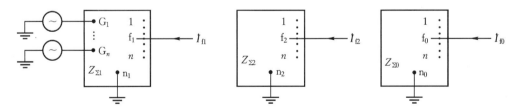

图 3-38　计算机计算不对称短路时的三序等值网络

　　可以像处理三相对称短路那样，形成三个序网的节点导纳矩阵，只需给出各序 $\dot I_f = 1$，其余节点电流为零。可类似式(3-69)解得各序网和 f 点有关的节点阻抗，Z_{ff1}，Z_{ff2}，Z_{ff0} 及 Z_{jf1}，Z_{jf2}，Z_{jf0}。

根据不同故障,可以按下面所列公式计算故障处各序电流、电压,进而可合成三相电流、电压。

单相短路:

$$\dot{I}_{f1} = \dot{I}_{f2} = \dot{I}_{f0} = \frac{\dot{U}_{f|0|}}{Z_{ff1} + Z_{ff2} + Z_{ff0}} \tag{3-74}$$

$$\left.\begin{array}{l} \dot{U}_{f1} = \dot{U}_{f|0|} - \dot{I}_{f1} Z_{ff1} \\ \dot{U}_{f2} = -\dot{I}_{f2} Z_{ff2} \\ \dot{U}_{f0} = -\dot{I}_{f0} Z_{ff0} \end{array}\right\} \tag{3-75}$$

两相短路:

$$\dot{I}_{f1} = \dot{I}_{f2} = \frac{\dot{U}_{f|0|}}{Z_{ff1} + Z_{ff2}} \tag{3-76}$$

$$\left.\begin{array}{l} \dot{U}_{f1} = \dot{U}_{f|0|} - \dot{I}_{f1} Z_{ff1} \\ \dot{U}_{f2} = -\dot{I}_{f2} Z_{ff2} \end{array}\right\} \tag{3-77}$$

两相短路接地:

$$\left.\begin{array}{l} \dot{I}_{f1} = \dfrac{\dot{U}_{f|0|}}{Z_{ff1} + \dfrac{Z_{ff2} Z_{ff0}}{Z_{ff0} + Z_{ff2}}} \\[4mm] \dot{I}_{f2} = -\dot{I}_{f1} \dfrac{Z_{ff0}}{Z_{ff0} + Z_{ff2}} \\[4mm] \dot{I}_{f0} = -\dot{I}_{f1} \dfrac{Z_{ff2}}{Z_{ff0} + Z_{ff2}} \end{array}\right\} \tag{3-78}$$

故障端口各序电压公式同式(3-75)。

计算网络中任一点电压时,负序和零序电压只需用类似式(3-71)的公式计算出由故障点电流引起的电压。对于正序则需按式(3-72)加上正常运行时的电压进行计算。计算出各序各节点的电压后,任一支路的各序电流均可按下式计算:

$$\left.\begin{array}{l} \dot{I}_{ij1} = \dfrac{\dot{U}_{i1} - \dot{U}_{j1}}{Z_{ij1}} \\[3mm] \dot{I}_{ij2} = \dfrac{\dot{U}_{i2} - \dot{U}_{j2}}{Z_{ij2}} \\[3mm] \dot{I}_{ij0} = \dfrac{\dot{U}_{i0} - \dot{U}_{j0}}{Z_{ij0}} \end{array}\right\} \tag{3-79}$$

式中:Z_{ij1},Z_{ij2},Z_{ij0} 分别为支路的正序、负序、零序阻抗。

图 3-39 给出不对称故障计算框图。

实际上,在电力系统不对称故障中除短路故障外,还有断线故障,由于篇幅关系不再详叙,请参阅有关参考书。此外,以上介绍的仅是网络中只有一种故障的情况,称为简单故障。电力系统中故障还可以是多重的,称为复故障。这方面的内容本书也不再进行详细的叙述。

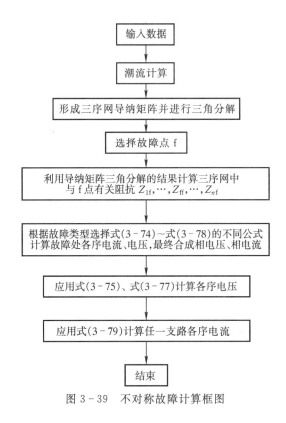

图 3 - 39　不对称故障计算框图

3.6.3　含新能源电力系统短路电流的特点和分析

大规模风电及光伏等新能源接入电网后,电力系统的故障特征分析方法与传统同步发电机情况有所不同,主要是需要考虑故障情况下要求新能源不能马上脱网,而是对电网要起到一定的支撑,以及受到电力电子装置控制限流作用影响使得短路电流不会很大。

根据风电场和光伏发电站接入电力系统的技术规定,当电网发生短路故障时,要求风电场和光伏发电站具有低电压穿越的能力,即当电网发生短路故障时能够向电网提供动态无功支撑,故障恢复后能够快速向电网提供有功功率,以保障电网的安全稳定运行。图 3 - 40 给出了

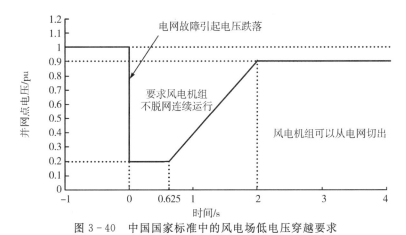

图 3 - 40　中国国家标准中的风电场低电压穿越要求

我国风电场接入电力系统技术规定中的低电压穿越要求。为保障低电压穿越能力，新能源场站通过电力电子装置有较复杂的控制策略。短路电流分析需要计及这些控制策略，已有很多文献对此进行研究，这里不再赘述。

　　图 3-41(a)(b)分别为风电场短路、光伏电站短路的电流波形。当风电场短路时，在暂态起始阶段，由于发电机定子磁链不能突变，当电压跌落后，感应出逐渐衰减的直流电流分量，同时风机在故障时投入了旁路小电阻等保护电路，限制通过转子变流器的过电流，并对交流分量起到衰减作用；故障持续阶段，变流器从闭锁状态转入运行状态，提供无功功率，支撑电网电压；故障恢复后，风电场按照要求快速向电网提供有功功率，逐步恢复正常运行。

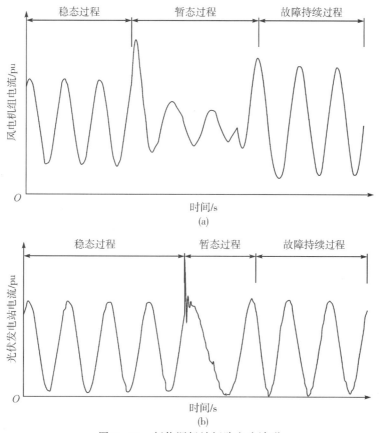

图 3-41　新能源场站短路电流波形

(a)电网发生三相短路故障时双馈风电机组的短路电流；(b)电网发生三相短路故障时光伏电站的短路电流

　　光伏电站短路时，由于无类似于风机的惯性作用，也没有投入旁路保护电阻等过程，短路瞬间电流快速增大，直至达到光伏电站所能允许的最大电流；然后变流器按照要求发出无功功率，支撑电网电压；短路故障切除后，光伏电站按照要求快速向电网提供有功功率，逐步恢复正常运行。注意光伏电站短路主要涉及电力电子装置的冲击过程，没有电机暂态过程，所以在故障期间电流曲线上没有显著的暂态衰减过程。

　　受电力电子设备的过载能力、故障下控制策略等因素限制，文献计算表明新能源场站向系统提供的短路电流并不大。简化分析大容量新能源场站向系统提供的短路电流可以采用额定电流乘以一定冲击系数(例如 2.0 左右)来估算，如果需要精确计算及大容量新能源场站提供短路电流,则应采用暂态仿真计算软件来进行详细分析。

小　结

本章首先讨论了电力系统短路的一些基本知识及无限大电源供电回路的三相短路的物理过程,给出了冲击电流和最大有效值电流的概念及计算公式。

其次,讨论了同步发电机突然三相短路的暂态过程和短路电流。分析同步发电机电磁暂态过程的重要依据是磁链守恒。从突然短路瞬间各绕组的合成磁链不能突变这一点出发,联系纵轴和横轴方向各绕组间的磁耦合关系,可以求出暂态过程中出现的各种电流分量,同时讨论了定子、转子间各电磁量之间的对应关系。本章还给出了暂态(次暂态)电动势和暂态电抗(次暂态电抗)的概念,对其物理意义及其在短路电流计算中的作用作了简明的介绍。

另外,对比较复杂的网络,给出了短路电流实用计算的方法。其要点是在一定的假设条件下,对网络进行变换和化简,求出短路点的输入阻抗和电源对短路点的转移阻抗,进而求出短路电流基波交流分量的起始值。在计算中一般采用标幺值的近似计算法。

最后讨论了电力系统不对称短路电流基波交流分量起始值的分析计算方法。不对称短路的分析计算是建立在对称分量法的基础之上,即把不对称的一组相量,分解为正、负、零三序对称分量。首先,分析了各元件的序参数,依据对称分量独立的原则,制定了各序网络及各序等值网络。然后根据短路类型,列出边界条件,根据序边界条件建立起复合序网,在此基础上进行故障处和非故障处的不对称短路电流计算。在计算非故障处的短路电流、电压时,还需要根据变压器的联结方式,对各序分量进行相应的相位移动,然后才能合成三相电流和三相电压。同时给出了正序等效定则,使不对称短路的计算变得非常简单。最后阐述了利用计算机计算三相对称和不对称短路电流基波交流分量起始值的原理及一般方法,分析了含新能源电力系统短路电流的特点。

思考题及习题

3－1 无限大电源供电回路三相短路电流有什么特点? 在什么情况下其短路电流最大?

3－2 简述无阻尼绕组同步发电机突然三相短路的物理过程及定子、转子侧各电磁量的对应关系?

3－3 同步发电机三相短路电流与无限大电源供电的三相短路电流相比有何特点?

3－4 什么是暂态电动势、次暂态电动势? 它们有什么特点? 在短路电流起始值的计算中起什么作用?

3－5 试阐明 E_q,E'_q,E' 的特性及与这些电动势相对应的电抗的物理意义。

3－6 画出发电机正常运行时的相量图,并标出暂态电动势。

3－7 所谓标幺值的近似计算法,近似在什么地方? 近似计算时元件参数标幺值有何特点?

3－8 电力系统三相短路电流的实用计算作了哪些假设? 这些假设对短路电流的计算有何影响? 求出的是什么电流?

3－9 等值阻抗和转移阻抗含义是什么? 如何求取?

3－10 变压器的零序电抗有何特点? 它的大小和什么因素有关?

3－11 架空输电线路的零序电抗为何与其正序、负序电抗不等？受哪些因素影响？

3－12 何谓复合序网？它有什么用途？

3－13 何谓正序等效定则？各类不对称故障的附加电抗 ΔX 和系数 M 各为多少？

3－14 简单电力系统结线如图 3－40 所示，用近似计算法计算该网络的标幺值等值电路，取 $S_B = 100\ \mathrm{MV \cdot A}$，$U_B = U_{av}$。

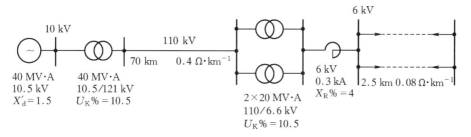

图 3－40　习题 3－14 接线图

3－15 有一输电线路接在一个无限大功率电源母线上，当 A 相电压过零时（$\alpha = 0$）发生三相短路，已知短路后的稳态短路电流有效值等于 5 kA，试分别在 $\varphi = 0°$，$\varphi = 90°$ 两种情况下，求短路瞬间各相短路电流中直流分量的起始值（假定短路前线路空载）。

3－16 如图 3－41 所示供电系统，设供电点处为无穷大功率电源，当空载运行时变压器低压母线发生三相短路。求：①短路电流基波周期分量、冲击电流 i_m，最大有效值电流 I_m（kA）；②当 A 相短路电流直流的初始值为零和最大时，相应 B 相和 C 相短路电流直流分量的初始值（kA）。

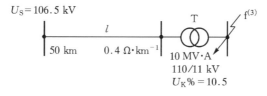

图 3－41　习题 3－16 接线图

3－17 某系统接线如图 3－42 所示，取 $S_B = 300\ \mathrm{MV \cdot A}$，求各发电机对短路点 f 的转移电抗及短路点的输入电抗。

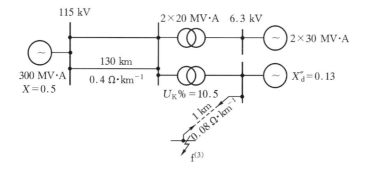

图 3－42　习题 3－17 接线图

3-18 试计算图3-43中流过断路器 QF 的最大可能的次暂态电流 I''，$S_B = 300$ MV·A。

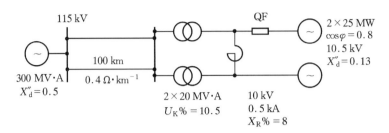

图 3-43 习题3-18接线图

3-19 图3-44所示系统参数不详，已知与系统相接的一出线所装断路器的额定断流容量是 1500 MV·A，求 f 点发生三相短路时的次暂态电流 I'' 及短路功率，$S_B = 250$ MV·A。

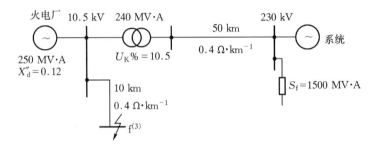

图 3-44 习题3-19接线图

3-20 当某线路发生不对称短路时，已知 $\dot{I}_A = 0$ A，$\dot{I}_B = 300\angle-300°$ A，$\dot{I}_C = 300\angle-110°$ A，试求出 A 相为基准相的各序电流分量。

3-21 画出图3-45所示系统在下述四种组合下，f 点发生不对称短路时的零序网络。

	1	2	3	4	5	6
①	Y_{xn1}	Y_{xn2}	△	Y	Y_0	△
②	Y_0	Y	Y_0	Y_0	Y_0	Y_{xn}
③	Y	△	Y_{xn1}	Y_{xn2}	△	Y_0
④	Y_0	Y_0	△	Y	Y_{xn}	△

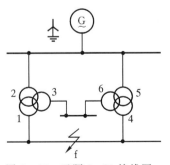

图 3-45 习题3-21接线图

3-22 画出图3-46所示系统 f 点发生不对称短路时的零序网络，并写出 $X_{\Sigma 0}$ 的表达式(不计线路7，8，9之间的互感)。

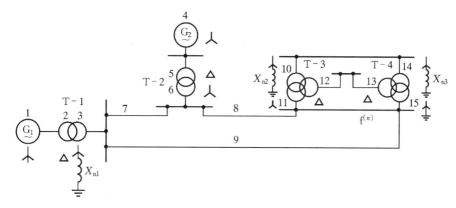

图 3-46　习题 3-22 接线图

3-23 求题 3-17 所示网络中 f 点发生两相短路时短路处的 I''。

3-24 已知某系统接线如图 3-47 所示,各元件参数标在图中,当 f 点分别发生两相短路接地和单相接地时,求短路点各序电流、电压及各相电流、电压,并绘出短路点的电流、电压相量图。

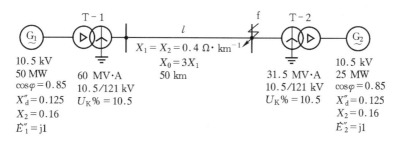

图 3-47　习题 3-24 接线图

3-25 试计算图 3-48 网络中,当 f 点发生单相接地时,发电机母线上的三相电压及流经发电机的三相电流。取 $S_B=45$ MV·A。

3-26 推导图 3-49 所示两相经阻抗 Z_f 接地时的复合序网图。

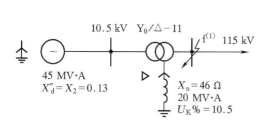

图 3-48　习题 3-25 接线图

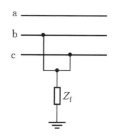

图 3-49　习题 3-26 接线图

3-27 一台无阻尼绕组同步发电机,已知 $P_{GN}=200$ MW,$\cos\varphi_N=0.85$,$U_{GN}=15.75$ kV,$X_d=X_q=1.962$,$X_d'=0.246$,当发电机运行于额定电压且带负荷 $\dot{S}_L=180+j110$ MV·A 时,机端发生三相短路。求:①E_q,E_q',E' 的值,并画出正常运行时的相量图;②计算暂态电流交流分量的起始值。

第4章 电气设备和电气主系统

4.1 概 述

在发电厂和变电站中,根据电能生产、转换和分配过程的需要,有各种电气设备。

①生产和转换电能的设备,如生产电能的发电机,使电压升高或降低的电力变压器,拖动辅助机械的电动机等。

②开关电器设备,用以在各种运行情况下接通或断开电路,如高压断路器、隔离开关、熔断器、接触器等。

③限制故障电流和防御过电压的电器,如限制短路电流的电抗器和防止过电压的避雷器等。

④载流导体,用来把有关电气设备连接成电路,并用来传输电能,如母线、电缆等。

⑤接地装置,电力系统中有工作接地、保护接地和防雷接地,均用金属接地体埋入地中,接地体和接地引线统称为接地装置。

⑥互感器,分为电压互感器和电流互感器,可将电路中的电压和电流降低,供测量仪表和继电保护装置使用。

⑦继电保护装置,能迅速反应故障或不正常工作情况,作用于开关电器切除故障,或作用于信号装置发出信号。

⑧自动化与通信装置,保证电力系统经济或安全运行的信息传输以及自动控制装置与系统,如调度自动化系统、自动电压控制装置、路由器、信息网关等。

⑨直流设备,如直流发电机组、蓄电池等,作为操作、保护、信号等设备的直流电源。

有些变电站还装有调整电压和无功功率的电力电容器、静止补偿装置或调相机等设备。

电气设备又可分为一次设备和二次设备。一次设备是直接生产和输送电能的设备,如发电机、变压器、开关电器、载流导体、避雷器、互感器等;二次设备是对一次设备进行测量、监视和操作控制的设备,如继电器、仪表及自动装置等。

4.2 高压断路器

高压断路器是发电厂和变电所中最重要的电气设备之一,其能够开断电路中负荷电流和短路电流,正常运行时,用它来倒换运行方式,把设备或线路接入电路或退出运行,起着控制作用;当设备或线路发生故障时,能快速切除故障回路、保证无故障部分正常运行,起保护作用。因此,电力系统对高压断路器基本要求是:具有足够的开断能力和尽可能短的动作时间,并且要有高度的工作可靠性。

4.2.1　高压断路器中电弧的产生与熄灭

用开关电器切断有电流通过的线路时,只要电源电压大于 $10\sim20$ V,电流大于 $80\sim100$ mA,在开关电器的动触头与静触头分离瞬间,触头间就会出现电弧。此时,触头虽已分开,但是电路中的电流还在继续流通,只有电弧熄灭,电路才被真正断开,也就是说电弧具有导电的特性。电弧之所以能形成导电通道,是因为电弧弧柱中出现了大量自由电子的缘故。

触头周围的介质是绝缘的,电弧的产生,说明绝缘介质发生了物态的转化。任何一种物质都有三态,即固态、液态和气态,三个状态随着温度的变化而改变。当物质变为气态后,若温度再升高,一般要到 5000℃ 以上,物质就会转化为第四态,即等离子体态。任何等离子体态的物质都是以离子状态存在的,具有导电的特性。因此,电弧的形成过程就是介质向等离子体态的转化过程。电弧的产生和维持是触头间中性质点(分子和原子)被游离的结果,游离就是中性质点转化为带电质点。从电弧形成过程来看,游离过程主要有四种形式:强电场发射、碰撞游离、热电子发射和热游离。

①强电场发射:电场强度大于 3×10^6 V/m 时,金属触头阴极表面就会发射自由电子。

②碰撞游离:加速运动获得动能的自由电子不断与其它中性粒子发生碰撞,使束缚在原子核周围的电子释放出来,形成自由电子和正离子。

③热电子发射:在开关分闸时,动静触头之间的接触压力和接触面积减小,接触电阻增大,接触表面产生局部高温,阴极金属材料中的电子获得动能而逸出成为自由电子。特别是电弧形成后的高温使阴极表面出现强烈的炽热点,不断地发射出电子,在电场力的作用下做加速运动。

④介质的分子和原子在高温下将产生强烈的分子热运动,获得动能的中性质点之间不断地发生碰撞,游离成自由电子和正离子,即所谓热游离。

电弧产生的过程可以概括为:当触头开始分离时,由于触头间间隙很小,会形成很高的电场强度,阴极触头表面在强电场作用下发射电子,同时,触头接触表面的高温环境,使得阴极发生热电子发射,强电场发射和热电子发射是空间电子产生的重要原因。发射的电子在触头电压作用下高速向阳极运动,与空间中性粒子碰撞游离产生等离子体状态,就形成了电弧。电弧的温度可达 $5000\sim7000$℃,使得空间介质产生热游离,电弧得以维持和发展。电弧的温度常常超过金属气化点,如不采取措施,则可能烧坏触头及电器绝缘部件,危害电力系统的运行。

在电弧产生和维持的过程中,游离和去游离过程同时发生。自由电子和正离子相互吸引发生中和的现象称为去游离。去游离主要形式为复合和扩散。当游离过程与去游离过程处于动态平衡时,电弧稳定燃烧。若去游离过程强于游离过程,则电弧将最终熄灭。灭弧过程,就是通过技术手段加强去游离过程实现电弧的熄灭。

断路器在开断交流电路时,电弧的能量是由交流电源提供的,在电流过零前的几百微秒,由于电流减小,输入弧隙的能量减小,弧隙温度剧降,相应的游离程度下降。电流过零时,电源停止向弧隙输入能量,此时弧隙温度不断下降,去游离加强,导致电弧熄灭。所以在交流电弧中,随着电流每半周过零一次,电弧将自然暂时熄灭。过零后电弧是否重燃,取决于弧隙中游离过程和弧隙绝缘介质强度恢复过程的竞争:如果弧隙游离过程强于绝缘介质强度恢复过程,电弧就会重燃;如果在电流过零时,采取有效措施,加强弧隙的冷却,使弧隙介质的强度高于被弧隙外施电压击穿的强度,则电弧就不会重燃而最终熄灭。

电流过零时电弧熄灭,而弧隙的绝缘介质强度恢复到正常状态需要一定的时间,此过程称为弧隙介质强度的恢复过程,以能耐受的电压 $u_d(t)$ 表示。

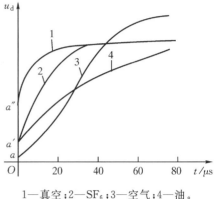

弧隙介质强度的恢复过程 $u_d(t)$ 主要由断路器灭弧装置的结构和灭弧介质所决定。目前电力系统中常用的介质有油、空气、真空、六氟化硫(SF_6)等。图 4-1 示出介质强度恢复过程的典型曲线。图中,在 $t=0$,电流过零瞬间介质强度突然出现(Oa,Oa',Oa'')升高的现象,称为近阴极效应。这是因为在电流过零之前,弧隙中充满着电子和正离子,当电流过零后,弧隙的电极极性发生了改变,弧隙中的电子立即向新阳极运动,而比电子质量大 100 多倍的正离子则基本未动,因此在新阴极附近形成正离子空间,其电导很低,呈现一定的介质强度,约在 $0.1\sim1\ \mu s$ 的短暂时间内,有 $150\sim250\ V$ 的起始介质,如图 4-2。

1—真空;2—SF_6;3—空气;4—油。

图 4-1 介质强度恢复过程曲线

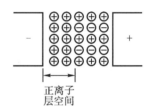

交流低压开关相当普遍地利用近阴极效应现象把电弧引入栅片中,将电弧分割成许多串联的短弧,每个短弧的阴极区域在电流过零后正离子层空间都立即出现 $150\sim250\ V$ 的介质强度。如果这些串联

图 4-2 电流过零后电荷重新分布

短弧介质强度的总和大于线路电压,电流过零后电弧便熄灭。在高压长弧中,阴极介质强度与加在弧隙的高电压相比是无足轻重的,起决定作用的是弧柱中的去游离过程,即介质强度恢复过程。

介质强度的增长速度与恢复过程与电弧电流的大小、介质特性、冷却条件及触头分断速度等因素有关。电弧电流越大,电弧温度越高,介质强度恢复越慢;相反,对电弧冷却越好,温度下降越快,介质强度恢复越快。在高压断路器中,普遍利用气体或液体吹动电弧来加强弧隙的冷却,加强介质强度的恢复过程,以达到熄弧的目的。

4.2.2 弧隙电压恢复过程

在实际电路中,由于有电容、电感的存在,电流和电压不同相。当电流过零电弧熄灭时,电源电压并不等于零,而且弧隙电压也不可能立刻由熄弧电压上升到电源电压,需要经过一个恢复过程,称为电压恢复过程,以 $u_r(t)$ 表示。由于线路的参数不同,这一过程可能是周期性的或非周期性的变化过程,如图 4-3 所示。

恢复电压 $u_r(t)$ 由两部分组成:在电压恢复过程中,首先出现在弧隙两端的是瞬变恢复电压 u_{tr},这一过程时间很短(不超过几百微秒);瞬变恢复电压消失

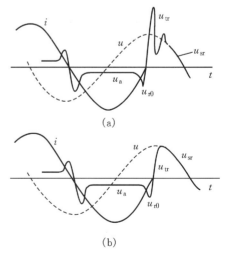

图 4-3 恢复电压

(a)周期性的振荡过程;(b)非周期过程

后,弧隙两端出现由系统工频电压决定工频恢复电压 u_{sr}。

工频恢复电压是电弧熄灭后加在弧隙上的恢复电压稳态值,而瞬变恢复电压则是从熄弧电压过渡到稳态值之间的暂态分量。在电弧电流过零时刻弧隙的电压为熄弧电压 u_{r0}。

断路器开断交流电路时,熄灭电弧的条件是

$$u_d(t) > u_r(t) \tag{4-1}$$

式中: $u_d(t)$ 为弧隙介质强度恢复电压,kV; $u_r(t)$ 为弧隙恢复电压,kV。

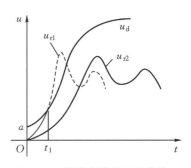

图 4-4　强度与恢复电压曲线

在图 4-4 中,当弧隙恢复电压按曲线 u_{r1} 变化时,在 t_1 时刻以后,由于恢复电压大于介质强度恢复电压,电弧重燃;如果弧隙电压恢复的速度降低,如曲线 u_{r2},其恢复过程始终低于介质强度的恢复过程,电弧就会熄灭。

4.2.3　断路器开断短路电流时弧隙电压恢复过程分析

图 4-5(a)为中性点直接接地系统在电源出口处发生短路时的示意图。断路器 QF 跳闸产生电弧,电路能否完全开断以及开断过程对电力系统的影响,取决于电弧电流过零自然熄灭后,介质强度的恢复与电源电压恢复的状态。

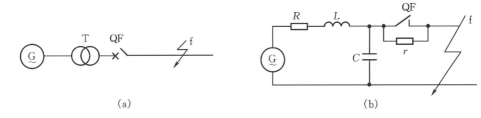

图 4-5　断路器开断短路电流

(a)短路电路;(b)等值电路

断路器带有并联电阻 r,r 亦可代表熄弧后的弧隙电阻。当只研究一相电路时,R,L,C 为电路元件参数,等值电路如图 4-5(b)所示。由于 u,i 不同相位,当电弧电流过零时,电源电压瞬时值为 U_0,称为开断瞬间恢复电压。熄弧后,从熄弧电压过渡到电源电压的过程很短,一般不超过几百微秒。为了便于分析电压恢复过程,可近似认为这一过程中 U_0 不变,并以直流电源代替。于是,断路器电压恢复过程也就相当于电压为 U_0 的直流电源突然合闸于 R,L,C 组成的串联电路时,在电容 C 两端的电压变化过程,即 $u_r = u_C$。等值电路如图 4-6 所示。

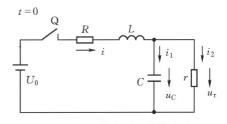

图 4-6　电压恢复过程等值电路

由等值电路可列出下列方程:

$$i = i_1 + i_2$$

$$U_0 = iR + L\frac{di}{dt} + u_C$$

$$i_1 = C \frac{\mathrm{d}u_C}{\mathrm{d}t} \tag{4-2}$$

$$i_2 = \frac{u_C}{r}$$

上式整理后,可得线性常系数微分方程:

$$LC \frac{\mathrm{d}^2 u_C}{\mathrm{d}t^2} + \left(RC + \frac{L}{r}\right)\frac{\mathrm{d}u_C}{\mathrm{d}t} + \left(\frac{R}{r} + 1\right)u_C = U_0 \tag{4-3}$$

式(4-3)的通解由两部分组成:与该方程相对应的齐次线性方程的通解 $c_1 \mathrm{e}^{\alpha_1 t} + c_2 \mathrm{e}^{\alpha_2 t}$ 和式(4-3)的特解。这个特解就是当 $t=0$ 闭合电路瞬间,电容 C 上的稳态电压,即 $rU_0/(R+r)$。所以式(4-3)的通解为

$$u_C = \frac{rU_0}{R+r} + c_1 \mathrm{e}^{\alpha_1 t} + c_2 \mathrm{e}^{\alpha_2 t} \tag{4-4}$$

式中: c_1, c_2 为积分常数,其值由初始条件决定; α_1, α_2 为特征方程的根:

$$\alpha_1 = -\frac{1}{2}\left(\frac{R}{L} + \frac{1}{rC}\right) + \sqrt{\frac{1}{4}\left(\frac{R}{L} - \frac{1}{rC}\right)^2 - \frac{1}{LC}}$$

$$\alpha_2 = -\frac{1}{2}\left(\frac{R}{L} + \frac{1}{rC}\right) - \sqrt{\frac{1}{4}\left(\frac{R}{L} - \frac{1}{rC}\right)^2 - \frac{1}{LC}} \tag{4-5}$$

当 $\frac{1}{4}\left(\frac{R}{L} - \frac{1}{rC}\right)^2 > \frac{1}{LC}$ 时,特征方程的根 α_1, α_2 为实根, u_C 为非周期性过程。

当 $\frac{1}{4}\left(\frac{R}{L} - \frac{1}{rC}\right)^2 < \frac{1}{LC}$ 时, α_1, α_2 为虚根, u_C 为周期性震荡过程。

当 $\frac{1}{4}\left(\frac{R}{L} - \frac{1}{rC}\right)^2 = \frac{1}{LC}$ 时, α_1, α_2 为实数重根, u_C 为非周期性过程。

下面分别对以上三种情况进行讨论。

(1) $\frac{1}{4}\left(\frac{R}{L} - \frac{1}{rC}\right)^2 > \frac{1}{LC}$ 时, α_1, α_2 为实根,式(4-3)的通解为

$$u_C = \frac{rU_0}{R+r} + c_1 \mathrm{e}^{\alpha_1 t} + c_2 \mathrm{e}^{\alpha_2 t}$$

根据初始条件,当 $t=0$ 时, $u_C = u_{r0}$ (u_{r0} 为熄弧电压), $i_{1(0)} = 0$,代入式(4-4),求出积分常数 c_1, c_2 ,由于 $R \ll r$,而且在非周期过程中通常 $\alpha_1 \ll \alpha_2$,在熄弧时, $u_{r0} \ll U_0$,经简化后可得到:

$$u_r = u_C = U_0(1 - \mathrm{e}^{-\frac{r}{L}t}) \tag{4-6}$$

可见,恢复电压最大值不会超过 U_0 ,如图4-7所示,因此不会发生过电压。对式(4-6)微分,可得电流过零时($t=0$)的恢复电压上升速度:

$$\left.\frac{\mathrm{d}u_r}{\mathrm{d}t}\right|_{t=0} = \frac{r}{L}U_0 \quad \mathrm{V/s} \tag{4-7}$$

由式(4-7)可知,并联电阻 r 对恢复电压上升速度有直接影响, r 越小,恢复电压上升速度越低。

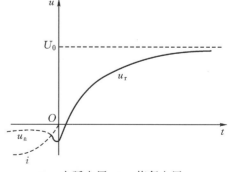

u_a —电弧电压; u_r —恢复电压。

图4-7 恢复电压非周期性变化过程

(2) $\dfrac{1}{4}\left(\dfrac{R}{L}-\dfrac{1}{rC}\right)^2<\dfrac{1}{LC}$ 时,α_1,α_2 为虚根,式(4-3)的通解为

$$u_r = u_C = \frac{rU_0}{R+r} + (c_1\cos\omega_0 t + c_2\sin\omega_0 t)e^{\beta t} \tag{4-8}$$

$$\beta = -\frac{1}{2}\left(\frac{R}{L}+\frac{1}{rC}\right)$$

$$\omega_0 = \sqrt{\frac{1}{LC}-\frac{1}{4}\left(\frac{R}{L}-\frac{1}{rC}\right)^2}$$

式中:β 为衰减系数;ω_0 为电路固有振荡频率。

根据同样的初始条件,求出积分常数 c_1,c_2,由于 $R\ll r$,$u_{r0}\ll U_0$,进一步简化后可得到:

$$u_r = U_0(1-\cos\omega_0 t) \tag{4-9}$$

由式(4-9)可知,在周期性振荡过程中触头弧隙的恢复电压最大值可达 $2U_0$。如图 4-8 中曲线 1 所示。在实际电路中,由于电阻 R,r 的存在,将产生衰减,故恢复电压最大值一般小于 $2U_0$。当 U_0 为工频电源电压幅值时,在电路中便可能出现过电压。

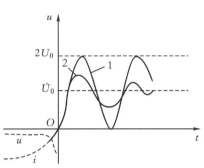

1—$\beta=0$ 时的情况;2—$\beta\neq0$ 时的情况。

图 4-8　周期性振荡恢复电压

周期性过程中电压恢复的平均速度(通常取固有振荡频率的半周期内)为

$$\left.\frac{\mathrm{d}u_r}{\mathrm{d}t}\right|_{av} = \frac{\omega_0}{\pi}\int_0^{\frac{\pi}{\omega_0}}\omega_0 U_0\sin\omega_0 t\,\mathrm{d}t = 4f_0 U_0 \quad \mathrm{V/s} \tag{4-10}$$

式中:$f_0 = \dfrac{1}{2\pi\sqrt{LC}}$。

可见,当恢复电压为振荡过程时,其幅值和上升速度都与电路参数有关,不仅可能引起系统过电压,而且增加断路器的熄弧难度。

(3) $\dfrac{1}{4}\left(\dfrac{R}{L}-\dfrac{1}{rC}\right)^2=\dfrac{1}{LC}$ 时,称为临界情况,但仍是非周期性的,且最大值不会超过工频电源电压幅值。通常,短路时 R 值很小,$R/r\ll1$,可以忽略 R,此时可以得到临界电阻:

$$r_{cr} = \frac{1}{2}\sqrt{\frac{L}{C}} \quad \Omega \tag{4-11}$$

$$r > r_{cr}$$

当触头间并联电阻 $r<r_{cr}$ 时,电压恢复过程为非周期性;当 $r>r_{cr}$ 时,就为周期性过程。由以上分析可知:理想的弧隙电压恢复过程,只取决于电路的参数,而触头两端的并联电阻可以改变恢复电压的特性,亦即影响恢复电压的幅值和恢复速度。当并联电阻的数值低于临界电阻时,将把具有周期性振荡特性的恢复电压过程转变为非周期性恢复过程。从而,大大降低恢复电压的幅值和恢复速度,相应地可增加断路器的开断能力。

4.2.4　故障对断路器开断过程的影响

一台断路器应适用于同一电压下不同参数的电路和不同的安装地点。而电力系统中发生故障的概率、故障类型、短路时刻都是随机的,并且,断路器的弧隙恢复电压与线路参数和开断

瞬间工频恢复电压 U_0 有直接关系,从而不同的故障类型将对断路器开断过程有着明显的影响。

1.断路器开断单相短路电路

当电流过零,工频恢复电压瞬时值为 $U_0 = U_m \sin\varphi$。通常短路时,功率因数很低,一般 $\cos\varphi < 0.15$,所以 $\sin\varphi \approx 1$,此时

$$U_0 = U_m \sin\varphi \approx U_m \tag{4-12}$$

即起始工频恢复电压,近似地等于电源电压最大值。

2.断路器开断中性点不直接接地系统中的三相短路电路

三相交流电路中,各相电流过零时间不同,因此,断路器在开断三相电路时,电弧电流过零便有先后。先过零的相,电弧先熄灭,称为首先开断相。

图 4-9 示出发生短路后,A 相首先开断,电流过零后电弧熄灭。此时,B,C 相仍由电弧短接。A 相断路器靠近短路侧触头的电位,此时仍相当于 B,C 两相线电压的中点电位,由图 4-9(b)可知:

$$\dot{U}_{ao'} = \dot{U}_{AB} + \frac{1}{2}\dot{U}_{BC} = 1.5\dot{U}_A \tag{4-13}$$

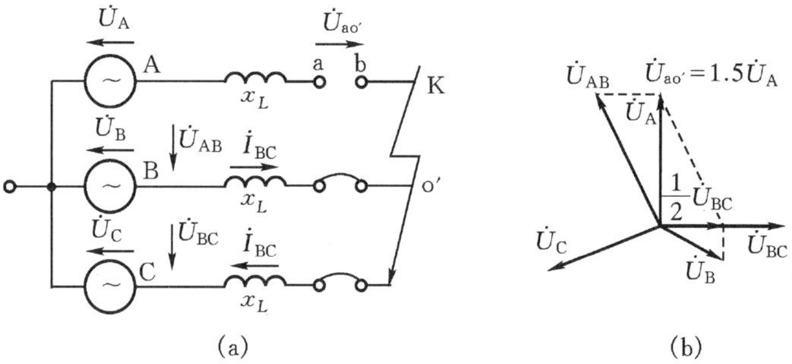

A 相开断后断口上的工频恢

图 4-9 A 相电弧熄灭后等值电路及相量图
(a)电路图;(b)相量图

复电压为相电压的 1.5 倍。经过 0.005 s(电角度 90°)后,B,C 两相的短路电流同时过零,电弧同时熄灭。电源电压加在 B,C 两相弧隙上,每个断口将承受一半电压值,即

$$\frac{1}{2}U_{BC} = \frac{\sqrt{3}}{2}U_A = 0.866U_A \tag{4-14}$$

断路器开断三相电路时,其恢复电压通常是首先开断相为最大。所以,断口电弧的熄灭关键在于首先开断相。但是,后续断开相燃弧时间将比首先开断相延长 0.005 s,相对来讲,电弧能量又较大,因而可能使触头烧坏,喷油、喷气等现象比首先开断相更为严重。

3. 断路器开断中性点直接接地系统中的三相接地短路电路

中性点直接接地系统发生三相接地短路故障时,断路器分断过程分析方法与前面介绍的相同。经分析,当系统零序阻抗与正序阻抗之比不大于 3 时,其首先开断相的恢复电压的工频分量为相电压的 1.3 倍。第二开断相恢复电压的工频分量可为相电压的 1.25 倍。最后开断相就变为单相情况,也就是相电压。

$$\left.\begin{array}{l} U_{ao'} = 1.3U_A \\ U_{bo'} = 1.25U_A \\ U_{co'} = U_C \end{array}\right\} \tag{4-15}$$

中性点直接接地系统中,由于额定电压高,相间距离大,一般不会出现三相直接短路,如果出现,则各相工频恢复电压与中性点不直接接地系统中的三相短路分析结果相同。

4.断路器开断两相短路电路

两相短路发生在中性点直接接地系统中最为严重,工频恢复电压可达相电压的 1.3 倍。其余情况均为 $\frac{\sqrt{3}}{2}$ 倍相电压。

从上面分析可见,断路器开断短路故障时的工频恢复电压与电力系统中性点接地方式、短路故障类型有关外,还因三相开断的顺序而异,其中首先开断相的工频恢复电压最高。首先开断相的工频恢复电压最大值 U_{prm1} 为

$$U_{prm1} = K_1 \frac{\sqrt{2}}{\sqrt{3}} U_{sm} = 0.816 K_1 U_{sm} \qquad (4-16)$$

式中:U_{sm} 为电网的最高运行电压;K_1 为首先开断相的开断系数,为首先开断相的工频恢复电压与相电压之比。

4.2.5　熄灭电弧及防止电弧重燃的措施

从上面讨论可知,电弧能否熄灭,取决于弧隙介质强度和恢复电压二者的"竞争",而介质强度的增长又决定了游离和去游离的相互作用。增加弧隙的去游离作用或减小弧隙电压恢复速度和幅值都可以促使电弧熄灭。在开关电器中广泛采用的灭弧方法主要有下列几种。

1.利用气体或油吹灭电弧

介质强度恢复的快慢在很大程度上取决于弧隙温度降低的速度,冷却电弧是熄弧的重要方法之一。用气体或液体介质吹弧,既能对流换热,强烈冷却弧隙,并且能取代原弧隙中的游离气体或高温气体。气体流速愈大,对弧隙的冷却作用愈大。

在断路器中,常制成各种形式的灭弧室,使气体或液体产生较高的压力,有利于吹向弧隙。吹动的方式有纵吹和横吹等,如图 4-10 所示。吹动方向与弧柱轴线平行的叫纵吹;吹动方向与弧柱轴线垂直的叫横吹。纵吹主要是使电弧冷却变细,而横吹则把电弧拉长切断,各有特点。不少断路器采用纵横混合吹弧的方式,熄弧效果更好。

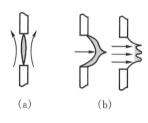

图 4-10　吹弧方式
(a)纵吹;(b)横吹

2.增加断口数量

高压断路器常制成每相有两个或多个串联的断口,使加于每个断口的电压降低,从而降低了弧隙的恢复电压,并且多断口将电弧分割成多个小电弧段,在相等的触头行程下,多断口比单断口的电弧拉长了,因此增加了弧隙电阻,有利于介质强度的恢复,使灭弧性能更好,如图 4-11 所示。

110 kV 及以上电压等级的断路器,往往把相同型式的灭弧室(每个灭弧室是一个断口)串联起来,用于较高的电压等级,称为组合式或积木式结构。

采用多断口结构后,每一个断口在开断位置的电压分布和开断过程中的恢复电压分布上可能出现了不均匀的现象,影响断路器灭弧能力。图 4-12

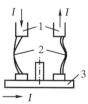

1—静触头;2—电弧;3—动触头。
图 4-11　双断口断路器

为单相断路器在断开接地故障后的电路图。U 为电源电压，U_1 和 U_2 分别为两个断口的电压。在电弧熄灭后，每个断口可看成一个电容器 C_Q，中间的导电部分与断路器底座和大地之间也可以看成是一个对地电容 C_0。于是，两断口间的电压分布情况可按图 4-12(b)进行计算。

$$\left.\begin{aligned}U_1 &= U\frac{C_Q + C_0}{2C_Q + C_0}\\U_2 &= U\frac{C_Q}{2C_Q + C_0}\end{aligned}\right\} \tag{4-17}$$

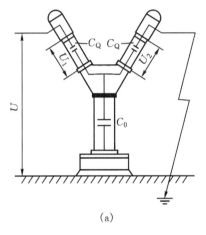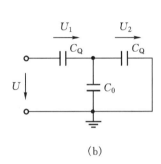

(a)　　　　　　　　　　　　　　　　　(b)

图 4-12　单相断路器在断开接地故障后的电路图

(a)断路器中电容分布；(b)断口电压分布

可见，$U_1 > U_2$，第一个断口的工作条件比第二个断口要严重。为了充分发挥每个灭弧室的作用，应使两个断口的工作条件接近相等。通常在每个断口并联一个比 C_Q 和 C_0 大得多的电容 C，称为均压电容，此时电压分布情况可按图 4-13计算。

由于 C 很大，$C + C_Q \gg C_Q$，因此，电压分布计算为

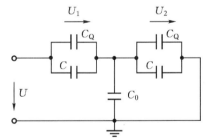

$$\left.\begin{aligned}U_1 &= U\frac{(C+C_Q)+C_0}{2(C+C_Q)+C_0} \approx U\frac{C+C_Q}{2(C+C_Q)} = \frac{U}{2}\\U_2 &= U\frac{C+C_Q}{2(C+C_Q)+C_0} \approx U\frac{C+C_Q}{2(C+C_Q)} = \frac{U}{2}\end{aligned}\right\} \tag{4-18}$$

图 4-13　有均压电容断口电压分布计算图

可见，只要均压电容 C 足够大，两断口上的电压分布就接近相等。由于装设电容量很大的均压电容很不经济，一般可按照断口间的最大电压不超过分布电压10%的要求选择均压电容，即不均匀系数要求为

$$n = \frac{断口实际承受的电压}{电压均匀分配时断口承受的电压} \leqslant 1.1$$

3.在断路器断口两端并联电阻

110 kV 以上的高压断路器每相都有两对触头，在灭弧室中除装有一对主触头 Q_1 外，还有

一对辅助触头 Q_2，并在主触头的两端并联电阻 r，连接方式如图 4-14 所示。

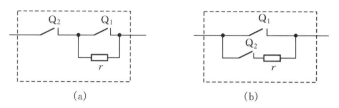

图 4-14　灭弧室中主触头 Q_1 与辅助触头 Q_2 的连接方式

(a)主触头与辅助触头串联；(b)主触头与辅助触头并联

　　断路器开断电路时，主触头 Q_1 先断开，并联电阻 r 接入电路，使恢复电压的数值及上升速度都降低，促使主触头 Q_1 间的电弧熄灭。主触头间的电弧熄灭后，由于 $r \gg \omega L$，电路基本上为电阻性电路，且通过 r 的电流也小得多，因此当辅助触头 Q_2 断开时，触头间的电弧很容易熄灭。

4.2.6　高压断路器的基本类型及操作机构

1.高压断路器的基本类型

　　按照灭弧介质的灭弧方式，高压断路器一般可分为：油断路器、压缩空气断路器、SF_6 断路器、真空断路器等。

　　(1)油断路器　少油式断路器中的油作为灭弧介质和触头开断后的弧隙绝缘介质，带电部分对地的绝缘主要采用瓷介质。按装设地点的不同，少油断路器分为户内和户外两种。户内式主要用于 6～35 kV 配电装置，户外式则用于 35 kV 以上的配电装置。

　　(2)压缩空气断路器　利用压缩空气作为灭弧、绝缘和传动介质。为了保证有足够压力的空气，在断路器下装有贮气筒，与压缩空气装置连接。空气的压力通常为 800～2000 kPa，压力愈高，灭弧性能愈好，绝缘性能也愈好。

　　与油断路器比较，空气断路器开断能力强，开断时间短，而且在自动重合闸中可以不降低开断能力，不易爆炸和着火。缺点是：结构较复杂，需要装设较复杂的压缩空气装置，价格较高；同时，空气断路器虽然灭弧能力较强，但在电弧电流过零后约 20～30 μs 内，起始介质强度较低，上升速度也较慢，对于切除近距故障会造成开断困难，所以多在断口弧隙间采取并联电阻的措施，抑制系统恢复电压，相对提高介质恢复速度，以满足开断近距故障的要求；此外，压缩空气断路器在开断小电感电流(如切断空载变压器、励磁电流、并联电抗器及空载高压电动机等电路)时，容易产生截流现象，因而导致过电压，在断路器的断口并联电阻可以防止产生过电压。

　　近年来，由于 SF_6 断路器的发展很快，新建的电厂和变电站已很少选用压缩空气断路器。

　　(3)真空断路器　真空断路器利用真空的高介质强度来熄灭电弧和作为绝缘。所谓真空是相对而言的，这里指的是气体压力在 133.322×10^{-4} Pa 以下的空间。在这样稀薄的气体中，即使电子从阴极飞向阳极时，也很少有机会与气体分子相碰撞而引起游离，因此碰撞游离不是真空间隙击穿产生电弧的主要因素。真空中电弧是在触头电极蒸发出来的金属蒸气中形成的，而电极表面如有微小的突起部分时，将会引起电场能量集中，使这部分发热而产生金属蒸气。因此，电弧特性主要取决于触头材料的性质及其表面状况。

目前,使用最多的触头材料是以良导电金属为主体的合金材料,如铜-铋(Cu - Bi)合金,铜-铋-铈(Cu - Bi - Ce)合金等。

真空断路器的特点有:在 133.322×10^{-2} Pa 的高真空中,1 mm 的间隙能承受 45 kV 工频电压,而在空气中只有 3~4 kV,所以触头开距可取得很短,真空灭弧室能做得小巧,动作快;燃弧时间短,且与开断电流大小无关,一般只有半周波,故有半周波断路器之称;熄弧后触头间隙恢复速度快,对开断近区故障性能较好;由于灭弧速度快,触头材料不易氧化、寿命长;体积小、检修维护方便,适于有频繁操作的场所。

近年来真空断路器已在 35 kV 及以下的配电装置中得到广泛的应用。在高压和超高压输电系统中,由于真空断路器灭弧过快(半波),使系统因截流而出现危险的操作过高压,同时一般主系统操作不频繁,不能充分发挥真空断路器寿命长、适于频繁操作的优点,其竞争力还有待于真空灭弧室的进一步发展。

(4)六氟化硫(SF_6)断路器　SF_6 为无色、无味、无毒、非燃烧性的非金属化合物。SF_6 具有很高的绝缘性能和灭弧性能。当气体压力为 3 kPa 时,SF_6 的绝缘能力超过空气的 2 倍;当压力为 300 kPa 时,其绝缘能力和变压器油相当。SF_6 在电弧作用下接受电能而分解成低氟化合物,但电弧电流过零时,低氟化合物则急速再结合成 SF_6,故弧隙介质强度恢复过程极快。SF_6 的灭弧能力相当于同等条件空气的 100 倍。

由于 SF_6 的电气性能好,其断口电压较高。在电压等级相同、开断电流和其它性能相近的情况下,SF_6 断路器串联断口数较少。如 500 kV 电压级的空气和少油断路器为 6~8 个断口,而 SF_6 断路器只有 3~4 个断口;对于 750 kV 级的空气断路器最少为 8 个断口,而 SF_6 断路器仅为 6 个断口。串联断口数少,可使制造、安装、调试和运行经济方便。

与其它绝缘介质相比,采用 SF_6 的优点是:使用安全可靠、无火灾,一般不会发生爆炸事故,冷却特性好,适用的温度和压力范围大,因此六氟化硫断路器具有灭弧速度快,开断能力强,体积小,维护方便等优点。但是,六氟化硫断路器对加工精度和装配工艺要求较高,密封性能要好,因此造价较高。

由于 SF_6 在电弧作用下分解出的气体都是有害的,所以必须注意气体的纯度和采取正确的处理方法,以保证使用 SF_6 的安全性。

在电力系统中,SF_6 断路器已得到愈来愈广泛的应用,尤其在全封闭组合电器中,多采用该型断路器。

2.断路器的操作机构

断路器进行分闸、合闸操作,并保持在合闸状态是由操作机构来实现的。由于操作机构在合闸时所作的功最大,因此根据合闸能源的种类,操作机构可分为下列几种类型。

(1)手动机构　靠人力作为合闸动力,这种机构的结构简单,但合闸时间随操作人员的体力不同而不同,且不能实现重合闸功能。这种机构只适用于小容量的断路器。

(2)电磁机构　用电磁铁将电能变为机械能作为合闸动力,用来远距离控制断路器。这种机构简单,运行可靠,缺点是需要很大的直流电流(几十到几百安),必须备有足够容量的直流电源。

(3)气动机构　利用压缩空气储能和传递能量。其优点是功率大、动作迅速、合闸没有强烈冲击,但结构较复杂,需要空气压缩设备,所以,只应用于空气断路器上。

(4)液压机构　利用高压压缩气体(氮气)作为能源,液压油作为传递能量的媒介,注入带有活塞的工作缸中,推动活塞做功,使断路器进行合闸或分闸操作。

（5）弹簧机构　利用弹簧储存的能量进行合闸,此种机构成套性强,不需要配备附加设备,但结构较复杂,加工工艺要求较高。

4.3　隔离开关

隔离开关没有灭弧装置,所以不能开断负荷电流和短路电流,否则将造成严重误操作,会在触头间形成电弧,这不仅会损坏隔离开关,而且能引起相间短路。因此,隔离开关一般只有在电路已被断路器断开或者其触头电位相同的情况下才能接通或断开。

隔离开关的主要用途是保证高压装置中检修工作的安全,在需要检修的部分和其它带电部分之间用隔离开关形成一个可靠且明显的断开点,还可用来进行电路的切换操作。

运行经验表明,隔离开关可以接通或切断电流较小的电路,此时它的触头上不会发生强大的电弧,如断合电压互感器、避雷器、励磁电流不超过 2 A 的空载变压器和电容电流不超过 5 A 的空载线路。利用隔离开关切断小电流的可能性,在某些情况下可以避免装设昂贵的断路器。

隔离开关的种类很多,按装设地点可分为户内式和户外式;按绝缘支柱数目可分为单柱式、双柱式、三柱式等。一些隔离开关的外形示于图 4-15。

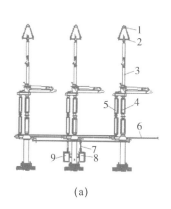
(a)

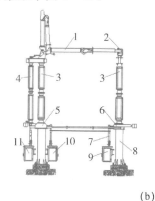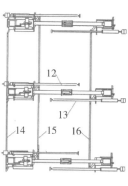
(b)

图 4-15　高压隔离开关

(a)252 kV 三相单柱单臂垂直伸缩式隔离开关:

1—母线;2—静触头;3—导电闸刀;4—支撑绝缘子;5—操作绝缘子;6—接地开关;

7—垂直连杆;8—接地开关操动机构;9—隔离开关操动机构。

(b) 252 kV 双柱水平伸缩式隔离开关主视图(左)和俯视图(右):

1—导电闸刀;2—静触头;3—支撑绝缘子;4—操作绝缘子;5—导电闸刀侧底座;

6—静触头侧底座;7—垂直连杆;8—支柱;9—静触头侧接地开关操动机构;10—隔离开关操动机构;

11—导电闸刀侧接地开关操动机构;12—导电闸刀侧接地开关;13—静触头侧接地开关;

14—导电闸刀侧接地开关极间拉杆;15—隔离开关极间拉杆;16—静触头侧接地开关极间拉杆

隔离开关的操作机构有手动式、电动式和气动式三种。电动式用来从控制室操作隔离开关,这种操作机构比手动式的复杂,一般用于需要距离操作的重型户内三极隔离开关以及110 kV 及以上屋外隔离开关。气动式操作机构可用于任何隔离开关的远距离操作,且结构简单、工作可靠、动作迅速,但需要压缩空气装置。

有的 35 kV 以上的户外式隔离开关附设接地刀闸,当主刀闸断开后,接地刀闸便自动闭合接地。这样可以省略倒闸操作时必须挂接地线,检修完毕恢复送电时必须拆除接地线这一步序,安全性和可靠性均有所提高。

4.4　高压熔断器

熔断器是一种最简单、最早采用的保护电器。它是人为地在电路中装设的薄弱环节。当电路中通过短路电流或长期过负荷电流时,利用熔体本身产生的热量将自己熔断,从而切断电路,达到保护电气设备和载流导体的目的。熔断器不能用在正常时切断或接通电路,必须与其它开关电器配合使用。

熔断器的种类较多,按电压可分为高压和低压熔断器;按装设地点可分为户内式和户外式;按结构可分为螺旋式、插片式和管式;此外,还可分为限流式和无限流式等。虽种类较多,但熔断器的基本结构仍是由金属熔体、支持熔体的触头和外壳组成,见图 4-16。

熔体的熔断时间与通过电流的关系被称为熔断器的安秒特性,也称为保护特性曲线。熔体截面不同,其安秒特性也不同。图 4-17 中,熔体 1 的截面较熔体 2 的小,曲线 1 和 2 分别为熔体 1 和 2 的安秒特性。通过熔体的电流愈大,熔断时间愈短。例如熔体 1,其额定电流为 I_N,最小熔断电流为 I_{min},$I_N < I_{min}$,通过 I_{min} 时的熔断时间为无穷大。由于熔体 2 的截面大,其额定电流也大。当通过同一电流 I_1 时,熔体 1 截面小,先熔断,熔断时间为 t_1,而熔体 2 的熔断时间为 t_2。因此,可以按照熔体的安秒特性实现有选择的切断故障电流。

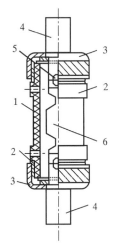

1—外壳;2—管夹;3—帽盖;4—触头;
5—螺钉;6—熔体图。

图 4-16　熔断器的结构

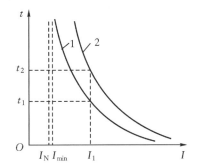

1—熔体面较小;2—熔体截面较大。

图 4-17　安秒特性

熔断器的额定电流与熔体的额定电流是不同的两个值。熔断器的额定电流是指载流部分相接触部分设计时所根据的电流。而熔体的额定电流是指熔体本身所允许通过的最大电流。在同一熔断器内,通常可分别装入不同额定电流的熔体。最大的熔体额定电流可与熔断器的额定电流相同。

对于一般的高压熔断器,其额定电压必须大于或等于电网的额定电压。而对于填充石英砂从而具有限流作用的熔断器,则只能用在其额定电压的电网中,因为这种熔断器能在电流达最大值之前就将电流截断而产生过电压。如果将它们用在低于其额定电压的电网中,过电压可能达 3.4～4 倍的电网相电压,将使电网产生电晕,甚至损坏电网中的电气设备;如果将它们用在高于其额定电压的电网中,则熔断器产生的过电压将引起电弧重燃,无法再度熄灭,以致使熔断器外壳烧坏;若用于额定电压相等的电网中,过电压倍数一般为 2.0～2.5,不会超过电网中电气设备的绝缘水平。

　　和其它保护电器比较起来,熔断器价格低、体积小、结构简单,因此在功率较小和对保护性能要求不高的地方,可以替代昂贵的断路器和自动开关。熔断器在低压回路中用得最多,也常和负荷开关共同用在小功率高压电路中,电压互感器回路中则普遍用熔断器作为保护电器。

4.5　电磁式电流互感器

　　互感器包括电流互感器和电压互感器,是发电厂、变电站内一次系统和二次系统间的联络元件。互感器的主要用途是:

　　① 将测量仪表、保护电器与高压电路隔离,以保证二次设备和工作人员的安全。

　　② 将一次回路的高电压和大电流转换成二次回路的低电压和小电流,使测量仪表和保护装置标准化、小型化。电压互感器二次侧额定电压为 100 V,或 $100/\sqrt{3}$ V;电流互感器二次侧额定电流为 5 A 或 1 A,以便于选用监测设备。

　　为了人身和二次设备的安全,互感器的二次侧都应有保护措施,这样当互感器绝缘损坏,高电压传到低电压时,可以避免在二次侧出现危险的高电压。

4.5.1　电磁式电流互感器的特点

　　目前电力系统广泛采用的是电磁式电流互感器,它的工作原理与变压器相似。其特点是:一次绕组串联在被测电路中,且匝数很少,故一次绕组中的电流完全取决于被测电路中的负荷电流,而与二次电流大小无关;二次绕组所接仪表与继电器的阻抗很小,所以正常情况下,电流互感器近于短路状态下运行。

　　电流互感器一、二次额定电流之比,称为电流互感器的额定互感比:

$$k_i = I_{N1}/I_{N2}$$

k_i 还可近似地表示为电流互感器一、二次绕组的匝数比:

$$k_i \approx N_2/N_1$$

式中:N_1,N_2 为一、二次绕组匝数。

4.5.2　电流互感器的误差

　　电流互感器的等值电路图及相量图如图 4-18 所示。图中以二次负荷电流 $\dot{I}'_2$ 为基准,二次电压 $\dot{U}_2$ 较 $\dot{I}'_2$ 超前 φ_2 角(二次负荷功率因数角),$\dot{E}'_2$ 较 $\dot{I}'_2$ 超前 α 角(二次总阻抗角),铁芯磁通 $\dot{\Phi}$ 超前 E'_2 角度为 90°,励磁磁势 $I_0 N_1$ 较 $\dot{\Phi}$ 超前 ψ 角(铁芯损耗角)。

　　电流互感器的磁势方程为

$$\dot{I}_1 N_1 + \dot{I}_2 N_2 = \dot{I}_0 N_1 \qquad\qquad (4-19)$$

　　由式(4-19)和相量图可看出,由于电流互感器本身存在激磁损耗(对应激磁电流 I_0)和

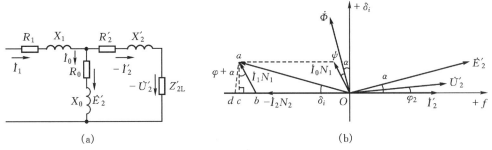

图 4-18 电流互感器的等值电路及向量图

(a)等值电路；(b)向量图

磁饱和等影响，使一次电流 I_1 和二次电流 I'_2 在数值和相位上都有差异，测量结果出现误差，其中包括电流误差 f_i 和角度误差 δ_i。

电流误差 f_i 为二次电流测量值乘以变比所得值 $k_i I_2$ 与实际一次电流 I_1 之差对于 I_1 的百分数，即

$$f_i = \frac{k_i I_2 - I_1}{I_1} \times 100\% = \frac{I_2 N_2 - I_1 N_1}{I_1 N_1} \times 100\% \tag{4-20}$$

式(4-20)中，$I_2 N_2$ 及 $I_1 N_1$ 只表示其绝对值的大小，当 $I_1 N_1$ 大于 $I_2 N_2$ 时电流误差为负，反之为正。

角度误差为旋转 180° 的二次电流 $-\dot{I}'_2$ 与一次电流相量 $\dot{I}_1$ 之间的夹角 δ_i，并规定 $-\dot{I}'_2$ 超前 $\dot{I}_1$ 时，角度误差 δ_i 为正值，反之为负值。

从相量图可知：$I_2 N_2 - I_1 N_1 = \overline{Ob} - \overline{Od} = -\overline{bd}$，当 δ_i 很小时，$\overline{bd} \approx \overline{bc}$，则

$$f_i = \frac{I_0 N_1}{I_1 N_1} \sin(\alpha + \psi) \times 100\% \tag{4-21}$$

$$\delta_i \approx \sin(\delta_i) = \frac{I_0 N_1}{I_1 N_1} \cos(\alpha + \psi) \times 3440 \ (') \tag{4-22}$$

根据电磁感应定律 $E_2 = 4.44 B S f N_2$ 以及由等值电路得出 $E_2 = I_2(Z_2 + Z_{2L})$ 等关系，代入式(4-21)和式(4-22)，可得：

$$f_i = \frac{(Z_2 + Z_{2L}) l_{av}}{222 N_2^2 S \mu} \sin(\alpha + \psi) \times 100\% \tag{4-23}$$

$$\delta_i = \frac{(Z_2 + Z_{2L}) l_{av}}{222 N_2^2 S \mu} \cos(\alpha + \psi) \times 3440 \ (') \tag{4-24}$$

式中：Z_2，Z_{2L} 为互感二次侧绕组电抗和负荷阻抗，Ω；N_2 为二次绕组匝数；S 为铁芯截面，m^2；l_{av} 为磁路平均长度，m；μ 为铁芯磁导率。

由式(4-21)至式(4-24)可知，电流互感器误差与一次电流 I_1 及二次负荷 Z_{2L} 有关，下面分别研究它们的影响。

1. 一次电流的影响

由于 $I_1 \propto E_2 \propto B$，因此，$B$(即 I_1)、μ 与 H 的关系如图 4-19 中曲线所示。铁芯损耗角 ψ 随磁感应强度大小而变化，在电流互感器运行范围内，铁芯的磁感应强度越大，损耗角 ψ

越大。

通常电流互感器铁芯选用的磁感应强度不大,在额定二次负荷下,一次电流为额定值时,约 0.4 T,相当于图4-19中曲线的 a 点附近。当一次电流 I_1 减小,μ 值将逐渐下降,由于误差与 μ 成反比,故误差 f_i 和 δ_i 随 I_1 减小而增大,但由于 ϕ 随 H 减小而减小,故 δ_i 比 f_i 增加快些。

图 4-20 为电流互感器正常工作范围时的误差特性曲线,可看到,当 I_1 在额定值附近时误差最小。当发生短路时,一次电流将数倍于额定电流,运行于图 4-19 中的 b 点以上,由于铁芯开始饱和,μ 值下降,故误差随 I_1 增大而加大。

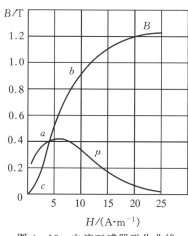

图 4-19　电流互感器磁化曲线

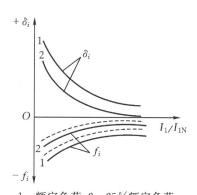

1—额定负荷;2—25%额定负荷

图 4-20　电流互感器正常工作误差特性曲线

2. 二次负荷阻抗的影响

由式(4-23)和式(4-24)可知,误差与二次负荷阻抗 Z_{2L} 成正比。按磁势平衡方程 $I_1 N_1 + I_2 N_2 = I_0 N_1$,当一次电流不变(即 $I_1 N_1$ 不变),增加 Z_{2L} 时($\cos\varphi_2$ 不变),I_2 减小(即 $I_2 N_2$ 减小,去磁作用减小),则 $I_0 N_1$ 将增加,因此 f_i 和 δ_i 增大。

当二次负荷功率因数角 φ_2 增加时,E_2 与 I_2 之间的 α 角增加,f_i 增大,而 δ_i 减小;反之,φ_2 减小时,f_i 减小,而 δ_i 增大。

4.5.3　电流互感器的准确级和额定容量

1.电流互感器的准确级

电流互感器根据测量误差的大小而划分为不同的准确级。所谓准确级是指在一定的二次负荷和额定电流值时的最大容许误差。我国电流互感器准确级误差限值如表 4-1 所示。

电流互感器按用途可分为测量用和继电保护用电流互感器。用于电气测量的电流互感器要求在正常工作范围有较高的准确度,而当其通过故障电流时,则希望电流互感器过早饱和,以避免仪表受到短路电流的损害。对不同的测量仪表应选用不同准确级的电流互感器,例如,计算电能用瓦时表配用 0.5 级,电流表则用 1 级等。

用于继电保护的电流互感器,主要在系统发生故障时工作。保护用电流互感器按用途可分为稳态保护用(P)和暂态保护用(TP)两类,稳态保护用电流互感器的准确级常用的有 5P 和

表 4-1　电流互感器准确级和误差限值

准确级次	一次电流为额定电流的百分数/%	误差限值		二次负荷变化范围
		电流误差/%	相位差/(′)	
0.2	10	0.5	20	
	20	0.35	15	
	100~120	0.2	10	
0.5	10	1	60	$(0.25\sim1)S_{N2}$ ①
	20	0.75	45	
	100~120	0.5	30	
1	10	2	120	
	20	1.5	90	
	100~120	1	60	
3	50~120	3	不规定	$(0.5\sim1)S_{N2}$

①S_{N2}为电流互感器的额定容量。

10P。由于短路过程中 i_1 与 i_2 关系复杂,故保护级的准确级是以额定准确限值一次电流下的最大复合误差 $\varepsilon\%$ 来标称的,即

$$\varepsilon\% = \frac{100}{I_1}\sqrt{\frac{1}{T}\int_0^T (k_i i_2 - i_1)\mathrm{d}t} \qquad (4-25)$$

式中:I_1 为一次电流有效值,但 i_1 为一次电流瞬时值,A;i_2 与为二次电流瞬时值,A;T 为一个周波的时间,s。

所谓额定准确限值一次电流即一次电流为额定一次电流的倍数,也称为额定准确限值系数。稳态保护电流互感器的准确级和误差限值见表 4-2。

表 4-2　稳态保护电流互感器的准确级和误差限值

准确级	电流误差/%	相位差/(′)	复合误差/%
	在额定一次电流下		在额定准确限值一次电流下
5P	1.0	60	5.0
10P	3.0	—	10.0

在旧型号产品中,B,C,D 级为保护级,为了继电保护整定需要,制造厂为这类保护级电流互感器提供了 10% 误差曲线。此曲线表示互感器的误差超过 10% 时,一次电流的倍数 n ($n=I_1/I_{N1}$) 与允许最大二次负载阻抗 Z_{2L} 的关系曲线,如图 4-21 所示。利用 10% 误差曲线可以计算出电流互感器二次负荷的容许值。应用时,根据一次侧短路电流 I_K,求出短路电流倍数 $n=I_K/I_{N1}$,由曲线上找到与 n 相应的二次负荷阻抗 Z_{2L},当实际的二次负荷阻抗不大于 Z_{2L} 时,即可保证 $f_i<10\%$。

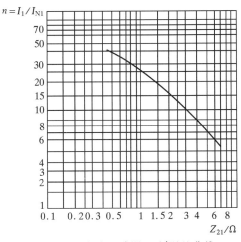

图 4-21　电流互感器 10% 误差曲线

2. 电流互感器的额定容量

电流互感器的额定容量 S_{N2} 为电流互感器在额定二次电流 I_{N2} 和额定二次阻抗 Z_{N2} 下运行时，二次绕组输出的容量，即 $S_{N2} = I_N^2 Z_{N2}$。

由于电流互感器的误差与二次负荷有关，故同一台电流互感器使用在不同准确级时，对应有不同的额定容量。例如 LMZ—10—3000/5—0.5 型电流互感器工作在 0.5 级时，额定二次阻抗为 1.6 Ω，而工作在 1 级时，其额定二次阻抗则为 2.4 Ω。因此，为了保证电流互感器的准确级，二次侧所接负荷 S_2 应不大于该准确级所规定的额定容量 S_{N2}，即

$$S_{N2} \geqslant S_2 = I_{N2}^2 Z_{2L} \tag{4-26}$$

我国规定的额定输出容量等级有：5，10，15，25，30，40，50，60，80，100 V·A 等 10 级。由于 S_{N2}，I_{N2} 已知，即可算出 Z_{N2}，只要实际的二次负荷阻抗值不大于 Z_{N2}，电流互感器的误差就不会超限。

4.5.4　电流互感器在使用中应注意的事项

1. 电流互感器二次绕组不准开路

电流互感器正常运行时近于短路工作状态，由于二次回路的去磁作用，铁芯的激磁磁势 $I_0 N_1$ 很小。若二次回路开路，$I_2 = 0$，由磁势平衡方程式 $I_0 N_1 = I_1 N_1$ 可知，激磁磁势将由 $I_0 N_1$ 猛增，铁芯饱和，磁通波形发生畸变，由正弦波变为平顶波。由于二次绕组感应电势与磁通的变化率 $\dfrac{\mathrm{d}\phi}{\mathrm{d}t}$ 成正比，故在磁通过零时，二次侧将感应出很高的尖顶波电动势，如图 4-22 所示。其峰值可达数千伏甚至上万伏（与电流互感器的变化及开路时一次电流值有关），危及工作人员人身安全、损坏仪表和继电器的绝缘。同时，由于铁芯中磁通的骤增，使铁芯损耗增大发热，可能导致互感器损坏。此外，在铁芯中产生的剩磁还会使电流互感器的误差增大，特性变坏。

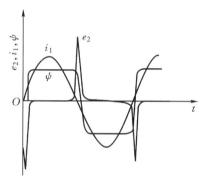

图 4-22　电流互感器二次绕组开路时 i_1, ϕ, e_2 的变化曲线

为防止电流互感器二次回路开路，当互感器在运行中需拆除连接的仪表时，必须先将其短接。

2. 电流互感器联接时，一定要注意极性规定

L_1，L_2 分别为一次绕组的首端和末端；K_1，K_2 分别为二次绕组的首端和末端，参见图 4-23(b)。电流互感器一、二次绕组的首端（或末端）互为同名端或同极性端。其含义是互感器的两个绕组在磁通的作用下感应出电动势，在某一瞬间两个同名的端子（如 L_1 和 K_1）将同时达到最高电位，或同时达到最低电位，则此两端具有相同的极性。

当同时从两个绕组中的同极性端子注入电流时，它们在铁芯中产生的磁通方向相同；而当从一次绕组 L_1 端注入电流时，二次绕组感应的电流从 K_2 流向 K_1。这样从同名端（如 L_1，K_1）观察时，电流方向相反，称为减极性。也就是说，当一次绕组中电流 I_1 的正方向自 L_1 流向 L_2 端，则二次绕组中电流 I_2 的正方向在绕组内部将自 K_2 流向 K_1，而在外电路（仪表、继电器）中

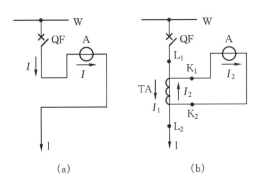

图 4-23　电流互感器采用减极性标号法时的情况

(a)仪表直接接入；(b)仪表经电流互感器接入

是自 K_1 点流出，由 K_2 点流回。

采用减极性标号法后，经电流互感器接入的仪表内流过电流的方向将与把仪表直接接入一次电路中时方向相同，如图 4-23 所示。减极性标号方法较为直观，被广泛采用。

如果一、二次绕组绕向相反，端点标志不变；或者端点标志相反，绕法不变，则一次绕组从 L_1 流入电流时，二次绕组感应的电流从 K_1 流向 K_2，即一、二次绕组中电流正方向相同。这种从同名端观察时电流流向相同称为加极性。

在我国电流互感器的极性端是按减极性原则确定的。仪用互感器的极性在安装接线和使用时甚为重要，否则会影响正确测量，甚至可能使仪表烧坏引起事故。

3. 电流互感器的二次绕组及其外壳均应可靠接地

为防止一次绕组击穿时，高电压传到二次侧，损坏设备和危及人身安全，电流互感器的二次绕组及其外壳均应可靠接地。

4.5.5　电流互感器的接线

电流互感器的二次侧接测量仪表、继电器及各种自动装置的电流线圈。用于测量表计回路的电流互感器接线应视测量表计回路的具体要求及电流互感器的配置情况确定，用于继电保护的电流互感器接线，应按保护所要求反映的有关故障类型及保证灵敏系数的条件来确定。当测量仪表与保护装置共用同一组电流互感器时，应分别接于不同的二次绕组，受条件限制需共用同一个二次绕组时，保护装置应接在仪表之前，以避免校验仪表时影响保护装置工作。

图 4-24 为电流互感器常用接线方式。图 4-24(a)为单相接线，用于对称三相负荷时，测量一相电流。图 4-24(b)为星形接线，可测量三相电流，用于相负荷不平衡度大的三相负荷电流测量，以及电压为 380/220 V 的三相四线制测量仪表，监视每相负荷不对称情况。图 4-24(c)为不完全星形接线，又称 V 形接线，只在 A、C 相装电流互感器，B 相不装，常用于 35 kV 及以下电压等级的不重要出线。在三相负荷平衡或不平衡系统中，当只取 A、C 两相电流时，例如三相二元件功率表或电能表，可用不完全星形接线，流过二次回路公共导线的电流为 A、C 两相电流的相量和，即 $-\dot{I}_b$，如图 4-24(c)向量图所示。

继电保护用的电流互感器接线，通常是用于中性点直接接地电力系统中的保护装置时，采用星形接线；在中性点非直接接地的电力系统中，由于允许短时间单相接地运行，并且大多数

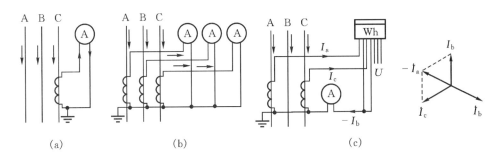

图 4-24　电流互感器接线形式
(a)单相式接线；(b)星形接线；(c)V 形接线

情况下都装设有单相接地信号装置，所以保护装置用电流互感器广泛采用不完全星形接线方式。保护用电流互感器的三角形接线主要应用于 Y/△接线的变压器差动保护。

4.5.6　电流互感器在主接线中的配置

为了满足测量和保护装置的需要，在发电机、变压器、出线、母线分段及母联断路器、旁路断路器等回路中均设有电流互感器。配置的电流互感器应满足下列要求：

①一般应将保护与测量用的电流互感器分开。

②尽可能将电能计量仪表互感器与一般测量用互感器分开，前者必须使用 0.5 级互感，并应使正常工作电流在电流互感器额定电流的 2/3 左右。

③对于保护用电流互感器的装设地点应按尽量消除主保护装置的不保护区来设置。例如：若有两组电流互感器，且位置允许时，应设在断路器两侧，使断路器处于交叉保护范围之中。

④对于中性点直接接地系统，一般三相配置以反映单相接地故障；对于中性点非直接接地系统，发电机、变压器支路也应三相配置以便监视不对称程度，其余支路一般配置于 A，C 两相。

⑤为了防止支持式电流互感器套管闪络造成母线故障，电流互感器通常布置在断路器的出线或变压器侧。

⑥发电机出口配置一组电流互感器供发电机自动调节励磁装置使用，相数、变比、接线方式与自动调节励磁装置的要求相符合。为了减轻内部故障时发电机的损伤，电流互感器应布置在发电机定子绕组的出线侧。为了便于分析和在发电机并入系统前发现内部故障，用于测量仪表的电流互感器宜装在发电机中性点侧。

4.6　电子式电流互感器

近年来，随着测量传感技术和光电技术的发展，电子式电流互感器在电力系统中得到了广泛的应用。电子式电流互感器可以采用空心线圈(Rogowsik coils，也称为罗柯夫斯基线圈，简称罗氏线圈)、霍尔传感器、光学装置或者传统电磁式电流互感器作为一次电流传感器，产生与一次电流相对应的光电信号，采用光纤作为一次转换器和二次转换器之间的信号传输介质，其输出可以采用模拟量电压信号或数字信号。目前，基于空心线圈的电子式电流互感器应用最为广泛。

电子式电流互感器,按照传感原理不同,可以分为光学电流互感器(Optical Current Transformer,OCT)和光电式电流互感器(Opto-Electronic Current Transformer,OECT)两大类。光学电流互感器的一次电流传感器完全基于光学技术和光学器件来实现,光电式电流互感器的传感器部分采用电子器件,而信号的传输采用光学技术和光学器件来实现,是光电技术的结合。按照传感侧是否需要电源来划分,可将电子式电流互感器划分为无源型电流互感器和有源型电流互感器。无源型电流互感器的传感和传输部分均采用无源光学器件,利用法拉第磁光效应,无源型电流互感器一次侧不需要额外能量供给,一次信号的传感和传输都依赖于来自二次侧的光信号,光学互感器属于无源型电流互感器。有源型电流互感器基于传统电流传感原理采用有源器件调制技术,由光纤将一次侧高压端转换得到的光信号传送到低压端解调处理,从而输出数字信号的新型电流互感器,光电式电流互感器属于有源型电流互感器。

与电磁式电流互感器相比,电子式电流互感器具有以下明显的优点:①不含铁芯,消除了磁饱和等问题;②抗电磁干扰性能好,低压侧无开路高压危险;③频率响应范围宽,动态响应范围大;④适应电力计量与保护数字化、微机化和自动化发展趋势;⑤绝缘性能好,节约贵重金属材料,造价低。对于光学电流互感器,其主要缺点在于温漂和长期运行的稳定性问题:环境温度的变化会导致法拉第磁光材料发生双折射现象,对输出光强产生影响,从而影响测量精度;光学电流传感器中采用双层光路传感结构的块状玻璃式传感头在运行较长时间后容易老化,导致光强明显减弱,最终失去测量电流的能力。空心线圈式电流互感器属于有源型电流互感器,运行中如何供能是其面临的主要问题。此外,空心线圈在运行过程中与导体相对位置的变化对测量准确度有一定的影响,振动等情况下相对位置的变化会导致测量精度无法满足电力系统运行的要求。

4.6.1　光学电流互感器(OCT)

利用法拉第磁光效应进行电流传感的磁光玻璃型电子式电流互感器的特点:一次传感器为磁光玻璃,无需电源供电。其原理如图 4-25 所示。

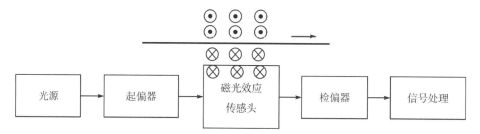

图 4-25　基于法拉第磁光效应的磁光玻璃型电子式电流互感器示意图

1.法拉第磁光效应

如图 4-26 所示,设一次导体中通过的电流为 i,导线周围所产生的磁场强度为 H,当一束线偏振光通过该磁场时,线偏振光的偏振角度会发生偏振,其偏振角 θ 可以表示为

$$\theta = V \int_L H \, \mathrm{d}l \tag{4-27}$$

式中:V 为磁光玻璃的 verdet 常数;L 为光线在磁光玻璃中的通光路径长度。可见,偏振角度

与磁场强度存在明确的数学关系,通过测量偏振角度即可间接测得一次导体中电流的大小。

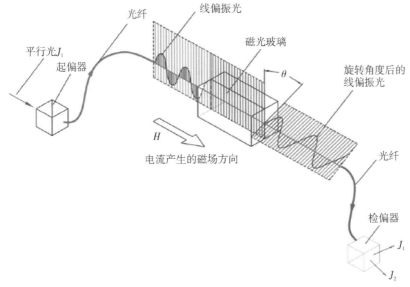

图 4 - 26　法拉第磁光效应原理示意图

2.基于法拉第磁光效应的光学电流互感器

　　由于目前尚没有高精度侧量偏振面旋转角度的检侧装置,所以目前的光学互感器通常采用检偏器将线偏振光的偏振面角度变化的信息转化为光强变化的信息,然后通过光电管将光强度信号变成电强度信号,以便于检测和处理。以下以无源型磁光玻璃光学电流互感器为例,说明基于法拉第磁光效应的光学互感器的工作原理,无源型磁光玻璃互感器的结构如图4－27所示。

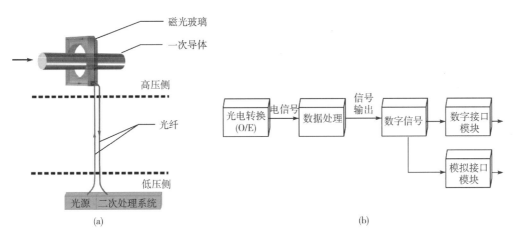

(a)　　　　　　　　　　　　　　　　　　(b)

图 4 - 27　无源型磁光玻璃互感器原理示意图

(a)结构示意图;(b)二次处理系统

　　在电子式电流互感器中将 L 设计为环路,根据式(4－27)和安培环路定律

$$I = V \oint_L H \, \mathrm{d}l \qquad (4-28)$$

在环路中可以推出偏振角与电流的关系：

$$\theta = VI \tag{4-29}$$

实际应用中，则可根据经检偏器分出的光路光强确定一次回路中电流的数值。根据马吕斯定律，在图 4-26 中：

$$J_1 = \alpha J_0 \sin^2(\varphi + \theta) \tag{4-30}$$

$$J_2 = \alpha J_0 \cos^2(\varphi + \theta) \tag{4-31}$$

式中：J_0 为输入光强；J_1，J_2 为经检偏器分出的两条光路的光强；α 为光路中的光强衰减系数；φ 为起偏器与检偏器夹角（为常数）。则有：

$$(J_1 - J_2)/(J_1 + J_2) = -\cos 2(\varphi + \theta) = \sin(2\theta)$$
$$= \sin(2VI) \approx 2VI \tag{4-32}$$

可得检偏器分出两条光路与一次电流的关系，进而利用对光强的测量可间接得到一次电流的数值：

$$I = \frac{J_1 - J_2}{2V(J_1 + J_2)} \tag{4-33}$$

4.6.2　基于罗柯夫斯基(Rogowski)线圈的空芯电流互感器

1.基本原理

罗柯夫斯基线圈是一个由漆包线绕制的非磁性环形空心螺线管。被测量的载流导体从空心线圈的中心轴垂直线圈平面穿过，则在线圈两端感应出正比于被测电流对时间微分的感应电动势。按照线圈截面形状分有圆形截面罗柯夫斯基线圈和矩形截面罗柯夫斯基线圈。基于罗柯夫斯基线圈原理的电流互感器的基本结构与原理如图 4-28 和图 4-29 所示。

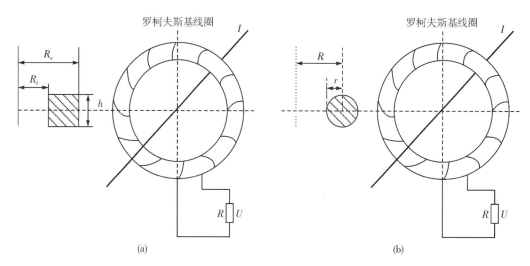

图 4-28　罗柯夫斯基线圈的结构

(a)矩形截面罗柯夫斯基线圈；(b)圆形截面罗柯夫斯基线圈

基于罗柯夫斯基线圈的空芯电流互感器，其主要优点为：①测量精度高，基于罗柯夫斯基线圈的电流互感器，精度可设计到高于 0.1%，一般可达 0.5%～1%；②测量范围宽，没有铁芯饱和的问题，绕组可用测量的电流范围可以从几安培到几千安培；③频率范围宽，一般可以设

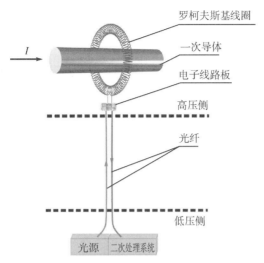

图 4-29　基于罗柯夫斯基线圈空芯电流互感器示意图

计到 0.1 Hz～1 MHz,特殊情况下也可以设计带宽高达 200 MHz 的罗柯夫斯基线圈电流互感器,能够满足电流系统暂态信号传输的要求。

影响罗柯夫斯基线圈测量精度的主要因素包括:①罗柯夫斯基线圈的电阻 R,任何造成电阻 R 改变的因素都是传感部分的误差来源。选择大的采样电阻 R,有助于减小它对测量的影响。②罗柯夫斯基线圈的互感 M,它与线圈的结构密切相关,环境的扰动(如振动引起结构松散或温度引起的热胀冷缩)将改变这一参数,引起误差。在绕制罗柯夫斯基线圈时尽量使结构坚固、紧密,从而增强线圈适应环境变化的能力。采取这些措施后,线圈的测量精度可以达到0.1%。③被还原的电流大小,还与电路电阻、电容、放大器基准电压等有关,任意参数改变都产生误差,参数的变化主要是由元件的温度漂移引起的,所以应该选用温度稳定性好的元件,电阻采用精密电阻,电容采用云母电容。

4.7　电压互感器

4.7.1　电磁式电压互感器

目前电力系统广泛应用的电压互感器按工作原理可分为电磁式和电容分压式两种。电磁式电压互感器的结构原理与变压器同,但容量较小,类似一台小容量变压器。其工作特点是:①一次绕组并接在电路中,其匝数很多,阻抗很大,因而它的接入对被测电路没有影响;②二次绕组所接测量仪表和继电器的电压线圈阻抗很大,因而电压互感器在近于空载状态下运行。

1.电压互感器的误差与准确级

电压互感器的等值电路与普通变压器的相同,其相量图如图 4-30 所示。由于电压互感器存在励磁电流和内阻抗,测量结果的大小和相位存在误差。电压互感器的误差可分为电压误差 f_u 和角度误差 δ_u。

电压误差 f_u 为二次电压乘以额定互感比 $U_2 k_u$ 与一次电压的实际值 U_1 之差对 U_1 的百

分比,即:

$$f_u = \frac{U_2 k_u - U_1}{U_1} \times 100\% \qquad (4-34)$$

额定互感比 k_u 为电压互感器一、二次绕组额定电压之比,$k_u = U_{N1}/U_{N2}$;一次侧额定电压就是电网的额定电压;二次侧额定电压统一规定为 100(或 $100/\sqrt{3}$)(V)。角误差 δ_u 为旋转 $180°$ 的二次电压相量与一次电压相量之间的夹角,并规定 $-U_2$ 超前 U_1 的相位差为正,反之为负。

电压误差对测量仪表的指示和继电器的输入值有直接影响,而角误差只是给功率型的测量仪表和继电器带来误差。

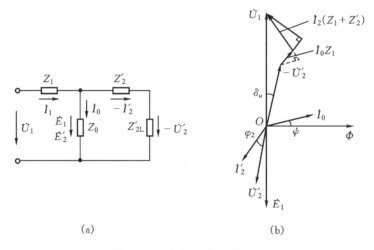

图 4-30　电压互感器相量图

由相量图图 4-30(b)可以看到,当 δ_u 很小时,f_u 和 δ_u 可用空载及负载电压降在所选坐标轴上的投影表示,即:

$$f_u = \left[\frac{I_0 R_1 \sin\psi + I_0 X_1 \cos\psi}{U_1} + \frac{I'_2(R_1 + R'_2)\cos\varphi_2 + I'_2(X_1 + X'_2)\sin\varphi_2}{U_1} \right] \times 100\%$$

$$(4-35)$$

$$\delta_u = \left[\frac{I_0 R_1 \cos\psi - I_0 X_1 \sin\psi}{U_1} + \frac{I'_2(R_1 + R'_2)\sin\varphi_2 - I'_2(X_1 + X'_2)\cos\varphi_2}{U_1} \right] \times 3440(')$$

$$(4-36)$$

由上两式可知,f_u 和 δ_u 都由两部分组成:括号中的前一项为空载误差(由 $I_0 Z_1$ 引起的误差),其数值大小主要取决于铁芯材料和制造工艺的优劣;后一项为负载误差(由 $I'_2(Z_1 + Z'_2)$ 引起的误差),其数值大小与二次负荷的大小和功率因数有关。

为了保证测量仪表、继电保护和自动装置的准确性,应把电压互感器的误差限制在一定的范围之内,通常以准确级表示。电压互感器的准确级是指在规定的一次电压和二次负荷变化范围内,负荷功率因数为额定值时,电压误差的最大值。我国电压互感器准确级和误差限值标准如表 4-3 所示。

表 4 - 3　电压互感器准确级和误差限值

准确级	误差限值		一次电压变化范围	频率、功率因数及二次负荷变化范围
	电压误差($\pm\%$)	相位差($\pm'$)		
0.2	0.2	10	$(0.8\sim1.2)U_{N1}$	$(0.25\sim1)S_{N2}$ $\cos\varphi_2=0.8$ $f=f_N$
0.5	0.5	20		
1	1.0	40		
3	3.0	不规定		
3P	3.0	120	$(0.05\sim1)U_{N1}$	
6P	6.0	240		

由于电压互感器误差与二次负荷有关,所以同一台电压互感器对应于不同的准确级便有不同的容量。通常,额定容量是指对应于最高准确级的容量。

2.电磁式电压互感器的分类和结构

(1)电压互感器的分类　电压互感器按安装地点可分为户内式和户外式。通常,35 kV以下制成户内式,35 kV 以上制成户外式。

按相数分为单相式和三相式,35 kV 及以上通常只制造单相的电压互感器,20 kV 以下才有三相式。

按绕组可分为双绕组和多绕组式。

按绝缘可分为浇注式和油浸式。浇注式用于 3～35 kV,油浸式主要用于 110 kV 及以上的电压互感器。

(2)电压互感器的结构　油浸式电压互感器按结构分为普通式和串级式。普通结构的电压互感器与普通小型变压器相似,适用于 3～35 kV电路中。串级式电压互感器广泛应用在 110 kV 及以上大电流接地系统中,其特点是:绕组和铁芯采用分级绝缘,以简化绝缘结构;铁芯和绕组都装在瓷套内,瓷套兼作高出线套管和油箱,因此可以节省绝缘材料,减少了重量和体积。

图 4 - 31 为 220 kV 串级式电压互感器原理接线图。互感器由两个铁芯组成,一次绕组分成匝数相等的四个部分,分别绕在两个铁芯上,接在相与地之间。每一铁芯上绕组中点与铁芯相连,二次绕组绕在末级铁芯的下铁柱上。如果二次绕组开路,则所有铁芯的磁通相等,一次绕组电位均匀分布,绕组边缘线匝对铁芯的电位差为$U/4$。因此,绕组对铁芯的绝缘只需按 $U/4$ 设计,而普通式结构则需按 U 设计,故串级式结构可以节约绝缘材料和降低造价。

当二次绕组接通负荷后,由于负荷电流的去磁作用,使末级铁芯内的磁通小于其它铁芯内的磁通,产生电压分布不均,准确度降低。为此,在两铁芯相邻的铁芯柱上绕有匝数相等、绕向相同、反相连接的连耦绕组,当各个铁芯中磁通不相等时,连耦绕组内出现电流,使磁通较大的铁芯去磁,而磁通较小的铁芯增磁,达到各铁芯内磁通大致平衡,各绕组电压均匀分布的目的。

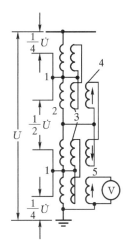

1—铁芯;
2—一次绕组;
3—平衡绕组;
4—连耦绕组;
5—二次绕组。

图 4 - 31　220 kV 串级式
电压互感器原理接线图

在同一铁芯的上下柱上，还绕有绕向相同、反向对接的平衡绕组，借平衡绕组内的电流，使两柱上的安匝磁势相平衡。

对 110 kV 串级式电压互感器，由于电压较低，互感器只有一个铁芯，故不设连耦绕组。

4.7.2　电容式电压互感器

电容式电压互感器实质上是一个电容分压器，如图 4-32 所示。在被测装置的相和地之间接有电容 C_1 和 C_2，C_2 上的电压为

$$U_{C_2} = \frac{U_1 C_1}{C_1 + C_2} = KU_1 \qquad (4-37)$$

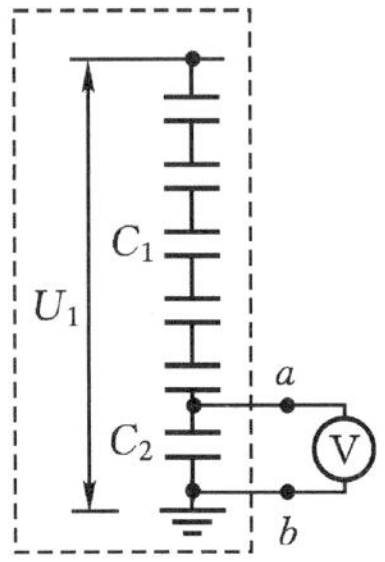

式中：K 为分压比，$K = C_1/(C_1 + C_2)$。

改变 C_1，C_2 的比值可得到不同的分压比。由于二次电压 U_{C_2} 与一次电压 U_1 成比例变化，故可测出相对地电压。但是，当 C_2 两端接通负荷时，C_1，C_2 上有内阻压降使测得的 U_{C_2} 小于电容分压值，且负荷电流越大，U_{C_2} 值越小，误差值越大。

根据等效发电机原理，电容分压器可视为含源一端口网络，如图 4-33 所示。电势 E 为 a，b 间的开路电压：

$$E = U_{C_2} = KU_1 \qquad (4-38)$$

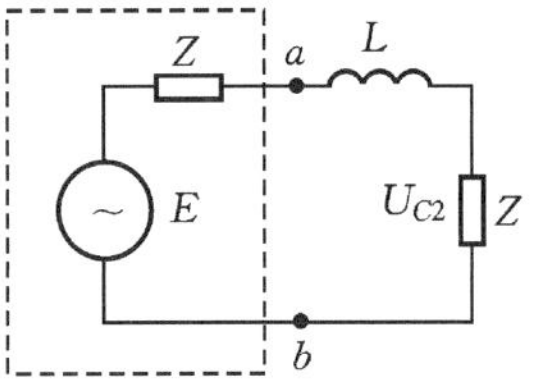

内阻 Z 为电源短路后，在 a，b 间测得的内阻抗：

$$Z = \frac{1}{j\omega(C_1 + C_2)}$$

由于负荷电流在 Z 上产生压降而使 U_{C_2} 降低，为了减少内阻抗，可加一补偿电抗 L，当 $\omega L = \dfrac{1}{\omega(C_1 + C_2)}$ 时，$Z = 0$。实际上，电容上还会有损耗，电感上亦有电阻，内阻抗不可能为零，仍会有误差产生。

图 4-34 为电容式电压互感器原理接线图，其中：

TV 为中间变压器，既能减少负荷电流对误差的影响，又可实现一、二次回路的隔离，保证设备和人身安全；

R_d 为阻尼电阻，用以防止二次回路突然开路或短路时，由于非线性电抗的饱和可能产生的铁磁谐振，抑制其过电压的幅值和陡度；

图 4-32　电容分压器

图 4-33　含源一端口网络

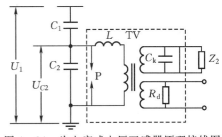

图 4-34　为电容式电压互感器原理接线图

P 为放电间隙，以防止二次回路短路时，由于回路中阻抗值很小，短路电流可达额定电流的几十倍，此电流在补偿电抗 L 和电容 C_2 上产生很高的共振过电压，为了防止过电压引起的绝缘击穿，在电容 C_2 两端并联放电间隙 P；

C_K 为并联电容，当二次负荷变动时，抑制在 C_2 上产生的电压降，使二次回路获得稳定的额定电压。

电容式电压互感器广泛应用于 110～500 kV 中性点直接接地系统。其结构简单，体积小，成本低，且电压越高，上述优点越显著。它的分压电容除测量电压，还可兼作高频载波通信

的耦合电容。电容式电压互感器的缺点是输出容量较小,误差较大。

4.7.3　电压互感器的接线

在三相系统中需测量的电压有:线电压、相电压和当发生接地短路时出现的零序电压。为了测量上述电压,可选择以下几种常用的接线形式,如图 4 - 35 所示。

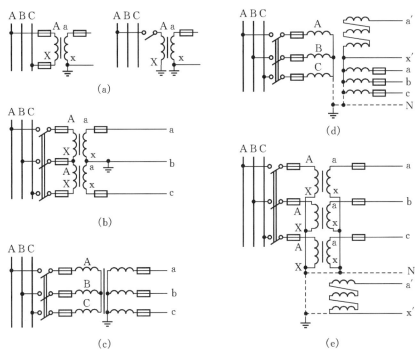

图 4 - 35　电压互感器的接线方式

图 4 - 35(a)为单相式接线,用来测量某一相对地电压或线电压。

图 4 - 35(b)是两台单相电压互感器接成 V - V 形,广泛应用于 20 kV 及以下中性点不接地或经消弧线圈接地系统中,用来测量线电压,但不能测量相电压。

图 4 - 35(c)为三相三柱式电压互感器的接线,只能测线电压。必须指出,三相三柱式电压互感器不能用作测量相电压,即不能用来监察绝缘。

在中性点不接地或经消弧线圈接地系统中,为了测量相电压,电压互感器的一次绕组必须接成星形,且中性点接地,即 Y_N 接线。图 4 - 36 为一台三相三柱式电压互感器,一次侧接成 Y_N 接线,当系统发生单相接地时,B、C 相对地电压升高 $\sqrt{3}$ 倍。根据对称分量法,在三相中将有零序电压和零序电流产生,并在铁芯中产生零序磁通 Φ_{A0},Φ_{B0},Φ_{C0},这三个磁通大小相等、方向相同,只能通过气隙和铁外壳形成闭合磁路。由于这条磁路磁阻很大,故产生零序磁通的零序电流比正常激磁电流大许多倍,致使绕组过热甚至损坏。因此,三相三柱式电压互感器不能用作测量相电压。为了避免错误的连接,其一次侧绕组的中性点是不引出的。

在上述情形中如采用三相五柱式电压互感器,由于其两侧较三相三柱式多设了两柱铁芯(如图 4 - 36 中虚线所示),零序磁通可经过外侧铁芯形成闭合磁路,因此磁阻很小,零序电流不大,不会危害互感器,其接线参见图4 - 35(d)。也可采用三个单相电压互感器接线,参见图 4 - 35(e)。

图 4-35(d)为三相五柱式电压互感器接线示意图,接成 $Y_N/Y_N/\triangle$ 接线,可测线电压和相电压。其二次侧辅助绕组接成开口三角形。在正常运行情况下,三相电压对称,开口三角形的输出电压为零,当电网内发生单相接地故障时,开口三角形输出电压为 $3U_0$。该绕组又称为零序绕组,主要用于电网绝缘监察和接地保护回路。此种接线一般用在 3～15 kV 电网中。

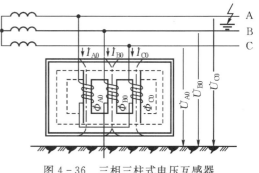

图 4-36　三相三柱式电压互感器

图 4-35(e)为三个电压互感器接成 $Y_N/Y_N/\triangle$ 形式,可以测量线电压和相电压,二次侧辅助绕组可以测量零序电压。它广泛用于 35～330 kV 电网中。

4.7.4　电压互感器接线应注意的事项

①为了人身和设备的安全,电压互感器的二次绕组必须有一点接地。3～35 kV 电压互感器一般经隔离开关和熔断器接入高压电网。在 110 kV 以上配电装置中,由于高压熔断器制造困难且价格较高,同时高压配电装置的可靠性要求也高,因此电压互感器只经隔离开关与电网连接。在一次绕组侧装设熔断器目的在于,当互感器内部或高压引线上发生短路故障时,能快速熔断,以免电网受到故障的影响。装在二次绕组侧的熔断器则起到过负荷保护作用,防止互感器二次回路发生短路故障时烧坏互感器,二次绕组侧的中线上一律不装熔断器。

②极性端是判断电压互感器实际接线方式是否正确的依据。在我国均采用减极性原则确定电压互感器的极性端,即从同极性的端子看,流过电压互感器一次绕组和二次绕组内的电流方向相反。这样当忽略电压误差和角度误差时,一次和二次绕组的电流和电压可用同一相量表示。因此,在接线时要注意绕组的极性。

4.7.5　电压互感器在主接线中的配置

电压互感器的配置原则是:应满足测量、保护、同期和自动装置的要求;保证在运行方式转变时,保护装置不失压、同期点两侧都能方便地取压。通常如下配置。

(1)母线　一般工作及备用母线的三相上都应装设电压互感器,用于同步、测量仪表和保护装置。旁路母线则视各回路出线外侧装设电压互感器的需要而确定。

(2)线路　35 kV 及以上输电线路,当对端有电源时,为了监视线路有无电压、供同期和重合闸使用,装有一台单相电压互感器。

(3)发电机　一般在发电机出口处装 2～3 组电压互感器。一组(三只单相、双绕组)供自动调节励磁装置;另一组供测量仪表、同步和保护装置使用,该互感器采用三相五柱式或三只单相接地专用互感器,其开口三角形供发电机在未并列之前检查是否接地之用。当互感器负荷太大时,可增设一组不完全星形连接的互感器,专供测量仪表使用。200 MW 及以上发电机中性点常接有单相电压互感器,用于 100% 定子接地保护。

(4)变压器　变压器低压侧有时为了满足同步或继电保护的要求,设有一组电压互感器。

(5)330～500 kV 电压级的电压互感器配置　双母线接线时,在每回出线和每组母线三相上装设;一个半断路器接线时,在每回出线三相上装设;主变压器进线和每组母线上则根据继电保护装置、自动装置和测量仪表的要求,在一相或三相上装设。

4.8　电气主接线

发电厂和变电站的电气主接线是由高压电器设备通过连接线组成的汇集、分配和输送电能的电路,也称为一次接线或电气主系统。将电路中各种电气设备用规定的文字符号和图形符号绘制的单线接线图,称为电气主接线图。

4.8.1　对电气主接线的基本要求

主接线代表了发电厂和变电站电气部分的主体结构,是电力系统网络结构的重要组成部分。它对电气设备选择、配电装置的布置及运行的可靠性和经济性等都有重大的影响,因此,电气应满足以下基本要求:

①根据系统和用户的要求,保证必要的供电可靠性和电能质量。因事故被迫停电的机会越少,事故后影响的范围越小,主接线的可靠性就越高。

②应具有一定的灵活性,以适应各种运行状态。主接线的灵活性表现在:能满足调度灵活,操作方便的基本要求,可以方便地投入或切除某些机组、变压器或线路,还能满足系统在事故检修及特殊运行方式下的调度要求,不致过多影响对用户的供电和破坏系统的稳定运行。

③接线应尽可能简单明了,以便减少倒闸操作且维护检修方便。

④满足上述要求后,应使接线的投资和运行费达到最经济。

⑤在设计主接线时应考虑留有发展的余地。

发电厂和变电站的电气主接线是整个电力系统的一部分,因此不应将上述基本要求看成是绝对的、彼此孤立的,应根据电力系统和电厂或变电站的具体情况,全面分析有关影响因素,经过技术、经济比较,才能使各项要求得到全面和恰当的满足。

4.8.2　电气主接线的基本接线形式

发电厂和变电站主接线的基本环节是电源和出线,母线是联接电源和出线的中间环节,起着汇集和分配电能的作用。采用母线可使接线简单清晰,运行方便,有利于安装和扩建,但配电装置占地面积大,使用的开关电器多。而无汇流母线的接线使用开关电器少,占地面积小,适于进出线回路少的场所。因此,主接线的基本形式可以概括地分为两大类:有汇流母线的接线形式和无汇流母线的接线形式。

4.8.2.1　有汇流母线的接线

1.单母线接线

图 4-37 为单母线接线。紧靠母线 W 的隔离开关 QS_2 称作母线隔离开关,靠近线路侧的 QS_1 为线路隔离开关,QF 为断路器。由于断路器有灭弧装置,可以开断负荷和短路电流,所以用来接通或切断电路。而隔离开关没有灭弧装置,不能投切负荷电流,更不能切断短路电流,只能在停电检修设备时,断开线路,起着隔离电压的作用。EQS 为接地开关(又称接地刀闸),当检修电路和设备时闭合,取代安全接地线的作用。当电压在 110 kV 及以上时,断路器两侧的隔离开关和线路开关的线路侧均应装设接地开关。对 35 kV 及以上母线,每段母线上亦装设 1~2 组接地开关或接地器以保证电器和母线检修时的安全。

现以馈线 1 为例说明运行操作时应严格遵守的操作顺序:对馈线 1 送电时,应先合上 QS_2 和 QS_1 再投入 QF_2;对馈线 1 断电时,应先跳开 QF_2,再拉开 QS_1 和 QS_2。为防止误操作,除严格按操作规程实行操作票制度外,还应在隔离开关和相应的断路器之间,加装电磁闭锁、机械闭锁或电脑钥匙。

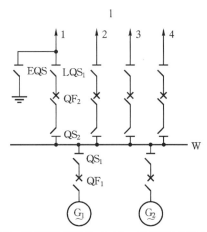

QS—母线隔离开关;LQS—线路隔离开关;
QF—断路器;EQS—接地开关;1—线路。

图 4-37　单母线接线

单母线接线的主要优点:接线简单、清晰;设备少,操作方便;隔离开关仅在检修设备时作隔离电压用,不担任其它任何操作,使误操作的可能性减少;此外,投资少、便于扩建。

主要缺点:由于电源和引出线都接在同一母线上,当母线或母线隔离开关故障或检修时,必须断开接在母线上的全部电源,与之相接的整个电力装置在检修期间全部停止工作。此外,在检修出线断路器时,该回路必须停止工作。

这种接线适用于 6～220 kV 系统中只有一台发电机或一台主变压器,且出线回路数又不多的中、小型发电厂或变电站,它不能满足Ⅰ、Ⅱ类用户的要求。但在采用成套配电装置时,由于可靠性高,也可用于重要用户的供电,如厂用电的自用电。为了克服上述缺点,提高单母线供电可靠性,可采取以下措施。

(1)母线分段　如图 4-38 所示,分段断路器 OQF 将母线分为两段。母线分段的优点是:当母线发生故障或检修时,停电的范围可缩小一半;当其中的一段故障或检修时,分段断路器断开,另一段母线可正常工作。对重要用户可以从不同段用两回线供电,当一段母线发生故障时,仍可由另一段母线继续供电。在对可靠性要求不高时,也可以用隔离开关分段,发生故障时将短时停电,拉开分断隔离开关后,非故障母线即可恢复供电。

母线数分段得愈多,停电的范围愈小,但将增多断路器等设备的数量,使配电装置复杂。通常分段的数目取决于电源的数量和容量,一般以

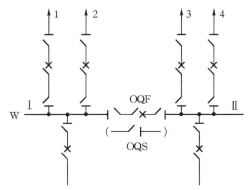

OQF—分段断路器;OQS—分段隔离开关。
图 4-38　单母线分段接线

2～3段为宜。这种接线广泛用于中小容量发电厂的 6～10 kV 接线和 6～220 kV 变电站中。

(2)加设旁路母线　如要求检修断路器时不中断该回路的供电,可以装设旁路母线 BW 和旁路断路器 BQF,如图 4-39 所示。旁路母线经旁路隔离开关 BQS 与每一条线路连接。正常运行时,BQF 和 BQS 断开。当检修某出线断路器 QF 时,先闭合 BQF 两侧的隔离开关及 BQF,再闭合 BQS,然后断开 QF 及其两侧隔离开关 QS_1 和 QS_2,即在检修期间,由旁路断路器取代该出线断路器,继续供电。

旁路母线也可以与电源回路连接,如图 4-39虚线所示,此时在电源回路中需加旁路隔离开关与旁路母线连接。这种接线使配电装置结构变得较复杂,故只用于当检修电源回路断路

器时,不允许断开电源的情况。

有了旁路母线,检修与之相连的任一回路的断路器时,该回路可以不停电,从而提高了供电的可靠性。这种接线广泛地用于出线较多的110 kV 及以上的高压配电装置中。

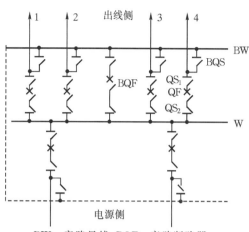

在图 4-40 中,分段断路器 OQF 还兼作旁路断路器。当 OQF 作为分段断路器时,OQF 投入,隔离开关 QS₁ 和 QS₂ 闭合,QS₃,QS₄,QS₅ 断开。当 OQF 用作旁路断路器时,若检修接在 I 段母线出线上的断路器,应将 QS₁,QS₄ 和 OQF 闭合,即将旁路母线 BW 接至 I 段母线;若检修接在 Ⅱ 段母线出线中的断路器,应闭合 QS₂,QS₃,OQF,将 BW 接至 Ⅱ 段母线。这时 QS₅ 可作为分段隔离开关。这种接线方式节省了投资,适

BW—旁路母线;BQF—旁路断路器;
BQS—旁路隔离开关;WB—母线。

图 4-39　带旁路母线单母线接线

用于进出线不多、容量不大的中小型发电厂和电压为 35~110 kV 的变电站。

2.双母线接线

图 4-41 为双母线接线,其中一组为工作母线,一组为备用母线。每回线路经一个断路器和两个隔离开关连接到两组母线上,两组母线间接有母线联络断路器(简称母联断路器)TQF。有了两组母线就可以做到:

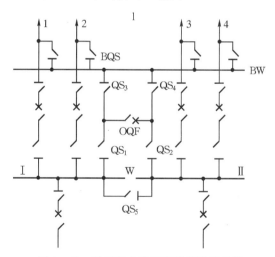

图 4-40　单母线分段兼旁路段路器接线

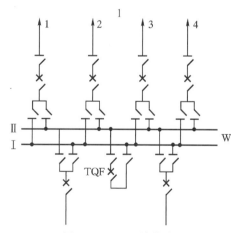

图 4-41　双母线接线

①轮流检修任一组母线而不中断供电。

②当工作母线发生故障时,可经倒闸操作将全部回路倒到备用母线上,能迅速恢复供电。

③检修任一回路的母线隔离开关时,只断开这一条回路,其它回路可倒换到另一组母线上继续运行。

④各个电源和各回路负荷可以任意分配到某一组母线上,能灵活地适应电力系统中不同运行方式调度和潮流变化的需要。当母线联络断路器闭合,两组母线同时运行,电源与负荷平

均分配在两组母线上,称之为固定连接方式运行;当母联断路器断开,一组母线运行,另一组母线备用,全部进出线均接在运行母线上,即相当单母线运行。

在进行倒闸操作时应注意,隔离开关的操作原则是:在等电位下操作或先通后断。如检修工作母线时其操作步骤是:先合上母线断路器 TQF 两侧的隔离开关,再合 TQF,向备用母线充电,这时两组母线等电位。为保证不中断供电,应先接通备用母线上的隔离开关,再断开工作母线上的隔离开关。完成母线转换后,再断开母联断路器 TQF 及其两侧隔离开关,即可对原工作母线进行检修。

双母线接线具有供电可靠、调度灵活、便于扩建等优点,在大中型发电厂和变电站中广为采用。但这种接线使用设备较多,配电装置复杂,经济性较差;在运行中隔离开关作为操作电器,易导致误操作;当母线回路发生故障时,需短时切除较多电源和负荷;当检修出线断路器时,该回路停电。采用母线分段和增设旁路母线等措施可部分消除上述缺点。

当进出线回路数较多,输送或穿越功率较大时,在 6~10 kV 配电装置中,短路电流较大,为限制短路电流,用分段断路器 OQF 将工作母线分段,并在分段处加装母线电抗器,每段母线上装一个母联断路器 TQF_1 和 TQF_2,如图 4-42 所示。

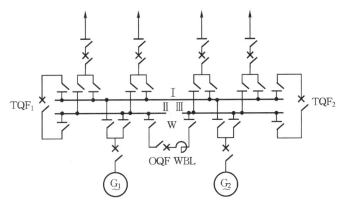

TQS—母联断路器;OQF—分段断路器;WBL—母线电抗器;G—发电机。

图 4-42　双母线分段接线

为了避免检修出线断路器时该回路停电,可加装旁路母线,如图 4-43 所示。

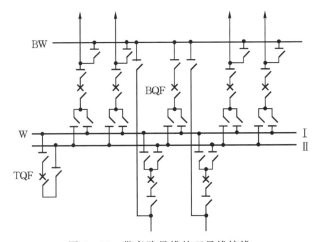

图 4-43　带旁路母线的双母线接线

3.一台半断路器接线(二分之三接线)

一台半断路器接线方式如图 4 - 44 所示。这种接线的特点是在两组母线之间串联装设三台断路器,于两台断路器间引接一个回路,由于回路数与断路器台数之比为 2∶3,故称为一台半断路器接线或二分之三接线。这种接线的正常运行方式是所有断路器都接通,双母线同时工作。

一台半断路器接线的优点是:

①检修任一台断路器时,都不会造成任何回路停电,也不需进行切换操作。

②母线发生故障时,只跳开与此母线相连的断路器,而全部回路仍保留在另一组母线上继续工作。

③线路发生故障时,只是该回路被切除,装置的其它元件仍继续工作。

④可以不停电地检修任一台断路器。

⑤隔离开关不作为操作电器,只用于隔离电压,减少了误操作的概率,操作检修方便。

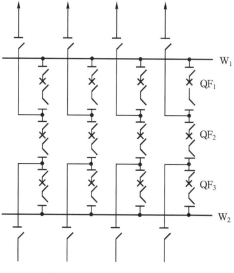

图 4 - 44　一台半断路器接线

为防一串中的中间联络器 QF_2 发生故障,可能同时切除两组电源回路或两回出线,应尽可能在每串上各引出一回电源进线和一回出线。

一台半断路器接线使用设备较多,特别是断路器和电流互感器,故投资较大;二次控制和继电保护配置都比较复杂。但是其供电的可靠性和运行调度的灵活性,使这种接线在大型发电厂和变电站高压和超高压配电装置中得到广泛应用。

4.变压器母线组接线

如图 4 - 45 所示,在这种接线中,变压器直接通过隔离开关分别接到两组母线上,各出线回路由两台断路器分别接在两组母线上。其特点是:调度灵活,电源和负荷可自由调配,安全可靠,有利扩建。当变压器回路发生故障时,连接于母线上的断路器跳开,但不影响其它回路供电。当出线较多时,出线也可采用一台半断路器接线。其缺点是,变压器故障就相当于母线故障,但一般变压器故障概率较小。这种接线在长距离大容量输电系统中,对系统稳定和供电可靠性要求较高的变电站中得到采用。

4.8.2.2　无汇流母线的接线

没有汇流母线的接线其特点是使用断路器数量较少,结构简单,投资较小。常见的有以下几种基本形式。

1.单元接线

发电机和变压器直接连接成一个单元,组成发电机-变压器组,称为单元接线。其特点是,接线简单,开关设

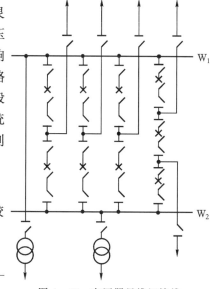

图 4 - 45　变压器母线组接线

备少,操作简便,由于不设发电机电压级母线,当发电机和变压器低压侧短路时,短路电流相对有母线时有所减小。

图 4-46(a)为发电机-双绕组变压器组成的单元接线。因发电机和变压器不可能单独工作,在两者之间可不装设断路器,为调试发电机方便可装隔离开关。图 4-46(b)和(c)为发电机与自耦变压器或三绕组变压器组成的单元接线。由于发电机停止工作时,还必须保持高压和中压电网之间的联系,因此在发电机和变压器之间装设开关电器。图 4-46(d)为发电机-变压器-线路单元接线。这种接线适宜于一机、一变、一线的厂站,可以省去电厂的高压配电装置,使用设备最少,运行简易。

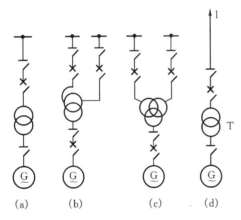

图 4-46　单元接线
(a)发电机-双绕组变压器单元接线;
(b)发电机-自耦变压器单元接线;
(c)发电机-三绕组变压器单元接线;
(d)发电机-变压器-线路单元接线

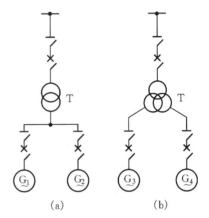

图 4-47　扩大单元接线
(a)发电机-变压器扩大单元接线;
(b)发电机-分裂绕组变压器扩大单元接线

图 4-47(a)和(b)为扩大单元接线。为了减少变压器台数和高压断路器数目,节省配电装置占地面积,可将两台发电机与一台变压器连接组成扩大单元接线(图 4-47(a))。图 4-47(b)为发电机-分裂绕组变压器扩大单元接线。

2. 桥形接线

当只有两台变压器和两条输电线路时,可采用桥形接线,如图 4-48 所示。两回路间的横联线称为桥,根据桥的不同位置分为"内桥式"(图 4-48(a))和"外桥式"(图 4-48(b))。前者的桥接于靠变压器侧,而后者的桥靠于线路侧。正常运行时,桥上的断路器处于闭合状态。内桥接线的特点是:一条线路进行检修或发生故障时,仅该条线路停止运行,另一条线路和两台变压器仍正常工作;但变压器发生故障或因运行需要退出运行时,会使同组线路暂

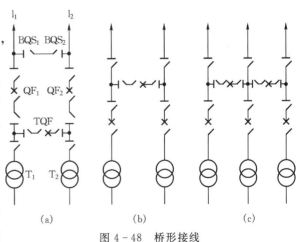

图 4-48　桥形接线
(a)内桥式;(b)外桥式;(c)双桥式

时停止供电。外桥式接线的特点与内桥式相反。变压器退出运行时,不影响线路的工作;但线路发生故障时,该线路及本组的变压器均停止工作。因此,当线路较长,发生故障概率较大,且变压器不需经常切除时,以采用内桥接线为宜,在相反情况下宜采用外桥接线。当系统有穿越功率流经本厂(如:双回路出线均接入环形电网)时,也应采用外桥接线。为检修桥断路器 TQF 不致引起系统开环,可增设并联的旁路隔离开关 BQS。

图 4-48(c)为用三台变压器和三回出线组成的双桥式接线。桥形接线清晰简单,所用设备少,但可靠性不高,且隔离开关又用作操作电器,只适用于小容量发电厂和变电站,以及作为最终将发展为单母线分段或双母线的过渡接线方式。

3.角形接线

电路闭合成环形,并按回路数用断路器分隔构成角形接线,如图 4-49 所示。其特点是:断路器数等于回路数,且每个回路都与两台断路器相连接,检修任一台断路器都不致中断供电;隔离开关只用于检修时隔离电源,不用作操作电器,任何元件的退出、投入都很方便,从而具有较高的可靠性和灵活性;由于角形接线在闭环和开环运行时,环路中通过的电流差别很大,故可能使设备选择造成困难,并使继电保护复杂化;当检修某断路器开环运行时,又发生另一断路器故障,会造成系统解列或分成两半运行,甚至造成停电事故,一般应将电源与馈线回路相互交替布置,如四角形接线按"对角原则"接线,可以提高供电的可靠性。

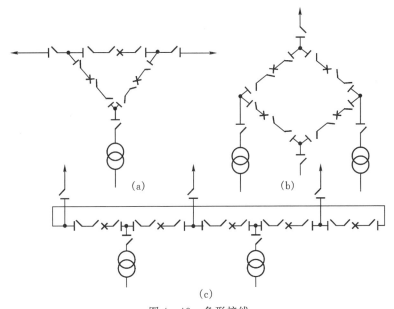

图 4-49　角形接线
(a)三角形接线;(b)四角形接线;(c)五角形接线

角形接线多用于无扩建可能的 110 kV 及以上的配电装置中,且以不超过六角形为宜。

4.8.3　各类发电厂和变电站电气主接线的特点

前面介绍的主接线基本形式,从原则上说适用于各种发电厂和变电站,但是不同类型的发电厂和变电站由于它们的地位、作用、馈线数目、距离用户的远近以及容量大小等因素的不同,所采用的接线方式也都各自具有一定的特点。

1.火力发电厂的电气主接线及特点

火力发电厂有地方性和区域性两大类型。地方性火力发电厂位于负荷中心,电能大部分都用发电机电压直接馈送给地方用户,只将剩余的电能升高电压送入系统。热电厂即属于典型的地方性电厂。由于受供热距离的限制,一般热电厂的单机容量多为中小型机组。区域性火力发电厂一般建在动力资源较丰富的地方,如煤矿附近的矿口电厂。这类发电厂一般容量大,利用小时数高,发电机电压负荷很少甚至没有,其生产的电能主要由变压器升高电压后送入系统,在系统中地位重要。

图 4-50 为一热电厂的主接线图。它以发电机电压 10.5 kV 和两种升高电压 35 kV 及 110 kV 供电。10.5 kV 母线为双母线分段接线形式,发电机 G_1 和 G_2 分别接在两段母线上,10 kV 地区负荷由电缆馈线供电。为了限制短路电流,在电缆馈线回路中装有出线电抗器,在 10.5 kV 母线分段处装设母线电抗器。由于发电机 G_1 和 G_2 已满足 10 kV 地区负荷,发电机 G_3 和 G_4 分别与双绕组变压器 T_3,T_4 接成单元接线,直接连接到 110 kV 母线上,从而减少了损耗,提高了供电的可靠性。变压器 T_1,T_2 采用三绕组变压器,将 10 kV 母线的剩余功率送往 35 kV 和 110 kV 系统。35 kV 侧仅有两回出线,故采用内桥接线形式。110 kV 侧由于较为重要,出线较多,采用双母线带旁路母线接线。

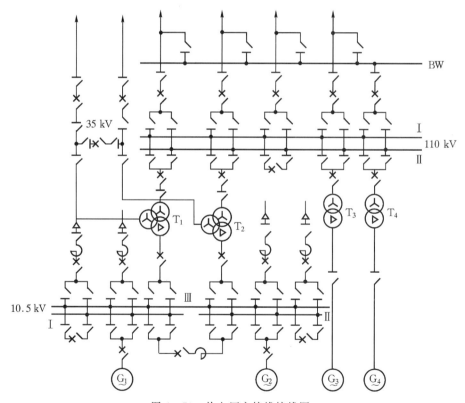

图 4-50 热电厂主接线接线图

2.水力发电厂的电气主接线及特点

由于水力发电厂建在水能资源所在地,一般距负荷中心较远,绝大多数电能都是通过高压

输电线送入电力系统的,发电机电压负荷很小甚至全无,因
此发电机电压侧常采用单元接线或扩大单元接线。

　　此外,由于水力发电厂多建筑在山区峡谷、地形复杂地
带,为了缩小占地面积、减少土石方的开挖量,应尽量减少
变压器和断路器等设备的数量,使配电装置布置紧凑。因
此,在水力发电厂的升高电压侧,当进出线回路不多时,应
优先考虑采用多角形和桥形接线;当进出线回路数较多时
可根据其重要程度采用单母线分段、双母线或一台半断路
器接线等。

　　图 4-51 为一中等容量的水电厂的主接线。由于该厂
距负荷中心较远,没有发电机电压负荷,所以在发电机电压
侧采用了发电机、变压器扩大单元接线。水电厂的扩建可
能性较小,故其 110 kV 高压侧采用四角形接线。该电厂只
采用一级升压,全部电能输入到 110 kV 系统。

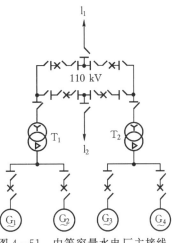

图 4-51　中等容量水电厂主接线

3.变电站的电气主接线及特点

　　变电站主接线的设计要求基本上和发电厂相同。根据变电站在电力系统中的地位、负荷
性质、出线回路数等可分别采用相应的接线形式。通常主接线的高压侧应尽可能采用断路器
数目较少的接线,以节省投资,减少占地面积。根据出线数的不同,可采用桥形、单母线、双母
线及角形接线等形式;如果电压为超高压等级且又是重要的枢纽变电站,宜采用双母线带旁路
接线或采用一个半断路器接线。变电站的低压侧常采用单母线分段或双母线接线,以便扩建。

　　图 4-52 为一大容量枢纽变电站主接线,采用两台三绕组自耦变压器连接两种升高电压。
220 kV 采用双母线带旁路接线形式,500 kV 侧采用一台半断路器接线形式,自耦变压器低压

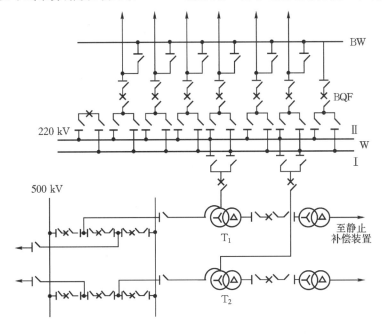

图 4-52　枢纽变电站主接线

侧为 35 kV,用于连接静止补偿装置。

4.9　发电厂变电站限制短路电流的措施

短路是电力系统中经常发生的故障。短路电流流过导体时要产生很大的热效应和电动力,可能使设备受到损坏。在大中型发电厂中,当发电机并联工作于发电机电压母线时,短路电流可能达到很大的数值。为使电气设备能承受短路电流的冲击,往往需要选用加大容量的设备,这样不仅增加了投资,甚至会选不到合乎要求的设备。因此,应考虑限制短路电流的措施。

4.9.1　选择适当的主接线形式和运行方式

为了减小短路电流,可选用系统阻抗较大的接线形式和运行方式。在发电厂,对大容量的发电机组,为了限制发电机电压侧的短路电流可以采用单元接线;在降压变电站中可采用变压器低压侧分列运行,即所谓"母线硬分段"接线方式,如图4-53所示。这样,当电网内发生短路时,短路电流只通过一台变压器,其值较变压器并联运行时小得多,对具有双回路的电路,在负荷允许的条件下可按单回路运行等。这些措施除了设计时应考虑外,只有当不影响系统可靠性时才能采用上述运行方式。

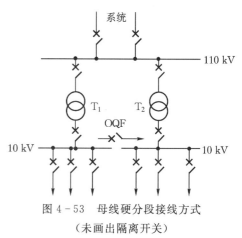

图 4 - 53　母线硬分段接线方式
（未画出隔离开关）

4.9.2　加装限流电抗器

发电厂和变电站中,限制短路电流最常采用的措施是在电缆馈线和母线分段处装设电抗器。

1.电抗器的基本特性

电抗器是将电阻很小的电感线圈固定在由绝缘材料制成的骨架上,三相装置中所用的电抗器是由三个线圈制成的。电抗器的主要参数是:额定电压 U_N,额定电流 I_{NK} 和百分电抗 $X_L\%$。这些参数之间有下列关系

$$X_L\% = \frac{\sqrt{3}\,I_{NK}X_L}{U_N} \times 100\% \qquad (4-39)$$

式中:X_L 为电抗器一相的感抗。

电抗器有普通电抗器和分裂电抗器两种类型。分裂电抗器在结构上与普通电抗器相似,只是线圈中心有一抽头,如图 4-54(a)所示。图 4-54(b)为分裂电抗器等值电路。中间抽头3一般用来连接电源,两个分支1和2连接负荷。两个分支的自感 L 相同,自感抗为 ωL,两个分支之间具有磁耦合,互感抗 X_M 与自感抗的关系为

$$X_M = \omega M = \omega Lf = fX_L \qquad (4-40)$$

式中:M 为互感,$M = fL$;f 为互感系数,一般 $f = 0.5$。

正常运行时的等值电路如图 4-54(c)所示,功率方向系由抽头3至两个分支,两个分支功

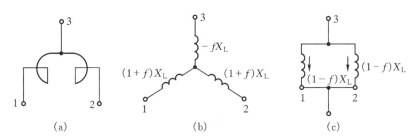

图 4 - 54　分裂电抗器等值电路

率接近相等,可认为两个分支流过大小相等、方向相反的电流。每一分支的电压降为

$$\Delta U = \frac{1}{2}IX_L - \frac{1}{2}IX_M = \frac{1}{2}IX_L(1-f) \qquad (4-41)$$

其中,I 为流过抽头 1 的电流,当 $f=0.5$ 时,$\Delta U = \frac{1}{4}IX_L$,即正常工作时,分裂电抗器相当于一个电抗值为 $\frac{1}{4}X_L$ 的普通电抗器。

当分支 1 出线短路时,若忽略分支 2 的负荷电流,分支 1 上的电压降为

$$\Delta U = IX_L \qquad (4-42)$$

则分裂电抗器相当于一个电抗值为 X_L 的普通电抗。也就是说从正常情况过渡到短路情况,电抗增至 4 倍。

为了能充分限制短路电流,电抗器的电抗应尽可能大,但这样又会引起正常工作状态下较大的电压损失和电能损耗,应用分裂电抗器在一定范围内可以解决这一矛盾;且分裂电抗器比普通电抗器可以多供一回出线,减少了电抗器数目,故被广泛采用。

应用分裂电抗器应注意,当两个分支负荷不等或负荷变化较大时,将引起两个分支电压偏差而产生电压波动,甚至可能出现过电压。适当地选择互感系数和电抗器的 X_L 值,可以防止电抗器的电压升高现象。一般分裂电抗器的电抗百分值可取 $8\% \sim 12\%$,互感系数取 0.4 左右。

图 4 - 55 为分裂电抗器的几种接线形式。

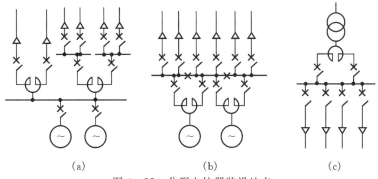

图 4 - 55　分裂电抗器装设地点
(a)装于直配电缆馈线;(b)装于发电机回路;(c)装于变压器回路

2.加装线路电抗器

线路电抗器主要是限制电缆馈线回路的短路电流,如图 4 - 56 中的 WLL 电抗器。由于电缆的电抗值较小且有分布电容,即使在电缆馈线末端短路也和母线短路差不多。在电缆馈线中装设电抗器有以下几个作用:短路时,电压降主要产生在电抗器中,因此线路电抗器不仅限制了短路电流,而且能在母线上维持相当高的母线剩余电压,一般都大于 $60\%U_N$,这对非故障相用户,尤其是电动机负荷极为有利,能提高供电可靠性;由于电抗器限制了短路电流,可以使出线选用轻型的断路器,同时减小电缆截面,节省了投资。

接入线路电抗器有两种方式,电抗器接在断路器外侧,如图 4 - 57(a)所示,和电抗器接在断路器内侧,如图 4 - 57(b)所示。

若电抗器接在断路器内侧,当断路器断开时,电抗器仍接在母线上,如果电抗器故障,必须断开母线上所有电源。在采用三层配电装置时,由于电抗器笨重、高大,应布置在第一层,而断路器一般都布置在第二层,这种接线给配电装置的布置和连接带来不便。我国采用图 4 - 57(a)的接线方式较多。

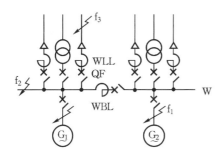

WLL—出线电抗器;WBL—母线电抗器。

图 4 - 56　电抗器的接法

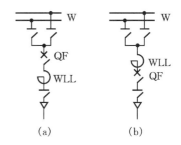

图 4 - 57　直配线电抗器布置位置

由于架空线路本身的感抗值较大,足以将短路电流限制到装设轻型断路器的要求,因此在架空线上不装设电抗器。

3.加装母线电抗器

母线电抗器装设在母线分段的地方,如图 4 - 56 中的 WBL 电抗器,其目的是让发电机出口断路器、变压器低压侧断路器、母联断路器和分段断路器都不因短路电流过大而升级,从而可以选到轻型设备。母线分段处往往是正常工作情况下电流流动最小的地方,在此装设电抗器所引起的功率损耗和电压损失较小。母线电抗器 WBL 对厂内短路点(f_1 和 f_2)或厂外短路点(f_3)的短路电流均能起到限制作用。

如果发电厂中装设分段电抗器后,网络中的短路电流已限制到用户处或发电厂内部可装设轻型断路器时,便可不再装设线路电抗器,否则两者应同时应用,如图 4 - 56 所示。在某些情况下也可以只装线路电抗器而不装母线分段电抗器。

4.9.3　采用低压分裂绕组变压器

图 4 - 58(a)为两台发电机与一台低压分裂绕组变压器相连电路。这种变压器在正常工作和低压侧短路时其电抗值不同,图 4 - 58(b)为其等值电路。设:X_1 为高压绕组电抗;X'_2,

X''_2 分别为高压绕组开路时,两个低压分裂绕组的漏抗;X_{12} 为高低压绕组正常工作时的等值电抗。正常工作时的等值电路如图 4-58(c)所示,流过高压绕组的电流为 I,每个低压绕组流过相同的电流 $I/2$,激磁电流忽略不计,由电压降关系式

$$IX_{12} = IX_1 + \frac{I}{2}X'_2$$

可得到

$$X_{12} = X_1 + X'_2/2 \tag{4-43}$$

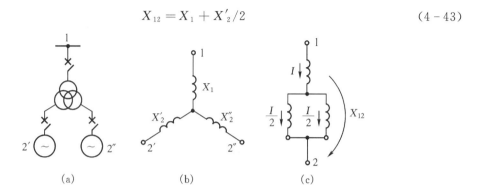

图 4-58　分裂绕组变压器及其等值电路

(a)分裂绕组变压器扩大单元接线;(b)等值电路;(c)正常工作时的等值电路

假设高压侧开路,低压侧一台发电机出口处短路,来自另一发电机的短路电流遇到的电抗为

$$X_{2'2''} = X_{2'} + X_{2''} \tag{4-44}$$

如果

$$X_{2'} = X_{2''} \tag{}$$

则

$$X_{2'2''} = 2X_{2''} \tag{4-45}$$

由式(4-43)、式(4-45)可得:

$$X_{12} = X_1 + X_{2'2''}/4 \tag{4-46}$$

式(4-46)表明,低压分裂绕组正常运行时电抗只相当于两分裂绕组短路电抗的 1/4。当一个分裂绕组出线(如 2′)发生短路时,来自系统的短路电流遇到的电抗为

$$X_1 + X'_2 = X_{12} + X_{2'2''}/4 \tag{4-47}$$

由式(4-45)、式(4-47)可知,当一个分裂绕组出线发生短路时,来自另一台发电机和来自系统的短路电流遇到的电抗值都很大,能起到限制短路电流的作用。

由于上述优点,低压分裂绕组变压器在大容量发电厂中已逐步得到应用。特别是对复式双轴汽轮发电机组或具有双绕组的发电机,接线比较方便。如用于厂用高压变压器,可将两个低压分裂绕组接至厂用电的两个分段母线上。在降压变电站用于对两端低压母线供电时,如两端负荷不相等,两端的母线电压也不同,将使损耗增大,所以应该用于两端负荷均衡的情况。

4.10　配电装置

配电装置是用来接受和分配电能的电气装置,其中包括开关设备、联接母线、保护电器、测量仪表及其它辅助设备。

配电装置的设计与电气主接线的设计密切相关。主接线是否合理通过配电装置的运行加以考验,配电装置所表现的可靠性、安全性和经济性又是主接线设计应考虑的重要因素。

4.10.1　配电装置的分类和基本要求

配电装置按其电气设备布置地点可分为屋内配电装置和屋外配电装置;按电气设备的组装方式又可分为装配式配电装置和成套式配电装置。

屋内配电装置将电气设备安装在屋内,但高压变压器和消弧线圈等易燃大型设备一般放在屋外。电气设备在屋内受环境污秽、气象等影响较小,占地面积小,维修和运行操作方便,但土建投资大。一般 35 kV 以下电压等级的配电装置多采用屋内配电装置。

屋外配电装置是将电气设备安装在露天,其特点是土建投资少、建设工期短、便于扩建,但受气候条件和周围环境的影响较大,运行、维护条件较差。一般 110 kV 及以上配电装置多采用屋外式。对某些特殊情况,如配电装置需建在深入市区、化工污染区或海边等,也可采用屋内式布置。

成套配电装置又称开关柜,是将设备都装配在金属柜中,作为成套设备供应。成套配电装置结构紧凑,占地面积小,建筑工程简单,便于扩建和搬迁,可靠性高,维护方便,但耗用钢材多,造价高。成套配电装置根据其安装地点,可以分为屋内式和屋外式。目前,在发电厂和变电站,3~35 kV 屋内配电装置及低压厂用电系统一般都采用成套配电装置。

采用哪种类型的配电装置,应根据电压等级、设备型式、周围环境条件、运行维护情况和安全方面要求等因素综合平衡而定。

对配电装置的基本要求:

①保证运行的可靠性。设计主接线时,应正确选择设备,充分考虑运行的灵活可靠,要能满足正常运行和事故情况下的要求。

②要考虑工作人员的安全和设备的安全。对设备加装遮栏和将导体放置在足够高处,以保证巡视人员的安全;为考虑检修人员的安全,用隔墙将相邻线路隔开;设置安全出口通道;设备外壳、底座应有保护接地等。

③便于操作、维护、检修。在配电装置的布置上应有利于巡视和倒闸操作,避免运行人员在操作一个回路时需走多个间隔或几层楼;当设备检修和搬运时不影响附近设备的运行。

④在满足上述基本要求的条件下,尽可能提高经济性,降低配电装置的造价。

⑤考虑扩建的可能性。

4.10.2　配电装置的安全净距

配电装置的可靠性、安全性和经济性必须采取多种不同的措施来保证,其中配电装置各部分的间隔距离是一个重要问题。因为这些距离不仅影响到工作是否可靠、安全,还影响到整个装置的占地多少和造价。

各种间隔距离中最基本的是空气中的最小容许电气距离,称为 A 值。A 值又分为 A_1 和 A_2 两项。A_1 为空气中带电部分与接地部分之间的最小安全净距,A_2 为空气中不同相带电部分间的空间最短距离。在 A 值距离下,无论是正常工作电压下或各种短时过电压情况下都不致发生空气绝缘的电击穿。A 值的确定是根据过电压和绝缘配合计算,并根据间隙放电试验曲线来确定的。对不同的电压等级,屋内、屋外配电装置的类型,全国统一规定了相应的具体净距数值。配电装置的其它电气距离均可在 A 值的基础上考虑一些实际因素派生而出,这些派生距离可分为 B,C,D,E 等类。可见图 4−59 和图 4−60。

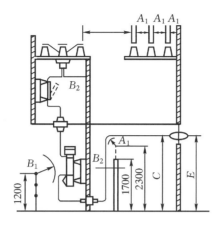

图 4−59　屋内配电装置安全净距校验图

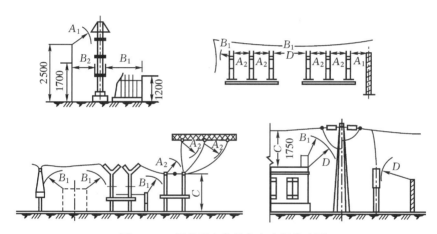

图 4−60　屋外配电装置安全净距校验图

4.10.3　屋内配电装置

屋内配电装置的结构与布置形式,主要取决于以下因素:电气主接线的形式、开关电器的型式、电压等级、母线结构、出线回路数和出线方式、有无电抗器,以及施工、检修条件和运行经验等。

在发电厂和变电站中,6~10 kV 屋内配电装置常见的有三层式、二层式和单层式。

三层式是将所有电气设备依其轻重及操作、维护方便分别布置在各层中。第一层放置电抗器、线路隔离开关等。第二层放置断路器和电压互感器等带油设备,母线隔离开关和油断路器的操作机构集中在第二层的中央操作走廊,以便实现断路器和隔离开关的连锁及确保在发生隔离开关误操作时人员的安全。位于第三层的是主母线和母线隔离开关,母线有时布置成双列以减少配电装置的长度。这种形式的配电装置特点是安全,可靠性较高,占地面积小,但结构复杂,造价高。

　　二层式是将断路器、线路隔离开关、电压互感器和电抗等布置在第一层,断路器及隔离开关的操作集中在第一层走廊内。母线和母线隔离开关放在第二层,母线为单列布置。与三层比较,其特点是造价低、运行和检修较方便,但占地面积大,是目前我国广为采用的形式。

　　单层式是把所有设备都布置在第一层,其占地面积大,如果容量不太大,通常采用成套开关以减少占地面积。

　　二层和三层均适用于有出线电抗器的情况,而单层适用于无出线电抗器的情况。

　　图 4-61 为两层、两通道、双母线、出线带电抗器的 6～10 kV 配电装置断面图。它广泛用于母线短路冲击电流值在 200 kA 以下的大中型变电站和机组容量在 5 万 kW 以下采用母线制的发电厂中。

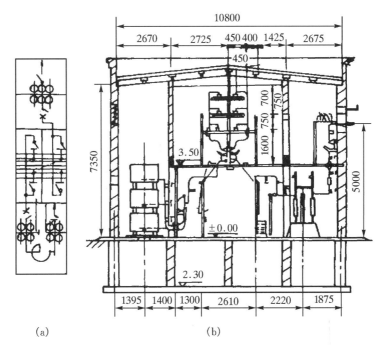

图 4-61　两层式配电装置断面图(mm)

(a)解释性配置图;(b)断面图

　　母线和隔离开关设在第二层,两者之间用隔板隔开,两组母线用墙隔开,三相母线垂直布置。第二层设有两个维护走廊,并在设备侧加装网状遮拦以便巡视。

　　第一层布置电抗器和断路器等,分双列布置,中间为操作走廊。同一回路的断路器及母线隔离开关均集中在第一层操作走廊内操作。图 4-61 中的右侧为变压器和发电机进线回路,进线由第二层通过穿墙套管引入楼内,接在隔离开关上,向下通过穿墙套管穿过楼板到第一层,经电流互感器接到 SN₄—10 型少油型断路器。由于 SN₄—10 型断路器体积较大,故采用直落式布置,并通过楼板上的孔洞用导体与隔离开关连接至母线。图 4-61 的左侧布置有出线电抗器和出线断路器。出线电抗器为垂直布置,下部有通风道引入冷空气,上部有百页窗排出热空气。出线断路器采用 SN₁₀—10 型轻型少油断路器,依墙布置,在其下方采用穿墙式电流互感器兼作穿墙套管与电抗器相连。

4.10.4　屋外配电装置

屋外配电装置分为低型、中型、半高型和高型四种类型。

在中型和低型配电装置中,所有电器都安装在同一水平较低的基础上。中型布置大多采用软母线,经悬式绝缘子悬挂在母线构架上。近年来,随着管型母线和单柱剪刀式隔离开关的出现,亦开始采用管形硬母线。母线所在平面高于其它电器设备所在平面。低型布置的母线一般由硬母线构成,由柱式绝缘子支持,电器设备一般落地布置,母线与其它设备近乎在同一平面上。

高型和半高型配电装置的母线和电器分别装在几个水平面上。在高型布置中,母线隔离开关在断路器等设备之上,主母线又在母线隔离开关之上,形成了三层布置。半高型则处于高型与中型之间,仅将母线与断路器等设备重叠布置。

高型布置占地面积小,但消耗金属材料多,且安装、维护、检修都不方便,多用于场地狭小的情况。低型布置便于维护、检修,但占地面积大、设备投资高,适用于地震多发区,我国采用不多。中型配电装置在我国已建成的配电装置中占据多数,运行经验丰富。近年来,为节省占地面积,半高型配电装置的应用逐渐有所增加。

图 4 - 62 为一中型室外配电装置实例。220 kV 为双母线带旁路母线,断路器单列布置,这里采用了少油式 SW_6—220 型断路器和 GW_4—220 型隔离开关。除避雷器外,所有设备都布置在 2~2.5 m 的支座上。主母线及旁路母线的边相距隔离开关较远,其引下线有支柱绝缘子(15)固定。环形道路设在断路器和母线架之间。示例中采用的是钢筋混凝土环形杆、三角架梁,母线构架(12)与中央门型架(13)合并,简化了结构。

图 4 - 63 为高型配电装置,220 kV 双母线进出线带旁路、三框架、断路器双列布置的进出

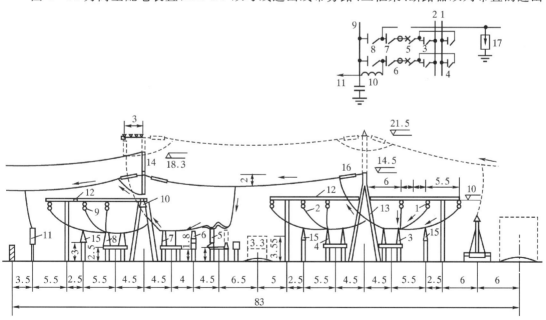

1,2,9—母线Ⅰ、Ⅱ和旁路母线;3,4,7,8—隔离开关;5—少油断路器;6—电流互感器;10—阻波器;11—耦合电容器;12—母线构架;13—中央门形构架;14—出线门形构架;15—支持绝缘子;16—悬式绝缘子串。

图 4 - 62　屋外式中型配电装置断面图(尺寸单位:m)

线断面图。两组母线重叠布置,旁路母线布置在主母线两侧,并与双列布置的断路器和电流互感器重叠布置,使其在同一间隔内可设置两个回路。这种布置方式特别紧凑,纵向尺寸显著减小,占地面积一般只有中型布置的50%。

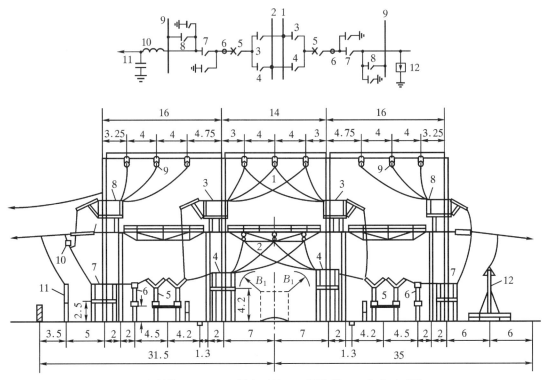

1,2—主母线;3,4,7,8—隔离开关;5—断路器;6—电流互感器;

9—旁路母线;10—阻波器;11—耦合电容器;12—避雷器。

图4-63　220 kV双母线进出线带旁路、三框架、断路器双列布置的进出线断面图(尺寸单位:m)

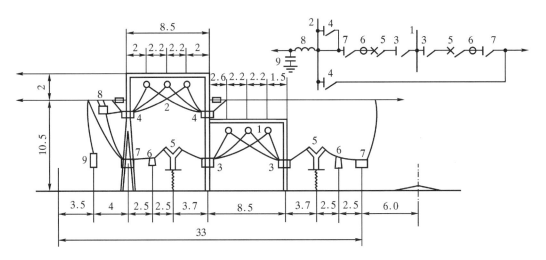

1—主母线;2—旁路母线;3,4,7—隔离开关;5—断路器;6—电流互感器;8—阻波器;9—耦合电容器。

图4-64　110 kV单母线、进出线带旁路的半高型配电装置进出线断面图(尺寸单位:m)

图 4-64 为半高型布置,110 kV 单母线、进出线带旁路的进出线断面图。其特点是将旁路母线与出线断路器、电流互感器重叠布置,占地面积比中型布置减少 30%。

4.10.5　成套配电装置

成套配电装置是成套供应的设备,将一个回路的开关电器、测量仪表、保护电器和辅助设备都装配在金属柜中,所以一个柜就是一个间隔。制造生产出不同电路的开关柜,在现场根据主接线图将相应的开关柜组成一套配电装置。

成套配电装置可分为三大类:低压成套配电装置、高压成套配电装置和 SF$_6$ 全封闭组合电器。

1.低压成套配电装置

低压成套配电装置主要用于 500 V 以下低压系统,为动力配电、照明配电和控制用。常用的有低压配电屏和抽屉式低压开关柜。

图 4-65 为 PGL 系列低压配电屏,其框架用角钢和薄钢板焊成,在板面上部装有测量仪表,中部设有闸刀开关操作手柄,下部有两扇向外开启的门,门内有继电器、二次接线端子和电能表,母线布置在屏顶,闸刀开关、熔断器、低压断路器和电流互感器都装在屏后。低压配电屏中广泛采用低压断路器作为控制保护电器,低压断路器又称为自动开关,它有简单的灭弧措施,能带负荷通断电路,并有脱扣装置能在短路、过负荷和失压时自动跳闸。

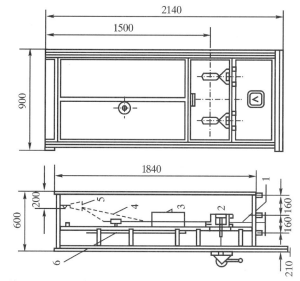

1—母线;2—闸刀开关;3—低压断路器;4—电流互感器;5—继电器盘。
图 4-65　低压配电屏结构示意图

抽屉式低压开关柜为封闭式结构,柜体由固定框架和抽屉两部分组成,主要设备装在抽屉或手车上。回路发生故障后,可拉出检修或换上备用抽屉或手车,所以停电时间短,检修维护方便,但结构较复杂,价格较高。目前主要用于大机组的厂用电和粉尘较多的车间。

2.高压开关柜

高压开关柜一般用于 3～35 kV 系统中,作为发电厂和变电站控制发电机、变压器和高压馈电线路之用,也可用于发电厂高压厂用电系统及工矿企业高压交流电动机的起运和保护。

成套式高压开关柜按安装地点可分为户内式和户外式;按结构可分为手车式和固定式。

在手车式高压开关柜中广泛使用的有 JYN,GC 和 KYN 等系列。图 4-66 为手车式高压开关柜示例。它由封闭式钢板柜体和断路器手车组成。断路器一般采用 SN_{10} 型少油式断路器或 ZN 系列真空断路器。由于真空断路器可频繁操作这一优点,因此手车式高压开关柜内装设真空断路器者日益增多。开关柜的柜体被钢板或绝缘板划分为互相隔离的小室,分别安装母线、小车、电流互感器、电缆头和测量仪表、保护电器、操作小母线及其它辅助设备等。小车上安装的断路器及操作机构,在运行时推入柜内,检修时拉出柜外,十分方便。柜内装有机械联锁装置,只有断路器在断开位置小车才能推入,断路器在合闸状态下,小车推不进去。手车式高压开关柜的封闭结构能防尘、防小动物侵入造成的短路,运行可靠,维护工作量少,但耗费金属材料较多。一般用于发电厂中 6~10 kV 厂用电配电装置。

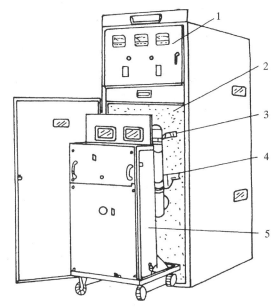

1—仪表门(内为仪表室);2—手车室;3—上触头(兼隔离开关作用);
4—下触头(兼隔离开关作用);5—断路器(SN_{10}型)手车(尚未推入)。

图 4-66　手车式高压开关柜结构图

固定型高压开关柜常用的有 GG 系列,如图 4-67 所示。开关柜系开启式,基本骨架用角钢焊成,前面板用薄钢板制成,柜后无保护板,断路器固定于柜内。与手车式高压开关柜相比,体积大、封闭性能差、检修不够方便,但制造工艺简单,消耗钢材少,价廉,广泛用作中小型变电站的 6~35 kV 屋内配电装置。全国联合设计的 KGN 系列开关柜为金属封闭铠装固定式屋内开关柜,该产品符合 IEC 标准,将逐步取代 GG 系列产品。

3.SF₆ 全封闭式组合电器

SF₆ 全封闭式组合电器是以 SF₆ 气体作为绝缘和灭弧介质,把特殊制造的标准元件:母线、断路器、隔离开关、接地开关、负荷开关、电流互感器、电压互感器、避雷器、电缆头、出线套管等设备,按具体要求制成不同连接形式的标准独立结构,再辅以一些过渡元件,如弯头、三

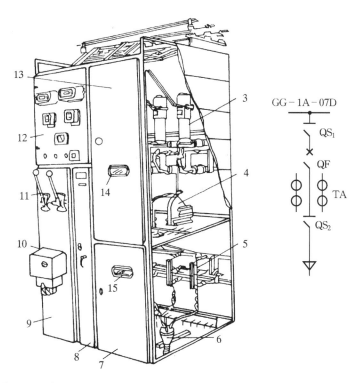

1—母线；2—母线隔离开关(QS1,GN8—10 型)；3—少油断路器(QF,SN10—10 型)；
4—电流互感器(TA,LQJ—10 型)；5—线路隔离开关(QS2,GN6—10 型)；6—电缆头；7—下检修门；
8—端子箱门；9—操作板；10—断路器的电磁操动机构(CD10 型)；11—隔离开关的操动机构手柄(CS5 型)；
12—仪表继电器屏；13—上检修门；14,15—观察窗口。

图 4-67　GG 系列高压开关柜结构图

通、伸缩节、盆式绝缘子、法兰等，组合在一个封闭的金属结构的壳体内，即形成气体绝缘开关
设备(GIS)，可适应不同形式主接线的要求，组成成套配电装置。

　　图 4-68 为 500 kV、双母线 SF_6 全封闭组合电器(GIS)的断面图。SF_6 高压断路器水平
布置在上部，为双断口；母线布置在下部，以便支撑和检修；出线用电缆。整个回路按电路顺
序，呈 Ⅱ 型布置，使装置结构紧凑。由于各元件充的 SF_6 气体压力不同，一般断路器为
600 kPa 左右，其它元件无灭弧要求只充约 300 kPa，故采用盆式绝缘子以支撑带电体，并将各
元件分隔成不漏气的隔离室。隔离室具有便于监视，便于发现故障点，限制故障范围以及检修
和扩建时减小停电范围的作用。

　　SF_6 全封闭组合电器与常规电器配电装置相比，其特点是：

　　①占地面积和空间小，特别当电压等级愈高时其效果愈明显，其占用空间与敞开式的比率
可近似估算为 $10/U_N$(U_N 为额定电压，kV)，即 110 kV 电压时，组合电器所占的面积仅为常
规布置的 10％ 左右；220 kV 约为 5％；500 kV 约为 2％。

　　②组合电器运行安全可靠。由于带电元件封闭在金属外壳中，受环境大气条件影响小，加
之 SF_6 为不可燃的惰性气体，没有火灾危险，一般不会发生爆炸事故。

　　③检修周期长，维护工作量少。由于 SF_6 气体的绝缘、灭弧性能好，断路器在运行中烧损
少，因而可以运行 10 年或切断额定开断电流 15～30 次或正常开断 1500 次以上才需检修。又

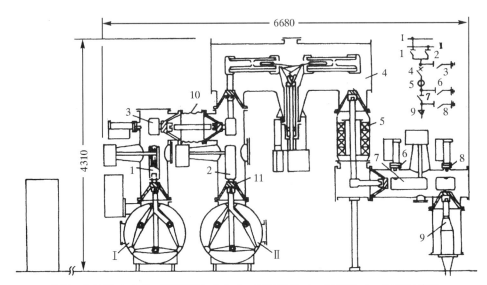

I、II—主母线；1,2,7—隔离开关；3,6,8—接地开关；4—断路器；5—电流互感器；

9—电缆头；10—伸缩节；11—盆式绝缘子。

图 4-68　ZF—220 型 220 kV 双母线 SF₆ 全封闭组合电器断面图

因漏气量少，一般每年只漏气 1%～3%，从而补气和换气工作减少。

④由于金属外壳的屏蔽作用，消除了大电流磁场对无线电的干扰、静电感应和噪音，也减少了短路时作用到导体上的电动力和对周围钢构架等引起的发热。

⑤土建安装量小，建设速度快。

但是 SF₆ 全封闭组合电器对材料性能、加工精度和装配工艺要求极高，工件上的任何毛刺、油污、铁屑和其它杂物都会造成电场不均，使 SF₆ 抗电强度大大下降。此外，金属消耗量也大，所以目前造价较高。

SF₆ 组合电器主要用于 110～500 kV 配电装置，尤其适用于占地狭窄的水电厂或需要扩建而缺乏场地的电厂和变电站，以及位于严重污秽、高海拔、气象环境条件恶劣地区的变电站。

小　结

发电厂和变电站中的电气设备概括地可分为一次设备和二次设备。一次设备是指直接生产、输送和分配电能的设备，经由这些设备，完成生产电能并把电能输送到用户的任务。而二次设备是指对电气一次设备的工作状态进行测量、监视、控制和保护的设备。

开关电器是电力系统中重要的设备之一，根据开关电器在电路中担负的任务可分为：既用来断开和闭合正常工作电流，也用来断开和闭合过负荷电流或短路电流的开关电器，如高压断路器、低压断路器等；仅用来断开和闭合正常工作电流的开关电器，如接触器、磁力启动器、低压闸刀开关等；仅用来断开故障情况下的过负荷电流或短路电流的开关电器，如熔断器；不要求断开和闭合电流，只用来在检修时隔离电压的开关电器，如隔离开关等。

在开关电器中，断路器的任务最繁重，地位最重要，结果也最复杂。对它的基本要求是：在各种情况下应具有足够的开断能力、尽可能短的动作时间和高度的可靠性。它的基本工作原理是电弧原理,电弧产生的过程也就是电子游离过程,而使电弧熄灭则依赖于去游离过程的加强。断路器在开断电路时,利用交流电弧电流每半周期过零一次自然熄灭的特点,加强去游离使灭弧介质强度恢复速度高于系统恢复电压上升速度,电弧最终熄灭。根据断路器所采用的灭弧介质及作用原理,断路可分为油断路器、压缩空气断路器、真空断路器、SF_6 断路器等。

电流互感器和电压互感器是电气一次设备和二次设备的分界设备。由于互感器为二次设备提供可靠的电压源和电流源,因此对误差、准确度的级别以及运行中特点等都有较高的要求。特别应提及的是:电流互感器在运行中二次绕组必须接地,且严禁开路;电压互感器在35 kV 以下多采用普通结构,但需作绝缘监察时必须采用三相五柱式电压互感器,或由三台单相电压互感器连接成 $Y_N/Y_N/\triangle$;对 110 kV 以上大电流接地系统多采用串级式电压互感器;对 220 kV 以上系统现广泛采用电容式电压互感器。

电气主接线是发电厂和变电站电气部分的主体,是保证出力、连续供电和电能质量的关键环节。主接线的形式可分两大类:有母线式接线,如单母线、双母线、一台半断路器接线、变压器母线组接线等;无母线式接线,如桥形接线、多角形接线、单元接线等。为了提高供电可靠性和灵活性,常采用一些改进措施,如将母线分段、加设旁路母线等。通常在中、小型机组的火电厂,发电机电压级多采用母线式接线,更多地是采用母线分段形式,以满足近区地方负荷用电。而在火电厂的升高电压级、变电站及水电厂中多采用不分段的单母线或双母线并加设旁路系统,但为简化配电装置,更多地采用无母线接线形式。

短路电流对电气设备的安全运行有很大的危害,短路电流通过电气设备中的导体时,产生的热效应会引起导体或绝缘损坏,产生的电动力会使导体变形,甚至损坏。为了合理地选择轻型开关电器并限制短路电流,在 20 kV 及以下电压等级中应考虑限制短路电流的措施,在主接线形式和运行方式上尽可能采用等值阻抗大的接线形式,如单元接线、母线硬分段等,更广泛采用的是在主接线的某些电路中加装电抗器,如母线电抗器、出线电抗器、分裂电抗器等,亦可采用低压分裂绕组变压器取代普通变压器等。

配电装置是将主接线付诸实现的具体装置。高压配电装置的结构尺寸是综合考虑设备外形尺寸、检修和运输的安全距离等因素而确定的,其中最重要的是最小安全净距 A 值,它是各种空气间隙能承受各种内外过电压作用的最小距离。B,C,D 和 E 值是在 A 值的基础上派生出来的。配电装置可分为屋内、屋外和成套配电装置。屋内配电装置主要用于 35 kV 及以下,有特殊要求时,110~220 kV 也可采用屋内配电装置;屋外配电装置主要用于 110 kV 及以下;成套配电装置主要用于屋内;SF_6 全封闭组合电器则主要用于 100~500 kV 配电装置。

思考题及习题

4-1　开关电器按其在电路中所担负的任务,可以分为几类?

4-2　开关电器中电弧产生与熄灭过程与哪些因素有关? 熄灭交流电弧的条件是什么?

4-3　什么叫介质强度恢复过程? 什么叫电压恢复过程? 它们与哪些因素有关?

4-4　为什么在断路器断口上并联电容可以起到断口均压作用?

4-5　限流式高压熔断器为何不允许在低于熔断器额定电压的电网中使用,欲使用时,应具备哪些条件?

4-6　电流互感器为什么运行中严禁开路,电压互感器为什么在高、低压侧一般都要装设熔断器？

4-7 串级式电压互感器的工作原理及优缺点有哪些？

4-8 电容式电压互感器的工作原理和特点如何？

4-9 电压互感器一次绕组中性点不接地时，为何不能测相电压？电压互感器二次绕组能否用其它相接地来代替二次绕组中性点接地？它与互感器容量有什么关系？

4-10 互感器的准确度等级是依据什么确定的？它与互感器容量有什么关系？

4-11 某变电站 10 kV 母线上装有三相五柱式电压互感器，当该母线引出线上发生单相接地故障时，其开口三角端的输出电压是多少（用相量图进行分析说明）？

4-12 如图 4-69 所示，三相五柱式电压互感器，其互感比为 $10 \text{ kV}/100 \text{ V}/\dfrac{100}{\sqrt{3}} \text{ V}$，问当系统发生 A 相接地时，如又发生 K 或者 Y 断线，电压表 V_a、V_b、V_c 指示各为多少（图中未画开口三角形绕组）？

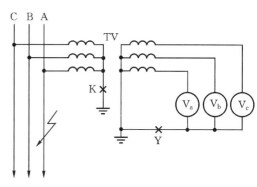

图 4-69　习题 4-12 接线图

4-13 隔离开关与断路器的主要区别何在？它们的操作步序应如何正确配合？

4-14 主母线和旁路母线各起什么作用？检修出线断路器时，应如何操作才能使这条出线可以不停电？

4-15 一台半断路器接线与双母线带旁路接线相比较，两种接线各有何利弊？

4-16 发电机-变压器组接线，为什么在发电机与双绕组变压器之间不设断路器，而在发电机与三绕组变压器或自耦变压器之间则必须装设断路器？

4-17 如图 4-70 所示，用适当的断路器和隔离开关把发电机与对应的变压器，以及变压器与 220 kV 和 110 kV 母线连接起来，使其构成一个完整的主接线图，并说明图中旁路断路器及旁路隔离开关的作用，此作用如何实现？

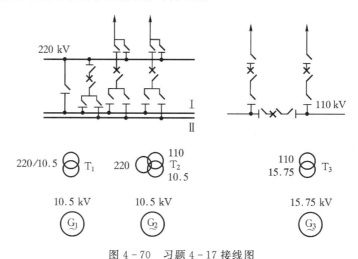

图 4-70　习题 4-17 接线图

4-18 电气主接线中为什么要限制短路电流？通常都采用哪些措施？

第5章　电网设计及电气设备选择

5.1　概　述

电力系统由发电、输电、配电及用电各个环节组成。因此,系统的电气设备应包括发电机组、变压器、导线、开关设备及保护、量测与监控设备等。发电机组的选择应根据系统的电源规划进行。电源规划涉及国家的能源政策、电力系统的电力电量平衡等问题,超出了本书的范围,不准备在本章中讨论,有兴趣的读者可以参看文献[2]。

有关保护、量测及监控方面的设备将在第7章及第8章中阐述。因此,本章所讨论的电气设备均属一次设备,即电力输送和分配过程中的载流设备,包括导线、变压器及开关设备等。这些设备的选择应在电力系统接线图及相应电压等级确定的基础上进行。为此,首先对电网设计的基本知识作简要介绍。

电网设计可以用常规的方式或优化方式进行。常规电网设计主要采用技术经济比较的方法。设计人员首先根据自己的判断提出几种接线方案,然后通过技术分析改善这些方案的技术指标,使它们在技术上可行,最后通过经济比较确定最终方案。电网优化设计是利用数学模型在计算机上进行的。一般包括分析模型和综合模型两部分,前者用来分析电网的技术指标,校验是否满足技术要求;后者则用来产生电网扩建方案,并从中选取最优方案。由于电网优化非常复杂,即使现代计算技术和硬件设备也难以完全满足对电网方案优化所提出的要求。因此,至少在目前,电网方案优化的方式还不能完全替代设计人员进行决策。基于这一点,我们将在5.2节中介绍电网设计的常规进行方式。对于电网优化设计方式有兴趣的读者可以参看文献[2]。

在电网的电压等级及接线方式确定之后,即可选择电网的主要设备。5.3节讨论输电线路导线的选择原则和计算方法;5.4节介绍变压器的选择问题;5.5节阐述电气设备的选择,包括母线、断路器、隔离开关、负荷开关等一次设备。最后,在5.6节中介绍工程项目的经济评估方法,为工程设计和方案比较奠定基础。

5.2　电　网　设　计

电网设计的目的在于确定未来有关地区电网的电压等级、输电网络的结构,解决在何时、何地架设什么样的输电线路的问题。电网设计是输电线路及变电站设计的基础和依据,对整个电力网络的可靠性和经济性有很大的影响。

5.2.1　电网设计应考虑的因素

在进行电网设计时应考虑以下因素。

（1）可靠性　设计的电网应满足正常情况下及个别元件故障时不引起其它线路或变压器过负荷，不引起母线电压超出容许范围。当系统中任何一个元件故障都满足上述条件时，则称该电网满足 N−1 校验；当系统中任何两个元件满足以上条件时，则称该电网满足 N−2 校验，依次类推。通常进行电网设计时，根据分析或经验确定各输电线路的容量（参看表 1−1），然后选择接线方案并进行各种运行方式下的安全校验。

（2）投资　电网的投资应包括输电线路投资及变电站投资两部分。对于输电线路投资应区分同杆塔第一回路投资及第二回路投资，以及输电线路是利用原有出线走廊还是新的出线走廊等。当采用不同电压等级时，变电站的投资差别应详细比较。

（3）运行费用　应包括管理、维修及网损费用。不同的电网接线方案将产生不同的功率损耗，这不仅使供电成本提高，而且还需要增加系统装机容量进行补偿，因而间接地增加了投资。通常在进行经济比较时应考虑这些费用和投资的时间因素，详见 5.6 节。

（4）灵活性与适应性　灵活性是指所定电网方案应能在各种情况下安全可靠地运行。在这里应考虑在各种检修情况下的正常运行问题。适应性是指当涉及的地区负荷增长时或出现新的用户时，电网易于发展扩建，且能充分利用原有设备。随着电网的发展，系统短路电流也会不断增大。在选择电网接线时，应注意使短路电流限制在一定范围内，否则开关设备的切断能力可能出现问题。

以上各因素在选择方案时往往是相互矛盾的，因此需要多选择一些方案进行全面的分析比较。

5.2.2　电网接线的基本类型

电网的接线型式大致可分为四类，即无备用的开式接线方式、有备用的开式接线方式、简单闭式接线方式和复杂闭式接线方式，现分别简述如下。

1.无备用开式接线方式

当电网中受电变电站只有一个电源供电时，该电网称为开式电网。开式电网又可分为辐射型和干线型两种，图 5−1 表示了这两种接线方式。

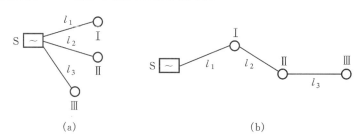

图 5−1　开式电网

(a)辐射型接线；(b)干线型接线

图 5−1(a)为辐射型接线，受端三个变电站Ⅰ，Ⅱ，Ⅲ分别有一条输电线路与电源相连。图 5−1(b)为干线型接线，受端三个变电所由一条串联起来的输电干线供电。

在电力系统中，输电线路是最容易发生故障的元件。特别是架空线路在露天旷野，各种天灾人祸往往引起断线、闪络、接地短路，甚至倒杆。不难想象，输电线路愈长则故障的概率愈大。在表 5-1 中给出了各种电压等级的架空输电线路的故障率。

表 5-1　架空线路的故障率 λ[①]

电压等级/kV	永久性故障	瞬时性故障
10 以下	0.5	0.05
35	1～2.5	8～9
110	0.5～1.7	5～7
220	0.25～1.5	1～2
330	0.15～1.6	0.5～1.5
500	0.2～1.1	0.15～2.5

①工程用架空线路故障率单位:次/(百公里·年)

在图 5-1 中的两种接线型式中,干线式网络供电可靠性一般较辐射型网络低。事实上,辐射型电网的变电站供电只受与之相连的输电线路影响。设输电线路 l_1,l_2,l_3 的故障率分别为 λ_1,λ_2,λ_3 次/(百公里·年),则变电站Ⅰ,Ⅱ,Ⅲ的停电频率也分别为 λ_1,λ_2,λ_3。但对干线式接线来说情况则完全不同。当干线式接线无分段时,如图 5-2(a)所示,该干线只在线路首端装一断路器。这样,任一线路故障均会导致三个变电站停电。

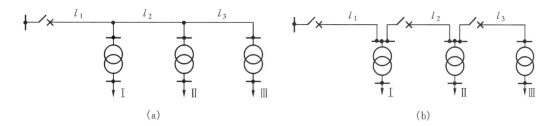

图 5-2　干线式接线的分段
(a)无分段的干线式接线;(b)有分段的干线式接线

在这种情况下,三个变电站的停电频率均为 $\lambda_1+\lambda_2+\lambda_3$。当干线式接线有分段时,如图 5-2(b)所示,则变电站Ⅰ,Ⅱ,Ⅲ的停电频率分别为 λ_1,$\lambda_1+\lambda_2$ 及 $\lambda_1+\lambda_2+\lambda_3$。可见愈接近终端的变电站,其可靠性愈差。

2.有备用的开式接线方式

一般来说,无备用开式接线方式的可靠性不高,只能向不太重要的小型变电站或用户供电。为了提高其可靠性,可以对上述开式接线方式增加备用设备。例如对辐射型接线而言,在电源与每个变电站之间不是用一条线路相连,而采用两条输电线路供电,如图 5-3 所示。由于双回输电线路同时故障的概率远小于单回输电线路[2],因此双回输电线路可以显著提高供电的可靠性。

最简单的有备用开式接线方式如图 5-3(a)所示,通常称之为线路-变压器组接线。这种接线方式比较节约投资,但是当变压器或输电线路中任一元件检修或故障时,整个线路-变压器组都要退出运行。图 5-3(b)中,变电站采用了桥形接线,可以部分地解决上述问题,但却增加了三台高压断路器,使投资显著增加。折衷方案如图 5-3(c)所示。这种接线可在故障后用隔离开关隔离故障元件,使其它元件恢复正常运行。这类接线的缺点是操作比较复杂。

当干线型接线采用备用设备时,其接线如图5-4所示。图5-4(a)相当于把图5-2(a)的设备增加了一倍,一般称为T形接线方式。由于输电线路没有用断路器分段,因此任一段线路故障都将使整个电力网的一半退出运行,当变电站数目较多时不宜采用这种接线。为了提高可靠性,可以采用图5-4(b)的接线方式。在这种情况下,每段线路两侧均装设了断路器,因而可以有效地隔离故障元件,把事故限制在最小范围之内。但是这种接线方式增加了许多断路器,使电网投资提高,因此应进行详细的技术经济比较。

3.闭式电网接线方式

当负荷或变电站需要备用电源时,在很多情况下可以采用由不同出线走廊的输电线路供电,这种接线称为闭式电网接线方式。简单闭式电网有环形电网和两端供电电网两

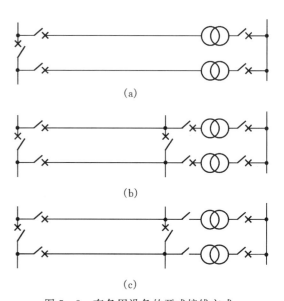

图5-3　有备用设备的开式接线方式
(a)线路-变压器组接线;
(b)终端变电站采用的桥形接线;
(c)(a),(b)的折衷方案

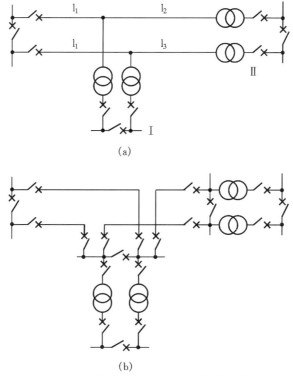

图5-4　有备用设备的干线型接线方式
T形接方式;(b)变电站采用桥形接线

种。这种接线可以保证每个变电站均可得到两条不同输电线路供电,因而有较高的可靠性。另一方面,和有备用的开式电网相比(图 5-5(b)),这种接线方式的输电线路要短一些,可以节约投资。

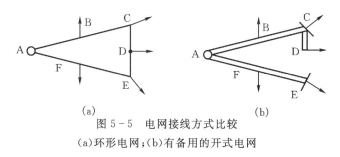

图 5-5　电网接线方式比较
(a)环形电网;(b)有备用的开式电网

图 5-6 表示了两端供电的接线方式,图中 A_1,A_2 为电源,B,C,D 为变电站。一般说来,究竟采用闭式电网还是开式电网,在很大程度上取决于电源点与负荷点的相对地理位置。当

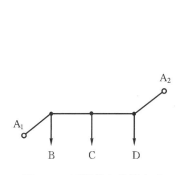

图 5-6　两端供电接线方式

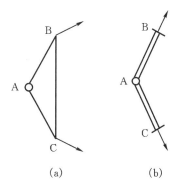

图 5-7　电网接线方式比较
(a)环形电网;(b)开式电网

变电站之间的距离小于电源点到变电站之间的距离时宜采用闭式电网接线方式,否则应采用有备用的开式电网接线方式。在图 5-7 所示的情况下,环形电网(图 5-7(a))就不一定比有备用的开式电网(5-7(b))合理。因为在正常运行时,环形电网内输电线路 BC 没有得到充分利用,而当 AB 或 AC 线路故障时,供电距离较大。当然最终电力网接线方案的选取还是应通过具体详细的技术比较来确定。

　　与开式电网的比较,在 10 kV 或以下的电网中,为了简化运行和节省断路器,往往让闭式电网采用开式运行方式。对此我们可以用图 5-8 所示的电力网络加以说明。在正常运行时,图中断路器 QF_1,QF_2 闭合,除了变压器 T_3 的隔离开关 QS_2 以外,其余 QS_1,QS_2 都闭合。这样就形

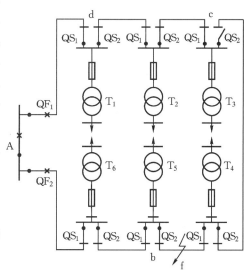

图 5-8　闭式电网的开式运行方式

成了电网的开式运行状态。当发生事故时,例如在 f
点短路,则 QF₂ 跳开,T₄,T₅,T₆ 停电。这时,运行
人员可打开 T₅ 的 QS₂ 和 T₄ 的 QS₁,合上 T₃ 的
QS₂,然后再投入 QF₂,使全部变电站恢复供电。这
些操作需要 0.5～1h。

在 110 kV 或以上的高压系统中,闭式电网应维
持闭式运行以提高其可靠性。为此,在各变电站高
压侧应装设断路器。图 5-9 表示了一个两端供电网
络的接线。而在图 5-9 中,四个变电站采用了桥形
接线。当线路发生故障时,此接线方式可将停电范
围限制在线路上。

4.复杂闭式电网接线

110 kV 以上输电系统通常形成复杂闭式电网接
线方式,电网由很多环形电网和双回路(或多回路)
输电线路构成。这种电网具有较大的输电容量和较
高的可靠性,但其运行和继电保护比较复杂。图
5-10 给出了一个复杂闭式电网的示例。对复杂闭
式电网方案的选取和技术经济分析往往要借助于电
子计算机。

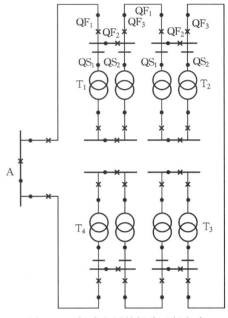

图 5-9 闭式电网的闭式运行方式

5.2.3 电网方案的技术经济比较

方案的技术经济比较包括技术和经济两方面的
分析比较。技术比较主要计算方案的技术指标,校
验方案在技术上是否可行。分析内容包括潮流计
算、安全校验计算、短路电流计算,在涉及高压远距
离输电情况时还要进行各种运行方式下的稳定性
校验。

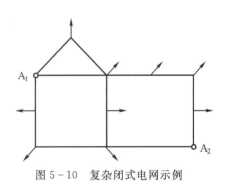

图 5-10 复杂闭式电网示例

潮流计算的目的在于分析电网在各种负荷及电源出力情况下的运行情况及适应能力,校
验输电线路或变压器是否有过负荷情况,各母线电压是否超过规定的范围等。

安全校验计算分静态安全分析和动态安全分析两种。静态安全分析主要作 N-1 校验,
即校验网络中一个元件故障退出运行时网络的潮流分布,以判断其它元件有无过负荷及电压
越限情况。对 220 kV 以上电网一般要进行各种运行方式的稳定分析计算,此即所谓动态安
全校验。当以上校验不满足要求而发生过负荷、电压越限或失去稳定时,则应采取措施,如:加
设输电线路,加大导线截面,增加无功补偿设备或提高稳定措施等,使电网满足运行要求,否则
应放弃不满足运行要求的电网方案。

短路电流计算用来确定各种故障情况下电网短路电流的分布,以此来校验电气设备的热
稳定、动稳定情况(详见 5.5 节)及断路器的切断能力。有些电力系统对不同电压等级的电网
规定了断路器的最大切断能力。电网设计方案应使短路电流限制在给定范围之内。否则可能
迫使电网更换一大批断路器,使投资增大。

在满足上述技术要求的条件下,进行经济比较以选取最优方案。工程项目的经济评估有各式各样的方法。我国电力规划设计大多采用"费用的现值比较法"或"等年费用法",这部分内容可详见 5.6 节。

应该指出,由于对可靠性愈来愈重视,在设计电网时可能还要进行专门的可靠性分析计算,而且由此得到的停电损失费也要加入经济比较之中。对这部分内容有兴趣的读者可参阅文献[2]。

5.3　导线和电缆的选择

导线和电缆的选择,包括结构、型号的选择及导线截面的选择,本节主要讨论后一问题。选择导线和电缆的截面应考虑以下因素。

①经济问题:在选择导线截面时,从降低功率损耗和电能损耗的角度出发,截面积愈大愈有利;从减少投资和节约有色金属要求出发,截面积愈小愈好。因此,应当通过技术经济分析找出一个在使用期限内综合费用最低的截面积。

②发热问题:电流通过导线时由于电能损耗而使其温度升高。当电流过大时将使绝缘加速老化,严重时可能烧毁导线或电缆,引起事故。因此,必须按照发热条件确定的允许载流量来选择或校验导线及电缆的截面。

③电压损失问题:电流通过导线或电缆时,会产生电压损失。当电压损失超过一定范围后,会给调压带来很大的困难,影响电压质量。因此在选择导线截面时,应校核电压损失是否超过允许范围。这一点在缺乏调压手段的配电网络尤其重要。

④线路的机械强度问题:架空线路经受风雨、结冰及温度变化的影响,必须有足够的强度以保证其安全运行。

此外,对 110 kV 及以上的高压架空线路,在选择导线截面时还应考虑避免发生电晕现象,有必要时应选择分裂导线。

现在对以上四种因素分别进行讨论。

5.3.1　按经济电流密度选择导线截面

当输电线路输送电能时会产生电能损耗。此损耗的大小及相应的费用与导线及电缆的截面有关。增大导线截面虽然可以使电能损耗费用减小,却增加了线路的投资。因此总可以找到一个理想的截面使整体费用最小。这一导线截面称为经济截面,与此经济截面对应的导线电流密度称为经济电流密度。

在电网的设计中,为了合理选择经济截面,制定了不同情况下的经济电流密度 J_e。当经济电流密度 J_e 已知时,可按下式求出经济截面:

$$S_e = \frac{P}{\sqrt{3} J_e U_N \cos\varphi} \tag{5-1}$$

式中:S_e 为导线的经济合理截面,mm^2;P 为输送功率的最大值,kW;U_N 为线路的额定电压,kV;$\cos\varphi$ 为输送电力的功率因数。

求出 S_e 后,在导线或电缆规格中查出接近的截面即可。这样按经济电流密度选出的截面有时需要进行发热、电压损耗等技术校验。

我国的经济电流密度划分如表 5 - 2 所示。由表可知,经济电流密度与输送功率的年最大负荷利用小时数有关。对输送同样的功率而言,年最大负荷利用小时数愈大则电能损耗愈大,故导线(电缆)的截面应选大些。因此,相应的经济电流密度应该小些。

表 5 - 2　经济电流密度值 $J_e/(\mathrm{A}(\mathrm{mm}^2)^{-1})$

导线材料	年最大负荷利用小时数/h		
	3000 以下	3000~5000	5000 以上
铜导线	3	2.25	1.75
铝导线	1.65	1.15	0.9
铜芯电缆	2.5	2.25	2
铝芯电缆	1.92	1.73	1.54

5.3.2　按允许电压损耗选择导线截面

当线路输送电力一定时,导线截面愈小则因线路的电阻和电抗愈大,从而使线路的电压损耗也愈大。对于 10 kV 及以下的电网而言,其负荷小而分散,在每个负荷点装设调压设备显然不合理。因此,往往用电压损耗作为控制条件选择配电网的导线截面。设计规程规定,对 1~35 kV 配电线路,自供电的变电站母线至线路末端最大电压损耗不得超过 5%。对 35 kV 以上的电网,依靠无功补偿等调压手段来满足电压质量更为合理。因为这些线路输送功率较大,导线截面也比较大。因此,线路电抗值远大于电阻值,从而决定电压损耗的主要因素是电抗。我们知道,增大导线截面对电抗值的影响很小,所以借增大导线截面来满足电压质量是不经济的。

以下以图 5 - 11 的配电网为例,说明按电压损耗选择导线截面的原理。该配电网有三个负荷点,负荷分别为 P_b+jQ_b,P_c+jQ_c,P_d+jQ_d,三段输电线路的长度分别为 l_1,l_2 和 l_3(单位:km),电网的额定电压为 U_N。

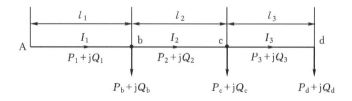

图 5 - 11　10 kV 配电网

按电压损耗选择导线截面时,通常假定线路单位长度的电抗 X_0 已知,并且各段相等。因此,可以首先估算出电抗上产生的电压损耗 ΔU_X。然后根据给定的最大允许电压损耗 ΔU_{max} 计算在电阻上容许的电压损耗:

$$\Delta U_R = (\Delta U_{max} - \Delta U_X) \tag{5 - 2}$$

由于 ΔU_R 和线路的电阻成正比,或与导线截面成反比,故可求出导线截面。

对图 5 - 11 所示的电网而言,由电抗引起的电压损耗为

$$\Delta U_X = X_0(Q_1 l_1 + Q_2 l_2 + Q_3 l_3)/U_N \tag{5 - 3}$$

式中:X_0 假定为已知,通常可取 0.4 Ω/km。

当根据式(5-2)求得 ΔU_R 以后,可以利用以下关系确定导线截面:

$$\Delta U_R = (P_1 R_1 + P_2 R_2 + P_3 R_3)/U_N \tag{5-4}$$

式中:R_1,R_2,R_3 分别为各线段的电阻,是未知数。

式(5-4)包含三个未知数,为了求解必须增加约束条件。由此,也就产生了以下几种选择导线截面的原则。

1.按各段线路导线截面相等的原则选择

设各段线路的导线截面均为 S,则相应的电阻为

$$R_1 = \rho l_1/S \qquad R_2 = \rho l_2/S \qquad R_3 = \rho l_3/S$$

或

$$R_1 = l_1/(\gamma S) \qquad R_2 = l_2/(\gamma S) \qquad R_3 = l_3/(\gamma S)$$

式中:ρ 和 γ 分别为导线的电阻率和电导率。

将上述 γ_1,γ_2 和 γ_3 的值代入式(5-4),经整理后得:

$$S = \frac{\rho(P_1 l_1 + P_2 l_2 + P_3 l_3)}{\Delta U_R \Delta U_N} = \frac{(P_1 l_1 + P_2 l_2 + P_3 l_3)}{\gamma \Delta U_R \Delta U_N} \tag{5-5}$$

由上式求出 S 以后,可选取最接近的导线截面。导线截面确定后,应进行电网潮流计算以校验电压损耗是否在允许的范围内。

2.按恒定电流密度的原则选择

按截面相等原则选择导线截面在经济上往往不太合理。为了克服这个缺点,可以按恒定电流密度或有色金属消耗量最小的原则选择截面。

以下仍用图 5-11 所示电网说明按恒定电流密度选择导线截面的方法。由电阻所引起的电压损耗可以改写为

$$\Delta U_R = \sqrt{3}\left(\frac{I_1 \cos\varphi_1 \cdot l_1}{\gamma S_1} + \frac{I_2 \cos\varphi_2 \cdot l_2}{\gamma S_2} + \frac{I_3 \cos\varphi_3 \cdot l_3}{\gamma S_3}\right)$$

式中:$\cos\varphi_1$,$\cos\varphi_2$,$\cos\varphi_3$ 为各线段潮流的功率因数;S_1,S_2,S_3 为各段线路的导线截面。

设各段的电流密度均为 j,则

$$j = \frac{I_1}{S_1} = \frac{I_2}{S_2} = \frac{I_3}{S_3}$$

将电流密度代入上式,即可解出:

$$j = \frac{\gamma \cdot \Delta U_R}{\sqrt{3}(l_1 \cos\varphi_1 + l_2 \cos\varphi_2 + l_3 \cos\varphi_3)}$$

在一般情况下,可以写出电流密度的表达式为

$$j = \frac{\gamma \cdot \Delta U_R}{\sum_{i=1}^{b} l_i \cos\varphi_i} \tag{5-6}$$

式中:b 为输电线路的段数。

知道电流密度后就可以求出各段输电线路的截面:

$$S_i = I_i/j \quad (i=1,2,\cdots,b) \tag{5-7}$$

一般来说,当负荷年利用小时数较高时采用恒定电流密度的方法可以有效地降低电能损耗,从而提高电网的经济效益。当负荷的年利用小时数较小时,电能损耗在整个运行费用中比

重较小。在这种情况下按有色金属消耗量最小的原则选择导线截面更为有利。

3.按有色金属消耗量最小原则选择

设备段线路的长度及有功潮流分别为 l_i 及 P_i,则按有色金属消耗量最小的原则选择导线截面时,第 i 段线路的导线截面应为

$$S_i = \sum_{i=1}^{b}(\sqrt{P_i}l_i) \cdot \sqrt{P_i}/(\gamma\Delta U_R\Delta U_N) \quad (i=1,2,\cdots,b) \quad (5-8)$$

证明从略。

例 5-1 用一条 35 kV 的输电线路向某工厂送电,送电距离为 5 km。该工厂的最大负荷为 5 MW,功率因数 $\cos\varphi=0.8$,最大负荷年利用小时数为 2500 h。试选择输电线路的导线。

解 对 35 kV 输电线路,一般选用钢芯铝绞线。对此种导线而言,当最大负荷利用小时为 2500 h 时,经济电流密度为 1.65 A/mm²(见表 5-2)。

通过该输电线路的最大电流为

$$I_{max} = \frac{5000}{\sqrt{3}\times35}\times0.8 = 103.1 \text{ A}$$

故导线截面积应为

$$S_e = 103.1/1.65 = 62.5 \text{ mm}^2$$

因此,选择型号为 LG—70 的导线较为恰当。

例 5-2 有两个工厂 b 和 c,均由变电站 A 用 35 kV 输电线路供电,如图 5-12 所示。图中距离的单位为 km,功率的单位为 kW 或 kvar。两厂的最大负荷利用小时数均为 4500 h。输电线路的容许电压损耗为 5%。试分别按照恒定经济电流密度及最小金属消耗量法选择导线截面。

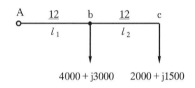

图 5-12 简单 35 kV 电网

解 输电线路 Ac 之间的允许电压损耗为

$$\Delta U_{max} = 35000\times0.05 = 1750 \text{ V}$$

若取每 km 电抗值为 0.4 Ω/km,则电抗上的电压损耗为

$$\Delta U_X = (Q_1 X_1 + Q_2 X_2)/U_N$$

$$= \frac{4500\times12\times0.4+1500\times12\times0.4}{35} = 820 \text{ V}$$

因此,在电阻上允许的电压损耗为

$$\Delta U_R = \Delta U_{max} - \Delta U_X = 1750-820 = 930 \text{ V}$$

按恒定电流密度选择截面:

铝导线的电导率 $\gamma=31.7$ m/(Ω·mm²),因此可由式(5-6)计算出电流密度为

$$j = \frac{\Delta U_R\gamma}{\sqrt{3}(l_1\cos\varphi_1+l_2\cos\varphi_2)}$$

$$= \frac{930\times31.7}{\sqrt{3}(12000\times0.8+12000\times0.8)} = 0.9 \text{ A/mm}^2$$

此电流密度小于经济电流密度 1.15 A/mm²(见表 5-2),因此按电压损耗选择的导线截面大于由经济电流选择的截面,故在此情况下应按 0.9 A/mm² 的电流密度选择导线截面。

当按式(5-6)算出的电流密度大于经济电流密度时,则应按经济电流密度选择导线截面。

第一段线路 Ab 中流过的最大电流为

$$I_1 = \frac{\sqrt{6000^2+4500^2}}{\sqrt{3}\times35} = 124 \text{ A}$$

故导线截面应为

$$S_1 = 124/0.9 = 140 \text{ mm}^2$$

可选择 LG—150 型导线。

用同样的公式可计算出第二段 bc 的导线截面 $S_2 = 46.1 \text{ mm}^2$,故可选择 LG—50 型导线。由架空线路参数表可查出相应的参数

LG—150：　$R_0 = 0.21 \ \Omega/\text{km}$,　$X_0 = 0.398 \ \Omega/\text{km}$

LG—50：　$R_0 = 0.63 \ \Omega/\text{km}$,　$X_0 = 0.427 \ \Omega/\text{km}$

由此可以算出输电线 Ac 的总电压损耗为

$$\Delta U = \sum_{i=1}^{2} \left(\frac{P_i R_i + Q_i X_i}{U_N} \right)$$
$$= \frac{(2000 \times 0.63 + 6000 \times 0.21) \times 12 + (1500 \times 0.427 + 4500 \times 0.398) \times 12}{35}$$
$$= 1700 \text{ V}$$

该值小于允许电压损耗 1750 V,故可满足要求。

按金属消耗量最小选择截面：

按公式(5 - 8),可求出线路段 Ab 的截面 S_1 为

$$S_1 = \frac{\sqrt{P_1}}{\gamma \cdot \Delta U_R \cdot U_N} (l_1 \sqrt{P_1} + l_2 \sqrt{P_2})$$
$$= \frac{\sqrt{6000 \times 10^3}}{31.7 \times 930 \times 35} (12 \times \sqrt{6000} + 12 \times \sqrt{2000}) = 110 \text{ mm}^2$$

可选取型号为 LG—120 的导线。

第二段 bc 的导线截面可按下式求出：

$$S_2 = S_1 \sqrt{\frac{P_2}{P_1}} = 110 \times \sqrt{\frac{2000}{6000}} = 64 \text{ mm}^2$$

故可选型号为 LG—70 的导线截面。

将 LG—120 及 LG—70 输电线路的电气参数查出后,进行电压损耗校验表明,此方案亦满足电压损耗允许值的要求。

5.3.3　按允许载流量、电晕和机械强度校验导线截面

1.按允许载流量校验导线截面

为了保证架空线路的安全可靠运行,导线的温升应限制在一定允许范围内。例如裸导线的容许温升一般规定为 70℃。如果超出此值,导线接头处就可能剧烈氧化,甚至引起断线。允许载流量是根据热平衡条件确定的导线长期允许通过的电流,有时也称为线路的热极限输送能力。

不同类型的导线,其长期允许通过的电流值各不相同。表 5 - 3 给出了裸导线在环境温度为 25℃时的导线允许电流值。如果导线周围最高气温月的最高平均温度不等于 25℃,则应按表 5 - 4 所示的修正系数对表 5 - 3 的允许电流进行修正。

总的来说,在选择导线截面时应保证导线通过的最大工作电流不超过表 5 - 3 所列的长期允许通过电流。这个条件在系统正常运行方式下一般都可以满足。应当注意的是,当电网某些线路退出运行时,要对其余输电线路进行校验。在选择电力电缆截面时,其允许电流可由设计手册中查出,不再详述。此外,电缆截面的选择还应满足故障情况下短路电流的热效应,详

见 5.5 节。

表 5-3　导线长期允许通过电流/A

标号	截面积/mm²											
	35	50	70	95	120	150	185	240	300	400	500	600
LJ	170	215	265	325	375	440	500	610	680	830	980	
LGJ	170	220	275	335	380	445	515	610	700	800		
LGJQ									690	825	945	1050

表 5-4　不同周围环境温度下的修正系数

环境温度/℃	−5	0	5	10	15	20	25	30	35	40	45	50
修正系数	1.29	1.24	1.20	1.15	1.11	1.05	1.00	0.94	0.88	0.81	0.74	0.67

2.按电晕校验导线截面

　　如前所述,高压输电线路产生电晕会引起电能损耗、导线腐蚀、无线电干扰等。为了避免电晕现象,导线截面(或外径)不能过小。在设计输电线路时,应校验所选导线能否满足在晴朗天气不发生电晕现象的要求。表 5-5 列出了各种电压等级输电线路避免发生电晕的导线最小外径及相应的型号。

表 5-5　按电晕条件所允许的导线最小外径及型号

额定电压/kV	60 以下	110	154	220	330	
导线直径/mm	—	9.6	13.68	21.28	33.2	2×21.28
相应导线型号	—	LGJ—50	LGJ—95	LGJ—240	LGJ—600	LGJ—2×240

　　通常对 60 kV 以下的线路不必考虑电晕的问题。对于 60 kV 以上的线路,如果按其它条件选择的导线直径小于表 5-4 所列的数值,就应加大导线截面或考虑采用扩径导线或分裂导线。当电压等级超过 330 kV 时,一般都采用分裂导线。

3.按机械强度校验导线截面

　　架空线路在运行时要承受机械负载,此外还应考虑在一定偶然载荷情况下具有适当的过载能力,这就要求导线截面不能过小。例如,一般铜导线及钢芯铝绞线的截面不能小于 25 mm²,而铝及铝合金导线的截面不应小于 35 mm²。

5.4　变压器的选择

　　现代电力系统以交流输配电为主,电力变压器起着连接不同电压等级电力网的重要作用。随着电力系统最高电压等级不断提高、电压级别日益增多,使用的变压器容量也迅速增大。据统计目前系统中变压器的总容量已达到发电容量的 9~10 倍。因此合理选择变压器对系统运行的可靠性及经济性有重大影响。

　　变压器选择包括变压器台数、容量及型式的选择。变压器容量的选择与其负荷能力密切相关,因此首先讨论变压器的负荷能力问题。

5.4.1　变压器的负荷能力

变压器的负荷能力与变压器的额定容量具有不同的意义。变压器的额定容量,即铭牌上所标容量是指在规定的环境温度及冷却条件下,按该容量运行时变压器具有经济合理的效率和正常使用的寿命年限。

变压器的负荷能力是在一段时间内所能输出的功率,该功率可能大于变压器的额定容量。负荷能力的大小和持续时间根据一定运行情况和绝缘老化等条件决定。

在运行过程中,变压器绕组和铁芯中的电能损耗转化为热能,使变压器温度升高。变压器的运行温升对其绝缘寿命有直接影响。经验及理论证明,变压器绕组的最热点温度维持在98℃时,变压器能获得正常的使用年限(一般为 20～30 年),绕组温度每升高 6℃,使用年限将缩短一半。通常称此规律为变压器绝缘老化 6 度定则。例如,当变压器绕组最热点温度为110℃时,变压器寿命将缩短为正常寿命的 1/4;而绕组最热点温度为 86℃时,变压器寿命将延长 4 倍。

变压器运行时,绕组温度受气温、负荷波动的影响而变化。如将绕组最高允许温度规定为98℃,则在大部分运行时间内达不到此值,变压器的负荷能力未得到充分利用;如不规定绕组的最高允许温度,变压器可能达不到正常的使用年限。为了解决这一问题,可应用等值老化原则。

等值老化原则的基本思想是,在一部分运行时间内根据运行要求允许绕组的最高温度大于 98℃,而在另一部分时间内绕组的温度必须小于 98℃。这样可以使变压器在温度较高时多消耗的寿命与温度较低时少消耗的寿命相互补偿,从而使变压器的使用寿命与恒温 98℃运行时等值。因此,利用等值老化原则可以使变压器在一定时间间隔内所损失的寿命为一常数。这就是确定变压器负荷能力的基本依据。

变压器在运行中的负荷经常变化,负荷曲线有峰荷和谷荷之分。变压器在峰荷时可以过负荷,其绝缘寿命损失将增加,而在谷荷时变压器寿命损失会减小,从而得到互相补偿,仍能获得规定的使用年限。因此,为了充分利用变压器容量,可以考虑在峰荷期让变压器带高于其额定容量的功率。这种允许超过的值称为变压器的正常过负荷能力,显然此值与负荷曲线的形状有关。负荷率越小,则正常过负荷能力越大。表 5-6 示出自然循环油冷双绕组变压器允许过负荷百分数。由表中可以看出,过负荷的幅值还与过负荷的持续时间有关。

表 5-6　自然循环油冷双绕组变压器的允许过负荷

日负荷曲线的负荷率	最大负荷在下列持续小时下,变压器过负荷的百分数					
	2 h	4 h	6 h	8 h	10 h	12 h
0.50	28	24	20	16	12	7
0.60	23	20	17	14	10	6
0.70	17.5	15	12.5	10	7.5	5
0.75	14	12	10	8	6	4
0.80	11.5	10	8.5	7	5.5	3
0.85	8	7	6	4.5	3	2
0.90	4	3	2	—	—	—

此外,考虑到季节性负荷的参差情况,变压器运行规程还规定:如果在夏委(6,7,8月)三个月变压器的最高负荷低于其额定容量时,则每低 1%,允许在冬季(11,12,1,2月)四个月过负荷 1%。但对自然循环油冷、风冷及强迫循环风冷的变压器总过负荷量不能超过 15%,对强迫油循环水冷变压器不能超过 10%。这就是所谓的百分之一规则。

最后,在故障或紧急情况下,还允许变压器短时运行在事故过负荷状态。这是为了在发电厂或变电站发生事故时保证供电可靠性,牺牲变压器部分使用寿命,在较短时间内多带负荷以作应急,避免中断供电。但是为了避免由于承担事故过负荷而致使变压器立即损坏造成更大范围的事故,一般规定绕组最热点的温度不得超过 140℃;负荷电流不应超过额定电流的两倍,且持续时间不超过表 5-7 所示的值。

表 5-7　变压器事故允许过负荷

过负荷倍数		1.3	1.6	1.75	2.0	2.4	3.0
允许时间/min	户内	60	15	8	4	2	0.83
	户外	120	45	20	10	3	1.5

5.4.2　变压器台数及容量的选择

变电站主变压器的台数对主接线的形式和配电装置的结构有直接影响。显然变压器的台数愈少则主接线愈简单,配电装置所需的电气设备也愈少,占地面积愈少。因此,变电站一般装设两台变压器为宜。

变压器是一种静止电器,运行可靠性较高,其故障频率平均为 20 年一次。变压器大修 5 年一次,所以可以不设专门的备用变压器。

在确定变压器容量时应考虑两个因素,即负荷增长因素及变压器过负荷因素。

选择变压器时应根据 5~10 年负荷增长情况综合分析,合理选择,并应适当照顾到远期负荷发展情况。对于规划只装两台变压器的变电站,其变压器的地基及土建设施应按大于变压器容量 1~2 级设计,以便在负荷发展时有可能更换大容量变压器。

在确定变压器容量时应注意变压器的过负荷能力,应考虑以下因素:

①变压器所带负荷的负荷曲线;

②变压器的冷却方式;

③变压器周围环境的气象条件;

④冬季和夏季的负荷曲线差异等。

下面以简单数字例题来说明变压器容量的选择方法。

例 5-3　今有 35/11 kV 变电站,冬季最大负荷为 24 MV·A,每日最大负荷持续时间为 9 h,日负荷率为 0.6,夏季负荷为 14 MV·A。试问容量为 20 MV·A 的变压器是否满足要求?

解　根据日负荷率为 0.6 及最大持续负荷时间为 9 h,可由表 5-6 查出该变电站变压器的过载能力为 12%。

此外,由于夏季最大负荷低于额定容量的 30%,故按百分之一规则,最大过负荷可达 30%。但按规程规定此类过负荷不应超过 15%。

因此,在冬季最大负荷时的过负荷总量为

$$12\% + 15\% = 27\%$$

在此情况下变压器的负荷能力为

$$20 \times 1.27 = 25.4 \text{ MV·A} \quad (24 \text{ MV·A})$$

因此满足冬季最大负荷的要求。对此变电站可以考虑安装 2 台 10 MV·A 的变压器。

5.4.3　变压器类型的选择

变压器类型选择包括确定变压器的相数、绕组数、绕组的接线方式,以及是否需要带负荷调压等。

在电力系统中为了简化配电装置,减少占地面积,应尽可能选用三相变压器。只有在特大型变电站,由于变压器容量过大而发生制造困难或运输困难时,才考虑采用单相变压器组连接成三相变压器。

同样道理,当变电站有三级电压时,例如 220/110/10 kV,只要任何一级电压绕组的容量不小于其它绕组容量的 15%,则应选择三绕组变压器,以减少变压器台数,简化配电装置。

从电机学中知道,常用的变压器接线方式有 Y/△型及 Y/Y₀ 型。在电力系统中为了消除三次谐波及其对通信及继电保护的不利影响,一般选用 Y/△接线方式。近年来,对于 220 kV 以上大型自耦变压器或三绕组变压器亦有采用所谓全星形变压器接线(Y₀/Y₀/Y₀)的,它不仅便于 35 kV 侧电网并列,同时由于零序阻抗较大,有利于限制单相短路电流。

此外,在选择变压器时,还必须考虑是否需要采用带负荷调压变压器。一般,对用户电压质量要求较高的终端变电站,以及潮流变化较大从而电压波动较大的枢纽变电站应考虑装设带负荷调压变压器。

5.5　电气设备选择的基本原则

电力系统是由各种电气设备按需要组合而成的,为了保证电力系统的安全运行和可靠地向用户供电,必须正确选择电气设备。在选择电气设备时,除了把额定电压、额定电流等作为选择的依据外,为了保证设备在系统故障情况下通过最大可能的短路电流时不致遭受损坏,应按短路电流所产生的电动力及热效应对电气设备进行校验。因此"按正常运行条件进行选择,按短路条件进行校验"是选择电气设备的一般原则。

前两节已经讲述了导线和变压器的选择方法,本节所涉及的电气设备主要是指变电站或开关站中的母线、断路器、隔离开关、负荷开关等一次设备。这些设备通常也称为高压电气设备。在选择高压电气设备时,应进行选择及校验的项目如表 5 - 8 所示。该表中仅列出一般应校验的项目,未包括个别电气设备的特殊要求,例如电流互感器需满足准确度的要求,电抗器应满足限制短路容量的需要,熔断器应满足保护装置的选择性要求等。

本节将首先介绍电气设备选择的一般条件,再介绍短路情况下热稳定和动稳定的概念,最后介绍几种重要电气设备的选择方法。

表 5 - 8　选择电气设备的一般技术条件

序号	电器名称	额定电压/kV	额定电流/A	额定容量/V·A	机械荷载/N	额定开断电流/kA	短路稳定性		绝缘水平
							热稳定	动稳定	
1	高压断路器	√	√		√	√	√	√	√
2	隔离开关	√	√		√		√	√	√
3	敞开式组合电器	√	√		√		√	√	√
4	负荷开关	√	√		√		√	√	√
5	熔断器	√	√		√	√			
6	电压互感器	√			√				
7	电流互感器	√	√		√		√	√	
8	限流电抗器	√	√		√		√	√	
9	消弧线圈	√		√	√				
10	避雷器	√			√				
11	封闭电器	√	√		√	√	√	√	√
12	穿墙套管	√	√		√		√	√	√
13	绝缘子	√			√			√[①]	√

①悬式绝缘子不校验动稳定。

5.5.1　按正常工作条件选择电气设备

按正常工作条件选择电气设备应满足下述五个条件。

1.电压条件

电气设备的额定电压 U_N 是指标示在其铭牌上的线电压。

电气设备的最大工作电压 U_{max} 比额定电压高。对额定电压在 220 kV 以下的电气设备而言,其最大工作电压 U_{max} 为额定电压的 1.15 倍,即

$$U_{max} = 1.15U_N$$

电力系统在运行时电压不断波动,实际电压可能高于电网的额定电压 U_{NS}。在选择电气设备时,电器设备的最大工作电压 U_{max} 不得低于所接电网的最高工作电压 U_{MS},即

$$U_{max} \geqslant U_{MS} \tag{5-9}$$

由于实际电网最高工作电压 U_{MS} 一般不超过 $1.1U_{NS}$,故在选择电气设备时可以按额定电压来选择,即

$$U_N \geqslant U_{NS} \tag{5-10}$$

2.电流条件

电气设备的额定电流是指当周围环境温度不超过标准环境温度时,设备允许长期通过的最大工作电流 I_N。选择电器时应满足 I_N 不小于该回路在各种运行方式下最大的持续工作电流,即

$$I_N \geqslant I_{max} \tag{5-11}$$

式中:I_{max} 为电气设备可能通过的最大持续工作电流。

3.机械负载

所选择的电气设备端子的允许机械荷载应大于电器引线在正常运行和短路时的最大作

用力。

4.环境条件

电气设备的选择要考虑使用地点的环境情况,包括温度、日照、风速、冰雪、温度、污秽、海拔高度、地震等。我国《交流高压电器在长期工作时的发热》中规定,普通电器在环境最高温度为 40℃ 时,允许按额定电流长期运行。当环境温度高于 40℃ 时,每增高 1℃,建议额定电流减小 1.8%;当低于 40℃ 时,每降低 1℃,建议额定电流增加 0.5%。但总的增加值不得超过额定电流的 20%。普通电器的最低允许环境温度为 -30℃,风速不大于 35 m/s,海拔高度不超过 1000 m。如果当地环境条件超过设备的使用条件时,应向制造部门提出要求或采取相应措施。例如当海拔高于 1000 m 时,每升高 100 m,最大工作电压要下降 1%。当最大工作电压不能满足要求时,应采用高原型产品。

5.环保条件

选用电气设备时,应该考虑对周围环境的影响,主要是电磁干扰的影响。电磁干扰主要来自设备的电晕。一般要求电器及金具在最高工作电压下,晴天的夜晚不出现可见电晕。对 110 kV 及以上电气设备要求晴天户外的无线电干扰电压不大于 2500 μV。为了减少噪音对工作场所和周围居民的影响,要求在距电气设备 2 m 处的连续性噪声水平不大于 85 dB;非连续性噪声水平不大于 90 dB(户内)和 110 dB(户外)。

5.5.2　按短路情况校验

电力系统不可避免地会发生各种故障,其中尤以各种短路故障对电气设备的危害最大。因此,在按照上述正常运行条件选择电气设备后,还必须按其最大可能通过的短路电流进行热稳定及动稳定的校验。校验一般按最严重的短路情况——三相短路进行校验。

1.短路的热稳定校验

通常把载流导体和电器经受短路电流的热效应而不致损坏的能力称为热稳定性。

在短路情况下,短路电流引起的发热过程很短,导体发出的热量基本全部用于使导体温度升高,向周围散发的热量可以忽略不计。短路电流 I_{ft} 在短路过程中随时间变化,它所产生的热量与积分 $\int_0^{tf} I_{ft}^2 \mathrm{d}t$ 成比例,后者称为短路电流的热效应 Q_f:

$$Q_f = \int_0^{tf} I_{ft}^2 \mathrm{d}t \qquad (5-12)$$

式中:t_f 为短路的持续时间。

电气设备导体温度上升与 Q_f 有直接关系,因此计算短路过程中热效应 Q_f 是进行热稳定校验的关键。

为了计算热效应 Q_f,通常把它近似地分解为与短路电流交流分量有关的热效应 Q_p 和与直流分量有关的热效应 Q_{np} 两部分,即

$$Q_f = Q_p + Q_{np} \qquad (5-13)$$

交流分量的热效应 Q_p 可按下式计算:

$$Q_p = (I''^2 + 10I_{ft/2}^2 + I_{ft}^2)t_f/12 \qquad (5-14)$$

式中:I'' 为短路瞬间的短路电流交流分量;I_{ft} 为短路切除时(t_f 时刻)短路电流的交流分量;

$I_{ft/2}$ 为 $t_f/2$ 时刻的短路电流交流分量。

直流分量的热效应按下式计算

$$Q_{np} = I''^2 T \tag{5-15}$$

式中：T 为直流分量等效时间，其值可由表 5-9 查出。

表 5-9　直流分量等效时间

短路点	T/s	
	$t_f \leqslant 0.1\ s$	$t_f > 0.1\ s$
发电机出口及母线	0.15	0.2
发电厂升高电压母线及出线； 发电机电压电抗器后	0.08	0.1
变电站各级电压母线及出线	0.05	

如果短路电流切除时间 $t_f > 1\ s$，则导体的发热主要由交流分量来决定，在此情况下可以不计直流分量的影响。

求出 Q_f 后，即可根据导体的初始温度求出短路后的温升。为此，可借助短时的导体加热温度曲线，如图 5-13 所示，曲线纵坐标为温度 θ，横坐标为导体的加热系数 A。曲线显然与导体的材料有关。设短路前导体的温度为 θ_N，则由图 5-13 的曲线可以查出相应的 A_N。短路过程中由于短路电流的热效应，使温度升高为 θ_f，与此对应的 A_f 可由下式求得：

$$A_f = A_N + Q_f/S^2 \tag{5-16}$$

式中：Q_f 为短路电流的热效应；S 为导线的截面积。

知道 A_f 后就可由图 5-13 的曲线查出相应的最终温度 θ_f。

当导线的允许最高温度已知时，相应的 A_f 已知；当导线正常工作温度已知时，相应的 A_N 已知。在这种情况下可由式（5-16）求出最小的导体截面：

$$S_{min} = \sqrt{\dfrac{Q_f}{A_K - A_N}} \tag{5-17}$$

定义：

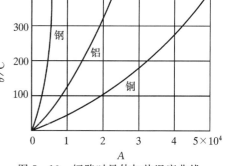

图 5-13　短路时导体加热温度曲线

$$c = \sqrt{A_f - A_N}$$

为热稳定系数，其值可从表 5-10 中查出。式（5-17）可进一步改写为

$$S_{min} = \sqrt{Q_f K_s}/c \tag{5-18}$$

式中：K_s 为考虑趋肤效应的修正系数，导体截面不大时此值可取 1。

表 5-10　不同工作温度下裸导体的 c 值

工作温度/℃	40	45	50	55	60	65	70	75	80	85	90	100	105
硬铝及铝锰合金	99	97	95	93	91	89	87	85	83	81	79	75	73
硬　铜	186	183	181	179	176	174	171	169	166	164	161	157	155

2.短路电流的动稳定校验

电力系统发生短路时,导体通过很大的短路电流,引起巨大的电动力。如果导体的机械强度不够,将会导致导体变形或设备损坏。为了安全运行,在选择电气设备时必须考虑设备具有承受短路情况下电动力作用而不致损坏的能力。这种能力称为电气设备在短路时的动稳定性。

由物理学知道,两条平行载流导体之间的作用力与两导体电流的乘积成正比,与其间的距离成反比。对于三相平行导体而言,受力最大的为中间相。它在短路情况下,单位长度受力 f_{max} 应为

$$f_{max} = 1.73 \frac{i_{sh}^2}{a} \times 10^{-7} \ \mathrm{N/m} \tag{5-19}$$

式中: i_{sh} 为短路时的冲击电流峰值; a 为中间相与两边相的距离。

精确计算电气设备动稳定是比较复杂的问题。一般由制造厂根据大量实验来确定各种电器(断路器、隔离开关、互感器等)的极限通过电流 i_{es} (峰值)或 I_{es} (有效值),即在一定条件下,电器应能承受这样大电流的力效应而不会引起损坏、变形或触头自动断开等现象。在运行中可能通过电器的最大电流一般是指三相短路时的冲击电流 i_{sh} 或 I_{sh} (有效值),因此校验电器的动稳定条件一般表示为

$$i_{es} \geqslant i_{sh} \tag{5-20}$$

或

$$I_{es} \geqslant I_{sh} \tag{5-21}$$

发电厂及变电站硬母线在短路时的受力情况与硬母线的布置有关,其动稳定的校验将在5.6.2中介绍。

3.短路计算条件

短路电流计算是校验电气设备的根据,计算应选取最严重的故障情况。虽然在选择 GIS 组合电器时不需要具体校验电器的热稳定及动稳定,但仍需在短路电流计算的基础上选择组合电器的规格和类型。

在进行短路电流计算时应考虑以下条件:

①计算短路电流所用的电路图应为导体和电气设备装设处可能发生最大电流时的正常接线方式。同时还应兼顾导体或电气设备投入运行后电力系统的发展情况。

②计算短路电流时一般按三相短路考虑。如果单相或两相短路比三相短路严重时,则应按最严重的情况校验。

③计算时短路点应按导体和电气设备处最严重情况选择。

④正确估计短路切除时间。通常,短路计算时间 t_f 由继电保护动作时间 t_1 和断路器的切断时间 t_2 之和来决定,即

$$t_f = t_1 + t_2$$

式中: t_1 为主保护动作时间,一般可取为 0.05 s。当缺乏具体的断路器动作时间时, t_2 可采用下列平均值:

对于快速及中速动作的断路器 $t_2 \approx (0.1 \sim 0.15)$ s

对于低速动作的断路器 $t_2 = 0.2$ s

5.6 电气设备的选择

5.6.1 母线的选择

母线有封闭式和敞露式两类。封闭式母线可根据制造厂提供的有关参数,按电气设备选择的一般条件进行选择和校验。敞露式母线的选择和设计比较复杂,应选择其导线材料、导体类型、敷设方式以及导体截面,并应对电晕、热稳定及动稳定等进行校验。

1.母线的选型

母线常用的材料有铜和铝两种。铜的电阻率低,抗腐蚀性强,机械强度大,是较好的导体材料,但价格较贵。因此,铜母线一般用于持续工作电流大,且位置特别狭窄的发电机、变压器出线处或有严重腐蚀的场合。铝的电阻率约为铜的 1.7~2 倍,价格较低,是我国电力系统中母线的主要材料。

母线的截面形状应保证散热良好,机械强度高,趋肤效应系数尽可能小。此外,在选择母线形状时还应考虑安装简单和连接方便等问题。

常见的母线截面形状有矩形、双槽形、菱形和管形等。矩形截面母线为避免趋肤效应太大,要求单条矩形母线的截面不超过 1250 mm² 。当工作电流大于单条母线的允许电流时,可将 2~4 条母线并列使用。由于邻近效应的影响,多条母线并列后的载流量并不成比例增加,故应尽量避免采用多条母线。矩形母线一般用于 35 kV 及以下电压等级,电流在 4000 A 以下的配电装置中。槽形和管形母线的机械强度好,载流量大,可用于电压等级较高和电流较大的情况下。

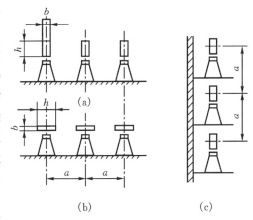

图 5-14 三相母线的布置方式
(a),(b)水平布置;(c)垂直布置

三相母线的布置方式有水平布置与垂直布置两种,如图 5-14 所示。母线条的放置方式有立放(图 5-14(a))与平放(图 5-14(b))两种。立放式散热条件较好,但机械强度差;平放式则正好相反。图 5-14(c)的布置方式则结合了两者的优点,但使配电装置的高度有所增加。

2.母线截面的选择

按正常运行方式选择母线截面的步骤与方法和 5.3 节中导线选择方法基本一致,可按导体长期发热允许电流选择截面,也可按经济电流密度选择截面,并按电晕条件进行校核等。按正常工作电流所选择的母线截面,必须进行短路情况下热稳定校验。根据式(5-18),可按下式进行校验:

$$S \geqslant S_{\min} = \sqrt{Q_f K_s}/c \tag{5-22}$$

式中:S 为按正常工作电流选择的母线截面。

动稳定校验目的在于检验短路电流所产生的电动力是否能引起固定在支柱绝缘子上的载

流母线弯曲变形。所以母线动稳定校验主要计算其在短路时所受的弯曲应力。尽管各种形状的母线受机械力的作用方式不同,但计算方法相似。以下简单介绍单条矩形母线应力的计算方法。

通常把母线看作一个自由放置在支柱上的多跨距的梁,承受均匀机械力的作用。在电动力的作用下,母线所受弯矩为

$$M = FL/10 \text{ Nm} \tag{5-23}$$

$$F = f_{\max} L \text{ Nm} \tag{5-24}$$

式中:L 为支柱绝缘子间的跨距,m;F 为母线在一个跨距内所受的力,N;$f_{\max}$ 为母线单位长度受力,可利用式(5-19)求得。同时应注意,当跨距数为 2 时,式(5-23)应改为

$$M = FL/8 \text{ Nm} \tag{5-25}$$

三相母线在同一平面的情况下,母线的最大计算应力 $\sigma_{\max}$ 为

$$\sigma_{\max} = \frac{M}{W} \text{ Pa} \tag{5-26}$$

式中:W 为母线截面垂直于作用力方向的轴向抗弯截面系数,m³。当母线按图 5-14(a)布置时,有

$$W = \frac{b^2 h}{6} \text{ m}^3 \tag{5-27}$$

当母线按图 5-14(b)布置时,有

$$W = \frac{bh^2}{6} \text{ m}^3 \tag{5-28}$$

对于其它母线排列型式或多条母线的抗弯截面系数可由设计手册中查到。

如果最大计算应力小于母线材料的容许应力 σ_p,即满足

$$\sigma_{\max} \leqslant \sigma_p$$

时,则认为母线的动稳定是符合要求的。各种母线材料的容许应力见表 5-11。

表 5-11　各种母线材料的容许应力

硬母线材料	σ_p/Pa
硬　铜	137×10^6
硬　铝	69×10^6
钢	157×10^6

在实际设计中,常根据材料的容许应力 σ_p 来决定绝缘子的最大容许跨距。事实上,如将式(5-23),式(5-25)代入式(5-26)可得:

$$\sigma_{\max} = \frac{f_{\max} L^2}{10W} \tag{5-29}$$

取 $\sigma_{\max} = \sigma_p$,则可求出最大容许跨距 $L_{\max}$ 为

$$L_{\max} = \sqrt{\frac{10\sigma_p W}{f_{\max}}} \tag{5-30}$$

由上式可以看出,母线在短路时所受弯应力与跨距的平方成比例。绝缘子的跨距愈小则母线所受弯应力愈小。因此,当所选择的绝缘子跨距小于 $L_{\max}$ 时,母线的机械强度就满足了

动稳定的条件。一般绝缘子跨距可选择为配电装置的间隔宽度。对于矩形截面母线的跨距一般不超过 1.5~2.0 m,以防止母线因自重而弯曲。

5.6.2 断路器及隔离开关的选择

断路器和隔离开关属于开关电器,是变电站的重要组成部分。在运行时,电力系统任何载流设备的投入或切除都要使用开关电器。

断路器应根据安装地点、环境及使用条件等选择其种类和型式。少油断路器价格低、维护简单,故在 3~220 kV 电压等级得到广泛应用;对于 110~330 kV 电压等级的配电装置而言,当少油断路器的技术性能难以满足要求时,可选用压缩空气断路器或 SF_6 断路器;500 kV 电压等级的配电装置一般均采用 SF_6 断路器。

隔离开关的型式较多,按安装地点可分为屋内式和屋外式,按安装方式可分为单柱式、双柱式和三柱式。隔离开关的选择对配电装置的布置及占地有很大影响,故其选型应根据配电装置的特点并经技术经济比较确定。

高压断路器、隔离开关可按照表 5-12 各项进行选择和校验。由表可以看出,在选择隔离开关时,除了不校验开断电流和短路关合电流,其余选择校验项目均与断器总相同。因此,以下仅就断路器的选择作一些补充说明。

表 5-12 中前两项关于额定电压与额定电流的选择条件并无特殊之处,为一般电器选择应遵循的条件,如式(5-10)和式(5-11)所示。

表中"开断电流"及"短路关合电流"是选择断路器的特殊要求,以下就此作一说明。

表 5-12 高压断路器、隔离开关的选择校验项目

项 目	高压断路器	隔离开关
额定电压	$U_N \geqslant U_{NS}$	$U_N \geqslant U_{NS}$
额定电流	$I_N \geqslant I_{max}$	$I_N \geqslant I_{max}$
开断电流	$I_{Nbr} \geqslant I_{pt}$	—
短路关合电流	$i_{Nci} \geqslant i_{sh}$	—
热稳定	$I_t^2 t \geqslant Q_K$	$I_t^2 t \geqslant Q_K$
动稳定	$i_{es} \geqslant i_{sh}$	$i_{es} \geqslant i_{sh}$

断路器的额定开断电流 I_{Nbr} 取决于其灭弧能力,应满足表中条件:

$$I_{Nbr} \geqslant I_{pt} \quad kA \qquad (5-31)$$

其中 I_{pt} 为断路器触头实际开断瞬间的短路电流交流分量的有效值。

校验短路电流开断能力时应按最严重的短路类型计算,但由于断路器开断单相短路的能力比开断三相短路能力大 15% 以上(这是由于单相短路时恢复电压较小),因此只有单相短路比三相短路电流大 15% 时才作为短路电流的计算条件。

一般中、慢速断路器开断时间较长(大于 0.1 s),短路电流直流分量衰减较多,能满足国家规定的直流分量不超过交流分量幅值 20% 的要求,故可按式(5-31)进行校验。对于使用快速保护的高速断路器来说,其开断时间小于 0.1 s。在这种情况下,当在电源附近短路时,短路电流的直流分量可能超过交流分量的 20%。因此其开断路电流应计及直流分量的影响,校验

条件应改为

$$I_{Nbr} \geqslant I_K = \sqrt{I_{pt}^2 + (\sqrt{2}\,I''e^{-\omega t_{br}/T_a})^2} \tag{5-32}$$

式中：I_K 为短路全电流；I'' 为次暂态电流；t_{br} 为开断时间；T_a 为直流分量衰减时间常数。

　　有时在断路器合闸之前线路已存在短路故障（例如重合闸不成功），则在断路器合闸过程中触头间未接触时就会有巨大的短路电流通过，即发生所谓预击穿的现象。在这种情况下断路器可能发生触头熔焊或遭受电动力的破坏。此外，断路器在关合短路电流时不可避免地又要自动跳闸，此时要求有切断短路电流的能力。因此额定关合电流 i_{Nci} 是断路器的重要参数。为了保证电力系统的可靠性及人身和设备的安全，在选择断路器时应满足其额定短路关合电流大于或等于最大的短路电流冲击值 i_{sh}，即

$$i_{Nci} \geqslant i_{sh} \tag{5-33}$$

　　在表 5-12 热稳定校验条件中的 $I_t^2 t$ 为制造厂家根据试验给出的断路器允许通过的热稳定电流及时间，此数据可由断路器参数中查到。表 5-12 中动稳定校验条件和式（5-20）一致，不再赘述。

　　例 5-4　试选择某变电站 10 kV 出线的断路器及隔离开关。已知该线路的最大工作电流为 60 A；最大短路电流 $I''=I_\infty=8.5$ kA；继电保护动作时间为 1 s；SN10—10/600 型少油断路器的全开断时间为 0.2 s。

　　解　根据额定电压及最大工作电流 60 A，初选 SN10—10/600 的断路器及 GN8—10/400 的隔离开关，相应的额定电流分别为 600 A 及 400 A，故能满足正常运行要求。

　　SN10—10/600 型断路器的额定开断电流为 98.9 kA，大于短路开断时的电流 8.5 kA，满足灭弧能力要求。

　　动稳定校验：

　　SN10—10/600 断路器及 GN8—10/400 隔离开关的动稳定电流均为 52 kA，超过设备装设点的冲击电流 i_{sh} 为

$$i_{sh} = 2.55 I'' = 21.7 \text{ kA}$$

因此满足在短路情况下动稳定的要求。

　　热稳定校验：

　　由式（5-14）可知，交流分量的热效应 Q_p 为

$$Q_p = (I''^2 + 10 I_{ft/2}^2 + I_{ft}^2) t_f / 12$$

在本例题的情况下，$I'' = I_{ft/2} = I_{ft} = 8.5$ kA。短路开断时间为

$$t_f = 1 + 0.2 = 1.2 \text{ s}$$

故

$$Q_p = 8.5^2 \times 1.2 = 86.7 \text{ (kA)}^2 \text{ s}$$

　　由式（5-15）可知，直流分量的热效应 Q_{np} 为

$$Q_{np} = I''^2 T$$

由表 5-9 可知 $T = 0.05$ s，故

$$Q_{np} = 8.5^2 \times 0.05 = 3.61 \text{ (kA)}^2 \text{ s}$$

因此，热效应 Q_f 为（见式（5-13））

$$Q_f = Q_p + Q_{np} = 86.7 + 3.61 = 90.31 \text{ (kA)}^2 \text{ s}$$

由 SN10—10/600 型断路器参数可知其允许的短路热效应为 20.2 kA 持续 4 s，故

$$I_t^2 t = 20.0^2 \times 4 = 1632.16 \text{ (kA)}^2 \text{ s}$$

因此热稳定不成问题。同理，GN8—10/400 隔离开关允许短路热效应为 14 kA 持续 4 s，故

$$I_t^2 t = 14^2 \times 4 = 784 \text{ (kA)}^2 \text{ s}$$

因此,GN8—10/400 隔离开关也满足热稳定要求。

5.6.3　高压熔断器的选择

熔断器为最简单的保护电器,用来保护电气设备免受过载和短路电流的损害。屋内型高压熔断器在变电站中常用于保护电力电容器、配电线路和配电变压器,在发电厂多用以保护电压互感器等。高压熔断器主要根据额定电压、额定电流及开断电流来选择,以下作简要说明。

1.额定电压

对于一般高压熔断器来说,其额定电压必须大于或等于电网的额定电压。但是对于充填石英砂的有限流作用的熔断器则只能用在等于其额定电压的电网中。因为这种类型的熔断器能在电流达到最大值之前将电流截断,致使熔断器熔断时产生过电压。这种过电压一般可达到额定电压的 $2\sim2.5$ 倍。但如用于低于额定电压的电网中,其过电压值可高达 $3.5\sim4.0$ 倍,从而导致电网中电气设备的损坏。

2.额定电流

熔断器额定电流的选择分两部分,即熔断器熔管额定电流的选择和熔体额定电流的选择。为了保证熔断器壳不致损坏,高压熔断器熔管的额定电流 I_{Nft} 应大于或等于熔体的额定电流 I_{Nfs},即

$$I_{Nft} \geqslant I_{Nfs} \tag{5-34}$$

为了防止熔体在通过变压器激磁涌流和熔体的保护范围以外短路时误动作,保护 35 kV以下电力变压器的高压熔断器熔体的额定电流应按下式选择:

$$I_{Nfs} \geqslant KI_{max} \tag{5-35}$$

式中:K 为可靠系数(不计电动机自启动时,K 取 $1.1\sim1.3$,考虑电动机自启动时,K 取 $1.5\sim2.0$);I_{max} 为电力变压器最大工作电流。

在选择保护电力电容器的高压熔断器时,应考虑当系统电压升高或波形畸变而引起回路电流增大或运行过程产生涌流时不发生误熔断。因此,其熔体的额定电流应按下式选择:

$$I_{Nfs} \geqslant KI_{NC} \tag{5-36}$$

式中:K 为可靠系数(对限流式高压熔断器,当保护一台电力电容器时 K 取 $1.5\sim2.0$,当保护一组电容器时 K 取 $1.3\sim1.8$);I_{NC} 为电力电容器回路的额定电流。

3.开断电流

和断路器一样,熔断器的开断电流 I_{Nbr} 应满足

$$I_{Nbr} \geqslant I_{sh} \tag{5-37}$$

或

$$I_{Nbr} \geqslant I'' \tag{5-38}$$

对于没有限流作用的熔断器用式(5-37)所表示的冲击电流来校验;对于有限流作用的熔断器,在电流达最大值之前已截断,故可不计短路电流直流分量的影响,而采用 I'' 进行校验。

5.7　经济评价方法

工程项目的经济评价是其可行性研究的重要内容和确定方案的重要决策依据。对于任何

一个工程项目,当存在不同技术或不同规模的多种投资方案时,必须进行技术经济评价才能选出最优方案。经济评价的前提是各方案在技术、功能等方面是相当的或可比的。可比的条件主要包括:

①产品的数量和质量可比。电力系统产品的数量是指发、输电容量;质量是指电网的电压、频率、波形及供电可靠性等;

②在工程技术设备的供应等方面都应是可实现的;

③对国家各项资源的利用和影响是可比的;

④各方案在环境保护方面均能达到国家标准;

⑤均能适应未来的发展。

当各待选方案在技术上或其它方面存在差别时,应采取补偿措施,并应计入补偿措施的费用和效益。此外,当待选方案中有综合利用效益时应按各部门的效益进行投资分摊,然后再进行比较。

目前采用的经济评价方法很多,可以归纳为以下三种:

①静态评价法;

②动态评价法;

③不确定性评价法。

在评价工程项目投资的经济效果时,如不考虑资金的时间价值,称为静态评价法。静态评价法比较简单直观,但难以考虑工程项目在使用期内收益和费用的变化,难以考虑各方案使用寿命的差异,特别是不能考虑资金的时间因素。因此,静态评价法一般只用于简单项目的初步可行性研究。

目前,电力建设项目大多采用动态评价法。该方法考虑了资金的时间因素,比较符合资金的动态规律,因而得到的经济评价更符合实际。常用的动态评价法有以下四种:

①净现值法;

②内部收益率法;

③费用现值法;

④等年费用法。

本节将主要讨论资金的时间价值和以上四种经济动态评价方法。

不确定性评价方法是考虑原始数据的不确定性的经济评价方法。对电力建设项目来说,这种不确定性主要来自电力负荷预测的不确定性,一次能源和电工技术设备价格的变化等。关于不确定性评价方法可以参考有关文献,限于篇幅,这里不再详述。

5.7.1　资金的时间价值

资金的价值与时间有密切关系。当前的一笔资金,即使不考虑通货膨胀的因素,也比将来相同数量的资金更有价值。因此,工程项目在不同时刻投入的资金及获得的效益也有不同的价值。为了取得经济上的正确评价,应该把不同时刻的金额折算为同一时刻的金额,然后在相同的时间基础上进行比较。

在经济分析中,工程项目有关资金的时间价值通常有以下几种表示方法。

①现值 P:把不同时刻的资金换算为当前时刻的等效金额,此金额称为现值。这种换算称为贴现计算。现值也称为贴现值。

②将来值 F:把资金换算为将来某一时刻的等效金额,此金额称为将来值。资金的将来值有时也叫终值。

现值和将来值都是一次支付性质的。

③等年值 A:把资金换算为按期支付的金额,通常每期为一年,故此金额称为等年值。

以上三种类型的资金表示方法的关系如图 5-15 所示。由图可以看出,资金的现值发生在第一年初,将来值发生在最后一年末,而等年值则发生在每年的年末。

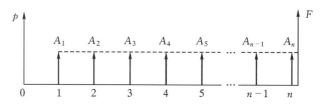

图 5-15 资金的现值、将来值和等年值

除以上三种表示方法外,还有递增年值的表示方式,即把资金折算为按期递增支付的金额。等年值和递增年值都是多次支付性质的。

以上几种类型的资金表示方式可以相互转换。它们之间的换算和众所周知的利息算法完全相同。下面我们讨论资金的现值 P、将来值 F 和等年值 A 之间的转换关系。

1.由现值 P 求将来值 F

由现值 P 求将来值 F 的计算也叫本利和计算。设利率为 i,则第 n 年末的将来值 F 与现值 P 的关系为

$$F = P(1+i)^n = P(F/P, i, n) \tag{5-39}$$

式中

$$(F/P, i, n) = (1+i)^n \tag{5-40}$$

$(F/P, i, n)$ 称为一次支付本利和系数。利用上式进行计算时应注意 P 值发生在第一年初,而 F 值发生在第 n 年末。

2.由将来值 F 求现值 P

由将来值 F 求现值 P 的计算称为贴现计算。由式(5-39)可知:

$$P = F/(1+i)^n = F(P/F, i, n) \tag{5-41}$$

式中

$$F = (P/F, i, n) = 1/(1+i)^n \tag{5-42}$$

称为一次支付贴现系数,为一次支付本利和系数的倒数。

3.由等年值 A 求将来值 F

由等年值 A 求将来值 F 的计算叫等年值本利和计算。当等额 A 的现金流发生在从 $t=1$ 到 $t=n$ 年的每年末时,在第 n 年末的将来值 F 等于这 n 个现金流中每个 A 值的将来值的总和,即

$$F = A + A(1+i) + A(1+i)^2 + \cdots + A(1+i)^{n-1} \tag{5-43}$$

这是一个等比级数之和,其公比为 $1+i$,将上式两端乘以 $1+i$ 得:

$$F(1+i) = A(1+i) + A(1+i)^2 + A(1+i)^3 + \cdots + A(1+i)^n \tag{5-44}$$

以式(5-44)减去式(5-43)得:

$$F(1+i)-F=A(1+i)^n-A$$

故知:

$$F=A\frac{(1+i)^n-1}{i}=A(F/A,i,n) \tag{5-45}$$

式中

$$(F/A,i,n)=\frac{(1+i)^n-1}{i}$$

叫做等年值本利和系数。这个系数表达了 n 年的等年值 A 与第 n 年末将来值之间的关系。

例 5 - 5　某工程投资 20 亿元,施工期为 10 年,每年投资分摊为 2 亿元。如果全部投资由银行贷款,贷款利息为 10%,问工程投产时欠银行多少?

解　工程竣工时欠银行的钱等于等年值 2 亿元在 10 年后的未来值,即

$$F=A(F/A,10\%,10)=2\times\frac{(1.0+0.1)^{10}-1}{0.1}=31.874\text{ 亿元}$$

4.由将来值 F 求等年值 A

由将来值 F 求等年值 A 的计算称为偿还基金计算。由式(5-45)可得:

$$A=F\frac{i}{(1+i)^n-1}=F(A/F,i,n) \tag{5-46}$$

式中

$$(A/F,i,n)=\frac{i}{(1+i)^n-1} \tag{5-47}$$

叫做偿还基金系数。

利用偿还基金计算可以回答这样的问题:为了支付第 n 年的一笔费用,从现在起到 n 年止每年应该等额储蓄多少?

5.由等年值 A 求现值 P

由等年值 A 求现值 P 的计算叫做等年值的现值计算,由式(5-45)及式(5-41)可以推出:

$$P=A\frac{(1+i)^n-1}{i}\cdot\frac{1}{(1+i)^n}=A(P/A,i,n) \tag{5-48}$$

式中

$$(P/A,i,n)=\frac{(1+i)^n-1}{i(1+i)^n} \tag{5-49}$$

称为等年值的现值系数。

6.由现值 P 求等年值 A

由现值 P 求等年值 A 的计算叫做资金收回计算。由式(5-48)可知:

$$A=P\frac{i(1+i)^n}{(1+i)^n-1}=P(A/P,i,n) \tag{5-50}$$

称为资金收回系数,是经济分析中的一个重要系数,简写为 CRF(Capital Recovery Factor)。

它表达了现值 P（发生在第一年初）和 n 个等年值 A（发生在每年末）之间的等效关系。

例 5-6 某公司目前借款买一台价值 10000 元的机器，该款应在 20 年中等额还清。设利息为 8%，每年应偿还多少？

解
$$A = P(A/P, 8\%, 20) = 10000 \times \frac{0.08(1+0.08)^{20}}{(1+0.08)^{20}-1}$$
$$= 1018.5 \ 元$$

5.7.2 经济评价方法

利用资金时间价值的换算公式，可以把现金流折算为所需要的等效金额。这种换算为我们提供了四种经济评价方法，即净现值法、内部收益法、最小费用法及等年值法。现分别讨论如下。

1. 净现值法

工程项目的净现值（简写为 NPV）是该项目在使用寿命期内总收益与总费用之差。显然，一个工程项目方案的净现值愈大则其经济效益愈高。设有几个互斥的投资方案，在其它条件可比的情况下，我们应该推荐净现值最大的方案，即

$$\max \mathrm{NPV}_j = \sum_{t=0}^{n}[B_{jt}(P/F, i, t)] - \sum_{t=0}^{n}[(C_{jt} + K_{jt})(P/F, i, t)] \qquad (5-51)$$

式中：i 为利率或贴现率；B_{jt} 为方案 j 在第 t 年的收益；C_{jt} 为方案 j 在第 t 年的运行费用；K_{jt} 为方案 j 在第 t 年的投资；n 为方案 j 的使用寿命或使用期限。

式（5-51）也可改写为如下形式：

$$\max \mathrm{NPV}_j = \sum_{t=0}^{n}[(B_{jt} - C_{jt} - K_{jt})(P/F, i, t)] \qquad (5-52)$$

上式表明，方案的净现值也可以表示为使用年限内逐年净收益现值的总和。当采用净现值法对一个独立的工程投资方案进行经济评价时，若 $\mathrm{NPV} \geqslant 0$，则认为该方案在经济上是可取的，反之则不可取。

例 5-7 某水电厂投资为 5000 万元，使用寿命为 50 年，年运行费用为 100 万元。若每年综合效益为 700 万元，贴现率为 10%，试计算其净现值。

解 水电厂使用寿命为 50 年，设总效益的现值为 BPV，则知：
$$\mathrm{BPV} = 700 \times (P/A, 10\%, 50) = 700 \times \frac{(1+0.5)^{50}-1}{0.1 \times (1+0.1)^{50}}$$
$$= 700 \times 9.915 = 6940 \ 万元$$

设总费用现值为 CPV，则有：
$$\mathrm{CPV} = 5000 + 100 \times 9.915 = 5991.5 \ 万元$$

故该项目的净现值为
$$\mathrm{NPV} = \mathrm{BPV} - \mathrm{CPV} = 6940 - 5991.5 = 948.5 \ 万元$$

因此，该项目在经济上是可取的。

现在分析当贴现率取不同值时，同一工程方案净现值的变化情况。当 $i = 13\%$ 时，总效益的现值为
$$\mathrm{BPV} = 700 \times (P/A, 13\%, 50) = 700 \times \frac{(1+0.13)^{50}-1}{0.13 \times (1+0.13)^{50}}$$
$$= 700 \times 7.675 = 5372.67 \ 万元$$

总费用的现值为

CPV $= 5000 + 100 \times 7.675 = 5767.5$ 万元

因此,当 $i=13\%$ 时该方案的净现值为

NPV $= 5372.67 - 5767.5 = -394.83$ 万元

该方案在经济上已不可取。

由以上结果还可以看出,对同一工程方案来说,所用的贴现率 i 愈大,则其净现值愈小。同一工程现金流的净现值 NPV 随贴现率 i 的变化关系可以用净现值函数曲线来表示。图 5-16 给出了本例的净现值函数曲线。关于这种曲线的意义在下面还要讨论。

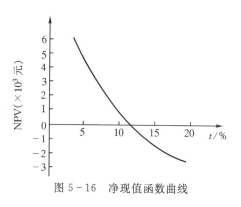

图 5-16　净现值函数曲线

2.内部收益率法

内部收益率法又称投资回收法。

从例 5-7 可以看出,一个工程项目的净现值与所用的贴现率有密切关系,且净现值随给定的贴现率增大而减小。内部收益率法的关键是求出一个使工程方案的净现值为零的收益率,即需从下式求出 i_j^*:

$$\sum_{t=0}^{n} \left[(B_{jt} - C_{jt} - K_{jt})(P/F, i_j^*, t) \right] = 0 \qquad (5-53)$$

这种方法的优点是在进行互斥方案比较时,不需要事先知道标准的贴现率,而只需要计算得到的收益率 i_j^* 直接进行比较。i_j^* 越大的方案经济效益越好。

对于独立方案而言,当工程项目的内部收益率 i_j^* 大于标准贴现率 i_0 时

$$i_j^* > i_0 \qquad (5-54)$$

则认为该方案在经济上是可取的。

在例 5-7 中,由图 5-16 可以看出当 $i^* \approx 11.5\%$ 时方案的净现值为零。故当规定的标准贴现率为 $i_0 = 10\%$,根据判据式(5-54)可知,该方案仍然是可取的。当给定的标准贴现率为 12% 时,该方案在经济上则不可行。

内部收益率法的缺点是计算量比较大。在由式(5-53)求 i^* 时,一般要采用逐步逼近的方法迭代求解。

3.最小费用法

在进行某些工程项目的经济评价时,可能会遇到收益难以计算的情况。例如一般公共福利设施的项目就很难用钱来衡量其收益。在这种情况下往往只能进行工程项目费用的比较,这样就引出了最小费用法。这种方法隐含了一个假定:当方案满足相同的需要时,其收益相等。因此,净现值法的判别式(5-52)就等价于求费用现值 PVC 最小的方案:

$$\min \text{PVC}_j = \sum_{t=0}^{n} (C_{jt} + K_{jt})(P/F, i, t) \qquad (5-55)$$

式中符号的意义同式(5-52)。

当采用上述方法进行互斥方案比较时,应注意各工程项目的使用寿命问题。在各工程项目使用寿命不同的情况下,即使净现值或费用现值相等,其实际收益也不相同。为了使方案比较有一个共同的时间基础,处理寿命不同的问题可以用最小公倍数法和最大使用寿命法。

最小公倍数法以不同方案使用寿命的最小公倍数为计算期。在此计算期内,各方案分别

考虑以同样的规模,按相应的最小公倍数重复投资,然后求出计算期内各方案的净现值或费用现值,进行比较。

对于方案较多且使用寿命相差很大的问题,用最小公倍数法比较复杂。在这种情况下,可将方案中最大的使用寿命期定为计算期,使用寿命短的方案在计算期内考虑重建投资,在计算期末可将剩余使用寿命的折余价值视为残值扣除。

例 5-8　某工程项目有如表 5-13 所示的两种方案。试问当贴现率为 6% 时,哪个方案经济效益好?

表 5-13　两种方案的经济指标

项　目	方案 1	方案 2
投　资	3000 元	5000 元
残　值	0 元	1000 元
使用寿命	6 年	8 年
运行费用	750 元/年	550 元/年

解　两方案使用寿命的最小公倍数为 24 年,故计算期取 24 年。

对方案 1 共重复 4 次投资,其费用现值为

$$PVC_1 = 3000 + 3000[(P/F,6\%,6) + (P/F,6\%,12) + (P/F,6\%,18)] + 750 \times (P/A,6\%,24)$$

$$= 3000 + 3000 \times (0.70496 + 0.49697 + 0.35034) + 750 \times 12.55036$$

$$= 17069.58 \ 元$$

对方案 2 共重复投资 3 次,其费用现值为

$$PVC_2 = 5000 + (5000 - 1000) \times (P/F,6\%,8) + (P/F,6\%,16)$$

$$+ 550 \times (P/A,6\%,24) - 1000 \times (P/F,6\%,24)$$

$$= 5000 + 4000 \times (0.62741 + 0.39365) + 550 \times 12.55036 - 1000 \times 0.24698$$

$$= 15739 \ 元$$

$PVC_1 > PVC_2$,故知方案 2 比较优越。

如果忽略了寿命不同这个因素,则会得出错误的结论。对这个例子来说,方案 1 的费用为

$$PVC_1 = 3000 + 750 \times (P/A,6\%,6) = 3000 + 750 \times 4.91732 = 6687.99 \ 元$$

方案 2 的费用为

$$PVC_2 = 5000 + 550 \times (P/A,6\%,8) - 1000(P/F,6\%,8)$$

$$= 5000 + 550 \times 6.20979 - 1000 \times 0.62741 = 7787.97 \ 元$$

显然,从这样计算得出的结果将得出完全相反的结论。

4.等年值法

等年值法把工程项目使用期内的费用换算成等额的每年一笔的等值费用——等年值,然后用等年值进行方案比较。利用式(5-55)可以得到工程项目等年值判别式:

$$\min AC_j = PVC_j(A/P,i,n)$$

$$= \left[\sum_{t=0}^{n}(C_{jt} + K_{jt})(P/F,i,n)\right](A/P,i,n) \qquad (5-56)$$

式中:AC_j 为方案 j 总费用的等年值。

当使用期内每年的运行费用不变,即

$$C_{jt} = C_j \quad t = 1,2,\cdots,n$$

且投资只发生在第一年初始,即

$$K_{jt} = \begin{cases} K_{j0} & t=0 \\ 0 & t>0 \end{cases}$$

时,经过简单的代数运算即可将式(5-56)简化为

$$\min AC_j = K_{j0}(A/P,i,n) + C_j \qquad (5-57)$$

利用等年值法处理使用寿命不同的方案比较方便。无论各方案的使用寿命是否相同,只要将各方案现金流换算成等年值,就可以直接进行比较。

例5-9　试用等年值法对例(5-8)中两种方案进行经济比较。

解　利用式(5-51)对方案1进行等年值计算,得:

$$AC_1 = 3000 \times (A/P,6\%,6) + 750 = 1360.2 \ 元$$

对方案2则有:

$$AC_2 = 5000 \times (A/P,6\%,8) + 550 - 1000(A/F,6\%,8)$$
$$= 5000 \times 0.161 + 550 - 1000 \times 0.101 = 1254 \ 元$$

故知第二方案比较经济。

值得注意的是,与例5-8的计算结果对照可知,方案1和方案2的费用现值之比恰好等于其等年值之比,即

$$17069.58 : 1360.2 = 15739 : 1254 = 12.55$$

这个结果并非巧合,因为12.55正是等年值的现值系数

$$(P/A,6\%,24) = 12.5504$$

由此可以看出,等年值法与考虑使用寿命问题后的最小费用法是完全等效的,但等年值法的计算要简单得多。等年值法也称为最小费用法。

小　结

本章讨论电网设计及电气设备选择的有关问题。电网设计的关键问题是电网接线方式的论证。5.2节中介绍了论证的主要内容及各种典型的电网接线型式。一般来说,在选择电网接线时应进行可靠性评估计算,并进行全面技术经济比较。由于篇幅问题,本章未讨论可靠性的理论及算法,有兴趣的读者可参看相关文献。接线方式的确定与电压等级有密切关系;但电压等级的确定涉及到现有电网的情况及长远发展诸方面的因素,甚至与国家(或地区)的发展战略有关,不是仅仅由技术经济比较可以确定的。

输电线路导线截面的选择是电网设计的一个重要内容。本章介绍了按经济电流密度、按电压损耗及按允许经济电流密度等条件选择导线截面的方法。原则上,应分别按这些方法计算导线截面,然后选取其中最大者。但对区域电网来说,送电距离较远,输送功率较大,如按电压损耗选择可能使导线截面过大。另一方面,区域电网可以在电压中枢点采取一些调压措施来解决电压质量问题。因此对区域电网一般按经济电流密度选择截面,用允许电流来校验。对于配电网来说,电压损耗是选择导线截面的控制条件。这时可按同一截面法、恒定电流密度法及最小金属消耗量法进行选择。同一截面法适用于闭式电网开式运行的情况;恒定电流密度法适用年最大负荷利用小时数比较大的情况;而有色金属量消耗量最小原则适用于线路较长而年利用小时较小的农村供电网。

电网设计的另一个重要内容是变压器的选择,包括变压器型式、台数及容量的选择。变压

器是电力网中可靠性较高的元件,为了简化接线及配电装置,应尽可能减少变压器的台数,尽可能采用三相变压器(而不用单相变压器组),尽可能利用三绕组变压器。在选择容量时主要应考虑变压器正常运行及事故情况下的过负荷能力。

对变电站设计来说,在主接线确定(见第 4 章)之后,主要是电气设备选择及配电装置的设计。在选择电气设备时除了按正常运行选择其参数外,还应作短路情况下的热校验及动力校验。因此正确选定短路点并进行短路电流计算是选择电气设备的前提。各种电气设备都有其特殊要求。例如,断路器应校验其开断能力及承受关合短路电流的能力,互感器应有精确度的校验等,在选择时必须注意。

经济评价方法是工程决策的重要依据。本章介绍了几种常用的工程经济评价方法。资金的时间效益是各种评价方法的基础。在进行几个互斥方案比较时,应注意经济上的可比性,处理好使用寿命及残值等问题。

思考题及习题

5-1 电网接线有哪几种典型的型式,各有何特点?

5-2 导线截面有几种选择方法,各用在何种场合?

5-3 研究导体的发热有何意义?长期发热和短路时的发热各有何特点?

5-4 何谓变压器的过负荷能力?为什么允许变压器短时在大于额定容量的负荷下运行?

5-5 什么叫 1‰规则?变压器过负荷能力有何限制?

5-6 试列表说明各种电器按工作条件选择和按短路条件校验的项目及计算公式。

5-7 在选择断路器时为什么要进行热稳定校验?分别说明断路器的实际开断时间、短路切除时间和短路电流等效发热时间的确定方法。

5-8 高压断路器有哪些主要技术参数,其含意是什么?

5-9 选择电器时短路电流计算点如何确定?试分析四角形接线中断路器 I_{max} 和计算短路点应如何确定?

5-10 何谓经济电流密度,按经济电流密度选择的导线截面为何还要按长期发热允许电流进行校验?

5-11 常用的工程项目经济评价方法有几种,各有何特点?

5-12 证明最小费用法及等年值法的等价性。

5-13 某 10 kV 线路接有两个用户,采用干线式接线方式。在距电源(O 点)10 km 的 A 点处负荷功率为 100 kW,功率因数为 0.85;在距电源 20 km 的 O 点处负荷功率为 150 kW,功率因数为 0.85。已知线路允许电压损耗为 5‰,线间几何均距为 1 m,导线采用铝绞线,试按同一截面法选择导线截面。

5-14 某变电站装有一台 SJL₁—500 型变压器,其负荷率为 0.7,日最大负荷持续时间为 6 h,夏季日最大负荷为 450 kW,试问该变压器在冬季的过负荷能力为多少?

5-15 有一条 3 kV 三芯电缆,铝芯截面为 3×25 mm²,正常运行时的温度为 80℃,短路电流通过的时间 $t_f = 0.5$ s,短路电流值不变 $I_f = 28$ kA。试校验这条电缆是否满足热稳定的要求。

5-16 如何平衡电网设计中经济性与可靠性之间的关系?

第6章 远距离大容量输电

6.1 概　述

电力的发展依赖于一次能源,主要是煤炭和水力资源。我国煤炭、水力资源比较丰富,但如第1章所述我国能源分布很不均匀,其中煤炭资源主要集中在华北和西北地区,约占全国煤炭资源的78%;水力资源主要集中在西南地区,约占全国的62%[4],从而形成了"西电东送"和"北电南送"的基本格局。输送距离达1000~2500 km,送电容量达上千万千瓦,因此,远距离大容量输电在我国有着特别重要的意义。

当前远距离输电面临的主要问题是如何减少输电线路损耗和提高输送容量。目前世界上国土辽阔的国家都在进行远距离大容量输电方式的研究,如俄罗斯、美国、巴西、中国等。已经提出的输电方式有特高压交流输电、特(超)高压直流输电、半波输电、紧凑型交流输电、灵活交流输电等[5]。

实际上,提高线路的输送容量历来是电力工业技术发展的动力。在交流输电系统的百年发展史中,一直依靠提高电压等级来提高线路的输送容量和输送距离,这在一定的电压范围内是经济合理的,但进一步提高电压等级却受到技术、材料和环境等方面的限制[6,7]。另一方面受到稳定等条件的约束,超高压输电线路的输送功率极限远未达到其热极限,线路走廊未得到充分的利用。因此,在不提高电压等级的前提下,通过改变线路结构、降低输电频率、附加补偿控制装置等措施来提高线路输送能力具有巨大的潜力。

直流输电不存在稳定极限问题,是提高线路输电容量的一个重要途径。迄今为止,全世界大约超过40个国家已经建成投产了直流输变电工程。但是直流输电两端的换流设备昂贵,并且难以引出支路功率,限制了其应用。

1994年王锡凡教授针对水电外送提出了一种全新的输电方式——分频输电系统,在不提高电压等级的前提下通过降低输电频率,减少输电线路的电抗来提高输电线路的输送功率,达到减少输电回路数和出线走廊的目的。这样可以提高单位走廊的利用率,节约资金,减轻电磁污染对环境的危害。水力发电机组转数低,适合发出低频电力。目前蓬勃发展的风电、光伏等新能源并网利用分频输电也会取得很高的经济效益。因此分频输电对于解决我国再生能源发电远距离、大容量输电问题提供了一种非常有竞争力的输电方案[1,2]。

一般来说,线路的传输容量主要受以下因素的制约。

①热极限:当线路流过电流时,会有一定的功率损失,这部分损失转化为热能引起线路发热。架空线路的温度要低于一定的极限值才不会造成杆塔之间线路弧垂过大,不会造成线路无法恢复的延展或线路接头的熔化。这个热极限对应的传输功率称为线路热极限传输容量。对于电缆线路而言,热极限的约束更为严格,过度发热会加速绝缘老化,导致线路损坏。

②电压约束:对于馈电线路而言,为保持用户端的电压在合理的运行范围之内,线路上的

电压降必须有所限制。因此,对其上流过的功率也有一定的限制,这个限制值就是受电压约束的线路传输容量。

③稳定性约束:稳定性约束是指为了维持输电线两端的电力系统同步运行所必须守的条件。稳定性约束包括系统受到小扰动时的静态稳定约束和受到大扰动时的暂态稳定约束。如果系统的稳定受到破坏,将会引起系统大面积停电,危害十分严重。线路的稳定极限传输容量随着线路距离的增长而迅速下降。

对于交流远距离输电线路而言,在上述三种约束条件中,最重要的是稳定性约束。如果不采取一定的措施,则线路的稳定极限远小于热极限,使线路的利用率降低。为了提高电力系统的稳定运行水平,可以采用加入串、并联补偿装置,自动调节装置等控制手段。有关稳定性的问题及如何提高稳定性将是本章的重点内容。

交流输电系统的稳定性问题使高压直流输电技术得到了进一步发展和应用,本章将对直流输电的原理作简单介绍。近年来,随着大功率电力电子技术的日趋成熟,利用电力电子设备来控制电力系统中传统的调节装置的灵活交流输电方式也在世界范围形成了研究热潮,本章也将对这一领域的成果及研究方向作简要阐述。

远距离输电实质上是一种波的传播过程,掌握好其传输规律是研究远距离输电方式的基础。本章将在第 2 章给出的输电线路等值电路的基础上,首先讨论远距离输电线路的功率传输特性,分析线路稳定传输容量、沿线电压分布等与传输功率的关系。

总之,本章将围绕着远距离输电线路的基本特性、制约因素和提高线路输送能力的措施等展开讨论,并对新型输电方式予以简单介绍。

6.2　远距离输电线路的功率传输特性

第 2 章已经指出,输电线路的电气参数是沿线路均匀分布的,并给出了远距离输电线路的基本方程及等值电路。本节着重阐述线路的传输容量、自然功率与电压分布等方面的内容,分析线路的功率传输特性。

6.2.1　远距离输电线路的基本方程

由式(2-15)可知,远距离输电线路的基本方程为

$$\left.\begin{aligned}\dot{U}_x &= \dot{U}_2\cosh\gamma x + Z_c\,\dot{I}_2\sinh\gamma x \\[2mm] \dot{I}_x &= \dot{I}_2\cosh\gamma x + \frac{\dot{U}_2}{Z_c}\sinh\gamma x\end{aligned}\right\} \tag{6-1}$$

式中:$\dot{U}_x$ 与 $\dot{I}_x$ 分别为距线路末端距离为 x 处的电压与电流值,式中的符号含义与 2.2.5 节相同。

对于一般的超高压远距离输电线路,线路电阻与泄漏电导相对很小,即 $R_0 \leqslant X_0;G_0 \leqslant B_0$。为了分析问题简单起见,通常假定 $R_0 \approx 0,G_0 \approx 0$,这样就相当于把线路作为无损线路来处理了。

根据上述假定,可以推导出无损耗线路的基本方程。此时波阻抗 Z_c 和传播系数 γ 简化为

$$Z_c = \sqrt{\frac{Z_0}{Y_0}} = \sqrt{\frac{R_0 + j\omega L_0}{G_0 + j\omega C_0}} \approx \sqrt{\frac{L_0}{C_0}} \tag{6-2}$$

$$\gamma = \sqrt{Z_0 Y_0} = \sqrt{(R_0 + j\omega L_0)(G_0 + j\omega C_0)} = j\omega \sqrt{L_0 C_0} = j\beta \tag{6-3}$$

将式(6-2)、式(6-3)代入式(6-1),则该式中的双曲函数可简化为三角函数。例如:

$$\cosh\gamma x = \frac{e^{\gamma x} + e^{-\gamma x}}{2} = \frac{e^{j\beta x} + e^{-j\beta x}}{2} = \frac{\cos\beta x + j\sin\beta x + \cos(-\beta x) + j\sin(-\beta x)}{2}$$
$$= \cos\beta x$$

同理可得:

$$\sinh\gamma x = j\sin\beta x$$

代入式(6-1)后,得到无损线基本方程为

$$\left. \begin{aligned} \dot{U}_x &= \dot{U}_2 \cos\beta x + jZ_c \dot{I}_2 \sin\beta x \\ \dot{I}_x &= \dot{I}_2 \cos\beta x + j\frac{\dot{U}_2}{Z_c}\sin\beta x \end{aligned} \right\} \tag{6-4}$$

6.2.2　线路的自然功率与电压分布

若线路终端接一负荷,其阻抗为 Z_2,则有 $\dot{U}_2 = Z_2 \dot{I}_2$。当负荷阻抗恰等于波阻抗 Z_c 时,便有 $\dot{U}_2 = Z_c \dot{I}_2$,式(6-4)简化为

$$\left. \begin{aligned} \dot{U}_x &= \dot{U}_2(\cos\beta x + j\sin\beta x) = \dot{U}_2 e^{j\beta x} \\ \dot{I}_x &= \dot{I}_2(\cos\beta x + j\sin\beta x) = \dot{I}_2 e^{j\beta x} \end{aligned} \right\} \tag{6-5}$$

此时,线路上各点的电压幅值相等,电流的幅值也相等,且电压与电流同相位。图6-1给出了这种情况下的电压、电流相位关系。

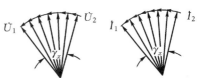

这种现象的物理解释为单位长度线路上电感所消耗的无功功率恰好等于其电容所产生的无功功率,线路本身不需要从系统吸取,也不向系统提供无功功率,线路上没有电压损失。

图6-1　当 $Z_2 = Z_c$ 时,线路各点的电压、电流向量

在 $Z_2 = Z_c$ 的情况下,如果 $\dot{U}_1 = \dot{U}_2 = \dot{U}_n$,即线路在额定电压情况下运行,则此时线路输送的功率为自然功率。自然功率的计算式为

$$P_n = \frac{U_n^2}{Z_c} \tag{6-6}$$

当线路上输送的功率超过自然功率时,若首端电压恒定,由于此时单位长度线路上电感所消耗的无功功率大于电容所产生的无功功率,线路出现无功功率不足,由首端至末端电压不断下降,电流相量将滞后于电压相量。当线路上输送的功率小于自然功率时,与上述情况相反,线路将出现无功功率过剩,由首端至末端电压不断上升。图6-2给出了当首端电压恒定时,线路输送不同功率时的沿线电压分布情况。

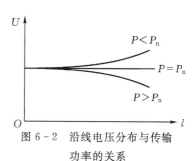

图6-2　沿线电压分布与传输功率的关系

特别值得指出的是,当线路输送功率小于自然功率时,

线路末端电压上升将对电力系统本身的设备及用户设备安全构成危害,特别是当线路空载时,末端电压上升更多,必须采取措施加以限制。

当线路输送功率不等于自然功率时,也可以通过调节无功补偿装置来维持线路末端电压与首端电压相等。但这种集中补偿不能消除沿线各点的电压偏离额定值。在这种情况下,线路中点的电压偏移最为严重。图 6-3 给出了当传输功率小于、大于、等于自然功率时的电压偏移情况。

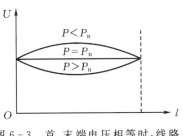

图 6-3 首、末端电压相等时,线路电压与传输功率的关系

自然功率是反映线路传输能力的重要指标。一般来说,长距离线路传输功率为 $(1.1 \sim 1.2)P_n$ 较好。对于距离小于 100 km 的线路,输送能力可达 $(4 \sim 5)P_n$,主要受热极限限制[10]。

通过前面的分析不难看出,当线路输送功率接近于自然功率时运行特性较好。提高自然功率可以显著提高线路的输送能力。式(6-6)说明线路的自然功率与波阻抗成反比,而减少波阻抗的有效方法是采用分裂导线和采用紧凑型输电方式等。

有关研究表明:如果单根导线的自然功率为 100%,则两分裂导线的自然功率为 125%,三分裂导线的自然功率为 140%,四分裂导线的自然功率为 150%[10]。

紧凑型输电的特点是取消了常规线路的相间接地构架,将三相输电线路置于同一塔窗中,使相间距离显著减小,增大了电容,减小了电感,从而减小了线路的波阻抗,增大了自然功率[5]。紧凑型线路已在国内外得到了实际应用。

自然功率还与线路的电压等级密切相关,由国际电工委员会推荐的自然功率与电压等级的关系见表 6-1。

表 6-1 自然功率标准值

额定电压/kV	132/138	150/161	220/230	330/345	500	700/750	1000
最大工作电压/kV	145	170	245	363	525	765	1100
自然功率/MW	80	100	175	400	900	2000	4369

6.2.3 线路传输功率极限

第 2 章给出了线路的两端口网络等值电路,并给出了 Π 型等值电路的参数确定。当线路长度为 l 时,首末端电压电流关系式为

$$\left.\begin{aligned} \dot{U}_1 &= \dot{U}_2 \cosh\gamma l + Z_c \dot{I}_2 \sinh\gamma l \\ \dot{I}_1 &= \dot{I}_2 \cosh\gamma l + \frac{\dot{U}_2}{Z_c}\sinh\gamma l \end{aligned}\right\} \tag{6-7}$$

采用图 2-9 所示的等值电路后,由式(2-20)可知:

$$Z' = Z_c \sinh\gamma l = \sqrt{\frac{Z_0}{Y_0}}\sinh\gamma l$$

上式可进一步转化为

$$Z' = \frac{Z_0 l}{\gamma l}\sinh\gamma l = Z\frac{\sinh\gamma l}{\gamma l} \tag{6-8}$$

式中：$Z = Z_0 l$ 为全线的阻抗。图 2-9 中

$$Y'/2 = \frac{1}{Z_c} \frac{\cosh\gamma l - 1}{\sinh\gamma l} \tag{6-9}$$

由图 2-9 所示的等值电路可以很容易求出送端及受端的复数功率为

$$S_1 = P_1 + jQ_1 = \dot{U}_1 \hat{\dot{I}}_1 = \frac{Y'}{2}|U_1|^2 + \frac{|U_1|^2}{Z'} + \frac{|U_1 U_2|}{Z'}e^{j\theta_{12}} \tag{6-10}$$

$$S_2 = P_2 + jQ_2 = \dot{U}_2 \hat{\dot{I}}_2 = -\frac{Y'}{2}|U_2|^2 - \frac{|U_2|^2}{Z'} + \frac{|U_1 U_2|}{Z'}e^{j\theta_{12}} \tag{6-11}$$

式中：θ_{12} 为 $\dot{U}_1$ 与 $\dot{U}_2$ 的相角差。

式(6-10)和式(6-11)给出了在计及线路损耗情况下的线路输送功率值。当不考虑线路损耗时，即忽略线路电阻和电导时，有

$$Z' = jZ_c \sin\beta l \tag{6-12}$$

$$Y' = j\omega C \frac{\tan\beta l}{\beta l/2} \tag{6-13}$$

将式(6-12)和式(6-13)代入式(6-10)和式(6-11)，经整理后可得：

$$S_1 = \frac{U_2 U_1 \sin\theta_{12}}{Z_c \sin\beta l} + j\left(\frac{U_1^2}{Z_c}\cot\beta l - \frac{U_1 U_2 \cos\theta_{12}}{\sin\beta l}\right) \tag{6-14}$$

$$S_2 = \frac{U_2 U_1 \sin\theta_{12}}{Z_c \sin\beta l} + j\left(\frac{U_2^2}{Z_c}\cot\beta l - \frac{U_1 U_2 \cos\theta_{12}}{\sin\beta l}\right) \tag{6-15}$$

显然，式(6-14)和式(6-15)的实部相等，即

$$P_1 = P_2 = \frac{U_2 U_1}{Z_c} \cdot \frac{\sin\theta_{12}}{\sin\beta l} \tag{6-16}$$

根据自然功率的定义，当 $U_1 = U_2$ 时，上式可表示成

$$P_1 = P_2 = P_n \frac{\sin\theta_{12}}{\sin\beta l} \tag{6-17}$$

式(6-17)给出了线路传输功率与自然功率、线路长度和两端电压相角差的关系。

当线路长度一定时，最大可能的传输功率出现在 $\theta_{12} = \pi/2$ 时。此时 $P_1 = P_2 = P_n \dfrac{1}{\sin\beta l}$，显然 P_1 或 P_2 总是大于或等于 P_n。通常系统要保持一定的稳定储备，例如取 30%，此时线路两端允许的相角差为

$$\theta_{12} = \arcsin 0.7 \approx 44°$$

且

$$\frac{P_1}{P_n} = \frac{0.7}{\sin\beta l} \tag{6-18}$$

式(6-18)反映了在一定的稳定储备条件下，P_1/P_n 随线路长度变化的关系。图 6-4 则给出了电力系统各电压等级输电线路的实际传输能力与线路长度的关系。

由图 6-4 可以看出，随着线路长度的增加，线路允许的输送功率迅速下降，这也正是前文所述远距离输电线路的输送功率极限主要受稳定限制的原因。

式(6-16)实际上是计及分布参数效应时的线路稳定

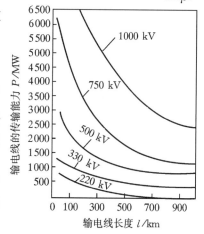

图 6-4 线路传输能力与长度的关系

极限公式,当线路较短时,该式可得到进一步的简化。线路较短时,βl 值很小,我们可假定 $\sin\beta l \approx \beta l$,代入式(6-16)后,有

$$P_1 = \frac{U_1 U_2}{Z_c} \cdot \frac{\sin\theta_{12}}{\beta l}$$

$$= \frac{U_1 U_2}{\sqrt{\frac{Z_0}{Y_0}}} \cdot \frac{\sin\theta_{12}}{\sqrt{Z_0 Y_0}\, l} = \frac{U_1 U_2}{Z}\sin\theta_{12} \qquad (6-19)$$

式(6-19)是一般的线路静态稳定极限公式,有关这方面的内容将在下节讲述。

本节从交流远距离输电线路的基本方程出发,讨论了线路的自然功率、线路功率传输能力与线路长度的关系、线路电压分布与传输功率的关系等。所建立的方程是研究远距离输电线路功率传输特性的基础。

6.3　电力系统静态稳定

在电力系统的正常运行情况下,大量发电机并联同步运行,原动机的功率与发电机的输出功率是平衡的,发电机输出功率与负荷需求也是平衡的。但是这种平衡只是相对的,暂时的。由于电力系统的负荷随时都在变化,发电机组和输电线路还可能有偶发事故出现,因此这种平衡将不断被打破。电力系统中的电能生产正是在这种功率的平衡不断遭到破坏,同时又不断恢复的对立统一过程中进行的[9]。

当系统由于负荷变化、设备操作或发生故障等扰动而打破平衡状态后,各发电机组将因功率的不平衡而发生转速的变化。在一般情况下,由于各发电机组功率不平衡的程度不同,因此其转速变化的规律也不相同。有的转速变化较大,有的转速变化较小,从而在各发电机组的转子之间产生了相对运动。

如果在遭受外部扰动后,各发电机组在经历一定变化过程后能重新恢复到原来的平衡状态,或者过渡到一个新的平衡状态下同步运行,且这时系统的电压、频率等运行指标虽发生某些变化但仍在容许范围内,则称这样的电力系统是稳定的。

相反,如果系统在遭受外部扰动后,各发电机组间产生自发性振荡或转角剧烈的相对运动以致机组间失去同步,或者系统的运行指标变化很大,以致不能保证对负荷的正常供电而造成大量的用户停电时,则称系统是不稳定的。

综上所述,稳定性可以认为是电力系统在遭受外部扰动下发电机之间维持同步运行的能力。研究电力系统稳定性问题可以归结为研究系统遭受外部扰动而打破平衡状态后的运动规律。由于系统受到大、小扰动后的运动规律很不相同,研究方法也不相同,所以通常将电力系统的稳定问题分为暂态稳定和静态稳定两大类分别进行研究。

静态稳定是指系统受到小扰动(如负荷波动引起的扰动等)后的稳定性。暂态稳定是指系统受到大扰动(如发电机或输电线路突然故障)后的稳定性。本节主要介绍有关电力系统静态稳定的概念、方法及提高静态稳定性的措施。暂态稳定问题将在下节予以简要介绍。

6.3.1　简单电力系统的静稳极限

电力系统静态稳定的分析计算比较复杂。以下通过简单电力系统的静态稳定极限(通常

称静稳极限)分析介绍其基本的概念。

图 6-5(a)给出了一台发电机经变压器、输电线路与无限大容量系统并联运行的简单电力系统接线图,这种系统又称为单机-"无限大"系统。所谓无限大是指受端系统的容量比送端发电机的容量大得多,以致在该发电机输送任何功率的情况下,受端电压 $\dot{U}$ 的大小和相位均可以认为是恒定的。

为了分析简单起见,假设发电机是隐极机。如果忽略发电机定子绕组的电阻,将发电机用同步电抗 X_d 和空载电势 $\dot{E}_q$ 表示(见 3.3.2 节图 3-7)。在计及变压器电抗 X_{T1} 和线路电抗 X_l 后,该系统的等值电路如图 6-5(b)所示。将图(b)的串联电抗加以合并后得到图 6-5(c),图中

$$X_\Sigma = X_d + X_{T1} + X_l \qquad (6-20)$$

在某种运行方式下,此系统的相量图如图 6-6 所示,此时发电机输出的电磁功率为

$$P_E = UI\cos\varphi \qquad (6-21)$$

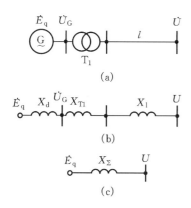

图 6-5　单机-"无限大"系统

(a)接线图;(b)等值电路图;(c)等值电路图

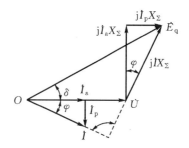

I_a—电流的有功分量;I_p—电流的无功分量。

图 6-6　单机-"无限大"系统在正常运行时的向量图

根据图 6-6,可得到下列关系:

$$I\cos\varphi X_\Sigma = E_q\sin\delta \qquad (6-22)$$

所以式(6-21)还可以表示为

$$P_E = \frac{E_q U}{X_\Sigma}\sin\delta \qquad (6-23)$$

式(6-23)是计算发电机输出功率和静稳极限的常用公式,与从远距离输电线路基本方程导出的式(6-19)比较可以看出,两者的形式和意义完全相同。

如果不考虑发电机的励磁调节器的作用,即认为发电机的空载电势 E_q 恒定,则发电机的功率特性是一条如图 6-7 所示的正弦曲线。

若不计原动机调速器的作用,则原动机的机械功率 P_T 不变。假定在某一正常运行情况下,发电机向无限大系统输送的功率为 P_0,由于忽略了电阻损耗

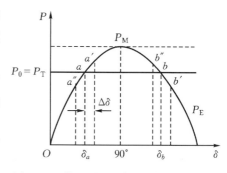

图 6-7　单机-"无限大"系统的功角特性

以及机组的摩擦、风阻等损耗，P_0 即等于原动机输出的机械功率 P_T。由图 6-7 可见，当输送功率为 P_0 时，可能有两个运行点 a 和 b（即有两个 δ 值：δ_a 和 δ_b，其 $P_E = P_0 = P_T$）。考虑到系统经常不断地受到各种小的扰动，从下面的分析可以看出，只有 a 点能保证静态稳定运行，而 b 点不能维持稳定运行。

　　先分析 a 点的运行情况。如果系统中出现微小扰动，使功角 δ_a 增加了一个微小增量 $\Delta\delta$，则发电机的输出电磁功率达到与图 6-7 中 a' 相对应的值。这时，因为原动机的机械功率 P_T 保持不变，仍为 P_0，因此，发电机输出的电磁功率大于原动机的机械功率，发电机转子将减速，δ 将随之减小。由于在运行过程中存在着阻尼作用，经过一系列微小振荡后，发电机输出功率又回到 a 点。图 6-8(a) 给出了这种情况下功角 δ 的变化趋势。同理，如果出现小扰动使 δ_a 有一个负的增量 $\Delta\delta$，则发电机输出的电磁功率为与图 6-7 中 a'' 相对应的值。这时发电机输出的电磁功率小于原动机的机械功率，转子将加速，δ 将随之增加。经过一系列衰减振荡后又回到运行点 a（见图 6-8(a)）。由此可见，就运行点 a 而言，当系统受到小扰动后能够自行恢复到原来的平衡状态，因此是静态稳定的。

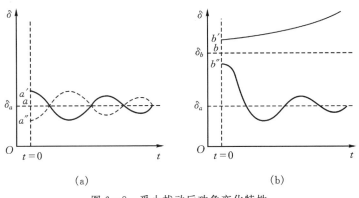

图 6-8　受小扰动后功角变化特性
(a)运行点 a；(b)运行点 b

　　b 点的情况则与 a 点完全不同。如果小扰动使 δ_b 有一个增量 $\Delta\delta$，则发电机输出的电磁功率将减少到与 b' 对应的值，小于机械功率，过剩转矩将使 δ 进一步增大。而功角 δ 增大时，与之相应的电磁功率又将进一步减小。这样继续下去，功角不断增大，运行点不再可能回到 b 点。图 6-8(b) 画出了功角 δ 随时间不断增大的情形。δ 的不断增大标志着发电机与无限大系统非周期性地失去同步，系统中电流、电压和功率大幅度地波动，系统无法正常工作，最终导致系统瓦解。反过来，如果小扰动使 δ_b 有一个负的增量 $\Delta\delta$，情况又有所不同。此时电磁功率将增加到与图 6-7 中 b'' 相对应的值。由于电磁功率已大于机械功率，转子将减速，δ 也将随之减小。当 δ_b 减小到小于 δ_a 时，转子又获得加速，然后又经过一系列振荡，在 a 点重新达到平衡。因此，对于 b 点而言，在受到小扰动后，不是转移到运行点 a，就是与系统失去同步，故 b 点是不稳定的，即系统本身没有能力维持在 b 点运行。

　　综上所述可知，在 a 点运行时，δ_a 小于 90°，电磁功率随着功角 δ 的增大而增大，也随着 δ 的减小而减小，即有 $\mathrm{d}P_E/\mathrm{d}\delta > 0$，在 b 点运行时，电磁功率随 δ 的增大而减小，随 δ 的减小而增大，即有 $\mathrm{d}P_E/\mathrm{d}\delta < 0$。根据前面的讨论可知，$\mathrm{d}P_E/\mathrm{d}\delta > 0$ 时，系统是稳定的；反之则是不稳定的。因此，对于上面所讨论的简单系统，其静态稳定判据为

$$\mathrm{d}P_E/\mathrm{d}\delta > 0 \tag{6-24}$$

上式中导数 $\mathrm{d}P_E/\mathrm{d}\delta$ 的大小还可以说明发电机维持同步运行的能力,即说明静态稳定的程度。由式(6-23)可得:

$$\frac{\mathrm{d}P_E}{\mathrm{d}\delta} = \frac{E_q U}{X_\Sigma}\cos\delta \tag{6-25}$$

图 6-9 给出了 $\mathrm{d}P_E/\mathrm{d}\delta$ 和 P_E 的特性曲线。当 $\delta <$ 90°时,$\mathrm{d}P_E/\mathrm{d}\delta$ 为正值,在这个范围内发电机的运行是稳定的。当 $\delta = 90°$,是稳定与不稳定的分界点,称为静稳极限。在所讨论的简单系统情况下,静稳极限所对应的功角与功率极限对应的功角正好一致。功率极限 $P_{\max}$ 为

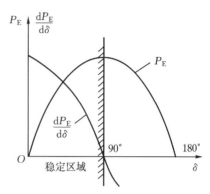

$$P_{\max} = \frac{E_q U}{X_\Sigma} \tag{6-26}$$

图 6-9 $\mathrm{d}P_E/\mathrm{d}\delta$ 的变化特性

通常为了保证电力系统的安全运行,运行一般不能接近其静稳极限,而是应当保持一定的储备。静稳储备系数定义为

$$K_P = \frac{P_{\max} - P_0}{P_0} \times 100\% \tag{6-27}$$

式中:$P_{\max}$ 为式(6-26)确定的输送功率极限值;P_0 为正常运行方式下的输送功率。

我国现行的《电力系统安全稳定导则》规定,系统在正常运行方式下 K_P 应不小于 $15\% \sim 20\%$;在事故后的运行方式下,K_P 应不小于 10%。当然 K_P 值也不能过大,如选择过大会使系统的能力得不到充分发挥。

前面讨论了简单的单机-"无限大"系统的静态稳定问题,给出了静态稳定的基本概念和求取功率极限的计算公式。对于复杂电力系统(多机系统),静态稳定分析则是相当复杂的。首先要列出系统的状态方程,然后用李雅普诺夫的稳定性理论进行分析。具体的计算必须借助计算机才能完成。静态稳定分析中提出的方法和概念不一定能够完全推广到复杂系统中。有关内容可参阅文献[9],这里不再详述。

例 6-1 图 6-10(a)为一简单电力系统,图中给出了发电机的同步电抗、变压器电抗和线路电抗的标幺值(均以发电机额定容量为基准值)。无限大母线电压为 1.0∠0°。如果在发电机端电压为 1.05 时向系统送出功率为 0.8,试计算此时系统的静态稳定储备系数。

解 此系统的静稳定极限为 $\dfrac{E_q U}{X_\Sigma}$,因此必须首先计算出空载电势 E_q 和 X_Σ。E_q 的计算可按下列步骤进行。

1. 计算发电机母线电压 $\dot U_G$ 的相角 δ_{G0}

由图 6-10(b)的相量图可知,电磁功率也可以表示为

$$P_E = UI\cos\varphi = \frac{UU_G}{X_T + X_1}\sin\delta_{G0} = \frac{1 \times 1.05}{0.3}\sin\delta_{G0} = 0.8$$

由此可求得:

$$\delta_{G0} = 13.21°$$

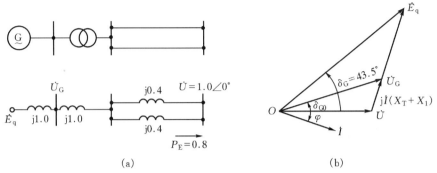

图 6-10　例 6-1 系统图和相量图

(a)系统图和等值电路；(b)相量图

2. 计算电流 $\dot{I}$

$$\dot{I} = \frac{\dot{U}_G - \dot{U}}{j(X_T + X_1)} = \frac{1.05\angle 13.21° - 1\angle 0°}{j0.3} = 0.803\angle -5.29°$$

3. 计算 $\dot{E}_q$

$$\dot{E}_q = \dot{U} + j\dot{I}X_\Sigma = 1\angle 0° + j0.803\angle -5.29° \times 1.3 = 1.51\angle 43.5°$$

所以，静稳极限对应的功率极限值为

$$P_{max} = \frac{E_q U}{X_\Sigma} = \frac{1.51 \times 1}{1.3} = 1.16$$

储备系数为

$$K_P = \frac{P_{max} - P_0}{P_0} \times 100\% = \frac{1.16 - 0.8}{0.8} \times 100\% = 45\%$$

通过计算可以看出本系统有足够的稳定储备。

6.3.2　提高电力系统静态稳定性的措施

提高电力系统静态稳定性的关键在于提高系统传输功率极限值。从式(6-23)可知，提高系统电压，提高发电机空载电势 E_q，减少系统中各元件的电抗之和 X_Σ 是提高功率极限值的三个有效途径。

1.提高系统电压

提高系统电压包括提高电压等级和提高电压运行水平两个方面。因为功率输送极限与电压的平方成正比，故提高电压等级可以大幅度提高功率极限。但电压等级的提高势必引起投资的大量增加，在选择电压等级时必须作适当的技术经济比较。通常一定的输送功率和输送距离对应一个经济上合理的额定电压等级。

要提高系统运行的电压水平，最主要的是系统中应装设足够的无功电源。这无论是对提高功率极限值，维持系统的稳定运行还是减少线路的功率损耗都是非常重要的。为此，在远距离输电线路中途装设同步补偿机或在负荷中心装设无功补偿装置等，都将大大有助于提高系统的电压运行水平。无功补偿装置有并联电容、电抗、静止无功补偿器以及新型的灵活交流输电方式 FACTS 所用的设备等。

2.采用自动励磁调节装置

为了改善发电机的运行特性，在现代电力系统中，大中型发电机都装有自动调节励磁的装置。当发电机负载电流增大或端电压下降时,由自动调节装置中的测量元件测量出电流或电压的变化,并将此信号放大,然后通过其中的执行元件自动地增加发电机的励磁电流以提高空载电势,从而使发电机端电压维持不变。

这样一来,空载电势 E_q 随着功角 δ 的增大而增大,从而也增大了系统静稳定功率极限。分析图 6-7 所示的功角特性曲线,当 $\delta > 90°$ 时,虽然 $\sin\delta$ 值开始减小,但如果 E_q 随 δ 增大的程度超过了 $\sin\delta$ 下降的程度,则发电机的功角特性仍然是上升的。因此,发电机的运行点将不再沿着 E_q 恒定时的功率特性移动,而是从一个幅值较低的 E_q 等于常数的曲线转移到另外一个幅值较高的 E_q 等于常数的曲线上去。这时发电机的功率特性曲线将如图 6-11 中的粗线所示。

从图 6-11 不难看出,此功率曲线在 $\delta > 90°$ 后的一定范围内仍然具有上升的性质。在理想情况下,凡是发电机在功率特性曲线的上升部分运行都是稳定的。由此可见,自动调节励磁装置不仅提高了功率极限,而且扩大了稳定运行的范围。

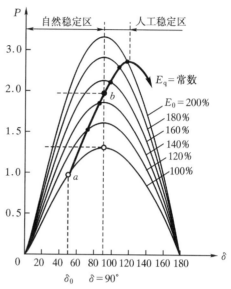

图 6-11　有自动调节励磁装置的发电机功率特性

3.减少元件的电抗

这里的元件是指发电机、变压器及输电线路。由于结构和造价方面的原因,减少发电机和变压器的电抗没有太大的潜力。有实际意义的是减少线路的电抗,具体做法有下列几种。

(1)采用分裂导线　高压输电线路采用分裂导线的主要目的是为了避免电晕。同时,分裂导线也可以显著地减少电抗。例如,对于 500 kV 的线路,采用单根导线时电抗大约为 0.42 Ω/km;采用两根分裂导线时约为 0.32 Ω/km。图 6-12 给出了采用不同分裂导线时的 500 kV 线路单位长度参数。

(2)采用串联电容补偿　串联电容补偿就是在线路上串联电容器以补偿线路的电抗。一般在较低电压等级的线路上加串联电容补偿主要是用于调压;在较高电压等级的输电线路上加串联电容补偿主要是用来提高系统的稳定性。串联电容一般集中安装在线路的中间变电站内,以便于维护和检修。

采用串联电容补偿来提高系统稳定性时,要

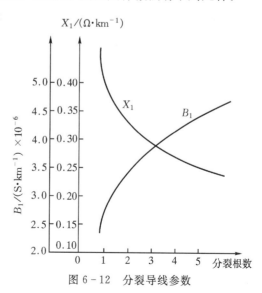

图 6-12　分裂导线参数

注意补偿度不能过大。补偿度用 K_C 表示,是指电容器容抗 X_C 和线路感抗 X_L 的比值,即 $K_C = X_C/X_L$。补偿度愈大,线路等值电抗愈小,对提高稳定极限愈有利。但补偿度过大会引起一些其它运行方面的问题,如次同步谐振等,所以一般补偿度不超过 50%[10]。

提高电力系统静态稳定性还有许多其它方法,如改善原动机调节性能、改善系统结构等。

6.4　电力系统暂态稳定

电力系统暂态稳定是指系统在某种运行情况下突然受到较大的扰动之后,能否经过暂态过程达到新的稳定运行状态或回到原来的状态。这里所谓的大扰动,是相对于静态稳定中提到的小扰动而言的。引起电力系统大扰动的原因主要有下列几种:

①负荷的突然变化,如投入和切除大容量的用户等;

②投入或切除系统的主要元件,如发电机、变压器及线路等;

③系统中发生短路故障。

其中三相短路故障的扰动最为严重,常以此作为检验系统是否能满足暂态稳定性要求的依据。

当电力系统受到大的扰动时,表征系统运行状态的各种电磁参数都要发生急剧的变化。但是,由于原动机调速器具有相当大的惯性,必须经过一定时间后才能改变原动机的功率。这样,发电机的电磁功率与原动机的机械功率之间便失去了平衡,于是产生了不平衡转矩。在这个不平衡转矩的作用下,发电机开始改变转速,使各发电机转子间的相对位置发生变化。发电机转子相对位置,即相对角的变化,反过来又将影响到电力系统中电流、电压和发电机电磁功率的变化。所以,由大扰动引起的电力系统暂态过程,是一个电磁暂态过程和发电机转子机械运动暂态过程交织在一起的复杂过程。如果计及原动机调速器、发电机励磁调节器等设备的暂态过程,则整个过程更加复杂。

显然,一个系统的暂态稳定情况和系统原来的运行方式及干扰的方式有关。同样一个系统在某种运行方式和某种干扰情况下是暂态稳定的,但在另一种运行方式或另一种干扰下它可能是不稳定的。我国现行的《电力系统安全稳定导则》对 220 kV 以上的系统规定了一组系统必须能够承受的扰动。

目前暂态稳定分析的基本方法可以分成两类。一类是数值解法,即在列出系统暂态过程的微分方程和代数方程组后,应用数值积分方法进行求解,然后根据发电机转子间相对角度的变化情况来判断稳定性。另一类是直接法,其中有些方法是对李雅普诺夫直接法进行近似处理后发展而成的实用方法;有的则是将简单系统中的稳定判别方法推广应用于多机系统。本节将通过简单系统故障后几秒钟内的暂态稳定性分析,介绍暂态稳定的基本概念,并给出判断稳定性的标准。关于复杂系统的暂态稳定分析,请参阅参考文献[8~10]。

6.4.1　简单系统的暂态稳定性

图 6-13 给出了一简单电力系统及其等值电路。正常运行时发电机经过变压器和双回线路向无限大系统送电。如果发电机用暂态电势 E' 作为其等值电势(见第 3 章),则电动势 E' 与无限大系统间的阻抗为

$$X_I = X'_d + X_{T1} + X_1/2 + X_{T2} \tag{6-28}$$

式中：X'_d 为发电机的暂态电抗。

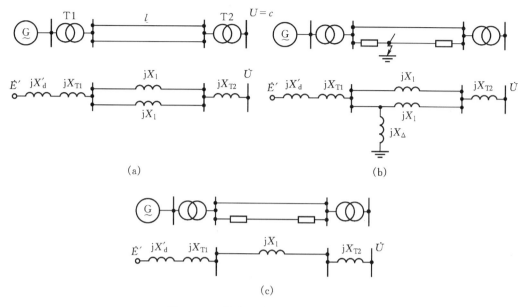

图 6 - 13　简单电力系统及其等值电路

（a）正常运行方式及其等值电路；（b）故障情况及其等值电路；（c）故障切除后及其等值电路

这时由式（6 - 23）可知，发电机的电磁功率可表达为

$$P_{\text{I}} = \frac{E'U}{X_{\text{I}}}\sin\delta \tag{6-29}$$

如果突然在一回输电线的始端发生不对称短路，如图 6 - 13（b）所示，根据第 3 章的分析可知，只需在正序网络的故障点上接一附加阻抗（jX_Δ），这个正序增广网络就可用来计算不对称短路时的正序电流及相应的正序功率。附加阻抗的大小可根据不对称故障的种类，由故障点等值的负序及零序电抗计算而得。不同故障情况下附加阻抗的接入方式及大小见表 3 - 3 及参考文献[9,45]。

根据发电机励磁回路磁链守恒原理，在故障瞬间暂态电势 E'_q 是不变的。在近似计算中一般假定在故障后 E' 也维持不变。故障后系统的等值电路如图 6 - 13（b）所示。这时发电机电势和无限大系统之间的联系电抗可由图 6 - 13（b）中的星形网络转化为三角形网络而得到：

$$X_{\text{II}} = (X'_d + X_{\text{T1}}) + \left(\frac{X_1}{2} + X_{\text{T2}}\right) + \frac{(X'_d + X_{\text{T1}})\left(\frac{X_1}{2} + X_{\text{T2}}\right)}{X_\Delta} \tag{6-30}$$

显然，电抗 X_{II} 总是大于正常电抗 X_{I}。系统如果发生三相短路，则 X_Δ 为零，X_{II} 为无限大。这种情况对系统的危害最严重，三相短路截断了发电机和系统之间的联系。其它故障情况相对影响较小，还允许发电机送出一些功率，其中以单相接地故障危害最轻。

故障情况下发电机输出的电磁功率为

$$P_{\text{II}} = \frac{E'U}{X_{\text{II}}}\sin\delta \tag{6-31}$$

短路故障发生后，线路继电保护装置将迅速地断开故障线路两端的断路器，这时发电机与

无限大系统之间的联系电抗及其等值电路如图 6-13(c)所示,等值电抗用 X_{III} 表示,

$$X_{\text{III}} = X'_d + X_{T1} + X_1 + X_{T2} \qquad (6-32)$$

发电机输出的电磁功率为

$$P_{\text{III}} = \frac{E'U}{X_{\text{III}}}\sin\delta \qquad (6-33)$$

　　下面分析系统受到这一系列扰动后发电机转子的运动情况。从数学方面看,此时应求解发电机的转子运动方程式,有关内容将在 6.4.3 节讲述。

　　在图 6-14 中画出了发电机在正常运行(Ⅰ)、故障情况(Ⅱ)和故障切除后(Ⅲ)三种状态下的功率曲线。

　　由该图可以看出,正常时发电机向无限大系统输送的有功功率为 P_0,原动机输出功率 P_T 也应等于 P_0。假定不计故障后几秒钟之内调速器的作用,即认为机械功率始终保持为 P_0。图中的 a 点表示发电机的正常运行点。发生短路故障后,发电机输出功率将立即降为 P_{II},但由于转子的惯性,转子的角度不会立即发生变化,其相对于无限大母线电压的相角仍保持 δ_0 不变。因此发电机的运行点由 a 点突变至 b 点,发

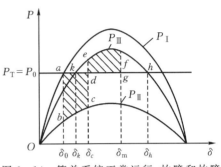

图 6-14　简单系统正常运行、故障和故障切除后的功率特性曲线

电机输出功率显著减少,而原动机机械功率 P_T 保持不变,故产生较大的过剩功率。故障情况愈严重,P_{II} 功率曲线幅值愈低(三相短路时为零),则过剩功率愈大。在相应的过剩转矩的作用下转子将加速,其相对速度和相对相角 δ 逐渐增大,使运行点由 b 点向 c 点移动。如果故障永久存在下去,则始终存在过剩转矩,发电机将不断加速,最终与无限大系统失去同步。

　　实际上,短路故障后继电保护装置将迅速动作切除故障线路。假设在 c 点时将故障切除,则发电机的功角特性变为 P_{III},发电机的运行点从 c 点突变至 e 点。这时发电机的输出功率大于原动机的机械功率,转子受到制动转矩作用,使其转速逐渐减慢。但由于此时的速度已经大于同步速度,所以相角还要继续增大。假设制动过程持续到 f 点时转子转速才回到同步速度,δ 角不再增大,对应的最大角度为 δ_m。但是发电机在 f 点不能持续运行,因为这时的机械功率与电磁功率仍不平衡,转子将继续减速,δ 开始减小。运行点沿功率特性曲线 P_{III} 由 f 点向 e、k 点转移。在达到 k 点前转子一直减速,转子速度低于同步速度。在 k 点虽然机械功率与电磁功率平衡,但由于此时转子速度已低于同步转速,δ 将继续减小。但越过 k 点后机械功率开始大于电磁功率,转子将加速。因此 δ 一直减小到转速恢复到同步转速后又开始增大。此后运行点沿着 P_{III} 开始第二次振荡。如果在振荡过程中没有任何能量损耗,则 δ 又将增大到 f 点对应的角度 δ_m,以后就一直沿着 P_{III} 往复振荡。实际上,振荡过程总有能量损耗,或者说总存在着阻尼作用,因而振荡逐渐衰减,发电机最后停留在 k 点上持续运行。k 点即故障切除后功率特性曲线 P_{III} 与 P_T 的交点。在图 6-15 中画出了上述振荡过程中负的过剩功率、转子角速度 ω 和相对角度 δ 随时间变化的情形。图中考虑了阻尼作用。

　　如果故障线路切除得比较慢,如图 6-16 所示,这时在切除故障线路前转子加速已比较严重。因此当故障线路切除后,在达到与图 6-14 中相应的 f 点时转子转速仍大于同步转速,甚至在到达 h 点时,发电机转速仍未降至同步转速,δ 将越过与 h 点对应的角度 δ_h。当运行点越

过 h 后,转子又立即承受加速转矩,转速又开始升高,而且加速度越来越大,δ 将不断增大,发电机和无限大系统之间最终失去同步。这种情况下负的过剩功率、转子角速度 ω 和相对角度 δ 随时间变化曲线示于图 6-17 中。

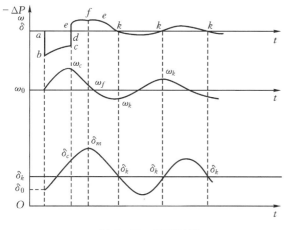

图 6-15　振荡过程

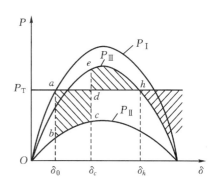

图 6-16　故障切除时间较慢的情形

由此可见,快速切除故障是保证系统暂态稳定的有效措施。以上分析定性地叙述了简单系统发生故障后,两种暂态过程的结局:前者是稳定的,后者是不稳定的。系统的暂态稳定与否是与正常运行时的情况(P_T 和 E' 的大小),以及扰动情况(何种故障、何时切除)直接相关的。为了确定判断系统的暂态稳定性,必须通过定量的分析计算,下面将介绍两种常用的分析计算方法——等面积定则和数值计算法。

6.4.2　等面积定则

在暂态稳定分析中,通常把暂态过程中 δ 角随时间变化的曲线(见图 6-15,图 6-17)称为摇摆曲线,把实际振荡过程中所达到的最大角度称为最大摇摆角 δ_m,而与 h 点对应的角度 δ_h 称为临界摇摆角。通过上面的分析可以看出,只有 δ_m 小于 δ_h 时系统才能保持稳定。但是要求出 δ_m 首先需要了解加速面积、减速面积及等面积定则。

由图 6-14 和图 6-16 可知,在转子角度从起始角度 δ_0 增大至故障切除瞬间所对应的角度 δ_c 的过程中,发电机转子受到过剩转矩的作用而加速,从而引起动能的增加。增加的动能在数值上等于过剩功率对角度的积分,即这两个图中由 $abcd$ 所围成的面积,通常称为加速面积,其计算公式为

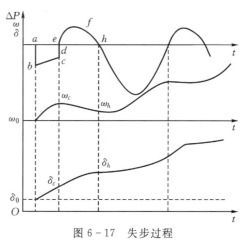

图 6-17　失步过程

$$F_{(+)} = \int_{\delta_0}^{\delta_c} (P_T - P_{\text{II}}) \mathrm{d}\delta \tag{6-34}$$

　　类似地,在故障切除后,转子在制动过程中动能的减少等于制动转矩所做的功,其数值对应于图 6 - 14 中 $defg$ 所包围的面积,称之为减速面积,计算式为

$$F_{(-)} = \int_{\delta_c}^{\delta_m} (P_{\mathbb{I}} - P_T) \mathrm{d}\delta \tag{6-35}$$

　　从前面暂态过程的分析可知,如果在加速过程中所获得的动能增量能够在减速过程中全部释放完,使转子在某一点又重新回到同步转速,δ 角不再增大,达到 δ_m,则系统可以保持稳定。在这种情况下加速面积等于减速面积,即有

$$\int_{\delta_0}^{\delta_c} (P_T - P_{\mathbb{I}}) \mathrm{d}\delta = \int_{\delta_c}^{\delta_m} (P_{\mathbb{I}} - P_T) \mathrm{d}\delta \tag{6-36}$$

　　式(6 - 36)为等面积定则,即当减速面积等于加速面积时,转子角速度恢复到同步速度,δ 达到 δ_m 并开始减小。

　　利用上述等面积定则,可以确定极限切除角度,即最大可能的 δ_c。根据前面的分析可知,为了保持系统的稳定,发电机必须在到达 h 点以前使转子恢复同步速度。极限的情况是正好达到 h 点时转子恢复同步转速。这时的切除角度称为极限切除角度 δ_{cm}。显然根据等面积定则可以确定以下关系:

$$\int_{\delta_0}^{\delta_{cm}} (P_T - P_{\mathbb{I}}) \mathrm{d}\delta = \int_{\delta_{cm}}^{\delta_h} (P_{\mathbb{I}} - P_T) \mathrm{d}\delta \tag{6-37}$$

式中:$P_{\mathbb{I}} = P_{\mathbb{I} \max} \sin\delta$,$P_{\mathbb{I}} = P_{\mathbb{I} \max} \sin\delta$,因此可推得极限切除角应满足下式:

$$\cos\delta_{cm} = \frac{P_T (\delta_h - \delta_0) + P_{\mathbb{I} \max} \cos\delta_h - P_{\mathbb{I} \max} \cos\delta_0}{P_{\mathbb{I} \max} - P_{\mathbb{I} \max}} \tag{6-38}$$

　　当系统在极限切除角时切除故障线路,已利用了最大可能的减速面积。如果切除角大于极限切除角,就会造成加速面积大于减速面积,暂态过程中运行点就会越过 h 点而使系统失去同步。相反,只要切除角小于极限切除角,系统就总是稳定的。因此,等面积定则是一种简单、明确的分析方法。

　　在实际的暂态分析中,只知道极限切除角是不够的,还需要知道与之对应的极限切除时间。解决这个问题的办法是求出从故障开始到故障切除这段时间的摇摆曲线,并从这条曲线上找出对应于 δ_{cm} 的极限切除时间,这需要求解转子运动方程。有关转子运动方程及其求解算法将在下节给予介绍。

6.4.3　发电机转子运动方程的求解

　　要分析电力系统的暂态过程,就需要求解转子运动方程。

　　根据旋转物体的力学定律,同步发电机转子的机械角加速度与作用在转子轴上的不平衡转矩成正比,即

$$T_J \frac{\mathrm{d}^2 \delta}{\mathrm{d}t^2} = M_0 - M \tag{6-39}$$

式中:T_J 为同步发电机的惯性时间常数,其值等于在发电机组转子上加单位转矩后,转子从停顿状态转到额定转速时所经过的时间;M_0 为发电机输入机械转矩;M 为发电机输出电磁转矩。

　　对于暂态稳定而言,研究的时段很短,且发电机组的惯性较大,所以一般转子的机械角速度变化不是太大,故可以近似地认为转矩的标幺值等于功率的标幺值。此时式(6 - 39)可以写为[9]

$$\frac{T_{\rm J}}{\omega_0} \frac{{\rm d}^2 \delta}{{\rm d} t^2} = P_{\rm T} - P_{\rm E} \tag{6-40}$$

式(6-40)还可以写成状态方程的形式,若用标幺值表示则有

$$\frac{{\rm d} \delta}{{\rm d} t} = (\omega - 1) \omega_0 \tag{6-41}$$

$$\frac{{\rm d} \omega}{{\rm d} t} = \frac{1}{T_{\rm J}} (P_{\rm T} - P_{\rm E}) \tag{6-42}$$

式中:ω_0 为同步角速度;$P_{\rm T}$ 为发电机输入的机械功率;$P_{\rm E}$ 为发电机输出的电磁功率。

式(6-41)和式(6-42)中,除了 t,$T_{\rm J}$,ω_0 为有名值外,其余均为标幺值。

在系统发生故障和切除故障的过程中,求解发电机转子运动方程可以得出发电机角度 δ 随时间 t 变化的曲线,该曲线一般称为摇摆曲线,是判断系统受到扰动后能否保持暂态稳定的依据。

在前述简单电力系统中,从发生故障后到故障切除前这段时间的转子运动方程为

$$\left.\begin{array}{l} \dfrac{{\rm d} \delta}{{\rm d} t} = (\omega - 1) \omega_0 \\[2mm] \dfrac{{\rm d} \omega}{{\rm d} t} = \dfrac{1}{T_{\rm J}} \left(P_{\rm T} - \dfrac{E'U}{X_{\rm II}} \sin \delta \right) \end{array}\right\} \tag{6-43}$$

这是两个一阶的非线性微分方程,其起始条件为

$$t = 0; \quad \omega = 1; \quad \delta = \delta_0 = \arcsin \frac{P_{\rm T}}{P_{\rm I\,max}}$$

通常要想求出式(6-43)的解析解是非常困难的。因此,电力系统暂态稳定分析一般都采用数值解的方法计算。最常见的是分段计算法(step by step),包括简单的分段法、改进欧拉法等。下面将介绍一种简单的、可用于手算的分段法计算步骤,更复杂的数值计算方法请参阅参考文献[6,8]。

当用式(6-43)计算 δ-t 曲线到故障切除时,由于系统参数的改变,发电机的特性也发生了变化。因此必须开始求解另一组微分方程:

$$\left.\begin{array}{l} \dfrac{{\rm d} \delta}{{\rm d} t} = (\omega - 1) \omega_0 \\[2mm] \dfrac{{\rm d} \omega}{{\rm d} t} = \dfrac{1}{T_{\rm J}} \left(P_{\rm T} - \dfrac{E'U}{X_{\rm III}} \sin \delta \right) \end{array}\right\} \tag{6-44}$$

这组方程的起始条件为

$$t = t_{\rm c}; \quad \delta = \delta_{\rm c}; \quad \omega = \omega_{\rm c}$$

其中 $t_{\rm c}$ 为给定的切除时间;$\delta_{\rm c}$,$\omega_{\rm c}$ 为与 $t_{\rm c}$ 时刻对应的 δ 和 ω,可由故障期间的 δ-t 和 ω-t 曲线求得(因为 δ 和 ω 都是不能突变的)。这样,由式(6-44)可继续算出 δ 和 ω 随时间变化的曲线。一般来说,在计算几秒钟的过程中,如果功角 δ 始终不超过 180°,而且振荡幅值越来越小,则系统是暂态稳定的。

分段计算法的基本出发点就是将转子运动方程分为一系列很小的时间段,在每个小段的时间内,将发电机转子的变加速运动近似地看成是等加速运动,并假定:

①从一个时段的中点至下一个时段的中点,过剩功率 ΔP 保持不变,且等于下一个时段开始时的过剩功率;

②每个时段内相对角速度 $\Delta\omega$ 保持不变,且等于这个时段中点的相对角速度。

这种假定与实际情况是不一致的,相当于把连续变化的量用阶梯变化的量代替了。但如果把时段取得足够小,则误差是不大的。一般 Δt 可取 $0.05\sim0.10$ s。

在计算中人们习惯于用度数表示 δ,用转差 $\Delta\omega$(与同步角速度之差)表示 ω,此时转子运动方程(6-44)改为

$$\left.\begin{array}{l} \dfrac{\mathrm{d}\delta}{\mathrm{d}t} = \Delta\omega\,\omega_0 \times \dfrac{360°}{2\pi} = 360f\Delta\omega \\[2mm] \dfrac{\mathrm{d}\Delta\omega}{\mathrm{d}t} = \dfrac{1}{T_{\mathrm{J}}}\Delta P \end{array}\right\} \tag{6-45}$$

式中:ΔP,$\Delta\omega$ 为标幺值;t,T_{J} 的单位为秒,s;δ 的单位为度,(°)。

下面介绍用分段法计算 $\delta\text{-}t$ 曲线的具体步骤。

若已知 $\nu-1$ 时段结束时的角度 $\delta_{(\nu-1)}$,则这时的电磁功率 $P_{(\nu-1)}$ 和过剩功率 $\Delta P_{(\nu-1)}$ 均可求得。由式(6-45)的第二式可求得相对角速度的变化量为

$$\Delta\omega_{(\nu-\frac{1}{2})} - \Delta\omega_{(\nu-\frac{3}{2})} = \frac{1}{T_{\mathrm{J}}}\Delta P_{(\nu-1)}\Delta t \tag{6-46}$$

式中:下标 $\nu-\dfrac{1}{2}$,$\nu-\dfrac{3}{2}$ 分别表示 $(\nu-1)\sim(\nu)$ 时段及 $(\nu-2)\sim(\nu-1)$ 时段的中点。由式(6-45)的第一式,可求得每个时段内角度 δ 的变化量为这个时段内的相对角速度 $\Delta\omega$ 乘以 Δt。

对于第 $\nu-1$ 时段:

$$\Delta\delta_{(\nu-1)} = \delta_{(\nu-1)} - \delta_{(\nu-2)} = 360f\Delta\omega_{(\nu-\frac{3}{2})}\Delta t \tag{6-47}$$

对于第 ν 时段:

$$\Delta\delta_{(\nu)} = \delta_{(\nu)} - \delta_{(\nu-1)} = 360f\Delta\omega_{(\nu-\frac{1}{2})}\Delta t \tag{6-48}$$

从式(6-48)中减去式(6-47),并代入式(6-46)得:

$$\Delta\delta_{(\nu)} - \Delta\delta_{(\nu-1)} = 360f\frac{\Delta P_{(\nu-1)}}{T_{\mathrm{J}}}\Delta t^2$$

$$\Delta\delta_{(\nu)} = \Delta\delta_{(\nu-1)} + K\Delta P_{(\nu-1)} \tag{6-49}$$

式中:K 为常数,$K = 360f\dfrac{\Delta t^2}{T_{\mathrm{J}}}$。

在求得第 ν 时段的角度增量后,可求出第 ν 时段末的角度为

$$\delta_{(\nu)} = \delta_{(\nu-1)} + \Delta\delta_{(\nu)} \tag{6-50}$$

而求得 $\delta_{(\nu)}$ 后,又可求 $\Delta P_{(\nu)}$,$\Delta\delta_{(\nu+1)}$ 和 $\delta_{(\nu+1)}$。这样一点一点地继续计算下去,就可以最终求出 $\delta\text{-}t$ 曲线。

一般来说,用分段计算法计算到一个摇摆周期即可判断系统在所给定的扰动情况下能否保持暂态稳定。

图 6-18 给出了某系统在稳定及不稳定两种情况下的转子摇摆曲线。

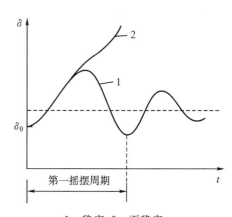

1—稳定;2—不稳定。

图 6-18　转子摇摆曲线

例 6-2　一简单电力系统的接线如图 6-19 所示,各元件参数已在图中示出。设输电线路某一回线的始端发生两相短路接地,试计算为保持暂态稳定而要求的极限切除角度;计算并作出在 0.15 s 切除故障时的 $\delta\text{-}t$ 曲线。

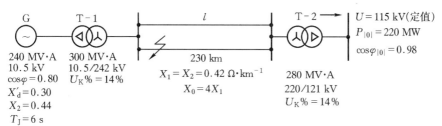

图 6-19　例 6-2 系统图

解　1. 确定正常运行时的等值电路及负序、零序电路的参数图

取 $S_B=220\ \text{MV·A}$ 为基准功率,$U_B=209\ \text{kV}$ 为基准电压(U_B 为额定电压的 95%),求得正常运行的等值电路以及负序、零序中的参数如图 6-20(a)(b)(c)所示。其中

$$T_J=6\times\frac{240/220}{0.8}=8.18\ \text{s}$$

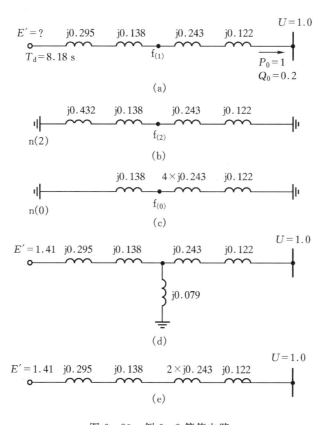

图 6-20　例 6-2 等值电路
(a)正常运行等值电路;(b)负序等值电路;(c)零序等值电路;
(d)故障时等值电路;(e)故障切除后等值电路

2. 计算正常运行方式,确定 E' 和 δ_0

由图 6 - 20(a)中的参数可知,此时系统的总电抗为

$$X_{\text{I}} = 0.295 + 0.138 + 0.243 + 0.122 = 0.798$$

发电机的暂态电势为

$$
\begin{aligned}
E' &= \sqrt{(U + \frac{Q_0 X_{\text{I}}}{U})^2 + (\frac{P_0 X_{\text{I}}}{U})^2} \\
&= \sqrt{(1 + 0.2 \times 0.798)^2 + 0.798^2} \\
&= 1.41
\end{aligned}
$$

$$\delta_0 = \arctan \frac{0.7981}{1 + 0.2 \times 0.798} = 34.53°$$

3. 计算故障后的功率特性

由图 6 - 20(b)(c)的负序、零序网络可得故障点的负序、零序等值电抗为

$$X_{2\Sigma} = \frac{(0.432 + 0.138) \times (0.243 + 0.122)}{(0.432 + 0.138) + (0.243 + 0.122)} = 0.222$$

$$X_{0\Sigma} = \frac{0.138 \times (0.972 + 0.122)}{0.138 + (0.972 + 0.122)} = 0.123$$

所以,加在正序网络故障点上的附加阻抗为

$$X_\Delta = \frac{0.222 \times 0.123}{0.222 + 0.123} = 0.079$$

于是该系统故障的等值电路如图 6 - 20(d)所示,由此可求得:

$$X_{\text{II}} = 0.433 + 0.365 + 0.433 \times \frac{0.365}{0.079} = 2.80$$

故障时发电机的最大功率为

$$P_{\text{II max}} = \frac{E'U}{X_{\text{II}}} = \frac{1.41 \times 1}{2.8} = 0.504$$

4. 计算故障切除后的功率特性

故障切除后的等值电路如图 6 - 20(e)所示,由此可求得:

$$X_{\text{III}} = 0.295 + 0.138 + 2 \times 0.243 + 0.122 = 1.041$$

此时系统的最大功率和对应的功角为

$$P_{\text{III max}} = \frac{E'U}{X_{\text{III}}} = \frac{1.41 \times 1}{1.041} = 1.35$$

$$\delta_h = 180° - \arcsin \frac{1}{1.35} = 132.2°$$

5. 计算极限切除角

$$
\begin{aligned}
\cos\delta_{cm} &= \frac{P_{\text{T}}(\delta_h - \delta_0) + P_{\text{III max}}\cos\delta_{max} - \delta_{\text{II max}}\cos\delta_0}{P_{\text{III max}} - P_{\text{II max}}} \\
&= \frac{1 \times \frac{\pi}{180} \times (132.2 - 34.53) + 1.35\cos132.2° - 0.504\cos34.53°}{1.35 - 0.504} \\
&= 0.458
\end{aligned}
$$

$$\delta_{cm} = 62.7°$$

6. 计算极限切除时间

先计算故障期间的 δ-t 曲线。取 $\Delta t = 0.05$ s,则常数

$$K = 360f \frac{\Delta t^2}{T_{\text{J}}} = \frac{360 \times 50 \times 0.05^2}{8.18} = 5.5$$

短路时 δ_0 仍为 $34.53°$,发电机的输出功率降低为

$$P_{(0)} = P_{\mathbb{I}\max}\sin\delta_0 = 0.504\sin34.53° = 0.285$$

即在第一个时段开始过剩功率从零变为

$$\Delta P_{(0)} = P_0 - P_{(0)} = 1 - 0.285 = 0.715$$

经过第一个时段后的角增量

$$\Delta\delta_{(1)} = 0 + K\frac{0 + \Delta P_{(0)}}{2} = 5.5 \times \frac{0.715}{2} = 1.97°$$

角 $\delta_{(1)}$ 为

$$\delta_{(1)} = \delta_{(0)} + \Delta\delta_{(1)} = 34.53° + 1.97° = 36.5°$$

第一个时段末,即第二个时段开始时发电机的输出功率

$$P_{(1)} = P_{\mathbb{I}\max}\sin\delta_{(1)} = 0.504\sin36.5° = 0.3$$

此时过剩功率

$$\Delta P_{(1)} = P_0 - P_{(1)} = 1 - 0.3 = 0.7$$

经过第二时段的角增量

$$\Delta\delta_{(2)} = \Delta\delta_{(1)} + K\Delta P_{(1)} = 1.97 + 5.5 \times 0.7 = 5.82°$$

第二时段结束时的角度

$$\delta_{(2)} = \delta_{(1)} + \Delta\delta_{(2)} = 36.5 + 5.82 = 42.32°$$

如此继续计算下去,在表 6-2 中列出了四个时段的详细计算结果。

表 6-2　例 6-2 故障期间 $\delta\text{-}t$ 曲线计算结果

t/s	ν	$\delta_{(\nu)}/(°)$	$\sin\delta_{(\nu)}$	$P_{(\nu)} = P_{\mathbb{I}\max}\sin\delta_{(\nu)}$	$\Delta P_{(\nu)} = P_0 - P_{(\nu)}$	$\Delta\delta_{(\nu+1)} = \Delta\delta_{(\nu)} + K\Delta P_{(\nu)}$
0	0	34.53	0.566	0.285	0.715/2	1.97
0.05	1	36.50	0.595	0.300	0.700	5.82
0.10	2	42.32	0.673	0.339	0.661	9.46
0.15	3	51.78	0.786	0.396	0.604	12.78
0.20	4	64.56	0.903	0.455	0.545	15.78

由表 6-2 可见,0.2 s 时对应的角度为 $64.56°$,已大于前面求出的极限切除角 $62.7°$。通过将表 6-2 的一组 δ 画成 $\delta\text{-}t$ 曲线不难查得对应于极限切除角的极限切除时间为 0.19 s。

6.4.4　提高暂态稳定性的措施

通过前面的论述可以看出,提高电力系统的暂态稳定性主要应依靠缩小加速面积,增大减速面积来达到,也就是说要力争减少扰动量和缩短扰动时间。

1.快速切除故障

利用快速继电保护和快速动作的断路器尽快地切除故障是提高电力系统稳定性的首要措施。缩短故障切除时间,可减小故障切除角 δ_c 从而缩小加速面积,相应地增大减速面积。图6-21给出了某一系统最大输送功率 P 与临界切除时间的关系。故障切除时间是继电保护装置动作时间与断路器动作时间的总和。目前已可做到在短路 0.06 s

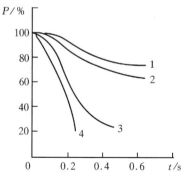

1—单相短路;2—两相短路;
3—两相接地短路;4—三相短路。

图 6-21　最大输送功率 P 与临界切除时间的关系

切除故障线路,其中 0.02 s 为保护装置动作时间,0.04 s 为断路器动作时间。

2.采用自动重合闸装置

电力系统的许多短路故障都具有瞬时特性。采用自动重合闸装置可以在线路发生故障时先切除线路,经过一定时间后再合上断路器,如果故障已消除则重合闸成功,否则再次跳开。自动重合闸的成功率很高,可达 90% 以上。图 6-22 给出了简单系统采用自动重合闸后的情况,图中 δ_r 对应于重合闸时的角度,δ_{rc} 为重合不成功时断路器断开时的角度。由图可见,在第一种情况下系统显著地增加了减速面积,提高了系统的稳定性。第二种情况减少了减速面积,对稳定造成了不利影响。系统能否稳定,取决于再次切除故障的时间。

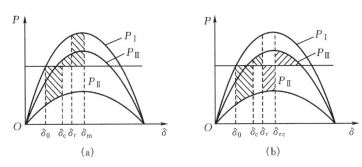

图 6-22 简单系统有重合闸装置时的面积图形
(a)重合闸成功;(b)重合闸后故障仍存在

3.强行励磁装置和电气制动措施

发电机都备有强行励磁装置,以保证当系统发生故障使发电机端电压降低时能迅速地增加励磁,从而提高发电机电势,增加发电机输出的电磁功率,减少过剩功率,以减少加速面积。

电气制动是当系统中发生故障后迅速地投入电阻等制动装置以消耗发电机的有功功率,从而减少功率差额。当采用串联电阻时,旁路断路器在正常运行方式下是闭合的,故障后自动跳开将电阻 R 串接到发电机回路中去。当采用并联电阻时,断路器在正常运行方式下是开断的,故障后自动闭合,将电阻 R 并接到系统中。

4.控制原动机输出的机械功率

当故障时减少原动机输出的机械功率也可以减少过剩功率。对于汽轮机可以采用快速的自动调速系统或者快速关闭汽门的措施来减少机械功率的输出。另外也可以采取切除一台发电机的方式,还可以采用其它办法来消耗掉一部分原动机的机械功率等。

除了上面介绍的措施外还有不少提高暂态稳定性的方法,如对远距离输电线路设中间开关站和采用强行串联电容补偿等。所谓强行补偿就是在切除故障线路的同时增大串联补偿电容的容抗,部分地甚至全部地抵偿由于切除故障线路而增加的线路电抗。另外,目前正蓬勃发展的灵活交流输电技术也可以大幅度提高系统的暂态稳定性,有关这方面的内容将在 6.6 节介绍。

5.电力系统稳定性的综合评价

电力系统稳定性是电力系统的属性,是电力系统中各同步发电机在受到扰动后保持或恢复同步运行的能力,保证电力系统稳定性是电力系统正常运行的必要条件。

国际上尚未有统一的有关电力系统稳定性的分类标准。依据我国 DL 755—2001《电力系统安全导则》,电力系统稳定性一般分为功角稳定性、频率稳定性和电压稳定性。在此基础上,根据扰动大小、动态过程特征和参与动作的元件及控制系统动作特性,再细分为众多子类。DL 755—2001 关于电力系统稳定性的分类如图 6-23 所示。

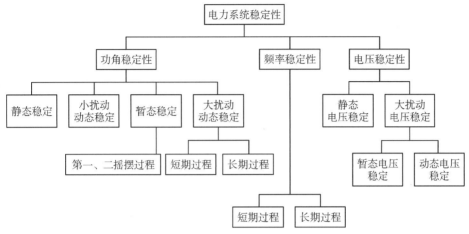

图 6-23　DL 755—2001 关于电力系统稳定性的分类

6.3 节和 6.4 节讲的主要是功角稳定性的问题,在实际应用中,还需注意综合评价电力系统的稳定性,包括频率稳定性及电压稳定性等,以提高电力系统的安全运行水平。

6.5　直流输电

直流输电方式是历史上出现最早的输电方式,但由于未能解决电压变换等关键技术,所以很快被交流输电技术所取代。随着电力系统的发展和特殊的输电技术的需要,以及大功率电力电子技术的进步,近年来,高压直流输电技术又重新得到了发展与应用。1954 年瑞典建成的通过海底电缆向果特兰岛供电的输电工程,是高压直流技术的第一次商业应用。我国于 1987 年建成了向舟山群岛供电的 100 kV 直流输电工程,1990 年完成了葛洲坝—上海的 ±500 kV 高压直流输电线路的建设并投入商业运行。目前已有多条特高压直流输电线路投入应用,直流方式在远距离输电和大区电网互联方面发挥着重要作用。

直流输电技术之所以得到迅速的发展应用,是由于它具备以下几方面的优势[9,28,29]。

①直流线路的造价和运行费用比较低。直流输电只需两根导线,交流输电线路要用三根导线。在导线截面、电流密度及绝缘水平相同的条件下,直流线路和交流线路传送的有功功率基本相同,故直流线路可节省有色金属及绝缘材料 1/3 左右,此外杆塔载荷较轻,输电走廊也较小。在运行中,直流线路的有功功率损耗也比交流线路少 1/3。交流线路为防止过电压,要求的绝缘水平为正常电压的 2.5~3 倍,而直流线路要求的绝缘水平要低得多,仅为正常电压的 1.7 倍。另外,直流电阻没有趋肤效应,直流线路的电晕损耗及其对无线电通信的干扰也比交流线路小得多。

②直流线路适合于联接两个交流电力系统。首先直流输电没有稳定问题,其输送容量和距离都不受同步运行稳定性的限制,也不会产生低频振荡。其次,某一区域如果发生故障,不

会传递和波及到互联系统中的其它部分,系统的短路水平也不会由于系统互联而明显升高。再者,直流输电容易进行潮流控制,以改善电网的潮流分布及严格执行联络线电力交换计划。直流系统甚至可以将两个不同频率的电网联接在一起运行。可以说很多直流工程的建设都是以电力系统互联为目的的。

③采用直流输电易于实现地下或海底电缆输电。对于较长距离的海底电缆输电,直流输电是唯一的选择。由于高压电缆具有很大的分布电容,因此需要很大的充电功率,较大的充电电流已使线路无法传输有效负荷,但海底电缆无法在线路中间加装并联电抗器进行补偿。直流线路基本上没有电容电流,不存在上述问题。

直流输电也存在一些问题和缺点,可归纳如下。

①换流装置造价昂贵。直流线路的价格虽然比交流线路便宜,但直流系统的换流站价格则比交流变电站的造价高得多。就整个输电工程而言,当线路达到一定长度时,直流线路所节约的费用正好抵偿换流站所增加的费用,这个距离称为交直流输电的等价距离,如图 6 - 24 所示。显然,当输电距离大于等价距离时,采用直流输电才比交流输电经济。

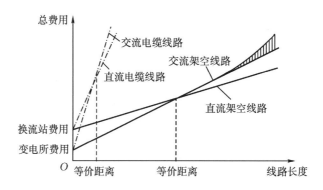

图 6 - 24 交直流输电系统的费用和距离的关系

②换流站在运行中要消耗大量无功功率。不论换流装置处于整流状态还是逆变状态,由于触发角或逆变角不能为零,造成电流相位落后于电压相位,因此换流装置在运行中要消耗大量无功功率,必须进行无功补偿。正常运行时,整流侧所需无功功率为直流功率的 30%～50%,逆变侧为 40%～60%[10]。

③换流装置在运行中会产生谐波,需要装设滤波装置。

另外,目前尚无适用的高压直流断路器,对发展多端直流电网有一定影响。

6.5.1 直流输电系统的工作原理

简单的直流输电系统结构如图 6 - 25 所示。发电厂发出的交流电经升压后,由换流设备(整流器)变为直流,通过直流输电线路输送到负荷端,再经过换流设备(逆变器)变为交流,向交流系统供电。在图 6 - 25 中交流电力系统用发电机组 G_1,G_2 和负荷 L_1,L_2 来表示。假设电力传输方向是从换流站 S_1 到 S_2,则 S_1 工作在整流状态,S_2 工作在逆变状态。在现代直流输电系统中,换流站的功率损耗约为输送功率的 1.5%～2%。

直流输电的换流装置一般都采用三相桥式线路,每个桥由 6 个桥臂组成。由一个三相可控桥式电路构成的换流器称为单桥换流器,由于其在每个工频周期内直流侧电压出现 6 个脉

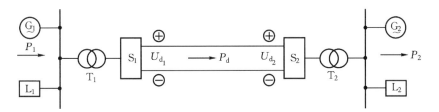

图 6-25　直流输电系统示意图

动波形,又称其为 6 脉波换流器。单桥构成的整流器与逆变器的连接形式如图 6-26 所示。由交流电源电压相位差 30°的两个单桥直流侧串联构成的换流器称双桥换流器。本书主要介绍单桥换流器的工作原理。

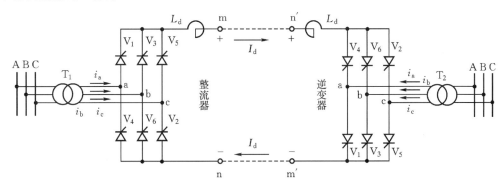

图 6-26　单桥式换流器接线图

为了阐明换流器的工作原理,常采用以下简化假设:

①交流系统是频率和幅值都恒定的三相对称正弦电势源;

②换流阀具有理想特性,即通态正向压降和断态漏电流都可以忽略,换流器的运行是完全均衡的;

③6 个桥阀以 1/6 基波周期的等相位间隔依次轮流触发;

④为了抑制直流过电流的上升速度和直流侧谐波,在换流器的直流侧都装有直流平波电抗器(L_d)。假定该电抗器的电感很大,直流侧输出电流中的纹波可以略去。

以上各条也称为换流设备的理想工作条件。下面分别介绍整流器和逆变器的工作原理。

1. 整流器的工作原理

整流器的原理接线图示于图 6-27。图中 L_r 为从电势源到整流桥的每相等值电感。6 个桥阀按正常轮流导通次序编号。阀只有在承受正向电压,同时又在控制极得到触发信号时才开始导通。它一经导通,即使除去触发信号,仍保持导通状态,直至承受反向电压时才

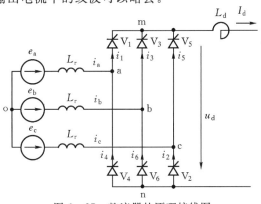

图 6-27　整流器的原理接线图

会关断,但需待电流为零且载流子完全复合后才恢复正向阻断能力。

图 6-28 给出了整流器在同一时间段内各相电压和电流的波形。从图 6-28(a)的电势波形可见,在 ωt 尚未到达 0°以前,电势 e_c 的瞬时值最高,电势 e_b 最低(负得最多),接于这两相的阀 V_5 和 V_6 正处于通态,其余四个阀因承受反向电压而处于断态。在 $\omega t = 0°$(即 c_1 点)以后,电势 e_a 最高,使共阴极组中的阀 V_1 开始承受正向电压,经过触发角 α 后,阀 V_1 接到触发脉冲开始导通,这时阀 V_6 仍处于通态,电流通过阀 V_1、负荷和阀 V_6 形成回路。阀 V_1 导通后,阀 V_5 即因承受反向电压而被关断。过了 c_2 点以后,电势 e_c 最低,经触发延迟后阀 V_2 导通,阀 V_6 关断,电流通过 V_1 和 V_2 形成回路。c_3 点后阀 V_3 代替阀 V_1 导通,电流继续通过阀 V_2。依次下去,阀的导通顺序是:3 和 4,4 和 5,5 和 6,6 和 1,1 和 2,2 和 3,如此周而复始。以上讨论没有考虑换相所需的时间及换相损失等,这些内容将在后面讨论。

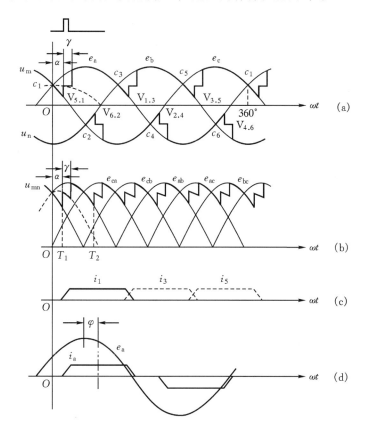

图 6-28 整流器的电压和电流波形图

(a)直流母线 m,n 对中性点 o 的电压波形;(b)直流母线 m,n 间的电压波形;

(c)阀电流波形;(d)a 相电压和电流波形

在不考虑换相过程的条件下(即认为图 6-28 中的换相角 $\gamma = 0$),直流电压的平均值可以从图 6-28 中 1/6 周期的面积求出,因为此时在一个交流周期内,出现了 6 个同样的脉动的波形。设交流电压的有效值为 E,则图中 1/6 周期即从 $T_1 \sim T_2$ 区间的面积为

$$A = \int_{-(\frac{\pi}{6}-\alpha)}^{(\frac{\pi}{6}+\alpha)} \sqrt{2}\, E\cos\theta \mathrm{d}\theta = \sqrt{2}\, E\cos\alpha$$

直流电压平均值为

$$U_{\mathrm{d}} = \frac{A}{\pi/3} = \frac{3\sqrt{2}}{\pi} E\cos\alpha = U_{\mathrm{d}0}\cos\alpha \qquad (6-51)$$

下面由阀 V_1 换相至阀 V_3 简要讨论换相过程及其造成的电压损失。

当由导通阀 V_1 换相至阀 V_3 时，换相回路因电感的作用，电流不能突变，换相不能瞬时实现。在从 $\omega t = \alpha$ 到 $\omega t = \alpha + \gamma$ 的一段时间里，阀 V_1 的电流由 I_{d} 逐渐降至零，阀 V_3 的电流则由零上升到 I_{d}。这段时间内 V_1 和 V_3 共同导通，对于交流系统相当于发生 a，b 两相短路，所产生的短路电流就是起换相作用的换相电流 i_{k}。短路回路（如图 6-29（a）中的虚线框所示）

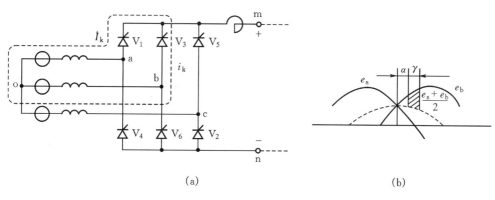

(a)   (b)

图 6-29 换相过程

的方程为

$$2L_{\mathrm{r}} \frac{\mathrm{d}i_{\mathrm{k}}}{\mathrm{d}t} = \sqrt{2}\, E\sin\omega t \qquad (6-52)$$

由此可解出：

$$i_{\mathrm{k}} = -\frac{\sqrt{2}\, E}{2\omega L_{\mathrm{r}}} \cos\omega t + c \qquad (6-53)$$

当 $\omega t = \alpha$ 时，$i_{\mathrm{k}} = 0$，可得：

$$c = \frac{E}{\sqrt{2}\,\omega L_{\mathrm{r}}} \cos\alpha$$

故有

$$i_{\mathrm{k}} = \frac{E}{\sqrt{2}\,\omega L_{\mathrm{r}}} (\cos\alpha - \cos\omega t) \qquad (6-54)$$

当 $\omega t = \alpha + \gamma$ 时，$i_{\mathrm{k}} = I_{\mathrm{d}}$，因此

$$I_{\mathrm{d}} = \frac{E}{\sqrt{2}\,\omega L_{\mathrm{r}}} [\cos\alpha - \cos(\alpha + \gamma)]$$

$$= \frac{E}{\sqrt{2}\, X_{\mathrm{r}}} [\cos\alpha - \cos(\alpha + \gamma)] \qquad (6-55)$$

由此可得：

$$\gamma = -\alpha + \arccos\left(\cos\alpha - \frac{\sqrt{2}\,X_r I_d}{E}\right) \tag{6-56}$$

式中：$X_r = \omega L_r$ 称为换相电抗；γ 称为换相角，当直流电流增大和换相电压降低时换相角 γ 都会增大。

图 6-29(b) 给出了换相过程的电压损失情况。在这个过程中线电压 e_{ba} 全部降落在两相的换相电抗上，因此母线 m 对于中性点 o 的电位应为 $\frac{1}{2}(e_a + e_b)$，而不是 e_b，见图 6-29(b)。由此可见，换相压降使直流电压的波形中每 1/6 周期损失图中阴影所表示的面积。

考虑了换相压降以后，直流侧正母线 m 和负母线 n 对电源中性点 o 的电位变化将如图 6-28(a) 中的上、下粗线所示。而直流母线 mn 间的电压 U_d 则如图 6-28(b) 中的粗线所示。

利用图 6-28(b) 可以算出换相压降引起的直流电压平均值的损失量为

$$\delta U = \frac{3}{\pi}\int_{\alpha}^{\alpha+\gamma} \frac{\sqrt{2}}{2}E\sin\omega t\,\mathrm{d}\omega t = \frac{3\sqrt{2}}{2\pi}E\big[\cos\alpha - \cos(\alpha+\gamma)\big]$$
$$= \frac{1}{2}U_{d0}\big[\cos\alpha - \cos(\alpha+\gamma)\big] \tag{6-57}$$

计及式 (6-55)，上式又可以表示为

$$\delta U = \frac{3\omega L_r}{\pi}I_d = R_a I_d \tag{6-58}$$

式 (6-58) 说明换相压降引起的直流输出电压损失量 δU 同电流 I_d 成正比。因此，这个电压损失也可以用一个直流侧的等值电阻 R_a 来描述。但应注意，这个等值电阻并不引起有功功率损失。

考虑了触发角和换相角后，直流电压的平均值为

$$U_d = U_{d0}\cos\alpha - \delta U = \frac{1}{2}U_{d0}\big[\cos\alpha + \cos(\alpha+\gamma)\big] \tag{6-59}$$

或者

$$U_d = U_{d0}\cos\alpha - \frac{3\omega L_r}{\pi}I_d = U_{d0}\cos\alpha - R_a I_d \tag{6-60}$$

由于触发延迟和换相效应，交流侧相电流的基波要比相电势滞后一个相角 φ（见图 6-28(d)）。这就要求交流系统向整流器提供感性的无功功率 $Q = P\tan\varphi$。

功率因数可以近似地表示为

$$\cos\varphi = \frac{1}{2}\big[\cos\alpha + \cos(\alpha+\gamma)\big] \tag{6-61}$$

当 α 和 γ 都比较小时，$\varphi \approx \alpha + \gamma/2$。

为了减少无功功率的消耗，整流器的触发角 α 不宜取大，一般取 $10° \sim 20°$。

2.逆变器的工作原理

当整流器的触发角 α 逐渐增大时，直流输出电压便要下降。当 $\alpha = 90°$ 时，直流输出电压降为零。随着进一步的触发延迟，平均直流电压变成负值。由于阀的单向导电性能，电流仍从阳极流向阴极，这时换流器进入逆变工作状态。图 6-30 给出了逆变器的运行状态。

在图 6 - 30 所示的直流系统中,整流器输出的直流电压经过线路施加于逆变器的直流母线,其大小应足以克服逆变器产生的反电势,并平衡电流流通所造成的压降,才能使电流沿逆变器桥阀的可导通方向流动。

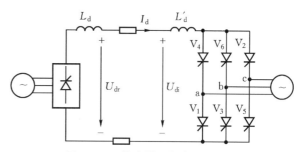

图 6 - 30　换流器运行在逆变状态

图 6 - 31 给出了逆变器的电压和电流波形。现结合图 6 - 31 简单分析桥阀的工作状态。由图 6 - 31(a)可见,从 $\omega t = 0°$(c_1 点)到 $\omega t = 180°$(c_4 点)的范围内,阀 V_1 都处于正向电压 e_{ac} 的作用下。在阀 V_1 导通前,阀 V_5 和 V_6 处于通态。在触发角 $90° < \alpha < 180°$ 时发出触发脉冲,使阀 V_1 导通,于是阀 V_5 便因承受反向电压而关断。这时阀 V_6 仍处于通态,电流通过 V_6 和 V_1 形成回路。但是必须注意,当阀 V_1 取代 V_5 导通后,一过 c_4 点阀 V_5 又重新承受正向电压。为使阀 V_5 能可靠地关断,在它与 V_1 换相结束,电流降到零值后,还应有一段时间承受反向电压,使载流子得到充分的复合,以恢复正向阻断能力。这段时间常用相角 δ 表示,并称为关断角。再考虑到换相角 γ,阀 V_1 应比 c_4 点($\omega t = 180°$)超前 β 角时受到触发,$\beta = \gamma + \delta$ 称为触发超前角或逆变角,它与触发角 α 的关系是 $\beta = 180° - \alpha$。

逆变器的 6 个桥阀按照正确的顺序依次开通和关断,就将直流电流切成一段一段地轮流送到交流系统。逆变器和整流器虽然作用相反,但从原理上讲两者都是换流器,只是由于触发角 α 取值不同而表现出不同的运行特性。前面导出的有关直流侧电压和电流的关系仍适用于逆变器。以 $\alpha = 180° - \beta$ 和 $\beta = \gamma + \delta$ 代入,可得逆变器直流侧电流为

$$I_d = \frac{E}{\sqrt{2}\,\omega L_r}(\cos\alpha - \cos\beta)$$

$$= \frac{E}{\sqrt{2}\,X_r}[\cos\alpha - \cos(\alpha + \gamma)] \tag{6-62}$$

直流侧平均电压为

$$U_d = -U_{d0}\cos\alpha + \delta U = U_{d0}\cos\beta + \delta U \tag{6-63}$$

上式中 δU 为换相引起的直流电压平均值的变化量,且

$$\delta U = \frac{3}{\pi}\int_{\delta}^{\delta+\gamma}\frac{\sqrt{2}}{2}E\sin\omega t\,\mathrm{d}\omega t = \frac{3\sqrt{2}}{2\pi}E[\cos\delta + \cos(\delta + \gamma)]$$

$$= \frac{1}{2}U_{d0}(\cos\delta - \cos\beta)$$

计及式(6 - 62),δU 可以写成:

$$\delta U = \frac{3\omega L_r}{\pi}I_d = R_\beta I_d \tag{6-64}$$

这样便可以得到:

$$U_d = U_{d0}\cos\beta + R_\beta I_d \tag{6-65}$$

或者

$$U_d = U_{d0}\cos\delta - \delta U = U_{d0}\cos\delta - R_\beta I_d \tag{6-66}$$

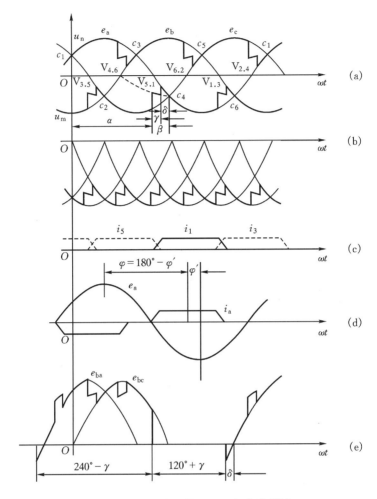

图 6-31　逆变器的电压和电流波形图

(a)直流母线 m,n 对中性点 o 的电压波形;(b)直流母线 m,n 间的电压波形;

(c)阀电流波形;(d)a 相电压和电流波形;(e)阀 V_1 的电压波形

式中:$R_\beta = \dfrac{3\omega L_r}{\pi}$ 称为逆变侧的等值换相电阻。

图 6-31(a)(b)分别显示了直流母线 m,n 对中性点 o 的电压波形和 mn 间的电压波形。逆变器交流侧相电压和相电流的波形则如图 6-31(d)所示(只画出 a 相)。从图中可以看出电流的基波要比电压落后 $\varphi = 180° - \varphi'$。因此,逆变器对其交流系统将接受负的有功功率和滞后的无功功率。也就是说,逆变器将向交流系统输出有功功率,而从交流系统吸取感性无功功率。功率因数可以近似地表示为

$$\varphi' \approx \delta + \frac{\gamma}{2} = \beta - \frac{\gamma}{2}$$

$$\cos\varphi' \approx \frac{1}{2}(\cos\beta + \cos\delta)$$

$$(6-67)$$

值得指出的是,逆变器中阀 V_1 承受反向电压作用的时间很短(见图 6-31(e))。在运行

中特别要注意保证可靠地关断。如果关断角过小,阀 V_1 的正向阻断能力得不到完全恢复。在随后的正向电压作用下,不经触发也会重新导通,并把刚刚转入通态的阀 V_3 关断,发生倒换相现象,导致换相失败。因此,在实际运行中,关断角 δ 的取值应不小于最小容许值 δ_0。

6.5.2　直流输电系统的基本控制方式

通过前面的分析可得出两端直流输电系统的稳态运行等值电路,如图 6 - 32 所示。对整流侧的参量用下标 r 表示,对逆变侧用下标 i 表示,根据式(6 - 60)和式(6 - 65)可以求出直流输电线上的电流为

$$I_d = \frac{U_{dr} - U_{di}}{R_\Sigma} = \frac{U_{d0r}\cos\alpha - U_{d0i}\cos\beta}{R_\alpha + R_l + R_\beta} \tag{6-68}$$

式中:R_l 为线路电阻;R_α,R_β 分别为整流和逆变侧的等值电阻。

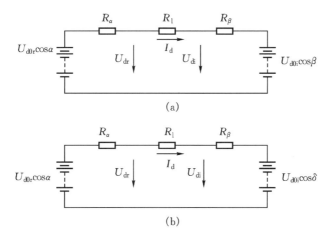

图 6 - 32　直流输电系统的稳态等值电路

直流系统两端的有功功率为

$$\begin{cases} P_{dr} = U_{dr} I_d \\ P_{di} = U_{di} I_d \end{cases} \tag{6-69}$$

电压为

$$U_{d0r} = \frac{3\sqrt{2}}{\pi} E_r \tag{6-70}$$

$$U_{d0i} = \frac{3\sqrt{2}}{\pi} E_i \tag{6-71}$$

式(6 - 70)和式(6 - 71)反映了交直流系统的联系。要想调节直流输电系统的电压、电流和功率可以通过改变交流侧变压器的分接头来实现,即改变 E_r 和 E_i。但改换分接头需要一定的时间,调节不够灵活迅速。调节直流输电系统还可以通过改变换流阀的触发角 α 和逆变角 β 来进行,由于触发脉冲相位的控制是极为迅速的,几乎可以瞬时实现,因此这种方法是最主要的调节手段。

直流系统调节的基本工作原理是对脉冲发生装置输入不同的调节信号,其输出作用于相位控制电路,经过脉冲发生装置改变换流器触发脉冲的相位,从而实现调节作用。为了获得良好的运行特性,整流器的调节特性应与逆变器的调节特性相配合。整流侧常用的调节方式有定电流和定功率两种。逆变侧的基本调节方式有定电压和定关断角两种。整流及逆变侧的基本调节方式将组合成整个直流系统的四种基本调节方式。另外,在基本调节方式下,常附加某些限制措施。例如,整流侧采用定电流调节方式时,常附加最小触发角限制,使触发角不小于某一最小安全限值。逆变侧采用定电压调节方式时,常附加最小关断角限制。

有时为了利用直流输电系统的快速调节特性来改善整个交直流系统的运行性能,在换流器的调节器中可以引入某些附加信号,如交流系统某些线路的传输功率、发电机转速、系统的频率等,这种情况通常称为调制控制。

6.5.3 直流输电系统的谐波、滤波和补偿问题

从前面的分析可以看出,换流器交流侧的电流是一段段的梯形波,而直流侧的电压也含有纹波,见图 6-28 和图 6-31。这就是说,换流器在交流侧和直流侧都要产生高次谐波。换流装置对于交流侧是一个谐波电流源,对于直流侧则是一个谐波电压源。

谐波频率同交流基波频率之比值称为谐波次数。在交流电网一个基波周期内发生的换相次数称为换流器的脉动数,或换相数。根据傅里叶级数分析,在理想化的工作条件下,换相数为 p 的换流器在直流侧主要产生 kp 次谐波,在交流侧产生 $kp\pm1$ 次谐波,k 为正整数。这种谐波称为特征谐波,一般来说,谐波次数越高,幅值越小。

这些谐波如果不加控制,会造成许多不利影响,如由于谐波引起的附加损耗可使发电机和电容器过热;使换流器控制不稳定;对通信系统产生干扰等等。为了减少换流器的谐波输出,在直流输电系统的换流站都装有滤波器来吸收这些高次谐波。

交流侧的滤波器常由若干个特定频率的单调谐滤波器和一个高通电路组成,如图 6-33(a)所示。交流滤波器除了吸收谐波以外,还能提供部分基波无功功率。

换流器直流侧的谐波主要靠平波电抗器限制。有的直流架空输电线还需装设滤波器,它由 6 次、12 次等单调谐电路和高通滤波电路组成,如图 6-33(b)所示。

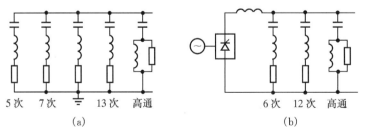

5次　7次　13次　高通　　　　　6次　12次　高通

(a)　　　　　　　　　　(b)

图 6-33　直流输电系统的滤波装置

(a)交流滤波器;(b)直流滤波器

换流器的实际工作条件常同理想化条件存在一些差异,由此还会产生许多非特征谐波。当三相交流电压不平衡以及电流调节器或触发控制装置不够完善时,会造成各阀的触发角不相等,或触发时间间隔不同等,这是产生非特征谐波的最重要的原因。为了抑制非特征谐波,

可采用等距离脉冲相位的控制方式。

　　换流装置无论是工作在整流状态还是逆变状态都需要由交流系统供应一定的无功功率。

　　换流装置消耗的无功功率应计入交流系统的无功功率平衡。如果现有的无功电源不能满足要求,可在换流站装设补偿装置就地供给。在确定补偿容量时,交流滤波器提供的基波无功功率应考虑在内。

6.5.4　直流输电系统的接线方式

　　直流输电系统主要有单极和双极两种接线方式。单极直流输电系统的构成如图 6-34 所示。输电线路利用一条架空线路或单芯电缆构成一个极,利用大地或海水构成回路作为另外一个极。因此,在每个换流站都有埋入地下或深入水中的工作接地装置。

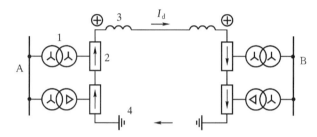

1—整流变压器;2—换流器;3—平波电抗器;4—接地装置。

图 6-34　单极直流输电线路的构成

　　单极系统利用大地或海水构成回路可以降低线路造价,减少损耗,因而最为经济。其缺点是接地点附近的地下金属装备会逐渐腐蚀。

　　单极直流输电线路往往以负极性运行,因为负极性的架空线路受雷击的概率较小,且电晕现象和对无线电的干扰也比较小。

　　图 6-35 表示了双极直流输电线路的结构。在该接线图中,正常运行情况下电流不流经大地,输电线路的损耗等于在两条单极导线中的损耗。双极直流输电系统包含两个半环回路,每个半环由线路的一极和半个换流站组成。当一个半环回路发生故障时,另一个半环仍可以大地为回路继续运行。由于中性点接地,这两个半环实际上在独立运行,两极对地电压分别为 $+U_d$ 和 $-U_d$。双极直流输电系统的优点是当两个半环回路在相同的负荷电流下运行时,没有电流通过大地。因此,敷设在工作接地装置附近的金属设备受腐蚀的危险大大减少。

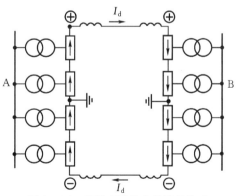

图 6-35　双极直流输电线路的构成

　　目前,在利用超高压输送大功率的直流输电系统中大多采用双极系统。

6.5.5 柔性直流输电系统

1.柔性直流输电技术的基本原理

柔性直流输电系统作为直流输电的一种新技术,也同样由换流站和直流输电线路构成。随着电力电子器件和控制技术的发展,出现了新型的半导体元件 IGBT(Insulated Gate Bipolar Transistor),基于 IGBT 作为开关器件的电压源型换流器(Voltage-Sourced Converter,VSC)开始广泛使用。采用 VSC 代替原晶闸管换流器的输电方式被称为柔性直流输电系统,其单线原理图如图 6-36 所示,包括两个 VSC 换流站和两条直流线路。柔性直流输电功率可双向流动,两个换流站中的任一个既可以作整流站也可以作逆变站运行,其中处在送电端的工作在整流方式,处在受电端的工作在逆变方式。柔性直流输电可以克服常规直流系统的一些缺点,如常规的高压直流输电系统换流器只能工作在有源逆变状态,不能接入无源系统;一旦交流系统发生干扰,容易换相失败;谐波含量高,输出电压和电流的波形均存在很大的谐波分量,需要在换流站安装各种等级的滤波装置来滤除谐波等。

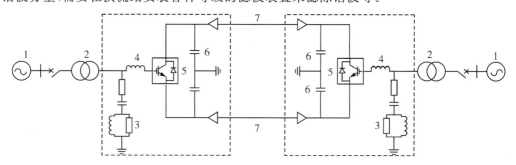

1—两端交流系统;2—联结变压器;3—交流滤被器;4—相电抗器;
5—换流阀;6—直流电容;7—直流电缆/架空线路。

图 6-36　两端 VSC-HVDC 结构示意图

图 6-36 是典型的三相两电平六脉动型换流器的柔性直流输电换流站的系统结构,由图中虚线划分可知,两端柔性直流输电系统可以看作为两个独立的静止无功发生器(STATCOM)通过直流线路联结的合成系统。柔性直流输电系统具有 STATCOM 进行动态无功功率交换的功能;除此之外,由于两个电压源换流器(VSC)的直流侧互联,它们之间又具备了有功功率交换的能力,可以在互联系统间进行有功潮流的传输。

柔性直流输电系统换流站的主要设备一般包括:电压源换流器、相电抗器、联结变压器、交流滤波器、控制保护以及辅助系统(水冷系统、站用电系统)等。电压源换流器包括换流电路和直流电容器,实现交流电和直流电转换的换流电路由一个或多个换流桥并联(或串联)组成。电压源型换流桥可以采用多种拓扑结构,工程中常用的有三相两电平桥式结构、二极管钳位式三电平桥式结构和模块化多电平结构等。换流器中的每个桥有三个相单元,一个相单元有上下两个桥臂,每个桥臂或由一重阀(两电平)构成,或由两重阀(三电平)构成,或由多重阀(多电平)构成。柔性直流输电系统的换流阀由于并联了续流二极管阀,因而具有双向导通性,一个换流阀由一个或数个阀段组成,每个阀段又由多个阀层组成。在已投入运行的柔性直流工程中,阀层就是由压装式 IGBT 连同驱动电路、散热片及其它辅助电路共同构成的。直流电容器为电压源换流器提供直流电压支撑、缓冲桥臂关断时的冲击电流、减小直流侧谐波。相电抗器则是电压源换流器与交流系统进行能量交换的纽带,同时也起到滤波的作用。此外,交流滤波器的作用是滤除交流侧谐波;联结变压器是带抽头的普通变压器,其作用是为电压源换流器提供合适的工作电压,保证电压源换流器输出最大的有功功率和无功功率。

两端电压源换流器的换流站与直流线路合在一起构成柔性直流输电系统,换流站的两个直流端点分别接到线路的两根导线。与常规直流一样,这些端点称为极。柔性直流输电系统通常是双极运行,从两组对称的直流电容器组的中间引出一点接地,换流器的两个直流端一端为正极、一端为负极。正常情况下,两根极导线中的直流电流大小相等、方向相反,没有电流通过接地点和大地。柔性直流输电系统根据其主电路拓扑结构及开关器件类型可以采用脉宽调制技术(PWM),其比较适合于基于 IGBT 阀的柔性直流换流站的控制。

2.柔性直流输电系统的特点

柔性直流输电系统的主要优点与其采用全控型开关器件和高频 PWM 调制技术这两个基本特征有关。由于柔性直流输电是从常规直流输电的基础上发展起来的,因此传统的直流输电技术所具有的优点,柔性直流输电系统大都具有。例如,柔性直流输电线路相比于交流线路来说要少用一根导线,这使其线路造价较低,损耗较小,而且占用的输电走廊也比较窄。此外,柔性直流电缆线路输送容量大,损耗小,使用寿命长,并且输送距离基本上不受限制;柔性直流输电一般使用地下或海底电缆,在铺设时可以使用直埋技术,不仅降低了工程成本、缩短了工程时间,还减小了对环境的影响;柔性直流输电不存在交流输电的稳定性问题;柔性直流输电可以实现非同步系统的互联;柔性直流输电系统所输送的有功功率和无功功率可以由控制系统进行控制;柔性直流输电可以方便地进行分期建设和增容扩建。

从已投运的柔性直流输电工程来看,其接入交流系统后,还具有以下优点:

(1)有功和无功快速独立地控制。柔性直流输电系统可以在其运行范围内对有功和无功功率进行完全独立的控制。两端换流站可以完全吸收和发出额定的无功功率,通过接收直接无功功率指令或根据交流电网的电压水平调节其发出或吸收无功功率,并在这个范围内连续调节有功输出。但此时直流电缆上的有功潮流要保持平衡,即整个系统吸收的有功要等于发出的有功加上系统损耗,如果这种平衡被打破,直流电压就会快速变化。对于一般的工程设计,直流侧电容充放电在 2 ms 内就能完成。为了保持有功平衡,一端换流站要采用定直流电压控制,根据另一端有功传输的情况随时调整它的功率输出。此时两端换流站只需测量直流电压就可以实现该控制策略,而不需要站间通信。正因为这个特点,柔性直流输电系统可以传输很低的功率,甚至零功率。当传输零功率时,无功调节范围不再受到换流器总容量的限制,可以达到其额定值。

(2)潮流反转方便快捷。直流电流反向即可实现潮流反向,不需要改变电压极性。而控制系统配置和电路结构都保持原样,也就意味着不改变控制模式、滤波开关,也不需要换流器闭锁,整个反向过程可以在几毫秒内完成。无功功率控制器同时动作,保证无功功率交换不受反向过程的影响,这个特点有利于构成既能方便地控制潮流又有较高可靠性的并联多端直流系统。

(3)提高现有交流系统的输电能力。通过控制电网电压,减少相连交流电网的输电损耗,包括线路损耗和发电机励磁损耗。通过快速精确的电压控制,可以使现有电网接近其极限运行,暂态过电压被无功控制的快速响应抵消,极大地提高了现有交流电路的输电容量。柔性直流输电系统还可以在系统电压崩溃时及时提供无功支持。

(4)提高交流电网的功角稳定性。除了电压稳定问题,电网的功角稳定问题也是制约线路输电能力的因素之一。电网的功角稳定(机电振荡)振荡模式和机理复杂,目前很难找到一种鲁棒性很好的阻尼算法,抑制一种模式的振荡有可能激发另一种模式的振荡。较好的解决办法有调节发电机的输出功率、投切负荷和采用柔性直流输电,因为它们可以实际地消耗或注入有功功率阻尼振荡。柔性直流输电可以通过以下方式阻尼振荡:保持电压恒定来调节有功潮流,或保持有功不变而调节无功功率(SVC 式阻尼)。

(5)事故后快速恢复供电和黑启动。事故后,柔性直流可以向电网提供必要的电压和频率支持,帮助系统恢复供电。正常情况下,柔性直流以交流系统电压为参考电压,参考电压的幅值、频率由交流电网的电源确定。当发生电压崩溃或停电时,柔性直流会瞬间启动自身的参考电压,并脱离交流系统的参考量。这时的柔性直流系统相当于无转动惯量的备用发电机,随时可以向电网内重要负荷供电。

(6)可以向无源电网供电。电压源换流器电流能够自关断,可以工作在无源逆变方式,无换相失败问题,所以不需要外加的换相电压,受端系统可以是无源网络。

柔性直流输电既可用于中小功率的输配电场合,也可用于远距离输电场合,因此可以说柔性直流是常规直流的有益补充。柔性直流输电技术与常规直流输电技术最根本的区别就在于换流站的差异,包括换流器中使用的器件以及换流器阀控制技术等。

在换流器所使用的器件上,柔性直流输电系统一般采用 IGBT 阀,如图 6 - 37(a)所示,由于 IGBT 是一种可自关断器件,即可以根据门极的控制脉冲来将器件开通和关断,不需要换相电流的参与。这使得由 IGBT 构成的换流器具有四象限运行的能力,即在外特性上可以等效为一个发电机。因此柔性直流输电系统不需要交流系统提供换相容量,且可以向弱网络或无源负荷供电,这是柔性直流输电系统的一个重要特点。

常规直流通常是采用晶闸管阀,如图 6 - 37(b)所示。由于晶闸管是非可控关断器件,这使得在常规直流输电系统中只能控制换流阀的开通而不能控制其关断,其关断必须借助于交流母线电压的过零,使阀电流减小至阀的维持电流以下才行。但是,由于其能承受的电压和电流容量仍是目前电力电子器件中最高的,而且技术比较成熟,因此在高压直流输电领域仍占据主导地位。

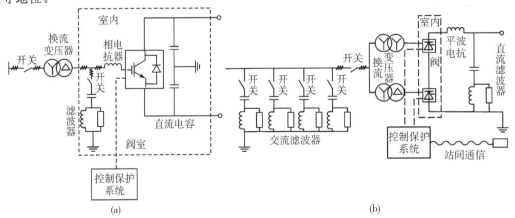

(a)　　　　　　　　　　　　　　　　　　　(b)

图 6 - 37　直流输电换流站单线结构示意图

柔性直流输电系统中的换流阀由于采用了 IGBT 器件,可以实现很高的开关速度,因此在触发控制上通常采用 PWM 技术,开关频率相对较高,换流站的输出电压谐波量较小,主要包含的是高次谐波。这使其换流站需安装的滤波装置的容量也大大减小,不仅缩小了换流站的占地,还降低了投资费用。而常规直流输电系统中换流器阀的关断只能借助于交流系统的过零点,因此其开关频率只能是工频。这使其输出的电压中谐波含量较大,谐波次数也较低,并且需要大量的无功补偿装置。

6.6　灵活交流输电

6.6.1　灵活交流输电的发展及现状

灵活交流输电系统(Flexible AC Transmission System,FACTS),也称为柔性交流输电系统,是装有电力电子型或其它静止型控制器以加强可控性和增大电力传输能力的交流输电系统[30,32,33]。灵活交流输电的概念是由美国电力科学研究院(EPRI)在 20 世纪 80 年代末提出来的。近年来,FACTS 的研究已经在世界范围内形成热潮,部分装置已投入实验或运行,我国也在这方面开展了研究。

在电力系统上百年的发展过程中,人们已经研制开发了很多设备来提高电网的输送能力和运行特性。这些设备包括串联电容、并联电容、并联电抗、电气制动电阻以及移相器等。这些传统控制设备的特点是利用机械投切或分接头转换的方式来改变参数,以改变线路阻抗、减少电压波动,在静态或缓慢变化的状态下控制系统潮流、电压分布。一般来说,由于电力系统的运行状态总是在发生着变化,这些设备对系统变化过程的控制特性不够理想。另外,机械投切方式有机械磨损,有操作次数的限制,不能适应频繁操作的需要。

如果将机械投切的高压开关或分接头转换部分代之以可高速控制的可控硅开关(或称晶闸管),就可以使上述电力系统的传统控制元件在处理暂态问题上有一个质的飞跃。大功率半导体技术的高速发展,制造在耐热和耐冲击电流方面均能满足电力系统运行要求的晶闸管的技术的不断提高,为 FACTS 的实现提供了条件。

目前世界上正在开发与研究的 FACTS 装置有很多种,它们大致可以分为串联型、并联型和综合型控制装置。串联型装置主要用于改变系统的有功潮流分布,提高暂态稳定性和抑制功率振荡等。这类装置有晶闸管控制的串联电容器(Thyristor Controlled Series Capacitor,TCSC)及晶闸管控制的串联电抗器(Thyristor Controlled Series Reactor,TCSR)等。并联型装置主要用于改善系统的无功功率分布,进行电压控制等。这类装置主要有静止无功补偿器(Static Var Compensator,SVC)、静止无功发生器(Static Var Generator,SVG)、晶闸管控制的制动电阻器(Thyristor Controlled Braking Resistor,TCBS)等。综合型装置对以上问题均可以较好地解决,但装置的结构比较复杂。这类装置主要有晶闸管控制的移相器(Thyristor Controlled Phase Shifting Transformer,TCPST),统一潮流控制器(Unified Power Flow Controller,UPFC)等。

与传统的控制元件相比,FACTS 装置具有以下特点。

①由于采用了电子式的开关操作,理论上可进行无限次操作而没有机械磨损,且控制速度非常快(可达毫秒级),因此可大大增加控制电力系统有关参数的快速与灵活性。

②被控制的系统参数既可以断续也可以连续平滑地调节,改善了调节性能。

③通过应用 FACTS 装置,可以扩大电力系统的调控能力,如实现对线路有功潮流的控制,对系统次同步谐振的抑制等。

然而,灵活交流输电技术毕竟是一种新型的输电方式,发展还不成熟,其应用受到了器件性能及经济性方面的约束。另外,FACTS 装置的应用对电力系统的影响也有待于深入的研究。如在采用 FACTS 装置后,运行中系统的结构和参数有较大变化,继电保护的整定比较困难,必须发展相应的自适应保护技术。各种 FACTS 装置之间,FACTS 装置与其它电力设备之间也存在着协调应用的问题。

下面将介绍几种主要的 FACTS 装置。

6.6.2 几种主要的 FACTS 装置

1.静止无功补偿器(SVC)

静止无功补偿器是一种发展时间最长且较为成熟的 FACTS 装置,已在电力系统中获得了实际应用。由 6.2 节的分析可知,当线路轻载时,电场能量将使沿线电压升高,此时需要并联电感补偿;当线路重载时,磁场能量将使沿线电压降低,这时需要并联电容补偿。在某些系统中,一条输电线路可能会在不同的时间里从轻载到重载不断发生变化,因此就需要可灵活调节的静止无功补偿器。SVC 的电抗可以从容性到感性按需要调节,从而维持其节点电压在一定的范围之内;另外在系统故障或受到干扰时还可以快速反应以提高系统的暂态稳定性。

静止无功补偿器的类型主要有晶闸管控制的电抗器(Thyristor Controlled Reactor, TCR)、晶闸管投切的电容器(Thyristor Switched Capacitor, TSC)及其两者的组合等。TCR 的电纳可以在感性范围内通过控制晶闸管的导通角连续调节。TSC 则是通过分组投切电容器而使电纳在容性范围内不连续地变化。如果将两者并联则可以获得理想的调节特性。

图 6-38 给出了一个带固定并联电容器的 TCR 静止补偿器的接线图。

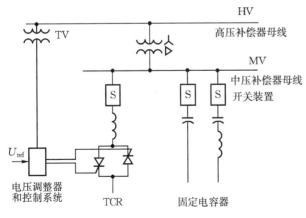
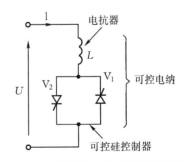

图 6-38　带固定并联电容器的 TCR 补偿器　　　　图 6-39　简单的可控硅控制电抗器

TCR 的基本原理可用图 6-39 加以阐述,其控制元件为可控硅控制器,在图中表示为两个以相反极性并联的可控硅,它们在电源电压的不同半周轮流导通。如果可控硅在电源电压峰值时准确地导通,就可使电抗器完全导通,其中的电流就和可控硅被短路了一样。电流基本呈无功特性,滞后于电压约 90°,这时的电流波形如图6-40(a)所示。

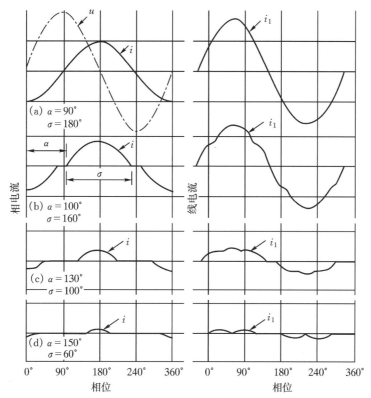

图 6-40　三角形接法的 TCR 中相电流和线电流的波形

如果两个可控硅开始导通的时延相等,即触发角相等,就可以得到一系列电流波形,如图 6-40(b)~(d)所示。每一波形对应一个特定的控制角 α 值,α 的计量以电压过零时为基准,完全导通是在 $\alpha=90°$ 时获得的。当控制角在 $90°$~$180°$ 时则得到部分导通。增大触发角,其效果是减少了电流中的基波分量,这就相当于增大电抗器的感抗,减少其无功功率和电流。就电流的基波分量而言,可控硅控制的电抗器是一个可控电纳,因而可用作静止补偿器。

电抗器中电流的瞬时值由下式确定:

$$i=\begin{cases}\dfrac{\sqrt{2}U}{X_L}(\cos\alpha-\cos\omega t) & \alpha<\omega t<\alpha+\sigma\\[2mm]0 & \alpha+\sigma<\omega t<\alpha+\pi\end{cases}\qquad(6-72)$$

式中:U 为电压有效值;X_L 为电抗器的基频电抗;α 为触发延迟角(控制角);σ 为导通角(见图 6-40)。

α 与 σ 的关系为　　　　　　　　　$\alpha+\sigma/2=\pi$

式(6-72)中电流的基波分量可由傅里叶分解求出[35],如下式:

$$I_1=\frac{\sigma-\sin\sigma}{\pi X_L}U\qquad(6-73)$$

上式还可以写成

$$I_1=B_L(\sigma)U\qquad(6-74)$$

$B_L(\sigma)$ 为可调节基波电纳,它由导通角按照下式所确定的规律来调节:

$$B_L(\sigma) = \frac{\sigma - \sin\sigma}{\pi X_L} \qquad\qquad (6-75)$$

TCR 必须有一个控制系统,由它来确定导通时刻并发出触发脉冲。当然,由图 6-40 可以看出,TCR 中的电流波形产生了畸变,也就是产生了谐波电流。如果控制角是平衡的(即两个可控硅的控制角相等),则谐波全部是奇次的。这些谐波必须控制在一定的范围之内,控制方法可采用特殊的接线方式或采用滤波器等。

值得指出的是,TCR 的电流可以在零和最大值之间连续变化。这里最大值是指与完全导通相对应的电流,但其电流永远是滞后的,所以只能吸收无功功率。当将 TCR 与电容器并联后,如图 6-40 所示,就可以使补偿范围扩充到超前和滞后两个范围中去,这时 TCR 补偿器的电压-电流特性在图 6-41 中给出。图中粗线表示补偿器尽可能在调节范围内 ($I_{Cmax} \sim I_{Lmax}$) 维持端电压恒定。

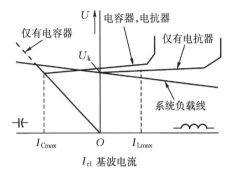

图 6-41　TCR 的电压-电流特性

图 6-42 给出了一般的静止无功补偿器的等效电路及相量图。图中 SVC 的基本关系式为

$$\dot{I}_{SVC} = \dot{U}_{SVC} jB_{SVC} \qquad\qquad (6-76)$$

式中的 B_{SVC} 可在一定的范围内调节。

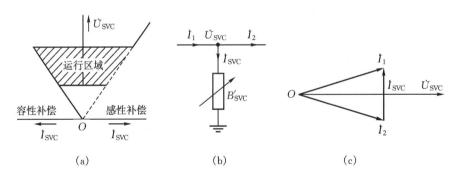

图 6-42　静止无功补偿器

(a)运行特性;(b)等效电路;(c)相量图

2.晶闸管控制的串联电容器 TCSC

TCSC 由晶闸管控制的电容与晶闸管控制的电感经串并联组合而成。其组合方式多种多样,图 6-43 给出了几种接线方式,其中图(c)是美国某系统采用的实际接线。

无论接线型式如何,从整体上而言,TCSC 是串接在线路中的电抗元件。它可以连续改变自己电抗的大小,甚至从容抗变为感抗,因此可以用来有效地控制线路潮流。

图 6-44 给出了 TCSC 的等效电路及相量图。由等效电路可以得出 TCSC 的基本关系式为

$$\left.\begin{aligned}\dot{I}_1 = \dot{I}_2 = \dot{I}_{TCSC}\\[4pt]\dot{U}_{TCSC} = -jX_{TCSC}\,\dot{I}_{TCSC}\end{aligned}\right\} \qquad (6-77)$$

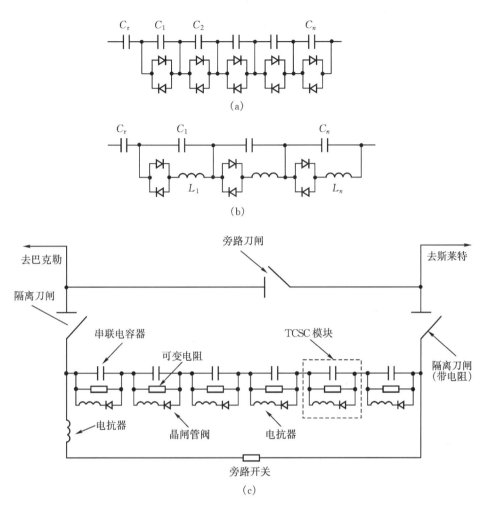

图 6 - 43　TCSC 的几种接线形式

(a)晶闸管投切的电容器组;(b)晶闸管控制的串补装置;(c)一种实际接线

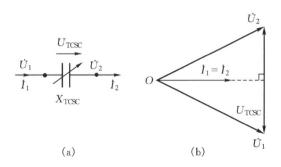

图 6 - 44　晶闸管控制的串联电容器

(a)等效电路;(b)相量图

传统的机械控制的串联电容早已在电力系统中得到应用,但由于调节不灵活,容易引起次同步谐振,所以通常要受到补偿度的限制。晶闸管具有快速调节功能,且在不同的触发角度下,串联补偿电容器单元可显示出不同的阻抗性质,特别是在次同步频率下,其综合阻抗往往呈感性。所以 TCSC 可以用来抑制功率振荡,提高系统的稳定性及输送能力,同时也不会因串联补偿度过高而引起次同步谐振,是一种理想的控制元件。

3.晶闸管控制的移相器(TCPS 或 TCPST)

移相器在电力系统中已有了很长的应用历史,其主要功能是通过改变移相器输入与输出端的电压相角差来调整输电线路上的潮流大小甚至潮流方向。

传统的移相器的结构及原理与变压器类似,只是在某相输出电压上引入了其它相的分量。移相器的结构如图 6 - 45(a)所示,与输电线路串接的变压器称为串联变压器,与输电线路并联的带有可调分接头的变压器称为激磁变压器。图 6 - 45(b)给出了移相器的相量图,其中 $\dot{U}_A$,$\dot{U}_B$,$\dot{U}_C$ 为输入电压;$\dot{U}'_A$,$\dot{U}'_B$,$\dot{U}'_C$ 为输出电压。

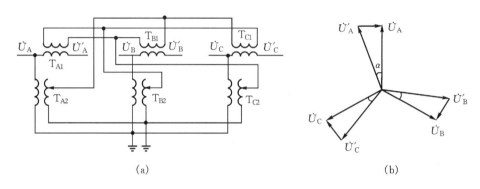

图 6 - 45　移相变压器
(a)接线图;(b)相量图

受图 6 - 45(a)的接线形式所决定,$\dot{U}_A$ 与 $\dot{U}'_A$ 之间通过串联变压器 T_{A1} 增加了一个相位与电压 $\dot{U}_{BC}$ 平行的相量(即与 $\dot{U}_A$ 垂直),该相量取自激磁变压器 T_{B2},T_{C2} 的输出端。使输出与输入电压之间产生了相位差 α,从而达到了移相的目的。同理,$\dot{U}_B$ 与 $\dot{U}'_B$,$\dot{U}_C$ 与 $\dot{U}'_C$ 之间也增加了一个电压相量。改变激磁变压器分接头的大小,就可以改变相角差 α,亦即改变输出、输入电压之间的相位关系。

在图 6 - 45 所示的移相器中,改变分接头是靠机械装置来实现的,这就限制了移相的范围和移相的速度;又由于改变抽头会产生电弧,因此日操作次数也会有所限制。

采用晶闸管代替机械分接头,就可以克服上述弊病,从而形成晶闸管控制的移相器。图 6 - 46 给出了 TCPS 的结构示意图、等效电路图、运行特性和相量图。

与机械分接头式的移相器一样,TCPS 也是通过串联变压器和并联变压器在线路上产生一个与线路电压相垂直的注入电压,使移相器首、末端电压产生移相。该注入电压的大小可通过改变晶闸管触发角而加以控制。

由图 6 - 46 可得出 TCPS 的基本关系式为

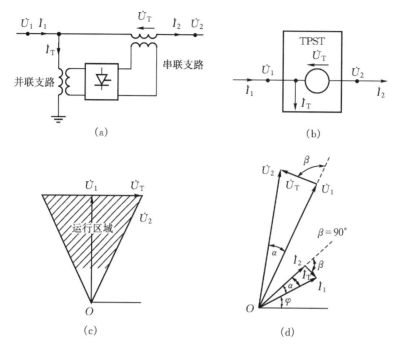

图 6 - 46　晶闸管控制的移相器

(a)结构示意图;(b)等效电路;(c)运行特性;(d)相量图

$$\left.\begin{aligned} \dot{U}_2 &= \dot{U}_1\left(1 + j\frac{\dot{U}_T}{\dot{U}_1}\right) = \dot{U}_1 K e^{j\alpha} \\ \dot{I}_2 &= \frac{\dot{I}_1}{K^2}\left(1 + j\frac{\dot{U}_T}{\dot{U}_1}\right) = \frac{\dot{I}_1}{K} e^{j\alpha} \end{aligned}\right\} \tag{6-78}$$

其中

$$K = \sqrt{1 + \left(\frac{U_T}{U_1}\right)^2}$$

$$\alpha = \arctan\left(\frac{U_T}{U_1}\right)^2$$

在电力系统中线路的有功功率主要与相角有关,线路的无功功率主要与两端的电压幅值差有关。采用上述 TCPS 后,线路两端电压的幅值差和相角差均可以改变,因此可以有效地用来改变系统的潮流分布。

4.统一潮流控制器(UPFC)

前述几种 FACTS 装置的功能都是单一的。如 SVC 只能调节所发的无功功率;TCSC 仅可以改变线路阻抗;TCPS 主要可以控制电压相角。如果系统在某一局部有多种调节要求,就需要在该处设置几种装置,这样势必增加设备投资和管理维护工作量。UPFC 的原理是试图使人们可以通过一套 FACTS 装置同时实现并联补偿、串联补偿和移相等多种功能。从理论上讲,UPFC 是综合效果良好、控制功能最强且可以付诸实践的新型 FACTS 装置。

统一潮流控制器的结构比较复杂,实现比较困难,目前尚无投入实用的报道。限于篇幅,这里不再详细介绍 UPFC 的结构和原理,有兴趣的读者可参阅参考文献[30,32,33]。

6.6.3　FACTS 装置在电力系统中的应用

FACTS 装置以其先进性受到了广泛的重视。虽然 FACTS 装置种类很多,但归纳起来,这些装置用于电力系统主要可以解决以下几方面的问题。

(1) 有功潮流控制　由 6.3 节分析(见式(6-23))可知:电力系统中任意一条线路的传输功率可以表示为

$$P_{ij} = \frac{U_i U_j}{X_{ij}} \sin(\delta_i - \delta_j) \tag{6-79}$$

式中:i,j 为线路两端节点号;δ_i,δ_j 为节点电压相角;U_i,U_j 为节点电压幅值;X_{ij} 为线路阻抗。

本节介绍了各类 FACTS 装置对式(6-79)中各参量的控制作用。其中 TCSC,TCPS,UPFC 通过改变线路的阻抗和相角,SVC 通过改变节点电压幅值以有效地控制线路潮流。控制线路潮流对电力系统的运行有非常重要的意义,如互联电力系统的功率交换控制、系统出现故障时的功率转移等。

(2) 提高系统的电压稳定性　当系统负荷较重或发生故障时,会出现电压不稳定的情况,尤其是在无功功率不足或输电距离较长时更为严重。这个问题可通过 SVC,SVG,TCSC 等串联、并联补偿措施来解决。

(3) 提高系统的暂态稳定性　本章前几节已经指出,对于远距离输电线路和某些弱联系的互联线路而言,暂态稳定性是限制其输送能力的关键因素。当系统出现稳定问题时,在第一个电磁摇摆周期就进行潮流控制是非常必要的。FACTS 装置可快速地控制电压、阻抗和相角,因此能有效地提高系统的暂态稳定性,从而可以提高线路的利用率。提高暂态稳定性的 FACTS 装置主要有晶闸管控制的制动电阻器、晶闸管控制的串联电抗器等。

(4) 抑制功率振荡　串联电容补偿可以降低线路的等值电抗,提高功率传输能力。但是如果在某一频率下,线路感抗与容抗相等,即

$$X_C \cdot f_e / f_N = X_L f_e f_N \tag{6-80}$$

则会产生电气谐振。式中 X_C,X_L 分别为额定频率 f_N 下的容抗与感抗,f_e 为发生谐振的频率。

电气谐振对系统设备及发电机组的危害较大。因为谐振频率一般低于工频,所以通常称为次同步谐振。为避免次同步谐振的发生,对于传统的串补元件而言必须对串补程度加以限制。如果采用 TCSC,情况将大为改观。在次同步频率下,随着触发角的不同,TCSC 的阻抗在很大范围呈现感性,大大地减少了谐振的可能性,从而可以使串补程度进一步提高。抑制谐振和功率振荡的 FACTS 元件还有 NGH 振荡阻尼器等。

(5) 限制系统的短路电流　随着电力系统的扩大,系统的短路电流水平越来越高,有时甚至超过了断路器的设计值。利用 FACTS 装置可以在短路发生后快速投入,限制短路电流的升高。这方面的装置主要有 TCBR,TCSR 及短路电流限制器等。

FACTS 技术符合电力系统向自动化发展的方向。这项新技术在我国也具有广阔的应用

前景。我国大多数电网结构比较薄弱,耐受事故冲击的能力比较差,系统稳定性指标不高,使高压输电线路的输送能力远未发挥出来。FACTS 技术具有与现行系统完全兼容的优点,可以在现有电网设备不做重大改动的条件下充分发挥现有电网的潜力。为使 FACTS 技术早日为我国电力事业作出贡献,必须尽快研究和掌握这一崭新的技术。

小　结

本章围绕着远距离大容量输电的有关问题进行了阐述。首先介绍了远距离交流输电线路的功率传输特性,分析了线路传输功率与自然功率的关系;接着介绍了制约远距离线路输送能力的主要因素——电力系统静态稳定及暂态稳定问题;讲述了计算简单电力系统静态与暂态稳定的方法及提高稳定性的措施;由于高压直流输电没有稳定性约束,是远距离大容量输电的有效方式,因此本章还讲述了高压直流输电的基本概念、换流站工作原理以及直流输电系统的控制、谐波等问题;灵活交流输电是近几年得到迅速发展的一个领域,它通过大功率电力电子装置控制交流输电系统的无功补偿、移相器等装置,实现对交流输电系统各主要参数进行灵活控制,显著提高远距离输电线路的输送能力,因此本章对几种理论上比较成熟的灵活交流输电装置亦进行了简要介绍。

通过本章的学习可以使读者对远距离输电的方式、特点、存在问题及改进措施等有所了解。

思考题及习题

6-1　影响线路传输容量的约束条件主要有哪些? 对于交流远距离输电线路而言,最主要的约束条件是什么?

6-2　电压和频率各对输电特性有何影响?

6-3　为什么说当线路输送功率为自然功率时,其沿线电压的幅值处处相等?

6-4　判断简单电力系统静态稳定的条件是什么? 提高静态稳定的措施有哪些?

6-5　简单电力系统是由等值电抗 $X_G = 0.50$ 的发电机,经过 $X_L = 1.0$ 的串联电抗连接至无限大母线组成的。设无限大母线电压为 $\dot{U} = 1.0\angle 0°$,发电机端电压保持为 1.20,试计算系统的静态稳定功率极限。

6-6　采用自动重合闸的优点、缺点是什么?

6-7　什么是电力系统的暂态稳定性? 可采用什么方法分析? 如何判断电力系统的暂态稳定性?

6-8　什么是等面积定则? 它有何用途?

6-9　何谓临界切除角 δ_{cr} 和临界切除时间 t_{cr}? 如何由 δ_{cr} 求 t_{cr}?

6-10　提高电力系统暂态稳定性的措施有哪些? 其核心是什么?

6-11　图 6-47 为一简单电力系统,参数已标于图中。取基准值 $S_B = 220$ MW,$U_B = 209$ kV。试计算突然切除一回线以后,角度 δ 的变化过程,并检验系统是否丧失稳定。计算时假定 E' 为常数。

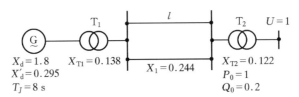

图 6-47　习题 6-11 接线图

6-12 高压直流输电方式有哪些特点？

6-13 何谓触发角，何谓关断角？简述整流及逆变的工作原理。

6-14 什么是灵活交流输电？其特点是什么？

6-15 常用的 FACTS 装置有哪些？试分述它们各自的作用。

6-16 柔性直流输电与常规直流输电相比有哪些不同？

第7章 继电保护

7.1 概 述

电力系统是由发电设备、输变电设备以及用户的用电设备组成的大规模复杂网络。由于设备制造、运行、维护、绝缘老化、气候条件以及人为等因素的影响，网络中元件发生故障或处于不正常工作状态的情况很难完全避免。当某一元件发生上述情况时，为了及时将该元件从系统中切除或者给值班人员发出信息，就必须在系统中每一元件上装设继电保护装置。因此，继电保护装置是保证整个电力系统安全可靠运行不可缺少的重要组成部分。

7.1.1 继电保护的任务

电力系统中某一设备发生故障时，由于各设备之间存在电和磁的联系，因而就会在极短的时间内影响到该系统中其它非故障设备。迅速而有选择性地切除故障设备，是保证电力系统及其设备安全运行最有效的方法之一。对不同电压等级的电网和不同的设备，切除故障的时间要求不同。对重要设备以及系统中主要的联络线路，切除故障时间通常要求小到几十毫秒。在这么短暂的时间内，由运行人员来判断发生故障的设备并将其从系统中切除，显然是不可能的。要完成这一任务，只有靠安装于每一个电气设备上具有自动检测功能的一种自动装置——继电保护装置来实现。

在早期简单的电力系统中，电压等级较低，系统容量较小，网络接线简单，通常采用熔断器（其作用类似于保险丝，反应于通过的电流量大小切除故障元件）作为保护装置。随着系统容量的增加和系统电压等级的不断升高，电力系统的结构也愈来愈复杂。这样只反应于电流量的熔断器就无法满足要求，从而使继电保护技术得到了应用和发展。

继电保护装置能够区分检测对象所处的不同状态，自动地作用于断路器跳闸或发出信号。继电保护装置的任务是：

①自动、迅速、有选择性地触发断路器将故障设备与电力系统中其它非故障设备隔离，使故障所影响的范围限制到最小，并使系统无故障部分尽快恢复到正常运行状态。

②反应电气设备的不正常工作情况，并根据不正常工作情况和设备运行维护条件的不同（如有无经常值班人员等）发出信号，以通知值班人员及时进行处理；或由装置自动地进行调整，并将那些若继续运行就会造成设备损坏或导致故障发生的设备从系统中切除。

7.1.2 对继电保护装置的基本要求

根据继电保护在电力系统中所担负的任务，通常继电保护装置必须满足以下四个基本要求，即选择性、快速性、灵敏性和可靠性，现分别简述如下。

1. 选择性

继电保护的选择性是指保护装置动作时,在可能的最小区间内将故障设备与电力系统隔离,最大限度地保证系统中无故障部分继续安全运行。因此,当系统中某一设备发生故障时,要求保护装置只将故障的设备切除,从而保证系统中非故障部分仍继续运行,保护装置满足这种动作要求就认为具有选择性。

保护装置动作具有选择性是保证系统安全运行和用户供电可靠性的最基本条件之一。因此,在设计、选择配置和确定保护动作定值时必须首先慎重考虑保护的选择性问题。

2. 快速性

作用于断路器跳闸的保护装置都需要动作迅速。其主要原因有下述几点。

①快速切除故障可以提高系统并列运行的稳定性(详见第5章)。

②切除故障时间越短,则用户在低电压下运行的时间越短,从而保证用户电气设备不间断运行。当系统中某一设备发生短路故障时,系统中各处电压均要下降,靠近故障点的用户由于电压降低严重而使其负荷电动机转速下降,此时若故障切除时间较长则电动机转速下降越多,甚至出现故障切除后电动机很难自启动的情况。

③快速切除故障可以减小电气设备的损坏程度。发生故障时,很大的故障电流流经故障设备和一些非故障设备,而且在故障点常伴随有电弧产生。由于电弧产生的热效应,将严重损伤设备并加速绝缘老化。保护装置动作越慢,则故障电流和电弧持续的时间越长,设备损坏和绝缘老化的程度就愈加严重。

④快速切除故障可以避免故障进一步扩大。由于发生短路时在故障点有很大的短路电流,并且在故障点常伴有电弧产生,若故障持续时间长则电弧燃烧的时间也长,这就使故障点处的绝缘水平进一步恶化,从而可能导致故障的进一步发展。例如,将单相接地短路发展成相间短路,两相短路发展成三相短路,瞬时性故障发展成永久性故障等。

综上所述,无论从系统运行方面,还是从减小设备遭受损坏的程度方面而言,都希望故障切除时间尽可能短。故障切除时间除从故障发生到保护装置动作发出命令这段时间之外,还应包括断路器的跳闸时间以及故障点的熄弧时间,即从发生故障起到断路器跳闸熄弧止的总时间。由此可见,快速切除故障除了采用动作速度快的继电保护装置之外,还需采用快速的断路器。现代高压电网中快速保护装置的最小动作时间约为 $10\sim20$ ms;断路器的最小动作时间约为 $20\sim40$ ms。应当指出,并不是在任何情况下都要求这样快速地切除故障。由于快速动作的继电保护装置和断路器其造价非常昂贵,因此在确定保护装置的动作时间时,应根据具体的保护对象以及其在系统中所处的重要地位和本身的重要程度等条件来选择。

3. 灵敏性

灵敏性是指保护装置对其保护范围内发生故障和不正常工作状态时的反应能力。对继电保护装置应要求在系统任何运行方式下,其保护对象发生故障时,无论故障地点在何处以及发生何种类型的故障,保护装置都应能敏锐感觉,正确反应。保护装置的灵敏度通常用灵敏系数 K_{sen} 来衡量。

一般而言,在不同运行方式下保护范围内发生不同类型故障时,保护的灵敏度不同。因此通常是根据实际可能出现的最不利于保护动作的运行方式和故障类型校验灵敏度,以保证保护装置在各种可能的运行方式和故障类型情况下,均能满足灵敏性的要求。

①反应故障时参量增大而动作的保护(过量保护)装置其灵敏系数定义为

$$K_{sen} = \frac{保护区内金属性短路故障参数的最小计算值}{保护装置的动作参数(整定值)} \qquad (7-1)$$

②反应故障时参量减小而动作的保护(欠量保护)装置其灵敏系数定义为

$$K_{sen} = \frac{保护装置的动作参数(整定值)}{保护区内金属性短路故障参数的最大计算值} \qquad (7-2)$$

故障参数(诸如电流、电压、阻抗等)的计算值应根据实际可能出现的最不利于保护动作的运行方式、故障类型和故障地点来计算。应当注意,对不同的保护对象和不同的保护装置所要求的灵敏系数最小值是不同的,在具体应用时应参考有关运行规程。

4.可靠性

继电保护装置的可靠性包含两个方面:一是发生属于它应该动作的故障时,不应该因其本身的缺陷而拒绝动作;二是在发生不属于它动作范围的故障时,不应该发生误动作。保护装置的可靠性对电力系统的安全运行是非常重要的。发生误动作将会使一部分用户停电,造成不必要的损失。而当保护发生拒动时,由于故障仍未消除,故必须由前一级元件的保护动作将故障切除。这样,一方面扩大停电范围,另一方面使故障切除时间增加,有可能产生系统振荡等严重后果。为了提高保护装置工作的可靠性,必须注意以下几个方面的问题。

①保护装置中应选用性能良好、动作可靠性高的继电器和元器件;

②应尽量简化保护装置的接线及减少所用的继电器数目;

③确保保护装置的安装和调试质量,并加强经常性的维护管理。

继电保护装置的选择性、快速性、灵敏性和可靠性这四个基本要求是互相关联而又相互制约的。例如,在某些情况下为了满足选择性,就不得不使保护的动作带有一定时延,从而降低了保护动作的快速性。因此在设计保护装置时,就必须从全局着眼,对四个基本要求进行综合考虑。

7.1.3　继电保护的基本原理

电力系统发生故障时,通常伴随有电流增大、电压降低、电压和电流间相位角发生变化等现象。继电保护的工作原理就是检测其中某一电气量或多个电气量的变化所包含的运行状态信息,判断被保护对象处于何种状态。利用发生故障时这些电气量与正常运行时的差异,就可以构成各种不同原理的继电保护。例如,利用故障时电流增大的特点可构成过电流保护;利用故障时电压降低的特点可构成低电压保护;利用电压和电流比值的变化可构成阻抗(或称为距离)保护;利用电压和电流间相位角变化的特点可构成方向保护等。

继电保护装置可采用不同的工作原理来构成,但保护装置的构成一般包括测量回路、逻辑回路和执行回路三部分,其构成方框图如图 7-1 所示。

①测量回路:此回路的作用有两个。其一是测量能反应保护对象所处工作状态的物理量(如电流和电压等);其二是检测该物理量的变化并与整定值进行比较,以确定被保护对象是否发生故障和出现不正常工作情况,然后输出相应的信号至逻辑回路。

②逻辑回路:此回路的作用是根据测量回路输出量的大小、性质、组合方式或出现的先后顺序,判断被保护对象所处的工作状态,向执行回路发出相应的信号。

图 7-1　继电保护的构成方框图

③执行回路：其作用是根据逻辑回路所作出的判断执行保护装置的任务。诸如触发断路器跳闸，给值班人员发出告警信号或使保护装置不动作等。

7.1.4　电力系统继电保护的工作配合

每一套保护都有预先严格划定的保护范围，只有在保护范围内发生故障，该保护才动作。保护范围划分的基本原则是任一个元件的故障都能可靠地被切除并且造成的停电范围最小，或对系统正常运行的影响最小，一般借助于断路器实现保护范围的划分。

图 7-2 给出了一个简单电力系统部分电力元件的保护范围的划分，其中每个虚线框表示一个保护范围。由图可见，发电机保护与低压母线保护、低压母线保护与变压器保护等上、下级电力元件的保护区间必须重叠，这是为了保证任意处的故障都置于保护区内。同时重叠区越小越好，因为在重叠区内发生短路时，会造成两个保护区内所有的断路器跳闸，扩大停电范围。

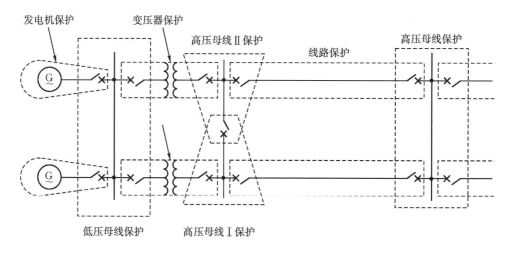

图 7-2　保护范围和配合关系示意图

由图 7-2 可见，电力系统的每一处都在保护范围的覆盖下，系统任意点的故障都能被自动发现并切除。现代的电力系统离开完善的继电保护系统是不能运行的，没有安装保护的电力元件，是不允许接入电力系统工作的。由成千上万个电力元件组成的现代电力系统，每一个电力元件如何配置保护、配备几套继电保护装置，以及各电力元件继电保护之间怎么配合，需要视电力元件的重要程度、电力元件对电力系统影响的重要程度等因素决定。

7.1.5　继电保护技术发展概述

继电保护技术是一门应用技术,它的发展是和电力系统的发展紧密相关的。从原理上看,最先用于电力系统的继电保护装置是基于最简单的过电流原理,随后出现了差动原理的保护、方向性电流保护、距离保护、高频保护、微波保护和行波保护。同时还研制出了反应序分量的保护,并与电力系统中采用的自动装置(如自动重合闸、备用电源自动投入装置和自动减负荷装置等)配合运行,有效地提高了继电保护装置的使用效果。

从继电保护装置的实现手段来看,第一代保护装置采用可靠性较低、具有机械转动部分的机电型保护。此种保护装置耐冲击和抗振动性能均较差,并且调试维护均不方便。从 20 世纪 60 年代开始在继电保护装置中采用了晶体管元件。由于晶体管元件具有重量轻、体积小、功耗低、灵敏度高以及不怕震动和可靠性高等许多优点,因此以晶体管为基础元件实现的继电保护装置在电力系统中得到了广泛应用并构成了第二代继电保护装置。电子技术的进一步发展,使人们认识到大规模集成电路比晶体管元件更具有优越性,其功耗进一步减小,高度的集成化使其体积、重量也进一步减小,同时工作性能更加完善,因而也出现了用集成电路构成的保护装置。但由于数字式计算机的飞速发展,而使集成电路型保护装置没有形成大规模生产。从 20 世纪 70 年代以来,继电保护工作者着力于研究用微处理机实现继电保护装置。由于微机式保护装置具有许多优点,如硬件便于统一,具有很强的软、硬件自检功能,可以方便地实现复杂的动作特性,维护调试方便,可进行故障测距、故障录波和报告打印等功能。因此,微机式保护装置构成了第三代继电保护装置,并在现代电力系统中发挥着巨大作用。目前我国电力系统中运行的保护设备以微机式保护装置为主。应该指出,无论保护装置采用何种手段实现,其原理是基本相同的。本章中主要介绍一些目前广泛采用的继电保护原理知识。

7.2　电网电流保护

电网中任一元件发生短路故障时,流过该元件的电流将突然增大。电网的电流保护就是基于这一特点而构成的一种简单而有效的保护方式。根据短路类型的不同,可构成反应相间短路的相间电流保护,也可构成反应发生接地故障出现零序电流而动作的零序电流保护。限于篇幅本节只介绍保护电网相间短路故障的电流保护。构成电流保护的核心元件是测量被保护对象流过电流大小的过电流继电器,此继电器也是反应单端量而动作的最典型的继电器。下面首先讨论过电流继电器的构成及工作原理。

7.2.1　过电流继电器的工作原理

过电流继电器的原理框图如图 7-3 所示,现对其各部分电路分别进行分析。

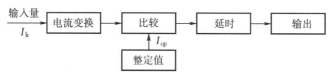

图 7-3　过电流继电器的原理框图

1.电流变换

电流变换环节对来自电流互感器 TA 二次侧的电流 I_k 进行处理,处理方式与电流继电器的实现型式有关。如为电磁型,则不需要经过变换,直接接入过电流继电器的线圈。如为电子型则需要线性变换成相应的电压信号。如为数字型,则还包括对电压信号进行模-数转换,变换为能够和整定值比较的数字量。

2.整定环节

根据过电流继电器的安装位置和实现的保护任务,对其进行整定计算,并赋予动作值门坎 I_{op}。

3.比较环节

当加入到继电器的电流 I_k 大于动作值 I_{op} 时,则比较环节有输出。

4.延时环节

当加入到继电器的电流 I_k 持续大于动作值 I_{op},也就是当比较环节在规定的延时内持续有输出时,则向输出环节输出跳闸信号。

5.输出环节

收到延时环节的信号后,输出跳闸信号动作于断路器跳闸。

为了提高比较环节的可靠性,防止输入电流在整定值附近波动时比较环节输出的抖动,需要在该环节引入继电器特性。继电器特性如图 7-4 所示,当输入电流大于 I_{op} 时继电器迅速动作,动作路径为 1-2-3-4。小于返回电流 I_{re} 时,继电器立即返回,返回路径为 4-5-6-1。返回电流 I_{re} 与动作电流 I_{op} 存在差值,返回电流 I_{re} 小于动作电流 I_{op}。无论启动和返回,继电器的动作都是明确干脆的,它不可能停留在某一个中间位置,这种特性我们称之为"继电特性"。

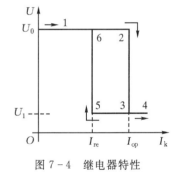

图 7-4 继电器特性

继电器的返回系数定义为返回电流 I_{re} 与启动电流 I_{op} 的比值,可表示为

$$K_{re} = \frac{I_{re}}{I_{op}} \tag{7-3}$$

反应电流增大而动作的电流继电器,其返回系数小于 1。在实际应用中,常常要求过电流继电器有较高的返回系数,如 $K_{re} = 0.85 \sim 0.9$。

7.2.2 电流速断保护

根据电力系统对继电保护速动性的要求,在保证选择性的前提下,保护的动作时间总是越短越好。因此,在各种重要的电气设备上,应力求装设快速动作的继电保护。

1.电流速断保护的工作原理

电流速断保护(又称为电流保护的第Ⅰ段或简称电流Ⅰ段)是反应于电流升高而不带延时动作的一种电流保护。其工作原理可用图 7-5 所示单侧电源线路为例来说明。假定在图中每条线路上均装有电流速断保护,从电力系统故障分析可知,当供电网络中任意点发生故障

时,流过故障线路短路电流的工频分量可用式(7-4)计算:

$$I_d = \frac{E_\varphi}{Z_\Sigma} = K_\varphi \frac{E_\varphi}{Z_s + Z_1 l} \tag{7-4}$$

式中:E_φ 为系统等效电源的相电势;Z_s 为保护安装处到系统等效电源之间的阻抗;Z_1 为线路单位长度的正序阻抗;l 为保护安装处到故障点的距离;K_φ 为短路类型系数,三相短路取1,两相短路取 $\sqrt{3}/2$。

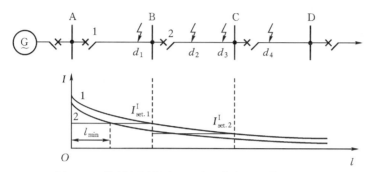

图 7-5　单侧电源线路上电流速断保护动作特性分析

由上式可见:短路点距电源越远,即 l 越大,则故障电流 I_d 越小;若系统阻抗 Z_s 愈大,则 I_d 也愈小。I_d 与短路距离 l 的关系曲线如图 7-5 中的曲线 1 和 2 所示。对于相间短路而言,同一地点发生两相短路的电流是三相短路电流的 $\sqrt{3}/2$ 倍。这样在作出最大运行方式下三相短路电流以及最小运行方式下两相短路电流的曲线 1 和 2 后,则任何运行方式下发生相间短路的电流值都必将处于此两曲线之间。

需要说明的是,最大运行方式是指流过该保护装置短路电流为最大的运行方式,它对应于最小系统阻抗;最小运行方式是指流过保护装置的短路电流为最小的运行方式,它对应于最大系统阻抗。

为了满足选择性的要求,即保护装置只应切除本条线路上的故障。对于图 7-5 中的保护1,应要求它只切除线路 AB 上发生的故障。但在线路 AB 的末端和线路 BC 的首端发生故障时,流过保护 1 的电流几乎是没有差别的。而且对于不同的运行方式和不同的故障类型,完全有可能出现在线路 BC 首端的故障电流大于线路 AB 末端的故障电流的情况。如最大运行方式下 BC 线路首端的三相短路电流将大于最小运行方式下 AB 线路末端两相短路电流。根据选择性的要求,保护 1 的电流速断整定值应躲过线路 AB 末端即 B 母线上发生故障时可能出现的最大电流。因此其整定值为

$$I_{set.1}^{I} = K_{rel}^{I} I_{f.B.max} \tag{7-5}$$

式中:$I_{set.1}^{I}$ 为保护 1 的 I 段定值;K_{rel}^{I} 为 I 段保护整定时的可靠系数,一般取为 1.2～1.3;$I_{f.B.max}$ 为 B 点短路时出现的最大短路电流。

引入可靠系数 K_{rel}^{I} 的目的是为了保证在任何情况下保护都不致于失去动作的选择性,也就是在线路 BC 的首端发生任何类型的故障时它都不应动作。这是因为发生短路时流过保护装置的实际电流值与理论计算值间存在一定的差别。诸如实际的短路电流大于计算值;整定计算中只考虑短路电流的稳态分量。由于电流速断保护的速动性,因此需考虑短路电流中衰减直流分量的作用;继电器的整定误差;电流互感器的传变误差,并留有必要的裕度。因此,在

考虑可靠系数的取值时,必须考虑实际上存在的各种误差影响。

同样,对于保护 2 而言,也应按相同的整定原则,即应躲过 C 母线上发生短路时可能出现的最大电流值。即

$$I_{set.2}^{I} = K_{rel}^{I} I_{f.C.max} \qquad (7-6)$$

由式(7-5)和式(7-6)可见,在某个保护范围内无论哪一点发生故障,该保护电流速断的整定值是不变的。因此在图 7-5 上各为一直线,它们与曲线 1 和曲线 2 各有一个交叉点。对应于每一条曲线,当故障点处于交叉点之前时(靠近电源侧为前),由于短路电流大于保护装置的整定值,因此保护装置可以反应在此范围内的故障。而当故障点处于交叉点之后时,由于短路电流小于保护装置的整定值,所以保护装置将无法反应此故障。由此可见,电流速断为了保证选择性,而使其保护范围缩短,也即在靠近保护线路末端的一部分范围内发生故障时,保护装置根本不启动。从另一个角度而言,电流速断为了保护选择性而使其整定值躲过了保护线路末端可能出现的最大短路电流,因而就不可能保护整个线路。

2.电流速断保护的灵敏度

前已述及,电流速断保护的整定值一旦确定后就是一个常数,而且无论系统处于何种运行方式,它始终无法保护线路全长。由图 7-5 可知,无论何种运行方式和故障类型,其短路电流始终介于图 7-5 中曲线 1 和曲线 2 之间。其中,最小方式下的两相短路时保护范围最小。对于一个不能保护线路全长的保护,其灵敏度用保护范围来衡量。电流速断保护的灵敏度是用系统最小运行方式下的两相短路,保护装置所能保护的最小范围占线路总长度的百分比来衡量的。假定在最小运行方式下折算到保护安装处的最大系统阻抗为 $Z_{S.max}$,当保护 1 的整定值 $I_{set.1}^{I}$ 已知时,可按下述方法求出最小保护范围:设最小保护范围为 l_{min},则在最小运行方式下此范围末端发生两相短路时应恰巧能使保护动作,即

$$I_{set.1}^{I} = \frac{\sqrt{3}}{2} \cdot \frac{E_{\varphi}}{Z_{S.max} + Z_1 l_{min}} \qquad (7-7)$$

可解得:

$$l_{min} = \frac{\dfrac{\sqrt{3}}{2} \cdot \dfrac{E_{\varphi}}{I_{set.1}^{I}} - Z_{S.max}}{Z_1} \qquad (7-8)$$

通常要求电流速断保护的最小保护范围不应小于被保护线路全长的 15%~20%。显而易见,当保护范围降低到 15%~20% 以下时,装设此保护装置的作用就很小了。原因是在输电线路上任一点发生故障的概率是相同的,因而此时切除故障的概率就只有 15%~20%,使大部分故障无法切除,所以,在这种情况下就必须借助于其它原理的保护装置来最终切除故障。

3.电流速断保护的原理接线

电流速断保护是过电流保护的 I 段,对于图 7-3 所示的过电流继电器原理框图,其原理接线如图 7-6 所示。测量比较环节接于电流互感器 TA 的二次侧,当流过它的电流大于它的动作电流 I_{op}^{I} 后,比较环节 1 有输出。在某些特殊情况下需要闭锁跳闸回路,设置闭锁环节 3。当比较环节 1 有输出并且不被闭锁,与门 2 有输出,在与门持续输出 t 秒后,延时环节 4 输出信号,发出跳闸命令,同时通过 KS 发信号。需要强调的是,电流速断保护的延时环节 4 可以

整定为 0 s,而对于限时电流速断和定时限过电流而言,由于存在配合关系,其延时环节 4 的时间整定值不能整定为 0 s。

4.电流速断保护的优缺点

电流速断保护的主要优点是原理简单、采用元件少、动作可靠以及动作迅速。它的缺点是不可能保护线路全长,并且在不同的运行方式下,保护范围也是不同的。而且即使运行方式相同,发生不同类型的故障时其保护范围也是不同的,故其保护范围直接受系统运行方式变化和故障类型的影响。另外,为了保证保护动作的选择性,其启动值是按躲过在最大运行方式下保护线路的末端出现的最大短路电流来整定的,

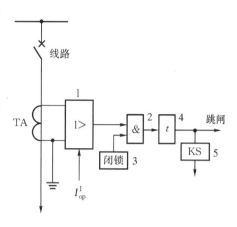

图 7-6 过电流保护原理接线图

这样在运行方式变化较大或者所保护的线路较短时,有可能其保护范围将降低到很小,甚至会失去保护范围。

7.2.3 限时电流速断保护

电流速断保护不可能保护线路全长,为此就必须增加一段新的保护,用来切除本线路上速断保护无法反应的故障,同时也作为速断保护的后备保护。这新增的一段保护称之为限时电流速断保护,也叫做电流保护的第Ⅱ段或电流Ⅱ段。由于它必须能切除本条线路全范围的故障,因此其保护范围必然要延伸到下一条线路中去。为了能够保证选择性,它就必然要带有一定的延时再动作,而不能像速断保护那样瞬时动作,这也就是称之为限时电流速断保护的原因。

1.限时电流速断保护的工作原理

如前所述,限时电流速断保护的保护范围必然要延伸到下一条线路中去。这样当故障发生于下一条线路首端时,它就可能启动。此时,为了区分本条线路末端和下条线路首端的故障,就必须使限时电流速断保护的动作带有一定的时限。为了使这一时限尽量短,通常先使限时电流速断的保护范围不超出下一线路电流速断的保护范围,也即与下条线路的速断保护相配合;而动作时限则选择为比下条线路的速断保护的时限(通常只为保护装置的固有动作时限)高出一个时间阶段 Δt。

现以图 7-7 所示网络中保护 1 为例来说明限时电流速断保护的整定原则。假设线路 BC 的保护 2 装有电流速断保护,其整定值按式(7-6)计算后为 $I_{\mathrm{set.2}}^{\mathrm{I}}$。若保护 1 的电流Ⅱ段与保护 2 的电流Ⅰ段相配合时,其整定值应满足

$$I_{\mathrm{set.1}}^{\mathrm{II}} > I_{\mathrm{set.2}}^{\mathrm{I}} \tag{7-9}$$

式中:$I_{\mathrm{set.1}}^{\mathrm{II}}$ 为保护 1 的电流Ⅱ段整定值。

这样可以保证发生于线路 BC 范围内的故障,若保护 1 的Ⅱ段启动,则保护 2 的Ⅰ段也必然能够启动,也即保护 1 的Ⅱ段范围不超出保护 2 的Ⅰ段的保护范围。同时,使保护 1 的Ⅱ段在动作时限上比保护 2 的Ⅰ段高出一个 Δt 的级差,这样就可以保证处于线路 BC 上的故障由保护 2 来切除。只有当故障发生于线路 AB 上但已超出保护 1 的速断保护范围时才由保护 1

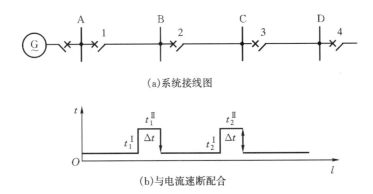

(a)系统接线图

(b)与电流速断配合

图 7-7　限时电流速断与电流速断的配合关系

的Ⅱ段动作切除,从而保证了动作的选择性。

2.限时电流速断保护的整定

限时电流速断保护应按下式整定:

$$I^{\mathrm{II}}_{\mathrm{set}.1} = K^{\mathrm{II}}_{\mathrm{rel}} I^{\mathrm{I}}_{\mathrm{set}.2} \tag{7-10}$$

式中:$K^{\mathrm{II}}_{\mathrm{rel}}$为Ⅱ段保护整定时的可靠系数。由于考虑到Ⅱ段动作时短路电流中的直流分量已经衰减,故其值可选择得比整定速断保护时的可靠系数 $K^{\mathrm{I}}_{\mathrm{rel}}$小一些,一般可取为 1.1~1.2。

3.限时电流速断保护动作时限的选择

综上所述,保护 1 的限时电流速断的动作时限 t^{II}_1 应选取得比下一条线路的保护 2 速断保护的动作时限 t^{I}_2 高出一个时间阶段 Δt,即

$$t^{\mathrm{II}}_1 = t^{\mathrm{I}}_2 + \Delta t \tag{7-11}$$

从保护动作快速性的要求出发,Δt 应越小越好。但为确保两保护之间动作的选择性,其值不能选择得太小。在 Δt 选取时应考虑需要配合的保护装置中时间元件的误差,断路器从接受保护跳闸命令到触头断开熄灭电弧的时间,故障切除后由于测量元件动作惯性影响的返回时间,此外还应考虑一定的时间裕度等。根据运行经验,Δt 一般取为 0.3~0.5 s。

这样选取 Δt 及Ⅱ段动作时限后,当故障发生在本线路上但超出了本线路Ⅰ段保护范围时,此故障将由Ⅱ段动作切除。所以,当线路上装设了电流速断和限时电流速断后,它们的联合工作就可保证全线路上任何一点的故障都能够在 0.5 s 内予以切除(如图 7-7 所示)。通常这样的动作速度是可以满足速动性要求的。这种能够保证切除全范围任意点故障并能满足速动性要求的保护称为"主保护"。在此应当注意,尽管电流速断保护可以快速切除故障,但由于它不可能保护全范围,因而它不能独立作为主保护。

4.限时电流速断保护的灵敏度

配置限时电流速断保护的基本要求就是能够保护线路全长。为此就必须要求无论系统处于何种运行方式下,当线路末端发生两相短路时,限时电流速断保护应具有足够的反应能力。通常用最小灵敏系数 K_{sen} 来衡量这种对保护范围末端故障的反应能力。

对图 7-7 中的保护 1 而言,即应采用系统最小运行方式下线路 AB 末端(即母线 B 上)发生两相短路时的短路电流作为电气参数的计算值。若此电流值为 $I_{\mathrm{k}\cdot\mathrm{B}\cdot\min}$,则根据式(7-1)保

护 1 的 Ⅱ 段最小灵敏系数为

$$K_{\text{sen}} = \frac{I_{\text{k·B·min}}}{I_{\text{set.1}}^{\text{Ⅱ}}} \quad\quad\quad (7-12)$$

为了确保在线路末端短路时,保护装置能够可靠动作,要求电流 Ⅱ 段的最小灵敏系数满足 $K_{\text{sen}} \geqslant 1.3 \sim 1.5$。若灵敏系数不能满足要求,则意味着当真正发生靠近保护范围末端的故障时,由于各种不利于保护动作的原因存在(如短路点过渡电阻,短路电流的计算误差,电流互感器的传变误差及继电器实际启动值的正误差等)将有可能使保护无法启动,这样该故障就无法切除。当出现这种情况时,通常都是考虑进一步延伸限时电流速断的保护范围。即进一步降低其整定值,使之与下一条线路的限时电流速断相配合,当然其动作时限就需比下条线路限时电流速断保护的动作时限再高出一个 Δt,常取 $1 \sim 1.2$ s。可见,在此情况下,为了保证线路末端故障时的灵敏性,就必然伸长其保护范围,因而使保护的速动性降低。如果当与下一条线路的限时电流速断配合后,灵敏度仍不能满足要求,则说明在此种结构的电网中电流保护已不可能满足要求了,此时就必须采用其它原理的保护来代替,如距离保护等。

5.限时电流速断保护的原理接线图

限时电流速断保护的原理接线图仍然如图 7-6 来表示,与电流速断保护不相同,限时电流速断保护的过电流检测环节动作之后,必须经过延时环节的延时才能跳闸。若故障发生于下一条线路上,则在延时时间到之前,由于故障已被下一条线路的速断保护切除,线路恢复为负荷电流,限时电流速断保护随即返回,并不会有信号输出。当故障发生在本线路的末端时,本线路上的电流速断不会动作,但限时电流速断保护会启动,并经 $t_1^{\text{Ⅱ}}$ 延时后切除该故障线路。

7.2.4　定时限过电流保护

电流速断保护和限时电流速断保护的整定电流都是按躲过某点的短路电流来整定的。根据它们的整定原则可知它们不能作为相邻线路故障的后备保护。当故障发生于保护线路末端时,如果限时电流速断保护由于某种原因拒动,将无法切除故障。为了解决这一问题,还需配备一种作后备的保护,即定时限过电流保护,也称之为电流保护的第 Ⅲ 段或电流 Ⅲ 段。它不仅能保护本条线路的全长,而且还能保护相邻线路的全长。定时限过电流保护的动作电流按躲过最大负荷电流来整定,因为启动电流较小,所以其动作灵敏度较高。通常所说的过电流保护仅指过电流保护的第 Ⅲ 段,即定时限过电流保护。

1.过电流保护的工作原理

对过电流保护而言,其主要目的是起后备作用。因此,当发生故障时,故障电流流过的那些保护均可能启动。但最后由哪一个保护切除故障则是由动作时限的差别来进行选择性配合的,也即过电流保护的选择性完全是靠动作时限来保证的。

在图 7-8 所示系统中,设线路 AB,BC,CD 均装设有过电流保护。当在 d_1 点

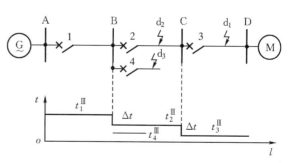

图 7-8　过电流保护动作时限特性

发生相间短路时,故障电流将通过保护1,2,3。在此短路电流的作用下,保护1,2和3的过电流元件都将启动。从尽量限制故障影响范围的要求出发,d_1点的故障应由保护3动作切除。因而必须满足保护3的动作时限t_3^{III}小于保护1和2的动作时限t_1^{III}和t_2^{III}。同样当d_2点发生故障时,短路电流要流过保护1和2。为保证选择性,则应要求保护2的动作时限t_2^{III}小于保护1的动作时限t_1^{III}。当然在d_3点发生故障时,要由保护4动作切除故障,应有$t_4^{\text{III}} < t_1^{\text{III}}$。因此,为保证过电流保护动作的选择性,保护动作时限应满足$t_1^{\text{III}} > t_2^{\text{III}} > t_3^{\text{III}}$和$t_1^{\text{III}} > t_4^{\text{III}}$,即

$$t_2^{\text{III}} = t_3^{\text{III}} + \Delta t; \quad t_1^{\text{III}} = \max\{t_2^{\text{III}}, t_4^{\text{III}}\} + \Delta t \tag{7-13}$$

可见过电流保护的动作时限比它末端母线所接所有相邻元件过流保护的动作时限高出一个Δt。在图7-8中,过流保护的动作时限应从电网的最末端保护3开始整定。对于保护3而言,只要电动机内部发生故障,它就可瞬时动作予以切除,因此t_3^{III}只为保护装置的固有动作时间。即保护3的过电流保护的动作是瞬时性的,然后可整定保护2的动作时限,它应比t_3^{III}高出一个Δt。同样保护1的动作时限应比t_2^{III}或t_4^{III}中较大的一个再增加一个Δt。由此可整定出如图7-8所示的动作时限,此动作时限从电网的末端呈阶梯形上升特性。这种保护的动作时限,经整定计算确定后,即由专门的时间元件(或继电器)予以保证,而其动作时限与短路电流的大小无关,因此称之为定限时过电流保护。过电流保护的原理接线图与限时电流速断保护的原理接线图相同。

2.过电流保护的整定值计算原则

过电流保护在正常运行情况下不应动作,因而其整定值需按躲过保护线路上可能出现的最大负荷电流来确定。在实际计算保护装置的启动电流时,必须考虑外部故障能否可靠返回的问题。如图7-9所示的网络中,当d_1点故障时,保护1,3的过电流继电器都已启动,故障被保护3切除后,由于在故障期间B母线上电压已降低,B母线上所接负荷电动机已减速,当故障切除后电压恢复时,电动机将产生一个自启动过程,在此过程中要求保护1的过电流继电器可靠返回。

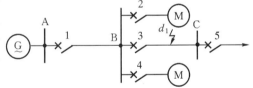

图7-9　自启动电流对过流保护的影响说明

图7-9中如果保护处系统的统计负荷最大值为$I_{\text{L.max}}$,在考虑电机的自启动因素、电流继电器的返回问题、并留有必要的裕度后,过电流保护的启动电流应整定为

$$I_{\text{set}}^{\text{III}} = \frac{K_{\text{rel}}^{\text{III}} K_{\text{ss}}}{K_{\text{re}}} I_{\text{L.max}} \tag{7-14}$$

式中:$K_{\text{rel}}^{\text{III}}$为可靠系数,一般采用$1.15 \sim 1.25$;$K_{\text{ss}}$为自启动系数,数值大于1,应由网络具体接线和负荷性质确定;K_{re}为电流继电器的返回系数,一般采用0.85。

由式(7-14)可见,当K_{re}越小时,则保护装置的启动电流就越大,即意味着其动作灵敏度就越低,这也就是为何要求电流继电器具有较高返回系数的原因。

3.过电流保护的灵敏系数

过电流保护的灵敏系数的定义与限时电流速断保护相同。前已述及,过电流保护是起后备保护功能。它可以作为本线路的后备保护,在此场合后备功能是在同一保护安装处实现的,因而称之为近后备;另外,它也可以作为相邻线路的后备保护,在此情况下后备功能是在远处

完成的,故称之为远后备。对于作近后备的保护,则应采用最小运行方式下本线路末端两相短路时的电流进行灵敏度校验。对于作远后备的保护,则应采用最小运行方式下相邻线路末端发生两相短路时的电流进行灵敏度校验。

以图 7-8 的保护 1 为例,如果作为近后备,灵敏度校验的公式为

$$K_{sen} = I_{f.B.min} / I_{set.1}^{\text{III}} \qquad (7-15)$$

如果作为相邻线的远后备,则灵敏度校验的公式为

$$K_{sen} = I_{f.C.min} / I_{set.1}^{\text{III}} \qquad (7-16)$$

一般要求作近后备时 $K_{sen} \geqslant 1.3 \sim 1.5$;作远后备时 $K_{sen} \geqslant 1.2$。

除满足上述要求外,在各个过电流保护之间,还必须要求灵敏系数相互配合。即当某点发生故障时,应要求越靠近故障点的保护其灵敏系数越高。在图 7-8 所示网络中当 d_1 点发生故障时,要求各保护的灵敏系数之间满足下列条件:

$$K_{sen.3} > K_{sen.2} > K_{sen.1} \qquad (7-17)$$

在单电源网络中,由于所有负荷均由此电源提供,故越靠近电源端流过的负荷电流越大。因此越靠近电源端则保护整定值越大,即在图 7-8 所示的网络中,各过流保护的整定值必然满足下述关系:

$$I_{set.1}^{\text{III}} > I_{set.2}^{\text{III}} > I_{set.3}^{\text{III}} \qquad (7-18)$$

通常负荷电流远小于故障电流,因此,当发生故障时可将其忽略不计,这时各保护流过同一个短路电流。根据灵敏系数的定义,式(7-18)的要求在这种网络中是能够自然满足的。

对于后备保护,只有当灵敏度和动作时限都互相配合时,才能保证后备保护之间的选择性,尤其在复杂网络的保护配置时更应注意这一点。

为便于理解电流保护的整定原则及配合关系,下面用例题来说明。

例 7-1 如图 7-10 所示 35 kV 系统中,已知 A 母线处发生金属性短路时 $I_{f.A.max}^{(3)} = 50$ kA,$I_{f.A.min}^{(2)} = 25$ kA;线路参数:$l_{AB} = 10$ km,$l_{BC} = 20$ km,$l_{BD} = 25$ km,$Z_1 = 0.4$ Ω/km;B 母线处的最大负荷为 $I_{L.max} = 500$ A,自启动系数 $K_{ss} = 1.5$,继电器返回系数 $K_{re} = 0.85$。整定计算时 K_{rel}^{I} 取 1.2,K_{rel}^{II} 取 1.1,K_{rel}^{III} 取 1.1。试求:

1. 保护 1 的电流 I 段的定值及最小保护范围;

2. 保护 1 的电流 II 段的定值及灵敏度;

3. 保护 1 的电流 III 段的定值及灵敏度。

解 $Z_{S.min} = \dfrac{37/\sqrt{3}}{50} = 0.427$ Ω

$Z_{S.max} = \dfrac{\sqrt{3}}{2} \times \dfrac{37/\sqrt{3}}{25} = 0.740$ Ω

$I_{f.B.max} = \dfrac{37/\sqrt{3}}{0.427 + 10 \times 0.4} = 4.825$ kA

$I_{f.B.min} = \dfrac{\sqrt{3}}{2} \times \dfrac{37/\sqrt{3}}{0.740 + 10 \times 0.4} = 3.903$ kA

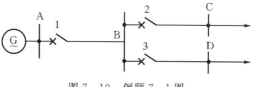

图 7-10 例题 7-1 图

1. 保护 1 的电流 I 段的定值及最小保护范围

$I_{set.1}^{\text{I}} = K_{rel}^{\text{I}} \cdot I_{f.B.max} = 5.790$ kA

$l_{min} = \dfrac{\dfrac{\sqrt{3}}{2} \times \dfrac{37/\sqrt{3}}{I_{set.1}^{\text{I}}} - Z_{S.max}}{Z_1} = 6.138$ km

$l_{min}\% = 6.138/10 = 61.38\% > 15\%$ 满足要求

$t_{\text{set.1}}^{\text{I}} = 0 \text{ s}$

2. 保护 1 的电流 II 段的定值及灵敏度

考虑到 C 点的最大短路电流比 D 点大,为了满足选择性,保护 1 的 II 段应该与线路 BC 的保护 I 段配合。

$$I_{\text{f.C.max}} = \frac{37/\sqrt{3}}{0.427 + (10+20) \times 0.4} = 1.719 \text{ kA}$$

$$I_{\text{set.2}}^{\text{I}} = K_{\text{rel}}^{\text{I}} \cdot I_{\text{f.C.max}} = 2.063 \text{ kA}$$

$$I_{\text{set.1}}^{\text{II}} = K_{\text{rel}}^{\text{II}} \cdot I_{\text{set.2}}^{\text{I}} = 2.269 \text{ kA}$$

$$K_{\text{sen}} = I_{\text{f.B.min}} / I_{\text{set.1}}^{\text{II}} = 3.903/2.269 = 1.72 > 1.3 \quad \text{满足要求}$$

$t_{\text{set.1}}^{\text{II}} = 0.5 \text{ s}$

3. 保护 1 的电流 III 段的定值及灵敏度

$$I_{\text{set.1}}^{\text{III}} = \frac{K_{\text{rel}}^{\text{III}} K_{\text{ss}}}{K_{\text{re}}} I_{\text{L.max}} = \frac{1.1 \times 1.5}{0.85} \times 500 = 0.971 \text{ kA}$$

作为本线的后备则:

$$K_{\text{sen}} = I_{\text{f.B.min}} / I_{\text{set.1}}^{\text{III}} = 3.903/0.971 = 4.02 > 1.5 \quad \text{满足要求}$$

作为相邻线的后备,则考虑到线路 BD 比线路 BC 长,故此按照 D 点最小方式下的两相短路来校验其灵敏度。

$$I_{\text{f.D.min}} = \frac{\sqrt{3}}{2} \times \frac{37/\sqrt{3}}{0.7400 + (10+25) \times 0.4} = 1.255 \text{ kA}$$

$$K_{\text{sen}} = I_{\text{f.D.min}} / I_{\text{set.1}}^{\text{III}} = 1.255/0.971 = 1.29 > 1.2 \quad \text{满足要求}$$

如果仅做本线的后备,则可取

$t_{\text{set.1}}^{\text{III}} = 1 \text{ s}$

如果作为相邻线路的后备,则需要和相邻线中保护的动作时间进行配合。

7.2.5　电流保护的接线方式

在讲述电流保护的各段保护时都是以单相原理接线图为例的。而实际电力系统都是三相系统,在三相系统中,如果发生两相相间短路,还有一相中不流过故障电流。因此只在其中一相上装设保护装置显然是不行的。因为需要考虑三相系统中电流保护如何连接的问题,即各相电流继电器线圈和电流互感器的二次线圈的连接方式。

实际上对于中性点非直接接地系统(简称小电流接地系统),一相接地并不能构成故障回路,当然无故障电流产生,所以在此情况下不要求立即切除故障线路。但在中性点直接接地的电网发生单相接地故障时,由于故障相有很大的短路电流并使整个电网处于不对称状态,故需快速切除故障。相间短路包括两相短路、两相短路接地和三相短路。当线路发生这几种相间短路时都应尽快切除该故障线路。

在中性点直接接地系统(简称大电流接地系统)中,一般两相接地短路都发生在同一条线路上。当发生两相接地短路后,保护应立即动作将该线路切除。在中性点非直接接地系统中,两相接地短路通常是由一相接地故障发展而来的。即先在某条线路上发生一相接地后,又可能在另一线路上发生另一相接地,这样就构成了两相接地短路。因此在这种电网中两个接地点可能不在同一条线路上。从尽量缩小故障所影响的范围来看,发生在不同线路上的两相接地短路,最好只切除其中一条线路,即将故障变成一相接地。这样另一条线路就能继续短时运行一段时间,从而可由运行人员查找后排除另一接地点。

对于保护相间短路的电流保护,目前广泛采用的接线方式有两种。一种称为完全星形接线,它是将三相继电器线圈和电流互感器的二次线圈对应连接而构成的;另一种是不完全星形接线,它是只在其中两相上装设电流保护和电流互感器。下面就两种接线方式的连接及特性分别进行介绍。

1.完全星形接线

在此接线方式中,将三相电流互感器的二次线圈与三个电流继电器的线圈分别接成星形,并使对应相相连接。两侧均由星形接法构成,故称之为完全星形接线,图 7-11 所示为其接线示意图。在完全星形接线中,每相上均有一个电流互感器和一个电流继电器。当线路上发生任何型式的相间短路故障时,此种接线方式的保护都能反应并对同类型的故障继电器动作的灵敏度相同,而且至少有两相上通过故障电流,因此至少有两套继电器动作,所以保护装置动作可靠性较高。在大电流接地系统

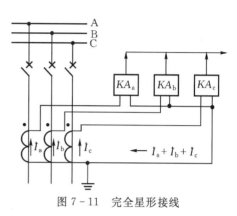

图 7-11　完全星形接线

中,发生一相接地故障时,故障相电流很大,因此采用三相星形接线方式的相间电流保护还能保护单相接地故障。由于电力系统中各元件上发生故障的类型是随机的,尽管在本节所讨论的保护是专为保护相间短路装设的,但不能排除被保护对象发生各种单相接地短路或两相接地短路的可能性。因此,在此种接线方式中必须具有连接从电流继电器线圈侧中性点到电流互感器中性点侧的中性线。中性线上流过的电流为三相电流之和($\dot{I}_a + \dot{I}_b + \dot{I}_c$)。在系统正常及发生各种相间短路时,中性线上流过电流值接近于零;当发生各种接地故障时为 3 倍的零序电流 $3\dot{I}_0$。三个继电器的触点是并联连接的,当任一个继电器的触点闭合时均可使中间继电器动作,相当于"或"逻辑关系。

2.不完全星形接线

此接线方式和完全星形接线方式的主要区别在于其中一相(通常规定为 B 相)上不装设电流互感器和相应的电流继电器。图 7-12 为不完全星形(也称为两相星形)接线方式的接线示意图。由于在正常情况下($\dot{I}_a + \dot{I}_c$)不为零,因而这种接线方式中必须设置返回线。它只能反应三相系统中其中两相上的电流。但由于发生任何一种相间短路时,至少有两相中流过短路电流,故它能反应各种相间短路故障。但在大电流接地系统中发生单相接地故障时,由于任何一相都可能是故障相,若故障发生于未接电流互感器的

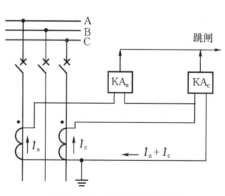

图 7-12　不完全星形接线

一相时,则此故障将无法被检测到。同样两个电流继电器的触点也是并联连接的,这种接线方式在发生不同相别的两相短路时,则有可能只有一套电流继电器动作,故动作可靠性比完全星形接线方式要低。

7.2.6 电流保护的应用及评价

整套电流保护通常包括电流速断、限时电流速断和过电流保护。它们的基本原理都是反应于被保护对象故障时电流升高而动作。它们之间的主要区别在于整定值的选择原则是不同的。其中速断和限时速断都是按躲过某一点的最大短路电流来整定的,而过电流保护则是按照外部故障切除后能可靠返回的原则来整定的。

由于电流速断保护只能保护线路一部分范围内的故障,限时电流速断保护虽然可以切除本线路上任一点的故障并可作为本条线路速断保护的后备,但它不作为相邻线路的后备保护。所以,为确保迅速且有选择性地切除故障,并考虑动作的可靠性,通常应用中将电流速断、限时电流速断和过电流保护组合在一起构成阶段式电流保护。在实际应用中,可以只采用电流速断加过电流保护、限时电流速断加过电流保护构成两段式电流保护,也可以三者同时采用构成三段式电流保护。在电网最终端的线路上,通常可以只采用一个瞬时动作的过电流保护。对于过电流保护,越靠近电源端的线路,则过动作时限越长;但靠近电源端的线路故障时,故障电流大,对流经故障电流的设备产生的影响也严重,因此对故障切除的速动性要求就高,故一般需装设三段式电流保护。

采用电流保护其中的一段、两段或三段而组成的阶段式保护,其主要优点是原理简单、工作可靠,并且在一般情况下也能满足快速切除故障的要求,因而在中、低压电网中特别是在35 kV及以下电压等级电网中获得了广泛的应用。其缺点是保护范围直接受系统运行方式和故障类型变化的影响。如整定值必须按系统最大运行方式条件来选择,而校验灵敏度时又必须按系统最小运行方式条件来进行,这就使它有时不能满足灵敏系数或保护范围的要求。

本节所述电流保护的工作原理均是以单侧电源系统为例进行的。但实际系统中更常见的情况往往是线路两侧均会有电源存在,在此情况下,必须在线路两侧均装设保护才能切除故障,使故障电流消失;另外各保护如仍按前述原则整定配置,则往往会由于保护线路对侧电源提供的短路电流而使保护误动作。因此在电流保护用于双侧电源系统时,首先必须在线路两侧均配置保护;同时在保护装置中应增加一个判别短路功率方向的元件(通常称为方向元件)来保证只有短路功率为从母线流向线路时才闭合其触点,使后续回路开放允许出口跳闸,否则将闭锁整套保护。这样通过方向元件把关后,前述电流保护的整定配置就可推广于双电源系统。当然在电流保护中增加方向元件后也会产生一些相关问题,限于篇幅在此就不再详述了。

另外,在大电流接地系统中,当发生接地故障时还可以利用出现很大的零序电流的特点构成零序电流保护。在一些结构复杂的网络中,当电流保护无法保证动作选择性或动作可靠性时,只能采用一些性能更加优良的保护,如距离保护、纵联保护等[1]。

7.3 电网的距离保护

前节所述的电流保护从原理上看是最简单的保护方式之一。当它用于单电源辐射形电网时,通常能满足电力系统对其动作选择性的要求。但其主要缺点是灵敏度(保护范围)受系统运行方式和故障类型影响较大,特别在短线路上,它的保护范围很小,有时甚至没有保护范围。对于远距离重负荷输电线路,其线路末端短路电流往往可与负荷电流相比拟,从而导致第Ⅲ段保护也很难满足灵敏度的要求。因此,在电压为110 kV及以上的复杂网络中,电流保护往往难以满足电力系统的要求。

为了提高继电保护装置的动作灵敏性,使它不受或少受系统运行方式和故障类型的影响,保护工作者提出了一种同时反应电压和电流变化的保护——距离保护。这种保护对前节所述的电流保护的缺点有所克服。

7.3.1 距离保护的基本原理

距离保护是反应故障点至保护安装处的距离,并根据距离判断故障是否处于保护区内并决定是否动作的一种保护装置。根据电路的基本知识可知:阻抗 Z、电压 $\dot{U}$ 和电流 $\dot{I}$ 三者之间的关系为 $Z = \dot{U}/\dot{I}$。因此,只要测出保护安装处的电压和电流,即可知道其比值 Z,进而得到保护安装处至故障点的距离。

当电力系统正常运行时,保护安装处的母线电压为额定电压,线路输送的电流为负荷电流,故阻抗继电器所测得的阻抗就是负荷阻抗,其值较大。当输电线路上发生短路故障时,母线上的电压为残余电压,此电压的大小取决于故障点至保护安装处的远近,但总小于正常工作电压。线路中流过的电流为短路电流,此电流大于负荷电流。故阻抗继电器的测量阻抗就是短路阻抗,此阻抗则远小于负荷阻抗。

短路阻抗的大小反应了短路点到保护安装处的距离,而且这个距离是不随系统运行方式改变而变化的。因此,测量阻抗比单纯用电压量或电流来区别输电线路处于正常运行状态还是故障状态将更为准确。

距离保护的保护范围通常是用一给定阻抗值来限定的,这个给定的阻抗称为距离保护的整定阻抗 Z_{set}。阻抗继电器的测量阻抗 Z_m,等于加入阻抗元件的电压与电流之比。从工作原理上看,距离保护就是比较其测量阻抗 Z_m 和其整定阻抗 Z_{set} 的大小从而判断是否发生了故障。下面以图 7-13 为例来说明距离保护的工作情况。

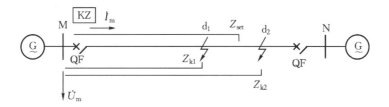

图 7-13 距离保护工作情况说明图

在保护范围内部 d_1 点短路时,则有 $Z_m = Z_{k1} < Z_{set}$,保护装置动作;

在保护范围外部 d_2 点短路时,则 $Z_m = Z_{k2} > Z_{set}$,保护装置不会动作;

系统正常运行时,保护装置的测量阻抗为负荷阻抗 Z_L,由于 Z_L 远大于 Z_{set},因此正常运行时保护装置不会动作。

通过上述分析可知,阻抗继电器(也称阻抗元件)的主要功能有两点:一是获取测量阻抗 Z_m;二是将测量阻抗 Z_m 与整定阻抗 Z_{set} 进行比较。顺便指出,距离保护是一种欠量动作的保护。

7.3.2　阻抗测量及动作特性

在距离保护中,测量阻抗通常用 Z_m 来表示,它定义为保护安装处测量电压 $\dot{U}_m$ 与测量电流 $\dot{I}_m$ 之比,即

$$Z_m = \frac{\dot{U}_m}{\dot{I}_m} \tag{7-19}$$

Z_m 为一复数,可以表达为极坐标形式或直角坐标形式,即

$$Z_m = |Z_m| \angle \varphi_m = R_m + jX_m \tag{7-20}$$

式中:$|Z_m|$ 为测量阻抗的阻抗值;φ_m 为测量阻抗的阻抗角;R_m 为测量阻抗的实部,称为测量电阻;X_m 为测量阻抗的虚部,称为测量电抗。

测量阻抗 Z_m 在复平面上如图 7-14 所示,图中横坐标为 R 轴,纵坐标为 jX 轴,相量 Z_m 的模值为 $\sqrt{R_m^2 + X_m^2}$,幅角为 $\arctan\dfrac{X_m}{R_m}$。

在电力系统正常运行时,$\dot{U}_m$ 近似为额定电压,$\dot{I}_m$ 为负荷电流,Z_m 为负荷阻抗。负荷阻抗的量值较大,其阻抗角为数值较小的功率因数角(一般功率因数不低于 0.9,对应的阻抗角 φ_L 不大于 25.8°),阻抗性质以电阻性为主,如图 7-15 中的 Z_L 所示。

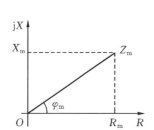

图 7-14　阻抗相量在复数平面上的表示

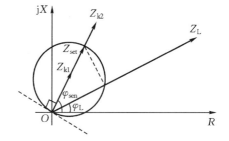

图 7-15　方向圆阻抗特性图

金属性短路阻抗的阻抗角等于输电线路的阻抗角,阻抗性质以电感性为主。当短路点分别位于图 7-13 中的 d_1 和 d_2 点时,对应的短路阻抗分别如图 7-15 中的 Z_{k1} 和 Z_{k2}。图 7-13 中距离保护的整定阻抗 Z_{set} 的阻抗介于 Z_{k1} 和 Z_{k2} 之间。

依据测量阻抗 Z_m 在上述不同情况下幅值和相位的"差异",距离保护就能够"区分"出系统是否出现故障以及故障发生在区内还是区外。在线路阻抗的方向上,比较 Z_m 和 Z_{set} 的大小,$Z_m < Z_{set}$ 说明故障在保护区内;反之,故障在保护区之外。

在图 7-15 中,如果以整定阻抗为直径,则测量阻抗 Z_m 处于圆内时,有 $Z_m < Z_{set}$,保护动作。这种以整定阻抗为直径,将圆内定为距离保护动作区,圆外定为非动作区的阻抗特性称之为距离保护的方向圆特性。方向圆的直径与横轴夹角 φ_{sen},就是输电线路的阻抗角,因此在发生金属性故障时,具有最大的灵敏度。根据对距离保护的性能要求不同,可选用不同类型的距离继电器动作特性,例如圆特性、四边形特性、苹果形特性等等。本书因篇幅限制,仅介绍距离保护的方向圆动作特性。

7.3.3　距离保护的整定计算

距离保护整定计算时应满足继电保护的整定配合原则:各种保护在动作时限上按阶梯形时限进行配合,如相邻元件的保护之间、主保护与主保护之间、后备保护与后备保护之间的配合等。在系统中采用的距离保护,通常均采用接入线电压、两相电流差的接线方式。以下介绍这种接线的距离保护的各段定值计算原则。

1.距离保护Ⅰ段的整定计算

通常在确定距离保护的各段定值时,为简化分析均不考虑过渡电阻的影响。下面按两种常见情况分别讨论。

(1)对于输电线路　根据保证选择性的要求,Ⅰ段保护范围不应超出被保护线路末端。因此对图 7-16 中保护 1 而言,距离Ⅰ段应按下式整定:

$$Z_{set.1}^{I} = K_{rel}^{I} Z_{AB} \tag{7-21}$$

式中:Z_{set}^{I} 为保护 1 的Ⅰ段定值;Z_{AB} 为被保护线路 AB 的阻抗;K_{rel}^{I} 为距离Ⅰ段整定时的可靠系数。引入可靠系数的目的是在各种误差存在时仍能保证保护装置不误动作。一般 K_{rel}^{I} 取 $0.8\sim0.85$。由式(7-21)可见,不管系统运行方式如何变化,距离Ⅰ段总能保证切除被保护线路全长 $80\%\sim85\%$ 范围内的故障。显然,距离Ⅰ段的保护范围相对恒定,且远大于电流保护Ⅰ段的保护范围。

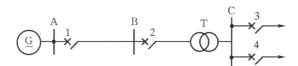

图 7-16　距离保护Ⅰ段定值整定例图

(2)对于线路-变压器组　由于无论线路或变压器任一元件发生故障时,其后所接负荷都无法正常运行,因此它们可看作一个整体进行整定。在此场合,其动作阻抗可按不超出变压器末端来整定,即按躲过变压器低压侧短路时的阻抗来确定。如对图 7-16 中保护 2 而言,应按 C 母线上短路条件来进行整定。

$$Z_{set.2}^{I} = K_{rel}^{I}(Z_{L} + Z_{T}) \tag{7-22}$$

式中:$Z_{set.2}^{I}$ 为保护 2 距离Ⅰ段的整定值;可靠系数 K_{rel}^{I} 通常取 0.7;Z_{L} 为线路-变压器组中线路部分的阻抗;Z_{T} 为线路-变压器组中变压器的等值阻抗。

距离保护的第Ⅰ段动作是瞬时性的,即只为保护装置本身的固有动作时间,因此无需设置时间继电器,但若线路上有管型避雷器时,应使保护的固有动作时间大于避雷器的放电时间。

2.距离保护Ⅱ段的整定计算

对距离Ⅱ段而言,类似于电流Ⅱ段,不仅需确定距离Ⅱ段的阻抗整定值,而且还需确定Ⅱ段的动作时限,只有当这两项都正确选择后才能确保距离Ⅱ段的正确工作。

(1)整定阻抗计算　在多数系统中,对距离Ⅱ段而言,通常需考虑保护安装处与短路点之间存在分支电路的情况。如图 7-17 所示系统中,在 d_1 点故障时,由于电源 $\dot{E}_3$ 的存在,将使故障线路 BD 上流过的电流比需要与其配合的保护线路 AB 上的电流有所增加,这个由 $\dot{E}_3$ 提供的电流称为分支电流。此分支电流不流经需配合的保护 1,但它在故障线路上产生附加电压降,所以使保护 1 的测量阻抗受到影响,故在整定保护 1 的第Ⅱ段时,必须考虑分支系数 K_b 的作用。在此分支系数 K_b 定义为故障线路上流过的电流和流过需配合保护所在线路上的电流之比。在有分支电源存在时将产生助增电流使 $K_b > 1$。同样,当有并联线路存在时,也将使故障线路上的电流和需要配合线路上的电流产生差别,但此时为外汲电流使 $K_b < 1$。

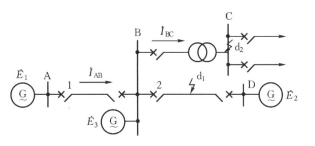

图 7 - 17　距离保护整定计算说明图

在图 7 - 17 所示系统中,距离保护 1 的第Ⅱ段整定阻抗应按下述条件来确定,并取其中小者作为整定值。

①与相邻线路距离保护第Ⅰ段的整定阻抗相配合,并考虑由于助增电流和外汲电流产生的分支系数对测量阻抗的影响。即在图中距离保护 1 的Ⅱ段整定阻抗 $Z_{set.1}^{II}$,应按不超出相邻线路 BD 的距离保护 2 第Ⅰ段保护范围末端短路的条件来整定,即

$$Z_{set.1}^{II} = K_{rel}^{II}(Z_{AB} + K_b Z_{set.2}^{I}) \tag{7 - 23}$$

式中:K_{rel}^{II} 为整定距离Ⅱ段时的可靠系数,一般取为 0.8;Z_{AB} 为被保护线路 AB 短路时的测量阻抗;$Z_{set.2}^{I}$ 为相邻线路 BD 的距离保护 2 的Ⅰ段整定阻抗;K_b 为分支系数,为使保护装置在任何情况下都能保证有选择性地动作,应选取实际可能出现的最小值,即整定时应取 $K_b = \min\left(\dfrac{I_{BD}}{I_{AB}}\right)$。当有多条相邻线路时,应分别按式(7 - 23)计算后选取所有值中最小者。

②按躲过线路末端变电站变压器低压母线上故障的测量阻抗,如图 7 - 17 中 d_2 点短路的条件来整定,即

$$Z_{set.1}^{II} = K_{rel}^{II}(Z_{AB} + K_b Z_T) \tag{7 - 24}$$

式中:K_{rel}^{II} 为可靠系数,由于确定 Z_{AB} 的数值时有较大的误差,故通常 K_{rel}^{II} 取得小一些,一般取 $K_{rel}^{II} = 0.7$;K_b 为变压器低压侧短路时,实际可能出现的最小分支系数,即整定时取 $K_b = \min\left(\dfrac{I_{BC}}{I_{AB}}\right)$;$Z_T$ 为变压器的等值阻抗。

(2) 灵敏度校验　距离保护Ⅱ段的灵敏度,可按被保护线路末端发生金属性短路的情况来校验,对于图 7 - 17 中保护 1 的Ⅱ段

$$K_{sen} = \frac{Z_{set}^{II}}{Z_{AB}} \tag{7 - 25}$$

一般要求 $K_{sen} \geq 1.3 \sim 1.5$。如果按前述条件整定后保护的灵敏度不能满足要求,则在允许增加动作延时的条件下,可按与相邻线路距离Ⅱ段相配合的原则来整定,即

$$Z_{set.2}^{II} = K_{rel}^{II}(Z_{AB} + K_b Z_{set.2}^{II}) \tag{7 - 26}$$

上式中 $Z_{set.2}^{II}$ 为相邻线路 BD 距离Ⅱ段的定值,如有多条相邻线路存在时,也应分别计算后取最小者。同样,K_b 也应取配合保护所在线路故障时可能出现的最小值。

(3) 动作时限选择　应根据保护整定配合的条件分别考虑。

①当与相邻线路保护的第Ⅰ段相配合时,取

$$t_1^{\text{II}} = t_2^{\text{I}} + \Delta t \tag{7-27}$$

式中：t_2^{I} 是保护 2 的固有动作时间，通常可忽略不计，而 Δt 一般取 $0.3 \sim 0.5$ s。

②当与相邻线路距离保护第 II 段相配合时，取

$$t_1^{\text{II}} = t_2^{\text{II}} + \Delta t \tag{7-28}$$

式中：t_2^{II} 为相邻线路 BD 距离 II 段的动作时限，若有多条相邻线路存在时，也应分别进行计算后取其大者。

3.距离 III 段的整定计算

类似于电流第 III 段的功能，距离 III 段的作用是作为本条线路的近后备或相邻线路的远后备保护。通常距离 III 段还兼作为整套距离保护的启动元件，它一般可采用电流继电器、全阻抗继电器或方向阻抗继电器来担任。

当采用电流继电器作为启动元件时，距离 III 段实际上就是一个过电流保护。它的整定计算原则已在电流保护一节中进行过讨论。在此只介绍采用全阻抗或方向阻抗继电器作为启动元件时距离 III 段的整定计算方法。

（1）整定阻抗的选择　与电流 III 段相同，首先应按距离 III 段在等值负荷阻抗为最小时不启动来整定。在此等值负荷阻抗最小也即指线路上流过最大负荷电流 $I_{\text{L.max}}$ 且母线上电压最低（用 $U_{\text{L.min}}$ 表示）时，在保护处测量到的阻抗，即

$$Z_{\text{L.min}} = \frac{\dot{U}_{\text{L.min}}}{\dot{I}_{\text{L.max}}} \tag{7-29}$$

通常 $U_{\text{L.min}}$ 可考虑为 $0.9U_{\text{N}}$，即母线电压降低到 90% 额定电压的状况。

参照过电流保护的整定原则，考虑到电动机自启动因素，并考虑到继电器的返回问题，则保护 1 的距离 III 段整定值为

$$Z'_{\text{set}} = \frac{K_{\text{rel}}^{\text{III}} Z_{\text{L.min}}}{K_{\text{ss}} K_{\text{re}}} \tag{7-30}$$

式中：K_{rel} 为可靠系数，一般取 0.8；K_{ss} 为电动机自启动系数大于 1，取决于负荷性质；K_{re} 为阻抗测量元件（欠量动作）的返回系数，K_{re} 取 $1.15 \sim 1.25$。

需要强调的是，式（7-30）在整定时并没有考虑到继电器特性因素，如下给出考虑方向圆特性的情况下，距离 III 段如何整定的问题。

由图 7-15 可知，正常运行的负荷阻抗角 φ_{L} 较小，其值大约在 25°左右。而在故障时，短路阻抗角则取决于架空线路本身的参数，其值较大，约在 60°～85°之间。通常为了保证距离保护的动作灵敏性，在选择方向阻抗继电器的最大灵敏角 φ_{sen} 时应使它等于被保护线路的阻抗角。因此，当最小负荷阻抗 $Z_{\text{L.min}}$ 已知时，由图 7-15 可知，阻抗继电器最大灵敏角方向的整定阻抗 $Z_{\text{set}}^{\text{III}}$ 与系统的最小负荷阻抗 $Z_{\text{L.min}}$ 的关系为

$$Z_{\text{set}} = \frac{Z_{\text{L.min}}}{\cos(\varphi_{\text{sen}} - \varphi_{\text{L}})} \tag{7-31}$$

综合考虑式（7-30）、式（7-31）的因素后，则方向圆特性距离 III 段的整定阻抗为

$$Z_{\text{set}}^{\text{III}} = \frac{K_{\text{rel}}^{\text{III}} Z_{\text{L.min}}}{K_{\text{ss}} K_{\text{re}} \cos(\varphi_{\text{sen}} - \varphi_{\text{L}})} \tag{7-32}$$

（2）灵敏度校验　距离保护 III 段的灵敏度校验分两种不同情况进行。现以图 7-17 所示

系统中保护 1 为例来说明。

①作近后备保护:此时按本线路末端发生短路的条件来校验灵敏度,并要求

$$K_{\text{sen}} = \frac{Z_{\text{set}}^{\text{III}}}{Z_{\text{AB}}} \geqslant 1.5 \tag{7-33}$$

②作远后备保护:在此情况下应按相邻元件末端短路的条件来校验灵敏度,并要求

$$K_{\text{sen}} = \frac{Z_{\text{set}}^{\text{III}}}{Z_{\text{AB}} + K_{\text{b}} Z_{\text{BC}}} \geqslant 1.2 \tag{7-34}$$

或

$$K_{\text{sen}} = \frac{Z_{\text{set}}^{\text{III}}}{Z_{\text{AB}} + K_{\text{b}} Z_{\text{T}}} \geqslant 1.2 \tag{7-35}$$

式中:K_{b} 为分支电路产生的分支系数,应取实际可能出现的最大值来校验灵敏系数。

(3)动作时限选择　距离保护第Ⅲ段的动作时限的整定应考虑配合问题,通常应比其保护范围内需要配合的保护高一个时间级差 Δt,即作为近后备时,动作时限应该比本线的主保护高一个时间级差 Δt;作为远后备保护时,动作时限应该比相邻线的近后备保护高一个时间级差 Δt;如两种方法整定的动作时限不同的时候,取其动作时限较大者。

7.3.4　距离保护的应用及评价

根据上述的分析,对距离保护可以做出如下的评价。

① 由于同时利用了短路时电压、电流的变化特征,通过测量故障距离来确定故障位置,保护范围稳定、灵敏度高,动作情况受电网运行方式变化的影响小,能够用在多侧电源的高压及超高压的复杂电网中。

② 由于只利用了线路一侧短路时电压、电流的变化特征,距离保护Ⅰ段的整定范围为线路全长的 80%～85%,这样在双侧电源线路中,有 30%～40% 的区域故障时,只有一侧的保护能无延时地动作,另一侧保护需经 0.5 s 的延时后跳闸。在 220 kV 以及以上电压等级的网络中,有时不能满足电力系统稳定性要求,因此,还应配备能够全线速动的纵联保护。

③ 距离保护的阻抗测量原理,除可以应用于输电线路的保护外,还可以应用于发电机、变压器等保护中,作为其后备保护。

④ 由于引入了电压量,距离保护性能比电流保护优良,也正是因为引入了电压量,距离保护的构成相对复杂,运行中影响其正确工作的因素较多,诸如:电力系统振荡;电流、电压互感器的传变误差;电网的频率发生变化;线路串联补偿电容的存在;电压互感器二次回路发生断线;电力系统故障时的暂态过程等等。相对于电流、电压保护来说,距离保护的构成、接线和算法都比较复杂,装置自身的可靠性稍差。

在本节中只讨论了距离保护的最基本构成方法、整定配合原则。限于篇幅,其它问题本书不再介绍,有兴趣的读者可参阅有关继电保护原理的专用教材[1]。

7.4　输电线路纵联保护

电流保护、距离保护采用被保护元件单端电流、电压作为识别故障的判据,并采用阶段式配合关系,对于被保护范围末端故障,只能靠Ⅱ段延时切除故障,这是采用单端电气量保护的共同缺点。超高压输电系统主要承担电能的传输任务,因而对继电保护装置的要求更高。对

线路保护而言,通常要求能全范围快速切除故障。输电线路纵联保护就是为满足这种要求而开发的。

输电线路纵联保护采用被保护线路两端电气量构成保护判据,其理论基础是基尔霍夫电流定律。以图7-18为例,图中方框表示被保护元件,该元件可以是电网中的任何元件,如线路、变压器或发电机等,电流、电压参考方向如图所示。

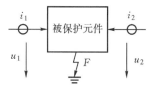

图 7-18 纵联保护原理示意图

为说明纵联保护的工作原理,表7-1给出了被保护元件在保护范围内故障、正常运行和保护范围外故障时,其两端电气量的特征。其中两侧功率方向的规定如下,当功率由保护安装处流向被保护元件时定义为功率方向的正方向。由表可以看出,在保护范围内故障、正常运行和保护范围外故障时,两端电流、两端功率方向及两端电流相位,具有明显的不同,由此构成的纵联电流差动保护、纵联方向保护、纵联电流相位差动保护判据非常灵敏,具有绝对的选择性。因而纵联保护具有独立判别区内故障的能力,无需和其它保护配合就可以实现选择性跳闸,从而具有全线速动的特性。

表 7-1 保护区内故障、正常运行和区外故障时两端电气量的特点

选择的电气量	区内 F 点故障特征	正常运行和区外故障时特征	保护原理
电流 i_1,i_2	$i_1 + i_2 = i_F$	$i_1 + i_2 = 0$	纵联电流差动保护
两端功率方向	同为正方向	一端正方向,一端反方向	纵联方向保护
两端电流相位差	近似为 0°,同相	近似 180°,反相	纵联电流相位差动保护

目前微机式高频纵联方向保护、光纤纵联差动保护在我国 220 kV 及以上高压输电线路上广泛应用。本节结合这两种保护原理对纵联保护一些最基本的问题进行介绍。

7.4.1 输电线路纵联保护两侧信息的交换

输电线路纵联保护的工作需要两端信息,两端保护要通过通信设备和通信通道快速地进行信息交换。输电线路保护采用的通信方式分为:导引线通信、电力线载波通信、微波通信、光纤通信等,根据其应用情况及发展趋势,本章重点介绍高频载波通信和光纤通信。

1.高频载波通信

高频载波通信是电力系统的一种特殊的通信方式,它以电力线路为信息通道。高频通道传输的信号频带一般为 50～400 kHz,载频低于 40 kHz 受工频干扰太大,同时信道中的连接设备的构成也比较困难;载频过高,将对中波广播等产生严重干扰,同时高频能量衰耗也将大大增加。由于高频载波通信采用输电线路作为传输介质,在不少工期比较紧的输变电工程中,往往只有电力线载波通信才能和输变电工程同期建成,保证了输变电工程的如期投产,所以电力线载波通信曾经是广泛使用的通信手段。此外高频通道传输距离远,满足长距离输电线路对保护通道的要求,可以构成高频纵联保护。

高频载波通道带宽窄,不适合传输电流波形,仅适合传输电流相位、功率方向等逻辑信号,因此利用高频通道的保护主要有高频方向保护、高频电流相位差动保护、高频闭锁距离保护。

高频保护的工作原理是:将线路两侧的电流相位或功率方向转化为相应的高频信号,并利

用输电线路本身构成的高频电流通道将此信号传送至对端。然后在两端分别比较两侧电流的相位或传送功率的方向来确定故障是否处于被保护的线路上,由此决定保护是否应该发出跳闸信号。从原理上看,高频保护不反应保护范围以外的故障,同时在定值及动作时限选择上无需和下一条线路的保护相配合,因而可以作到全线速动。但在实现高频保护时,必须解决如何在不影响工频电能量传输的前提下,用输电线路构成高频信号通道实现高频信号的传输问题。

　　应用输电线路构成高频通道时有两种选择方式:一是利用"导线-大地"(常简称为"相-地")构成;另一种是采用"导线-导线"(常称为"相-相")构成。前一种仅需在一相导线上装设构成通道的辅助设备,因而投资少,但此种通道方式对高频信号的衰减和干扰都较大。后一种需在两相导线上装设构成通道的辅助设备,故投资较大,但其对高频信号的衰减及干扰均比前一种要小。在我国电力系统中,广泛采用投资较小的"导线-大地"制通道。

　　图 7-19 为利用一相导线构成的"导线-大地"制高频通道的原理图。现以此图为例说明高频通道的主要组成部分及其作用。

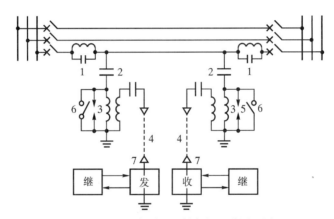

图 7-19　"导线-大地"制高频通道原理图

　　①高频阻波器:通常是由一电感线圈和一可变电容器并联组成。其作用是将传送的高频电流限制在保护线路之内,因此阻波器的谐振频率应选择为传送的高频电流信号的频率。对工频电流信号而言,阻波器的等值阻抗可以忽略不计,因而不影响工频电流的传送。

　　②结合电容器:其电容量很小,对工频呈现为很大的阻抗,而对高频则阻抗很小。因此可使高频电流在输电线路和高频收发信机间顺利地流通,同时使高频收发信机与工频高压输电线路相隔离。

　　③连接滤波器:由一个可调节的空心变压器和一电容器组成。实际上从电路的角度可看成一个四端口的带通滤波器。它在线路侧的等值阻抗与输电线路的波阻抗(约为 400 Ω)相匹配;而在高频电缆侧的等值阻抗则与高频电缆的波阻抗(约为 100 Ω)相匹配。其作用是使所需频带的高频电流能通过,并使高频收发信机与高压输电线路相隔离,从而保证收发信机与工作人员的安全。

　　④高频电缆:其主要作用是将位于主控室内的收发信机和处于户外的连接滤波器相连接。

　　⑤保护间隙:其作用是保护高频电缆和高频收发信机免遭过电压的袭击。

　　⑥接地刀闸:在调整或检修高频收发信机和连接滤波器时,用它进行安全接地,以保证人身和设备的安全。

⑦高频收发信机：其作用是接收和发送高频信号。

2.光纤通信

以光纤作为信号传递媒介的通信称为光纤通信。随着光纤技术的发展和光纤制作成本的降低，光纤信道正在成为电力通信网的主干网，光纤通信在电力系统通信中广泛应用，例如连接各高压变电站的电力调度自动化信息系统、两端变电站具有光纤信道的纵联保护、超短输电线路的纵联保护、配电自动化通信网等。

图 7-20 为点对点单向光纤通信系统的构成示意图，它通常由光发射机、光纤、中继器和光接收机组成。光发射机的作用是把电信号转变为光信号，一般由电调制器和光调制器组成。光接收机的作用是把光信号转变为电信号，一般由光探测器和电解调器组成。

图 7-20　单向点对点光纤通信系统的构成

电调制器的作用是把信息转换为适合信道传输的信号，多为数字信号。光调制器的作用是把电调制信号转换为适合光纤信道传输的光信号，如直接调制激光器的光强，如图 7-21 所示，或通过外调制器调制激光器的相位。光中继器的作用是对经光纤传输衰减后的信号进行放大。光中继器有光—电—光中继器和全光中继器两种，如需对业务进行分出和插入，可使用光—电—光中继器；如只要求对光信号进行放大，则可

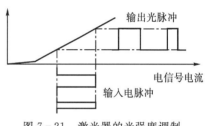

图 7-21　激光器的光强度调制

以使用光放大器。光探测器的作用是把经光纤传输后的微弱光信号转变为电信号。电解调器的作用是把电信号放大，恢复出原信号。

光纤通道带宽宽，通信容量大，通信速度快，适合传输电流波形信号，因而可以利用光纤通道实现全电流差动保护。光纤通信还有保密性好，敷设方便，不怕雷击，不受外界电磁干扰，抗腐蚀和不怕潮等优点，是电力通信网络发展的方向。

7.4.2　高频纵联方向保护

高频纵联方向保护是超高压输电线路上常用的主保护方式之一，它具有原理简单和动作可靠性高等优点。

输电线路方向高频保护工作原理是安装于被保护线路两侧的保护装置将本侧感受到的功率方向信息转换为相应的高频信号传送至对端的保护装置，两侧的保护装置将接收到的对端方向信息和本端独立判别的方向信息进行比较。其中两侧功率方向的规定如下，当功率由保护安装处流向被保护元件时定义为功率方向的正方向。若两端功率方向元件均判别为正方向，则判为内部故障，由两侧保护分别跳开本侧断路器切除故障；若两端功率方向元件判别结果有一端为反方向，则判为外部故障，两端保护均不动作。从其原理上看，方向纵联保护具有

绝对的选择性,在区外故障和正常运行方式下不会误动作,在区内故障时能可靠切除故障。图 7-22 给出了高频纵联方向保护单侧装置的工作原理图,对侧保护元件工作原理与之完全相同。图中本侧正方向元件代表本侧保护装置利用本端电气量独立判别的故障方向,正方向其输出为 1,其余情况输出为零。对侧正方向元件代表对侧保护装置的故障方向判别结果,该结果由对侧保护装置独立判别,并将判别结

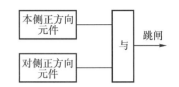

图 7-22　纵联方向保护的工作原理图(单侧)

果转换为高频信号经高频通道传送至本端,本侧保护装置根据双方的约定进行信号翻译并作为与门的逻辑输入,正方向输出为 1,其余情况输出为 0。

高频方向纵联保护首先要解决的问题是如何把本端的方向信息转换为高频信号。理论上讲,两侧的保护装置对故障功率方向的判别有正反向、反方向和无故障发生三种状态,而高频通道上的高频电流则包含有高频电流和无高频电流两种状态。利用高频电流的有和无的变化可以表示方向信息,这种利用高频电流有无的变化所包含的信息统称为高频信号,可见高频信号和高频电流是有区别的。

在实际应用中,可以规定高频信号表示故障功率方向为正方向,则在此情况下,收不到该高频信号,表示故障功率方向为反方向或无故障发生;同样,也可以规定传送的高频信号表示故障功率方向为反方向,则相应的收不到该高频信号表示故障功率方向为正方向。高频方向保护两侧若向对侧传送的高频信号表示本侧功率方向为正,则该信号为允许性质的信号,因为收到该高频信号是对端跳闸的必要条件;两侧若向对侧传送的高频信号表示本侧功率方向为负或无故障发生,则该信号为闭锁性质的信号,因为收不到该高频信号是两端跳闸的必要条件。前者称为允许式纵联方向保护,后者称为闭锁式纵联方向保护。

我国电力系统一般使用的是故障启动发信闭锁式纵联方向保护。故障启动发信闭锁式纵联方向保护正常运行时,两侧保护均不发出高频电流。在故障启动后,为了防止两端保护误动作,两端的保护首先启动发信机发出闭锁性质的高频信号,通道上出现高频电流。在完成本侧功率方向判别且判别结果为正方向故障后,停止本侧发信机发出高频电流,其本质是取消本侧向对侧发出的闭锁信号。区内故障时,两端保护方向元件均判别为正方向故障,两端都停止发出闭锁信号,两端保护在收不到闭锁信号时根据本端的功率方向跳闸。区外故障时,必然有一侧保护判别方向为反方向,则该侧保护不停信,此时两端保护均收到该闭锁信号,不跳闸。由于高频信号的传输有延时,为了防止在尚未收到对端闭锁信号时保护误动,两端保护均必须有短暂的延时环节(图 7-24 中的 t 延时元件),以保证闭锁信号的可靠接收。此外,两端保护均配置有高灵敏度的启动元件,以保证两端保护在系统发生任何扰动时,均能可靠启动发出闭锁信号,这样做的目的是防止区外故障时功率反向端无法启动发送闭锁信号,从而可能引起功率正向端保护的误动作。

高频闭锁方向保护的工作配合关系可由图 7-23 所示系统中发生故障的情况来说明,图中箭头表示各保护安装处功率方向的正方向。设线路 BC 上 F 点发生故障,则线路 BC 两侧的保护检测出故障,启动发出闭锁信号,但功率方向均为由母线流向线路,即两侧功率方向都为正向。因此两侧的发信机在保护控制下停止发闭锁信号,断路器 3 和 4 分别由保护 3 和 4 控制瞬时跳闸而切除故障线路 BC。但对于非故障线路 AB 和 CD 而言,故障处于保护范围之外,由图可见,流经保护 2 和保护 5(均为靠近故障点一侧的保护)的功率方向都为负。保护 2

和保护 5 控制其发信机持续发出闭锁信号,分别通过线路 AB 传送到 A 端的保护 1 和线路 CD 传送到 D 端的保护 6,因此线路 AB 和线路 CD 两侧的保护均被闭锁,所以断路器 1,2 和 5,6 都不会跳闸。

这种保护的优点是利用非故障线路一端的闭锁信号,闭锁非故障线路不跳闸。而对于故障线路跳闸则不需要闭锁信号,这样在内部故障伴随有通道破坏(例如通道相接地或断线)时,两端保护仍能可靠跳闸。这是这种保护得到广泛应用的主要原因。

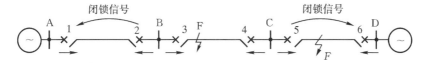

图 7 - 23　高频闭锁方向保护原理示意图

高频闭锁纵联方向保护实现的关键是故障方向的判别,由于反应故障分量的方向元件具有不受负荷状态影响,不受故障点过渡电阻影响,无电压死区,不受振荡影响,方向性明确的特点,因此该方向元件在高频纵联方向保护中得到广泛应用。其正方向元件动作判据如下:

$$270° > \arg \frac{\Delta \dot{U}}{Z_r \Delta \dot{I}} > 90° \qquad (7-36)$$

其中 Z_r 的阻抗角等于保护安装处背侧系统等值阻抗角。

图 7 - 24 给出了高频闭锁纵联方向保护装置单侧工作原理图。

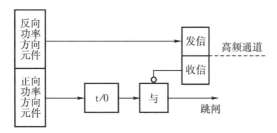

图 7 - 24　高频闭锁纵联方向保护装置工作原理图

7.4.3　纵联电流差动保护

电流差动保护原理建立在基尔霍夫电流定律的基础之上,它具有良好的选择性,能灵敏、快速地切除保护区内的故障,被广泛地应用在能够方便地取得被保护元件两端电流的发电机保护、变压器保护、大型电动机保护中,输电线路的电流纵联差动保护是该原理应用的一个特例。以图 7 - 25 所示线路为例简要说明电流纵联差动保护的基本原理。

当线路 MN 正常运行以及被保护线路外部短路(如 d_2 点)时,按规定的电流正方向看,M 侧电流为正,N 侧电流为负,两侧电流大小相等、方向相反,即 $\dot{I}_M + \dot{I}_N = 0$。当线路内部短路(如 d_1 点)时,流经输电线两侧的故障电流均为正方向,且 $\dot{I}_M + \dot{I}_N = \dot{I}_D$($\dot{I}_D$ 为 d_1 点短路电流),其数值很大。电流差动保护就是利用这种差异构成保护判据。

在实际应用中,输电线路两侧装设有特性和变比都相同的电流互感器(TA),电流互感器

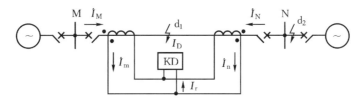

图 7 - 25　电流纵联差动保护内、外部短路示意图

的极性和连接方式如图 7 - 25 所示,即当电流互感器的一次电流从星端流入时,二次电流从星端流出,图中 KD 为差动电流测量元件(差动继电器)。

流过差动继电器的电流是电流互感器的二次侧电流,由于两个电流互感器总是具有励磁电流,且励磁特性不会完全相同,所以在正常运行及外部故障时,流过差动继电器的电流不等于零,此电流称为不平衡电流。考虑励磁电流的影响,二次侧电流的数值应为

$$\left.\begin{array}{c} \dot{I}_{m} = \dfrac{1}{n_{TA}}(\dot{I}_{M} - \dot{I}_{\mu M}) \\[2mm] \dot{I}_{n} = \dfrac{1}{n_{TA}}(\dot{I}_{N} - \dot{I}_{\mu N}) \end{array}\right\} \qquad (7-37)$$

式中: $\dot{I}_{\mu M}$ 和 $\dot{I}_{\mu N}$ 分别为两个电流互感器的励磁电流; $\dot{I}_{m}$ 和 $\dot{I}_{n}$ 分别为其二次侧电流; n_{TA} 为两电流互感器的额定变比。

在正常运行及外部故障时, $\dot{I}_{M} = -\dot{I}_{N}$,因此流过差动继电器的电流即不平衡电流为

$$\dot{I}_{unb} = \dot{I}_{m} + \dot{I}_{n} = -\frac{1}{n_{TA}}(\dot{I}_{\mu M} + \dot{I}_{\mu N}) \qquad (7-38)$$

继电器正确动作时的差动电流 I_{r} 应躲过正常运行及外部故障时的不平衡电流,即差动保护动作判据应为

$$I_{r} = |\dot{I}_{m} + \dot{I}_{n}| > I_{unb} \qquad (7-39)$$

在理论上不平衡电流通常采用电流互感器的 10% 的误差曲线按下式估算:

$$I_{unb} = 0.1 K_{st} K_{np} I_{kmax} \qquad (7-40)$$

式中: K_{st} 为电流互感器的同型系数,当两侧电流互感器的型号、容量均相同时取 0.5,不同时取 1; K_{np} 为非周期分量系数; I_{kmax} 为外部短路时流过电流互感器的最大短路电流。

输电线路纵联电流差动保护常用不带制动特性和带有制动特性的两种动作特性,分述如下。

1. 不带制动特性的差动继电器特性

其动作判据是

$$I_{r} = |\dot{I}_{m} + \dot{I}_{n}| \geqslant I_{set} \qquad (7-41)$$

式中: I_{r} 为流入差动继电器的电流; I_{set} 为差动继电器的动作电流整定值,其值通常按躲过外部短路时的最大不平衡电流的条件来选取:

$$I_{set} = K_{rel} \times 0.1 K_{np} K_{st} I_{kmax} \qquad (7-42)$$

式中: K_{rel} 为可靠系数,取 1.2～1.3; K_{np} 为非周期分量系数,当差动回路采用速饱和变流器时, K_{np} 为 1;当差动回路是用串联电阻降低不平衡电流时, K_{np} 为 1.5～2;0.1 为电流互感器的

10%误差系数；K_{st} 为同型系数，在两侧电流互感器同型号时取 0.5，不同型号时取 1；I_{kmax} 为外部短路时流过电流互感器的最大短路电流（二次值）。

保护的灵敏度应满足线路在单侧电源运行时发生内部短路时有足够的灵敏度。

$$K_{sen} = \frac{I_r}{I_{set}} = \frac{I_{kmin}}{I_{set}} \geq 2 \qquad (7-43)$$

式中：I_{kmin} 为单侧最小电源作用且被保护线路末端短路时，流过保护的最小短路电流。

若纵差保护不满足灵敏度要求，则可采用带制动特性的纵联差动保护。

2.带有制动特性的差动继电器特性

在差动继电器的设计中，为提高内部故障时保护的灵敏度，采用差动电流 I_r 为动作电流；同时采用 $I_{res} = |\dot{I}_m - \dot{I}_n|/2$ 作为制动电流。则电流差动保护的实际动作方程为

$$I_r - KI_{res} \geq I_{op0} \qquad (7-44)$$

式中：K 是制动系数，K 可在 0～1 选择；I_{op0} 是很小的门槛，即克服继电器动作机械磨擦或保证电路状态发生翻转需要的值，远小于无制动作用时按式(7-42)计算的值。

这种动作电流不是固定值而是随制动电流变化的特性称为制动特性。差动继电器动作特性如图 7-26 所示。图中曲线 1 表示差动回路不平衡电流输出与外部故障流过被保护元件的穿越电流之间的关系曲线，曲线 2 为带制动特性的差动继电器动作特性。由于外部故障时的穿越电流实际上等于制动电流，因此曲线 1 也可以理解为差动回路不平衡电流输出与制动电流（外部故障穿越电流）之间的关系曲线。由图可以看出带有制动特性的差动继电器其动作特性的本质是按穿越电流的大小调整差动继电器启动电流，保证外部故障时保护不误动作，同时提高了内部故障的灵敏度。

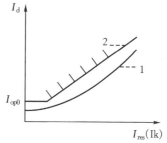

图 7-26　比率制动的差动继电器动作特性

应当指出，纵联电流差动保护在实现时必须保证两端保护数据的同步。同步包括两方面：一是采样时刻的同步；二是计算电流所采用的数据窗的同步。为此纵联电流差动保护两端交换的信息一般包含带有时标的电流采样值或带有时标的电流相量，实时通信信息量大，对通信信道的传输速率要求较高。目前主要采用光纤作为通信通道。

纵联电流差动保护在实际运行中除了考虑不平衡电流的影响外，还要考虑线路分布电容电流的影响和电流互感器二次侧断线的影响，相关内容请参阅文献[1]。

7.5　电力变压器的继电保护

电力变压器是电力系统中重要的电气设备，造价昂贵，其故障将对电力系统供电的可靠性和系统的安全运行带来严重的影响。因此应装设性能良好、动作可靠的继电保护装置。

根据《继电保护和安全自动装置技术规程》的规定，变压器应装设以下几种保护：瓦斯保护、电流速断保护或纵联差动保护、过电流保护或阻抗保护、零序电流保护、过负荷保护和过励磁保护。其中，电流纵联差动保护不但能够正确区分区内外故障，而且不需要与其它元件的保护配合，可以无延时地切除区内故障，具有独特的优点，不仅被用作变压器的主保护，也被广泛

地用作输电线路、发电机、电抗器等电力设备的主保护,在电力系统继电保护中发挥着重要的作用。

7.5.1　变压器纵联差动保护

1.变压器纵联差动保护的基本原理

图 7-27 所示为双绕组单相变压器纵联差动保护的原理示意图。$\dot{I}_1,\dot{I}_2$ 分别为变压器一次侧和二次侧的一次电流,参考方向为母线指向变压器;$\dot{I}'_1,\dot{I}'_2$ 为相应的电流互感器二次电流。变压器的变比为 n_T。由电路原理中的基尔霍夫电流定律,对于理想变压器,流入变压器中的电流应该与流出变压器的电流相等,即

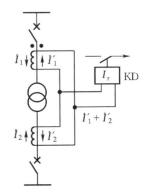

$$\dot{I}_r = n_T\dot{I}_1 + \dot{I}_2 = 0 \qquad (7-45)$$

图 7-27　双绕组单相变压器纵联差动保护接线图

若变压器存在内部故障,则由于故障支路电流的存在,式(7-45)不再满足,此时差动电流 $\dot{I}_r$ 为故障电流。

根据变压器内部和外部故障时差动电流幅值的特征,可以总结出纵联差动保护的动作判据为

$$I_r \geqslant I_{set}$$

式中:I_{set} 为纵联差动保护的动作电流整定值;I_r 为差动电流的有效值。

如图 7-27 所示,差动继电器测量回路中的电流是互感器的二次电流 $\dot{I}'_1,\dot{I}'_2$,而不是系统的一次电流,因此不能直接利用式(7-45)构成纵联差动保护,必须进行相应的幅值校正。设 n_{TA1},n_{TA2} 分别为两侧电流互感器的变比,则流入继电器 KD 的电流为

$$\dot{I}'_r = \dot{I}'_1 + \dot{I}'_2 = \frac{\dot{I}_1}{n_{TA1}} + \frac{\dot{I}_2}{n_{TA2}} \qquad (7-46)$$

变形为

$$\dot{I}'_r = \frac{n_T\dot{I}_1 + \dot{I}_2}{n_{TA2}} + \left(1 - \frac{n_{TA1}n_T}{n_{TA2}}\right)\frac{\dot{I}_1}{n_{TA1}} \qquad (7-47)$$

因此,只有当互感器的变比满足

$$\frac{n_{TA2}}{n_{TA1}} = n_T \qquad (7-48)$$

时,在变压器正常运行和区外故障时,式(7-45)才为零。对于传统的继电器而言,式(7-48)成为变压器纵联差动保护中电流互感器变比选择的依据。

对于实际电力系统中的三相变压器,由于通常采用 Yn,d11 接线,且一般只配置 TA 测量线电流(如图 7-28(a)所示),造成了变压器一、二次电流的不对应。以 A 相为例,正常运行或者外部故障时,$\dot{I}_{Da} = \dot{I}_{da} - \dot{I}_{db}$,其超前 $\dot{I}_{YA}30°$。将一次侧电流折算到二次侧,并仍用 $\dot{I}_{YA}$ 表示,则对称工况下 Yn,d11 接线变压器电流的相位关系如图 7-28(b)所示。可见,若直接将互感器二次电流 $\dot{I}'_{YA}$ 和 $\dot{I}'_{Da}$ 引入差动保护,将会在继电器中产生很大的差动电流,从而造成保护的误动。

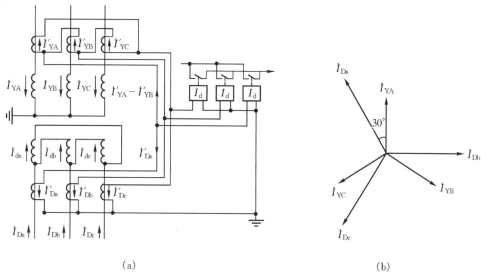

图 7 - 28　三相变压器纵联差动保护接线及各侧电流相量关系图
(a)接线图;(b)相量关系图

实际应用中通常采用电流互感器的接线方式使二次电流相位得到校正。如图 7 - 28(a)所示,将 Y 侧电流互感器接成三角形,与变压器 d 侧绕组接线相同,将 d 侧电流互感器接成星形,与变压器 Y 侧绕组接线相同。此时可分析得两侧电流互感器的变比应按照下述条件进行选择。

由于变压器的变比 $n_T = I_D/I_Y$,而 $I'_D = I_D/n_{TAD}$,$I'_Y = I_Y/n_{TAY}$。以 A 相为例,正常时流入差动回路的电流为 $\dot{I}'_{A.r} = (\dot{I}'_{YA} - \dot{I}'_{YB}) + \dot{I}'_{Da}$,而 $|\dot{I}'_{YA} - \dot{I}'_{YB}| = \sqrt{3} I_{YA}$。一般地,流入差动回路的电流可以表示为 $I'_r = \sqrt{3} I'_Y - I'_D$,为使得 $I'_r = 0$,则必需使得 $\sqrt{3} I'_Y = I'_D$。由此可得:

$$\sqrt{3} I_Y/n_{TAY} = I_D/n_{TAD} \tag{7-49}$$

因此,对于带三角形绕组的三相变压器,两侧电流互感器的变比应满足:

$$\frac{n_{TAD}}{n_{TAY}} = \frac{n_T}{\sqrt{3}} \tag{7-50}$$

2.不平衡电流产生的原因及减小不平衡电流影响的方法

实际应用中,由于变压器及电流互感器的原因,使在正常运行或外部故障时流入差动继电器的电流不为零。此时的电流称为差动保护的不平衡电流。由于不平衡电流的存在,就必须提高差动继电器的整定值来防止外部故障时的误动作。这将导致纵联差动保护在内部故障时动作灵敏性的降低,有时甚至达到不能满足要求的程度。由此可知,实现纵联差动保护时关键问题是如何减小或消除不平衡电流。

(1) 不平衡电流产生的原因如下

①变压器正常运行时励磁电流引起的不平衡电流:变压器在正常运行时,必须由电源侧提供一定的励磁电流。但这一励磁电流只流经变压器的一次侧,因此反应到变压器的纵联差动保护中,就产生一定的不平衡电流。

②两侧电流互感器计算变比和实际变比不同引起的不平衡电流:在不考虑其它因素时,要使正常运行或发生外部故障时无不平衡电流流入差动继电器,则必须按式(7-48)或式(7-50)来选择变压器两侧电流互感器的变比。但无论是电流互感器或变压器,其变比是标准化的,其规格种类是有限的,不可能随意选取。因此,很难使它们的变比之间的关系严格满足式(7-48)和式(7-50)的要求。所以在实际应用时必然引起一定的不平衡电流。

令

$$\Delta f_{za} = \left| 1 - \frac{n_{TA1} n_T}{n_{TA2}} \right| \tag{7-51}$$

区外故障时,式(7-47)中的前一项为零,此时由于电流互感器变比和变压器变比不一致而产生的不平衡电流为

$$\dot{I}_{unb} = \frac{\Delta f_{za} \dot{I}_1}{n_{TA1}} \tag{7-52}$$

如果将变压器两侧的电流都折算到电流互感器的二次侧,并忽略 Δf_{za} 不为零的影响,则区外故障时变压器两侧电流大小相等,即 $I = n_T I_1 = I_2$,但方向相反。I 称为区外故障时变压器的穿越电流。设 $I_{k.max}$ 为区外故障时最大的穿越电流,根据式(7-52)知,由电流互感器和变压器变比不一致产生的最大不平衡电流 $I_{unb.max}$ 为

$$I_{unb.max} = \Delta f_{za} I_{k.max} \tag{7-53}$$

③电流互感器传变误差引起的不平衡电流:变压器各侧电压等级不同,安装于变压器各侧的电流互感器的型号就必然不同。电流互感器的饱和特性、励磁特性也必然不同,故在差动回路中就会产生不平衡电流。例如,对于区外故障,由于变压器各侧的电流大小不同,或者由于衰减直流分量的影响,若造成一侧电流互感器饱和或者各侧电流互感器饱和程度不同,则必然在差动回路中产生不平衡电流。

④变压器带负荷调整分接头引起的不平衡电流:电力系统中通常采用带负荷调整变压器分接头位置的电压调节方式。改变变压器分接头的位置,实际上就是改变变压器的变比。电流互感器的变比选定后不可能根据运行方式进行调整,只能根据变压器分接头未调整时的变比进行选择。因此,区外故障时,由于改变分接头的位置产生的最大不平衡电流为

$$I_{unb.max} = \Delta U I_{k.max} \tag{7-54}$$

式中:ΔU 为由变压器分接头改变引起的相对误差,考虑到电压可以正负两个方向进行调整,一般可取调整范围的一半。

(2)减少不平衡电流的方法 针对不平衡电流产生的原因,可以采用以下措施来减少区外故障时纵联差动保护的不平衡电流。

①对于励磁电流所产生的不平衡电流:变压器正常运行时,励磁电流数值不超过变压器额定电流的10%。在发生外部故障时,由于电压降低,励磁电流也相应减小,故其影响就更小,在整定计算中可忽略励磁电流的影响。

对于空载合闸或在外部故障切除后的电压恢复过程中,由于铁芯饱和,变压器的励磁电流波形会发生畸变,数值变大,通常可达额定电流的 5~10 倍,这种现象称为励磁涌流现象。在励磁涌流的作用下,变压器纵联差动保护如不采取措施就可能会误动作。因此,需要进行励磁涌流的识别,确保变压器纵联差动保护的可靠工作。这也是变压器纵联差动保护的核心问题,具体内容在 7.5.2 节中介绍。

②对于两侧电流互感器计算变比和实际变比不同引起的不平衡电流：

令

$$\Delta n = -(1 - \frac{n_{\mathrm{TA1}} n_{\mathrm{T}}}{n_{\mathrm{TA2}}}) \tag{7-55}$$

由式(7-47)知,由计算变比与实际变比不一致产生的不平衡电流为 $-\Delta n \dot{I}'_1$。电流互感器变比选定后, Δn 就是一个常数,所以可以用 $\Delta n \dot{I}'_1$ 将这个不平衡电流补偿掉。此时引入差动继电器的电流为

$$\dot{I}_{\mathrm{r}} = \dot{I}'_1 + \dot{I}'_2 + \Delta n \dot{I}'_1 \tag{7-56}$$

Δn 就是需要补偿的系数。对于目前广泛应用的微机数字式继电保护装置,直接通过式(7-56)进行补偿,简单可靠。

③对于互感器传变误差引起的不平衡电流:尽量选择型号特性相同的电流互感器;选择高饱和倍数的 TA,并应满足外部最大短路电流情况下不超过 10% 误差曲线所允许的负载;采用带气隙的电流互感器,尽可能地改善电流互感器的暂态工作特性。

通常采用中间速饱和变流器来消除暂态过程中直流分量所引起的不平衡电流。当输入电流中含有大量的直流分量时,速饱和变流器铁芯迅速饱和,导致变流器传变特性变差,直流分量很难传变到二次侧,这样就防止了外部故障时由于直流分量引起的保护误动作。励磁涌流中也存在大量的非周期分量,采用速饱和中间变流器也能减少励磁涌流产生的不平衡电流,但是不能完全消除。

变压器内部故障时,故障电流中也含有非周期分量,采用速饱和中间变流器后,纵联差动保护需在非周期分量衰减后才能动作,延长了故障切除的时间。

④对于变压器带负荷调整分接头引起的不平衡电流:这种不平衡电流是由于变压器工作状态的动态调节所产生的,调整后的变压器实际变比 n'_{T} 是未知的,因而由于变压器带负荷调整分接头引起的不平衡电流无法消除,只有靠提高电流差动继电器的整定值来避免发生误动作。

3.变压器纵联差动保护的整定计算原则

(1) 躲过外部短路故障时的最大不平衡电流

$$I_{\mathrm{set}} = K_{\mathrm{rel}} I_{\mathrm{unb.max}} \tag{7-57}$$

式中: K_{rel} 为可靠系数,取 1.3; $I_{\mathrm{unb.amx}}$ 为外部短路故障时的最大不平衡电流。对于电磁式继电器, $I_{\mathrm{unb.amx}}$ 包括电流互感器和变压器变比不完全匹配产生的最大不平衡电流和互感器传变误差引起的最大不平衡电流,最大不平衡电流可按式(7-58)进行计算。对于微机保护,由于电流互感器变比与变压器变比不匹配产生的不平衡电流已按式(7-56)补偿,因此最大不平衡电流可按式(7-59)进行计算:

$$I_{\mathrm{unb.max}} = (\Delta f_{\mathrm{za}} + \Delta U + 0.1 K_{\mathrm{np}} K_{\mathrm{st}}) I_{\mathrm{k.max}} \tag{7-58}$$

$$I_{\mathrm{unb.max}} = (\Delta U + 0.1 K_{\mathrm{np}} K_{\mathrm{st}}) I_{\mathrm{k.max}} \tag{7-59}$$

式中: $I_{\mathrm{k.max}}$ 为外部短路故障时最大短路电流; Δf_{za} 为由于电流互感器计算变比和实际变比不一致引起的相对误差。单相变压器按式(7-51)计算,Yn,d11 接线三相变压器的计算式为 $f_{\mathrm{za}} = |1 - n_{\mathrm{TA1}} n_{\mathrm{T}} / \sqrt{3} n_{\mathrm{TA2}}|$; ΔU 为由变压器分接头改变引起的相对误差,一般可取调整范围的一半;0.1 为电流互感器容许的最大稳态相对误差; K_{st} 为电流互感器同型系数,取为 1; K_{np} 为

非周期分量系数,取 1.5～2。当采用速饱和变流器时,由于非周期分量能引起其饱和,抑制不平衡输出,可取为 1。

(2)躲过变压器最大的励磁涌流

$$I_{\text{set}} = K_{\text{rel}} K_{\mu} I_{\text{N}} \tag{7-60}$$

式中:K_{rel} 为可靠系数,取 1.3～1.5;I_{N} 为变压器的额定电流;K_{μ} 为励磁涌流的最大倍数(即励磁涌流与变压器额定电流的比值),一般取 4～8。

由于励磁涌流很大,实际的纵联差动保护通常采用其它措施来减少它的影响:一种是通过鉴别励磁涌流和故障电流,在励磁涌流时将差动保护闭锁,这时在整定值中不必考虑励磁涌流的影响,即取 $K_{\mu}=0$;另一种是采用速饱和变流器减少励磁涌流产生的不平衡电流,采用加强型速饱和变流器的差动保护(BCH2 型)时,取 $K_{\mu}=1$。

(3)躲过电流互感器二次回路断线引起的差电流

变压器某侧电流互感器二次回路断线时,另一侧电流互感器的二次电流全部流入差动继电器中,要引起保护的误动。有的差动保护采用断线识别的辅助措施,在互感器二次回路断线时将差动保护闭锁。若没有断线识别的措施,则差动保护的动作电流必须大于正常运行情况下变压器的最大负荷电流,即

$$I_{\text{set}} = K_{\text{rel}} I_{1.\max} \tag{7-61}$$

式中:K_{rel} 为可靠系数,取 1.3;$I_{1.\max}$ 为变压器的最大负荷电流。在最大负荷电流不能确定时,可取变压器的额定电流。

按上面三个条件计算纵差动保护的动作电流,并选取最大者。所有电流都是折算到电流互感器二次侧的数值。对于 Yn,d11 接线三相变压器,在计算故障电流和负荷电流时,要注意 Y 侧电流互感器接线方式,通常在 d 侧计算比较方便。

变压器纵联差动保护的灵敏系数可按下式校验:

$$K_{\text{sen}} = \frac{I_{\text{k.min.r}}}{I_{\text{set}}} \tag{7-62}$$

式中:$I_{\text{k.min.r}}$ 为各种运行方式下变压器区内端部故障时,流经差动继电器的最小差动电流。灵敏系数 K_{sen} 一般不应低于 2。

当按以上原则整定的动作电流不能满足灵敏度要求时,需要采用具有制动特性的差动继电器。

4.具有制动特性的差动继电器

对于变压器纵联差动保护而言,由于各侧电压等级不同,选择同型号 TA 是不可能的,为了提高纵联差动保护的性能,除了采用固定门槛的纵联差动保护外,实际保护装置中还大量采用了具有制动特性的差动继电器。

由于流入差动继电器的不平衡电流与变压器外部故障时的穿越电流有关,穿越电流越大,不平衡电流也越大,具有制动特性的差动继电器正是利用这个特点,在差动继电器中引入一个能够反应变压器穿越电流大小的制动电流,继电器的动作电流不再是按躲过最大穿越电流整定,而是根据制动电流自动调整。对于双绕组变压器,按照图 7-26 中规定的参考方向,外部故障时有 $\dot{I}_2 = -\dot{I}_1$(折算到二次侧),制动电流 I_{res} 可取

$$I_{\text{res}} = \frac{|\dot{I}_1 - \dot{I}_2|}{2} \tag{7-63}$$

分析式(7-63),当变压器正常运行或者发生外部故障时,由于$\dot{I}_2=-\dot{I}_1$,制动电流 I_{res} 数值很大,此时的差动电流 $I_r=|\dot{I}_1+\dot{I}_2|$ 数值很小,纵联差动保护不会由于不平衡电流而误动。当变压器发生内部故障时,由于 $\dot{I}_1$ 和 $\dot{I}_2$ 方向相同,都是由电源流向变压器内部,因此制动电流的数值减小,而差动电流的数值增大,可以保证纵联差动保护正确动作。

具有制动特性的差动继电器的动作方程为

$$I_r > k_{rel} I_{res} \tag{7-64}$$

式中:k_{rel} 为制动系数。

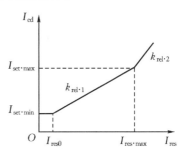

图 7-29　带比率制动特性的纵联差动判据

实际保护装置中采用的纵联差动判据相对复杂一些,将差动电流 I_r 与制动电流 I_{res} 的关系在一个平面上表示,如图 7-29 所示。

显然,当动作轨迹位于折线上方时差动继电器才能动作,因此折线上方的区域称为差动继电器的动作区,折线下方的区域相应地称为制动区。这样既可以保证区内故障时有足够的灵敏性,又可以保证在区外故障时差动继电器不误动。

除式(7-63)外,制动电流还有平均电流制动和标积制动等形式,分别见式(7-65)和式(7-66):

$$I_{res} = \frac{I_1 + I_2}{2} \tag{7-65}$$

$$I_{res} = \begin{cases} \sqrt{|I_1 I_2 \cos(180° - \theta)|} & \cos(180° - \theta) \geqslant 0 \\ 0 & \cos(180° - \theta) < 0 \end{cases} \tag{7-66}$$

式(7-66)中:θ 为电流 $\dot{I}_1$ 和 $\dot{I}_2$ 的夹角。

7.5.2　励磁涌流及其识别方法

1.单相变压器励磁涌流产生的原因

励磁涌流是由于变压器铁芯饱和造成的,下面分析单相变压器励磁涌流产生的原因。为了方便表达,以变压器额定电压的幅值和额定磁通的幅值为基值的标幺值来表示电压 u 和磁通 ϕ。变压器的额定磁通是指变压器运行电压等于额定电压时,铁芯中产生的磁通。用标幺值表示时,电压和磁通之间的关系为

$$u = \frac{d\phi}{dt} \tag{7-67}$$

设变压器在 $t=0$ 时刻空载合闸时,加在变压器上的电压为 $u = U_m \sin(\omega t + \alpha)$。解式(7-67)的微分方程,得

$$\phi = -\Phi_m \cos(\omega t + \alpha) + \Phi_0 \tag{7-68}$$

式中:$-\Phi_m \cos(\omega t + \alpha)$ 为稳态磁通分量,其中 $\Phi_m = U_m / \omega$;Φ_0 为自由分量,如计及变压器的损耗,Φ_0 应该是衰减的非周期分量,这里没有考虑损耗,所以是直流分量。由于铁芯的磁通不能突变,可求得:

$$\Phi_0 = \Phi_m \cos\alpha + \Phi_r \tag{7-69}$$

式中：Φ_r 是变压器铁芯的剩磁，其大小和方向与变压器切除时刻的电压（磁通）有关。

电力变压器的饱和磁通 Φ_{sat} 一般为 $1.15\sim1.4$，而变压器的运行电压一般不会超过额定电压的 10%，相应的磁通 ϕ（图 7-30（a）中的曲线 1）不会超过饱和磁通 Φ_{sat}。所以在变压器稳态运行时，铁芯是不会饱和的。但在变压器空载合闸时产生的暂态过程中，由于 Φ_0 的作用使 ϕ 可能会大于 Φ_{sat}，造成变压器的饱和（如图 7-30（a）中的曲线 2）。若铁芯的剩磁 $\Phi_r>0$，$\cos\alpha>0$，合闸半个周期（$\omega t=\pi+\alpha$）后 ϕ 达到最大值，即 $\phi=2\Phi_m\cos\alpha+\Phi_r$。最严重的情况是在电压过零时刻（$\alpha=0$）合闸，$\phi$ 的最大值为 $2\Phi_m+\Phi_r$，远大于饱和磁通 Φ_{sat}，造成变压器的严重饱和。此时 ϕ 的波形如图 7-30（a）所示。

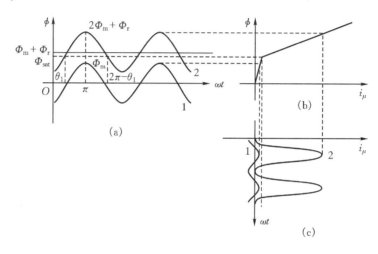

图 7-30　励磁涌流产生的原因示意图

为了说明磁通曲线和励磁涌流的关系，利用图 7-30（b）的磁通与励磁电流的关系曲线，对应于图 7-30（b）中的每一个磁通值，可以得到一个励磁电流的数值，通过逐点作图可以得到励磁电流随时间变化的曲线，如图 7-30（c）所示。

现代的电力变压器，正常运行时工作点已接近饱和点，当磁通的幅值增大到 $2\Phi_m+\Phi_r$ 时，励磁电流的数值将远远超过稳态励磁电流，其比值甚至可以达到 100 倍以上。因此如果认为变压器空载励磁涌流的稳态值为额定电流的 $5\%\sim7\%$ 左右，那么铁芯饱和时的励磁电流可以达到额定电流的 $6\sim8$ 倍左右。由于暂态直流分量磁通使铁芯饱和而产生的很大的励磁电流，称为励磁涌流。

单相变压器励磁涌流具有以下特点：

①在变压器空载合闸时，励磁涌流是否产生以及涌流的大小与合闸角有关，合闸角在 $0°$ 和 $180°$ 时（即电压过零点时）励磁涌流数值最大；

②波形偏向时间轴的一侧，并且出现间断；

③励磁涌流中含有很大的非周期分量；

④含有大量的高次谐波成分，以二次谐波为主。

以上特点可以作为识别励磁涌流的特征。

2.防止励磁涌流引起纵联差动保护误动的方法

前已述及,采用速饱和中间变流器可以抑制励磁涌流中的非周期分量,部分地起到防止纵差保护误动的作用。但是,由于速饱和原理的纵差保护动作电流大、灵敏度低,在内部故障时可能由于非周期分量的存在而延缓保护动作的时间,因此在微机保护时代已经被逐步淘汰。现在,实际保护装置中广泛采用各种励磁涌流识别算法来防止纵联差动保护的误动,其中应用最广泛的就是二次谐波制动方法和间断角鉴别的方法。下面主要对二次谐波制动原理进行简要的说明。

二次谐波制动方法是根据励磁涌流中含有大量二次谐波分量的特点,通过检测差动回路电流中二次谐波含量闭锁差动继电器,以防止励磁涌流引起的误动。二次谐波制动元件的动作判据为 $I_{harm.2} > k_{rel.2} I_{harm.1}$。其中 $I_{harm.1}$,$I_{harm.2}$ 分别为差动电流中的基波分量和二次谐波分量的幅值,$k_{rel.2}$ 称为二次谐波制动比,一般根据经验整定为

$$k_{rel.2} = 15\% \sim 20\% \tag{7-70}$$

图 7-31 为一种现在被广泛应用的"三相或门制动"的二次谐波闭锁的纵联差动保护的动作逻辑。

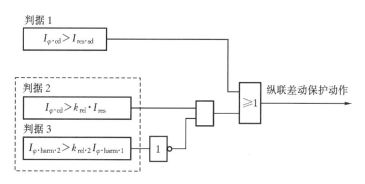

图 7-31　二次谐波闭锁的纵联差动保护动作逻辑

图 7-31 所示的纵联差动保护由三个判据组成,判据 1 称为差动速断保护,其主要检测区内严重的大电流短路,采用固定门槛 $I_{res.sd}$,按照躲过最大励磁涌流整定,一般情况下 $I_{res.sd} = k \cdot I_N$,I_N 为变压器的额定电流,可由容量和电压等级计算,k 一般取 4~8。判据 2 和判据 3 共同组成二次谐波闭锁的纵联差动保护,判据 2 为纵联差动保护判据,根据不同的制动电流,k_{rel} 取不同的数值,判据 3 为二次谐波闭锁判据,如前所述,$k_{rel.2}$ 一般取 15%~20%。

7.5.3　变压器保护的配置

纵联差动保护是变压器最重要的主保护。按照规程的规定,变压器一般应配置以下保护:

1.瓦斯及其它非电量保护

变压器油箱内故障时,除了变压器各侧电流、电压变化外,油箱内的油、气、温度等非电量也会发生变化。利用这些非电气量特征构成的保护称为非电量保护。

非电量保护中最重要的是瓦斯保护。当变压器油箱内故障时,在故障电流和故障点电弧的作用下,变压器油和其它绝缘材料会因受热而分解,产生大量气体。气体排出的多少以及排

出速度,与变压器故障的严重程度有关。利用这种气体来实现保护的装置,称为瓦斯保护。瓦斯保护能够保护变压器油箱内的各种轻微故障(例如绕组轻微的匝间短路、铁芯烧损等),但像变压器绝缘子闪络等油箱外面的故障,瓦斯保护不能反应。规程规定对于容量为 800 kV·A 及以上的油浸式变压器和 400 kV·A 及以上的车间内油浸式变压器,应装设瓦斯保护。

对于变压器温度及油箱内压力升高和冷却系统故障,也应该装设基于压力和温度等非电气量信号的保护。

2.纵联差动保护

对于容量为 6300 kV·A 及以上的变压器,以及发电厂厂用工作变压器和并列运行的变压器,10000 kV·A 及以上的发电厂厂用备用和单独运行的变压器,应装设纵联差动保护。电流速断保护用于对于容量为 10000 kV·A 以下的变压器,当后备保护的动作时限大于 0.5 s 时,应装设电流速断保护。对 2000 kV·A 以上的变压器,当电流速断保护的灵敏性不能满足要求时,也应装设纵联差动保护。

对于大型电力变压器,根据规程规定需要装设双重化的快速主保护。实际运行的变压器一般均装设双重纵联差动保护。

3.外部相间短路和接地短路时的后备保护

除了主保护(瓦斯保护和纵联差动保护)外,变压器还应装设相间故障和接地故障的后备保护。后备保护的作用是为了防止由外部故障引起的变压器绕组过电流,并作为相邻元件(母线或线路)保护的后备以及在可能的条件下作为变压器内部故障时主保护的后备。变压器的相间后备保护通常采用过电流保护、低电压启动的过电流保护、复合电压启动的过电流保护以及负序过电流保护等,也有采用阻抗保护作为后备保护的情况。变压器的接地短路的后备保护一般由中性点的零序电流、母线上的零序电压这些电气量构成,也可以采用阻抗保护作为接地故障的后备保护。

4.过负荷保护

变压器长期过负荷运行时,绕组会因发热而受到损伤。对 400 kV·A 以上的变压器,当数台并列运行,或单独运行并作为其它负荷的备用电源时,应根据可能过负荷的情况,装设过负荷保护。过负荷保护接于一相电流上,并延时作用于信号。对于无经常值班人员的变电所,必要时过负荷保护可动作于自动减负荷或跳闸。对自耦变压器和多绕组变压器,过负荷保护应能反应公共绕组及各侧过负荷的情况。

5.过励磁保护

对频率减低和电压升高而引起变压器过励磁时,励磁电流急剧增加,铁芯及附近的金属构件损耗增加,引起高温。长时间或多次反复过励磁,将因过热而使绝缘老化。高压侧电压为 500 kV 及以上的变压器,应装设过励磁保护。在变压器允许的过励磁范围内,保护作用于信号,当过励磁超过允许值时,可动作于跳闸。过励磁保护反应于铁芯的实际工作磁密和额定工作磁密之比(称为过励磁倍数)而动作。实际工作磁密通常通过检测变压器电压幅值与频率的比值来计算。

图 7-32 给出了一种 500 kV 变压器的保护配置方案。图中变压器为三绕组变压器,YN,yn,d 接线方式,中压侧的中性点装设了间隙接地装置,高压侧中性点直接接地运行。TA1,

TA2 和 TA3 为高、中、低压侧的电流互感器;TA01,TA02 为高压侧和中压侧的零序电流互感器;TA03 为间隙零序电流互感器;TV1,TV2 和 TV3 为高、中、低压侧的电压互感器。

图中所示的变压器配置了纵联差动保护、瓦斯及其它非电量保护、距离保护、复合电压启动的过流保护、零序(方向)过流保护、零序电压保护、过负荷保护以及过激磁保护。

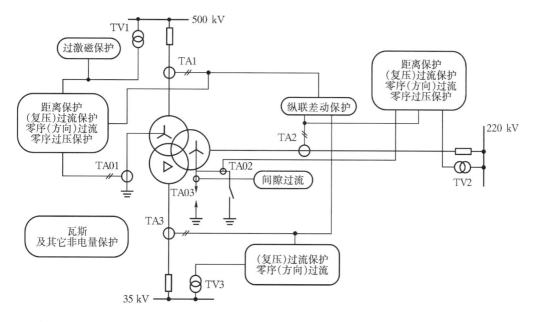

图 7 - 32　500 kV 变压器继电保护典型配置方案

小　结

本章讲述了为保证电力系统安全稳定运行所必需的继电保护装置的基本工作原理和其配置原则。第 1 节介绍了继电保护装置的基本任务,以及对它的四个基本要求,基本原理及发展概况。第 2 节讨论了电网中最基本的电流保护的工作原理及整定计算原则。学习中应注意各段保护在整定原则、动作时限选择、灵敏度校验等方面的异同以及各段保护之间的配合关系,应理解三段式电流保护如何保证满足电力系统对继电保护装置的四个基本要求。第 3 节讲述有关距离保护的基本原理,以方向阻抗继电器为例,给出了三段式距离保护的整定原则。第 4 节简要介绍了输电线路纵联保护的基本工作原理。第 5 节介绍了变压器的保护原理,以及影响变压器保护正确动作的主要因素。

限于篇幅,本章未能具体地述及目前电力系统中广泛采用的微机式数字保护。因为从工作原理上看,微机式数字保护仍未突破传统的模拟式保护沿用的工作原理,也就是说本章讲述的各种保护原理也是目前微机式数字保护普遍采用的。当然,微机式保护与传统的保护在实现手段上是完全不同的。其工作特点是:由保护装置的数据采集部分将保护测量到的各种电气量进行数字量化,不同的保护原理则反映在对量化后的数字量进行相应的运算(如阻抗计算,电流幅值计算等)和逻辑判断(如是否处于动作区内,是否大于门坎值,动作延时是否已到等)而实现保护装置的决策。由于微机强大的运算能力和存储功能,使得微机保护具有一系列传统保护无法比拟的优点。诸如,可方便地实现复杂的动作特性;具有保护装置本身缺陷或元件故障的自测功能;动作后的事故报告和故障录波等功能。这些功能有利于保证系统安全可靠运行、系统发生故障后的事故分析以及快速恢复系统稳定运行。微机式数字保护的诸多优点深受电力系统继电保护工作者的欢迎,这也正是微机式数字保护飞速发展的真正原因。

思考题及习题

7-1 电力系统对继电保护装置的基本要求及其含意是什么?

7-2 继电保护装置的基本任务是什么?

7-3 什么是继电特性?

7-4 解释电流继电器的启动电流、返回电流、返回系数。

7-5 分别说明电流保护的各段是如何保证动作选择性的。

7-6 试比较电流保护和距离保护的优缺点。

7-7 试述输电线路两端电气量在区内故障、区外故障及正常运行方式下具有什么特点? 由这些特点出发可以构成怎样的纵联保护原理?

7-8 具有制动特性的纵联电流差动保护为什么能够提高区内故障时差动保护的灵敏度?

7-9 励磁涌流产生的原因是什么? 励磁涌流的特点是什么?

7-10 简述变压器保护的配置原则?

7-11 减小变压器纵联差动保护不平衡电流的措施有哪几种?

7-12 在图 7-33 所示 35 kV 系统中,已知 A 母线处发生最大三相短路电流为 50 kA,最小短路电流为 28 kA。线路 AB 段长 20 km,线路 BC 段长 30 km,线路阻抗每千米为 0.4 Ω。若 Ⅰ 可靠系数取 1.2,Ⅱ 可靠系数取 1.1。试求:

(1) 保护 1 的电流 Ⅰ 段的定值及最小保护范围;

(2) 保护 1 的电流 Ⅱ 段的定值及灵敏系数。

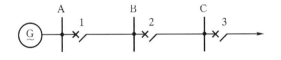

图 7-33　习题 7-12 图

7-13 在图 7-34 所示的 35 kV 系统中,B 母线上各负荷引出线的最大负荷电流为:$I_{L1}=500$ A,$I_{L2}=900$ A,$I_{L3}=1000$ A,$I_{L4}=1500$ A。若可靠系数取 1.2,负荷综合后的自启动系数取 1.4。试求:

(1) 当保护 1 的电流第 Ⅲ 段的返回系数按 0.85 整定时,其定值是多少?

(2) 当保护 1 的 Ⅲ 段的电流继电器的实际返回系数为 0.7 时,在 B 母线的任一引出线故障被切除后是否会发生误动作?

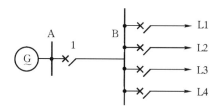

图 7 - 34　习题 7 - 13 系统图

7 - 14　在图 7 - 35 所示 110 kV 系统中,若线路的正序阻抗为 $Z_1 = 0.4\ \Omega/\text{km}$,阻抗角为 $80°$,各条线路均装设具有方向阻抗特性的三段式距离保护。线路 AB 上流过的最大负荷电流为 850 A,功率因数为 $\cos\varphi = 0.95$。电源参数 $E_A = E_B = 115/\sqrt{3}$ kV,$Z_{A\text{min}} = 15\ \Omega$,$Z_{B\text{min}} = 20\ \Omega$,$Z_{A\text{max}} = Z_{B\text{max}} = 30\ \Omega$。试求:

(1) 保护 1 和保护 2 配合时的最大及最小分支系数;

(2) 保护 1 的 Ⅰ,Ⅱ,Ⅲ 段定值;

(3) 保护 1 的 Ⅱ,Ⅲ 段的灵敏度(包括作远后备的情况)。

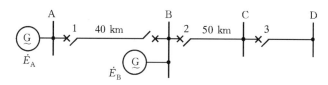

图 7 - 35　习题 7 - 14 系统图

第8章 电力系统自动化

8.1 概 述

电力系统规模不断扩大,分布地域辽阔,系统结构和运行方式日益复杂,要确保电网安全、经济、优质运行,必须有自动化技术的支持。电力系统自动化技术是随着电力生产的发展和科技的进步逐步由单项设备的自动化,如发电机的自动调压,到局部系统的自动化,如发电厂、变电站的自动化,进而到整个电力系统实现自动化。电力系统自动化通常是指实现对电力系统及其设备的自动监视、控制和调度、管理。电力系统自动化的主要任务是保证电网的安全、经济运行,保证电能质量。根据电力系统的组成和运行、管理的特点,可将电力系统自动化的内容大致划分为:基础自动化,发电厂、变电站自动化,电网调度自动化和配电网自动化等几部分。

1.基础自动化

在发电厂、变电站中用来对电气主接线设备的运行进行控制和操作的自动装置,是直接为电力系统的安全、经济运行和保证电能质量服务的基础自动化设备。电力系统自动装置有两种类型:自动控制装置和自动操作装置。

（1）自动控制装置 作为电力系统自动化基础内容的自动控制系统通常可用图 8-1 来表达,自动控制装置测量被控对象的运行状态信息,与给定的要求相比较,经综合分析后发出适当的控制指令,以实现预定的目标。

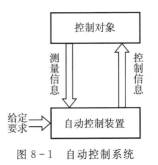

图 8-1 自动控制系统

以同步发电机为例,它发出的有功功率、无功功率和电网的频率及发电机的端电压有关。频率和电压是电能的质量指标,而发电机担负的有功、无功功率还涉及电网运行的经济性甚至安全性。

改变同步发电机的励磁电流可以调整发电机的端电压和担负的无功功率。图 8-2 是同步发电机励磁自动控制系统的构成框图。大型同步发电机的励磁自动控制系统除了调节电压和无功功率分配外,对提高同步发电机并联运行的稳定性等也有重要作用。

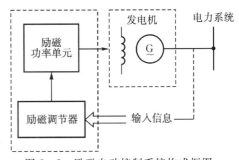

图 8-2 励磁自动控制系统构成框图

（2）自动操作装置 对电力设备的操作可分为正常操作和反事故操作两大类。例如,按运行计划将同步发电机并网运行是正常操作。而当电网发生事故时,为防止事故扩大的应急操作则为反事故操作,相应的自动操作装置称为电力系统安全自动装置。自动操作装置的工作情况与自动控制装置有相似之处,对设备进行操作时也必须监测该设备所处环境的实际运行情况并与规定的要求进行比较,在满足要求的条件下才发出相应的操作指令。

以同步发电机自动并列装置为例,其主要组成部件如图 8 - 3 所示。自动并列装置应保证并列断路器合闸时的冲击电流不超过规定值,发电机并入电网后能迅速平稳地进入同步运行状态。自动并列装置检测待并发电机的电压、频率,同时和系统的电压、频率相比较,当双方之间的电压差或频率差的数值比较大时,作为全自动并列装置中的辅助功能可对待并发电机的电压或频率进行适当调节。只有当双方电压差和频率差的数值都足够小,合乎并列的规定要求时,自动并列装置才在适当时刻给断路器发出合闸信号,其中应计及:使用电磁机械式合闸机构的断路器从接到合闸信号到其主触头将电路闭合需要一定的时间。应保证断路器合闸时的冲击电流不超过规定值,发电机并入电网后能迅速平稳地进入同步运行状态。

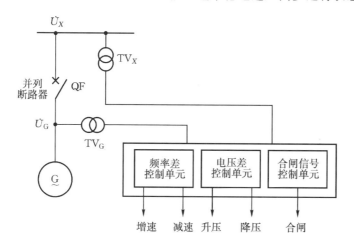

图 8 - 3 同期并列装置主要组成部件

2.发电厂、变电站自动化

发电厂、变电站自动化的主要任务是保证厂、站所辖范围内电力设备运行的安全性、经济性,保证电能质量。在基础自动化装置的支持下,对厂、站电力设备的运行状态进行全面的监测、控制,并将有关信息上报给上级调度控制中心,接受上级调度控制中心下达的指令。

3.电网调度自动化

电网调度自动化的主要任务是调度控制整个电力系统的运行,使电力系统在正常状态下安全、优质、经济地向用户供电;在事故状态下迅速消除故障的影响,恢复正常供电。为了掌握电力系统全面的实时运行情况,调度控制中心通过远动系统采集各发电厂、变电站的实时状态信息,由调度控制中心的计算机进行分析,评估系统的运行状态是否安全,如需干预,可进而提出控制方案,供决策参考。经过安全分析并及时采取适当的控制措施,可有效地提高电网运行的安全水平。在计算机经济运行软件的支持下,电力系统运行的经济性也得到提高。

电网调度自动化系统是确保电网安全、优质、经济地发电、供电,提高调度运行管理水平的重要手段。

4.配电网自动化

　　配电网直接与用户相连。配电网自动化系统采集所辖区域内电力设备的实时信息进行监控,并分析配电网的运行状态,优化网络运行。发生事故时迅速确定故障区段,予以隔离,恢复对非故障区段的供电。配电网自动化除进行数据采集和监控并与上级调度控制中心通信外,还包括馈线自动化,配电网图资地理信息系统以及需求侧管理等内容。配电网自动化为实现配电网及其设备在正常运行及事故状态下的监测、保护、控制以及配电和用电管理的现代化提供了有力的支持。

　　本章简要介绍电网调度自动化、发电厂与变电站综合自动化及配电网自动化的概貌。

8.2　电网调度自动化

8.2.1　电网调度自动化的发展历程

　　随着电力系统的不断扩大,其结构和运行方式越来越复杂,用户对用电的要求也日益提高。为了安全、经济地提供合格的电能,必须及时准确地掌握系统的实际运行情况,随时进行分析,做出正确的判断和决策,必要时采取相应的措施,及时处理事故和异常情况,亦即必须对电力系统进行实时的监视和控制,实现电网调度自动化。

　　电网调度自动化的发展经历了不同的阶段。早期,电力系统不大,调度员靠电话来了解系统中各个厂、站的运行情况和下达调度命令,费事费时,实时性极差。随着科技的发展配备了远动系统。应用远程通信技术将厂站中的电流、电压、功率等测量值送到调度控制中心,这称为远程测量,简称遥测;而把厂站中的开关位置等状态信息送到调度控制中心,称为远程信号,简称遥信。调度控制中心凭借遥测、遥信就可及时确切掌握厂站的实时运行情况。应用远程通信技术,调度控制中心也可对厂站下达命令,改变设备的运行状态,如开关的合闸或分闸,这称为远程命令,简称遥控;也可对厂站的运行设备进行调节,如改变机组的出力等,这称为远程调节,简称遥调。遥控、遥调对于及时处理事故特别有用。远动是应用远程通信技术完成遥测、遥信、遥控和遥调功能的总称。遥测、遥信、遥控和遥调统称四遥。远动系统为调度控制中心提供实时数据,实现对远方运行设备的监视和控制,远动系统已成为电网调度自动化系统的重要组成部分。

　　电力系统日益发展,对供电的安全性、经济性及电能质量等方面的要求也越来越高,而有关电力系统安全、经济和电能质量等的评估与决策需要进行大量的运算,计算机的应用为电网高度自动化开辟了新的天地。计算机首先用于电力系统的经济调度,取得了显著效益,但此后一些国家的电力系统先后发生大面积的停电事故,造成巨大损失,促使人们认识到安全问题比经济调度更重要。一次大面积停电事故造成的损失远大于多年经济调度的效益,因此计算机系统应首先参与电力系统的安全监视与控制。

　　以计算机为核心的电网调度自动化系统可以配备多种功能为电力系统的安全、优质、经济服务,电力系统可根据具体情况采用不同档次、不同功能的电网调度自动化系统。最基本的是监视控制与数据采集(Supervisory Control and Data Acquisition,SCADA)系统,其主要功能为数据采集和监视,遥控、遥调,实时数据显示,异常或事故报警,事件顺序记录,事故追忆,运行报表记录等。其中事件顺序记录是发生事故时对相关各断路器、继电保护等的动作情况及时间,按先后顺序加以记录。事故追忆是保留事故发生前后一段时间的部分重要实时数据,如枢纽点电压、主干线潮流、频率等,这些数据对于分析事故十分有用。

在 SCADA 的基础上可再增添其它功能,如自动发电控制(Automatic Generation Control,AGC)、经济调度控制(Economic Dispatch Control,EDC)等。AGC 的主要功能是使发电出力紧跟系统负荷,维持系统的频率水平,保持联络线的交换功率为规定值。EDC 的主要功能是合理分配发电出力,使总的运行成本为最低。有时将 EDC 功能也包括在 AGC 之中。

比较完善的一种称为能量管理系统(Energy Management System,EMS)。EMS 主要包括 SCADA,AGC/EDC,以及状态估计(State Estimation,SE)和安全分析(Security Analysis,SA),还包括最佳潮流(Optimal Power Flow,OPF),调度员培训模拟(Dispatcher Training Simulator,DTS)等等。状态估计主要用来降低远动数据的误差,检出不良数据,保证实时数据准确、可靠。安全分析是对系统运行的安全水平进行分析和评价,进一步还可提出改善的对策。最佳潮流是综合考虑系统的安全约束和经济运行条件,求得使某目标函数成为最小时的系统潮流。调度员培训模拟用于培训调度员在系统正常状态下的操作能力和事故状态下的快速反应能力,也可用作电网调度运行人员和运行方式工作人员分析电网运行情况的工具。EMS 的功能还在不断完善和扩大。

8.2.2　电力系统的分层控制

电力系统不断发展,规模越来越大,地域越来越广,运行也日益复杂。要把全系统的信息全部集中到一个中央调度控制中心,进行完全集中式的监视和控制,就需要庞大的信息采集和监控系统,这将耗费巨额投资;大量信息涌向调度控制中心亦加重了主计算机系统的负担,对主要设备的可靠性要求也高,而这种全部集中的方式实际上也并非完全必要。现代电力系统都采用分层控制方式。分层控制的实质是对一个大的控制系统,按功能或结构将全系统的监视和控制功能分属于不同的级别去完成,各级完成自身的功能并将有关信息送给上一级,接受上一级的管理。综合控制功能则由最高一级来决策执行,各级相互协调,力求整个控制系统达到最佳效果。

我国电力系统的运行调度组织在结构上已形成各个层次,有大区电网调度(简称网调)、省电网调度(简称省调)、地区电网调度(简称地调)以及县电网调度(简称县调),再加国家调度一级就成为五级调度体制。国家调度管辖若干网调。网调管辖若干省调及大型电厂和 500 kV,330 kV 变电站。省调管辖若干地调及中小型电厂和 220 kV 变电站。地调管辖若干县调、配电控制中心和 110 kV 及以下的变电站。

各级调度的职责有所分工。国家级主要是收集、监视和分析、统计全国电网运行情况,协调和确定大区电网之间的联络线潮流和运行方式。大区级主要是维持系统频率,执行水火电等联合调度计划和调峰,保证全系统的稳定与安全。省级主要是保证省属电力系统的安全和经济运行,保证电能质量,执行自动发电控制,实行安全分析和安全控制。地区级主要是对地区电力系统实行监视和控制,用电负荷的管理以及电压和无功功率的优化运行。县级则主要是分配负荷和负荷控制。

电力系统分层管理后,全系统的监视和控制等功能分别由各个层次来完成并相互协调,由于局部性的监控功能已在较低层完成,这就减轻了上一层次信息采集和处理的负担,局部性的故障也不至于严重影响全系统的正常工作,分层控制系统的扩展也较方便。

8.2.3　电网调度自动化系统的基本组成部分

与电力系统的统一调度分级管理的体制相适应,电力系统的电网调度自动化系统也实行分层控制。各级调度按职责分工采集有关信息进行处理,并与上下级调度进行数据通信,交换信息。整体而言,电力系统的电网调度自动化系统遍及整个电力系统,它由各个厂站端部分、调度端部分以及通信线路等组成。图8-4是电网调度自动化系统的组成部分示意图,图中的厂站端部分和调度端部分都以计算机为核心。厂站端的信息采集部分将有关的遥测量和遥信量等采集和处理后经信息传输系统送给调度控制中心。在调度端,收到各个厂站送来的信息经加工处理后,通过人机联系部分,在调度模拟屏、屏幕显示器上显示或由打印机打印。异常或事故时则发出告警信号。调度端的遥控、遥调命令通常由人机联系部分输入,经信息传输系统送至厂站端,由命令执行部分实施。调度端也可通过信息传输系统与上级调度控制中心或电力系统中的其它信息系统,如管理信息系统(Management Information System,MIS)、电力市场运营系统(Electricity Market Operation System,EMOS)等进行通信。

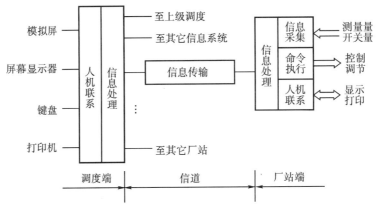

图8-4　电网调度自动化系统组成部分示意图

我国的远动系统厂站端部分一般配有当地功能,便于现场工作人员对运行状态进行监视。厂站端部分对采集到的信息适当加工处理后,通过当地人机联系部分,把测量值和开关位置状态等信息予以显示或打印,异常或事故时则发告警信号。

电网调度自动化系统调度端部分和厂站端部分的功能和设备配置按实际需要而定。远动系统通常只完成SCADA功能,远动系统调度端装置能力不强,如欲实现AGC,EDC和EMS的其它功能,执行相关的电力应用软件(Power Application Software,PAS),则调度端应配置性能更为完善的计算机系统以完成繁重的运算任务。此时远动系统的调度端装置只作为前置机,主要负责主计算机与各厂站之间的数据交换工作,而AGC,EDC和EMS的其它功能则由主计算机来完成。

8.2.4　远动终端

远动系统厂站端部分的主要任务是对本厂站的运行状态进行监视和控制,向上级调度报告有关情况并接收、执行其下达的命令。为了完成这些任务,厂站端装置应具备相应的功能,如数据采集和处理、监视和控制、数据通信以及人机联系等。远动系统厂站端装置通常称为远动终端(Remote Terminal Unit,RTU)。

1.硬件配置

现在的远动终端大多以单片机、数字信号处理微处理器(Digital Signal Processor,DSP)等器件为核心组成。图 8 - 5 是单 CPU 结构的 RTU 基本构成框图,其中包括 CPU,ROM,RAM 及接口等。CPU 统管全局,ROM 用来存入程序和固定的参数等。在 CPU 的统一指挥

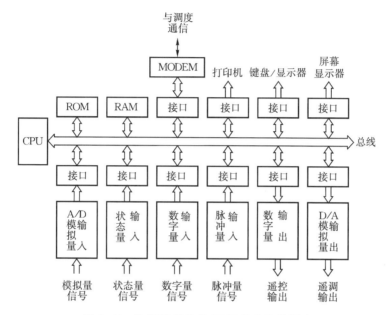

图 8 - 5　单 CPU 结构的 RTU 基本构成框图

下反映开关位置状态的信息以数字形式被采集后,存入 RAM 的开关量数据区。反映测量量的模拟电压,经模数转换器 A/D 转换成数字量被采集后,存入 RAM 的测量量数据区。数字形式和脉冲形式的测量量被采集后亦存入 RAM 相应的测量量数据区。这些数据经处理后可输出显示、打印,也可按规定格式通过调制解调器(MODEM)送给上级调度。上级调度下达的命令经 MODEM 予以接收,经校核合格后按命令要求做出响应。如为遥控、遥调,则给所选的设备发出相应的命令。对于只接受模拟量设定值的遥调设备,尚需将收到的数字量遥调设定值进行数模转换(D/A)后再付诸执行。

对于规模较大、需要采集和处理的数据较多的厂站,用单 CPU 结构可能难以胜任,一般就采用多 CPU 结构,把任务适当分解,每个 CPU 只承担一部分工作。图 8 - 6 是一种共享总线方式多 CPU 结构的 RTU 框图。主微机模块经 MODEM 与调度通信,还与当地功能部分通信。所有模块都接在公共总线上,模拟量输入模块、状态量输入模块等是智能模块,配有各自的 CPU。公共总线由主微机模块控制,它可以选择接在总线上的模块,只有被选中的模块才能接收控制信号并交换数据。有的模块,如状态量输入模块,也可用中断方式通知主微机模块取数,使遥信变位等重要实时信息能及时被采集、处理。这种模块式结构配置灵活,功能扩展方便,减轻了主微机模块的负担,也提高了数据采集和处理的速度。

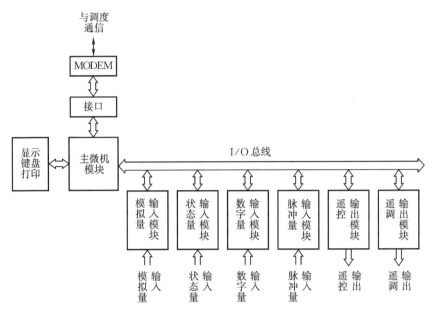

图 8-6　多 CPU 结构的 RTU 框图

2.数据采集

（1）开关量的采集　电力系统运行中断路器以及自动装置和继电保护装置等的工作状态都是运行人员极为关注的重要信息，这些信息通常取两种状态：闭合或断开，可用一位二进制码来表示，例如以"0"表示断开状态，以"1"表示闭合状态。

断路器的位置状态信息取自它的辅助接点，为了防止因辅助接点接触不良而造成差错，这种电路所加的电压一般较高，例如直流 24 V，48 V 等。这些辅助接点离远动终端通常较远，连线较长，为避免连线将干扰引入，应采取隔离措施。图 8-7 是常用的光电耦合隔离的开关量采集示意图。当断路器为断开状态时，其辅助接点 DLF 将光电耦合器 TG 的发光二极管回路接通因而发光，导致光敏三极管集电极电流极度增长，集电极输出低电平的"0"信号。当断路器为闭合状态时，TG 的发光二极管回路不通，光敏三极管只有微小的漏电流，其集电极输出高电平的"1"信号。光电耦合器件的体积小，具有较好的抗干扰能力，输入与输出之间的绝缘耐压可达上千伏。

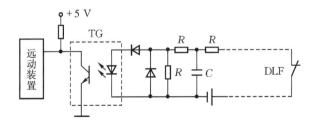

图 8-7　光电耦合隔离的开关量采集示意图

开关量的采集可以通过三态门、并行接口电路或数字量多路开关等，在 CPU 的指挥下将各个开关量信息读入。开关量的采集大多采用定时扫描方式，例如每 5 ms 对所有的开关量扫查一次,每次采集到的开关量数据,依次存放在 RAM 的开关量数据区。

(2) 测量量的采集 远动系统中的测量量可分为模拟量、数字量和脉冲量等三类。连续变化的物理量如电压、电流等属于模拟量。另有一些物理量如水电厂中水库的水位,用数字式水位计测得的直接就是数字量。脉冲量主要来自脉冲电能表,其转盘转速与被测功率成正比,转盘每转一圈,发出固定数目的脉冲,脉冲数的累计值就正比于该时段内输送的电能。

① 模拟量的采集:厂站中的电压、电流和功率等物理量通常都是经过电量变送器变换为与之成正比的直流模拟电压,再经模数转换器转换为数字量后进入计算机。传统的电量变送器由电子线路组成。

厂站端需要采集的模拟量远不止一个,为了公用一套模数转换器件,通常采用模拟量多路开关,如图 8 - 8 所示。在 CPU 的控制下,模拟量多路开关分时地把各个电量变送器送来的模拟量逐一引至模数转换器,将它转换成数字量后,再依次存入指定的 RAM 测量量数据区。

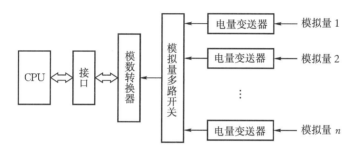

图 8 - 8 模拟量多路采集

除了传统的以电子线路构成的电量变送器之外,也有以微机构成的电量变送器,它是以微机为核心,以一定的时间间隔直接对被测量的交流电量采样,进行模数转换,然后按规定算法进行运算,最终得出该电量的量值。

以交流电压的测量为例。设交流电压的波形如图 8 - 9 所示,现将交流电压的周期 T 等分为 N 份,每隔 $\Delta T = T/N$ 时间进行一次采样,得采样值 $u(t_0), u(t_0 + \Delta T), u(t_0 + 2\Delta T), \cdots, u(t_0 + (N-1)\Delta T), u(t_0 + N\Delta T), \cdots$。因为是周期函数,$u(t_0 + N\Delta T) = u(t_0)$,每个周期只需采样 N 点,如以 t_0 为原点,以 ΔT 为时间标幺的基准值,这 N 个采样值可分别写为 $u(0), u(1), u(2), \cdots, u(N-1)$。

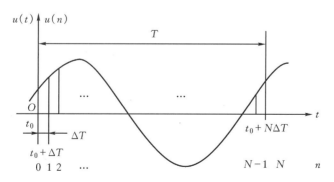

图 8 - 9 交流电压波形

对于连续的周期为 T 的交流电压 $u(t)$ 其有效值为

$$U = \sqrt{\frac{1}{T}\int_0^T u^2(t)\,\mathrm{d}t}$$

现对连续信号定时采样,再用数值积分代替连续积分。采用梯形公式计算积分数值,可得:

$$\frac{1}{T}\int_0^T u^2(t)\,\mathrm{d}t = \frac{1}{T}\{[u^2(0)+u^2(1)]\frac{\Delta T}{2}+[u^2(1)+u^2(2)]\frac{\Delta T}{2}+\cdots+$$

$$[u^2(N-1)+u^2(0)]\frac{\Delta T}{2}\}$$

$$= \frac{1}{T}\{u^2(0)+u^2(1)+\cdots+u^2(N-1)\}\Delta T$$

$$= \frac{\Delta T}{T}\sum_{j=0}^{N-1}u^2(j)$$

$$= \frac{1}{N}\sum_{j=0}^{N-1}u^2(j)$$

由此可得该交流电压的有效值为

$$U = \sqrt{\frac{1}{N}\sum_{j=0}^{N-1}u^2(j)}$$

同理,对于交流电流,其有效值为

$$I = \sqrt{\frac{1}{N}\sum_{j=0}^{N-1}i^2(j)}$$

对于有功功率,每周的平均功率为

$$P = \frac{1}{T}\int_0^T u(t)i(t)\,\mathrm{d}t$$

可得　　　　　　　　　　$$P = \frac{1}{N}\sum_{j=0}^{N-1}u(j)i(j)$$

对于有功功率的测量,$u(j)$ 和 $i(j)$ 应在同一时刻采样,可以用采样保持器先同时采样,然后由模拟量多路开关分时引至模数转换器进行转换。

微机电量变送器中使用的计算方法不止一种,对于纯正弦波形的交流电量可采用较为便捷的算法,对于非正弦波形的交流电量也可根据离散傅里叶变换(Discrete Fourier Transform,DFT)原理,求得其中所含的基波、谐波等相量。计算时应用快速傅里叶变换(Fast Fourier Transform,FFT)算法,可明显提高运算速度。

② 数字量的采集:对于数字式表计,如数字式水位计,由于提供的测量数据已是数字量,不需进行模数转换。数字量可以像开关状态量那样采集,输入的数字量经必要的隔离和电平匹配等以后,用三态门或并行接口等取入数据。

③ 脉冲量的采集:脉冲电能表发送的脉冲数与该时段被测的电能量值成正比,将脉冲数目累计后再乘以相应的系数,就得该时段的电能量值。为了对脉冲数目进行累计,设有计数器,每收到一个脉冲计数值就加一。接收脉冲时应有隔离、抗干扰等措施,通常对脉冲质量要进行检验。

3.数据处理

对于采集到的数据,通常根据不同的要求,加以适当的处理,如越限判别等。

(1)越限判别　电力系统中有的运行参数受约束条件的限制,不应超过规定的限值。例如某线路的传送功率规定不应大于某一限值,又如母线电压不允许太高或太低等。这就要规定某些运行参数的上限值和下限值。

对于需要检查其是否越限的测量量,应设置相应的上下限值,存放在内存中被测量的常数区。进行越限判别时就从内存中调出相应的限值与测量值比较。比较结果如已超越限值就设置越限标志,记录越限的时间和数值并发告警信号。当测量值重新恢复正常时称为复限,复限时记录恢复的时间和数值。

(2)测量量越阈值检测　正常情况下电力系统中有的运行参数随时间的变动不大,如母线电压、恒定的负载等。为了提高信道的利用率、压缩传输的数据量,可以为测量值设置一个阈值(也称死区)。当测量值的变动未超过规定的阈值时,厂站端对该测量量之值不予更新,也不发送,调度端仍以原有的数据作为该测量量之值。如变动超过阈值,厂站端就将该测量量之值更新,设立越阈值标志,在适当时刻将更新后的测量值发送给调度端,调度端随之将该测量值刷新,此后厂站端对该测量量在新的基点上其变动量是否超越阈值继续进行监视。只要设置一个不大的阈值,例如 $\pm 0.2\%$,就有可能对正常情况下的数据传输量予以有效的压缩。压缩的效果与阈值的大小及被测量的情况有关。电力系统中各个测量量的变化规律不尽相同,对数据精度的要求也有差别,阈值的大小应按测量量的实际情况来确定。

越阈值传送方式通常用于问答式数据传输系统。

(3)开关量变位检测　电力系统中的开关量平时很少变动,但如发现开关的位置状态有改变就应及时向调度报告。开关量变位信息的采集可以采用专用硬件,也可以用软件扫查方式来实现。

在采集开关量数据时 CPU 定时对开关量扫描,所得数据存入内存的开关量数据区。用软件扫查方式检查开关量是否变位,就是检查开关现在的位置状态是否和上一次的相同。因此 CPU 对开关量扫描,读入开关量现在的状态数据后,就和内存中相应开关量原有的状态数据进行对比。如两者相同,开关未变位,不作处理。如两者不相同,表明开关变位,就进行必要的处理:设置开关量变位标志,把内存中相应的开关量数据更新,并把变位开关的序号、位置状态及发现变位的时间等记录下来。如有多个开关先后动作,则按顺序依次记录,这称为事件顺序记录,它提供了开关变位的时间信息。在适当的时候把事件顺序记录送给调度控制中心,作为分析事故时参考。设置了开关量变位标志,就可及时地把变位开关的信息送往调度控制中心。

8.2.5　数据传输

1.数字通信

传输数字信号的通信系统称为数字通信系统。数字通信系统的主要优点是抗干扰能力强。由于信号以数码形式传送,信号被噪声干扰后如尚未恶化到造成差错,就可用再生方法来整形。即使出现差错,也可通过差错控制技术来加以控制,从而改善传输质量,提高通信的可靠性。此外,数字通信还有易于集成化、体积小、重量轻、可靠性高,便于用计算机技术对数字信号进行处理等优点。

数字通信突出的缺点是和模拟通信相比占用的通道频带要宽得多。以电话为例,一路模拟电话通常占 4 kHz 带宽,但一路数字电话就要占几十 kHz 的带宽。

数字通信系统的模型见图 8 - 10。

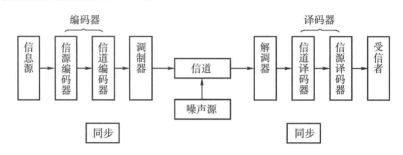

图 8 - 10　数字通信系统模型

其中:

①信息源是产生或发出消息的人或机器,发出的消息可以是连续的或离散的。受信者是接受消息的人或机器。

②信源编码器将信息源送出的信号转换为合乎要求的数码序列;信道编码器给数码序列按一定规则加入监督码元,使接收端能发现或纠正传送中造成的差错,借以提高数据传输的可靠性,这称为差错控制技术或抗干扰编码。

③调制器是将信道编码器送出的数码转换为适合于在信道上传送的调制信号后再送往信道。解调器是将收到的调制信号恢复为数码,解调是调制的逆变换。

④信道是传送信号的媒质,也称通道。

⑤信道译码器对收到的数码序列进行检错或纠错译码。信源译码器则把经信道译码器处理后的数字序列变回相应的信号,再送给受信者。

⑥同步系统用以保证收发两端步调一致,协同工作。如收发两端失去同步,数字通信系统会出现大量错码,无法正常工作。

并非所有的数字通信系统都必须具备图 8 - 10 中的全部环节,例如当距离不太远,通信量不太大时就可用电缆直接传送数字信号而不用调制解调器。

2.异步传输和同步传输

数据采用串行传输方式时发送端将数据按码元逐位发送,接收端必须对应地按码元依次逐位接收,收发两端必须严格地同步工作,这就要求收发两端的时序频率相同,相位也应一致。为保证收发两端同步,串行传输中有异步传输和同步传输两种方式。

(1)异步传输方式　异步传输方式又称起止式同步方式,它是将所要传输的信息适当分段,每段通常是一个字符,然后按段发送。收发两端在传输每一段的工作中保持同步,而在一个字符的末位至下一个字符的首位即字符之间所经历的时间可以是任意的,在此期间并不要求收发两端同步。

图 8 - 11 是异步传输方式的格式示例。为保证传送每一个字符时收发两端维持同步,异

步方式在传送的字符前面设置有起始位(低电平,逻辑"0"),预告字符随即开始传送。然后传送信息位(5～8 位)和一个奇偶校验位(可不用)。在字符结束时设置有终止位(高电平,逻辑"1",1～2 位),表明该字符已结束。终止位在后续字符的起始位被传送之前一直维持为高电平,即图 8-11 中的空闲位都是逻辑"1",因而在开始接收每个字符时就必然有从逻辑"1"到逻辑"0"的改变,接收端就利用这从高电平到低电平的下跳沿实现与发送端的时序同步。

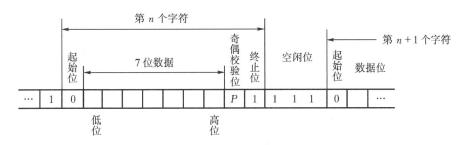

图 8-11　异步传输方式格式示例

异步方式传送时,接收端按约定好的字符格式和传输速率接收,从起始位一开始就可实现与发送端同步,每次同步只要维持传送一个字符的较短时间,因此对收发两端的时钟精度和稳定性要求稍宽,但由于发送的字符都增添了起始位和终止位,因而传输的效率不太高。

(2) 同步传输方式　同步传输方式要求收发两端必须始终保持同步。采用同步传输方式时在发送的数据序列(通常是一长串字符)之前先插入一个预先约定的同步码。接收端通过检出同步码实现与发送端的同步,并要维持足够长的时间,一直到下次出现同步码时再次实现收发两端的同步。同步传输方式中同步码插入情况的示意图见图 8-12。在无信息传送时同步传输方式在信道上连续传送同步码。

图 8-12　同步传输方式

同步传输方式中由于每一次利用同步码实现收发两端同步后要维持相当长的一段时间,因此对定时系统的要求比较高。但同步传输方式所附加的同步码在发送的总的数据量中所占的比率很小,因而传输的效率较高。

3.传送速率与误码率

(1) 传送速率　在数字通信中,数字信号是逐个码元依次传送,每个码元含有一定的信息量,数字通信的传送速度可用码元速率和信息速率等方式来表达。

码元速率又称信号速率,它是指每秒传送的码元数,单位为波特(Baud)。

信息速率是指每秒传送的信息量,单位是比特/秒(bit/s)。

对于只取两种状态且其出现的概率相同的二元制信号,每一码元所含的信息量是 1 比特(bit),因此二元制信号的码元速率和信息速率在数值上是相同的,但单位不同。

(2) 误码率　码元差错率简称误码率,它是指在传送的码元总数中,发生差错的码元所占的比率,用 p_e 表示

$$p_e = \frac{发生差错的码元数}{传送的码元总数}$$

4.信号波形及频谱

信号波形是消息的携带者,最常用的数字信号是二元码,也称二进制码。图 8 - 13 所示为单极性二进制码,以脉冲幅值为 a 时表示数字"1",脉冲幅值为零时表示数字"0"。显然单极性二进制码中含有较多的直流分量。

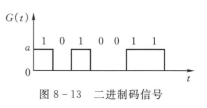

图 8 - 13　二进制码信号

对信号可以从时间域也可以从频率域来分析研究。用傅里叶变换可以把信号分解成许多频率分量,这些频率的范围形成信号的频谱。频谱中幅值较大、对通信系统有意义的分量构成信号的有效频带,简称为信号的带宽。

5.传输信道

(1)信道种类　电网调度自动化系统的通信中,目前使用较广的信道主要有电力线载波、无线电以及光纤等。

电力线载波通信也就是 7.4.1 节中的"高频载波通信",通信通道工作原理参见图 7 - 19。

无线电波可分为长波、中波、短波和超短波包括微波等波段,电力系统中主要是用微波通信。微波是指频率为 300 MHz～300 GHz,波长为 1 m～1 mm 的无线电波,微波具有类似光的直线传播特性,传输距离一般为 30～50 km,远距离通信时要设中继站。微波通信的传输比较稳定、可靠,通信容量大,噪声干扰少。

光纤可传送光信号,其最大优点是不受外界电磁场的干扰,故特别适用于电力系统。光纤的传输衰耗小,传输频带很宽,通信容量大,误码率低,体积小,重量轻。由于光纤传送的是光信号,故发送端应先将原始信号(通常是电信号)由光端机转换为光信号再发送。在接收端,再由光端机把收到的光信号变换回电信号。

(2)信道的基本特性　信号在信道中传输时会发生衰减和相移,可用信道的衰减频率特性和相移频率特性来描述。衰减频率特性是信号通过信道后其衰减随频率而变化的特性。实际信道对各种频率成分可能有不同的衰减。衰减不均匀会使信号的幅度频谱产生畸变造成波形失真。信道的衰减频率特性可用信道的通带宽度(简称信道的带宽)这一指标来表征。在信道带宽范围内,要求衰减量的波动不能大于规定值。

信号的带宽必须与信道的带宽相匹配。如果信号的带宽超过信道的带宽,传送时就可能造成信号波形失真。

相移频率特性是指信号通过信道后相移量随频率而变化的特性。信号相位滞后实际上是信号在时间上的时延。信号的时延 t 和相移 α 及其角频率 ω 之间的关系是 $t = \alpha / \omega$。理想信道对各种频率成分有相同的时延因而无失真。实际信道对各种频率成分会有不同的时延。一般要求在信道的带宽范围内时延之间相差不能太大,否则应采取措施以补偿相位失真。

(3)多路复用　利用一条线路传送多路信号的技术称为多路复用。多路复用技术主要有时分多路复用和频分多路复用等。时分多路复用是时间分割制,以时间的先后顺序来划分各种信号;频分多路复用是频率分割制,以不同的传输频率来划分各种信号。

6.基带传输和频带传输

原始的数字信号通常是一些直流脉冲,包含直流分量以及许多不同频率的交流分量,它所占用的频带称为基本频带,简称基带,所以原始信号又称基带信号。基带传输就是直接传送不经调制的基带信号。

　　实际的信道中有相当一部分对于直流和频率很低的信号传输性能很差,不适于传送基带信号。每种信道有其适宜传输的频带,可看作是带通信道,所以通常将基带信号对载波进行调制,使基带信号变换为带通信号以便在信道上传输。调制就是用基带信号对载波的参量进行控制,使其随基带信号而变化。经过调制的信号称为已调信号。已调信号通过信道传至接收端,再由解调器将它解调,恢复为基带信号。解调是调制的反变换。包括调制和解调的传输称为频带传输。

　　数字通信中常用正弦波作为载波 u_c,可写作

$$u_c = A_c \sin(2\pi f_c t + \varphi_c)$$

式中:A_c 为振幅;f_c 为频率;φ_c 为相位。

　　用数字基带信号控制载波的振幅 A_c,而载波的频率和相位不变的调制方式称为移幅键控(Amplitude Shift Keying,ASK)。在二进制信号中,若以 $A_c = 0$ 和 $A_c = A$ 分别代表数字基带信号"0"和"1"时,对应于图 8-14(a)中数字基带信号 $G(t)$ 的移幅键控信号 $S(t)$ 如图 8-14(b)中所示。

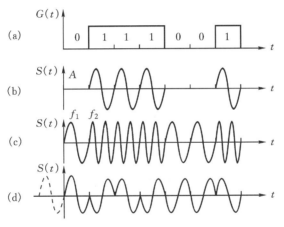

图 8-14　二进制数字调制信号波形

(a)数字基带信号波形;(b)移幅键控信号波形;

(c)移频键控信号波形;(d)相对移相键控信号波形

　　用数字基带信号控制载波的频率 f_c,而载波的振幅和相位不变的调制方式称为移频键控(Frequency Shift Keying,FSK)。在二进制信号中,若以 $f_c = f_1$ 和 $f_c = f_2$ 分别代表数字基带信号"0"和"1"时,对应于图 8-14(a)中数字基带信号 $G(t)$ 的移频键控信号 $S(t)$ 如图 8-14(c)中所示。

　　用数字基带信号控制载波的相位 φ_c,而载波的振幅和频率不变的调制方式称为移相键控(Phase Shift Keying,PSK)。获得实际应用的是相对移相键控(即差分移相键控 Differential PSK,记作 DPSK)。相对移相键控利用前后相邻两位数字信号已调载波的相位差来传送数字信息。本码元已调载波的相位与相邻的前一码元已调载波的相位之差值 $\Delta\varphi$,由数字基带信号控制。在二进制信号中,若以 $\Delta\varphi = 0$ 和 $\Delta\varphi = \pi$ 分别代表数字基带信号"0"和"1"时,对应于图

8-14(a)中数字基带信号 $G(t)$ 的相对移相键控信号 $S(t)$ 如图 8-14(d)中所示,此处假定起始前 $S(t)$ 的波形如图中虚线所示。

以上几种键控方式中,移幅键控的抗干扰能力不太强,较少采用。移频键控的设备较简单,抗干扰能力也较好,但占用频带稍宽,在传输速度要求不太高的系统中应用较广。在传输速度要求较高的场合,大多采用相对移相键控,它的抗干扰能力较强,所占带宽较窄,但设备稍复杂。

7.差错控制

数据在传输过程中由于干扰等原因可能会将传送的"1"错成"0",或将"0"错成"1",从而造成差错。为了提高数据传输的可靠性,可采用差错控制技术,在发送的码组中按一定规则增添监督码元,使接收端能检出差错(称为检错),或进而对差错进行纠正(称为纠错)。

信息码通常以组为单位。给各组信息码添上的监督码如只监督本组的信息码而与其它的码组无关,这样构成的码称为分组码。常见的分组码一般为系统码格式,即信息码在前,监督码紧随其后。一个 k 位信息码,加上 r 位监督码,构成码长为 $n=k+r$ 位的分组码,记作 (n,k) 分组码。系统码格式的 (n,k) 分组码的结构如图 8-15 所示。

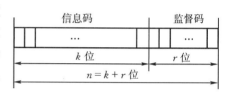

图 8-15　系统码格式的 (n,k) 分组码

下面介绍两种常用的差错控制分组码。

(1) 奇偶校验(Parity Check)码　奇偶校验码在信息码后面只附加一位监督码元。奇偶是指码字(信息码连同监督码)中"1"的个数是奇数或偶数。如约定发送的码字中"1"的个数必为偶数,就称为偶校验。例如信息码为 1011000,"1"的个数是奇数,故附加的奇偶校验位为"1",发送的码字成为 10110001,即将码字中"1"的个数凑成偶数,其中末位是奇偶校验位。如信息码为 1010101,因"1"的个数已是偶数,故附加的奇偶校验位为"0",发送的码字成为 10101010。在接收端,对收到码组进行检验,如发现"1"的个数是奇数,不符合原先必为偶数的约定,肯定传输中有错。如"1"的个数是偶数则认为无错,去掉奇偶校验码,留下的就作为信息码。

若约定发送的码字中"1"的个数必为奇数则称为奇校验。奇校验与偶校验的情况相类似。

奇偶校验对于传输过程中发生一位、三位、五位等奇数个差错都能检出,但如出现二位、四位、六位等偶数个差错就无能为力。

(2) 循环冗余校验(Cyclic Redundancy Check,CRC)码　分组码中的一个重要门类名为循环码,这种码具有循环性质,即循环码中任一码字循环移位(首位和末位相连)后仍是该码中的一个码字。例如表 8-1 中列出一种(7,3)分组循环码的全部码字,这是系统码格式。表中任一码字,例如 1101001 循环左移一位成为 1010011,仍是该表中的一个码字。

表 8-1　(7,3)分组循环码

信息码	码字
000	0000000
001	0011101
010	0100111
011	0111010
100	1001110
101	1010011
110	1101001
111	1110100

码组可以用码序列来表达,也可用码多项式来表达,两者完全对应。例如码序列 1010011 可用码多项式表达为

$$M(X)=1\times X^6+0\times X^5+1\times X^4+0\times X^3+0\times X^2+1\times X^1+1\times X^0$$
$$=X^6+X^4+X+1$$

码多项式中 X 的幂次对应于各码元的位置,而系数则对应于各码元的取值。

(n,k) 分组码的编码就是要给 k 位信息码 m,按规则确定其 $r=n-k$ 位监督码 R,再将 R 附在 m 后面组成码字 C。

以 $(7,3)$ 分组码中信息码 $m=101$ 的编码为例。

先将 $m=101$ 左移 $r=4$ 位(右补"0"),成为 $M=1010000$,亦即将信息码 m 置于系统码格式中应有的位置,末尾空出 r 位留给监督码。

然后选定一个最高幂次为 r 的生成多项式 $G(X)$
$$G(X)=X^r+g_{r-1}X^{r-1}+\cdots+g_1X+1$$
其中系数 $g_i(i=r-1,\cdots,1)$ 等于 0 或 1。现选定 $G(X)=X^4+X^3+X^2+1$,所选生成多项式 $G(X)$ 的系数序列现为 $G=11101$(共有 $r+1=5$ 位)。

再用 $G=11101$ 来除 $M=1010000$,得 r 位余项序列为 $R=0011$。这里的运算是"模 2 运算",即加法为 $0+0=0;0+1=1;1+0=1;1+1=0$。可见 $+1=-1$,减法与加法相同。乘法为 $0\times0=0;0\times1=0;1\times0=0;1\times1=1$。符号 $\oplus$ 为"模 2 加"。

$$
\begin{array}{r}
111 \\
(G)\ 11101\ \overline{)\,1010000}\quad (M) \\
\oplus\underline{11101} \\
10010 \\
\oplus\underline{11101} \\
11110 \\
\oplus\underline{11101} \\
0011\quad (R)
\end{array}
$$

运算所得 r 位余项序列 R 就作为监督码,因而编码所得码字 $C=M+R=1010000+0011=1010011$。

码字 C 由 M 和 R 两部分组成。用同一生成多项式 $G(X)$ 的系数序列 G 来除 C 时,C 中的 M 部分被 G 除后得到的余项序列依然是 R;C 中的另一部分 R 被 G 除后得到的余项序列是 R 自身。将这两部分运算结果相加,由于所得余项序列都是 R,完全相同,且是"模 2 运算",相同项之和为零,因此用同一 G 来除 C 结果必为零,也即 C 必能被 G 所除尽。

将码字 C 发送至接收端,接收端用和发送端相同的生成多项式 $G(X)$ 的系数序列 G 来除收到的码组序列。如果传送中无差错,则运算结果必为零,即必能除尽,去掉监督码,即得信息码。如运算结果除不尽,就可判定传输中必定有差错。

发送端和接收端的分组码编码、译码运算可由专用的硬件或软件来完成。生成多项式 $G(X)$ 的选择与码的抗干扰性能密切相关,在编码理论中对此有专门的研究。

8.远动通信方式和规约

远动系统由主站、通信链路和子站等组成。远动系统的工作方式有循环式(Cyclic Digital Transmission,CDT)和问答式(Polling)两种。按循环式工作时发动传送的主动权在子站,子站只管按规定的顺序把有关信息循环不断地发往主站,主站则依次接收。这种工作方式比较单纯,但不够灵活。循环式通常用于网络中点对点通信结构的场合。

按问答式工作时发动传送的主动权在主站。首先由主站发命令给子站,例如命令子站传送某些数据,子站就按要求做出响应。问答式比较灵活,且不仅用于点对点式通信结构,也可

用于同一条通信线路上接有不止一个子站的共线式通信结构。主站发出的命令中有目的子站的地址,只有被询问的子站才会做出响应。

为了确保用户之间的正常通信,必须有一套完备的步骤和实施这些步骤的方法,通信双方互相约定,共同遵守。这些约定称为通信规约。循环式和问答式远动都有相应的通信规约,主要规定传送方式、帧结构、字结构、应答方式以及差错控制方式等。

循环式远动采用同步传输方式,以帧为单位,每帧包含若干个字。图 8-16(a)为帧结构示例,每帧由同步字开始,包括同步字、控制字和信息字等。每个字为 6 个字节即 48 位。对同步字和生成多项式都有具体规定。控制字和信息字都是(48,40)分组码。控制字中标明源地址、目的地址、帧长及帧类别等。帧类别用以区分不同类型的帧,如遥测帧、遥信帧等。图 8-16(b)为字结构示例。功能码用以区分不同的遥测、遥信等信息。4 个字节的信息码在遥测中可包含两路遥测量,每一路占两个字节,一般用 12 位二进制表示(包括一位符号位),其余为标志位,表示该数据是否有效等。在遥信中每个遥信字包含 16 个状态位,每一位以"0"表示开关为断开状态,以"1"表示开关为闭合状态。

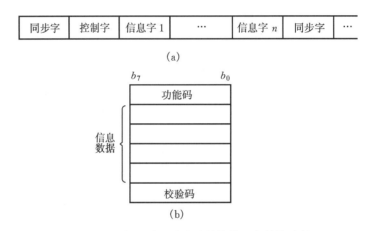

(a)

(b)

图 8-16　循环式远动中的帧结构和字结构示例

(a)帧结构;(b)字结构

在正常情况下循环式远动的子站按规定顺序循环不断地将信息发往主站,例如发送图 8-17(a)所示帧格式的信息。在发生事故、遥信变位时需要优先插入传送。作为例子,图 8-17(b)中在传送"遥测 5"时发生事故,"遥信 2"中有开关变位,于是"遥信 2"就优先插入传

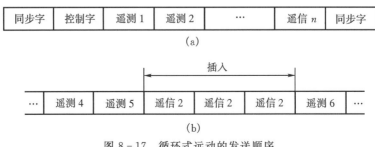

(a)

(b)

图 8-17　循环式远动的发送顺序

(a)正常时的帧格式;(b)优先插入传送

送。为了可靠,连送三遍,然后恢复正常,传送"遥测 6"。

对于遥控,为郑重起见常采用两步操作法,即主站先给子站发"遥控选择"命令,指定操作性质(合闸或分闸)及操作对象(开关序号),子站收到后并不立即执行,而是将收到的遥控命令返送回主站。经主站与原来发送的命令核对无误后,主站再发"遥控执行"命令。子站收到遥控执行命令后才付诸执行。

遥调命令的信息字中指定遥调的对象序号和遥调的整定值。遥调通常就是对设备的自动调节装置设置整定值,遥调命令也称设定命令。如遥调对象只接受模拟量整定值,则接收端对收到的整定值还需进行数模转换。遥调通常不采用返送校核的两步操作,而是一步即予执行。

问答式远动采用异步传输方式。图 8-18 为帧格式示例。传送的报文以 8 位字节为单位,附加起始位和终止位,无奇偶校验位。报文内容包括地址、报文类型、数据长度、数据以及校验码等,其中报告标志用以表明子站有事故发生或遥测量有较大变动,请求查询等。

图 8-19 是问答式远动工作过程简单示意图。主站询问子站 A,回答无变动数据。主站再询问子站 B,被询问的数据有变动,于是子站 B 向主站传送相关的数据。经几次回答,直到把有变动的数据全部送完。

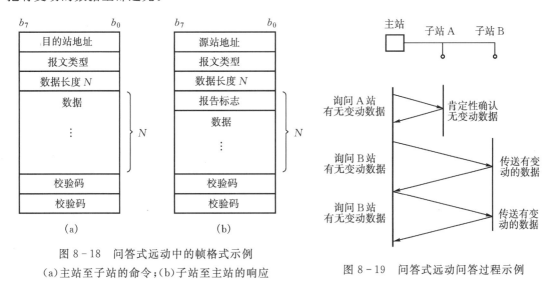

图 8-18　问答式远动中的帧格式示例

(a)主站至子站的命令;(b)子站至主站的响应

图 8-19　问答式远动问答过程示例

问答式远动中的遥控、遥调过程和循环式远动中的相似。

8.2.6　电网调度自动化系统主站

1.主站硬件配置

在电网调度自动化发展的早期,调度站主站的任务不太繁重,主要是实现 SCADA 功能,即采集和监视各厂站的实时信息,实现遥控、遥调等。图 8-20(a)是单主机配置的调度端远动装置框图。主机通过调制解调器 M 与各厂站及上级调度通信。

调度端远动装置的容量和能力都很有限,如要承担更多的功能,特别是要完成电网调度自动化的高级应用功能,就需要配置专用的主计算机作为后台机,此时调度端远动装置主要负责与各厂站的通信和数据预处理,实际上成为前置处理机即前置机,如图 8 – 20(b)所示。

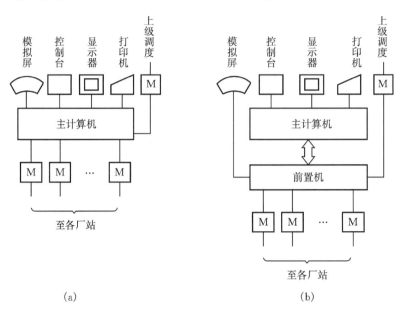

图 8 – 20　调度端单主机配置框图
(a)单主机;(b)配有前置机

为了提高系统工作的可靠性可以采用双机系统。双机系统通常由两台相同的主机组成,平时其中一台承担在线功能,称为值班机。另一台处于热备用状态。一旦值班机发生故障,监视设备立即切换主机,备用机就接替在线任务,公用的外部设备也切换到新的值班机。在双机系统中前置机也常采用双机方式。图 8 – 21 是集中式能量管理系统双机冗余配置框图,图中前置机与主机之间用局域网联系。

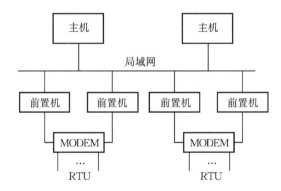

图 8 – 21　双主机与前置机用局域网联系

随着计算机技术和通信技术的迅速发展,分布式系统的应用日广,这种系统的主要特点是功能分散,将总任务分解为若干较小的功能块,分别由各个计算机承担。这些计算机通过网络交换数据并相互协调。图 8 - 22 是按分布式网络结构组成的调度端主站系统框图示例,图中以局域网为基础,网上挂有若干台服务器和工作站等。

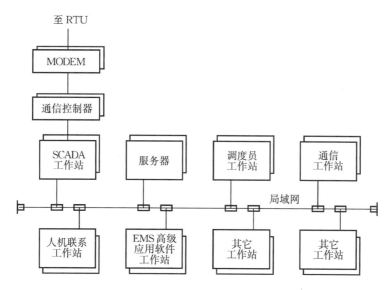

图 8 - 22　分布式电网调度自动化系统主站结构示意框图

服务器通常是一台高档微机,容量大,工作速度快,处理能力强,用来管理网络共享资源和网络通信,并为网络中的工作站提供各类网络服务,包括提供数据、程序等。

工作站可以是各种档次的微机,按需要而定,但通常档次稍高。需要网络服务时工作站就向服务器申请,可以访问网络内的共享资源,工作站之间也可互相通信。

分布式系统的主要优点是功能分散,组合灵活,扩展方便。每一台服务器和工作站只承担一部分功能,因此对它们的要求比集中冗余式的主计算机低,出现故障时一般只影响局部范围的工作。为了提高可靠性,关键的服务器、工作站以及局域网可以双重设置。

随着电力系统的发展和电力体制改革的深化,为保证电网安全、优质和经济运行,并为电力市场化运作提供技术支持,电网调度中心可能同时运行多个应用系统,例如能量管理系统(EMS)、配电管理系统(DMS)、电力市场运营系统(EMOS)等等。每个系统中可能还包含多个应用,例如 EMS 包含 SCADA,AGC 等,这就要求电网调度主站系统各部分之间信息能共享;功能扩展要方便;可以采用不同厂家的产品以实现跨平台的异构系统和互操作等。满足这些要求的系统可称为开放系统。

图 8 - 23 是一种开放型分布式电网调度自动化系统主站结构示意框图。开放式系统在配置硬件、软件时顾及各部分之间的信息共享;易于扩展新的应用功能;也可采用不同生产厂家的产品。为了提高可靠性,图 8 - 23 中的主要设备都采用双份。图中的主网为双网配置,由智能化的网络交换机将系统服务器和主网的计算机节点相连。双网均可提供多口的高速数据交换能力并可进行扩展。在正常情况下双网自动保持负荷平衡;若其中一网故障,另一网就完全接管全部通信负荷。系统服务器配有磁盘阵列。各工作站都能从硬件上支持高速双网运行,并支持标准商用数据库,能集成其它符合国际标准的实时数据库。图中一些节点的主要功能介绍如下。

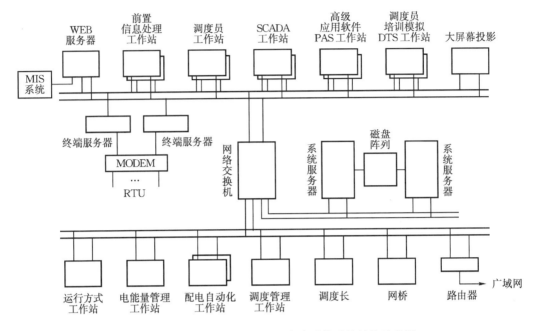

图 8-23　开放型分布式电网调度自动化系统结构示意图

（1）系统服务器　运用商用数据库管理系统,配有磁盘阵列,负责登录各类信息,保存历史数据。强大的数据库管理功能为用户查询和统计各种数据提供方便。

（2）SCADA 工作站　通过终端服务器和各厂站的 RTU 交换信息,完成基本的 SCADA功能。

（3）前置信息处理工作站　通过终端服务器和各厂站的 RTU 通信并进行通信规约的处理;控制终端服务器的信道切换;与系统服务器及 SCADA 工作站通信。

（4）PAS 工作站　用于各项电力系统高级应用软件(PAS)的运算,以实现相关功能。

（5）调度员工作站　对电网进行监控,实时显示各种图形和数据,人工交互,对电网运行进行操作和控制。

（6）配电自动化工作站　完成配电网管理自动化功能。

（7）电能量管理工作站　用以实现电能量的计算、记录、查询等功能。

（8）调度管理工作站　制定与调度生产有关的计划,管理运行设备。

（9）DTS 工作站　调度员培训模拟(DTS)工作站一台为教员机,另一台为学员机,可通过图形界面进行直观操作。

图 8-23 采用高速双网结构,传输可靠,还配有用于网络互连的路由器,可与广域网或其它计算机网络互连通信,也可与其它调度控制中心交换信息。

2.主站应用软件配置

电力系统的安全、优质和经济运行都需要应用软件的支持。应用软件的项目较多,还在不断完善和发展,一般大致可分为基本 SCADA 软件,有关安全的应用软件以及有关经济的应用软件等几类。基本 SCADA 软件主要包括数据采集和预处理,监视、控制以及和其它调度的通信等。有关安全的应用软件有状态估计、安全分析和最佳潮流等。有关经济的应用软件有自动发电控制、经济调度控制、负荷预测、开停机计划等。有的应用软件,如负荷预测,它和安全、经济都有关。各级调度按照职责分工和功能的要求,分别配置相关的应用软件。下面简略介绍有关电力系统的安全分析和安全控制、自动发电控制和经济调度控制等方面的初步知识。

3.电力系统的安全分析和安全控制

为了保证电力系统运行的安全,在正常情况下有关的运行参数应满足运行界限的要求,其中包括备用容量以及按静态和暂态稳定确定的一些安全界限等,并应有一定的安全储备。如超越安全界限,系统进入了正常警戒状态,就应发出告警信号,并采取相应措施,使系统尽快回复到正常安全状态。

在正常运行时也要准备好出现事故,对电力系统中可能出现的事故预先进行分析计算,得出处理的对策,即所谓"居安思危""防患于未然"。

(1)电力系统的安全分析　安全分析的功能就是评估系统当前的运行状态是否安全。需要时提出使系统保持安全运行的校正、调节和控制的措施。安全分析中的预想事故是根据短时间内出现故障的概率及其对电力系统安全性的影响来确定,一般包括断开输电线路或变压器、断开发电机组、单相接地、相间或三相短路故障等。对于每一种预想事故,通常要分析是否会出现下列不安全现象:

①因有功功率不平衡而引起频率变化超过允许值;

②电力系统元件过载,节点电压偏移超过允许值;

③电力系统失去稳定。

安全分析分为静态安全分析和动态安全分析两大类。静态安全分析用来校验事故后稳态电力系统运行方式的安全性;动态安全分析是分析系统故障后的动态转移过程,判断是否失去稳定。

在线安全分析贵在及时,对于分析计算首先要满足快速性的要求,在计算精度上可以不像正常离线计算那样高。

1)电力系统的静态安全分析:电力系统的静态安全分析是对一组可能发生的预想事故进行在线计算分析,校核事故后电力系统稳态运行方式的安全性。在预想事故的状态下,如出现有功功率不平衡、系统解列,则应校核频率变化是否超出允许值。静态安全分析需对预想事故下系统元件过载及节点电压偏移等情况进行校核。为了争取速度,计算方法可适当简化,例如采用 P - Q 分解法等。

计算电网潮流的有功-无功分解法,简称 P - Q 分解法,是在牛顿-拉夫逊潮流计算法的基础上,考虑了电力系统的特点:高压输电线路的电抗远大于电阻,系统中的有功功率主要与各节点电压的相位角有关,而无功功率主要受各节点电压幅值的影响,从而对潮流计算式作了适当简化。迭代计算时节点的有功功率不平衡量只用于修正节点电压的相位角,而节点的无功功率不平衡量只用于修正节点电压的幅值。这两组修正方程分别轮流进行迭代,最终可解得各节点电压的幅值和相位角以及支路的有功、无功功率。P - Q 分解法计算潮流的速度比牛顿-拉夫逊法快,占用的内存也少,P - Q 分解法不仅在离线的潮流计算中占重要地位,也能适应实时在线分析的需要。

静态安全分析的计算方法除 P - Q 分解法外,还有直流潮流法和等值网络法等。

2)电力系统的动态安全分析:动态安全分析的任务是校核预想事故后系统是否仍能保持稳定。由于常规的稳定计算工作量很大,难以满足实时性的要求,因此人们一直在努力寻求快速的、能适应实时性要求的稳定性判别方法。目前取得初步成果的有模式识别法和李雅普诺夫法等。下面介绍模式识别法的基本步骤。

模式识别法事先对电力系统在各种运行方式下的各种预想事故进行大量离线模拟计算，得到系统稳定与否的结论。在此基础上选取几个表征电力系统运行特征的状态变量，一般选节点的电压和相位角，构成一个稳定判别式。将表征电力系统特征的状态变量代入稳定判别式，所得系统稳定与否的结论与离线计算的结果完全一致。在线应用时计算机只需将实时测得的系统有关特征状态变量代入稳定判别式，即可判定系统是否稳定，十分快捷。

如何选择合适的特征状态变量是模式识别法的关键。稳定判别式必须十分可靠，要通过大量的试验样本的考核，在实际投入运行后要不断进行修正，才能得到合理的模式识别的判别式。

3）电力系统状态变量电压相量的动态监测：电力系统中各主要节点的电压相量是电力系统运行的重要状态变量，若能实时动态测得这些相量，则对监视和分析电力系统的运行状态，特别是有关静态稳定和暂态稳定的判断等都具有重要意义。

电力系统中的正弦量电量信号用相量表征，其幅值的测量虽不十分困难，但相位角的测定却取决于全系统统一的基准时间参考点，系统中各节点都必须依据同一时间参考点同步地进行测量。基准时间如相差 1 ms，对于 50 Hz 的工频正弦波，就会有 18° 相位角误差。

为使全系统各个相量测量点能在同一时刻获得足够精确的同步脉冲，可以采用全球定位系统（Global Positioning System，GPS）发出的授时脉冲信号。GPS 全天候 24 小时工作，向地球发送高精度的时间信息，覆盖全球。GPS 接收装置从收到的 GPS 信息中可以提取到两种信号，一是每隔 1 s 的脉冲信号 1 PPS，它和国际标准时间同步误差不超过 1 μs；二是从串行口输出的与 1 PPS 脉冲前沿对应的国际标准时间年、月、日、时、分、秒，即 1 PPS 的"时间标记"。各地接收 GPS 的 1 PPS 脉冲信号前沿的误差不超过 ±1 μs，对于 50 Hz 的电力系统仅相当于 ±0.018° 的相位角测量误差，可以认为能满足相位角测量的精度要求。

同步相量测量设备将来自电压互感器的电压信号，经隔离、变换、滤波后送至微处理器，在基于统一的 GPS 时间基准的同步采样脉冲控制下，对交流信号进行采样和模数转换。采样所得数据经过计算得到相应电压相量的幅值和相位角值。然后将计算结果连同相量的编号和 GPS 提供的"时间标记"等快速送至调度控制中心。

调度控制中心根据各监测点送来的电压相量数据，就可在线动态监视各监测点的电压相量，以及各监测点之间的实时相位角差值即功角。再对功角数据的演变进行综合分析，画成曲线，可直观地观察功角的摆动情况和变化趋势，并可预测功角的进一步演变情况，使调度人员了解系统的稳定裕度。

这种基于 GPS 的动态监测系统可实现的主要功能有：正常运行监测，故障动态监测，系统稳定预测等。

这种实时测量电力系统各节点电压相量的方法需要以 GPS 的授时信号来统一各监测点的时间基准，因而其工作的可靠性也就受 GPS 的制约。

（2）电力系统的安全控制　安全控制是指在电力系统各种运行状态下，为保证电力系统安全运行所进行的调节、校正和控制，主要包括预防控制、紧急控制和恢复控制。

① 预防控制：正常运行状态下系统中发电和用电的功率保持平衡，电压、频率和各种电力设备都在规定的限值内运行，同时还具有相当的裕度，但为了防患于未然，针对安全分析中发

现的隐患,应采取适当的预防性安全控制措施,如调整电网的结构和线路潮流、改变机组出力、切换负荷等,以避免预想事故出现时造成严重后果。

② 紧急控制:当电力系统因遭受重大扰动而进入紧急状态后,系统的电压、频率和某些线路的潮流等可能严重超限,如不及时采取有效的控制措施,系统可能失去稳定,造成大面积停电的严重后果。在这种紧急情况下,安全控制的主要目的是,迅速抑制事故及电力系统异常状态的发展和扩大。尽量缩短事故的延续时间,减少对系统中其它非故障部分的影响,使电力系统能维持和恢复到一个合理的运行水平。紧急状态安全控制首先是依靠继电保护快速地切除故障。为了防止事故扩大、保持系统稳定,可以采用的紧急控制措施有:调整发电机出力,改变有载调压变压器分接头位置,调整同步补偿机和电容器,事故低频自动减负荷等。必要时启动或停运发电机组,切除部分用户。为了提高系统运行的稳定性,常用的控制措施还有:发电机强行励磁,切换远距离输电线路的串联电容,调节直流输电的功率,电气或电阻制动,快关汽门,切机甚至自动解列等。

经过紧急控制之后,电力系统有可能恢复到一个合理的运行水平。但在紧急状态下,如果不及时采取适当的有效措施,或初始时的干扰及其产生的连锁反应十分严重,则系统也有可能失去稳定,解列成几个子系统。此时由于发电机出力和负荷需求之间的不平衡,不得不大量切除负荷或发电机,导致系统崩溃。

③ 恢复控制:电力系统发生重大事故后,通过紧急状态的安全控制,由继电保护、自动装置以及运行人员的操作将事故隔离,电力系统就处于恢复状态,此时系统中部分发电机、变压器、线路和负荷等已被断开,也可能电力系统已解列为若干子系统。面临的任务是尽快使系统恢复供电,将解列的子系统重新并列,并根据系统实际情况,将它恢复到正常警戒或正常安全状态。

电力系统正常运行状态的恢复应是一个有次序的协调过程,一般是先使各个子系统的电压和频率恢复正常,消除各元件的过负荷状态,然后再将解列的子系统重新并列,并逐个恢复停电用户的供电。在恢复过程中,要防止因操作而引起某些元件发生过负荷。

4.电力系统的自动发电控制和经济调度控制

电力系统中的负荷随时在变动,负荷的变动会引起频率的变化。为了维持系统的频率水平,必须使发电出力与负荷变化相适应。对于变化周期在10 s以下且幅值又小的负荷波动,可由发电机组的惯性和负荷本身的调节效应所吸收。对于变化周期在 3 min 左右、幅值稍大的负荷波动,由调速器调节各发电机组的出力来共同分担(即一次调频)。对于变化周期在10 min左右且幅值较大的负荷变化,先由自动发电控制(AGC)调节发电机组的出力进行跟踪(即二次调节,几秒钟一次),然后每过几分钟(例如 5 min)再由实时经济调度控制(EDC)调控一次,重新分配各发电机组出力,以恢复系统运行的经济性,同时也使调频机组恢复其出力调节裕度(频率的三次调整)。更长周期持续性的负荷变化,属日发电计划(包括开停机,机组经济组合,水电火电等的协调,联络线功率交换计划等)的任务(也属频率的三次调整)。

也有将 EDC 功能划归为 AGC 的。

(1)自动发电控制(AGC)　　AGC 是 EMS 中的一项重要功能,它对调频机组的出力进行控制,以满足不断变化着的用电需求,维持系统频率水平,并使系统处于经济运行状态。在联合电力系统中,AGC 是以区域系统为单位,各自对本区域内机组的出力进行控制。AGC 的主要任务为:

①使系统的发电出力和负荷功率相适应；

②维持系统频率为额定值；

③维持联络线交换功率为计划值；

④在满足系统安全可靠的约束条件下，对发电量进行经济调度控制。

AGC 通常采用"区域控制误差 ACE(Area Control Error)"作为控制信号：

$$\text{ACE} = K\Delta f + \Delta P_t$$

式中：Δf 为系统频率实际值与额定值之差；ΔP_t 为该区域联络线交换功率的实际值与计划值之差；K 为比例常数。

AGC 调整到最后，在稳态下达到 ACE$=0$，$\Delta f = 0$ 和 $\Delta P_t = 0$，也即 AGC 调整结果频率恢复为额定值，联络线交换功率维持为计划值。

（2）经济调度控制（EDC）　电力系统经济调度的任务是在满足安全和质量要求的条件下，尽可能提高运行的经济性，即合理地利用现在的能源和设备，以最低的运行成本，安全可靠地以合格的电能供应用户。实施经济调度首先要掌握用户的需求，预测负荷，在此基础上确定运行机组的经济组合，发电厂之间以及电厂内部机组之间的负荷经济分配等，使全系统的运行成本最低。

当发电厂内部的运行机组已确定时，机组之间的负荷经济分配与发电设备的经济特性有关，发电设备是指锅炉、汽机、水轮机、发电机以及它们的组合。

发电设备单位时间内能量输入与输出之间的关系称为耗量特性。在火电厂中，把配套的锅炉、汽机和发电机组成的联合体称为火电机组，其总体的耗量特性如图 8-24(a)所示。输入 F 为单位时间内消耗的标准煤燃料(t/h)。输出 P 为单位时间内发出的电能即电功率。水轮发电机组的耗量特性与此相仿，但输入为单位时间内消耗的水量(m^3/h)。为便于分析，假定耗量特性曲线是连续可导的。

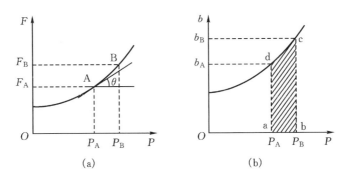

图 8-24　耗量特性及微增率特性
(a)耗量特性；(b)微增率特性

耗量特性曲线上任意一点 A 的输出 P_A 和输入 F_A 之比就是效率 $\eta = P_A/F_A$，而耗量特性曲线上各点切线的斜率称为耗量微增率，简称微增率 b

$$b = \tan\theta = \frac{\mathrm{d}F}{\mathrm{d}P} \tag{8-1}$$

图 8-24(b)示出与图 8-24(a)耗量特性曲线 F-P 对应的耗量微增率特性曲线 b-P。

由式(8-1)可得

$$\mathrm{d}F = b\,\mathrm{d}P$$

故

$$\int \mathrm{d}F = \int b\,\mathrm{d}P$$

当图 8-24(a)中的输出功率从 P_A 增至 P_B 时,输入也就从 F_A 增至 F_B,由于

$$\int_{F_A}^{F_B} \mathrm{d}F = F_B - F_A = \int_{P_A}^{P_B} b\,\mathrm{d}P$$

可见输出从 P_A 增至 P_B,增加了 $P_B - P_A$,相应地输入就要增加图 8-24(b)中由 a—b—c—d 所围的积分面积。

当运行的机组已确定,且机组的耗量微增率随着输出功率的增加而上升,如图 8-24(b)那样,在此情况下,机组之间的负荷按耗量微增率相等的原则进行分配,可使总的耗费为最小,即最为经济。以最简单的两台机组为例,其耗量微增率特性曲线分别如图 8-25 中所示。若机组 1 带负荷 P_1,相应的耗量微增率为 b_1;机组 2 带负荷 P_2,相应的耗量微增率为 b_2。设 b_1 和 b_2 不相等,$b_1 > b_2$。

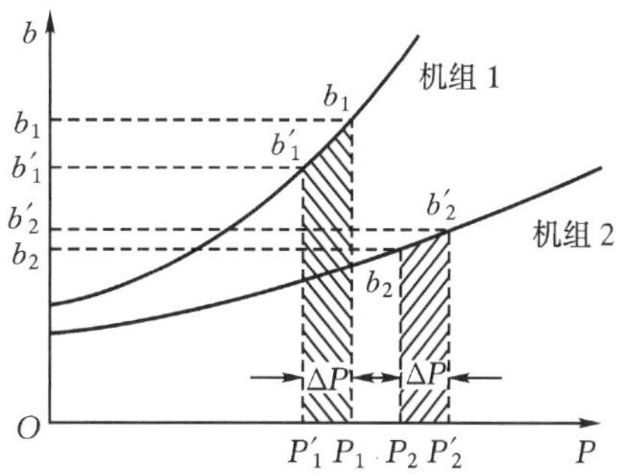

如果将机组 1 的输出功率减少 ΔP,机组 2 的输出功率增加 ΔP,则总负荷不变。由图 8-25 可见,机

图 8-25　机组负荷改变时耗量的变化

组 1 因少发 ΔP 而减少的消耗(图中面积 $P_1'-P_1-b_1-b_1'$)大于机组 2 因增发 ΔP 而增加的消耗(图中面积 $P_2-P_2'-b_2'-b_2$),因而使总的消耗减少。这样转移负荷的过程继续下去,总的消耗将继续减少,直到两台机组的耗量微增率相等为止,即当 $b_1 = b_2$ 时总的消耗为最小。

推而广之,对于任意台机组,按耗量微增率相等进行分配最为经济。这一原则也可用数学方法加以证明。

不同电厂之间进行负荷分配,通常要考虑传送功率时在网络中造成的损耗对负荷经济分配的影响。

电网调度的主要任务之一是在保证系统安全可靠的前提下,合理安排各发电厂发电机组的出力,使系统运行获得最佳经济效益。传统的 EMS 在制订发电计划、安排发电机组的出力等时,主要的依据是发电机组的耗量特性,但在电力市场环境下,"厂网分开,竞价上网",电力交易中心关注的是发电商的报价。

各发电商在掌握了发电市场的负荷需求以及相应的指导价格等信息的基础上,统筹考虑发电成本、发电能力、检修计划、资源优化、市场分析等之后,向电力交易中心进行申报,申报的数据包括技术数据和经济数据。技术数据如机组的最大和最小发电功率,经济调度的最大和最小发电功率,发电机 5 min 内能提供的旋转备用水平,正常和最大爬坡速度等。经济数据如发电机组的启动价格,空载运行价格,经济调度范围内的分段发电功率及其对应的发电价格,最大和最小发电功率的价格等。

为了保证电能质量和系统运行的安全,电力交易中心还需要向发电商购买辅助服务,包括调频、备用容量、无功备用和停电启动(即"黑启动")容量等。参与有偿辅助服务的发电商应申报有关机组的数据。

电力交易中心在满足系统安全稳定的前提下,综合各发电商申报的数据,将报价由低到高排序,按竞价上网和市场规则编制日发电计划,目标是以最小的电网运行成本满足负荷需求,即在满足负荷需求的条件下,总购电费用加上输电成本加上辅助服务成本之和为最小。

电力市场的运营必须有相应技术系统的支持,我国目前使用的名为电力市场运营系统(EMOS)也称电力市场技术支持系统,它由下列一些系统组成:①即时信息发布系统;②发电报价及发电管理系统;③报价处理系统;④交易管理系统;⑤合同管理系统;⑥能量管理系统;⑦电能量计量系统;⑧结算管理系统;⑨数据网络系统等。

我国的电力市场机制正在日益深化。

8.3　发电厂与变电站综合自动化

发电厂是将各种一次能源转变成电能的工厂,按一次能源的不同发电厂可以分为火力发电厂、水力发电厂、核能发电厂、风力发电厂、光伏发电厂、地热发电厂、潮汐能发电厂等。为了提高机组的安全性和运行效率、保证电能质量,发电厂主要通过动力机械自动控制系统和电气自动化系统实现各部分生产过程的自动控制。传统的发电厂电气自动化系统采用物理硬接线和变送器屏等大量硬件设备监控电气设备的生产运行,电气设备保护测控功能与机械系统的联系依赖于后台系统,一旦后台系统出现问题或瘫痪便会失去保护测控功能,给电厂的生产运行带来较大风险。现代电厂电气自动化系统采用可靠的通信网络技术,取消原有硬接线、变送器屏等传统设备,使全厂全面信息化、数字化,电气设备保护测控功能分散就地实现,后台系统通过通信网络和就地综合保护测控设备通信,实现遥测、遥信、遥控、SOE、事故追忆等功能,设备自诊断信息丰富,提高了整个发电厂电气系统的可靠性。

变电站运行的主要任务是安全、优质经济地为用户供电。在正常情况下对运行设备和线路的工况进行监视,实施必要的操作和调整;在事故情况下及时隔离故障,尽快恢复供电。此外还应将实际运行情况及时上报调度控制中心,接受、执行调度下达的指令。为了完成这些任务,变电站按传统,以往亦都配有相应的装备,如仪表屏、模拟屏、操作屏、中央信号系统以及继电保护装置、远动装置等等。这些设备在运行中发挥了重要的作用,但随着科学技术特别是信息化技术的发展,这些传统设备的不足之处日益显露,比如,这些设备各自独立,信息不能共享;采用电磁型和晶体管式的设备结构复杂,可靠性不很高,调试维护的工作量亦大;组装成的控制屏体积大,使主控制室、继电保护室的占地面积大,等等。

当前,测量监控系统以微机为基础实现了数字化。继电保护和远动等也已进入了使用微机的新阶段。在数字化的共同基础上,可以实现变电站的综合自动化,亦即运用计算机技术、通信技术等,将变电站的测量监控、继电保护、自动控制和远动通信等,经过功能的组合和优化,实现对变电站设备和线路的自动测量、监视、控制和保护以及与调度中心进行信息交换等的综合性自动化功能。

8.3.1　发电厂电气自动化系统

1.发电厂电气自动化系统的组成

发电厂电气自动化系统主要包括发电厂电气监控系统(Electric Control System,ECS)和发电厂网控自动化系统(Network Control System,NCS)。发电厂电气监控系统包括发电机组监控系统(一台发电机组配一套监控系统)和公共部分系统。每套发电机组监控子系统相应配置有发变组保护、滤波、同期、励磁、直流、不间断电源(Uninterruptible Power System，UPS)等保护测控装置。公共部分有高压和低压厂用电保护测控装置及厂用电快切换装置等。本小节主要讨论发电厂电气监控系统，而发电厂网控自动化系统与变电站自动化系统类似，请参见变电站综合自动化部分。

2.发电厂电气自动化系统的基本功能

发电厂电气自动化系统的基本功能包括实现发电厂厂用电自动化、发电厂机组电气自动化、设备的监控与保护等。

(1)发电厂厂用电自动化　使用综合保护测控一体化智能设备，实现高压厂用电、低压厂用电、厂用电快切及公共部分的继电保护、监控、信息管理和设备维护。

(2)发电厂机组电气自动化　可实现发变组保护、发电机录波、励磁、同期、UPS、直流系统、电能表等的监控和管理。

(3)发电厂网控自动化系统(NCS)　实现对升压站的高压设备保护、监控和远动功能。

(4)配合五防工作站　实现发电厂电气系统的防误闭锁及操作票。五防具体是指：防止误分、合断路器，防止带负荷分、合隔离开关，防止带电挂、合接地线或接地开关，防止带接地线或接地开关送电，防止误入带电间隔。

3.发电厂电气自动化系统的三级体系结构

发电厂电气自动化系统常采用分层分布式结构，可分为监控层、通信管理层和间隔层三级体系。

(1)监控层　监控层是整个 ECS 系统的控制中心，完成对整个 ECS 系统的数据收集、处理、显示、监视，并且经过授权，能对相应的设备进行控制。监控层应根据系统规模和要求配置相应数量的后台服务器、操作员工作站、工程师站、WEB 服务器(可选)、五防工作站(可选，可以单独配置，也可以在操作员站实现)、网关(和其它系统相连用)和卫星对时装置 GPS(可选)。

(2)通信管理层　通信管理层由通信控制器及相关的通信网络设备组成。通信管理层是整个系统构成的关键纽带，完成监控层和间隔层之间的实时信息交换，还可以通过 RS-485 直接与动力机械自动控制系统进行通信，并完成各种自动化装置的接入，实现通信物理介质和通信规约的转换、接入功能。通信管理层支持现场总线、以太网、RS-485 等通信方式。通信管理层可采用双网冗余配置，以保证网络传输的可靠性。

(3)间隔层　间隔层设备包括发变组保护测控装置、励磁、同期、UPS、直流系统测控装置、厂用电保护测控装置及厂用电快切装置，它们对相关电气设备进行保护、测量和控制，各间隔单元互相独立、互不影响。

4.发电厂电气自动化系统的特点

(1)全厂数字化、信息化　采用网络通信技术替代动力机械系统硬接线对电气设备的监控方式，实现全厂数字化，减少了硬接线电缆、测量变送器、I/O 接口柜等设备的一次性投资，大大减少用户维护工作量。

(2)分布式系统　系统采用分布式面向对象的设计理念，采用分层分布的配置方法。间隔层装置面向被控设备对象设计，综合保护测控装置集保护、测控、通信于一体。

（3）开放式结构　　系统具有良好的开放性，备有完整的通信规约库，并提供规约开发平台，方便地与各类系统和设备接口；可挂接各种设备和仪表，可方便地与其它厂家的多种智能设备接口，方便地与动力机械自动控制系统、厂级生产监控信息系统、厂级管理信息系统等系统完全接口，实现不同系统的无缝接入。

（4）灵活配置系统　　系统组网和设备配置灵活，规模扩展不受限制，针对不同装机容量和使用场合提供性价比高的组网和设备配置解决方案。

（5）先进、可靠、冗余网络设计　　系统采用成熟、先进的网络通信技术，可采用双机冗余配置，通信速度快，通信速率高，系统具备高度的实时性和可靠性。

（6）易于实现全厂的综合自动化　　通过全通信方式，将发电厂电气自动化与动力机械自动化两大系统完美结合，提高了全厂的综合自动化水平。

8.3.2　变电站综合自动化系统的基本功能

变电站综合自动化系统的基本功能包括监视控制功能、继电保护功能、自动控制功能和远动通信功能等。

（1）监视控制功能　　变电站综合自动化系统的监视控制功能取代了传统的测量系统和仪表、操作机构和模拟盘、中央信号系统和远动装置等的功能，其中包括数据采集、安全监视、操作控制、数据处理与记录、人机联系等。

操作人员通过显示器屏幕可对断路器等进行合闸、分闸操作，同时也接受遥控、遥调命令，实现远方操作。为了保证操作安全，设有操作权限管理和操作闭锁功能。操作权限按分层（级）原则管理，调度员、操作员、系统维护员和一般人员按权限进行操作和控制。监控系统还可根据实时信息自动实现断路器、隔离开关等操作的闭锁功能，以防止带负荷拉隔离开关、带地线合闸等误操作。

（2）继电保护功能　　变电站综合自动化系统中的微机保护主要包括输电线路保护、电力变压器保护、母线保护、电容器保护等。由于继电保护的特殊重要性，为了不降低继电保护的可靠性、独立性，通常将继电保护按被保护的电力设备单元（间隔）分别独立设置。

（3）自动控制功能　　为了保证供电的安全、可靠和电能质量合格，变电站综合自动化系统可配置相应的自动控制功能，如电压/无功功率综合自动控制、备用电源自动投入控制以及低频减负荷自动控制等。

（4）远动通信功能　　变电站综合自动化系统具备远动终端的全部功能，包括与上级调度中心通信，把采集到的遥测、通信等信息远传至调度中心，并接受调度中心下达的各种操作、控制命令等。

8.3.3　变电站综合自动化系统的结构形式

随着计算机技术和通信技术的不断进步，变电站综合自动化系统的结构形式也从早期的集中式发展成为分层分布式。

1.集中式变电站综合自动化系统

集中式变电站综合自动化系统采用不同档次的计算机，扩展其外围接口电路，集中采集变电站中的模拟量、开关量等信息，集中进行计算处理，分别完成微机保护、微机监控和某些自动控制和远动通信等功能。这些功能大多由不同的微机完成，例如监控机可担负数据采集处理、开关操作、人机联系等任务,一台微机也可负责几回低压线路的保护等。这种集中式结构是按变电站的具体情况配置相应的监控主机、数据采集系统及微机保护装置等。这些设备集中安装在主控制室。主变压器、线路等有关电气设备的运行状态信息经电缆送到主控制室的数据采集和微机保护装置,对设备的控制信息亦由电缆传送。监控主计算机还可实现显示、控制和制表打印等功能,并与调度中心进行数据通信。

图 8-26 是变电站综合自动化系统集中式结构示意图。这种集中式结构的主要特点是对变电站的信息进行集中处理,每台计算机的功能较集中,为提高工作可靠性,应采用双机并联运行。集中式保护与长期以来采用的一对一常规保护相比,不直观,不符合运行和维护人员的习惯,调试维护也不太方便。此外,组屏多,占地面积就大,且需敷设大量电缆,投资和工程量也大。集中式变电站综合自动化系统一般适合于小型变电站。

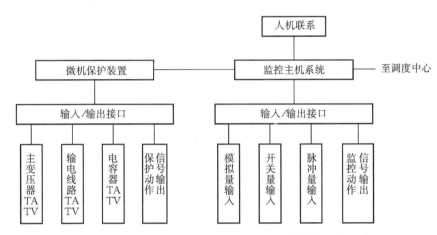

图 8-26　变电站综合自动化系统集中式结构示意图

2.分层分布式变电站综合自动化系统

按通信体系来划分,可将整个变电站的设备分为三层:设备层、间隔层(或单元层)和变电站层。

设备层包括变压器、断路器、隔离开关、电流互感器 TA、电压互感器 TV 等一次设备。

间隔层按一次设备组织,通常按断路器的间隔划分,包括测量控制部分和继电保护部分。测量控制部分负责该间隔的测量和控制,称为监控单元;继电保护部分负责该间隔变压器或线路等的继电保护,称为保护单元。两者通称为间隔层单元。间隔层由不同功能的单元装置组成,这些独立的单元装置通过串行总线或局域网等与变电站层通信。也可增设数据采集管理机、继电保护管理机,分别管理各测量监控单元和各继电保护单元,再由这些管理机集中与变电站层通信。

变电站层包括全站性的监控主机、远动通信机等。

图 8-27 是变电站综合自动化系统按通信体系分层的分布式结构示意图。

变电站综合自动化系统分层分布式结构,按组屏情况可分为集中组屏式、分散与集中组屏相结合式和完全分散式等几种。

(1)分层分布式集中组屏的变电站综合自动化系统　分层分布式集中组屏是把变电站综合自动化系统按功能的不同划分为若干功能单元(子系统),分别组屏,如数据采集屏,线路保

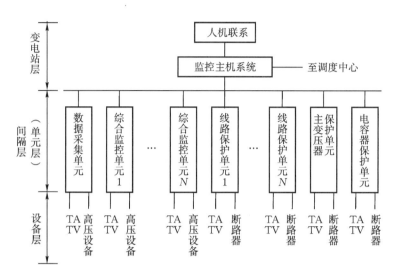

图 8-27　变电站综合自动化系统按通信体系分层的分布式结构示意图

护屏,主变压器保护屏等。通常这些屏都集中安装在主控制室,由监控主机集中对各屏进行管理并与调度中心通信。图 8-28 是分层分布式集中组屏的变电站综合自动化系统结构示意图。

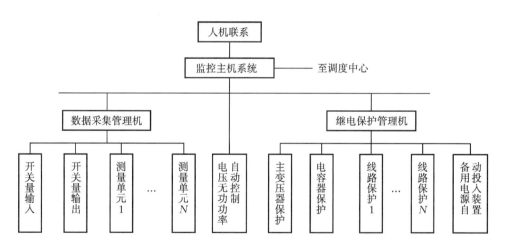

图 8-28　变电站综合自动化系统分层分布式集中组屏结构示意图

　　分层分布式集中组屏结构的主要特点是采用按功能划分的分布式多 CPU 结构,每个功能单元基本上是一个 CPU,大多采用单片机。这种分层分布式系统结构与前面的集中式系统相比,优点是可靠性高,任一部分设备故障只影响局部工作,也便于扩展和维护。

　　集中组装的屏安放在主控制室,工作环境较好,但占用了主控制室的面积,需要连接的电缆也较多。

　　(2) 分层分布式分散与集中组屏相结合的变电站综合自动化系统　随着单片机技术和通信技术的发展,特别是现场总线和局域网的应用,可以按一台变压器、一条线路等单个元件为对象,将数据采集、继电保护和监视控制等集为一体,安装在同一机箱,这种机箱就地分散设置在相应的开关柜上或其它一次设备附近,再通过光纤或电缆网络与监控主机通信。这种分散式结构,现场工作环境比较严峻,除了温度、湿度等因素外还有较强的电磁场干扰,但能节约大量连接电缆。对于重要的线路保护、主变压器保护等仍可采用集中组屏,安放在主控制室,工作环境较好。

图 8-29 是分层分布式分散与集中组屏相结合的变电站综合自动化系统结构示意图。这种结构采用分层分布式,可靠性高。由于分散设置,减小了电流互感器、电压互感器的负担,节约了连接电缆,也减少了设备安装施工的工作量。重要的继电保护装置仍设置在主控室,工作环境较好。监控主机通过现场总线或局域网与各模块通信,抗干扰能力较强。由于馈电线路的数据采集、监控和保护单元分散安装在各个开关柜内,加之取消了常规的控制屏、中央信号屏和模拟屏,因而主控制室的面积可大为缩小。

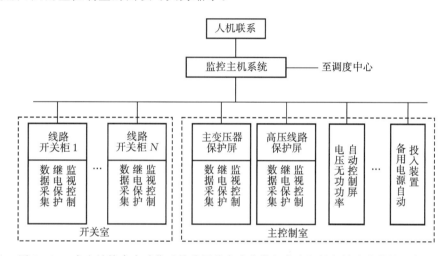

图 8-29 变电站综合自动化系统分层分布式分散与集中组屏相结合的结构示意图

(3)分层分布式完全分散的变电站综合自动化系统 图 8-30 是分层分布式完全分散的变电站综合自动化系统结构示意图。这种系统按一次回路为每一个开关柜或一次设备就地分散安装相应的数据采集、监控单元和微机保护单元,节省了大量的连接电缆,也免除了用电缆传送信息时遭受干扰的侵袭,提高了可靠性。监控主机系统与各功能单元之间则用现场总线

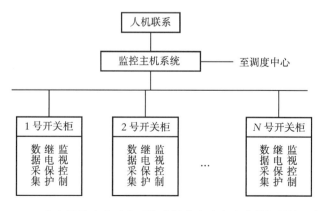

图 8-30 变电站综合自动化系统分层分布式完全分散的结构示意图

或局域网等交换信息。

这种完全分散式的变电站综合自动化系统,各功能单元完全依主设备分散安装,各自独立,互不影响,简化了二次设备,节省了电缆,提高了可靠性,且不再设置继电保护屏等,也减小了主控制室的占地面积。

8.3.4　变电站综合自动化系统的通信

变电站综合自动化系统的通信包括与外部的调度中心通信以及综合自动化系统内部的通信两部分。与调度中心的通信请参阅本章的 8.2.5 数据传输的有关部分,以下简略介绍内部通信的概貌。

变电站综合自动化系统实质上是由多台微机组成的分层分布式计算机控制系统,包括数据采集、监控、微机保护等多个子系统,而子系统又可能由若干智能模块组成。为了实现各子系统之间和子系统内部的信息交换和数据共享,常用的通信方式有串行通信接口方式、现场总线方式以及局域网方式等。

1.串行通信接口

变电站综合自动化系统内部大量使用串行通信,常用的串行标准接口有 RS—232C 和 RS—485 等。

RS—232C 标准接口是终端设备和数据传输设备之间以二进制数据交换方式传输数据最常用的接口。RS—232C 是单端驱动和单端接收电路,传输速率一般不大于 20 kb/s,传输距离不超过 15 m。

RS—485 则适用于多点之间共用一对线路进行总线式互连,传输速率达 93.75 kb/s,传输距离可达 1.2 km。变电站综合自动化系统中,各个测量单元、自动装置和保护单元常配有 RS—485 接口,以便联网构成分布式系统。

串行通信接口的设备简单,成本低,但数据传输的速率不太高,可用于微机保护、自动装置与监控系统的通信等。

2.现场总线

现场总线是一种用于生产现场的工业总线,可实现现场智能化设备之间,以及这些设备与上级控制系统之间的数据通信。这类总线有 CAN(Controller Area Network)总线等。以 CAN 总线为例,这是一种具有很高可靠性,支持分布式控制和实时控制的通信网。CAN 通信网上任一节点可在任意时刻向其它节点发信,不分主从,通信方式灵活。CAN 网上的节点信息分成不同的优先级,当两个节点同时向网上发信时,优先级低的节点主动退出发送,优先级高的节点不受影响,继续传输数据,因而可及时上报突发事件信息,适用于有实时性要求的场合。CAN 现场总线采用短帧传送,每帧受干扰的概率相应减小,且配有循环冗余校验(CRC),故数据传送的可靠性较高。CAN 总线的最高传输速率可达 1 Mb/s,最大通信距离为 5 km。

3.局域网(Local Area Network,LAN)

局域网是一种用于局部区域的计算机网络,它利用通信设备和线路将各个独立的计算机系统相互连接,实现网络中各组成部分之间的信息交换和资源共享。局域网的误码率较低,数据传输速率可高达 100 Mb/s,传输距离一般不超过 2.5 km。局域网的应用十分广泛,目前采用较多的是以太网(Ethernet)。

在变电站综合自动化系统的通信中,为了确保通信双方能有效、可靠地进行数据传输,发送和接收双方应共同遵守相关规约的规定。国际电工委员会制定了变电站通信网络和系统标准 IEC61850 系列,对变电站自动化系统的通信网络和通信规约都作了严格的规定,供各国采用。

8.3.5　变电站综合自动化系统的特点

变电站综合自动化系统的特点主要有以下几点。

(1) 功能综合化　变电站综合自动化系统将多种功能进行优化组合。例如微机监控系统,综合了变电站的仪表屏、操作屏、模拟屏、变送器屏、中央信号系统、远动的 RTU 功能以及电压/无功功率自动调节功能等。

(2) 结构分层、分布化　变电站综合自动化系统是一个分层分布式系统。总体按分层原则组织,功能模块采用分布式结构。每个子系统可能有多个 CPU,分别完成不同的功能。各个子系统通过通信网络连接在一起,相互协调配合,构成分层分布式的自动化系统。

(3) 通信网络化　计算机局域网、现场总线、光纤通信等在变电站综合自动化系统中得到普遍应用。通信系统实现高速数据传输,具有较好的抗干扰能力,可靠性高,易于扩展,施工方便。

(4) 测量显示数字化　微机监控系统以数字方式显示,直观明了,自动打印记录减轻了值班人员的劳动。测量数字化提高了测量精确度和管理的科学性。

(5) 显示操作屏幕化　值班人员通过显示器屏幕,即可监视全变电站的实时运行情况,对各开关设备等进行操作控制。显示器屏幕上的实时主接线画面取代了传统模拟屏。鼠标、键盘操作代替了在控制屏或断路器安装处进行的分闸、合闸等操作。显示器屏幕画面的闪烁和文字提示或语音报警取代了常规的光字牌报警信号等等。一些重要变电站还配备有视频监视(遥视),摄像机拍摄现场情况,将图像传给控制中心,使值班人员更全面、真实地了解现场情况。

(6) 运行管理智能化　除了具有常规的自动化功能,如电压/无功功率自动调节、自动报警、自动报表等之外,还能在线自诊断,有效地提高了工作的可靠性。

变电站综合自动化的实现,也为变电站无人值班创造了有利条件。

8.4　配电网自动化

配电网将发电、输电系统与用户连接起来,直接向用户供应电能。我国通常把 110 kV 和 35 kV 电网称为高压配电网,10 kV 电网称为中压配电网,380/220 V 电网称为低压配电网。随着用电量的增长和电力市场的发展,用户对供电的可靠性、电能质量和优质服务的需求不断提高,配电网自动化就是要实现对配电网及其设备在正常运行及事故状态下的监测、保护、控制以及用电和配电管理的现代化。

通常把对配电网进行监视、控制和管理的综合自动化系统称为配电管理系统(Distribution Management System,DMS),内容包括配电自动化,配电网络分析和优化以及配电工作管理等应用功能。配电自动化系统(Distribution Automation System,DAS)是配电企业能在远方,以实时方式对所辖设备进行监视、协调和控制的自动化系统,包括配电网数据采集和监控(配电网 SCADA)、配电网图资地理信息系统和需求侧管理等部分。

8.4.1　配电管理系统的主要组成部分

配电管理系统有如下一些主要组成部分。

1.配电网 SCADA

配电网 SCADA 系统通过装设于网内各处的监测装置,收集配电网的实时运行信息,对配电网进行监视和控制。监测装置包括变电站内的 RTU,配电变压器监测终端(Transformer Terminal Unit,TTU),以及沿馈线分布的馈线终端单元(Feeder Terminal Unit,FTU)等。配电网 SCADA 系统的主要功能为数据采集、遥测、遥信、遥控、遥调、状态监视、报警、事件顺序记录、统计计算、制表打印等。

2.配电变电站自动化

配电变电站自动化主要实现变电站的监视控制、继电保护、自动控制以及远动通信等功能。

3.馈线自动化(Feeder Automation,FA)

馈线自动化的功能为:利用自动化装置及系统,在正常状态下监视馈线分段开关、联络开关的状态以及馈线的电压、电流、功率等,实现开关的远方或就地操作;在故障时获得故障记录,自动判别并隔离馈线故障区段,恢复对非故障区段的供电。

4.配电网图资地理信息系统(Automated Mapping/Facilities Management/Geographic Information System,AM/FM/GIS)

配电网的设备分散,地域分布广,其运行管理工作常与地理位置有关。配电网图资地理信息系统 AM/FM/GIS 在基于城市电子地图的人机界面上,实现设备查询,图资管理,运行和检修计划管理等功能。也有文献将 AM/FM/GIS 统称之为 GIS。

5.需求侧管理(Demand Side Management,DSM)

需求侧管理主要包括负荷监控与管理,以及远方抄表与计费自动化等。

6.配电网高级应用软件

配电网高级应用软件包括负荷预测、网络拓扑分析、状态估计、潮流计算、线损计算分析、电压/无功功率优化等。配电网中不涉及系统稳定和调频之类的问题。

8.4.2　配电管理系统的结构和通信

1.配电管理系统的结构

配电管理系统的总体结构由控制中心、监控/监测终端以及通信信道等组成。其基本结构可由一个控制中心和若干个监控/监测终端或其它终端组成。配电网较大时可增设若干控制分中心,也可配置若干站控终端,如图 8-31 所示。

(1)控制中心　对整个配电网及其设备的运行进行监视、控制和管理。接收由控制分中心、站控终端转发,或直接来自各终端设备的配电网实时信息,加以分析处理,给下属发布指令,并与上级调度通信,交换数据。

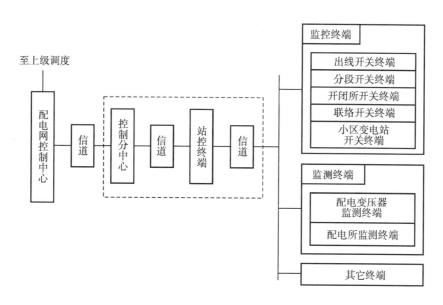

图 8-31　配电网自动化系统总体构成示意框图

（2）控制分中心　管辖范围只是配电网的一部分，其作用与控制中心相似，但规模较小。控制分中心应向控制中心上报有关信息，并接受控制中心发来的信息或指令。

（3）站控终端　站控终端处于控制中心（分中心）与监控/监测终端之间，主要完成：

①不同通信方式或路由的转换，与终端设备及上级控制中心完成数据交换，实现数据的上传下达；

②就地或就近进行监视、控制，故障隔离和部分恢复供电。

（4）终端设备　监测/监控终端设置在各监测/监控设备近旁，其作用为：

①采集被监测设备的运行数据及状态信息；

②监视运行设备，发生异常情况时及时上报；

③接收控制中心（分中心）下达的指令，执行控制操作；

④根据程序设定，完成特定条件下的自动控制操作，如自动判断故障，予以快速隔离；备用电源自动投入控制；电容器组的自动投切等。

2.配电管理系统主站硬件配置

配电管理系统主站设备应根据系统实际需要配置。图 8-32 为配置示意框图。为了提高可靠性，系统的数据服务器、前置处理服务器等均采用双备份冗余结构，故障情况下可自动切换。

（1）网络　采用双重网络结构，双网络同时工作，可均衡网络负荷，并可在故障时自动切换，单一网络故障不影响整个系统的正常工作。

（2）数据服务器　主要负责实时数据处理和数据存储。数据服务器配有磁盘阵列。

（3）磁盘阵列　为配电网的描述数据和历史数据等提供高可靠的数据存储、共享和管理功能。

（4）前置处理服务器　接收并处理各种终端设备以不同的通信方式、不同的通信规约送

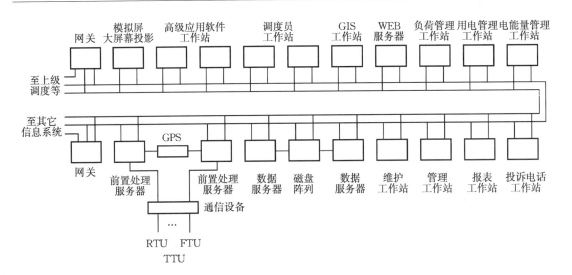

图 8-32　配电管理系统主站配置示意框图

来的监测/监控信息,实时向网上传播,并向各终端设备发送遥控、校时等控制命令。

（5）GIS工作站　用于存储与地理信息相关的数据,为GIS客户提供数据查询、访问等支持。对于规模较大的配电网,配电GIS可单独成立系统,通过接口与配电管理系统相连,互相支持,共同完成对配电网的实时监控与管理。

（6）网关　通过网关进行通信规约的协调和转换,可与其它网络,如上级调度的EMS,以及MIS等系统互连,交换信息。

（7）WEB服务器　将配电网管理系统的实时数据、历史数据、图形数据等,通过WEB服务器在网上发布,使用户在远程即可查看当前设备的运行状态等信息。

此外,图8-32中还配有维护工作站、管理工作站、调度员工作站以及报表打印工作站等。图中的GPS对时设备,用以统一整个配电管理系统的时钟,由前置处理服务器采集全球定位系统GPS的时钟信号,周期地向网上及各终端设备发布。

3.配电管理系统的通信

配电管理系统需要和上级调度及所辖区域内的站点进行通信。下面简略介绍和配电网内站点通信的简况。

配电管理系统中需要进行通信的站点数目比较多,与输电网相比,通信距离相对较短,传输速率要求也不太高,常用的通信方式有配电线载波、无线电数据传输电台、线缆、光纤以及利用公用通信网等。

（1）配电线载波（Distribution Line Carrier,DLC）通信　配电线载波通信的基本工作原理与输电线载波通信相同。由于配电线载波是一种基于配电网络的通信方式,与以点对点通信方式为主的输电线载波相比,具有通信路由复杂,传输损耗较大,通信网络结构及特性变化大等特点。

（2）无线电数据传输电台通信　无线电通信覆盖面广,不需传输线,可构成双向通信。配电网中的无线电数传电台通常使用甚高频或特高频频段。

频率在30～300 MHz的无线电波称为甚高频（Very High Frequency,VHF）。配电管理

系统可使用 200 MHz 的数传电台进行通信。无线电负荷控制也使用 VHF 频段。VHF 信号易受障碍物和多路径效应的影响,电视信号等也会对它造成一定干扰。

频率在 300～3000 MHz 的无线电波称为特高频(Ultra High Frequency,UHF)。配电管理系统中常用的是 800 MHz 频段,这一频段具有较强的绕射能力,接收终端天线尺寸小,数传电台体积小,重量轻,但 UHF 信号的覆盖范围较小,最大传输距离为 50 km,也易受多路径效应影响。UHF 不易受其它通信业务的干扰,通信比较可靠。

(3) 线缆通信　线缆通信方式通常是指以普通通信线缆,如双绞线、同轴电缆等为传输媒介进行通信。线缆通信方式的特点是投资省,技术简单,易于实现。但传输速率较低,工程量较大且易受外力影响,造成断缆,使通信中断。

(4) 光纤通信　光纤通信具有可用频带宽,衰耗小,通信容量大,重量轻,特别是抗电磁干扰能力强等优点,但分路和耦合不太方便,在配电管理系统中,光纤通常用于主干线及抗电磁干扰要求较高的场合。

(5) 公用通信网　利用公用通信网的通信方式是指利用中国电信、中国网通、中国移动通信等电信部门建成的通信系统来传送配电自动化信息。

租用专用的有线电话线路可以快速双向传送数据,但租赁费用较高,且电力部门无法完全掌握电话线路的维护以确保其可靠运行。使用拨号有线电话方式通信费用较低,但拨号电话有时延,对于实时性要求高的场合难以适用。

目前应用较多的是用拨号有线电话方式或利用全球移动通信系统(Global System for Mobil Communications,GSM)等的业务来传送远程集中抄表数据等信息。

配电网管理系统中各站、点之间应根据实际情况选用合适的通信方式。整个系统中会同时存在多种不同的通信方式。图 8 - 33 是配电网中混合通信方式配置示例。通常,监控/监测终端可采用配电线载波通信;负荷控制可由主站以无线电通信方式发布指令;抄表系统可采用

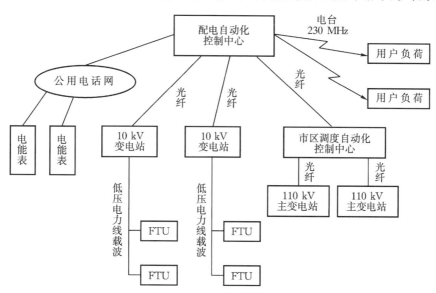

图 8 - 33　配电网中混合通信方式配置示例

公用电话方式通信;对于重要的主干线则采用光纤通信方式等。

　　配电网中双方进行通信时,都应遵守相关的约定即通信规约。目前国内应用的配电网自动化主站和终端通信的规约主要有国家电力公司 2001 年 12 月发布的《配电网自动化终端通信协议(试行)》,DNP 3.0(Distributed Network Protocol Version 3.0)等。国际电工委员会 IEC 对配电网自动化也制定了相关标准 IEC61334 系列等。

8.4.3　馈线自动化

　　在我国,馈线自动化通常是指 10 kV 馈线的自动化。馈线自动化是在正常情况下,实时监视馈线分段开关的状态以及馈线的电流、电压、功率等,实现线路开关的远方或就地分、合闸操作;在故障时获得故障记录,并自动判别和隔离故障区段,迅速对非故障区段恢复供电。

1.馈线自动化设备

　　馈线自动化设备主要有自动重合器、分段器和馈线终端单元等。

　　(1)自动重合器　　自动重合器是一种控制开关,能检测故障电流,在给定的时间内断开故障电流,并进行规定次数的重新合闸。如重合成功,就自动中止后续动作,经延时后恢复到原先的整定状态。如为永久性故障,则经规定的重合次数后不再重合,闭锁于断开状态,将故障线段隔离。

　　(2)分段器　　分段器是一种与电源侧前级主开关配合,在失去电压和无电流的情况下自动分闸的开关设备。发生永久性故障时,分段器经规定的分、合闸操作次数后,闭锁于分闸状态,从而隔离了故障线段。若分段器在完成规定的分、合闸操作次数之前,故障已被其它设备切除,分段器就保持在闭合状态,经延时后恢复到原先的整定状态。分段器不能断开短路故障电流,但可断开负荷电流,闭合短路电流。

　　根据判别故障的方式,分段器有电压-时间型分段器和故障电流次数计数型分段器两类。

　　① 电压-时间型分段器能检测网络电压,并以电压的有无作为分闸、合闸操作的一种依据。

　　电压-时间型分段器有两种工作方式,第一种工作方式是在正常运行时分段器处于闭合状态,用于辐射状网中的分段器就处于这种常闭状态。第二种工作方式是在正常运行时分段器处于断开状态。分段器作为环状网的联络开关,并在该处开环运行时,作为联络开关的分段器就处于这种常开状态。分段器的工作方式可由人工选定设置。

　　电压-时间型分段器应用于辐射状网时分段器处于常闭状态,设置为第一种工作方式。当分段器检测到电源侧失去电压,在无电流的状态下就自动分闸。此后在分段器检测到电源侧又有电压后就启动合闸时间 X 计数器,在经过规定的 X 时限(一般整定为 7 s 或 14 s)后,分段器合闸,同时启动故障检测时间 Y 计数器。若在达到规定的 Y 时限(一般整定为 5 s)以前,该分段器又检测到失去电压,表明分段器此次合闸到永久性故障,引起电源侧重合器再次跳闸。该分段器因失去电压而再次分闸,并被闭锁在分闸状态。

　　电压-时间型分段器作为环状网的联络开关,并在该处断开、开环运行时,作为联络开关的分段器设置在第二种工作方式。环状网中其余的电压-时间型分段器设置为第一种工作方式。第一种工作方式的分段器其工作情况和用于辐射状网时相同。作为联络开关的分段器对两侧的电压均进行检测。当检测到任一侧失去电压时,就启动 X_L 计数器,经过规定的 X_L 时限(一般整定为 45 s)后,使分段器合闸,同时启动 Y 计数器。若在规定的 Y 时限以前该分段器的同一侧又失去电压,则该分段器就分闸,并闭锁在分闸状态。

② 故障电流次数计数型分段器能记录线路故障电流出现的次数。当记录到的次数达到整定的数值时,在无电压、无电流的情况下,分段器及时自动分闸。分段器记录到的次数值经一定时间后自动清零,为下一次动作做好准备。

(3) 馈线终端单元 FTU　FTU 是安装在馈线开关旁的监控装置,采集相关线路的电流、电压、功率及开关状态等实时信息,对馈线运行状况进行监视并向上级控制中心传送相关信息,发生事故时及时上报,接收并执行上级下达的命令。

FTU 是智能终端设备,采集的数据量不多,通信速率要求也不高,但要适应户外工作的恶劣环境,可靠性要求较高。

2.馈线自动化的实现方式

馈线自动化有两种实现方式:当地控制方式和远方控制方式。当地控制方式是依靠馈线的重合器、分段器自身的功能相互配合来隔离故障区段,恢复对非故障区段的供电。远方控制方式是由控制中心利用通信系统采集各处的 FTU 等送来的信息,加以综合分析判断,确定故障区段,再下达遥控命令,将故障区段隔离,恢复对非故障区段的供电。

(1) 当地控制方式的馈线自动化

① 辐射状网的故障隔离:图 8－34 是一个辐射状网采用重合器与电压-时间型分段器配合时,隔离故障区段过程的示意图。

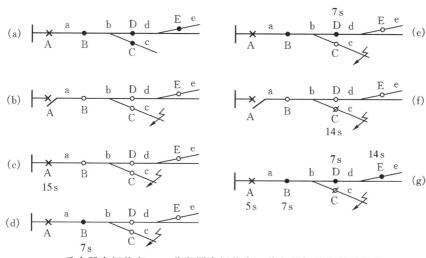

图 8－34　辐射状网采用电压-时间型分段器隔离故障区段的过程示意图

图 8－34 中 A 为重合器,整定为一慢一快,即第一次重合时间为 15 s,第二次重合时间为 5 s。B,C,D,E 都是电压-时间型分段器,在辐射状网中都是常闭开关,设置在第一种工作方式。B 和 D 的 X 时限整定为 7 s,C 和 E 的 X 时限整定为 14 s。所有分段器的 Y 时限均整定为 5 s。

图 8－34(a)为该辐射状网正常时的工作状况,重合器 A 和分段器 B,C,D,E 均闭合。

图 8-34(b)为 c 区段发生永久性故障后重合器 A 跳闸,导致全线路失去电压,造成 B,C, D 和 E 均分闸。

图 8-34(c)为事故跳闸 15 s 后,重合器 A 第一次重合,将电供至 a 区段。

图 8-34(d)为再经过 7 s 的 X 时限后 B 自动合闸,将电供至 b 区段。

图 8-34(e)为又经过 7 s 的 X 时限后 D 自动合闸,将电供至 d 区段。

图 8-34(f)为 B 合闸后再经过 14 s 的 X 时限,分段器 C 自动合闸,但由于 c 区段存在永久性故障,再次导致重合器 A 跳闸,全线路又失去电压,造成 B,C,D 再次分闸。而分段器 C 合闸后未达到 Y 时限(5 s)就又失去电压,故分段器 C 被闭锁于分闸状态。

图 8-34(g)为重合器 A 再次跳闸后又经过 5 s,进行第二次重合。此后,分段器 B,D 和 E 依次自动重合,而分段器 C 仍闭锁在分闸状态,从而隔离了故障区段,恢复了对正常区段的供电。

图 8-35 为辐射状网采用重合器与故障电流次数计数型分段器配合时,隔离故障区段的示意图。

图 8-35　辐射状网采用故障电流次数计数型分段器隔离故障区段示意图

重合器分闸后要经 t_s 时延再合闸。故障电流次数计数型分段器在计满整定的故障电流次数,重合器已跳闸但尚未重合时立即将分段器断开。图 8-35 中 A 为重合器,B,C 和 D 是故障电流次数计型分段器。重合器 A 和分段器 B,C,D 的参数均可设置,例如图 8-35 中的重合器 A 设置为重合 3 次,分段器 B,C,D 依次整定故障电流流过的次数分别为 3 次、2 次和 1 次。

当线路在 d 区段发生永久性故障时,重合器 A 在检测到故障后分闸。分段器 B,C,D 均检测到故障电流并计数 1 次。在经 t_s 延时期间,分段器 D 的计数已满 1 次,于是 D 就分闸,完成对 d 区段的故障隔离。此后,重合器 A 自动合闸,恢复对 a,b,c 区段的供电。

若永久性故障发生在 c 区段,重合器 A 检测到故障后分闸。分段器 B,C 均检测到故障电流并计数 1 次。经 t_s 延时后 A 第一次重合,但因故障未消除,A 再次分闸。在此期间,分段器 B,C 又检测到故障电流并再计数 1 次。由于分段器 C 的计数次数已满 2 次,达到整定值,故在重合器 A 经 t_s 延时再次重合之前分段器 C 分闸,将故障区段 c 隔离。此后,重合器 A 第二次自动合闸,恢复对 a,b 区段的供电。

若永久性故障发生在 b 区段,亦可仿此分析。

如 a 区段发生永久性故障,重合器 A 检测到故障后跳闸,而分段器 B,C,D 均检测不到故障电流。重合器 A 在完成 3 次重合后闭锁于断开状态,不再重合。

② 环状网开环运行时的故障隔离:图 8-36 是环状网开环运行时采用重合器与电压-时间型分段器相配合的故障隔离过程示意图。

图 8-36 中 A 为重合器,整定为一慢一快,即第一次重合时间为 15 s,第二次重合时间为 5 s。B,C,D 均为电压-时间型分段器,都设置为第一种工作方式,它们的 X 时限均整定为 7 s, Y 时限均整定为 5 s。E 为联络开关处的电压-时间型分段器,设置在第二种工作方式,其 X_L 时限整定为 45 s,Y 时限整定为 5 s。

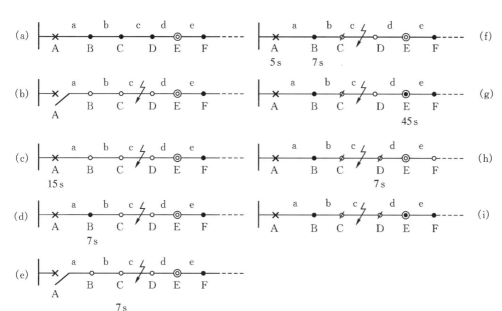

——×—重合器合闸状态；◉联络开关合闸状态；● 分段器合闸状态；∅分段器闭锁在断开状态；

——×—重合器断开状态；◎联络开关断开状态；○分段器断开状态。

图 8-36　环状网开环运行采用电压-时间型分段器隔离故障区段的过程示意图

图 8-36(a)是该环状网开环运行时的正常工作情况，重合器 A 和分段器 B,C,D 均闭合，作为联络开关的分段器 E 则断开。E 的右侧电源供电线路上的重合器、分段器（包括 F）均闭合。

图 8-36(b)为在 c 区段发生永久性故障后，重合器 A 跳闸，使联络开关 E 左侧线路全部失去电压，造成分段器 B、C 和 D 都分闸，并启动分段器 E 的 X_L 计数器。

图 8-36(c)为重合器 A 事故跳闸 15 s 后第一次重合，将电供至 a 区段。

图 8-36(d)为又经过 7 s 的 X 时限后，分段器 B 自动合闸，将电供至 b 区段。

图 8-36(e)为又经过 7 s 的 X 时限后，分段器 C 自动合闸，此时由于 c 区段有永久性故障，故重合器 A 再次跳闸，使线路又失去电压，造成分段器 B 和 C 均分闸，而分段器 C 由于合闸后未达到 Y 时限(5 s)就又失去电压，因而被闭锁在分闸状态。

图 8-36(f)为重合器 A 再次跳闸后又经过 5 s，进行第二次重合。随后再经过 7 s 的 X 时限分段器 B 自动合闸，将电供至 b 区段。

图 8-36(g)为重合器 A 第一次跳闸后，经过 45 s 的 X_L 时限，分段器 E 自动合闸，将电供至 d 区段。

图 8-36(h)为又经过 7 s 的 X 时限后，分段器 D 自动合闸，此时由于 c 区段有永久性故障，导致联络开关 E 右侧电源供电线路的重合器跳闸，右侧线路失去电压，造成右侧线路上所有分段器均分闸。而分段器 D 由于合闸后未达到 Y 时限(5 s)就又失去电压，因而被闭锁在分闸状态。

图 8-36(i)为右侧电源供电线路上的重合器和分段器及联络开关 E 等又依顺序合闸，而分段器 D 则闭锁于分闸状态，从而隔离了故障区段，恢复了对正常区段的供电。

（2）远方控制方式的馈线自动化　　图 8-37 是基于 FTU 的远方控制方式的馈线自动化系统示意图。

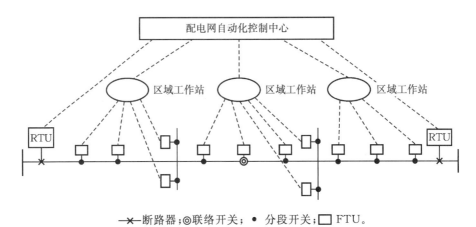

→×断路器；◎联络开关；● 分段开关；□FTU。

图 8-37　基于 FTU 的远方控制方式馈线自动化系统示意图

图 8-37 中各 FTU 分别采集相应开关的运行信息，如电流、电压、功率和开关的位置状态等，这些信息经通信网络送给远方的配电网自动化控制中心，FTU 也可接受控制中心下达的指令，进行倒闸操作。这种基于 FTU 的远方控制方式的馈线自动化系统可以实现 SCADA 功能，实时监视馈线的运行工况。发生事故时各 FTU 记录下故障前及故障时的重要信息（如故障前的负载电流，最大故障电流等），并将这些信息送至控制中心。控制中心的计算机系统将各 FTU 送来的信息进行综合分析，确定故障区段和最佳恢复供电方案，并以遥控方式给有关 FTU 下达指令，最终将故障区段隔离，恢复对正常区段的供电。

图 8-37 中的区域工作站实际上是信道集中器和转发装置，它将一群分散的 FTU 信息就近集中，进行必要的规约转换等处理，再与控制中心通信，将信息上传下达，以减轻控制中心的工作。

远方控制方式的馈线自动化系统可实时监视馈线的运行工况，发生故障时可准确、快速地将故障区段隔离，恢复对正常区段的供电，故障处理过程中开关的动作次数少，对配电系统和设备的影响也小。但这种方式需要高质量的通信系统和计算机主站，投资比较大。随着科技的发展，电子、通信设备可靠性的不断提高以及计算机和通信设备价格的下降，这种基于 FTU 的远方控制方式的馈线自动化系统将获得更为广泛的应用。

当地控制方式的馈线自动化，是依靠重合器和分段器相互配合，完成故障隔离和恢复供电，不需主站控制，在处理故障时对通信系统并无要求，故投资省、见效快。但这种方式仅适用于配电网络结构比较简单，运行方式相对固定的系统。采用这种实现方式时，对开关性能的要求较高，且多次重合，对设备和系统会有相应的冲击。

8.4.4　配电网图资地理信息系统

配电系统的设备分布面广，数量大，设备的管理任务重，通常还与地理位置有关，而配电系统的正常运行、计划检修、故障排除、恢复供电等也都需要配电设备信息和相关的地理位置信息。地理信息系统 GIS 是综合分析研究空间数据的计算机系统，可以对与地理分布有关的数据进行采集、管理、运算、分析、显示和描述。在电力系统中 GIS 是以 AM/FM/GIS 的形式提出,其中 AM 是自动制图,包括制作、编辑、修改与管理图形,这些图可以是地图、设计图或各种其它图形;FM 是设备管理,包括对各种设备及其属性的管理。AM/FM/GIS 称为配电网图资地理信息系统或简称为配电 GIS。配电 GIS 将配电网设备的分布、属性及实时信息等,按其实际地理位置描述在地理背景图上,并具有查询、统计、运行、维护、分析和管理等功能。配电 GIS 为配电网的运行管理提供一种基于地理位置空间信息的计算机管理现代化的手段。

1.配电 GIS 的基本结构和主要功能

(1)配电 GIS 的基本结构　图 8-38 是配电 GIS 的基本结构框图。配电 GIS 处理的信息有两类,一类是反映事物空间位置的信息,称为空间位置数据;另一类是与事物的地理位置无关,反映事物其它特征的信息,称为属性数据。GIS 对录入的数据在相关软件和数据库管理系统的支持下,进行编辑、整理、存储和管理,同时建立空间位置数据和属性数据之间相互访问的对应关系,为进一步的信息处理与空间分析奠定基础。GIS 对数据具有分析计算和处理的能力,并可将所得结果通过显示器、绘图仪或彩色打印机等输出。

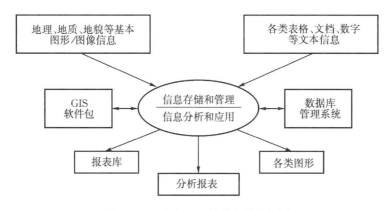

图 8-38　配电 GIS 的基本结构框图

(2)配电 GIS 的主要功能　配电 GIS 的基本功能主要有以下几方面。

① 图形处理功能:地图输入、编辑与查询,电网图形分层、分类管理和显示,地理背景图分层管理和显示,符号文字的各种属性的编辑和修改,图形任意缩放、平滑漫游,自动生成电网拓扑结构及各种配电管理专业图,按设备名称、代码等条件进行快速定位显示等。

② 查询统计功能:配电设备相关资料查询,各种专业图及其相关设备查询,在各种图形上任意指定区域进行设备统计和查询,网络拓扑关系查询等。

③ 设备运行管理功能:设备缺陷管理,设备变更管理,设备异常运行管理,检修管理等。

④ 数据管理功能:各种设备有关数据的输入、编辑、输出,各种报表的生成、统计、查询、编辑、输出等。

此外,配电 GIS 尚有以下扩展功能。

① 计算、分析功能:基于图形的供电可靠性基础数据及可靠性现状图的自动生成,停电模拟运行分析,故障点的隔离及其图形化的模拟分析,多路转供电方案的自动生成及其图形化的模拟分析等。

② 运行信息分析监控管理功能:配电网实时信息的显示及处理(监控),负荷网络分析等。

③ 停电管理:事故及检修停电范围分析、显示,停电事项管理,挂牌管理,事故预演等。

除此之外,配电 GIS 的扩展功能还可有用户报修管理功能、用户报装辅助设计功能以及工作票单管理功能等。

2.配电 GIS 在配电网中的应用示例

(1) 在线应用

① 反映配电网实时运行情况:配电 GIS 能直观地反映配电网的实时运行状况。根据遥信量显示网络的拓扑结构,并以不同的色彩等来区分电压等级以及是否带电等。对于遥测量,确保显示数据的实时性。发生事故时可推出含地理信息的报警画面,以不同的色彩、闪光等显示故障停电线路及停电区域,并做事故记录。

② 在线操作:配电 GIS 可在地理接线图上直接对开关进行遥控操作,或对设备进行各种挂牌、解牌操作。

(2) 离线应用

① 设备管理:配电 GIS 能在以地理图为背景的单线图上分层显示变电站、线路、变压器、断路器、隔离开关、电杆和电力用户等的地理位置,只要激活需要检索的站、点或设备图标,即可显示有关站、点或设备的相关信息。

② 用电管理:配电 GIS 可按地址建立用户档案,便于查询有关用户的安装容量、用电数据等信息。新用户业务报装时配电 GIS 可快速查询有关信息数据,减少现场勘测工作量,加快了新用户报装的速度。配电 GIS 还可根据变压器、线路的实际负荷,用户的地理位置及负荷可控情况,制定各种负荷控制方案。

③ 规划设计:根据地理图上提供的设备管理和用电管理的信息数据,与负荷预报数据相结合,可以构成配电网规划和设计的基础。

此外,配电 GIS 还可根据用户的故障投诉电话,快速、准确地判定故障发生的地点和故障影响的范围,及时予以处理,并将有关情况回应给投诉用户,提高了服务质量。

8.4.5　需求侧管理

需求侧管理包括负荷管理、用电管理和需方发电管理等。

1.负荷管理(Load Management,LM)

负荷管理的核心是负荷控制,主要是"削峰填谷",使系统的日负荷曲线趋于平坦。如果系统中发电设备等的容量按照不加控制的负荷的峰值来配置,必然使投资加大,而在非峰值时段,部分设备被闲置,设备利用率不高,而且为了跟踪负荷大幅度涨落,部分发电机组须及时启动、停运,这亦增加了运行的操作和费用。

为了"削峰填谷",使日负荷曲线趋于平坦,供电部门可以用经济手段与用户协商。例如,采用分时电价、分季电价、地区电价、需量电价等方式,鼓励用户适当安排用电时间,对部分用电设备,如热水器、储热系统、空调、冷藏库等,尽可能避开高峰时段,移至低谷时段使用。在电力市场环境下,用户也可根据发布的电价等信息,对用电做好安排。

对用户负荷的控制有集中控制和分散控制两种方式。

(1) 用户负荷的集中控制　对于用电量大、可中断的用户和非重要用户,可根据其重要程度排定次序,在负荷高峰时段,按情况需要,由负荷管理控制系统依次发出控制命令,切除相应的负荷。在非峰值期间才容许被切负荷重新投入。

负荷集中控制系统常用的通信方式有无线电和配电线载波等。

（2）用户负荷的分散控制　　单独的负荷控制装置称为定量器，安装在用户当地，可按事先整定好的用电量、负荷大小、用电时间等来控制用户的负荷。更改整定值时须在现场设定。

2.用电管理

用电管理是对用户的基本信息，如用户名称、地址、电话、账号、缴费等，以及用电信息，如用电量、负荷停电次数等进行计算机管理。在此基础上完成抄表收费、故障报修等用户管理和服务功能。

3.需方发电管理

有的用户出于可靠、经济等方面的考虑，装有自备电源，如内燃机发电、风力发电、小型水力发电等。这些自备电源，保证了用户的可靠用电，也可对电网的"削峰填谷"起辅助作用，有时还会有部分电力注入配电网。这些分散的分布式小电源的引入，有利于提高供电的可靠性，但由于增加了新的电源，对继电保护及配电网的运行模式等可能会有影响，应加以统一管理。

8.4.6　远程自动抄表系统

配电网中，需要采集电能数据的用户电能表数量众多，地域上有的相对比较集中，有的则较分散，因而一般采用就近集中后再分层传送的数据采集方式。图 8-39 是分层传送的远程自动抄表系统示意框图，它包括用户电表层，抄表集中器/抄表交换机层和主站层，各层之间以通信信道相连。

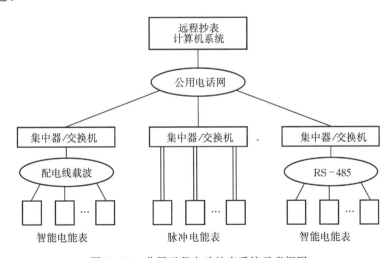

图 8-39　分层远程自动抄表系统示意框图

1.电能表

远程自动抄表系统的用户电能表主要有脉冲电能表和智能电能表两大类。

脉冲电能表常见的为感应转盘式脉冲电能表，转盘的转速与被测功率成正比，转盘每转一圈，发出固定数目的脉冲，脉冲数的累计值就正比于该时段内消耗的电能。这种电能表的测量精度不高，功能单一，直接用脉冲方式传送，传输的可靠性也不太高，但价格较为低廉。

除了感应转盘式，也有用电子线路组成的电子式脉冲电能表。它先将被测功率变换为与

之成正比的电压 u，再用 u 控制输出脉冲的频率 f，使 f 与 u 成正比。因而输出脉冲的频率与被测的功率也成正比，输出脉冲数的累计值也就正比于该时段内消耗的电能。

以微处理器为核心的智能电能表测量精度高，还可采集多项数据。传送数据时按有关通信规约的规定，以编码方式进行，传输的可靠性也较高。智能电能表的输出接口有 RS-485 型和低压配电线载波接口型等几种。

2.抄表集中器

抄表集中器将远程自动抄表系统中的脉冲电能表、智能电能表的数据就近集中，经处理后再将数据继续上传。抄表集中器内部有计时单元，可由主站系统发令校时，以统一全抄表系统的时钟。

3.抄表交换机

抄表交换机是远程自动抄表系统的二次集中设备，将一群抄表集中器的数据再次集中，经处理后再转送给主站。对于规模不太大的配电网，抄表交换机与抄表集中器可合二为一。

4.远程自动抄表系统主站

远程自动抄表系统主站通过通信信道，接收各抄表交换机发来的电能量等信息，对这些信息进行处理，完成对用户用电情况的统计、分析、管理以及电费计算等工作。为了统一全抄表系统的时钟，主站定时给集中器下发校时命令。

主站是远程自动抄表系统的管理层，其配置应根据配电网的实际情况来确定。对于规模较小的配电网可采用单台计算机。对于规模较大的配电网，则需多台计算机组成主站计算机系统。

5.远程自动抄表系统的通信方式

远程自动抄表系统中常用的通信方式有：RS-485、低压配电线载波、光纤、公用电话网及无线电台等。

抄表集中器一般通过 RS-485 或低压配电线载波获取智能电能表数据，或直接接收脉冲电能表输出的脉冲。抄表集中器与抄表交换机之间亦常用 RS-485 或低压配电线载波进行通信。抄表交换机与主站之间的通信则可采用光纤、公用电话网和无线电台等方式。

关于电能表及其数据通信规约，国际电工委员会和我国都制定有相关标准，如国际电工委员会的 IEC60870—5—102《电力系统电能量传输配套标准》，以及我国的 DL/T645《多功能电能表通信规约》等。

8.4.7　微电网简介

微电网（Micro Grids）主要是指近年来由于对可再生能源（Renewable Energy Resources）充分利用的重视和对环保的日益关注，出现的由分布式小型能源、能量转换装置、相关负荷和监控、保护装置组合形成的小型发配电系统，即一个能够实现自我控制、保护和管理的自治系统。它既可以以并网模式接入外部电网运行，也可以与当地用户形成微型孤立电网（称为离网模式或孤岛模式）运行。其能源主要包括太阳能、风能、县水电站及工业废气燃气轮机发电等，这些能源往往与用户十分邻近或与用户位于同一社区。由于气候等原因，微电网中电源的输出功率具有很大不确定性，因此一般需要配备储能系统才可以正常运行。我国目前微电网的规模与占比还很有限，它们分散地与各地供电网相连，对骨干系统的运行方式影响不大。

1.微电网主要电源形式

微电网与配电网类似,都包含配电与用电的部分。与配电网不同的是,微电网中含有分布式电源,可以在不接入大电网的离网模式下独立运行。除了传统的燃气轮机外,微网中还含有光伏、风机、储能等电源形式,下面对常见的光伏和储能作简要介绍。

(1)光伏 太阳能经光伏电池阵列输出直流电,由脉宽调制的逆变器与变压器转换成合格的工频电源后,供用户使用或与供电网并列。光伏逆变器一般采用电流内环、电压外环的双闭环控制方法,如图 8-40 所示。电压参考值是由最大功率跟踪算法获得的直流电压参考值,通过与实际测量电压比较后,经过比例积分控制器得到输出电流的参考幅值。同时,逆变器可控制与电网交换的无功功率。锁相环获得的电压相角可得到测量的电流信号,再经过电流内环控制器生成脉冲宽度调制控制信号,触发绝缘栅型双极晶体管(IGBT)。

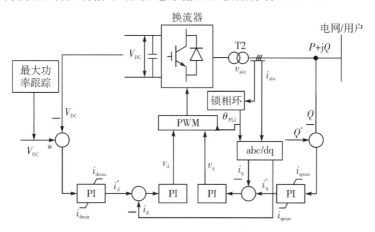

图 8-40 光伏逆变器的控制策略框图

依据光伏电池的发光原理,其输出电流满足:
$$I = I_{ph} - I_d = I_{ph} - I_0(e^{qU/nkT} - 1)$$
式中,I_{ph} 为光生电流,其值随光伏电池的面积及入射光的辐射强度的增大而增大;I_d 为暗电流,其值可反映一定温度下,光伏电池的 P-N 结的扩散电流的情况;I_0 为光伏板的初始电流值;q 为电子的电荷量,1.6×10^{-19} C;k 为玻尔兹曼常数,1.38×10^{-23} J/K;n 为二极管因子,$1 < n < 2$;T 为光伏阵列的工作温度,以 K 为单位;U 为光伏电池的端电压。

一般而言,光伏电池的输出功率仅为几 W,输出电压约 1 V。故要求多个光伏电池组成光伏板,然后通过并网逆变器并网。故光伏阵列的输出电流为
$$I = MI_{ph} - MI_0(e^{qU/nk(N-N_P)T} - 1)$$
式中,N,M 分别为组成光伏阵列的光伏板的串联和并联数量;N_P 为光伏板中的光伏电池数量。

当光伏板外部的温度及光照强度发生变化时,光伏阵列的出力随之变化。为提高太阳能利用效率,光伏阵列需要选择在最大功率点运行。常见的最大功率跟踪方法有:恒电压跟踪法、电导增量法及干扰观测法。恒电压跟踪法是在光照强度发生变化时,保持输出电压不变,使光伏阵列工作在最大功率点。然而,恒电压跟踪法是在环境温度不变的条件下获得的,在光伏阵列实际运行中,环境温度是变化的,输出特性也随温度改变,该方法不能准确地跟踪最大

功率运行点。

　　为了消除上述影响,应测得不同温度下对应的最大功率运行点下的电压值,将其制成表并存储到相应的控制器中,根据实际检测的温度获得最优的电压值。采用恒电压跟踪法并利用不同温度下制表共同实现最大功率跟踪(图 8-41)。

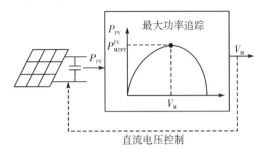

图 8-41　光伏最大功率追踪曲线

　　(2)储能　由于光伏、风能等新能源具有较大的随机性与间隙性,为了保证微电网在离网模式下发出功率与消纳功率的实时平衡,常在微电网中加装一定容量的储能系统。

　　储能系统通常由电池组、双向 AC/DC 换流器和 LCL 型滤波器组成,其典型结构如图 8-42所示。通过对双向 AC/DC 换流器施加双闭环控制使电池组能为电网建立稳定的电压和频率。双闭环控制由外环电压控制(Voltage Control,VC)和内环电流控制(Current Control,CC)构成,频率参考值 f_g 由电网频率控制单元给定。在离网模式下,通过电池组的充放电维持微电网的功率平衡与频率稳定。SoC 评估单元用于计算电池充电状态(State of Charge,SoC),通过合理设计控制策略避免电池组过度充电或放电。

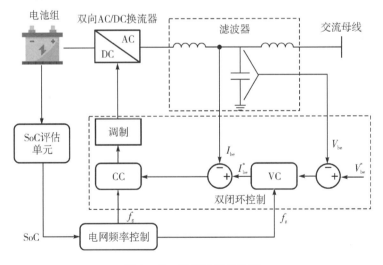

图 8-42　储能系统结构图

2.微电网运行方式

　　微电网系统有与外部电网并网运行和离网运行两种运行模式。并网模式是指在正常情况下,微电网与外部电网连接,向电网提供多余的电能或由电网补充自身发电量的不足。离网模式是指当检测到电网故障或电能质量不满足要求时,微电网可以与主网断开,由分布式电源向微电网内的负荷供电。

(1)并网模式　在并网运行方式下,微电网通过公共耦合点(Point of Common Coupling,PCC)与大电网相连,与大电网有功率交换。当负荷消纳大于分布式电源出力时,微电网从大电网吸收部分电能;反之,当负荷消纳小于分布式电源出力时,微电网向大电网输送多余的电能,即微电网内的功率缺额由大电网进行平衡,因此频率的调整由大电网完成。并网模式下,微电网可以利用电力市场的规律灵活控制分布式电源的运行,获得更多的经济效益。

(2)离网模式　在离网运行方式下,微电网与大电网隔离独立运行,这是提高微网内重要负荷供电可靠性的强有力保证。离网运行可以分为计划内的离网运行和计划外的离网运行。在大电网发生故障或其电能质量不符合系统标准的情况下,微电网可以以离网模式独立运行,称为计划外的离网运行。这种运行方式可以保证微电网自身和大电网的正常运行,从而提高供电可靠性和安全性。此时,微电网的负荷全部由分布式电源和储能系统承担。基于经济性或其它方面的考虑,微电网可以主动与大电网隔离,独立运行,称为计划内的离网运行。

离网运行方式下,微电网频率控制具有一定的挑战性。大电网的频率响应与网中旋转电力元件的惯量水平相关,惯量水平被认为是系统固有稳定性的要素。而微电网本质上是以换流器为主的网络,具有很小或者根本没有直接相连的旋转器件。离网模式下,换流器控制系统必须相对应地提供原先与旋转器件直接相连时所能得到的频率响应特性。而频率控制策略应该以一种合作的方式,通过频率下垂控制、储能设备响应、切负荷方案等,根据微型电源的容量改变它们输出的有功功率。

3.微电网控制方法

微型电源在并网和离网两种运行模式下的控制策略是不同的,且控制方式与发电装置的类型有关。通常来讲,对采用电力电子逆变器的微型分布式发电系统,控制方式主要有:微电网并网状态下的有功-无功控制,微电网离网状态下的下垂控制和电压-频率控制。并网状态下,微网内的负荷波动、频率和电压扰动均由大电网承担,各类微型电源不参与频率与电压调节,由并网换流器控制与大电网交换的有功与无功功率。离网模式下,微电网中的负荷、频率和电压波形由微型电源承担。限于篇幅,这里只以离网模式下较常见的电压-频率控制为例进行简要介绍。

逆变器的电压-频率控制可以为微电网的离网运行提供强有力的电压和频率支撑,并具有一定负荷功率的跟随特性。通过设定电压和频率的参考值,在 PI 调节器作用下实时检测逆变器输出端口的电压和频率,并作为恒压、恒频微型电源使用。电压-频率控制框图如图 8 - 43所示,电源在采用电压-频率控制时只采集逆变器端口电压信息,通过调节逆变器调制系数进行电压调节。而其频率采用恒定参考值,即电源频率恒定。

由于逆变器采用下垂特性,随着微电网负荷的变化,将导致稳态频率和电压的波动。要使微电网的频率或电压恢复到额定值,则需要调节微型电源的输出。微电网的频率或电压控制即是调节微型电源的输出,使微电网频率或电压恢复到额定值。

4.微电网保护技术

微电网通常可以在并网模式或离网模式下工作,微电网中的保护装置应该能够处理两种模式下的各种类型的故障。下面分别对微电网在并网模式和离网模式下的保护方法进行简要

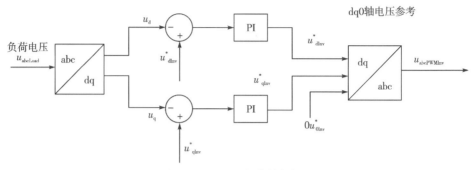

图 8-43　电压-频率控制框图

讨论。

(1)并网模式　配电网的特点是呈辐射状,且由单侧电源供电,传统配电网的保护是以此为基础设计的。当微电网中大量分布式电源接入配网后,配网的结构将发生改变,配网某些部分将变为双侧电源供电。在配网故障时,除了系统向故障点提供故障电流外,分布式电源也将向故障点提供故障电流。为了解决分布式电源接入后配电网三段式电流保护灵敏度降低、误动作、保护范围变化等问题,可以给电流速断保护加装方向元件,使其只有在电流从母线流向被保护线路时才动作;此外,在限时电流速断保护整定时,需要计及分布式电源的电流助增作用。对于微电网并网运行发生内部故障的情况,由于此时故障电流仍主要由大电网提供,微电网内部保护可以按传统电流保护方法来设计。

(2)离网模式　离网模式下微电网发生故障时,故障电流仅由微型电源提供。由于换流器中的开关元件不能长时间承受过流,其提供的故障电流被限定在较小的数值,不足以使按传统过电流整定的保护装置动作。为了解决这一问题,可以引入换流器输出电压信号为保护输入,分析其幅值变化与谐波水平,实现不同故障类型的识别[10]。限于篇幅,此处不作详细展开。

8.4.8　智能电网

电力自动装置在保证电网安全可靠运行、提高电能质量、提高运行效率等方面发挥了巨大作用,大大降低了电力运行维护人员的工作强度。为了进一步降低电网运行质量对运维人员水平的依赖,智能电网相关技术是近年来的研究热点。电网智能化建立在高水平的电力系统自动化基础上,运用先进的传感技术、计算机技术、通信与信息技术、现代控制技术、先进制造技术及其它有关领域的先进成果,进一步提升控制装置性能,提高电网运行水平,降低电网运维水平对人员素质的依赖。电网智能化属于测量、监视、控制、保护领域的技术革命,技术变革的对象是电力系统二次设备。

1.智能电网的基本概念

智能化是智能电网的核心,传统电网升级为智能电网实质上是自动化向智能化的转变。自动化的目标是使机器代替人,而智能化的目标是使机器代替专家,专家与普通人的区别在于拥有丰富的专业知识与经验。因此,智能化是利用更丰富的专业知识与相关信息,使电网的运行水平更高,并降低电网运行水平对运行人员的依赖。建成智能电网,则需要利用传感、通信、计算机、制造等方面的先进技术,改进电网控制与保护设备性能。

2.智能电网的主要特征

智能电网是将先进的传感量测技术、信息通信技术、分析决策技术、自动控制技术和能源电力技术相结合,并与电网基础设施高度集成而形成的新型现代化电网,它涵盖了电力生产的全过程,以高速通信网络为支撑,通过先进的信息、测量、控制技术实现电力流和信息流的高度集成。智能电网具备自愈、互动、坚强、清洁环保等特征。

(1)自愈　通过安装自动化监测装置可以及时发现电网运行的异常情况,及时预见可能发生的故障;在故障发生时也可以在没有或少量人工干预下,快速隔离故障、自我恢复,从而避免大面积停电的发生,减少停电时间和经济损失。

(2)互动　在创建开放的系统和建立共享信息模式的基础上,通过电子终端(例如网关单元)使用户之间、用户和电网公司之间形成网络互动和即时连接,实现通信的实时、高速、双向的总体效果,实现电力、电信、电视、家电控制等多用途开发。其目的是优化电网管理,提供全新的电力服务功能、提高电网能源体系效率、建造电力消费者和生产者互动的精巧、智慧和专家化的能源运转体系。

(3)坚强　拥有坚强的网架、强大的电力输送能力和安全可靠的电力供应,从而实现资源的优化调配,减小大范围停电事故的发生概率。在故障发生时,能够快速检测、定位和隔离故障,并指导作业人员快速确定停电原因并恢复供电,缩短停电时间。

(4)清洁环保　智能电网可以与各种集中和分布式能源相兼容,促进可再生能源发展与利用,提高清洁能源在终端能源消费中的比重,降低能源消耗和污染物排放。

3.智能电网的能量管理系统

互动是智能电网的重要特征之一,为了保证用户广泛参与电网互动情况下的运行水平,必须创建双侧智能化能量管理系统,即用户智能调度自动化系统(User-smart Energy Management Systems,U-SEMS)和配电网智能调度自动化系统(Distribution-smart Energy Management Systems,D-SEMS)。

(1)用户智能调度自动化系统(U-SEMS)　建设智能电网的一个最重要的效益就是可以通过合理的电价机制使负荷群主动参与电力大系统的"调峰",并成为主体。为达此目的,需要建设直接面向用户的智能能量管理系统,其基本功能如下:

①数据获取功能:包括两方面的含义,一方面,可以通过装在各用电设备上的传感器或智能家庭电器获取用户各用电设备的工作状态和实时用电信息,包括有功功率、无功功率、电压和功率因数等;另一方面,还可以通过通信系统与电网侧相连,获取电网实时运行信息,包括实时电价信息、电网频率、谐波数据等。

②能量管理功能:可根据用户自身设定的能量管理策略合理使用电能,根据不同电器的具体情况对其进行分级,在系统负荷高峰期、电价较高的情况下优先保证实时性和不间断性要求高、耗电量低的电器用电;在系统负荷低谷,电价较低时开启热水器、大型烘干机、夏季农灌站马达群等耗电量较大的设备。如果用户配有储能装置或分布式发电资源,用户能量管理系统还可根据需求对其进行管理。

③数据分析功能:根据各用电设备的历史用电记录进行分析,给用户提供详尽的分析报告,包括用户的各类电能消费细节及各电器耗电量分析等,并给出相应的改进策略。

④遥控、遥调功能:通过用户内部通信网络对各类用电设备下达遥控、遥调指令,使其能够

根据电网状态调整用电行为。

⑤远程管理功能：当用户不在现场时，可以启用远程管理功能查看用电状态，调整用电策略，关闭不必要的电器等。

⑥高级功能：还可加装室内人员感知模块，若通过红外线探测等技术判断室内无人，则调节这些房间的照明和空调等用电设备的设定值，或关闭这些设备。在经过一段时期的用户详细用电情况收集之后，还可利用人工智能技术构建家庭电力消耗模型，并可进一步采用优化技术对模型进行优化，最终给用户以合理的电力使用建议。

另外用户能量管理系统所收集的用户用电数据还可上传至配电调度中心，用于分析本区域用户用电情况、特性和模态。这些分析结果可用于配电网络检修计划的制定和网络规划以及电价定价策略等方面，这对电网公司提高电网的使用效率、减少损耗有着极高的价值。

(2)配电网智能调度自动化系统(D-SEMS)　配电网智能调度自动化系统建设的目的是使配电网具有多指标自趋优的运行能力。其优化指标包括高安全性、高电能品质和低损耗。

①高安全性：在 D-SEMS 中主要体现为降低用户年平均停电时间，特别是一类重要用户，应通过网络自愈(重构)等手段使其年停电时间近于零。

②高电能品质：在 D-SEMS 中主要体现为各节点电压水平达到国家标准和行业标准，电压突然跌落小于给定量，而且电压三相不对称度和谐波含量也应达到标准。

③网损极小化指标：这是实现节能减排计划的重要环节。电网总损耗约为发电量的 10%，而总网损的 $60\%\sim70\%$ 发生在 110 kV 及以下的低压网及异步电机群的无效损耗中。如果通过 D-SEMS 的趋优化控制，即实现优化潮流和用户侧的智能无功补偿，则能够使电网总损耗大大降低。

4.智能电网关键新技术

为了实现多目标自趋优化运行，智能电网必将以先进的计算机与信息系统取代人工，实现对配供电网络和用电网络的趋优自动闭环控制。为此，需要不断发展新技术、新方法、新设备，丰富配供电网络的调控手段，提高其自动化水平。目前，已经发展成熟和正在蓬勃发展的智能电网新技术包括以下几个方面。

(1)分布式能源发电技术　分布式能源发电技术主要包括风力发电、太阳能发电、沼气发电、生物质能发电、地热发电等多种分布式发电技术，以及冷、热、电三联供(Co Gencration)等能源综合利用技术。在能源流价值链中，分布式能源发电技术使我们可以在为数众多的城镇中，利用 20 万 kW 及以下容量发电机组和新能源发电，形成冷、热、电三联供的能源综合利用单元，这为能源高效利用和环境保护提供了新途径。

(2)新型储能技术　新型储能技术在能源流价值链中发挥以下作用：

①改善电力系统负荷特性曲线，在"削峰填谷"中发挥作用。

②降低分布式发电接入电网所带来的过大功率波动值。分布式发电，特别是风力发电具有间歇性特点，储能设备可在电网电能过剩(特别是"后夜风")时储能，在电网需求时供电，从而决定性地提高我国风机的利用率。

③提高特级重要用户供电的可靠性。所谓特级重要用户是指那些短时停电会造成设备和生产资料重大损坏者。这些用户一旦断电，在其自备电源响应不及的情况下，储能电源可及时自动投入供电。

(3)经济互动用电新技术　经济互动用电新技术主要包括智能电器、先进计量基础设施

(Advanced Metering Infrastructure,AMI)、需求侧管理与分时电价等,以电价为杠杆调动用户参与"调峰填谷"的积极性。

(4)配电网运行控制新技术　配电网运行控制新技术包括虚拟发电厂、微电网等。虚拟发电厂将大量分布式发电资源整合在一起;微电网将发电机、负荷、储能装置及控制装置等加以整合,使之形成一个相对独立的可控单元,在完成向用户供电、供热或供冷的同时,接受电力系统的调度和管理;AMI 可加强对用户的监测,同时用户也可据此从电网侧获得相应的信息(如电价、电网运行情况)对自身用电和分布式发电运行情况进行调整,达到对微网自身、对电网皆有利的目的。

电网的智能化工作主要在配电网。要将现有配电网转变为智能电网,必须对现有电气设备和网络进行改造和升级,广泛应用分布式能源发电、储能、经济互动用电和配电网运行控制等技术,实现地区调度对配电网络及用户对用电网络的自趋优闭环控制。

小　结

本章简要介绍了电网调度自动化、发电厂与变电站综合自动化及配电网自动化的概貌。第一节介绍了电力系统自动化的基本概念。第二节介绍了电网调度自动化的主要任务;厂站端装置和调度端主站系统的结构;数据传输的基本概念,还介绍了电力系统的安全分析和安全控制,以及自动发电控制和经济调度控制等的初步知识。第三节介绍了发电厂与变电站综合自动化系统的功能、结构和特点。第四节介绍了配电管理系统的主要组成部分,包括馈线自动化等,并对微电网和智能电网作了简要的介绍。

随着科学技术的进步,新的器件不断涌现,理论工作也在积极推进。如光电式的电压、电流传感器和智能开关等器件的推出;电力设备在线诊断技术、灵活交流输电技术等的发展,以及电力市场的深化等等。所有这些,为电力系统自动化提供了新的技术支持,也提出了新的要求,有力地推动电力系统自动化技术向前发展,服务范围不断扩大,科技水平日益提高。我国电力事业正在快速发展,电力系统自动化在为电力系统的安全、经济运行,保证电能质量以及高效的科学管理和优质服务等方面必将提供更为有力的支持,发挥更大的作用。

思考题及习题

8-1 电网调度自动化系统如何为电力系统的安全、优质、经济运行提供技术支持?

8-2 数字通信有何特点?数字通信系统一般由哪些部分组成,各有什么作用?

8-3 设有(7,3)分组循环码,其生成多项式为 $G(X)=X^4+X^3+X^2+1$。当信息码为 111 时试求相应的码字。

8-4 循环式远动和问答式远动各有何特点?

8-5 电力系统的静态安全分析和动态安全分析各有什么作用?

8-6 发电厂内部发电机组之间的有功功率按什么原则进行分配能使总体最为经济?为什么?

8-7 变电站综合自动化系统包括哪些基本功能?有何特点?

8-8 配电管理系统有哪些主要功能?

8-9 馈线自动化有哪几种实现方式?各有何特点?

8 - 10 什么是电力需求侧管理？

8 - 11 配电网图资地理信息系统在配电网中有哪些应用？

8 - 12 远程自动抄表系统由哪些部分组成？通常使用哪些通信方式？

8 - 13 微电网的运行模式有哪些，各自的运行特点是什么？

8 - 14 电网智能化的必要性是什么？

第9章　电力系统过电压防护及绝缘配合

9.1　概　述

电力系统过电压一般由以下两种原因引起。

① 输电线路穿过平原、山区，跨越江河湖泊，当该地区有雷电活动时，就可能遭受雷击（直击雷）。即使雷落在输电线路附近，也会因电磁感应而在导线上形成过电压（感应雷）。雷电过电压不但使线路遭受损害，有可能引起事故跳闸，影响系统的正常供电，而且雷电波沿输电线路进入发电厂、变电所，有可能给电力设备带来危害。同样，变电站（所）本身也可能遭受直击雷的损害。

② 当电力系统断路器操作或发生故障时，系统参数发生变化，系统将从一种能量分配状态过渡到另一种能量分配状态。这种电网内部电磁能量的转化或传递，有可能使电网某些节点电压升高而超过系统允许的最高运行电压。

电力系统绝缘包括发电厂、变电所电气设备的绝缘及线路的绝缘。它们在运行中不但经受长期的工作电压，还将承受上述的各类过电压，这就出现了电气设备绝缘与过电压的配合问题。所谓绝缘配合，就是综合考虑电气设备在电力系统中可能承受的各种电压（工作电压和过电压）、保护装置的特性和设备绝缘对各种作用电压的耐受特性，合理地确定设备必要的绝缘水平，以使设备的造价、维修费用和设备绝缘故障引起的事故损失降低，达到在经济上和安全运行上总体效益最高的目的。

研究电力系统过电压的理论基础是集中参数的过渡过程与分布参数的波过程，这在电路方面和相关的教科书中做了详细的论述，为了减少文字篇幅，就不在此重复。

本章主要叙述电力系统发生过电压的机理和相应的防护方法以及绝缘配合的原则，同时也简单介绍与此密切相关的电磁暂态过程的计算方法。另外，气体是电力系统主要绝缘材料之一，为了更好地了解电力系统的绝缘配合，本章还简要阐述气体放电机理与特性。

9.2　气体放电的物理过程

作为高压电气设备绝缘的介质有气体、液体、固体及其复合介质，其中气体是最常见的绝缘介质。例如，架空输电线路的绝缘和电器的外绝缘就是靠空气间隙和空气与固体介质的复合绝缘来实现的，而使用日益广泛的气体绝缘的金属封闭式组合电器（简称 GIS）则是由 SF_6 气体间隙和 SF_6 气体中的固体绝缘支撑作为绝缘的。与固体和液体介质相比，气体绝缘介质的优点是不存在老化问题，而且在击穿后具有完全的绝缘自恢复特性，因此使用十分广泛。

9.2.1　气体放电的机理

中性的气体分子是不导电的。虽然由于宇宙射线和地壳中放射性物质的射线等作用,气体中会发生微弱的电离而产生少量的带电质点,但这种极少量的带电质点对气体的绝缘性能并没什么影响。因此通常气体的电导性极小,为优良绝缘体,只有在气体中出现大量带电质点的情况下,气体才会丧失绝缘性能。

1.带电质点的产生与消失

电子脱离原子核的束缚而形成自由电子和正离子的过程称为电离。根据外界给予原子或分子的能量形式的不同,电离方式可分为热电离、光电离和碰撞电离。此外,电离过程可以一次完成,也可以是先激励再电离的分级电离方式。

要使电子从金属表面逸出需要一定的能量,称为逸出功。不同金属的逸出功是不同的,其值还与金属表面状态有关。从金属表面逸出的电子也会进入气体间隙参与碰撞电离过程。

电子从电极表面逸出所需的能量可通过正离子撞击阴极、光电子发射、强场发射、热电子发射等途径获得。

电子与气体分子或原子碰撞时,不但有可能发生碰撞电离产生正离子和电子,也有可能发生电子附着过程而形成负离子。与碰撞电离相反,电子附着过程放出能量。使基态的气体原子获得一个电子形成负离子时,所放出的能量称为电子亲合能。电子亲合能的大小可用来衡量原子捕获一个电子的难易,电子亲合能越大则越易形成负离子。卤族元素的电子外层轨道中增添一个电子,即可形成像惰性气体一样的稳定的电子排布结构,因而具有很大的亲合能。但电子亲合能并未考虑原子在分子中成键的作用。为了说明原子在分子中吸引电子的能力,化学中引入电负性的概念。电负性是一个无量纲的数,其值越大表明原子在分子中吸引电子的能力越大。表 9-1 列出卤族元素的电子亲合能与电负性数值,由表可见 F 的电负性最大。

表 9-1　卤族元素的电子亲合能与电负性值

元素	电子亲合能/eV	电负性值
F	3.45	4.0
Cl	3.61	3.0
Br	3.36	2.8
I	3.06	2.5

SF_6 气体含 F,其分子俘获电子的能力很强,属强电负性气体,因而具有很高的电气强度,但当电子能量超过一定数值时电子附着过程很难发生,这就是为什么 SF_6 气体在有局部高场强的间隙中其电气强度会大大下降的原因。空气中的 O_2 与 H_2O 也有一定的电负性,但很微弱,所以研究气体放电时常将空气作为非电负性气体对待。

气体放电过程中,带电质点除在电场作用下作定向运动,消失于电极上而形成外回路的电流外,还可能因扩散和复合使带电质点在放电空间消失。带电质点的复合率与正、负电荷的浓度有关,浓度越大则复合率越高。

2.放电的电子崩阶段

气体放电的现象与规律因气体的种类、气压和间隙中电场的均匀度而异,但气体放电都有从电子碰撞电离开始发展到电子崩的阶段。

　　在前面已经提到,宇宙射线和放射性物质的射线会使气体发生微弱的电离而产生少量带电质点;另一方面正、负带电质点又在不断复合,使气体空间存在一定浓度的带电质点。因此,在气隙的电极间施加电压时,可检测到很微小的电流。图 9 - 1 表示平板电极间气体中电流与外施电压的关系。

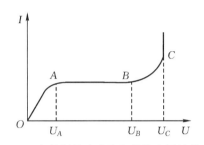

图 9 - 1　气体间隙中电流与外施电压的关系

　　由图 9 - 1 可见,在 I-U 曲线的 OA 段,气隙中电流随外施电压的提高而增大,这是因为带电质点向电极运动的速度加快导致复合率减小所致。当电压接近 U_A 时,电流趋于饱和,因为此时由外电离因素产生的带电质点全部进入电极,所以电流值仅取决于外电离因素的强弱而与电压无关了。这种饱和电流是很微小的,在无人工照射的情况下,电流密度约在 10^{-19} A/cm^2 数量级,用石英汞灯照射阴极时也不超过 10^{-12} A/cm^2,所以,这种情况下气隙仍处于良好的绝缘状态。电压升高至 U_B 时,电流又开始增大,这是由于电子碰撞电离引起的,因为此时电子在电场作用下已积累起足以引起碰撞电离的动能。电压继续升高至 U_C 时,电流急剧上升,说明放电过程又进入了一个新的阶段。此时气隙转入良好的导电状态,即气体发生了击穿。

　　在 I-U 曲线的 BC 段,虽然电流增长很快,但电流值仍很小,一般在微安级,且此时气体中的电流仍要靠外电离因素来维持,一旦去除外电离因素,气隙中电流将消失。因此,外施电压小于 U_C 时的放电是非自持放电。电压到达 U_C 后,电流剧增,且此时间隙中电离过程只靠外施电压已能维持,不再需要外电离因素了。外施电压到达 U_C 后的放电称为自持放电,U_C 称为放电的起始电压。

　　自持放电的形式随气压与外回路阻抗的不同而异。低气压下为辉光放电(如荧光灯),常压或高气压下当外回路阻抗较大时为火花放电,外回路阻抗很小时则为电弧放电。如气体间隙中电场极不均匀,则当放电由非自持转入自持时,曲率半径较小的电极表面将出现电晕(蓝紫色光晕)。这种情况下起始电压即是电晕起始电压,而击穿电压则比起始电压要高得多。

　　实验现象表明,放电由非自持向自持转化的机制与气体的压强和气隙长度的乘积(pd)有关,pd 值较小时可以用汤逊理论来解释,而 pd 值较大时则要用流注理论来解释。但这两种理论有一个共同的基础,即图 9 - 1 中 I-U 曲线的 BC 段的电流增长是由电子碰撞电离形成电子崩的结果。因此在讨论放电的自持条件前先分析电子崩发展的规律。

　　图 9 - 2 是电子崩的示意图。对于电子崩的形成过程可简述如下。假定由于外电离因素的作用在阴极附近出现一个初始电子,这一电子在向阳极运动时,如电场强度足够大,则会发生碰撞电离,产生一个新电子。新电子与初始电子在向阳极的行进过程中还会发生碰撞电离,产生两个新电子,使电子总数增加到 4 个。第三次电离后电子数将增至 8 个,即按几何级数不断增加。由于电子数如雪崩式地增长,因此将这一剧增的电子流称为电子崩。

　　为了分析电子碰撞电离产生的电流,引入电子碰撞电离系数 α,它代表一个电子沿电力线方向行经 1 cm 时平均发生的碰撞电离次数。若已知 α 系数,即可算出电子数增长的情况。图 9 - 3 是计算间隙中电子数增长的示意图。

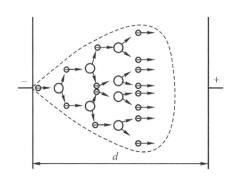

图 9 - 2　电子崩的示意图

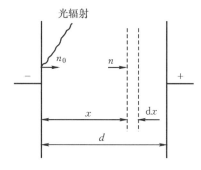

图 9 - 3　计算间隙中电子数增长的示意图

若电子的平均自由行程为 λ，则在 1 cm 长度内一个电子的平均碰撞次数为 $1/\lambda$，如能算出碰撞引起电离的概率，即可求得碰撞电离系数，另外对于同一种气体，平均自由行程与气体密度成反比，即与温度 T 成正比而与气压 p 成反比，因此，p 很大（即 λ 很小）或 p 很小（即 λ 很大）时 α 都比较小。这是因为 λ 很小时虽然单位距离内碰撞次数很多，但碰撞引起电离的概率很小；λ 很大时虽然电离概率很大，但碰撞次数却少，所以 α 也不大，这就是为什么 p 很大或 p 很小时气隙不容易发生放电现象的原因。

9.2.2　自持放电

只有电子崩过程是不会发生自持放电的，要达到自持放电的条件，必须在气隙内初始电子崩消失前产生新的电子（二次电子）来取代外电离因素产生的初始电子。实验现象表明，二次电子的产生机制与气压和气隙长度的乘积（pd）有关。pd 值较小时自持放电的条件可用汤逊理论来说明；pd 值较大时则要用流注理论来解释。对于空气来说，这一 pd 值的分界线大约为 26 kPa·cm。

1. pd 值较小时的情况

汤逊理论认为二次电子的来源是正离子撞击阴极使阴极表面发生电子逸出。引入 γ 系数表示每个正离子从阴极表面平均释放的自由电子数。

汤逊自持放电判据：当一个初始电子到达阳极时，电子崩中的正离子数为（$e^{\alpha d}-1$）个，这些正离子到达阴极时将产生 $\gamma(e^{\alpha d}-1)$ 个二次电子，如果二次电子数等于 1，则放电就可以在无外电离因素的情况下维持下去，即均匀电场中自持放电的条件为：$\gamma(e^{\alpha d}-1)=1$。

自持放电规律在汤逊理论提出之前就已由巴申从实验中总结出来，得到了间隙击穿电压 U_b 是气压和间隙长度乘积 pd 的函数，即

$$U_d = f(pd) \qquad (9-1)$$

式（9 - 1）表明 $U_b = f(pd)$ 具有极小值这一事实，称为巴申定律。图 9 - 4 给出空气和 SF$_6$ 气体的击穿电压与 pd 值关系的

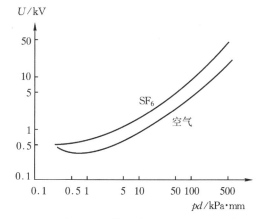

图 9 - 4　空气与 SF$_6$ 气体的击穿电压 U 与 pd 值的关系

实验曲线。由图可见,空气在 $pd \approx 0.7$ kPa·mm 时击穿电压出现极小值;SF$_6$ 气体的击穿电压也有一个极小值,但在图中缺少 pd 小于临界值的数据,所以并不明显。击穿电压 U_b 具有极小值是容易理解的。设 d 不变而改变 p,p 很大(即 λ 很小)或 p 很小(即 λ 很大)时 α 都很小,因此这两种情况下气隙都不容易放电。

2. pd 值较大时的情况

按汤逊理论,从施加电压到发生击穿的时间(称为放电时延)至少应为正离子穿过间隙的时间,但在气压等于或高于大气压时,实测的放电时延远小于正离子穿越间隙所需的时间。这表明汤逊理论不适用于 pd 值较大的情况。

pd 值较大时放电过程也是从电子崩开始的,但是当电子崩发展到一定阶段后会产生电离特强、发展速度更快的新的放电区,这种过程称为流注放电。实验观察表明,流注的发展速度比电子崩的发展速度要快一个数量级,且流注并不像电子崩那样沿电力线方向发展,而是常会出现曲折的分支。

流注理论认为,形成流注的必要条件是电子崩发展到足够的程度后,电子崩中的空间电荷足以使原电场(外施电压在间隙中产生的电场)明显畸变,大大加强了崩头及崩尾处的电场。另一方面,电子崩中电荷密度很大,所以复合过程频繁,放射出的光子在崩头或崩尾强电场区很容易引起光电离。所以流注理论认为,二次电子的主要来源是空间的光电离。一旦出现流注,放电就可以由本身产生的空间光电离而自行维持,因此形成流注的条件就是自持放电的条件。

根据实验结果可推算出空气中流注自持放电条件为

$$\alpha d = \ln \frac{1}{\gamma} \approx 20 \qquad\qquad (9-2)$$

这说明初始崩头部电子数要达到 $e^{\alpha d} > 10^8$ 时放电才转入自持。对于长度为厘米级的平板间隙,在标准大气条件下($p_s = 101.3$ kPa,$T_s = 20℃$)空气的击穿场强约为 30 kV/cm(电压以峰值表示)。

以上分析未考虑电子的附着过程,这对 N$_2$ 等非电负性气体是适用的,但对 SF$_6$ 等强电负性气体则不适用。对强电负性气体,除考虑 α 和 γ 过程外,还应考虑 η 过程(电子附着过程)。η 的定义与 α 相似,即一个电子沿电力线方向行经 1 cm 时平均发生的电子附着次数。可见在电负性气体中有效的碰撞电离系数 $\bar{\alpha} = \alpha - \eta$,但必须注意,在非电负性气体中正离子数等于电子数,而在电负性气体中正离子数为电子数与负离子数之和,所以在汤逊理论中不能将 α 用 $\alpha - \eta$ 代替来得出电负性气体的自持放电条件。由于强电负性气体的工程应用属于流注放电的范畴,因此只讨论其流注自持放电条件。

由于强电负性气体中 $\bar{\alpha} < \alpha$,所以其自持放电场强比非电负性气体高得多。以 SF$_6$ 气体为例,在 $p = 101.3$ kPa,$T = 20℃$ 的条件下,均匀电场中击穿场强为 $E_b \approx 89$ kV/cm,约为同样条件的空气间隙的击穿场强的 3 倍。

9.2.3　不均匀电场中气体放电

电气设备中很少有均匀电场的情况。但对高压电器绝缘结构中的不均匀电场还要区分两种不同的情况,即稍不均匀电场和极不均匀电场,因为这两种不均匀电场中的放电特点是不同的。全封闭组合电器(GIS)的母线筒和高压实验室中测量电压用的球间隙是典型的稍不均匀电场的例子;高压输电线之间的空气绝缘和实验室中高压发生器的输出端对墙的空气绝缘则是极不均匀电场的例子。

稍不均匀电场中放电的特点与均匀电场中相似,在间隙击穿前看不到有什么放电的迹象。极不均匀电场中放电则不同,间隙击穿前在高场强区(曲率半径较小的电极表面附近)会出现蓝紫色的晕光,称为电晕放电。刚出现电晕时的电压称为电晕起始电压,随着外施电压的升高电晕层逐渐扩大,此时间隙中放电电流也会从微安级增大到毫安级,但从工程观点看间隙仍保持其绝缘性能。

电晕放电的起始电压在理论上可根据自持放电条件求取,但这种计算很繁复且不精确,所以通常都是根据由实验得出的经验公式来确定的。

对于输电线路导线的电晕放电的起始场强,在标准大气条件下电晕起始场强 E_c(指导线的表面场强,交流电压下电压用峰值表示)的经验表达式为

$$E_c = 30\left(1 + \frac{0.3}{\sqrt{r}}\right) \text{ kV/cm} \tag{9-3}$$

式中:r 为导线半径,单位为 cm。

式(9-3)说明,导线半径 r 越小则 E_c 值越大,这是可以理解的。因为 r 越小,电场越不均匀,即间隙中场强随离导线距离的增加而下降得越快,也就是说碰撞电离系数 α 随离导线距离的增加而减小得越快。实际对于非标准大气条件,要进行气体密度的修正,此时式(9-3)应改写为

$$E_c = 30\delta\left(1 + \frac{0.3}{\sqrt{r\delta}}\right) \text{ kV/cm} \tag{9-4}$$

式中:δ 为气体相对密度。

还有导线表面并不是光滑的,所以对绞线要考虑导线的表面粗糙系数 m_1。此外对于雨雪等使导线表面偏离理想状态的因素(雨水的水滴使导线表面形成凸起的导电物)可用系数 m_2 加以考虑。此时式(9-4)应改写为

$$E_c = 30 m_1 m_2 \delta\left(1 + \frac{0.3}{\sqrt{r\delta}}\right) \text{ kV/cm} \tag{9-5}$$

理想光滑导线 $m_1 = 1$,绞线 m_1 取 0.8~0.9;好天气时 $m_2 = 1$,坏天气时 m_2 可按 0.8 估算。

电晕放电时发光并发出咝咝声和引起化学反应(如使大气中氧变为臭氧),这些都需要能量,所以输电线路发生电晕时会引起功率损耗,另外电晕放电过程中对无线电广播和电视产生干扰,噪声有可能超过环境保护的标准。解决的途径是限制导线的表面场强值,通常是以好天气时导线电晕损耗接近于零的条件来选择架空导线尺寸。对于超高压和特高压线路来说,要做到这一点,采用大直径的空心导线,或采用分裂导线来解决这一矛盾。

从限制电晕放电的观点看,对 330 kV 及以上的线路应采用分裂导线,例如对 330 kV、500 kV 和 750 kV 的线路可分别采用二分裂、四分裂和六分裂导线。

在某些情况下可以利用电晕放电产生的空间电荷来改善极不均匀场的电场分布,以提高击穿电压。电晕放电在其它工业部门已获得广泛应用,例如净化工业废气的静电除尘器和静电喷涂等都是电晕放电工业应用的例子。

在不均匀电场中,放电总是从曲率半径较小的电极表面,即间隙中场强最大的地方开始,而与该电极的电位和电压的极性无关,这是因为放电只取决于电场强度的大小。但曲率半径

较小的电极的电压极性不同,放电产生的空间电荷对原电场的畸变不同,因此同一间隙在不同电压极性下的电晕起始电压不同,击穿电压也不同,这就是放电的极性效应。

图 9-5 表示正极性的棒-板电极中,自持放电前空间电荷对原电场的畸变。图 9-5(a)说明此时棒电极附近已有发展得相当充分的电子崩。因棒电极为正极性,所以电子崩中电子迅速进入棒电极,而正离子则因其向板电极的运动速度很慢而暂留在棒电极附近,如图 9-5(b)所示。这些正空间电荷削弱了棒电极附近的场强,而加强了电荷的外部空间的电场,如图9-5(c)所示。因此空间电荷的作用遏制了棒极附近的流注形成,从而使电晕起始电压有所提高。

负极性的棒-板电极中,空间电荷的作用与上述情况不同。图 9-6 给出负极性棒-板电极中空间电荷对原电场的畸变。这种情况下电子崩也是首先出现在棒电极附近,如图 9-6(a)所示。电子崩中的电子迅速扩散并向板电极运动,因而在间隙中浓度很小,而正离子则缓慢地向棒电极移动,因而在棒电极附近的空间正电荷的浓度很大。但这些正空间电荷对原电场的畸变与图 9-5 不同,它加强了棒电极附近的场强而削弱了空间电荷的外部空间的电场。因此这种情况下空间电荷使棒极附近容易形成流注,也就是使自持放电的条件易于满足,因而电晕起始电压较正极性时要低。这一分析为实验所证实,即棒电极为正极性时电晕起始电压比负极性时要高些。

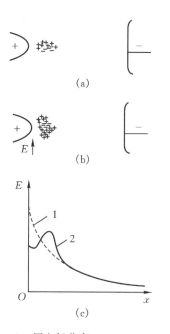 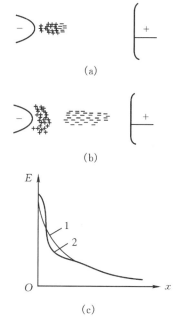

1—原电场分布;
2—有空间电荷时的电场分布。
图 9-5　正极性棒-板电极中自持放电前空间电荷对原电场的畸变

1—原电场分布;
2—有空间电荷时的电场分布。
图 9-6　负极性棒-板电极中自持放电前空间电荷对原电场的畸变

上述分析也适用于稍不均匀电场间隙。例如高压实验室中测量电压用的球间隙通常是一极接地的,这种情况下高压球电极的电压极性为负时击穿电压比正极性时略低。

满足自持放电条件后的放电发展阶段指的是极不均匀电场中由电晕发展到击穿的阶段。

由图 9 - 5(c)可见,正极性棒-板电极中空间电荷使放电区的外部空间的电场加强。因此随着放电区的扩大,强电场区将逐渐向板电极方向推进。这说明一旦满足自持放电条件后,随着外施电压的增大,电晕层很容易扩展而导致间隙的最终击穿。负极性棒-板电极的情况不同。由图 9 - 6(c)可见,空间电荷使放电区的外部空间的电场削弱,这样电晕层不容易扩展而导致整个间隙的击穿。因此,尽管负极性棒-板间隙的电晕起始电压比正极性时略低,但其击穿电压却比正极性棒-板电极要高得多。

由上所述可见,对于极不均匀场间隙来说,击穿的极性效应刚好与电晕起始放电的极性效应相反。就击穿而言,则极不均匀场间隙的极性效应与稍不均匀场间隙是相反的。

输电线路绝缘和高压电器的外绝缘都属于极不均匀场间隙,因此交流电压下击穿都发生在外施电压的正半周,考核绝缘冲击特性时应施加正极性的冲击电压。气体绝缘的金属封闭式组合电器的情况不同,其 SF$_6$ 气体间隙属稍不均匀电场,因此施加负极性电压时击穿电压比正极性时略低,也就是说 GIS 的极性效应刚好与空气绝缘相反。

9.2.4　空气间隙的击穿特性

气体间隙的击穿电压与外施电压的种类有关。直流与工频电压均为持续作用的电压,这类电压随时间的变化率很小,在放电发展所需的时间范围内(以 μs 计)可以认为外施电压没什么变化,统称为稳态电压;作用时间很短的雷电冲击电压(模拟大气过电压)和操作冲击电压(模拟操作过电压),有时候称为瞬态电压。

1. 稳态电压下的击穿

均匀电场中电极布置对称,因此其击穿无极性效应。均匀场间隙中各处电场强度相等,击穿所需时间极短,因此其直流击穿电压与工频击穿电压峰值以及 50% 冲击击穿电压实际上是相同的,且击穿电压的分散性很小。击穿电压(峰值)由实验得到的曲线可用以下经验公式表示:

$$U_b = 24.22\delta d + 6.08\sqrt{\delta d} \quad \text{kV} \tag{9-6}$$

稍不均匀电场中的击穿,决定于间隙的电场不均匀系数,极不均匀电场的电极是不对称布置,击穿电压有很明显的极性效应。工程应用中很少有两电极完全对称的情况,因为通常是一极接地的情况。当棒-棒电极的一极接地时,其击穿电压比棒-板电极高得不多。工频电压下棒-板电极的击穿总是发生在棒为正极性的半周,因此其击穿电压的峰值与正直流电压下棒-板电极的击穿电压相近。试验表明:当 $d \geqslant 50$ cm 时,棒-棒间隙的平均击穿场强 E_b 约为 3.8 kV/cm(有效值)或 5.36 kV/cm(峰值);棒-板间隙的 E_b 略低,约为 3.35 kV/cm(有效值)或 4.8 kV/cm(峰值)。

2. 雷电冲击电压下的击穿

大气中雷云放电产生的过电压对高压电气设备绝缘构成重大威胁。因此,在电力系统中一方面应采取措施限制大气过电压,另一方面应保证高压电气设备能耐受一定水平的雷电过电压。冲击电压作用下放电时延不仅取决于间隙本身的情况和间隙的当时条件,还与间隙的外施电压幅值有关,换句话说,在同一冲击电压波形下,击穿电压值与放电时延(或电压作用时间)有关,这一特性称为伏-秒特性,伏-秒特性才能说明绝缘能否耐受这种雷电过电压。依靠实验方法求取间隙的伏-秒特性,间隙的雷电击穿电压对应数值在相关的资料中可以获得,它们都是从实际试验中得到的。

3. 操作冲击电压下的击穿

电力系统在操作或发生事故时,因状态发生突然变化引起电感和电容回路的振荡产生过电压,称为操作过电压。操作过电压峰值有时可高达最大相电压的 3～3.5 倍,因此为保证安全运行,需要对高压电气设备绝缘考察其耐受操作过电压的能力,长间隙在操作冲击波作用下的击穿电压比工频击穿电压低,且操作冲击电压下击穿呈现 U 形曲线。因此目前的试验标准规定,对额定电压在 300 kV 以上的高压电气设备要进行操作冲击电压试验。这说明操作冲击电压下的击穿只对长间隙才有重要意义。

长间隙的雷电冲击击穿电压远比操作冲击击穿电压要高,且操作冲击击穿电压在间隙长度超过 5 m 时呈现明显的饱和趋势。间隙距离越大,则最小击穿电压与标准操作冲击波下的击穿电压的差别越大。当间隙长度达 25 m 时,操作冲击下的最低击穿强度仅约 1 kV/cm。操作冲击波下最小击穿电压 $U_{\min}$,在间隙距离 d 为 1～20 m 时,可用以下经验公式来估算:

$$U_{\min} = \frac{3.4}{1 + \dfrac{8}{d}} \quad \text{MV} \tag{9-7}$$

这里要特别强调,间隙的稳态(工频与直流)、雷电冲击和操作冲击下的击穿电压,不但和电极形状、电压的幅值和极性有关,而且与大气密度、湿度以及海拔高度有关,使用时必须计及气象条件与地理位置对这些电压的影响。

9.3　雷电过电压的产生与防护

雷电过电压是由于雷击引起的,能量来源于电力系统的外部,又称之为外部过电压。内部过电压是由于系统参数发生变化时的电磁能的振荡和积聚所引起的,它的能量来源于电力系统的内部。

9.3.1　雷电特性

作用于电力系统的雷电过电压,既然是由带有电荷的雷云对地放电所引起的,那么,为了了解大气过电压的产生与发展,就必须先了解雷云放电的发展过程。

雷云就是积聚了大量电荷的云层,迄今为止,雷云形成的机理,说法不一。通常认为:在含有饱和水蒸气的大气中,当有强烈的上升气流时,就会使空气中的水滴带电,这些带电的水滴被气流所驱动,逐渐在云层的某些部位集中起来,这就是我们平时所说的带电雷云。测量数据表明,一般云块的上部带正电荷,下部带负电荷,而在中间处出现正负电荷的混合区域。雷云平均电场强度为 1.5 kV/cm,实测到在雷云雷击前的最大电场强度为 3.4 kV/cm,而在稳定下雨时,大约只有 40 V/cm。

雷云对大地的放电通常包括若干次重复的放电过程,而每次放电又分为先导放电与主放电两个阶段。在雷云带有电荷后,其电荷集中在几个带电中心,它们间的电荷数也不完全相等。当某一点的电荷较多,且在它附近的电场强度达到足以使空气绝缘破坏(约 25～30 kV/cm)时,空气便开始游离,使这一部分由原来的绝缘状态变为导电性通道。这个导电性通道的形成,称为先导放电。先导放电是不连续的,雷云对地放电的第一先导是分级发展的,每一级先导发展的速度相当高,但每发展到一定长度(平均约 50 m)就有一个 10~100 μs 的间隔。因此,它的平均速度较慢,约为光速的 1/1000 左右。先导放电的不连续性,称为分级先导,历时约 0.005~0.010 s。分级先导的原因一般解释为:由于先导通道内游离还不是很强烈,它的导电性就不是很好,由于雷云下移的电荷需要一段时间,待通道头部的电荷增多,电场超过空气游离场强时,先导将又继续发展。

在先导通道形成的初始阶段,其发展方向仍受一些偶然因素的影响,并不固定。但当它距地面一定高度时,地面的高耸物体上出现感应电荷,使局部电场增强,先导通道的发展将沿其头部至感应电荷集中点之间发展。也可以说,放电通道的发展具有定向性,或者说雷击有选择性,上述使先导通道具有定向性的高度,称之为定向高度。

当先导通道的头部与带异号电荷的集中点间距离很小时,先导通道端约为雷云对地的电位(可高达 10 MV),而另一端为地电位,故剩余的空气间隙中的电场强度极高,使空气间隙迅速游离。游离后产生的正、负电荷将分别向上、向下运动,中和先导通道与被击物的电荷,这时便开始了放电的第二阶段,即主放电阶段。主放电阶段的时间极短,约 50~100 μs,移动速度为光速的 1/20~1/2;主放电时电流可达数千安,最大可达 200~300 kA。主放电到达云端时,意味着主放电阶段结束。此时,雷云中剩下的电荷,将继续沿主放电通道下移,称为余辉放电阶段。余辉放电电流仅数百安,但持续的时间可达 0.03~0.15 s。由于雷云中可能存在多个电荷中心,因此,雷云放电往往是多重的,且沿原来的放电通道,此时先导不是分级的,而是连续发展的。图 9-7 为雷电放电的发展过程。

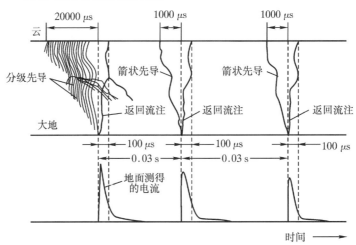

图 9-7 雷电放电的发展过程和入地电流的图示

在防雷设计中,需要知道雷电自身的电气参数。它是防雷设计计算的基础,一般来说,有下列主要参数。

(1)雷电活动强度——雷暴日及雷暴小时　一个地区一年中雷电活动的强弱,通常以该地区多年年平均发生的雷暴天数或雷暴小时数来计算。

雷暴日是每年中有雷电的天数,在一天内只要听到雷声就算一个雷暴日。雷暴小时是每年中有雷电的小时数,即在一个小时内只要听到雷声就算作一个雷暴小时。据统计,我国大部分地区一个雷暴日可折合为 3 个雷暴小时。

雷电活动的强弱不但和地球的纬度有关,而且与气象条件有很大关系。在炎热的赤道附近雷暴日最多,平均约为 100～150 雷暴日。我国长江流域与华北的某些地区,年平均雷暴日为 40,而西北地区不超过 15。国家根据长期观察结果,绘制出全国平均雷暴日分布图,给防雷设计提供了依据。

年平均雷暴日不超过 15 的地区为少雷区;超过 40 的为多雷区;超过 90 的地区及根据运行经验雷害特别严重的地区为雷电活动特殊强烈地区。

(2) 落雷密度　雷暴日或雷暴小时仅表示某一地区雷电活动的强弱,它没有区分是雷云之间放电还是雷云与地面之间放电。实际上,云间放电远多于云地放电,云间放电与云地放电之比在温带地区大约为 1.5～3.0,在热带地区约为 3～6。一般而言,雷击地面才能构成对电力系统设备及人员的直接损害,因此防雷需要知道有多少雷落到地面上,这就引入了落雷密度,即每一个雷暴日、每平方千米对地面落雷次数 γ 称为地面落雷密度。电力行业标准 DL/T620—1997建议取 $\gamma=0.07$ 次/(平方千米·雷电日),但在土壤电阻率突变地带的低电阻率地区,易形成雷云的向阳或迎风的山坡,雷云经常经过的峡谷,这些地区 γ 值比一般地区大得多,在选择发、变电站位置时应尽量避开这些地区。

(3) 雷电通道波阻抗　由前分析可知,主放电时,雷电通道如同一个导体,雷电流在导体中流动,因此,和普通导线一样,对电流波呈现一定的阻抗,该阻抗叫做雷电通道波阻抗 Z_0。事实上,这个数值与雷电流幅值有关,我国有关规程建议取 300～400 Ω。

(4) 雷电流的极性　国内外实测结果表明,负极性雷占绝大多数,约占(75～90)%。加之负极性的冲击过电压线路传播时衰减小,对设备危害大,故防雷计算一般按负极性考虑。

(5) 雷电流幅值　雷击具有一定参数的物体(如后面将介绍的避雷针、线路杆塔、地线或导线)时,流过被击物的电流与被击物之波阻抗(Z_j)有关,Z_j 愈小,流过被击物电流愈大。当 Z_j 为零时,流经被击物的电流定义为"雷电流"。实际上被击物阻抗不可能为零。规程规定,雷电流是指雷击于 $R_j \leqslant 30\Omega$ 的低接地电阻物体时,流过该物体的电流。

雷电流幅值与气象、自然条件等有关,只有通过大量实测才能正确估计其概率分布规律。图 9-8 曲线是根据我国年平均雷暴日大于 20 的地区,在线路杆塔和避雷针上测录到的大量雷电流数据,经筛选后,取 1205 个雷电流值画出来的。但经过多年防雷工作者的努力,测得了更多的雷电流值数值,通过数据处理,我国电力行业标准 DL/T620—1997"交流电气装置的过电压保护和绝缘配合"推荐,我国一般地区雷电流幅值超 I 的概率 p 可按以下经验公式求得:

$$\lg p = -\frac{I}{88} \qquad (9-8)$$

式中:I 为雷电流幅值,kA;p 为雷电流超过幅值 I 的概率。

例如,当雷击时,出现大于 88 kA 的雷电流幅值的概率 p 约为 10%,超过 150 kA 雷电流幅值的概率 p 约

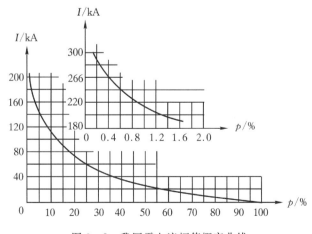

图 9-8　我国雷电流幅值概率曲线

为 1.97%。

我国西北、内蒙古等雷电活动较弱的地区，雷电流幅值较小，可用下式求出：

$$\lg p = -\frac{I}{44} \qquad (9-9)$$

即出现大于 44 kA 的雷电流幅值的概率 p 约为 10%，超过 88 kA 雷电流幅值的概率 p 约为 1%。

(6) 雷电流的波头、陡度及波长　根据实测结果，雷电冲击波的波头是在 1～5 μs 的范围内变化，多为 2.5～2.6 μs；波长在 20～100 μs，多数为 50 μs 左右。波头及波长的长度变化范围很大，工程上根据不同情况的需要，规定相应的波头与波长的时间。

在线路防雷计算时，规程规定取雷电流波头时间为 2.6 μs，波长对防雷计算结果几乎无影响，为简化计算，一般可视波长为无限长。

雷电流的幅值与波头决定了雷电流的上升陡度，也就是雷电流随时间的变化率。雷电流的陡度对雷击过电压影响很大，也是一个常用参数。可认为雷电流的陡度 α 与幅值 I 有线性关系，即幅值愈大，陡度也愈大。一般认为陡度超过 50 kA/μs 的雷电流出现的概率已经很小（约为 0.04）。

(7) 雷电流的波形　实测结果表明，雷电流的幅值、陡度、波头、波尾虽然每次不同，但都是单极性的脉冲波。电力设备的绝缘强度试验和电力系统的防雷保护设计，要求将雷电流波形等值为典型化、可用公式表达、便于计算的波形。常用的等值波形有三种，如图 9-9 所示。

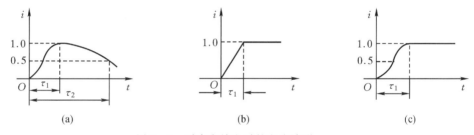

图 9-9　雷击主放电时的电流波形

(a)雷电流波形；(b)雷电流波头简化为斜角平顶波；(c)雷电流波头近似为半余弦波

图 9-9(a)是标准冲击波，它是一 $i = I_0(e^{-\alpha t} - e^{-\beta t})$ 双指数函数的波形。式中 I_0 为某一固定电流值，α, β 是两个常数，t 为作用时间。当被击物体的阻抗只是电阻 R 时，作用在 R 上的电压波形 u 与电流波形 i 同相。双指数波形也用作冲击绝缘强度试验的标准电压波形。我国采用国际电工委员会(IEC)国际标准：波头 $\tau_f = 1.2$ μs，波长 $\tau_f = 50$ μs，记为 1.2/50 μs。

图 9-9(b)为斜角平顶波，其陡度(斜度)α 可由给定的雷电流幅值 I 和波头时间决定，$\alpha = I/\tau_f$，在防雷保护计算中，雷电流波头 τ_f 采用 2.6 μs。

图 9-9(c)为等值余弦波，雷电流波形的波头部分接近半余弦波，其表达式为

$$i = \frac{I}{2}(1 - \cos \omega t) \qquad (9-10)$$

式中：I 为雷电流幅值，kA；ω 为角频率，由波头 τ_f 决定，$\omega = \pi/\tau_f$。

这种等值波形多用于分析雷电流波头的作用，因为用余弦函数波头计算雷电流通过电感支路时所引起的压降比较方便，此时最大陡度出现在波头中间，即 $t = \tau_f/2$ 处，其值为

$$\alpha_{max} = \left(\frac{di}{dt}\right)_{max} = \frac{I\omega}{2} \qquad (9-11)$$

对一般线路杆塔来说,用余弦波头计算雷击塔顶电位与用更便于计算的斜角波计算的结果非常接近,因此,只有在设计特殊大跨越、高杆塔时,才用半余弦波来计算。

9.3.2　线路感应雷过电压和直击雷过电压

当雷云接近输电线路上空时,根据静电感应原理,将在线路上感应出一个与雷云电荷相等但极性相反的电荷,这就是束缚电荷,而与雷云同号的电荷则通过线路的接地中性点逸入大地,对中性点绝缘的线路,此同号电荷将由线路泄漏而逸入大地,其分布如图 9 - 10 所示。

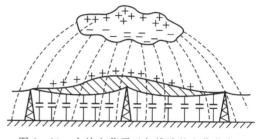

图 9 - 10　主放电荷雷云与线路的电荷分布

此时如雷云对地(输电线路附近地面)放电,或者雷击塔顶但未发生反击(它们之间的差别仅在于后者以杆塔代替部分雷电通道),由于放电速度很快,雷云中的电荷便很快消失,于是输电线路上的束缚电荷就变成了自由电荷,分别向线路左右传播,如图 9 - 11 所示。

设感应电压为 u,当发生雷电主放电以后,由雷云所造成的静电场突然消失,从而产生行波。根据波动方程初始条件,可知波将一分为二,向左右传播。

感应过电压是由雷云的静电感应而产生的,雷电先导中的电荷 Q 形成的静电场及主放电时雷电流 i 所产生的磁感应,是感应过电压的两个主要组成部分。

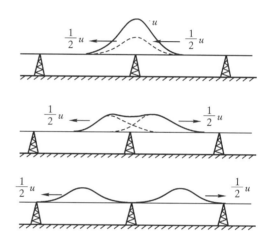

图 9 - 11　主放电后导线上电荷的移动

雷击线路的部位有:雷击塔顶,雷击导线,如果线路有避雷线,它是雷绕过避雷线而击于导线,还有雷击避雷线。

雷击塔顶或塔顶附近的避雷线时,使塔顶电位升高,这样,原来被认为是接地的杆塔,现在却具有高电位,因而有可能对导线放电,出现输电线路的闪络,使过电压加到导线上,这种现象也称反击或逆闪络;雷击导线时,在导线上产生很高的雷电过电压,有可能引起绝缘闪络;雷击避雷线档距中间及其中间附近也会在避雷线上产生高的电压,但引起绝缘闪络的事故非常少见,只要按照目前国家规程设计的输电线路,特别是超高压线路,可以不考虑它的危害。

雷击线路不致引起绝缘闪络的最大雷电流幅值(kA),称为线路的耐雷水平。线路的耐雷水平愈高,线路绝缘发生闪络的机会就愈小。

9.3.3　雷电过电压的防护

目前,对雷电还是处于防护阶段,并形成了一系列防雷装置与防护方法。

1. 避雷针与避雷线

直击雷的防护措施通常采用接地良好的避雷针或避雷线。当雷云的先导向下发展到离地面一定高度时,高出地面的避雷针(线)顶端形成局部电场强度集中的空间,以至有可能产生局部游离而形成向上的迎面先导,这就影响了下行先导的发展方向,使其仅对避雷针(线)放电,从而使得避雷针(线)附近的物体受到保护,免遭雷击。这就是避雷针(线)的保护作用原理。

避雷针(线)的保护作用是吸引雷电击于自身,并使雷电流泄入大地,为了使雷电流顺利地泄入大地,故要求避雷针(线)应有良好的接地装置。另外,当强大的雷电流通过避雷针(线)流入大地时,必然在避雷针(线)上或接地装置上产生幅值很高的过电压。为了防止避雷针(线)与被保护物之间的间隙击穿(也称为反击),它们之间应保持一定的距离。

避雷针(线)的保护范围是用模拟试验及运行经验确定的。在保护范围内被保护物不致遭受雷击。由于放电的路径受很多偶然因素影响,因此要保证被保护物绝对不受雷击是非常困难的,一般采用 0.1% 的雷击概率即可。

2. 避雷器

避雷器是防止过电压损坏电力设备的保护装置。它实质上是一个放电器,当雷电入侵波或后面将要介绍的操作波超过某一电压值后,避雷器将优先于与其并联的被保护电力设备放电,从而限制了过电压,使与其并联的电力设备得到保护。

避雷器放电时,强大的冲击电流泄入大地,大电流过后,工频电流将沿原冲击电流的通道继续流过,此电流称为工频续流。避雷器应能迅速切断续流,才能保证电力系统的安全运行。因此,对避雷器基本技术要求有两条:一是过电压作用时,避雷器先于被保护电力设备放电,当然这要由两者的全伏秒特性的配合来保证;二是避雷器应具有一定的熄弧能力,以便可靠地切断在第一次过零时的工频续流。

目前使用的避雷器主要有下列几种类型:保护间隙,管式避雷器,阀式避雷器。当然,有些类型避雷器已用得很少了,有的类型避雷器将被性能优越的避雷器代替。

3. 接地装置

所谓接地,就是把设备与电位参照点的地球作电气上的连接,使其对地保持一个低的电位差。其办法是在大地表面土层中埋设金属电极,这种埋入地中并直接与大地接触的金属导体叫做接地体,有时也称为接地装置,为了防雷目的的接地装置叫做防雷接地。

大家知道,大地并不是理想导体,它有一定的电阻率,在外界作用下其内部如果出现电流,显然就不再保持等电位。若地面上被强制流进大地的电流经接地导体从一点注入,进入大地以后的电流以电流场的形式向远处扩散,如图 9-12 所示。设土壤电阻率为 ρ,大地内的电流密度为 δ,则大地中必呈现相应的电场分布,其电场强度 $E = \rho\delta$。离电流注入点越远,地中电流密度越小,因此可以认为在相当远(或者无穷远)处,地中电流密度 δ 已接近零,电场强度 E 也接近零,该处仍保持大地中没有电流时的电位,即零电位。显而易见,当接地点有电流流入大地时该点相对于远处的零电位来说,具有确定的电位升高,图 9-12 中画出了此时表面的电位分布情况。

我们把接地点处的电位 U 与接地电流 I 的比值定义为该点的接地电阻 R,$R = U/I$,接地电阻 R 是大地电阻效应的总和。由公式可知,当接地电流 I 为定值时,接地电阻 R 愈小,电位 U 愈低,反之则愈高。此时地面上的接地物体(如变压器外壳)也具有了电位 U。接地点电位的升高,有可能引起与其它部分绝缘闪络,也可能引起大的接触电压与跨步电压,因而不利于电气设备的绝缘以及人身安全。这就是为什么要尽量降低接地电阻的原因。

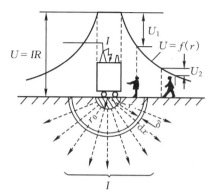

U—接地点电位;I—接地电流;U_1—接触电压;
U_2—跨步电压;δ—地中电流密度。

图 9-12　接地装置原理图

电力系统和电力设备的接地按其作用可分为保护接地、工作接地和防雷接地,三种接地的基本原理是相同的,在某些情况下,它们是很难分开的。

对发电厂和变电站来说,由于电源、各种电器设备和防雷装置都处于同一接地网中,因此除独立避雷针外,工作接地、保护接地和防雷接地是一体的接地装置。发、变电站接地网的接地电阻主要根据工作接地的要求决定。对大接地短路电流系统,单相接地时,继电保护动作即可将故障迅速切除,但是,由于接地电流大,在故障切除前的时间里,接地电压可达很高数值。运行经验表明,单相接地时,如接地网电压不超过 2000 V,人身和设备是安全的,因此接地电阻可按下式选择:

$$R_E \leqslant 2000/I_E \quad \Omega \tag{9-12}$$

式中:I_E 为经接地装置流入地中的短路电流周期分量的起始值。当 $I_E > 4000$ A 时,可取 $R_E \leqslant 0.5\ \Omega$。

对小接地短路电流系统,当发生单相接地故障时,继电保护通常作用于信号而不切除故障,接地装置上的电压存在时间较长,运行人员也就有可能在此期间内触及到设备外壳,所以应当限制接地电压。当接地装置仅用于高压设备时,应满足 $I_E R_E \leqslant 250$ V,即

$$R_E \leqslant 250 I_E \quad \Omega \tag{9-13}$$

当接地装置为高低压设备共用时,考虑到人与低压设备接触的机会更多,接地电阻应按下式选择:

$$R_E \leqslant 120/I_E \quad \Omega \tag{9-14}$$

一般在小接地短路电流系统中,R_E 不宜超过 10 Ω。

电阻率与电流流经人体的途径等因素有关。

在中性点直接接地短路电流系统中,接触电压和跨步电压的容许值为

$$\left.\begin{array}{l} U_{tou} = \dfrac{(250+0.25\rho)}{\sqrt{t}}\ \text{V} \\[2mm] U_{step} = \dfrac{(250+\rho)}{\sqrt{t}}\ \text{V} \end{array}\right\} \tag{9-15}$$

式中:ρ 为人的脚所站立地面的土壤电阻率,单位为 Ω·m;t 为接地电流的持续时间,单位为 s。

在中性点不直接接地短路电流系统中,接触电压和跨步电压的容许值可用下式计算:

$$\left.\begin{array}{l} U_{tou} = 50+0.05\rho\ \text{V} \\[1mm] U_{step} = 50+0.2\rho\ \text{V} \end{array}\right\} \tag{9-16}$$

埋入地中的金属接地体称为接地装置。最简单的接地装置就是单独的金属管、金属板或金属带。由于金属的电阻率远小于土壤电阻率,所以接地体本身的电阻在接地电阻 R 中可以忽略不计。如图 9-12,设金属半球的半径为 r_0,经它注入大地的电流为 I,假定大地是电阻率

$\rho(\Omega \cdot m)$的均匀无限大半球体。距球心r处,厚度为dr的半球层的电阻dR应为

$$dR = \rho \frac{dr}{2\pi r^2} \qquad (9-17)$$

总电阻就是上式的积分:

$$R = \int_{r_0}^{\infty} dR = \int_{r_0}^{\infty} \rho \frac{dr}{2\pi r^2} = \frac{\rho}{2\pi r_0} \qquad (9-18)$$

很清楚,接地电阻不是接地导体的电阻,接地电阻实质上是接地电流在地中流散时土壤所呈现的电阻,与土壤电阻率ρ成正比,与金属半球的半径r_0成反比,r_0的大小给电流提供了进入大地向远处扩散的起始面积。

采用上述半球形状是很不经济的,通常使用的是垂直接地体、水平接地体、接地网以及它们的组合。根据恒流场下静电场相似原理,可以计算一些典型接地体的工频接地电阻数值。

大家知道,雷电流幅值大,而且等值频率高。雷电流的幅值大,就会使地中电流密度增大,因而提高了电场强度,在靠近接地体尤为显著,此电场强度超过土壤击穿场强时会发生局部火花放电,其效果犹如增大了接地体的尺寸,也好像使土壤电导增大。因此,同一接地装置在幅值甚高的冲击(雷)电流作用下,其接地电阻要小于工频电流下的数值,称为火花效应。

雷电流的等值频率高就会使接地体自身的电感呈现影响,阻止电流向接地体远方流动,对于长度大的接地体这种影响更为明显。结果使得接地体得不到充分利用,接地体的电阻值高于工频接地电阻,有时称为电感效应。

因此,冲击接地电阻与工频接地电阻数值关系由上述两个因素决定。

顺便指出,土壤电阻率ρ是决定接地电阻的一个重要的原始参数。ρ不是常数,与季节以及土壤中含有酸、盐和水分等有关。因此在计算时,应取一年内可能出现的最大电阻率。由于测量可能在不同的季节,因此需根据土质、接地体类型等因素,将测得的电阻率换算至一年内可能出现的最大ρ值。

另外,在已经运行多年的变电所,包括杆塔的接地装置,由于多种原因,产生了腐蚀,使得接地电阻增大,如何解决这个问题,这是电力部门非常关心的课题。

由前面介绍可知,上述的防雷装置必须综合使用、相互依存才能充分发挥作用。

电力系统变电所(站)使用避雷针或避雷线与有效的接地体来防护直击雷;为防止雷电波侵入变电所损坏电气设备,从两方面采取保护措施:一是使用阀型避雷器,限制来波的幅值。二是在距变电所适当的距离内,装设可靠的进线保护段,利用导线高幅值入侵波所产生的冲击电晕,降低入侵波的陡度和幅值;以及导线自身的波阻抗限制流过阀型避雷器的冲击电流幅值,从而降低雷电过电压的幅值。

对输电线路防雷一般采取下列措施,有的也称之为输电线路防雷的"四道防线":防止雷直击导线,防止雷击塔顶或避雷线后引起绝缘闪络,防止雷击闪络后转化为稳定的工频电弧和防止线路中断供电,线路采用单相重合闸。

在第二道防线中,现在增加了新的内容,即在线路绝缘子串旁边安装线路避雷器,幅值很高的雷电波来了后,避雷器动作,只要它的残压低于绝缘子串的放电电压,绝缘子串就不会发生冲击闪络,当然不会出现稳定的工频电弧,从而增加了线路的耐雷能力,但从保护效果与经济上考虑,这种避雷器只能安装在线路"易击点"与"易击相"上。

输电线路的防雷性能在工程计算中用耐雷水平和雷击跳闸率来衡量。线路耐雷水平较

高,就是能承受较高幅值的雷电流,线路防雷性能较好。雷击跳闸率是指折算为统一的条件下,因雷击而引起的线路跳闸的次数。此统一条件规定为每年 40 个雷电日和 100 km 的线路长度,因此雷击跳闸率的单位是:次/(100 km・40 雷电日)。

为此,降低杆塔的接地电阻,增大耦合系数,适当加强线路绝缘,在个别杆塔上采用避雷器等,是提高输电线路耐雷水平,减少绝缘闪络的有效措施。

对于电力系统中采用电子系统的雷电过电压综合防护技术,一般采用:分流、均压、屏蔽、接地及保护装置。

9.4　工频过电压的产生与防护

频率为工频或接近工频的过电压,称为工频过电压,或工频电压升高。

9.4.1　工频过电压产生的机理

工频电压升高的数值是决定保护电器工作条件的主要依据,例如金属氧化物避雷器的额定电压就是按照电网中工频电压升高来确定的。对有间隙的避雷器,工频电压升高的幅度越大,要求避雷器的灭弧电压越高。在同样的保护比下,或者提高设备的绝缘水平,或者要提高避雷器灭弧性能和通流能力。同时,工频电压升高幅值越大,对断路器并联电阻热容量的要求也越高,从而给制造低值并联电阻带来困难。

操作过电压与工频电压升高是同时发生的,因此工频电压的升高直接影响操作过电压的幅值。

工频电压升高持续时间长,对设备绝缘及其运行性能有重大影响。例如,可导致油纸绝缘内部游离、污秽绝缘子的闪络、铁芯的过热、电晕等。

工频电压升高的原因有以下几个方面。

1.空载长线的电容效应

在集中参数 L,C 串联电路中,如果容抗大于感抗,即 $\dfrac{1}{\omega C}>\omega L$,电路中将流过容性电流。电容上的电压等于电源电势加上电容电流流过电感造成的电压升。这种电容上电压高于电源电势的现象,称为电容效应。由前面可知,一条空载长线可以看作由无数个串联的 L,C 回路构成,在工频电压作用下,线路的总容抗一般远大于导线的感抗,因此线路各点的电压均高于线路首端电压,而且愈往线路末端电压愈高。线路的电容电流由电源提供,它不但流过线路的电感造成电压升,而且这个电流也要流过电源的电感,使得线路首端造成电压升,同样会增加电容效应,犹如增加了线路的长度一样。显然,电源容量越小,电容效应越严重。

在图 9-13 中,线路长度为 l,$\dot E$ 为电源电势,$\dot U_1$,$\dot U_2$ 分别为线路首末端电压,X_{s} 为电源感抗。若输电线路为无损长线,可求得线路首末端电压、电流关系为

$$\left.\begin{array}{l} \dot U_1 = \dot U_2 \cos\alpha' l + \mathrm{j}\,\dot I_2 Z \sin\alpha' l \\[2mm] \dot I_1 = \mathrm{j}\dfrac{\dot U_2}{Z}\sin\alpha' l + \dot I_2 \cos\alpha' l \end{array}\right\} \qquad (9-19)$$

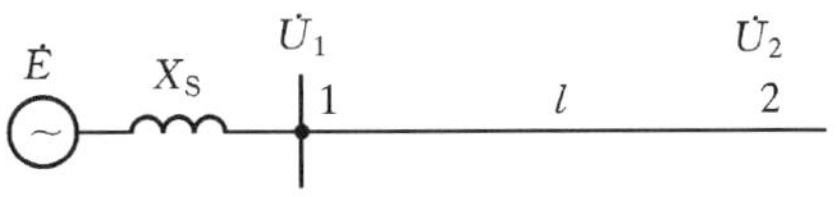

图 9-13　空载长线示意图

式中:Z 为线路的波阻抗,Ω;α' 为相位系数,$\alpha'=$

$\omega \sqrt{L_0 C_0}$（ω 为电源角频率，L_0，C_0 分别为导线单位长度的电感与电容），对于输电线路，通常 $\alpha' \approx 0.06°/\text{km}$；$l$ 为线路的长度，km。

若线路末端开路，即

$$\dot{I}_2 = 0$$

由式（9-19）可得线路首末端电压关系为

$$\dot{U}_2 = \dot{U}_1 / \cos\alpha' l \qquad (9-20)$$

图 9-14 曲线是根据式（9-20）画出的线路末端电压升高的倍数与线路长度的关系。很清楚，当 $\alpha' l = \pi/2$ 时，无论首端电压为何值，线路末端电压将趋于无穷大，此时线路长度 $l = \pi v / (2\omega)$，线路电感与电容构成谐振状态。电网频率为 50 Hz 时，电磁波的波长为 $v/f = 3 \times 10^8 / 50$，l 的长度相当于 1/4 波长，因此也称为 1/4 波长谐振。

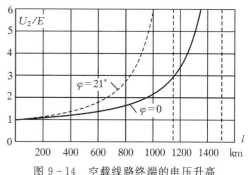

图 9-14　空载线路终端的电压升高

以上分析未考虑电源阻抗，即电源的容量。可以将其理解为首端接在无穷大电源上，即电源电势 $\dot{E} = \dot{U}_1$，电源感抗 $X_S = 0$ 的情况。实际上，电源容量是有限的，即 $X_S > 0$，线路的电容电流流过电源上的电感也会造成电压升，同样会增加电容效应，犹如增加了导线的长度一样。显然，电源容量越小，电容效应越严重。

为了计算与分析方便起见，有时需要将线路用集中参数阻抗来代替。如无损线路末端开路，从首端往线路看去，可等值为一个阻抗 Z_R，Z_R 叫做末端开路时的首端输入阻抗。由式（9-19）求出线路末端开路的输入阻抗为

$$Z_R = \frac{\dot{U}_1}{\dot{I}_1} = \text{j}Z\cot\alpha' l \qquad (9-21)$$

当 $\alpha' l < 90°$ 时，Z_R 为容抗，而电源 X_S 为感抗，可计算线路首端电压：

$$\dot{U}_1 = \frac{\dot{E}}{\text{j}X_S + Z_R} Z_R$$

$$= \frac{\dot{E}}{X_S - Z\cot\alpha' l}(-Z\cot\alpha' l) \qquad (9-22)$$

上式也可用电压传递系数来表示。线路首端对电源的电压传递系数为

$$K_{01} = \frac{U_1}{E} = \frac{Z\cot\alpha' l}{Z\cot\alpha' l - X_S} \qquad (9-23)$$

同样可求出线路末端对电源电势的传递系数：

$$K_{02} = \frac{\dot{U}_2}{\dot{E}} = \frac{\dot{U}_1}{\dot{E}} \frac{\dot{U}_2}{\dot{U}_1} = K_{01} K_{12}$$

将式（9-20）和式（9-23）代入，经化简得：

$$K_{02} = \frac{1}{\cos\alpha'l - \dfrac{X_S}{Z}\sin\alpha'l}$$

令 $\varphi = \arctan\dfrac{X_S}{Z}$，则上式又可写成：

$$K_{02} = \frac{\cos\varphi}{\cos(\alpha'l + \varphi)} \tag{9-24}$$

电源电抗 X_S 的影响可通过参数 φ 表示出来。图 9-14 中画出了 $\varphi = 21°$ 时 K_{02} 与线路长度的关系曲线(虚线)。由计算可知，当 $l = 1150$ km 时，线路将发生谐振。由于电源容量越小，情况越严重，因此在计算工频过电压时，应计及系统可能出现的最小运行方式，即取 X_S 可能出现的最大值。

2.不对称短路引起的工频电压升高

当在空载线路上出现单相或两相接地故障时，健全相上工频电压升高不仅由长线的电容效应所致，还有短路电流的零序分量，使健全相电压升高。升高程度决定于故障点看进去系统的正序、零序阻抗的数值，既包含分布的线路参数，还包含电机的暂态电抗、变压器的漏感等，而且零序和系统中性点运行方式有很大的关系。

单相接地时，故障点各相的电压、电流是不对称的，应用对称分量法序网图进行分析，不仅计算方便，还可以计及长线的分布特性。

对于较大电源容量的系统，可以认为正序阻抗与负序阻抗相等，再忽略各序阻抗中的电阻分量 R_0，R_1，R_2，假定 A 相接地，通过一定的推导，可得到：

$$U_B = U_C$$
$$= \sqrt{3}\,\frac{\sqrt{\left(\dfrac{X_0}{X_1}\right)^2 + \left(\dfrac{X_0}{X_1}\right) + 1}}{\left(\dfrac{X_0}{X_1}\right) + 2}\,E$$
$$= K^{(1)}E \tag{9-25}$$

式中

$$K^{(1)} = \sqrt{3}\,\frac{\sqrt{\left(\dfrac{X_0}{X_1}\right)^2 + \left(\dfrac{X_0}{X_1}\right) + 1}}{\left(\dfrac{X_0}{X_1}\right) + 2} \tag{9-26}$$

$K^{(1)}$ 叫做单相接地因素，它说明单相接地故障时，健全相的对地最高工频电压有效值与故障前故障相对地电压有效值之比。

顺便指出，在不计损耗的前提下，一相接地，两健全相电压升高是相等的；若计及损耗，$U_B \neq U_C$。

利用公式(9-26)可以画出健全相电压升高 $K^{(1)}$ 与 X_0/X_1 值的关系曲线，如图 9-15 所示。从图中可以看出损耗对 B，C 两相电压升高的影响。

X_0/X_1 的值越大，健全相上电压升高越严重。因为 X_0 和 X_1 是由故障点看进的数值，既包含分布的线路参数，还包含电机的暂态电抗、变压器的漏感等，而且零序和系统中性点运

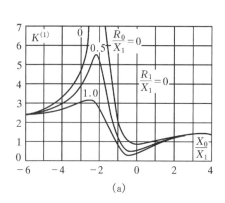 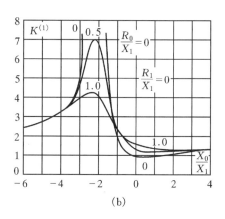

图 9 - 15　A 相接地故障时健全相的工频电压升高

(a)B 相；(b)C 相

行方式有很大的关系。

对中性点绝缘的 3～10 kV 系统，X_0 主要由线路容抗决定，故应为负值。单相接地时，健全相的工频电压升高约为线电压的 1.1 倍。因此，在选择避雷器灭弧电压（注意：金属氧化物避雷器为额定电压，下同）时，取 110% 的线电压，这时避雷器称为 110% 避雷器。

对中性点经消弧线圈接地的 35～60 kV 系统，在过补偿状态运行时，X_0 为很大的正值，单相接地时健全相上电压接近线电压。因此，在选择避雷器灭弧电压时，取 100% 的线电压，这时避雷器称为 100% 避雷器。

对中性点直接接地的 110～220 kV 系统，X_0 为不大的正值。由于继电保护、系统稳定等方面的要求，需要对不对称短路电流加以限制，故而选用了较大的 X_0/X_1 值，一般 $X_0/X_1 \leqslant$ 3。因此，健全相上电压升高不大于 1.4 倍相电压，约为 80% 的线电压，故采用 80% 的避雷器。

同一系统，有所谓"大""中""小"运行方式，很明显，从"小方式"到"大方式"运行时，电源的正序阻抗下降很快；相反，由于继电保护的原因，零序阻抗不是成比例下降。也就是说，该电网某一点发生单相接地时，从该点看进去的零序阻抗与正序阻抗比值 X_0/X_1 不是定值，因此单相接地因素 $K^{(1)}$ 也不是定值。一般情况下，"大方式"运行时单相接地因素大。

3. 突然甩负荷引起的工频电压升高

输电线路传送重负荷时，由于某种原因，断路器跳闸，电源突然甩负荷后，将在原动机与发电机内引起一系列机电暂态过程，它是造成线路工频电压升高的又一原因。

首先，当甩负荷后，根据磁链守恒原理发电机中通过激磁绕组的磁通来不及变化，与其相应的电源电势 E'_d 维持原来的数值（很清楚，送出负荷越大，此电势越大）。原来负荷的电感电流对发电机主磁通的去磁效应突然消失，而空载线路的电容电流对发电机主磁通起助磁作用，使 E'_d 上升。因此，加剧了工频电压的升高。

其次，从机械过程来看，发电机突然甩掉一部分有功负荷，而原动机的调速器有一定惯性，在短时间内输入给原动机的功率（汽轮机与蒸汽流量有关，水轮机与水流量有关）来不及减少，主轴上有多余功率，这将使发电机转速增加。转速增加时，电源频率上升，不但发电机的电势随转速的增加而增加，而且加剧了线路的电容效应。

对汽轮发电机来说,由于转子机械强度的要求,不能允许速度太高,通常允许超速(10%~15%);水轮发电机允许超速达 30% 以上。

9.4.2　工频过电压的防护措施

根据我国电力系统的运行经验,一般情况下,220 kV 及以下的电网中不需采取特殊措施限制工频电压升高,但在 330 kV,500 kV,750 kV,正在建设的 1000 kV 系统中,工频电压升高对确定设备的绝缘水平起着重要的作用,应采取适当措施,将工频电压升高限制在一定水平之内。目前我国规定 330 kV,500 kV,750 kV,1000 kV 系统,母线上的暂态工频过电压升高不超过最高工作相电压的 1.3 倍,线路不超过 1.4 倍。通常采用以下方法加以限制。

1.利用并联电抗器补偿空载线路的电容效应

为了限制电容效应引起的工频电压升高,在超高压电网中,广泛采用并联电抗器来补偿线路的电容电流,以削弱其电容效应。

2.利用静止补偿装置(SVC)限制工频过电压

前述的并联电抗器,当发生工频过电压时,它将起到限制作用。但平时若一直接入系统,需消耗系统大量的无功功率,造成不必要的浪费。在过去的十多年中,出现了一种新型的并联补偿装置,它采用了晶闸管等先进的电子技术来控制投入电抗器与电容器的容量,达到限制工频过电压的最佳效果。

3.采用良导体地线降低输电线路的零序阻抗

采用良导体地线,可降低系统零序阻抗,达到限制工频过电压的目的。计算表明,电源容量愈大,良导体地线降低工频过电压效果愈明显。

9.5　操作过电压的产生与防护

9.5.1　操作过电压产生的机理

操作过电压是电力系统内部过电压的另一种类型,它是由系统中断路器操作和各种故障产生的过渡过程引起的。与暂时过电压相比,操作过电压通常具有幅值高,存在高频振荡,强阻尼和持续时间短的特点。

1.弧光接地过电压

运行经验表明,电力系统中 60% 以上的故障是单相接地故障。当中性点不接地系统中发生单相接地时,经过故障点将流过数值不大的接地电容电流。如果电网小,线路不太长,接地电容电流将很小。许多临时性的单相接地故障(如雷击、鸟害等),当故障原因消失后,电弧一般可以自行熄灭,系统很快恢复正常。随着电网的发展和电压等级的提高,单相接地电容电流随之增加,一般 6~10 kV 电网的接地电流超过 30 A,35~60 kV 电网的接地电流超过 10 A 时电弧便难以熄灭。但这个电流还不至于大到形成稳定燃烧电弧,因此可能出现电弧时燃时灭的不稳定状态,引起电网运行状态的瞬时变化,导致电磁能量的强烈振荡,并在健全相和故障相上产生过电压,这就是间歇性电弧接地过电压。

当某相接地时,弧道中不但有工频电流,还会有幅值很高的高频电流。电弧有可能在高频电流过零时熄灭,也可能在工频电流过零时熄灭,或者是高频分量与工频分量在某个时刻的叠加。如前面所述,这种间歇性时燃时灭的电弧会在系统中产生过电压,按工频熄弧理论分析,即每隔半个工频周期依次发生熄弧和重燃,过渡过程将周期性重复,健全相的最大过电压为3.5(标幺值),故障相的最大过电压为2.0(标幺值);若用高频熄弧理论分析,高频电流第一次过零时熄弧,这时振荡电压刚好到达最大值,过电压的分析结果要比上述严重些,随间歇性次数成几何级数增加。因此,不管哪种熄弧理论,间歇性弧光接地是产生弧光接地过电压的根本原因。

2.铁磁谐振过电压

电力系统中发生铁磁谐振的机会是相当多的,国内外运行经验表明,它是电力系统某些严重事故的直接原因。电路中的电感元件因带有铁芯,会产生饱和现象,电感不再是常数,而是随着电流或磁通的变化而变化。这种含有非线性电感元件的电路,在满足一定条件时,会发生铁磁谐振。谐振现象可以发生基波铁磁谐振,也可以产生高频、分频铁磁谐振;需要"激发",如系统开关的动作、雷害或其它原因使得系统发生闪络等;一般发生在系统轻载或空载网络中;过电压的幅值通常不会超过3.0(标幺值),对"健康"的设备不会产生危害,但是谐振一旦发生,系统将无法正常工作。

3.输电线路的合闸过电压

合闸空载线路是电网中常见的操作之一。空载线路的合闸有两种情况,即正常合闸和自动重合闸。由于两者初始条件的差异,如电源电势的幅值及线路上的残余电荷,使上述两种产生的过电压幅值有较大的差异。一般情况下,重合闸过电压较为严重。

对于超高压输电系统,合闸和重合闸过电压最为重要,因为它对决定系统设备的绝缘水平起着决定性的作用。我国已把250/2500 μs操作过电压的波形作为标准操作冲击波,取代了以往用工频试验代替操作波的试验方法。

合闸过电压的大小与电源容量、系统接线方式、线路长度、合闸相位、开关性能、故障类别及限压措施等因素有关,并且各因素相互影响,较为复杂,如果不加以限制,可以达到很高的数值,振荡电压的最大值接近2倍工频稳态电压,如果是自动重合闸,线路上有与电源反极性残余电荷,可以出现3倍过电压。

4.切断容性电路过电压

切除空载线路,是系统中常见的操作之一。我国在35～220 kV电网中,都曾因切除空载线路时过电压引起过多次故障。多年的运行经验证明:若使用的断路器的灭弧能力不够强,以致电弧在触头间重燃时,切除空载线路的过电压事故就比较多。理论上电弧重燃,线路可能出现成几何级数增加的过电压,可见电弧的多次重燃是切除空载线路时产生危险的过电压的根本原因。

随着科学技术的进步,现在的超高压断路器在切除线路时,可以做到基本上不重燃。

5.切断感性电路过电压

切除空载变压器也是电网中常见的操作之一。在正常运行时,空载变压器可等值为一激磁电感,因此切除空载变压器相当于切除一个小容量的电感负荷。与其类似,切除消弧线圈、并联电抗器、大型电动机等也属于切除电感性负荷。

在切断小电感电流时,由于能量小,通常弧道中的电离并不强烈,电弧很不稳定;加之断路器去电离作用很强,可能在工频电流过零前使电弧电流截断而强制熄弧。弧道中电流被突然截断的现象称为"截流"。由于截流留在电感中的磁场能量转化为电容上的电场能量,从而产生了过电压,可见开关的截流是产生切断感性电路过电压的改变原因。

如果不加以限制,会出现非常高的过电压,我国曾经在切 110 kV 变压器时,在不同的变电站发生 110 kV 变压器套管对地与相间闪络的事故。

6.GIS 中快速暂态过电压——VFTO

在电力系统中,SF$_6$ 气体绝缘变电站(Gas Insulated Substation,GIS)中的隔离开关在分合空母线时,由于触头运动速度慢,开关本身的灭弧性能差,故触头间隙会发生多次重燃,这种破坏性放电引起高频振荡而形成快速的暂态过程,所产生的阶跃电压行波通过 GIS 和与之相联的设备传播,在每个阻抗突变处产生反射和折射,使波形畸变,引起陡波前过电压,即快速暂态过电压(Very Fast Transient Over-voltage,VFTO),该电压具有上升时间短及幅值高的特点,其波形和幅值取决于 GIS 的内部结构和外部的配置,GIS 中开关操作产生的 VFTO 幅值一般低于 2.0(标幺值),也有可能超过 2.5(标幺值)。隔离开关、断路器操作均会产生 VFTO,前者幅值较高,振荡的频率可高达数百 MHz。它的标准波形如图 9 - 16 所示,这种过电压对 GIS 设备的母线支撑件、套管以及所连接的二次设备都有很大的危害,近年来已经引起电力系统和电力装备专家和学者的高度重视。因此研究 VFTO 的幅值和频率特征,对 GIS 设备绝缘水平的选择及安全可靠运行都有重要意义。

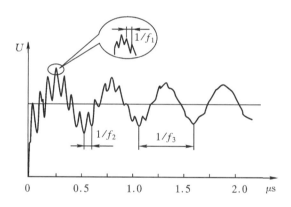

图 9 - 16　GIS 中隔离开关闭合引起的典型快速暂态过电压波形

9.5.2　操作过电压的抑制措施

(1) 为消除电弧接地过电压,最根本的途径是消除间歇性电弧。其有效的方法是将中性点直接接地。目前 110 kV 及以上电网大都采用中性点直接接地的运行方式。但是,在我国为数众多的电压等级较低的配电网中,其单相接地事故率相对很大,如采用中性点直接接地方式,势必引起断路器频繁跳闸,这不仅要增设大量的重合闸装置,还会增加断路器的维修工作量,故宜采用中性点绝缘的运行方式。为减小电容电流,使电弧易于熄灭,我国 35 kV 及以下电压等级的配电网系采用中性点经消弧线圈接地的运行方式。

(2) 铁磁谐振过电压与电磁式电压互感器有关,一是提高特性的"饱和"点,二是改用电容式电压互感器。在电压互感器开口三角绕组中接入阻尼电阻,或在电压互感器一次绕组的中性点对地接入电阻。在有些情况下,可在 10 kV 及以下的母线上装设一组三相对地电容器,或用电缆段代替架空线段,以增大对地电容,但从参数搭配上应该避免谐振。特殊情况下,可将系统中性点临时经电阻接地或直接接地,或投入消弧线圈,也可以按事先规定投入某些线路或设备以改变电路参数,消除谐振过电压。

目前人们研究发明很多装置用来限制谐振过电压,虽然有不同的结构,各有各的特点,但原理是相同的,即设法改变回路参数,破坏铁磁谐振条件,接入阻尼电阻,使谐振过电压得到有效的限制。

(3) 限制空载线路合闸过电压的措施可以从两方面入手　一是降低线路的稳态电压分量,即采取措施降低工频电压;二是限制其自由电压分量,在断路器中装设合闸电阻,还可以在线路侧接电磁式电压互感器,消除线路上的残余电荷。在线路首端和末端装设磁吹避雷器或金属氧化物避雷器,当出现较高的过电压时,避雷器应能可靠动作,将过电压限制在允许的范围内。线路合闸过电压的大小与电源电压的合闸相位有关,如果通过一些电子装置来控制断路器的动作时间,也可以达到降低合闸过电压的目的。

(4) 限制切空载线路合闸过电压可以采用不重燃断路器,在断路器上也可以装设分闸电阻,使分闸过程分为两步,不发生电弧的重燃,即使发生重燃,R 将对其振荡过程产生阻尼,使过电压降低。线路上装设泄流设备,在线路侧若接有并联电抗器或电磁式电压互感器,都能使线路上的残余电荷得以泄放或产生衰减振荡,改变幅值与极性,最终降低断路器间的恢复电压,减少重燃的可能性,达到降低过电压的目的。在线路首末端装设可以限制操作过电压的金属氧化物避雷器的效果也是非常明显的。

(5) 切断空载变压器过电压的特点是:幅值高,频率高,但持续时间短,能量小,因此限制并不困难。只要在变压器任一侧装上避雷器就可以有效限制这种过电压。但必须指出,由于这种避雷器安装的目的是用来限制切除空载变压器过电压的,所以在非雷雨季节也不应退出运行。

(6) VFTO 的防护　使用快速动作隔离开关缩短切合时间,可以减小重击穿的次数,降低VFTO 出现的几率。采用在 DS,CB 断口并联合闸电阻的方法限制 VFTO,将铁氧体磁环套在 GIS 隔离开关两端的导电杆上,改变导电杆局部的高频电路参数,相当于在开关断口和空载母线间串入了一个阻抗,使 VFTO 的幅值和陡度降低,同时也减弱行波折反射的叠加。

当然,减少 GIS 中 DS 的动作次数,限制某些 DS 操作,提高变电设备对 VFTO 的耐受特性都是防护 VFTO 的有效办法。

9.6　过电压的数值计算

电力系统发生故障或操作后,将产生复杂的电磁暂态过程和机电暂态过程。前者指各元件中电场和磁场及相应的电压及电流变化过程,后者则指由电磁转矩变化所引起的发电机和电动机的机械振荡过程。虽然这两过程同时发生,但要进行统一分析却非常困难。通常工程上采取一定近似对它们分别进行计算:在电磁暂态过程分析中常不计发电机和电动机的转速变化,而在机电暂态分析中则往往近似考虑或忽略电磁过程。

电磁过程分析的主要目的在于计算故障或操作后可能出现的过电压、过电流,并进而研究相应的防护措施。对于不同的目的分析方法也不相同。为了选择断路器、母线等设备和继电保护整定,如第 3 章所述。本节着重研究持续时间为毫秒级,甚至是纳秒级的电磁暂态过程分析和计算方法。

随着数字计算机的广泛应用,目前已研究和开发了一些成熟的过电压计算方法和程序,其中由 H.W.Dommel 创建并有许多人共同完成的电磁暂态过程的程序 EMTP,具有很强的计算功能和较高的计算精度,得到了国际上普遍承认和广泛应用。后面将介绍它的基本思路和算法。

应该指出,目前研究电力系统过电压的方法有三种:采用物理模拟的暂态分析仪(TNA),计算机数值计算,现场实际测量。三种方法都有各自的优点,也有一定的限制,可以根据条件,综合使用这些手段,获得过电压的可靠信息,有兴趣的读者可参考有关文献。

9.6.1　集中参数元件的电磁暂态过程等值计算电路

电力系统包含发电机、变压器、输电线路、电缆、并联电抗器、短路器、逆变器以及避雷器等设备。这些设备在结构上和功能、特性上千差万别,很难建立统一的模型。然而从电路的角度来讲,除电源外,总可用电感、电容和电阻元件来表征它们的功能和特性。值得注意的是,当计算的电力系统暂态现象涉及到波的传播过程时,需要用分布参数的等值计算电路模拟相应的元件。例如,在第 2 章中,对于 300 km 以下的架空线都可用集中参数的 Ⅱ 型等值计算电路来分析,但在研究 100 MHz 行波造成的过电压时,即使 1 m 长的架空线也要用分布参数的等值计算电路。本节介绍集中参数元件的等值计算电路,分布参数元件的等值计算电路将在下节介绍。

1.电感元件

假设在两节点 k,m 间有一电感 L,如图 $9-17$(a)所示,可以用如下微分方程描述:

$$u_L(t) = u_k(t) - u_m(t) = L\frac{\mathrm{d}i_{km}(t)}{\mathrm{d}t} \tag{9-27}$$

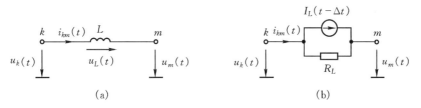

图 $9-17$　电感的等值计算电路

(a)原电路;(b)等值计算电路

式中:$i_{km}(t)$ 表示由节点 k 流向节点 m 经过电感的电流;$u_k(t)$ 和 $u_m(t)$ 分别表示两端点对地(电位参考节点)的电压。式(9-27)可以改写为

$$\int_{t-\Delta t}^{t} \mathrm{d}i_{km}(t) = \frac{1}{L}\int_{t-\Delta t}^{t} u_L(t)\mathrm{d}t \tag{9-28}$$

式中

$$u_L(t) = u_k(t) - u_m(t) \tag{9-29}$$

对式(9-28)积分,得:

$$i_{km}(t) - i_{km}(t - \Delta t) = \frac{1}{L} \int_{t-\Delta t}^{t} u_L(t) \mathrm{d}t$$

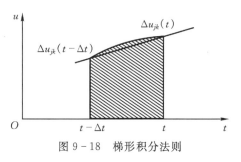

$$(9-30)$$

上式中右端积分对应图 9-18 中阴影所示的面积。当步长 Δt 足够小时,可用相应的梯形面积表示。

$$i_{km}(t) - i_{km}(t - \Delta t) = \frac{\Delta t}{2L}[u_L(t) + u_L(t - \Delta t)]$$

这种处理方式叫做梯形积分法则。

图 9-18 梯形积分法则

考虑到 $u_L(t) = u_k(t) - u_m(t)$,可以得到如下的差分方程:

$$i_{km}(t) = \frac{1}{R_L}[u_k(t) - u_m(t)] + I_L(t - \Delta t) \tag{9-31}$$

式中

$$R_L = \frac{2L}{\Delta t} \tag{9-32}$$

$$I_L(t - \Delta t) = i_{km}(t - \Delta t) + \frac{1}{R_L}[u_k(t - \Delta t) - u_m(t - \Delta t)] \tag{9-33}$$

其中 R_L 是电感 L 暂态计算时的等值电阻,只要 Δt 确定,就有确定值;$I_L(t - \Delta t)$ 是电感在暂态计算时的等值电流源,可以根据前一步 $t - \Delta t$ 时流经电感的电流值和端点电压值按公式(9-31)计算得到,因为它是上一时刻的电流,故称为历史电流源。

根据电感的暂态等值计算公式(9-31)和式(9-33)可以画出如图 9-17(b)所示的等值计算电路,电路中只包括电阻 R_L 和电流源 $I_L(t - \Delta t)$。

2.电容元件

用类似的电感元件处理的方法可以推导出电容元件的暂态等值计算电路。假设在两节点 k, m 间有一电容 C,如图 9-19(a)所示,电容 C 上的电压和电流的关系可由下面的微分方程表示:

$$i_{km}(t) = C\frac{\mathrm{d}u_C(t)}{\mathrm{d}t} = C\frac{\mathrm{d}[u_k(t) - u_m(t)]}{\mathrm{d}t} \tag{9-34}$$

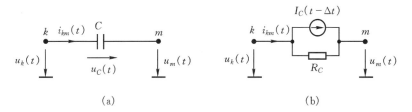

(a)   (b)

图 9-19 电容的等值计算电路
(a)电容元件电路;(b)等值计算电路

写成积分形式:

$$u_k(t) - u_m(t) = u_k(t - \Delta t) - u_m(t - \Delta t) + \frac{1}{C}\int_{t-\Delta t}^{t} i_{km}(t) \mathrm{d}t$$

运用梯形积分原则,可以得到如下的差分方程:

$$i_{km}(t) = \frac{1}{R_C}\left[u_k(t) - u_m(t)\right] + I_C(t - \Delta t) \tag{9-35}$$

式中

$$R_C = \frac{\Delta t}{2C} \tag{9-36}$$

$$I_C(t - \Delta t) = -i_{km}(t - \Delta t) - \frac{1}{R_C}\left[u_k(t - \Delta t) - u_m(t - \Delta t)\right] \tag{9-37}$$

其中 R_C 和 $I_C(t - \Delta t)$ 分别表示电容 C 在暂态计算时等值电阻和反映历史记录的等值电流源。

和电感电路相似,根据等值计算公式(9-35)和式(9-37),可以有电容的等值计算电路,如图 9-19(b)所示。

3.电阻元件

假设在两节点 k,m 间有一电阻 R,如图 9-20 所示,由于纯电阻集中参数元件并不是储能元件,其暂态过程与历史记录无关,电压和电流的关系可以由下面的代数方程式决定:

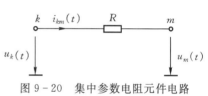

图 9-20　集中参数电阻元件电路

$$i_{km}(t) = \frac{1}{R}\left[u_k(t) - u_m(t)\right] \tag{9-38}$$

无需进一步等值。

从上述储能元件电感和电容的暂态等值计算图可以看出,这些等值电路是由电阻和历史电流源并联组成,而耗能元件电阻没有历史电流源。换句话说,经过处理,电感和电容也可以看作一个电阻元件,只是附加了一个历史电流源。

例 9-1　应用暂态等值计算电路计算图 9-21(a)中开关合上后电感元件的电流和电压降。假设已知 $i_L(0)=1$ A。

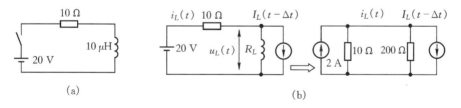

(a)　　　　　　　　　　　　　　　　　　(b)

图 9-21　例 9-1 的电路图
(a)电路图;(b)等效计算电路

解　1. 作全电路的暂态等值计算电路

由于暂态电流和电压是逐步递推计算得到,步长 Δt 的取值至关重要。Δt 取值过大会引起很大的误差;Δt 取值过小则计算量过大。一般的取值与所研究的具体对象有关。当电路元件的时间常数较小时,Δt 也应取小值。在本例中电路的时间常数为

$$10~\mu\text{H}/10~\Omega = 1~\mu\text{s}$$

我们可取 $\Delta t=0.1~\mu$s。因此等效电路电阻为:$R_L=2L/\Delta t=200~\Omega$。这样就可得到图 9-21(b)所示的暂态等值计算电路。

由图 9-21(b)可得电感元件的电流和电压降计算公式为

$$i_L(t) = [2 - I_L(t - \Delta t)] \times \frac{10}{210} + I_L(t - \Delta t)$$

$$u_L(t) = [2 - I_L(t - \Delta t)] \times \frac{10}{210} \times 200$$

2. 初值计算

当 $t = 0$ 时初始状态已知，$i_L(0) = 1$ A，$u_L(0) = 10$ V。由式(9-33)得：

$$i_L(0) = 1 + \frac{1}{200} \times 10 = 1.05 \text{ A}$$

经过一个步长 Δt 后，即 $t = \Delta t$ 时的的电流、电压为

$$i_L(\Delta t) = (2 - 1.05) \times \frac{10}{210} + 1.05 = 1.095 \text{ A}$$

$$u_L(\Delta t) = (2 - 1.05) \times \frac{10}{210} \times 200 = 9.048 \text{ V}$$

$$I_L(\Delta t) = I_L(0) + \frac{2}{200} U_L(\Delta t) = 1.05 + 0.09 = 1.14 \text{ A}$$

3. 递推计算

电感元件的电流源递推公式(9-33)可以转换为更为方便的递推公式：

$$I_L(t - \Delta t) = I_{km}(t - 2\Delta t) + \frac{2}{R_L}[u_k(t - \Delta t) - u_m(t - \Delta t)]$$

利用此式进行递推计算，在运算过程中仅求各节点电压，而省去了电感支路电流的计算。对于本例，具体的递推公式为

$$I_L(t - \Delta t) = I_L(t - 2\Delta t) + \frac{2}{200} U_L(t - \Delta t)$$

以下由上面计算出的初始值利用递推公式求 $t = 2\Delta t$ 时的电流、电压值：

$$i_L(2\Delta t) = (2 - 1.14) \times \frac{10}{210} + 1.14 = 1.181 \text{ A}$$

$$u_L(2\Delta t) = (2 - 1.14) \times \frac{10}{210} \times 200 = 8.19 \text{ V}$$

类似地可计算出以后几个时刻的电流电压值。表 9-2 列出了 5 步计算结果。

表 9-2　递推计算结果

$t/\mu s$	$I_L(t - \Delta t)/$ A	$i_L(t)/$ A	$U_L(t)/$ V
0.1	1.050	1.095	9.048
0.2	1.140	1.181	8.190
0.3	1.222	1.259	7.410
0.4	1.296	1.330	6.705
0.5	1.363	1.393	6.067

9.6.2　分布参数元件的电磁暂态过程等值计算电路

为了突出分布参数元件的特性，我们首先研究图 9-22 所示无损耗长线的等值计算电路。

图中分布参数线路上任何一点的对地电压和导线中的电流是距离 x 和时间 t 的函数。假定线路单位长度的电感 L_0 和电容 C_0 均为常数，和频率无关，则单导线线路上的电压和电流

可以用以下偏微分方程来描述：

$$\left.\begin{array}{l} \dfrac{\partial u}{\partial x}=-L_0\,\dfrac{\partial i}{\partial t} \\[2mm] \dfrac{\partial i}{\partial x}=-C_0\,\dfrac{\partial u}{\partial t} \end{array}\right\} \qquad (9-39)$$

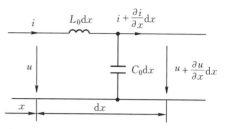

对以上方程进行变换，可以得到以下波动方程：

$$\left.\begin{array}{l} \dfrac{\partial^2 u}{\partial x^2}=L_0C_0\,\dfrac{\partial^2 u}{\partial t^2}=\dfrac{1}{v^2}\,\dfrac{\partial^2 u}{\partial t^2} \\[2mm] \dfrac{\partial^2 i}{\partial x^2}=C_0L_0\,\dfrac{\partial^2 i}{\partial t^2}=\dfrac{1}{v^2}\,\dfrac{\partial^2 i}{\partial t^2} \end{array}\right\}$$

图 9 - 22　长度为 dx 的输电线路等值电路

其中

$$v=\frac{1}{\sqrt{L_0C_0}}$$

为流动波沿线的传播速度，对无损架空线路等于光速，即电磁波在真空中的传播速度。

以上无损线波动方程的电压和电流解可以写成以下形式：

$$\left.\begin{array}{l} u(x,t)=\overrightarrow{u}(x-vt)+\overleftarrow{u}(x+vt) \\[2mm] i(x,t)=\overrightarrow{i}(x-vt)+\overleftarrow{i}(x+vt) \end{array}\right\} \qquad (9-40)$$

其中 $\overrightarrow{U}$ 和 $\overrightarrow{i}$ 分别表示以速度为 v 沿着 x 正方向传播的前行电压波和电流波，而 $\overleftarrow{U}$ 和 $\overleftarrow{i}$ 表示沿 x 反方向传播的反行电压波和电流波。前行电压波和前行电流波之间，以及反行电压波和反行电流波之间是通过波阻抗相联系的，有

$$\left.\begin{array}{l} \overrightarrow{i}(x-vt)=\overrightarrow{u}(x-vt)/Z \\[2mm] \overleftarrow{i}(x+vt)=-\overleftarrow{u}(x+vt)/Z \end{array}\right\} \qquad (9-41)$$

式中

$$Z=\sqrt{\frac{L_0}{C_0}} \qquad (9-42)$$

为波阻抗。若将式（9 - 42）代入式（9 - 41）并分别消去 $\overrightarrow{u}$ 或 $\overleftarrow{u}$，就可以得到以下前行波特征方程和反行波特征方程：

$$u(x,t)+Zi(x,t)=2\overrightarrow{u}(x-vt) \qquad (9-43)$$

$$u(x,t)-Zi(x,t)=2\overleftarrow{u}(x+vt) \qquad (9-44)$$

方程式中 $u(x,t)$ 和 $i(x,t)$ 分别表示在线路上 x 点在 t 时刻的电压和电流的瞬时值，根据式（9 - 40），它们是前行波和反行波的叠加。

对前行波来说，若取 $x-vt=$ 常数，其值不变，由前行波特征方程（9 - 43）看，这意味着 $u(x,t)+Zi(x,t)$ 的值不变。这就是说，电磁波沿均匀无损线路向前传播时不发生畸变和衰减。当观察者沿 x 正方向以速度 v 和前行波一起运动（即 $x-vt=$ 常数），则根据他所处的位置 x 在 t 时刻观察到的瞬时电压值 $u(x,t)$ 和电流值 $i(x,t)$ 所计算得到的 $u(x,t)+Zi(x,t)$ 的值始终保持不变，等于两倍前行电压波的大小。

可以用类似的方法讨论反行波特征方程式（9 - 44）的物理意义。若观察者沿 x 反方向以速度 v 运动，则在线路上任一点 x 在时刻 t 所观察到的 $u(x,t)-Zi(x,t)$ 的值不变，等于两倍反行电压波的数值。

由以上特征方程可以推导出单相无损线的波过程计算的等值电路及其相应的计算公式。

假定有图 9-23(a)所示的单相均匀无损线,长度为 l,波阻抗为 Z,始端($x=0$)和末端($x=l$)的电压和电流分别为 $u_k(t)$,$u_m(t)$,$i_{km}(t)$ 和 $i_{mk}(t)$。端点上电流的正方向假设都是由端点流向线路。

波由 k 点到 m 点的传播时间 $\tau=l/v$。若观察者随前行波在 $t-\tau$ 时刻从节点 k 出发,则应在 t 时刻到达 m 点。从前行波特征线方程(9-43)可以得到如下 k,m 点电压和电流的关系:

$$u_k(t-\tau)+Zi_{km}(t-\tau)=u_m(t)+Z[-i_{mk}(t)]$$

可改写为

$$i_{mk}(t)=\frac{1}{Z}u_m(t)-\frac{1}{Z}u_k(t-\tau)-i_{km}(t-\tau)$$

令:

$$I_m(t-\tau)=-\frac{1}{Z}u_k(t-\tau)-i_{km}(t-\tau) \tag{9-45}$$

则可得到:

$$i_{mk}(t)=\frac{1}{Z}u_m(t)+I_m(t-\tau) \tag{9-46}$$

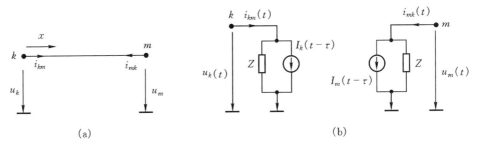

图 9-23　单相无损线路的等值计算电路

由式(9-46)可以导出图 9-23(b)右端所示的线路末端 m 在时刻 t 的等值计算电路。其中 $I_m(t-\tau)$ 是等值历史电流源,可由式(9-45)求得。

同样,观察者可以随反行波从末端节点运动到始端节点 k,根据反行波特征方程(9-44)可以得到:

$$u_m(t-\tau)-Z[-i_{mk}(t-\tau)]=u_k(t)-Zi_{mk}(t)$$

可改写为

$$i_{km}(t)=\frac{1}{Z}u_k(t)-\frac{1}{Z}u_m(t-\tau)-i_{mk}(t-\tau)$$

令:

$$I_k(t-\tau)=-\frac{1}{Z}u_m(t-\tau)-i_{mk}(t-\tau) \tag{9-47}$$

则最后得到:

$$i_{km}(t)=\frac{1}{Z}u_k(t)+I_k(t-\tau) \tag{9-48}$$

由上式可以导出图 9-23 所示的线路始端 k 在时刻 t 的等值计算电路。整个图 9-23(b)

即为单根无损线的暂态等值电路,它有以下两个明显的特点。

①分布参数线路电路转化为只包括集中参数电阻和电流源的集中参数电路。

②线路两侧节点 k 和 m 是独立分开,拓扑上没有直接联系。两端点之间的电磁联系是通过时延 τ 反映历史记录的等值电流源来实现。

9.6.3　电磁暂态过程求解算法

由以上几种类型元件的分析可知,在某个时刻各个元件的等值计算电路都是由等值电阻和电流源组成。当这些元件联结成网络时,它们的等值电路作相应的连接即组成了该时刻的等值计算网络。在已知该时刻的外施电源以及反映网络历史纪录的各等值电流源的数值后,即可对该时刻的网络进行求解。例如,用节点电压方程求解网络节点电压,然后根据计算结果更新等值电流源的数值,准备进行下一阶段的计算。如此递推就可得到整个网络的暂态解。所以网络暂态过程的角色转换为在各个离散点上计算电阻网络的节点电压方程:

$$Gu = i \tag{9-49}$$

式中: u 为节点瞬时电压列向量; i 为注入节点的瞬时电流列向量,其中包括外施电流源和反映历史纪录的等值电流源; G 为节点导纳矩阵,它由各等值电阻构成,当网络中有分布参数线路时它的稀疏程度是很高的。

以下用例题说明如何建立节点电压方程以及手算的求解过程。

例 9-2　图 9-24(a)示出一空载无损线路合闸于工频电压源,试画出网络的等值计算电路,列出求解暂态过程的节点电压方程,并进行求解。

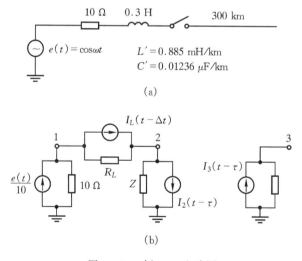

(a)

(b)

图 9-24　例 9-2 电路图

(a)原电路图;(b)等值计算电路

解　1. 图 9-24(b)示出等值计算电路,取 $\Delta t = 100 \ \mu s$,图中各参数如下:

$$Z = \sqrt{\frac{L'}{C'}} = 267.59 \ \Omega$$

$$R_L = 2L/\Delta t = 6000 \ \Omega$$

$$\tau = l/V = 1000 \ \mu s$$

2. 节点电压方程。网络中共有三个节点,故方程为三阶。

$$\begin{bmatrix} \dfrac{1}{R_L}+\dfrac{1}{R_L} & -\dfrac{1}{R_L} & 0 \\[2mm] -\dfrac{1}{R_L} & \dfrac{1}{R_L}+\dfrac{1}{Z} & 0 \\[2mm] 0 & 0 & \dfrac{1}{Z} \end{bmatrix} \times \begin{bmatrix} u_1(t) \\ u_2(t) \\ u_3(t) \end{bmatrix} = \begin{bmatrix} i_1(t) \\ i_2(t) \\ i_3(t) \end{bmatrix}$$

将具体数值代入后,电导矩阵为

$$\boldsymbol{G} = \begin{bmatrix} 0.10067 & -0.000167 & 0 \\ -0.000167 & 0.003903 & 0 \\ 0 & 0 & 0.003737 \end{bmatrix} \text{S}$$

各节点电流的计算公式为

$$i_1(t) = I_e(t) - I_L(t-\Delta t)$$
$$= 0.1\cos 314.16t - I_L(t-2\Delta t) - 0.000333[u_1(t-\Delta t) - u_2(t-\Delta t)]$$
$$i_2(t) = I_L(t-\Delta t) - I_2(t-\tau)$$
$$= I_L(t-2\Delta t) + 0.000333[u_1(t-\Delta t) - u_2(t-\Delta t)] + 0.007474u_3(t-\tau) + I_3(t-2\tau)$$
$$i_3(t) = I_3(t-\tau)$$
$$= 0.007474u_2(t-\tau) + I_2(t-2\tau)$$

3. 求解过程。每一步先求出节点电流向量,然后可直接用 $\boldsymbol{G}^{-1}$ 计算节点电压。

$$\begin{bmatrix} u_1(t) \\ u_2(t) \\ u_3(t) \end{bmatrix} = \begin{bmatrix} 9.984 & -0.4272 & 0 \\ -0.4272 & 256.23 & 0 \\ 0 & 0 & 267.59 \end{bmatrix} \times \begin{bmatrix} i_1(t) \\ i_2(t) \\ i_3(t) \end{bmatrix}$$

$t=0$ 时,除 $I_e(0)=0.1, I_1(0)=0.1$ 外,其它电流源均为 0,以后各时段按上列节点电流公式计算。以下列出经三时段的计算数据。

时段	0	1	2	3
$t(\text{s})$	0	0.0001	0.0002	0.0003
$I_e(t)$	0.1	0.09995	0.09980	0.09956
$I_L(t-0.0001)$	0	0.000333	0.000622	0.000885
$I_2(t-0.001)$	0	0	0	0
$I_3(t-0.001)$	0	0	0	0
$i_1(t)$	0.1	0.09962	0.09918	0.09868
$i_2(t)$	0	0.000333	0.000622	0.000885
$i_3(t)$	0	0	0	0
$u_1(t)$	0.9948	0.9948	0.9905	0.9856
$u_2(t)$	0	0.1279	0.2017	0.2689
$u_3(t)$	0	0	0	0

　　以上介绍了集中参数电感、电容及分布参数的单相线路的暂态计算模型和基本求解的算法。但电力系统过电压数值计算需要解决的问题要复杂得多,会遇到有耦合性的集中参数元件,如变压器绕组之间的磁耦合;还有分布参数的耦合线路,如三相线路或多回路的多相线路。

电网中存在着一定数量的非线性元件,电力系统中最常见的非线性电阻元件是用来限制雷电过电压和操作过电压的避雷器,此外还要处理断路器动作等等。这些都超出了本书的范围,有兴趣的读者可参考相关专著。

9.7　绝缘配合

9.7.1　配合原则

电力系统的绝缘包括发电厂、变电所电气设备的绝缘及线路的绝缘。它们在运行中将承受以下几种电压:正常运行时的工作电压、短时过电压、操作过电压及大气过电压。通常情况下,过电压在确定绝缘水平中起着决定性作用。

所谓绝缘配合,就是综合考虑电气设备在电力系统中可能承受的各种电压(工作电压及过电压)、保护装置的特性和设备绝缘对各种作用电压的耐受特性,合理地确定设备的绝缘水平,以使设备的造价、维修费用和设备绝缘故障引起的事故损失,达到在经济上和安全运行上总体效益最高的目的。也就是说,在技术上要处理好各种作用电压、限压措施及设备绝缘耐受能力三者之间的相互配合关系;在经济上要协调投资费用、维护费用及事故损失费用三者的关系。这样,既不会由于绝缘水平取的过高,使设备尺寸过大及造价太贵,造成不必要的浪费;也不会由于绝缘水平取的过低,使设备在运行中的事故率增加,导致停电损失和维修费用大增,最终造成经济上的损失。

绝缘配合的最终目的就是确定电气设备的绝缘水平,所谓电气设备的绝缘水平是指该电气设备能承受的试验电压值。考虑到设备在运行时要承受运行电压、工频过电压及操作过电压的作用,对电气设备绝缘规定了短时工频试验电压,对外绝缘还规定了干状态和湿状态下的工频放电电压;考虑到在长期工作电压和工频过电压作用下内绝缘的老化和外绝缘的抗污秽性能,还规定了一些设备的长时间工频试验电压;考虑到雷电过电压对绝缘的作用,规定了雷电冲击试验电压等,在技术上力求做到作用电压与绝缘强度的全伏秒特性配合。

在 220 kV 以下的电网,要求把大气过电压限制到比内过电压还低是很不经济的。因此,这些电网中电气设备的绝缘水平主要由大气过电压决定。换句话说,对于 220 kV 以下,具有正常绝缘水平的电气设备,应能承受内过电压的作用,一般不采取专门限制内过电压的措施。

在超高压系统中,在现代防雷技术条件下,大气过电压一般不如内过电压危险性大。同时随着电压等级的提高,操作过电压的幅值将随之增大,对设备与线路的绝缘要求更高,绝缘的造价将以更大的比例增加。因此,在 330 kV 及以上的超高压绝缘配合中,操作过电压将起主导作用。处在污秽地区的电网,外绝缘的强度受污秽影响将大大降低,污闪事故在恶劣气象条件时,在正常工作电压下就能发生。因此,此类电网的外绝缘水平应主要由系统最大运行电压决定。

另外,在特高压电网中,由于限压措施的不断完善,过电压可降低到 1.6~1.8(标幺值)或更低,电网的绝缘水平可能由工频过电压及长时间工作电压决定。

在绝缘配合中是不考虑谐振过电压的,因此,在电网设计和运行中都应当避开谐振过电压的产生。

一般不考虑线路绝缘与变电站绝缘间的配合问题。如降低线路绝缘使之与变电站的绝缘相配合,则会使线路事故大大增加。

9.7.2　绝缘配合的方法

目前进行绝缘配合的方法有惯用法、统计法及简化统计法。

1. 惯用法

惯用法是按作用在绝缘上的最大过电压和最小的绝缘强度的概念进行绝缘配合的。即首先确定设备上可能出现的最危险的过电压,然后根据运行经验乘上一个考虑各种因素的影响和一定裕度的系数,从而决定绝缘应耐受的电压水平。但由于过电压幅值及绝缘强度都是随机变量,很难找到一个严格的规则去估计它们的上限和下限。因此,用这一原则确定绝缘水平常有较大的裕度。

惯用法对有自恢复能力的绝缘(如气体绝缘)和无自恢复能力的绝缘(如固体绝缘)都是适用的。

2.统计法

在超高压系统中降低绝缘水平有显著的经济效益,而操作过电压在绝缘配合中起主要作用。绝缘在操作过电压作用下抗电强度分散性很大,若采用惯用法,对绝缘要求偏严,因此从上个世纪 70 年代起,国内外相继推荐采用统计的方法对自恢复绝缘进行绝缘配合。

统计法是根据过电压幅值和绝缘的耐受强度都是随机变量的实际情况,在已知过电压幅值和绝缘放电电压的概率分布后,用计算的方法求出绝缘放电的概率和线路故障率,在技术、经济比较的基础上,正确地确定绝缘水平。这种方法不仅定量地给出设计的安全裕度,并能按照使用设备费、每年的运行费以及每年的事故损失费的总和为最小的原则,确定一个输电系统绝缘配合的最佳方案。

设已知过电压概率密度函数 $f_g(u)$ 和绝缘的放电概率函数 $p(u)$,且 $f_g(u)$ 与 $p(u)$ 互不相关,如图 9 - 25 所示。$f_g(U_0)\mathrm{d}u$ 为过电压在 U_0 附近 $\mathrm{d}u$ 范围内出现的概率,$p(U_0)$ 为在过电压 U_0 作用下绝缘放电的概率。因二者是相互独立的,由概率积分的计算公式得到出现这样高的过电压并使绝缘放电的概率是 $p(U_0)f_g(U_0)\mathrm{d}u$,即图 9 - 25 中的阴影部分面积。习惯上,我们只按过电压绝对值进行统计(正负极性约占各一半),再根据过电压的含义,$u \geqslant U_{pn}$(最高运行相电

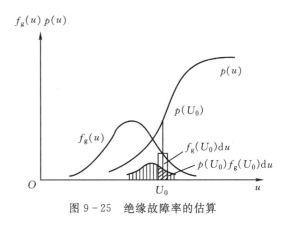

图 9 - 25　绝缘故障率的估算

压),得到过电压 u 的范围是 $U_{pn} \sim \infty$。将放电概率积分得:

$$R_a = 总阴影面积 = \int_{U_{pn}}^{\infty} p(u)f_g(u)\mathrm{d}u \tag{9 - 50}$$

R_a 即为绝缘在过电压作用下遭到击穿造成事故的概率,即故障率。

由图 9 - 25 可见,增加绝缘强度,即曲线 $p(u)$ 向右方移动,则故障率减小,但投资的成本增加。因此用统计法可按需要对某些因素作调整,对技术、经济进行比较,在可接受的故障率的前提下,选择合理的绝缘水平。

3.简化统计法

在简化统计法中,对过电压和绝缘特性两条概率曲线的形状,作出一些通常认为合理的假定,如正态分布,并已知其标准偏差。根据这些假定,上述两条概率分布曲线就可以分别用与某一参考概率相对应的点表示出来,称为"统计过电压"和"统计耐受电压"。在此基础上可以计算绝缘的故障率。事实上,这时绝缘的故障率只决定于这两个电压之间的裕度,这一点很像惯用法。

应该说明,绝缘配合的统计法至今只能用于自恢复绝缘,主要是输变电设备的外绝缘。

9.7.3　电气设备与输电线路试验电压的确定

1.输变电设备绝缘水平的确定

在变电所的诸多电气设备中,以电力变压器最为重要,因此,通常以确定电力变压器的绝缘水平为中心环节,再确定其它设备的绝缘水平。

确定电气设备绝缘水平的基础是避雷器保护水平,即设备的绝缘水平与避雷器的保护水平进行配合。避雷器的保护水平包括雷电冲击保护水平(BIL)和操作冲击水平(BSL)。对有间隙阀式避雷器的雷电冲击保护性能有三个数据:

①标准放电电流的波形(如 8/20 μs)和其幅值下的残压;

②1.2/50 μs 标准雷电冲击放电电压上限;

③冲击波波前放电电压最大值除以 1.15。

应取三者中最大值作为雷电冲击保护水平。而对金属氧化物避雷器雷电冲击保护水平的确定,应该对应于相应的标准电流下的残压。

考虑避雷器和变压器之间的距离、避雷器内部的电感、变压器绝缘的老化累积效应、避雷器运行中参数的变化(8/20 μs 波形与实际雷电的差异,运行过程中残压的变动因素)、变压器工频激磁的影响等因素后,使保护水平的变化及变压器上的作用电压超过避雷器的保护水平。因此雷电冲击耐受电压和避雷器保护水平之间应取一定的安全裕度系数。

根据我国过去的传统做法,以雷电冲击保护水平为基础,取一个安全系数,当电气设备(如变压器)与避雷器紧靠时,安全系数取 1.25,有一定距离时取 1.4。

对有间隙阀磁吹避雷器的操作冲击保护水平(对 330~500 kV 设备),由以下两个数据表示:250/2500 μs 标准冲击波作用下,间隙放电电压的上限,规定操作冲击电流下的残压。

取其中较大者为操作冲击保护水平。对于金属氧化物避雷器,其操作冲击保护水平规定为操作冲击电流下的残压值。

变压器的操作基本冲击绝缘水平与避雷器被保护水平相配合,安全系数不低于 1.15。操作安全系数较小,这是因为操作波比较平缓,距离效应不强烈所致。

对超高压设备应当进行雷电及操作冲击耐受电压试验,以检验设备在雷电过电压和操作过电压作用下的绝缘性能。

对 220 kV 及以下的系统,由于操作过电压对正常绝缘无危险,故不要求避雷器动作,避雷器只用作雷电过电压的防护措施。

以上是以变压器为例说明了用避雷器保护的设备其绝缘水平的确定过程。对于用不同的避雷器保护或非有效保护的设备,如断路器、互感器等,应选用较高雷电冲击耐受电压及与之对应的操作冲击耐受电压。这些根据具体情况,在国家有关规程中有明确的规定。

　　根据我国电力系统发展情况及电器制造水平,结合我国电力系统的运行经验,并参考国际电工委员会(IEC)推荐的绝缘配合标准,在我国国家标准 GB311.1—1997 中对各电压等级电气设备的试验电压作出了规定。选择时应根据设备可能遭受的雷电和操作过电压程度、所用限制过电压保护装置的性能、系统的重要性等来决定。

　　有绕组绝缘的设备,如变压器,应作雷电冲击截波试验。雷电冲击截波耐受电压幅值一般比全波幅值高出 10% 左右。

　　对于发电厂、变电所的操作过电压、雷电过电压和工频电压所需要的数值间隙见表 9 - 3。

表 9 - 3　变电所操作过电压、雷电过电压和工频电压要求的间隙/cm

系统标称电压/kV	操作过电压		雷电过电压		工频电压	
	相对地	相间	相对地	相间	相对地	相间
35	40	40	40	40	15	15
60	65	65	65	65	30	30
110	90	100	90	100	30	50
220	180	200	180	200	60	90
330	230	270	220	240	110	170
500	350	430	320	360	160	240

　　说明对 330 kV 及以上电压等级,在发电厂、变电所中决定空气间隙的过电压是操作过电压,而不是雷电过电压。

2.输电线路绝缘水平的确定

　　确定输电线路的绝缘水平,包含确定绝缘子串的绝缘子片数及线路绝缘的空气间隙。

　　(1)绝缘子片数的确定　根据杆塔机械负荷选定绝缘子型式之后,需要确定绝缘子的片数,其要求在工作电压下不发生污闪,下雨天在操作过电压下不发生闪络,具有一定的雷电冲击耐受强度,保证线路有一定的耐雷水平。

　　(2)输电线路空气间隙的确定　输电线路的空气间隙主要有:导线对大地、导线对导线、导线对架空地线、导线对杆塔及横担。导线对地面的高度主要是考虑穿越导线下的最高物体与导线间的安全距离,在超高压输电线下还应考虑对地面物体的静电感应问题。导线间的距离主要由导线弧垂最低点在风力作用下,发生异步摇摆时能耐受工作电压的最小间隙来确定,由于这种情况出现的机会极少,所以在低电压等级时以不碰线为原则。导线对地线间的间隙,由雷击避雷线档距中间不引起对导线的空气间隙击穿的条件来确定。因此,以下重点介绍如何根据工作电压、内部过电压、大气过电压来确定导线对杆塔的距离。

　　就间隙所承受的电压来看,雷电过电压幅值可能最高,内部过电压次之,工作电压幅值最低。但就作用的持续时间来说,顺序刚好相反。如图 9 - 26 所示,在确定导线对杆塔间隙的大小时,必须考虑风吹导线使绝缘子串倾偏摇摆偏向杆塔

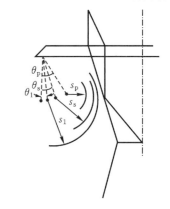

图 9 - 26　绝缘子串风偏角 θ 及其对杆塔的距离 s

的偏角。由于工作电压长时间作用在导线上,故计算风速应按最大风速(约 25～35 m/s)计算,相应的风偏角 θ_1 最大。对内部过电压 θ_p,考虑其持续时间短,计算风速只按最大风速的 50% 进行计算,风偏角 θ_s 较小。雷电过电压作用的时间极短,因此计算风速一般采用 10 m/s,风偏角 θ_1 最小。

按以上要求所得到的间隙见表 9-4。确定 s_p,s_s 和 s_1 后,即可按以下公式确定与之对应的绝缘子串在垂直位置时对杆塔的水平距离。它们分别为 $s_p + l\sin\theta_p$,$s_s + l\sin\theta_s$,$s_1 + l\sin\theta_1$。其中 l 为绝缘子串的长度,选三者之中最大的一个即可。

表 9-4　线路绝缘子每串最少片数和最小空气间隙值(单位:cm)

| 额定电压/kV | 35 | 60 | 110 | | 154 | | 220 | 330 | 500 |
			直接接地	非直接接地	直接接地	非直接接地			
XP 型绝缘子片数	3	5	7	7	10	10	13	17(19)	25(28)
工作电压要求的间隙 s_p	10	20	25	40	35	55	55	90	130
操作过电压要求的间隙 s_s	25	50	70	80	100	110	145	195	270
雷电过电压要求的间隙 s_1	45	65	100	100	140	140	190	230(260)	330(370)

注:①绝缘子型式:一般为 XP 型;330 kV,500 kV 括号外为 XP3 型。

②绝缘子实用于 0 级污秽。污秽地区绝缘增加时,间隙一般仍用表中的数值。

③330 kV,500 kV 括号内雷电过电压间隙与括号内绝缘子片数相对应,实用于发电厂、变电所进线保护段。

根据经验,直到 500 kV 系统,对线路空气间隙的确定起决定作用的是雷电过电压,但随着电压等级的提高以及输电线路防雷措施的改善,决定空气间隙的过电压可能是操作过电压,而不是雷电过电压。

小　结

电力系统运行中,设备不仅仅承受长期的工作电压,还要经受短时过电压、操作过电压和雷电过电压。通常情况下,过电压在确定绝缘水平中起决定性作用。

由雷电在电力系统中引起的过电压,称为雷电过电压。雷电放电时使系统设备上出现的过电压,其能量来源于电力系统外部,所以有时也叫大气过电压,或称外部过电压。在电力系统内部,由于断路器的操作、故障或其它原因,使系统网络结构、参数发生变化,引起电网内部电磁能量的转化或传递,可能产生电压升高,统称为内部过电压,特别是高电压等级的 GIS 得到广泛使用,快速暂态过电压(VFTO)受到人们的重视。

作为高压电气设备绝缘的介质——气体是最常见的绝缘介质,首先简要地介绍了气体的放电机理与特性。电力系统中的雷电过电压与内部过电压的产生,都伴随着电力系统中复杂的电磁暂态过程。接着介绍电力系统中雷电过电压产生的机理,防护的方法,强调综合使用避雷针、避雷线、避雷器以及防雷接地为一体的防雷装置。采用雷电屏蔽、分流、均压(等电位)、接地等措施,使雷电对电力系统的危害减小到最低程度;对于内部过电压,都是由于系统某种原因,使得系统一种能量分配状态过渡到另外一种能量分配状态,产生电磁暂态现象,有时因系统的电感、电容参数配合不当,甚至出现各类持续时间长、波形周期性重复的谐振现象及其电压升高。对于这类过电压可以加以限制,基本方法是破坏产生条件,增加回路中的阻尼与附带的能量吸收装置,如避雷器。

　　同时简要介绍目前研究过电压的重要方法之一——计算机数值计算,使用这个手段,了解设备在系统中的工作条件。

　　最后,简要介绍了电力系统绝缘配合的原则、方法以及确定变电站中设备、输电线路的绝缘水平,即决定它们试验电压的大体过程。

思考题及习题

9-1 均匀电场中气体自持放电的条件是什么?

9-2 计算标准大气条件下半径分别为 1 cm 和 1 mm 的光滑导线的电晕起始场强。

9-3 高压实验大厅中一高压引线的半径 $r=3$ mm,导线的表面粗糙度系数 $m=0.85$,导线的离地高度为 4 m,实验室中气压为 97 kPa,气温 25℃。计算该高压引线的电晕起始电压。

9-4 什么是导线的波速、波阻抗? 分布参数的波阻抗的物理意义与集中参数电路中的电阻有何不同?

9-5 均匀电场中气体自持放电的条件是什么?

9-6 雷电流、落雷密度是怎样定义的?

9-7 输电线路防雷的基本措施是什么? 什么是输电线路的耐雷水平? 变电所中的雷电过电压是如何防护的?

9-8 工频电压升高是怎样产生的? 一般可以采取什么措施加以限制?

9-9 铁磁谐振过电压是怎样产生的? 限制措施有哪些?

9-10 试述电弧接地过电压产生的机理及限制措施。

9-11 合空载线路时,为什么会出现过电压? 如何限制?

9-12 快速暂态过电压是如何产生的? 它有哪些特点? 有什么危害? 目前有哪些方法可以加以限制?

9-13 简要说明目前研究电力系统过电压的电磁暂态程序 EMTP 的基本思路和算法。

9-14 什么是电力系统的绝缘配合? 什么是电力设备的绝缘水平?

第 10 章　电力市场

10.1　概　述

10.1.1　电力市场化进程

1.国外电力市场的发展

自电力系统成规模发展以来,电力行业在世界各国都是传统的垄断性行业。但随着人们对能源经济理念的提升和信息技术的发展,电力市场化的目的是打破垄断,促进竞争[46,47]。各国的政府或议会是电力市场改革的推动者,走向电力市场的第一步几乎都是各国的政府或议会以立法的形式强制电力工业的重组。

实行电力市场化最早的国家是智利,起步于 20 世纪 70 年代末。其目的在于消除国有企业的腐败、低效和缺乏资金的状况,引进外资,加速电力工业的发展。1982 年智利正式颁布了新电力法,以法律的形式确立了输电系统向所有发电厂及用户开放的原则,打破了地区垄断,启动了合同电力交易及实时电力交易的方式,把电力企业推向了竞争市场。

20 世纪 90 年代初,英国、美国、澳大利亚等国开始了以放松电力工业管制为目标的电力市场改革,引起了世界电力市场化改革的浪潮。经过 20 多年的发展,电力市场建设取得了瞩目的成果,世界上已有 100 多个国家或地区推行了电力市场化,以市场机制进行电力系统的运行已成为常态。随着发电、供电形式的变化,及人们对电力市场理解的深入,各国在市场机制、运营规则等方面也在不断探索和改进。

英格兰电力市场化开始于 1987 年 7 月撒切尔夫人政府颁布的《电力法》,并于 1990 年 4 月撤销了垄断经营的中央发电局,把发电、输电、配售电的功能分开,按国家电网公司、3 个发电公司和 12 个地区售电公司的模式运作。英格兰电力市场始于 1990 年,可划分为 4 个时期[46]。第一个时期是以电力库(POOL)运行模式为主,体现了集中交易特征;第二时期始于 2001 年,是以实施新电力交易协议(the New Electricity Trading Arrangement,NETA)为标志,以发电商与用户可签订双边合同为特征;第三个时期是以实施英国电力贸易和传输协议(BETTA)为标志,以包括苏格兰、英格兰、威尔士的电力系统归一家公司统一经营为特征,扩大了市场范围,修改了输电费用计算方式。第四个时期始于 2012 年,是以促进低碳化电源发展,但同时要保证电力安全,建立容量市场为标志的新阶段。

澳大利亚政府在 1991 年 7 月决定成立了国家电网局以推动电力市场,正式建立了国家电网管理委员会来监管电网运营。1992 年 12 月该委员会颁布了"国家电网规约",规定了 3 万 kW 以上的发电厂和 1 万 kW 以上的用户都可以作为规约的成员单位自由地在国家电网进行交易。瑞典的电力市场化过程开始于 1990 年,但关键性的一步是瑞典议会在 1994 年通过了新的电力法案,并于 1995 年元月颁布实施。美国电力市场化由 1992 年乔治·布什总统批准的《能源法案》开始,以电网开放为标志。美国已成立了多个电力市场,其中 PJM 市场、新英格兰市场等都取得了很大的成功[47]。

综上所述,各国电力市场的推动者都是各国的政府或议会而不是电力行业本身。我国电力工业大都属于国有,现在的国家电力公司是国有企业,与国外私有电力公司性质有所区别。但作为一个企业,其主要目标还是以盈利为主,本身并无立法的权利和市场监管的职能。我国电力市场化的进程同样必须由中央政府来推动,主要包括立法和重组电力工业并建立有效的监管体系。

2. 我国电力市场化过程

在我国,实现商业化运营、走向市场已成为电力工业改革的大趋势,其总体目标是:打破垄断,引入竞争,提高效率,降低成本,健全电价机制,优化资源配置,促进电力发展,推进全国联网,构建政府监管下的政企分开、公平竞争、开放有序、健康发展的电力市场体系。提高电力工业效益包括合理利用和分配资源,降低电能成本,增加企业收入。所有这些目标都和提高供电质量与可靠性紧密联系在一起,并且电力部门应向用户提供更多的选择,从而使整个社会效益极大化。企业效益的改善可以吸引更多的投资者参与电力工业的建设,使之走向健康发展和良性循环的道路。

电力系统由发电、输电、供电和用电等多个环节组成,不同环节之间存在并网发电、供电服务、电力趸售、大用户直购等多种市场交易行为。目前,我国电力市场结构正由传统的垂直一体化垄断结构向竞争性市场结构转变,电力市场正在发育之中。开放电网意味着打破传统电力工业所特有的发电、输电、配电的纵向一体化结构,使发电、输电、配电分离,使发电及配电都能在一个开放的电网上进行自由竞争。这种改革对电力工业带来强烈的冲击,对电力系统规划、运行、管理有深远的影响,不仅涉及电力工业本身运营,还涉及到法制、管理、经济等诸多领域。

中国的改革开放使电力工业出现了产权多元化的局面,发电环节已经形成竞争格局。中央直属五大发电集团、地方发电企业、民营及外资企业之间形成了竞争局面。如何协调好投资各方的经济利益已成为一个非常敏感的问题。如果没有健全的市场机制和监管体系,对待不同产权的电厂,往往会出现两种倾向。一种是对系统内的电厂采取保护主义,不顾电厂的效率如何,优先保证其发电量,这样一来无疑会降低社会总体效益,损害了投资环境;另一种是为了吸引外资,给予其电厂种种优惠待遇,使其不承担风险便可以获得利润,这样必然会损害国家利益。只有走向电力市场才能平等互利协调好现有各投资方的利益,使投资者在承担一定风险的情况下有利可图。只有健康的电力市场才能进一步吸引外资,增加产出,从而有助于提高经济效益。

我国电力市场改革的标志性文件是 2002 年国务院 5 号文件和 2015 年国务院 9 号文件《中共中央国务院关于进一步深化电力体制改革的若干意见》及相关配套文件。目前,我国新一轮电力市场建设已经全面展开,输配电价改革、电力交易机构组建、电力市场建设等重点内容在若干省(区)取得重要突破,为经济社会持续健康发展提供了坚强有力的支撑。输配电价改革已有所成就,初步形成了覆盖区域电网、跨省跨区专项输电工程、省级电网、地方及增量配网等环节相对完整的体系;全国范围内电力交易机构陆续组建,北京、广州两个区域电力交易中心以及超三十个省级电力交易中心先后成立,并相继开展实质性交易业务。电力交易体系日益丰富,已形成涵盖年度双边交易、月度双边交易、月度集中竞价交易、挂牌交易、合同电量转让交易等类型的多种交易方式。

目前我国的电价体系如图 10-1 所示,从图中可以看出,用户的用电价格,即用户侧的销售价格,由三部分构成:

(1)发电侧的上网电价,由电厂类型及竞价方式确定;

(2)输配电成本,由电网公司计算并经政府核定;

(3)政府性基金及附加成本,这部分是由政府决定的。

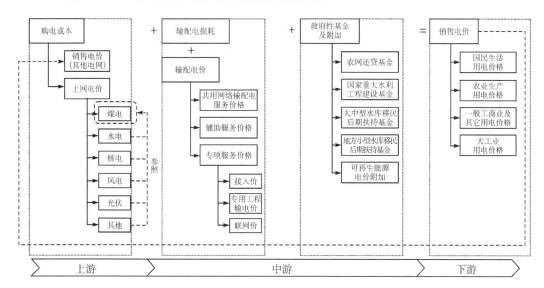

图 10-1　我国的电价体系

2020 年我国的销售电价构成情况大致如图 10-2 所示。

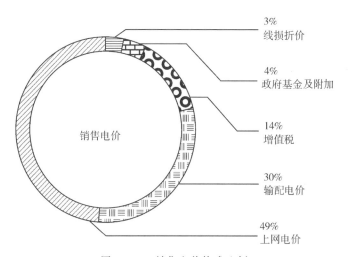

图 10-2　销售电价构成比例

其中上网电价是指发电成本,电改前主要由政府定价,不同电源(煤电、水电、核电、风电、光伏光热发电、燃气发电等)的发电成本各不相同。2004—2019 年,政府部门对各省以火电为基准指定了"标杆电价"。随着电力市场改革的深入,上网电价逐渐由市场机制形成。

我国的电力监管机构是国家能源局能源监管委员会,履行全国电力监管职责,其监管对象主要包括发电企业、输电企业、供电企业和电力用户。

市场理论告诉我们,一个理想的、完善的市场应满足以下条件:

①供应方的产品成本随着需求量而改变;

②需求方的需求量随着商品的价格而改变;

③自由买卖的市场机制;

④买方无垄断行为;

⑤卖方无垄断行为。

10.1.2 电力市场结构的组成

电力市场是相互作用、使电能交换成为可能的买方和卖方的集合。电力市场主体是电能和相关服务的买方和卖方。买方是电力用户及中间商,而卖方则为电能生产的发电厂商及辅助服务的提供者。市场机制是指由商品供需关系确定其市场出清价的机制。

各国电力工业商业化运营的相同之处是厂网分开,竞价上网。但输电网服务这一部分的商业化运营机制各不相同,而这正是各国电力市场最具特色的部分,也是电力市场不同于其它商品市场的关键部分。输电网服务要素主要包括电能交易中心 PX(Power Exchange)、独立调度 ISO(Independent System Operator)、输电设备拥有者 TO(Transmission Owner)、辅助服务商 AS(Ancillary Service)和发电协调商 SC(Scheduler Coordinator)。这些要素的不同组合就形成了不同的电力市场结构。以下对这 5 个组成要素进行简单介绍。

1. 电能交易 PX

PX 的主要职能是提供一个电能供求双方交易的场所。交易期限可以涉及 1 小时到几天、几个月甚至几年。最常见的是一日前的电能交易,但应辅以 1～2 小时的交易和几个月的交易。PX 也可以作为一个交易竞价中心,按供求曲线确定市场出清价,并以出清价作为电能交易结算的依据。采取这种方法可促使竞价者在市场上报价以接近其边际费用。

2. 独立调度 ISO

ISO 对电力系统进行操作并对所有输电系统用户提供服务。对 ISO 的基本要求是不从发电和负荷市场获得经济利益。在大多数情况下,独立调度也包含不拥有输变电设备,和不从这些设备中获得经济利益。但 ISO 的责、权、利在不同电力市场结构中是不一样的。

ISO 的主要职责包括:运行方式制定、适时调度、系统监控、在线安全分析、市场管理以及经营辅助服务。

3. 输变电设备拥有者 TO

电力市场条件下输变电设备应对所有用户开放。为了形成公平透明的竞争市场,应有一个独立的 ISO 来调度输电系统并向所有用户提供输电服务。但输变电设备的维修、操作仍属于输变电设备业主的业务。

输变电设备拥有者 TO 主要考虑输变电规划和在新的环境下进行市场分析。后者包括输电系统阻塞的收入、一次和二次输变电设备使用权以及输变电基础设备在通信等其它市场的收入。

4. 辅助服务商 AS

AS 提供输电系统支持服务以保证电力系统可靠运行。随着发电竞争的引入和电网开放的实施及新技术出现,增加了电网运行和控制的复杂性,因而会产生一些新的引起电网功角稳定、电压稳定、过负荷、低频振荡、系统崩溃等问题。利用一些辅助措施对频率和电压进行调整和控制,防止上述问题的发生就显得非常必要。根据市场结构的不同,辅助服务的交易可在 PX 或/和 ISO 中进行。这些辅助服务主要包括以下几点。

(1) 频率控制(负荷跟踪)　也称 AGC 用于处理较小的负荷与发电的不匹配,维持系统频率稳定,以使控制区内负荷与发电的偏差为最小。

(2) 可靠性备用(旋转备用和快速启动机组)　由于发电或输电系统故障,使负荷量与发电量发生较大偏差时,短时间内可以提供急需的发电容量(增加或降低),恢复负荷跟踪服务的水平。

(3) 非旋转备用(运行备用)　一定时间内可以满发的发电备用容量,包括发电机容量和可断电负荷,用于提高恢复可靠性备用的水平。

(4) 无功备用/电压控制　通过发电机或输电系统中的其它无功源向系统注入或从系统吸收无功功率,以维持系统的电压在允许范围内。

(5) 发电再计划/再分配　对于较大的发电负荷偏差,调度中心要重新安排各机组出力。

(6) 有功网损补偿　输电时造成的功率损耗通过此项服务来补偿。

(7) 事故恢复服务　用户重大事故发生后系统能提供恢复所需的功率。

(8) 稳定控制服务　如 FACTS 装置的使用等。

5. 发电协调商 SC

SC 是以赢利为目的小型代理商,他们撮合电能供求双方的需求,而不必遵从 PX 的规则。SC 以分散的方式促进电能供求进行交易,通常需要传统的开停机优化软件和市场分析、竞价策略以及合同优化等配备的分析软件。截至 2020 年,我国目前已成立 5000 多家售电公司,他们在一定程度上承担着 SC 的功能。

根据上述的 5 项输电职能,可以在电力市场形成 5 种类型的机构,但也可以将其中一些职能结合起来形成较少类型的机构。

一般来说,输电网职能分类愈细对电力市场的竞争、透明度和公平性愈有利,但在管理、硬件和软件方面都会带来一些问题。如何构成适合我国情况的电力市场,使之适于过渡,易于操作,利于竞争,便于监督,这个问题是电力企业改革需要论证的关键问题。

10.2　微观经济学基础

电力市场是一个新型的、有显著自身特点的市场。电力市场既遵从一般商品市场的规律,又受到电力系统实时运行的各种约束,其经济特性是一项值得研究的工作。

本节主要介绍微观经济学的一些基本概念[50,51],包括市场供需关系、生产成本、市场类型、市场效率等,以期为后面的讨论建立相应的基础。

10.2.1　需求、供给和市场价格

价值规律作为市场经济的基本规律,是通过市场价格的波动或均衡反映的。这既表现在单个产品市场的运行之中,也表现在总体的市场体系的运行之中。但无论怎样,价格实际发生的波动及能否达到均衡,还要取决于市场需求与供给之间的相互作用。

1.市场需求与供给

在经济学意义上,需求是指人们在一定时期内愿意并能够购买的某种商品的数量。影响需求的因素是非常复杂的,除商品自身的价格和购买者的货币收入水平以外,还与其它相关商品或劳务的价格有关。当主要考察需求与价格之间的关系,而把其它因素都当作给定条件时,需求函数可表述为

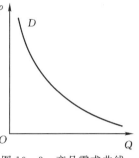

图 10 - 3　产品需求曲线

$$Q_d = f(\rho) \qquad (10-1)$$

式中:Q_d 为需求量;ρ 为价格。

根据这一函数,还可以用图形表示需求与价格之间的关系,得出需求曲线 D,如图 10 - 3 所示。

由图 10 - 3 可以看出,在其它因素不变的条件下,需求量与商品价格是一个下降函数,即价格上升,需求量减少;价格下降,需求量增加。这就是通常所说的需求规律。这一规律显然与人们的日常生活经验是一致的。价格变动之所以会引起需求量的反方向变动,经济学家们在理论上认为有以下两个原因:第一,收入效应,即价格的变动意味着人们的货币收入和支付能力变动,其方向是相反的。在某种产品价格降低而其它商品价格维持不变时,人们的实际收入相应地得到提高,从而需求量会增加。第二,替代效应,例如,某商品价格上升时,假定其它商品价格不变,人们就会购买价格较低的其它替代商品,从而使该商品的需求下降。

以上给出了价格因素与需求量之间的一般关系。实际上,对于不同商品来说,这些因素同一幅度的变化对需求量的影响是不一样的,现代经济学中用需求的价格弹性这一概念来描述。

需求的价格弹性也常常简称为需求弹性,它是指需求量对商品自身价格变动的反应程度。如以 Q_d 和 ΔQ_d 分别表示需求量及其变动量,以 ρ 和 $\Delta \rho$ 表示商品自身价格及其变动量,那么需求价格弹性系数 E_d 的定义为

$$E_d = \frac{\Delta Q_d}{Q_d} \Big/ \frac{\Delta \rho}{\rho} \qquad (10-2)$$

因此,需求价格弹性系数 E_d 就是需求量变动的百分数与价格变动的百分数的比值。由于 Q_d 和 ρ 的关系是下降函数,因而 E_d 必然小于 0($E_d < 0$)。所以,不能根据其数值大小直接比较不同商品的需求弹性,而要选用其绝对值进行比较。按照需求弹性系数的绝对值的大小,可以把不同商品或劳务的需求对价格变动的反应划分为富有弹性和缺乏弹性两种基本形式。一般价格弹性系数大于 1 时,认为需求富有价格弹性;小于 1 时,认为需求缺乏价格弹性。

应该指出,需求价格弹性的大小在生产者和经营者作价格决策时,是十分重要的依据。在商品缺乏价格弹性时,降价造成的损失会超过需求量扩大而带来的收益,从而使总收益减少;反之,在商品富有弹性时,降低价格会导致需求量大幅度的增加,故总收益会相应增加。

供给一般是指生产者或销售者在一定时期内愿意并能够提供给市场的商品数量。与需求会受到支付能力的约束不同,供给的约束主要来自于一定时期内可用于生产的各种资源,包括劳动力人数、可使用土地量、可投入的资本量及可用的技术等。

影响供给的因素很多,除其价格 ρ 以外,还与其它相关商品的价格和生产费用的变化等有关。如果假定其它因素不变或已知,只考虑供给与价格 ρ 的关系,则供给函数可写为

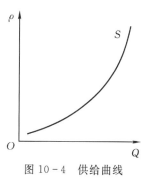

$$Q_s = f(\rho) \qquad (10-3)$$

供给函数也可以用供给曲线 S 表示(见图 10-4)。

图 10-4　供给曲线

根据图形可知:在其它条件不变的情况下,商品的供给量与其价格是上升的函数关系。即随着生产的扩大,其成本会呈递增上升趋势,这就是供给规律。供给函数的形态可用供给弹性来描述。

供给弹性是供给量对价格变动反应程度的一个经济学概念。如以 Q_s,ΔQ_s 分别表示供给量及其变化量,ρ,$\Delta \rho$ 分别表示价格及其变化量,则供给弹性系数 E_s 可表示为

$$E_s = \frac{\Delta Q_s}{Q_s} \Big/ \frac{\Delta \rho}{\rho} \qquad (10-4)$$

由供给规律可知,E_s 一般大于 0。

2.市场机制及价格的决定

上面介绍了需求与供给的概念,两者结合起来就可以说明市场机制及市场价格的决定。在图 10-5 中,假定决定供求的因素除商品自身的价格外其余均为已知,因而供求状况确定。图中曲线 S 表示供给曲线,曲线 D 表示需求曲线。由图可见,曲线 S 和 D 在 e 点相交,与 e 点相对应的价格 ρ_e 就是均衡价格,或者叫市场出清价格。因为在此价格水平上,买方愿意并能够购买的数量与卖方愿意并能够供给的数量恰好相等。所谓市场机制就是指在一个自由市场里能使价格得以变化一直达到出清(即供给量与需求量相等)的趋势。

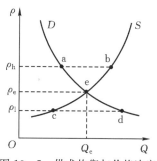

图 10-5　供求均衡与价格决定

为了理解市场价格有趋于均衡的倾向,首先假设市场价格开始时处于均衡价格之上的情况,假定市场价格为 ρ_h,则生产者的供给量将为 b,而消费者的需求量仅为 a,二者差额为 ab,这时出现了市场盈余或过度供给。在此情况下,市场上存在一个价格向下的压力。因为盈余的存在意味着生产者的要价超过了消费者的支付能力,但他如果不能把这部分盈余商品或劳务销售出去,就无法实现这些商品或劳务的价值,甚至连成本也难以补偿。为此,生产者彼此之间会进行价格竞争,其结果是价格下降,直至使消费者把他们愿意并能够购买的商品或劳务的数量增加到与生产者的供给量相等为止。

类似道理也可讨论市场价格处于均衡价格以下的某个水平,例如 ρ_1 的情况。此时,由于价格较低,消费者的需要量就会超过生产者的供给量,从而引起市场短缺或过度需求,如图 10-5 中的 cd 部分所示。在此情况下,市场上必然存在一个价格向上的推力。因为短缺的存在意味着消费者的部分需求不能得到满足,或者说相对于一定的交易量,生产者的要价低于消

费者愿意支付的价格。这样,消费者之间为能买到他们想要的商品或劳务必然会相互竞争,其结果是价格上升。一旦价格上升成为事实,消费者会相应降低需求,而生产者则会增加供给,这种价格与供求的变动将一直调整到短缺消除为止。

由上述分析可见,在市场经济中,均衡是一种必然的趋势。所谓市场机制正是指通过市场价格的变化使供给与需求达到均衡的一种趋势,它像一只"看不见的手"指挥着人们的经济活动。均衡价格就是供求一致时的市场价格,此时的交易量就叫均衡产量或销售量,即图 10-5 中的 Q_e。

均衡是市场经济中的一个必然趋势,但却不可能永远维持市场的均衡。这是因为供求状况总是在不断变化的,因而供求不可能总是处于均衡状态。这就意味着任意一个给定的价格水平并不能保证瞬时的需求与市场供给量总是相等。

10.2.2　市场类型与价格确定

市场中独立的经济单位可以按功能分成两大类:买方和卖方。买方包括购买物品和服务的消费者,以及购买劳动力、资金和原材料用于生产商品和提供服务的厂商。卖方包括出售商品和服务的厂商、出卖劳动力的工人,以及向厂商出租土地或出售矿物资源的资源拥有者。买方和卖方同时相互作用,形成市场。市场是相互作用、使交换成为可能的买方和卖方的集合。市场是经济活动的中心。市场又分为完全竞争市场、具有市场力的竞争市场和非竞争市场。市场结构和类型决定了企业是价格的决定者还是价格的接受者。

一个完全竞争市场拥有许多买者和卖者,没有一个买者或卖者对价格有显著的影响力,因此,企业是价格的接受者。

具有市场力的竞争市场通常意味着市场中某些企业具有较强的影响价格的能力,可以被看作是价格的决定者,这些企业被认为具有市场力。市场力是指企业在不失去全部市场份额的前提下提价的能力。具有市场力的企业面临向下倾斜的需求曲线。只有当存在比较强的市场进入壁垒时,市场中的厂商才能拥有比较高的市场力。市场的强进入壁垒包括以下主要因素:规模经济、政府设置的壁垒、要素(如原材料)壁垒、品牌效应等。具有市场力的竞争市场有时也被称为垄断竞争市场或寡头竞争市场,需要用博弈论等进行竞争决策。发电侧市场一般属于这类市场。

非竞争市场是指纯垄断市场,这种市场比较少见,其定价及经营受政府监管。电网的经营一般属于这种形式。

1.完全竞争市场的价格

市场提供了买方和卖方之间进行交易的可能性。不同数量的商品按特定的价格出售,在完全竞争市场上,一个单一的价格——市场价格——一般会占优势。

绝大部分商品的市场价格会随着时间而上下波动,并且对许多商品来说,这种波动还可能相当迅速,在竞争市场上所销售的商品尤其如此。

在一个完全竞争的市场中,一种商品的卖方和买方都足够多,以至没有单独一个卖方或买方能影响该商品的价格。价格由供给和需求的市场力量决定,如图 10-5 所示。

在图 10-5 中,假定决定供求的因素除商品或劳务自身的价格外均为已知,从而供求状况既定,如 S 曲线和 D 曲线所示。从图中可见,S 曲线和 D 曲线在 e 点相交,与 e 点相对应的价

格 ρ_e 就是均衡价格。因为在此价格水平上,买方愿意并能够购买的数量与卖方愿意并能够供给的数量恰好相等。也就是说,在 ρ_e 水平上,市场上供求的相互作用不再能使价格进一步变化。

经济学理论还说明,由以上方式确定的价格就是该产品的边际价格。单个厂商在决定生产和销售量时都将价格看作给定的,消费者在决定商品的购买量时也将价格当作给定的。

在完全竞争市场中,整个市场的需求曲线 D 是下降的。但单一企业所面临的需求曲线一般是水平的,被称为完全需求弹性。此时,企业所选择的产出水平应该是使得其边际成本等于市场价格(即边际收益)的那一点。

2.非竞争市场价格

非竞争市场有卖方垄断(简称垄断)和买方垄断出现,是与完全竞争相反的概念。卖方垄断就是市场中只有一个卖方,但有许多买方;而反过来买方垄断,即市场中有许多卖方但只有唯一的买方。

由于一个垄断者就是一种产品的唯一的生产者,市场需求曲线反映了该垄断者所能得到的价格是如何取决于他投放市场的产量的。垄断者会利用能控制价格的有利条件,追求自身的利润最大化。其价格和产量与完全竞争市场所决定的价格和产量之间有何不同呢? 一般地说,与完全竞争的产量和价格相比,垄断者的产量较低而价格较高。这就意味着垄断造成了一种社会成本,因为它使得只有较少的消费者买到这种产品,而买到产品的消费者又要付出较高的价格。

作为一种产品的唯一生产者,一个垄断者处在一个特别的位置。如果垄断者决定提高产品的价格,它用不着担心会有其它的竞争者通过较低的价格来抢夺市场份额,损害它的利益。垄断者对市场出售的产量有完全的控制能力,但这并不意味着垄断者能想要多高的价格就可定多高的价格,至少在它的目标是利润最大化时无法在价格上随心所欲。

为了实现利润最大化,垄断者必须先确定市场需求的特征,以及他自己的成本。垄断者销售每单位产量所能得到的价格直接由市场需求曲线决定。同样地,垄断者也可以先决定价格,而在此价格上所能销出的数量由市场需求曲线决定。

这种市场的价格直接表达为在边际成本 c_M 上的一个加价,即

$$\rho = \frac{c_M}{1 + 1/E_d} \tag{10-5}$$

例如,若需求弹性为 -4,且边际成本为每单位 9 美元时,则价格就应该是每单位 12 美元。

在一个完全竞争的市场中价格是等于边际成本的,而非竞争市场垄断者所索取的价格则超过边际成本,超过的幅度反向取决于需求弹性。正如式(10-5)所显示的,如果需求特别有弹性,E_d 的绝对值很大,则价格将非常接近边际成本,从而一个垄断市场看起来会非常类似于一个完全竞争的市场。

3.具有市场力的竞争市场价格

纯粹的垄断是很少见的,但在许多市场中,常常会只有少数几个相互竞争的厂商,通常被称为寡头竞争。这些市场中的厂商之间的相互作用很复杂,并且常常带有策略博弈。但无论如何,这些厂商都有能力影响价格,也都可以发现定价于边际成本之上将有利可图。这样的市场将是具有市场力的竞争市场,这些厂商就具有垄断势力。垄断势力通常也被称为市场势力

或市场力。市场力即一个卖方或一个买方影响一种物品价格的能力。

对完全竞争厂商,价格等于边际成本;而对有垄断势力的厂商,价格大于边际成本。因此,测定垄断势力的一个自然的方法是计算利润最大化价格超过边际成本的程度,常用勒纳指数来测量垄断的力度,用公式表示为

$$L = \frac{\rho - c_M}{\rho} \tag{10-6}$$

勒纳指数的值总是在 $0 \sim 1$ 之间。对一个完全竞争厂商来讲,$\rho = c_M$,从而 $L = 0$。L 越大,垄断力度越大。

该垄断势力指数也可以用厂商面临的需求弹性来表达为

$$L = \frac{\rho - c_M}{\rho} = -\frac{1}{E_{df}} \tag{10-7}$$

这里必须注意,E_{df} 现在是该厂商需求曲线的弹性而不是市场需求曲线的弹性。

与垄断市场的定价原则相似,具有市场力的竞争市场中各企业的定价 ρ^* 也是采用加价的方式确定,如下式

$$\rho^* = \frac{c_M}{1 + 1/E_{df}} \tag{10-8}$$

这里 E_{df} 同样是厂商面临的需求曲线的弹性而不是整个市场需求曲线的弹性。

由于厂商必须考虑他的竞争者对价格变化的反应,因此确定厂商的需求曲线比确定市场的需求曲线要更困难。最基本地,经营者必须估计出 1% 的价格变化会引起的销售量变化的百分比。这个估计可以是基于一个正式的模型作出的,也可以是根据经营者的直觉或经验作出的。有了对厂商需求弹性的估计,经营者就可以算出合适的加价。如果厂商的需求弹性很大,这时加价就会较小(此时该厂商只有很小的垄断势力)。否则反之。

10.2.3　成本与市场效率

成本是分析企业经营活动的重要依据。成本有许多种类别,最主要的是短期成本和长期成本。短期成本一般不考虑设备的投资,仅考虑劳动或产量的大小。长期成本则要考虑投资及劳动两个要素。这里主要介绍短期成本的相关概念。

短期之中,企业投入生产的某些要素是固定的,而另外的要素则随企业的产出的变化而变化。企业生产的总成本(c_T)由下面两个因素组成。

(1) 固定成本(c_F)　无论企业生产的产出水平如何,固定成本均由企业承担。根据具体情况,固定成本可能包括维持厂房的费用、保险费和少量雇员的工资费用。无论企业生产多少产品这些费用均不发生变化,即使产出为 0 企业也要支付。固定成本只有在企业完全倒闭时才会没有。

(2) 可变成本(c_V)　它根据产出水平的变化而变化。可变成本包括工资和原材料的费用。这些费用随产出的增加而增加。

边际成本和平均成本是两个重要的概念,它们将成为企业选择产出水平的重要因素。

①边际成本(c_M)表明企业要增加多少成本才能增加 1 单位的产出。

②平均成本(c_A)是单位产出的成本。平均总成本(c_{AV})是企业的总成本除以其产出水平,即 c_T/Q。平均总成本即每单位产品的生产成本。通过比较平均总成本和产品的价格,可以确

定生产是否有利可图。

在经济上,通常用消费者剩余测度消费者从竞争市场获得的总净效益,用生产者剩余测度生产者获得的总净效益。二者之和就是市场产生的社会效益。显然,市场产生的社会效益愈大,则市场效率愈高。以下介绍消费者剩余和生产者剩余的概念。

在完全竞争市场上,消费者和生产者按现行市场价格买卖商品。但是对于某些消费者来说,商品价值超过市场价格;如若必须,他们愿意支付更高的价格。消费者剩余是消费者获得的超过购买商品支付的总效益或总价值。

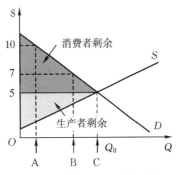

图 10 - 6　消费者和生产者剩余

例如,假设市场价格为每单位 5 美元,如图 10 - 6 所示。某些消费者可能对该商品评价很高,愿意支付更高的价格。例如消费者 A 愿意为此物品支付 10 美元。但是,由于市场价格仅为 5 美元,他享受到 5 美元净效益;消费者 B 愿意支付 7 美元,因而享有 2 美元净效益。最后,消费者 C 对该商品的评价恰好等于市场价格 5 美元,消费者 C 的净效益为 0。

就消费者总体来看,消费者剩余等于需求曲线与市场价格之间的面积(图 10 - 6 中深色阴影区域)。生产者剩余是对生产者的类似测度。某些生产者以正好等于市场价格的成本生产若干单位产品。但是,另一些生产者的成本可能低于市场价格,即使市场价格下跌,他们仍愿意继续生产和销售。因此,生产者从销售这些产品中享受到的效益也是一种剩余。就单位产品来看,这个剩余是生产者接受的市场价格与边际生产成本之间的差额。从市场整体来看,生产者剩余是位于供给曲线上方直至市场价格的区域,等于图 10 - 6 中供给曲线与市场价格之间的浅色阴影的面积,这是低成本生产者按市价出售产品获得的效益。

总的来说,消费者和生产者剩余之和为总社会效益,可用来测度竞争市场的效率。

10.3　发电市场的竞价

发电市场是电力市场中最先开放的市场,也是发展较为成熟的部分[46]。实时电价是走向电力市场的基础,反映了电价随需求而变化的特性。

10.3.1　实时电价的基本概念

实时电价取决于某一小时的电力供需情况,如:

①负荷(总负荷及分区负荷);

②发电的充裕度及成本(包括从其它公司购电);

③输、配电网的充裕度及损耗。

实时电价的定义为各用户在各时段(英、美等国为 30 min 或 15 min)的电价。

实时电价(不考虑收支平衡)由边际费用来确定,即

$$\rho_k(t) = \frac{\partial}{\partial d_k(t)}[当前到未来供给所有用户电能的总费用] \qquad (10-9)$$

其中:$\rho_k(t)$ 为第 k 个用户在第 t 小时的实时电价,\$/kW·h;$d_k(t)$ 为第 k 个用户在第 t 小时

的电量需求,kW·h。

实时电价可用不同的方式进行计算,计算 $\rho_k(t)$ 的原则是:在同时考虑运行及投资的情况下在第 t 小时向第 k 个用户供应电能的边际(或微增)费用。

上式在求导时应满足以下约束:

①电能平衡:总发电量等于总负荷加损耗;

②发电限制:第 t 小时的总需求不能超过该小时所有发电厂的可用容量之和;

③基尔霍夫定律:电力潮流及损耗应满足电路定律;

④线路潮流极限:任何线路潮流不得超过其功率输送极限。

上式中实时电价的基本定义仅仅与边际费用有关,而未考虑收支平衡问题,即没有考虑折旧费用和资本收回。以边际成本为基础的实时电价的一个重要特性是它趋向于同时收回运行及投资费用。由于假定发电按最优调度进行,边际成本将超过平均的变动运行费用,因此按边际成本向用户收费将从超过总平均的变动运行费用中得到年收入。一个好的电力系统的边际费用应该恰好补偿运行及投资费用,但实际情况往往不是超过就是不能补偿投资费用。

第 k 个用户在第 t 小时的实时电价通常由以下分量构成:

$$\rho_k(t)=\gamma_F(t)+\gamma_M(t)+\gamma_{QS}(t)+\gamma_R(t)+\eta_{L,k}(t)+\eta_{M,k}(t)+\eta_{QS,k}(t)+\eta_R(t)$$

$$(10-10)$$

式中的每个分量都有物理(或经济)意义,$\gamma_F(t)$ 为发电燃料边际成本;$\gamma_M(t)$ 为发电边际维修成本,$\gamma_{QS}(t)$ 为发电质量成本(风险);$\gamma_R(t)$ 为发电收支平衡分量。$\eta_{L,k}$ 为网损边际成本;$\eta_{M,k}(t)$ 为网络维修边际成本;$\eta_{QS,k}$ 为网络供电质量成本,$\eta_R(t)$ 为网络收支平衡分量。

发电燃料费及维修分量之和 $\lambda(t)=\gamma_F(t)+\gamma_M(t)$ 属于运行分量,是实时电价的最大分量。它是发电总燃料费用和维修费用对第 t 小时负荷的偏导数。一般来说系统 $\lambda(t)$ 随 $d(t)$ 的增加而上升。λ 与负荷曲线的关系是随时间而改变的。网络损耗分量 $\eta_{L,k}(t)$ 与系统 $\lambda(t)$ 有关。实时电价的电网分量之所以与用户 k 有关是因为不同的用户位于系统中不同位置,由此引起不同的损耗,并可造成不同地区线路过负荷等。

发电质量分量 $\gamma_{QS}(t)$ 及网络供电质量分量 $\eta_{QS,k}(t)$ 与供电可靠性有关。容量充裕时这两者都很小,但当供电趋于发电或网络容量极限时,这部分分量迅速增长,成为实时电价的主要成分。收支平衡分量 $\gamma_R(t)$,$\eta_R(t)$ 用以确保发电公司和电网既不亏损又不致盈利过大。

总的来说,实时电价是随着时间、地点和负荷水平的不同而发生变化的一种电价体系,它可以更真实地反映系统供电成本,并为供需双方提供价格信号。

10.3.2　分时竞价模式

发电市场的运作模式分为集中竞价出清模式(POOL 模式)和双边合同模式(Bilateral 模式)两大类。

日前市场是电力市场的最主要的特色之一,主要采用集中竞价交易模式,以保持电力商品的供求竞争。电力市场现货交易是一个连续、实时供需平衡和价格决定的过程。目前世界电力市场采用最多的是分时竞价交易模式,时段一般取 0.5 h。

电力市场是具有市场力的竞争市场,有其自身的特点:如有限的商品(电力)提供者,很大的投资规模(市场进入障碍),电力网络传输限制了用户有效地面向更多的发电厂,线路传输损耗使用户难以向较远的电厂购电等等。这些特点决定了在给定的地区参与竞争的电厂有限，电厂的报价对市场有一定的影响力。

电力市场的竞价机制按照不同的分类标准可以分为静态竞价和动态竞价（也称迭代竞价）、开放式竞价和密封式竞价等等。报价协议对于竞价来说是一个至关重要的问题。报价形式主要有两种：单一报价和复合报价。前者只要求电厂给出它将来每一时段的电价曲线，系统调度中心不负责机组启停安排，由电厂自己考虑机组运行的物理限制；后者要求发电厂除了上报电价曲线之外，还要报机组爬坡率、启停费用以及无负荷运转费用等参数。

由于电能的生产与消费是同时完成的，因此即使发电厂商与用户的直接双边交易是未来电力市场的主要交易形式，整个电力系统的实时平衡交易仍是不可缺少的。竞价上网交易是电力市场最具特色的交易形式。

1. 市场交易的一般模型

在平衡交易市场中，独立调度代表所有电力用户向发电厂商购买电能，其目标是使购电总费用 c 最小，即

$$\min c = \sum_{i=1}^{n} \tilde{c}_i(P_i) \tag{10-11}$$

式中：$\tilde{c}_i$ 是发电厂商的竞价曲线，为其出力 P_i 的凸函数（即 $\tilde{c}_i$ 对 P_i 的导数随 P_i 的增大而增大）；n 为发电厂商数。式（10-11）中 P_i 应满足：

$$\sum_{i=1}^{n} P_i = P_L \tag{10-12}$$

式（10-12）为功率平衡方程，P_L 为用户的总需求电力，一般 P_L 随电价 ρ 而变化：

$$P_L = f_L(P_{LO}, \rho) \tag{10-13}$$

式中：P_{LO} 是某一电价上的负荷电力。$f_L(P_{LO}, \rho)$ 通常也是 ρ 的凸函数，代表了电力需求的弹性特征。

对于式（10-11）、式（10-12）的条件极值问题可建立以下拉格朗日函数：

$$L = \tilde{c} + \lambda\left(P_L - \sum_{i=1}^{n} P_i\right) \tag{10-14}$$

因此可得到 $\tilde{c}$ 的极小化条件为

$$\frac{\mathrm{d}\tilde{c}_i}{\mathrm{d}P_i} = \lambda = \rho \quad i = 1, 2, \cdots, n \tag{10-15}$$

式中拉格朗日乘子 λ 即等于边际价格 ρ_M。将式（10-15）与式（10-12）联立求解，就可得 ρ_M（即出清价）及各发电厂商的发电出力，这就是电力市场中独立调度的优化调度模型。

以上的 $\tilde{c}_i(P_i)$ 为发电厂商的竞价曲线，并不是其真正的成本函数。一般来说，其成本函数 $c_i(P_i)$ 只有发电厂商 i 自己知道，并不属于公共信息。

当发电厂商竞价曲线使 $\mathrm{d}\tilde{c}_i/\mathrm{d}P_i$ 不连续，或无法完全满足式（10-15）时，以上分配负荷的方法将退化为优先顺序法，两者本质一样。当然，以上模型在实际应用中还必须考虑各项与电厂和系统运行的各种约束条件。

2. 市场交易及定价过程

英格兰早期电力市场 POOL 模式是贯彻以上思想的代表，该模式一般的运作方式如下：

①每天分为若干个时段(如每 0.5 h 为 1 个时段)。提前一天计算第二天 48 个时段的电价。

②各用户(配电公司)及各独立发电厂在每天上午提出第二天各时段的售电/购电投标书。这些数据包括:不同出力水平的费用;独立发电厂有时还需提供最低发电容量和费用;启停机费用;每 0.5 h 的可供最大出力等数据。

③POOL 收集发电公司的上网电价及供电公司的负荷下网竞价,汇总做出每时段的 POOL 总的供需曲线并由之确定市场出清价 MCP(Market Clearing Price)或系统边际价格 ρ_M。当按连续曲线报价时,某时段系统总的供需曲线及市场出清价如图 10-7 所示。

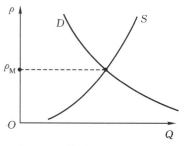

图 10-7　供需曲线及出清价

④以 ρ_M 为基础,考虑系统运行的其它因素,确定系统的买入价 ρ_P(POOL Purchase Price,PPP)和卖出价 ρ_S(POOL Sell Price,PSP),计算过程如图 10-8 所示,在计算系统失负荷代价 c_{VOLL} 和失负荷概率 p_{LOLP} 的基础上确定系统的容量价格 $\Delta\rho_1$,即

$$\Delta\rho_1 = p_{LOLP}(c_{VOLL} - \rho_M) \tag{10-16}$$

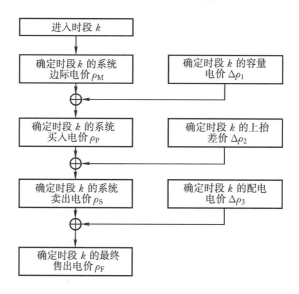

图 10-8　某时段电价确定过程

系统的买入价 ρ_P 为

$$\rho_P = \rho_M + \Delta\rho_1 \tag{10-17}$$

进行网络潮流计算,考虑网络约束和辅助服务等因素,若遇到潮流阻塞即潮流越限或接近限制的情况,则用"阻塞程序"调整发电厂的出力,造成发电机逆序运行,从而产生上抬差价 $\Delta\rho_2$。系统卖出价 ρ_S 为

$$\rho_S = \rho_P + \Delta\rho_2 \tag{10-18}$$

⑤向各发电厂和配电公司发布调整后的日计划,各发电厂和配电公司可以提出意见,进行协商。

⑥决定明日该时段最终的发电计划。

⑦英格兰电力市场采用全网统一定价,即不同地点的购买价和卖出价相同,不考虑地区的差别,将全网的网损及设备投资的固定成本等输电成本平均化了。ρ_S 为 POOL 售给地区电力公司及持许可证单位的电价,这些单位向用户供电时还要收取供电费用 $\Delta\rho_3$,形成最终售出电价 ρ_F

$$\rho_F = \rho_S + \Delta\rho_3 \tag{10-19}$$

总的来说英格兰电力市场终端用户的电价可以分解为 3 个部分:发电环节、输电环节、供电环节。其中附加费用 $\Delta\rho_2$,$\Delta\rho_3$ 分别代表了输电和配电费用。

3.分时竞价模式存在的问题

上述分时竞价模式在世界各国普遍应用。然而,近年来在竞价上网的实践及实时电价形成机制方面都出现了一些值得讨论的问题。

①电力市场应按报价个别结算还是按出清价统一结算?从公平竞争原则出发,商品应享受"同质同价"的待遇,但是对电能来说怎样衡量其质量?峰谷电价应有差别已被公认,然而是否所有在峰荷时段供电的发电厂商的电能质量都是一样的?

②有无必要要求发电厂商在 1 d 内报 48 个电价曲线?火电厂的运行有严格的连续性要求,火电机组的启停不仅非常复杂,而且消耗大量资源。按时段报价增加了火电机组运行状态的随机性,无论对发电厂商还是对整个电力系统的经济、安全运行都无好处。

③这种由 POOL 充当单一购买者的模式有违市场经济原则。

出现以上问题的根源在于应用实时电价理论设计电力市场竞价规则时没有充分考虑电能生产的特点,忽略了一些重要的因素。例如,在式(10-11)中假定了发电成本仅为第 t 时段状态的函数,与其它时段的状态无关。这个假定不符合电力生产的实际情况。目前世界各国电力系统的电源主要是火电和核电,占总装机容量的 70% 以上。无论火电还是核电机组的开机及停机过程都非常复杂,而且要支付额外的开停机费用,因此是否连续运行对其电能的生产成本有很大影响。

图 10-9 描述两个发电厂在 1 d 内带负荷的情况。图中发电厂 A 和 B 都在第 t 时段向系统供应电能。按目前普遍采用的竞价规则,这些电能都应按该时段的市场出清价 $\rho(t)$ 结算。但无论从发电成本还是对系统的贡献来看,发电厂 A 和 B 都有明显的差异。发电厂 B 带基荷,发电成本低。在系统负荷波动时,发电厂 B 并没有追随负荷的变化而担负爬坡的任务。因此,发电厂 B 不应享有和发电厂 A 同样的电价回报。如果在第 t 时段统一按 $\rho(t)$ 对所有发电厂进行结算,就形成了发电厂 A 对发电

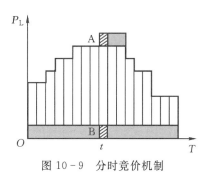

图 10-9　分时竞价机制

厂 B 的补贴。这样,整个电力系统出现了搭配销售,必然降低市场机制的效率。

因此,分时竞价电力市场有以下主要问题:

①发电厂商报价及系统确定运行方式比较困难,没有考虑发电机组运行连续性的影响;

②没有体现电能同质同价的公平原则,导致市场效率降低。

10.3.3　分段竞价模式

如前所述,在目前分时竞价电力市场中,发电厂商是逐时段进行竞价和结算的。但是,即使在同一时段,各发电厂的电能质量和电能成本可能相差甚远,因此按照同一出清价进行结算并不公平。真正公平竞争应该对同样质量的电能进行竞价,分段竞价模式[48]反映了电力市场的这种要求。这种模式不仅更加符合电力运行的特点,而且也非常便于竞价运营。

分段竞价机制把电能按连续生产或连续消费的时间分段,然后按段进行平衡和买卖,形成出清价。如图 10-10 所示,把预测的负荷曲线按连续生产(或消费)的时间分为 $l_1, l_2, \cdots, l, \cdots, l_P$ 段,相应的持续时间为 $h_1, h_2, \cdots, h_l, \cdots, h_P$。

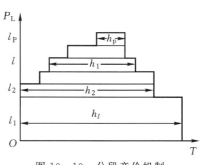

图 10-10　分段竞价机制

分段电价 ρ_l 是电能生产持续时间 h 的函数:

$$\rho_l = \rho_b(h_l) \tag{10-20}$$

根据电力生产和消费的特点,不同分段的电能有不同的生产成本,也具有不同的使用价值。当 $h_1 > h_2 > \cdots > h_l > \cdots > h_P$ 时,相应的电价 ρ_l 应有如下关系:

$$\rho(h_{l_1}) < \rho(h_{l_2}) < \cdots < \rho(h_l) < \cdots < \rho(h_{l_P})$$

在以上推导过程中,同样也把竞价发电厂当作一个等效发电厂。但在分段竞价电力市场中,由于所有竞争对手生产的是同样质量的电能,因此不存在对各发电厂不公平或搭配销售的问题。正是由于这种竞争,促使发电厂降低成本,使电能用户增加效益,以此获得更多的社会效益。

综上所述,分段竞价原理更符合电能生产和消费的规律,克服了分时竞价机制的弊端,使竞价更加公平。

为了使电力市场的调节信号更加完整,对电力系统的安全经济运行更加有利,我们可以很容易通过分段电能电价求得相应的实时电价 $\rho_s(t)$。

设系统的负荷曲线为

$$L = P(\tau) \tag{10-21}$$

由此可得到相应的持续负荷曲线:

$$h = D(L) = D[P(\tau)] \tag{10-22}$$

当已知分段电价 $\rho_b(h)$ 时,可由下式求得 τ 时刻电价:

$$\rho_s(\tau) = \rho_b(D(P(\tau))) \tag{10-23}$$

式(10-23)表明 τ 时刻的实时电价等于该时刻对应的最高负荷分段的分段电价。

当负荷曲线为双峰时,可对双峰部分分开进行分段竞价,其它部分不变。

和分时竞价市场相比,分段竞价市场有以下突出特点:

①符合电力系统的生产和消费特性,便于发电厂商竞价及系统安排运行方式,便于解决机组启停问题;

②在同样电能质量的条件下竞价,更能体现市场的公平性;

③分段竞价市场购买电能的费用低于分时竞价市场,从而使用户获得更廉价的电能;

④分段竞价市场的供应曲线低于分时竞价市场的供应曲线,因而社会效益和市场效率更高。

10.4　输电费用

输电系统是联系发电与用电的桥梁,输电价格的确定是电力市场的重要组成部分。合理的输电费用将给市场成员提供正确的经济信号,促使输电资源的优化使用。与此同时,输电网络的拓扑结构和输电价格也反过来对发电与用电产生一定的约束和影响。

对输电服务的定价可以总结为以下两个层次的问题。

①输电线路定价的问题(上层问题):如何对每一条输电线路确定其输电价格。为了提供适当的经济信号,应该按照输电边际成本进行定价。我国自 2016 年已按跨省区输电线路和省内各电压等级的输电线路制定了输电费用计算办法。电网企业准许收益(准许成本)的核定是对电网企业的运行成本、维护成本,以及投资成本等进行评估,按照一定的投资回报率确定未来电网企业一段时间内(一般是一年)的准许收益。各省区对所有线路进行了核算。

②输电费用分摊的问题(下层问题):在输电线路的价格确定后,如何将各条输电线路的价格公平合理地分摊到各个电力市场成员以形成最终的面向市场成员的输电价格。

在电力市场中输电服务必须合理收费,输电定价有以下基本要求。

①输电公司年收支平衡,在输电网不断扩展时,输电收费还应包括新建输电网投资的回报和扩建资金的筹集。

②提供长期和短期的丰富的经济学信号,引导输电网的用户合理利用输电网资源。

③面对复杂的输电网和交易网,具有可行性和透明性。

④尽可能降低的输电价格,削弱市场进入壁垒,从而增加电力市场的竞争性。

输电费用的计算方法可分为综合成本方法和边际成本方法。总的说来,基于边际成本的输电定价方法能够提供经济信号,但价格波动较大,计算方法复杂。综合成本方法计算简单,价格稳定,虽不能反映资源的未来价值,但能保证实现收支平衡。从目前国际上运行的电力市场所采用的输电定价机制来看,综合成本方法比较实用,且易于为各方所接受。

10.4.1　输电费用的构成

输电费用主要由电网使用费、辅助服务费构成。也有一些市场模式将辅助服务费单独处理,认为不属于输电费用的范畴。

电网使用费由电网使用成本、机会成本、电网扩建成本、管理费等组成。

(1)电网使用成本　含输电的有功、无功损耗费,输电网络、设施折旧费,网络的运行维护费等,这是输电费用中最主要的部分。其中网损的计算较为复杂,与电网的运行方式及输送距离关系密切。

(2)机会成本　在输电网络完全开放的情况下,由于发电与购电的竞争程度的增加,发生电力传输阻塞的可能性也将增加。当发生电力交易的传输阻塞时,将使部分电力交易合同不能正常履行,从而使各节点的边际成本也随之发生变化,并且发电厂的交易成本也会增加,增加的这部分成本即输电机会成本。通常也将之称为阻塞管理费用。若输电服务并末引起任何线路潮流越限时,机会成本就没必要考虑。

(3)电网扩建成本　为满足输电服务需要而新建输电设备的投资成本。为简化费用项目,可将国家税收、电网公司利润、扩大输电投资费用等融入,按一定比率计取。

（4）管理服务费　包括交易执行前调度人员进行信息的处理、分析、预测、调度等工作,交易后为保证电网运行的收支平衡和适当收益进行的结算等工作,以及其它一些对输电所提供的管理服务费用。

10.4.2　输电费用的简单分摊方法

输电费用分摊的基本要求是:公平合理,计算简单,保持收支平衡。

由于输电费用的计算与分摊非常困难,人们不得不进行一些简化。常用的方法可分为①合同路径法,②邮票法,③边界潮流法,④兆瓦-公里法,⑤逐线计算法,⑥潮流追踪法等[47]。

其中邮票法和合同路径法最为简单。方法③～方法⑤属于潮流灵敏度方法,提供了非常强烈的经济信号促使输电资源的经济使用,但是这类方法有如下的不足:用户对输电线路潮流的灵敏度可正可负,这不符合费用分摊的基本要求;灵敏度的计算与系统潮流状态关系很大;不一定能保证收支平衡。

潮流追踪算法用来确定每一个电网用户对电网的使用情况,是一类特别的基于潮流的综合成本定价方法。用潮流追踪算法确定的分摊系数总是正的,并且能够保证收支平衡,基本能够满足输电费用分摊的各项要求,但计算较为复杂。

1.合同路径法

合同路径法适用于电网规模较小的情况,此时系统结线比较简单。合同路径法认为转运过程中,从功率注入点到功率流出点可以人为确定一条连续路径(合同路径),电能按合同规定的路径流过,并假定此时该路径应有足够的可用容量。此时转运的成本只限该指定路径的设备,转运对电网中合同路径以外的部分没有影响。

转运费计算步骤如下。

①确定转运业务的路径 $i \in \Gamma$ 。

②确定转运路径中各支路 i 的转运功率 $P_{w,i}$ 。其中,下标 w 表示转运,下标 i 表示支路号。对于串联支路, $P_{w,i}$ 就是该项转运的功率 P_w ;对于并联支路,可以根据各并联支路的阻抗确定各自传输的功率。例如在只有 2 条并联支路的情况,若其电阻分别为 r_1 和 r_2 ,则各支路的转运功率可依据下式计算:

$$P_{w,1} = P_w \frac{r_2}{r_1 + r_2} \qquad (10-24)$$

$$P_{w,2} = P_w \frac{r_1}{r_1 + r_2} \qquad (10-25)$$

③计算各支路的成本,其中 $c_{C,i}$ 为支路 i 的输电容量成本,包括固定资产的投资回报和折旧费用; $c_{O,i}$ 为支路 i 的输电运行成本。

④计算转运费 R_w :

$$R_w = \sum_{i \in \Gamma} \left(\frac{P_{w,j}}{\overline{P}_i} c_{C,i} + c_{O,i} \right) \qquad (10-26)$$

式中: $\overline{P}_i$ 为转运路径中支路 i 的安全输送功率。

随着电力网络的发展和节点的增加,此种方法的应用受到了限制。在实际情况下,潮流并不只在合同的路径流过,而是对全网均有影响,只是影响的程度不一样。合同路径法忽略了转运潮流对电网其它部分的影响,这样一来对于与合同路径相邻部分可能影响较大,这部分电网实际上受到转运业务的影响而未能得到经济补偿。

2.邮票法

邮票法是目前运用较为普遍的一种方法。这种方法认为转运的注入和流出节点位置及转运的距离无关,在计算转运费时,先计算整个输电网的总成本,然后在所有的转运贸易中,按实际转运功率的大小平均分摊整个输电网的转运成本。此种方法与合同路径法不同,不考虑各部分特定输电设备的成本。各项转运业务不管转运的远近,只按转运电能大小计费。邮票法计算步骤如下。

①计算输电网全电网的总输电容量成本 c_C 和总的运行成本 c_O:

$$c_C = \sum_i c_{C,i} \tag{10-27}$$

$$c_O = \sum_i c_{O,i} \tag{10-28}$$

式中:i 为输电网所包含的所有支路的序号。

②计算总的转运功率 P_w:

$$P_w = \sum_k P_{w,k} \quad (k=1,2,\cdots) \tag{10-29}$$

其中 k 为转运贸易序号。

③计算平均单位转运功率的转运成本 γ_w:

$$\gamma_w = \frac{(c_C + c_O)}{P_w} \tag{10-30}$$

即将所有转运成本按所转运的功率值的大小进行平摊。此时,如果电网除转运业务外不进行其它的输电服务,则总输电容量成本 c_C 和总电运行成本 c_O 的值可以直接代入式(10-30),但如果电网除转运业务外,还进行其它的输电服务,则须将电网的总输电容量成本和总输电运行成本进行成本分配,计算转运输电容量成本和输电运行成本后,再代入式(10-30)。

④计算各项转运业务的转运费:

$$R_{w,k} = P_{w,k}\gamma_w \tag{10-31}$$

3.边界潮流法

边界潮流法计算由于转运业务而引起的转运公司边界潮流的变化,并依据该数据计算转运费。边界潮流的变化主要是指边界联络线的功率变化。本方法的计算步骤如下:

①选择输电网合适的负荷水平,可选择峰荷或其它状态;

②计算无此项转运业务时的系统潮流,从而求得边界联络线上的功率 P_l,l 为边界联络线的序号;

③计算有此项转运业务后的系统潮流,从而求得边界联络线功率 P'_l;

④求得边界联络线功率的变化量:

$$\Delta P_l = P'_l - P_l \tag{10-32}$$

⑤用与邮票法同样的步骤,求得输电网的平均转运成本为 γ_w;

⑥计算转运费:

$$R_w = \left(\frac{1}{2}\sum |\Delta P_l|\right)\gamma_w \tag{10-33}$$

即转运费等于平均转运成本乘以边界联络线上的功率变化的绝对值之和的 $1/2$。

这种方法适合于系统中双边合同较少或系统间联络线较为明确的情况。

4.兆瓦-公里法

兆瓦-公里法首先计算电网所有线路和设备的每兆瓦-公里的成本,并根据转运贸易的实际注入节点和流出节点确定电网潮流,从而计算该项转运业务在全网基础上的平均成本,即为转运费。兆瓦-公里法的计算步骤如下。

①计算每条线路(或每个输电设备)的功率成本 c_i,i 为电网所有支路的序号。

②计算每条线路(或设备)的平均每兆瓦-公里容量成本 γ_i

$$\gamma_i = \frac{c_i}{\overline{P}_i L_i} \qquad (10-34)$$

式中:$\overline{P}_i$ 为线路的安全输送功率极限;L_i 为线路长度,当线路中包含变压器等设备时,将这些设备并入线路中计算。

③将电网中所有负荷及发电功率全部移去,只留下转运业务的注入功率和流出功率,求全网各支路潮流 $P_{z,i}$ 和支路网损 $P_{1,i}$;

④在步骤③的条件下,计算包括网损在内的总运行成本 c_O;

⑤计算转运费:

$$R_w = \sum_i (\gamma_i P_{z,i} L_i) + c_O \qquad (10-35)$$

综上所述,简单综合成本方法具有计算简单,数据采集比较容易,价格比较稳定的优点,缺点是只能反映过去的情况,不能反映系统未来资源的价值。由于我国目前电力系统的成本及电价计算均采用综合成本方法,所以,综合成本方法计算转运费有一定的应用前景。结合我国目前的电力运行情况,省内电网的转运费可采用邮票法,省间转运费的计算可采用合同路径法或逐线计算法。

上述方法存在一些问题,主要体现在:这些方法大多适用于系统中存在少量转运合同的情况。当系统中有多项转运时,由于电力系统的非线性特征,这些转运不具有叠加性。因此计算各转运的先后顺序对计算结果有很大影响。

10.4.3　输电费用分摊的潮流追踪方法

在电力市场环境下,用户不仅要知道整个电网的潮流分布,而且要知道在各种运行方式下它们对电网输变电设备的利用份额是多少,网损应如何分摊等等。解答这些问题是度量输电服务的关键,对确定过网费有直接影响。

在潮流追踪计算中,网损分摊问题及输变电设备利用份额问题主要涉及有功潮流的一些量,因此为了简化叙述,在以下讨论中忽略无功潮流的影响,将潮流追踪问题简化为电流追踪问题。为了突出问题的实质和简化叙述,以下讨论均以直流电路为例。但其理论不难扩展到交流电路的情况。

在电路计算中,基尔霍夫电路定律可以求取每条支路的总电流,但无法求出各支路电流的组成分量,即对电流追踪问题已无能为力。为此,首先建立两个公理,在此公理基础上,建立电流追踪问题的数学模型,进而开发电流追踪问题的高效算法。

设网络 N 有 n 个节点，b 条支路，s 个电源，c 个负荷（见图 10 - 11）。利用基尔霍夫定律可求出电网络各支路的电流 $I_{(k)}(k=1,2,\cdots,b)$。在电流分布已知的情况下，寻求各支路电流 $I_{(k)}$ 中各电源的分量 $I_{(k)g}(g=1,2,\cdots,s)$ 或各负荷的分量 $I_{(k)l}(l=1,2,\cdots,c)$ 的问题称为电流追踪问题。

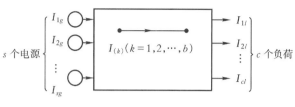

图 10 - 11　电流追踪问题

以下主要研究电源电流在各支路的分布问题。负荷电流在各支路的分布问题可采取同样的方法处理。

设支路 k 通过的电流为 $I_{(k)}(k=1,2,\cdots,b)$，其中含有 s 个电源的电流分量 $I_{(k)g}(g=1,2,\cdots,s)$，则有

$$\sum_{g=1}^{s} I_{(k)g} = I_{(k)} \tag{10-36}$$

定义　电源 g 对支路 k 的利用份额为

$$f_{(k)g} = \frac{I_{(k)g}}{I_{(k)}} \quad (g=1,2,\cdots,s;k=1,2,\cdots,b) \tag{10-37}$$

公理 1　电流分量在支路首末端相同。

设电源 g 向支路 k 首末端提供的电流分量分别为 $I'_{(k)g}$ 和 $I''_{(k)g}$，则该公理断言：

$$I'_{(k)g} = I''_{(k)g} = I_{(k)g} \quad (g=1,2,\cdots,s) \tag{10-38}$$

这个公理可以由电源向各元件首端注入的电荷应一个不少地从末端流出这一直观印象得到解释。

公理 2　同一节点各进线注入电流在各出线的电流分量与相应出线的电流成比例。

设节点 i 有 L_{i+} 条出线，L_{i-} 条进线。出线的电流分别为 $I_{(m)}(m=1,2,\cdots,L_{i+})$。该公理认为某进线在此节点注入电流为 $I_{i,l}$ 时，它在出线 m 中的电流分量 $I_{(m)l}$ 为

$$I_{(m)l} = I_{i,l} \frac{I_{(m)}}{\sum_{k=1}^{L_{i+}} I_{(k)}} = I_{i,l} \frac{I_{(m)}}{I_i} \tag{10-39}$$

式中：I_i 为节点 i 通过的总电流，若用出线电流或进线电流表示则有：

$$I_i = \sum_{m=1}^{L_{i+}} I_{(m)} = \sum_{l=1}^{L_{i-}} I_{i,l} \tag{10-40}$$

如果把节点看成是各进线注入电子的混合器，则该公理不难得到直观解释。

根据以上两条公理，可以通过矩阵计算或图论的方法求解电流追踪问题。以图 10 - 12 为例，图中带圈的数字表示节点号，括号中的数字表示支路号。节点 1，2 为电源点，其输出电流分别为 5，2；节点 3，4 为负荷点，负荷电流分别为 4，3，支路电流已标注在图上。

图 10 - 12 的电流追踪问题的计算结果用表格的形式表

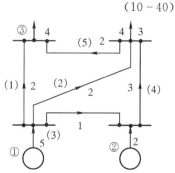

图 10 - 12　简单电路的例子

示如表 10 - 1。

表 10 - 1　电源利用份额

支路	电源 1	电源 2
(1)	1	0
(2)	1	0
(3)	1	0
(4)	1/3	2/3
(5)	3/5	2/5

10.5　辅助服务

辅助服务市场建设的主要作用是建立市场交易机制,通过价格信号,激励灵活性资源为系统提供辅助服务,为辅助服务提供合理的补偿。

辅助服务市场的主要模式如图 10 - 13 所示。

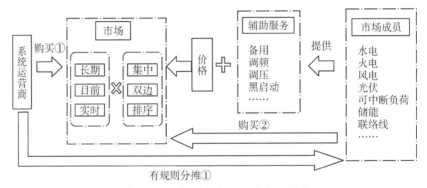

图 10 - 13　辅助服务市场的主要模式

其中,市场成员主要包括系统运营商、电力用户、水电、火电、风电、光伏、可中断负荷、储能、联络线等,涵盖源、网、荷、储四个市场环节;不同市场模式、不同交易品种下,市场购买方和供应方成员各有差异。

市场中交易的辅助服务商品主要有调频、备用、调压、黑启动,在现货市场未完善的过渡时期还可包括调峰辅助服务。

市场交易模式主要有长期、日前和实时交易,主要交易方式有集中竞价、双边协商、挂牌交易等。

市场组织形式主要有:

(1)由系统运营商统一购买,将辅助服务购买成本在承担方之间按一定规则分摊;

(2)市场规则下的辅助服务提供商和辅助服务需求方通过辅助服务市场进行直接交易。

下面简单介绍英国电力市场辅助服务的分类及运行情况。

1.英国辅助服务市场的内容分类

在英国电力市场的平衡机制下,辅助服务分为强制性辅助服务和商业化辅助服务,前者要求所有授权经营的发电主体必须提供,而后者则按照市场的规则由部分发电主体与国家电网公司协商提供,提供者获取相应的收益。英国的辅助服务市场的类型主要分为以下几类。

(1)频率响应　频率响应服务指保障系统频率在安全范围内的服务。频率响应服务的提供者既可以是电源也可以是负荷。该服务可以在事故发生的第一时间投入使用。英国的频率响应服务又分为强制频率响应、固定频率响应和需求侧频率控制。强制频率响应包括一次调频、二次调频和高频响应,这些服务由并网运行的机组义务提供,没有组织相应的市场。

强制频率响应往往并不能完全满足系统的要求,剩余需求由固定频率响应来实现,通过自动发电控制系统完成控制和记录。固定频率响应允许集成资源(如负荷和可再生能源发电等资源的整合)参与提供,并通过月度或多月招标方式获取。需求侧频率控制由可中断负荷提供,则是一个低频减载的预先约定,要求至少能在 2 s 响应指令,且持续提供 30 min 3 MW 以上的容量,该服务通过双边合同协商确定。

(2)备用服务　为了进一步加强系统的频率控制和增强系统的安全性,电网公司需要预留出一定的备用容量来满足一些不可预期的负荷需求增加或减少。在英国电力系统中,根据提供服务的响应速度和时段的不同,备用服务主要包括以下 4 种:快速备用、区间备用、快速启动和平衡机制启动(Balance Mechanism start-up,BM start-up)。

(3)电压与无功调节　强制无功服务(Mandatory Reactive Power Service,MRPS)可以提供各种不同的无功辅助服务输出,指定特定的发电机输出和吸收无功辅助服务,以帮助管理电压接近连接点电压水平。

加强的无功服务:当强制无功服务不能满足最低技术要求时的技术支持(包括静态补偿装置)。

(4)黑启动　黑启动是指整个电力系统故障停电后,不依赖其它供电网络帮助,通过系统中具有自启动能力的机组的启动,带动无自启动能力机组逐渐扩大系统恢复范围,最终实现整个系统的恢复。

2.英国辅助服务的提供方式

上述的几种辅助服务中,其中强制频率响应、频率控制需求管理、平衡机制启动、需求管理、快速启动和黑启动是通过签订双边合同获得。而固定的频率响应、短期运行备用、无功调节则通过平衡服务市场获得。快速备用既可以通过签订双边合同获得,也可以通过平衡服务市场获得。

3.英国辅助服务市场运作方式

目前英国电力平衡服务市场主要通过两种交易方法获得,一是通过签订双边合同,二是通过招投标市场,电网公司按照提供辅助服务的质量、数量和服务性质,选择最经济的供应商。在平衡机制中,被系统调度员要求提供平衡机制动作的“签约方”允许对他的单元在相应时段内被接受的每个调整量进行买卖。由于购买的平衡服务的数量受经济和技术两方面的限制,应首先考虑有关技术限制以及动态参数,然后按价格的高低加以选择。当然,当系统中再没有可用的时,就需要启动“紧急程序”。辅助服务协议一般是在“关闭”之前签订的,这样就可以在平衡服务实施之前对价格以及服务的数量达成一致。辅助服务协议规定了在平衡机制内提供的辅助服务的内容和价格。

4.英国辅助服务的定价

(1)频率响应　强制性频率响应的定价包括两个方面:一是容量定价,发电机组每月通过频率报价提交系统递交容量价格;另一是电量定价,提供频率响应服务时,按提供能量的数额进行补偿。

(2)备用　备用种类较多,其中启动费用按边际成本定价;热备用按维持持续的热备用所需的成本定价;需求管理通过签订的双边合同进行定价。快速备用定价分为两部分:其一是可选快速备用定价,当供应商向电网提供 MW 级的备用而引起利润下降时,将按照辅助服务协议获得强化运行费用(英镑/小时);其二是强制快速备用定价,在中标运行期间,供应商将每小时获得运行费用。快速启动定价包括可用性报酬、启动报酬、自动传递报酬。

(3)无功调节　强制无功调节和加强无功调节的定价都包括三个部分:可用性报酬、同步报酬、电量报酬。

(4)黑启动　黑启动供应商在每个结算周期依据双方同意的费用进行补偿,该补偿包括两个方面:进行测试黑启动能力的费用,实际调用执行一次黑启动的费用。

电力系统运行离不开无功支持,以及备用配置和 AGC 配置等辅助服务。一个机组或机构提供这些服务都需要一定的设备投资和运行费用,因此,这些服务应当得到回报。本节将介绍相对常用的备用市场和无功市场。

输电阻塞是电力市场面临的重要问题,本节也将简单叙述处理阻塞的方法。所介绍的方法大都具有启发性质,因为这些方法本身尚在进一步发展与完善。

10.5.1　备用市场

备用市场的设计原则是通过建立公平竞争市场,运用市场供需平衡及价格信号,引导系统具备适当备用能力。设计原理则是对具备备用能力的机组支付基于市场备用出清价的容量费用,即发电机向电力市场提供备用容量而获得的收益。

由于关于备用的研究正在发展之中,备用的分类还未达成统一的看法,基于投入的时间和是否同步,各国学者提出了各种分类的方法。这些分法有重叠的地方,甚至有矛盾的地方,给进一步理解和研究带来了不便。通过对各种分类方法的总结,可以看出,各种备用根本特征是响应速度。鉴于此,在实际电力市场中,越来越倾向于将备用分为瞬时响应备用(AGC),10 min旋转备用,10 min 非旋转备用,30 min 备用,60 min 备用,冷备用(表 10 - 2)。这种分类方法严密,准则简单明了。对电力系统的实际操作给予了明确的时间信号,对备用理论的研究提供了明确的量化指标,在实践和理论上都有重要意义。

表 10 - 2　备用的分类

备用名称	启动时间	是否同步
瞬时响应备用	瞬时	同步
10 min 旋转备用	<10 min	同步
10 min 非旋转备用	<10 min	不同步
30 min 备用	(10 min, 30 min)	不同步
60 min 备用	(30 min, 60 min)	不同步
冷备用	>60 min	不同步

完整意义上的的电力市场不仅包括发电主市场,而且应包括辅助服务市场。在新英格兰、新西兰、澳大利亚、加利福尼亚等地,备用作为一种辅助服务,被允许参与市场,公开竞价。在电力市场中,人们越来越倾向于将备用作为一种特殊商品,对备用容量的大小、分配的研究往往基于价格,而不是基于常常采用的成本。

备用市场的交易可在电能交易所或独立调度中心(ISO)中进行。备用市场运行模式一般为:备用的提供者提交备用价格和备用容量大小,备用市场管理者(例如 ISO)根据某个目标选购备用。究竟需要多少备用,一般是根据确定性原则,备用必须大于系统中最大一台机组的容量,且满足由系统规定的备用与发电系统总容量之比;备用如何分配则多是根据最优性原则,取决于使某个选定的目标最优。

10.5.2　无功市场

1.无功功率服务内容

电力市场中无功功率服务的内容包括满足用户和系统运行的无功功率需求,控制系统电压水平,提供足够的无功功率事故备用,降低有功功率网络损耗等,服务提供方式通常分为无功功率容量服务和无功功率电能服务两种。用户的无功功率需求一般与其有功功率的需求变化一致。而系统的无功功率需求则与线路、变压器和电缆的负载情况等有关。无功功率服务的提供商需要保证提供足够的无功功率满足用户和系统的需要,在系统重负荷情况下生产足够的无功功率,而在系统轻负荷下吸收过多的系统剩余无功功率。

在系统枢纽节点上提供足够的无功功率支持,可以使这些节点的电压得到较好的控制,从而使整个系统的电压维持在安全水平,保证系统可靠运行。系统中的无功功率服务除了需要满足无功功率的需求之外,还要提供足够的事故备用无功功率容量(包括容性和感性无功功率)。一旦系统发生故障,整个系统的无功功率需求会立即发生变化,因此必须要有足够的无功功率备用来保证事故下系统的安全运行。另外无功功率服务也是减少网络损耗的有效手段,合理配置的无功功率电源和电压水平,可以降低网络中的有功功率损耗,从而提高整个系统的运行效率。

电力市场中无功功率服务可以分别在发电、输电和配电三个环节上提供。由于发电机和调相机具有动态无功补偿的能力,因此在维持其出口电压水平和保证系统安全性方面起着十分重要的作用。输电网可以利用安装静止补偿器和并联电容器、电抗器等来提供无功功率服务,目的是保证网络的输电能力并且在不同的负荷情况下保证系统的电压质量。配电网则一般通过在负荷节点上安装并联电容器、电抗器来改善用户的功率因数,从而尽量减少系统为传输无功功率而付出的代价。

无功辅助服务具有以下特点。

①供应的地域性:由于远距离输送无功需要发电端和收电端之间有较大的电压差,因此无功供应原则上是就地平衡。

②控制的分散性:与频率控制需要有功平衡类似,电压控制需要无功的平衡。但频率是全网统一的,依赖于全网的有功平衡,而电压是各节点不同的,必须依赖于该节点或就近节点的电压控制。

③手段的多样性：与有功只能由发电机供应不同，电力系统中的无功电源除发电机和负荷外，还包括电容器和静止无功补偿器等，而且电网本身也是无功电源。

④分析的复杂性：有功的费用主要是发电费用，而无功的运行费用很小但投资费用很大，分析起来比有功复杂。无功的生产不消耗燃料，但却与机组的同步运行合为一体，所以要把无功的相关费用从总的费用中分离出来是十分困难的，发电机输出无功时的直接成本不像有功发电那样明确。

目前，无功辅助服务获取机制主要包括以下几种。

①强制性免费服务：为了系统的安全运行，系统对所有的发电厂强制要求提供免费的无功功率。

②费率（Tarrif）：无功功率服务成本通过一定的费率从电价中回收。

③双边合同：供需双方自由制定无功功率服务合同。

④竞标市场：通过市场竞标机制实现无功功率服务交易。

对于短期内存在地理垄断性的无功电压辅助服务，一般认为采用竞标市场或双边合同的机制比较适合。总的来说，无功辅助服务主要可通过强制性手段和市场手段两种方式来获得。有些电力市场通过强制性手段在制定的发电机功率因数的滞后和超前范围内获得发电厂提供的辅助服务。发电机在超出该范围后服务将获得经济补偿，其补偿费用包括运行维护成本和损失的机会成本。

目前，大多数国家更倾向于建立相应的市场来提供商业化的辅助服务，如美国的联邦能源监管委员会（Federal Energy Regulation Committee）就要求辅助服务必须作为一种商品提供给用户，并通过市场决定其价格。作为一种折衷方案，一些电力市场现在采用强制性服务和商业性服务相结合的方式。通常这两种辅助服务的获得方式互为补充，不过随着电力市场的发展，市场手段必然会逐渐占据主要地位。

对无功定价问题的研究始于 20 世纪 80 年代末期。其研究主要是以实时电价理论为基础进行推广和发展的。传统的实时电价理论采用经济调度和直流潮流模型，没有考虑无功功率和其它辅助服务。1991 年，Baughman 在实时电价理论的基础上，首先研究了无功实时电价问题，采用了以交流潮流为基础的最优潮流模型，将有功实时电价的概念和计算过程推广到了无功实时电价，并明确指出了在最优潮流收敛时，对应于有功和无功潮流平衡方程的拉格朗日乘子 λ_{pi} 和 λ_{qi}，分别为节点 i 上的有功和无功实时电价。

2. 无功功率的竞价模式

在传统电力体制下，无功的生产和分配完全由系统调度员统一安排，然而随着电力工业的市场化改革，电力服务逐步向市场化方向转变，无功服务由无偿提供转向有偿服务已成为电力市场发展的必然趋势，这就要求对无功辅助服务的定价与购买问题进行研究。

辅助服务主要采用序列出清调度。其中序列市场出清是对于每一种服务都要定义它们的优先级。某一设备（比如发电机）可提供的容量是这样分配的：首先选择优先级最高的服务，从设备中扣除它所需的容量，接着从剩余的服务中再选择优先级高的，再扣除容量，依此类推，直至服务选择完毕或者设备的容量不够下一个服务所需要的容量为止。如果无功辅助服务在主能量市场完成以后单独进行，这样既不影响电力市场中的主要商品——电能的交易结果，又可以使无功在发电商之间通过竞争完成购买，这就是一种无功竞价及出清研究的市场模式——

序列出清模式。

对于系统调度员来说，发电商的无功生产成本是不可知的，这就影响了采购方法的实际可操作性。如果发电商在一定规则下自主报价，系统调度部门根据主能量市场的模式，采用某种规则进行无功购买，可能会更容易实现无功辅助服务市场。

结合无功服务的两种功能和发电机运行特性图，下面介绍一种在序列出清模式下，考虑各无功源技术价值的报价模型，并将全系统网损费用与无功购买费用之和最小作为系统调度员（ISO）的无功采购原则。该无功辅助服务竞价模式效仿主能量市场：首先由各无功供应商根据自己的生产成本及无功资源价值自主报价，然后 ISO 根据一定的无功采购原则作出合适的无功采购计划。

在图 10-14 的改进后报价模型中，将发电机的无功出力分为 4 个区：当发电机处于进相运行时，即从 Q_{min} 到 0 这一区域，有定子端部温升以及并列运行稳定性等约束条件，故其采用线性报价 M_1，单位为（元/MVA·h）/MVA·h；这是因为当系统负荷比较轻时，为降低线路电压，发电机必须进相运行以吸收系统中多余的感性无功。这不仅减少了发电机的有功出力，而且造成发电机端部过热，加速了发电机绕组绝缘的老化，减少了发电机的使用寿命。

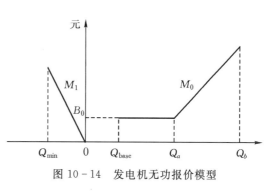

图 10-14　发电机无功报价模型

当无功出力在 0 到 Q_{base} 之间时，其无功出力是为输送其有功而必须发出的，故不给予补偿；当发电机的无功出力在 Q_{base} 到 Q_a 之间时，其无功出力不会影响其有功出力，但是发电商期望得到一定的经济补偿，因为其无功出力随时可用，故这段无功出力的报价为水平报价 B_0，单位为（元/MVA·h）；当发电机的无功出力在 Q_a 到 Q_b 之间时，其无功出力的增加会导致其有功出力的减少，影响其在主能量市场中的利润，并且其利润损失与无功出力成正比，故这段报价为线性报价 M_0，单位为（元/MVA·h）/MVA·h。发电机的最终报价数据可以表示如下：

$$\begin{cases} b = -M_1 Q & \forall Q_{min} \leqslant Q < 0 \\ b = 0 & \forall 0 \leqslant Q \leqslant Q_{base} \\ b = B_0 & \forall Q_{base} < Q \leqslant Q_a \\ b = B_0 + M_0(Q - Q_a) & \forall Q_a < Q \leqslant Q_b \end{cases} \qquad (10-41)$$

式中：b 为发电机对应于无功出力 Q 的报价。

在图 10-14 中，Q_b 对应于发电机的最大无功出力 Q_{max}；Q_{base} 使用公式（10-41）进行计算如下：

$$Q_{base} = \frac{P_g^2}{V^2} \times X \qquad (10-42)$$

式中：p_g 为发电机有功出力；V 为等效系统电压幅值；X 为发电机到等效系统的电抗值。

Q_a 一般取相应 Q_{max} 的 60%；V 用系统中各节点电压幅值的平均值近似；X 用发电机节点与其它节点相连线路电抗的并联值近似。

在无功供应商的发电机报价模型确立以后,就需要为 ISO 制定一个无功采购原则,各无功供应商在此原则下进行的竞价行为才被认为是有效的市场行为。

由于无功功率的供给具有明显的地域性,因此这就必然导致了无功市场的采购模型与主能量市场的采购模型有较大差异。例如,一个与无功负荷中心距离很远的无功供应商,虽然他的无功报价很低,但是对于 ISO 来说,这个无功供应商未必就是最优的选择。基于此,对各发电机的无功出力报价还需考虑各无功源的价值因子,如公式(10 - 43)所示:

$$b_{ij} = k_i^2 b_{ij}^0 \tag{10 - 43}$$

式中:b_{ij} 为发电机 i 在 j 报价段上的无功出力报价;k_i 为发电机 i 的价值因子,可以通过灵敏度分析等方法求得;b_{ij}^0 为式(10 - 42)所示的发电机 i 在 j 报价段上的基本报价。

对于 ISO 来说,在考虑使无功购买费用最小的同时,必须考虑各无功供应商的经济指标与技术指标,使整个系统的社会效益达到最优。无功采购原则如下:

$$\min F_{obj} = \rho \times P_{\text{loss}} + \sum_{i=1}^{N} \sum_{j=1}^{M} Q_{ij} \times b_{ij} + f_v \tag{10 - 44}$$

式中:ρ,P_{loss} 分别为主能量市场的有功电价及系统有功网损;Q_{ij} 为发电机 i 在 j 报价段上的无功出力;f_v 为节点电压越限惩罚项;M,N 分别为报价总段数及参与竞价的发电机数。

约束条件除了要满足等式功率约束方程外,还要考虑各发电机的无功出力约束及系统节点电压约束、各条线路的输送容量约束等。

上述无功辅助服务市场是在主能量市场出清以后进行的,并假定主能量市场的有功电价是统一出清价。虽然所提出的无功市场模型只考虑了发电机的无功竞价,但是显然本模型很容易推广到考虑其它无功补偿设备参与竞价的情况。

10.5.3　输电阻塞管理

电力与其它商品不同的显著特点是需要通过复杂的电力网络进行传输,功率传输遵守基尔霍夫定律,满足各种物理约束,输电路径复杂,并且不能人为指定传输路径。随着电力市场的开放和区域电网的互联,输电阻塞的问题日益突出。输电阻塞是由于网络的限制,输电网的输送能力不能同时满足所有的市场交易。典型的输电阻塞是输电线路过负荷。

为了确保电网的安全可靠,输电阻塞在实际电网运行中是必须避免的,系统调度员必须通过阻塞管理消除阻塞。然而,在电力市场条件下,阻塞管理不只是解决网络约束问题,还必须进行阻塞费用的合理定价,实现阻塞费用在市场成员之间的公平分摊,促进输电网的有效使用,从而减少阻塞的发生。只有对阻塞费用进行合理定价,才能真正做到在阻塞情况下非歧视地对待所有市场交易者,从而实现输电网的公平开放。因此阻塞费用的合理定价成为阻塞管理中的核心和焦点问题。

输电阻塞管理和定价方式主要分为两类:一类是将输电约束条件放到电力交易计划优化模型的约束条件中,一旦出现输电阻塞就形成不同节点电价,即节点电价法。另一类是首先在不考虑输电约束的条件下计算出无约束市场的清算价格,如果有阻塞发生则进行再调度或交易,并形成阻塞成本。为了回收阻塞成本需将其分摊到系统中的各成员并形成附加电价,故称之为附加电价法。

1.阻塞费用的计算

阻塞费用是为消除阻塞所引起的额外费用。消除阻塞的手段主要包括发电方出力的重新调度、双边交易的调整、FACTS 装置和变压器分接头的调整等。其中,前两种手段的阻塞费用在总阻塞费用中占很大比例,一般只讨论这两种方式引起的阻塞费用的计算和分摊。

阻塞管理方法与市场的交易模式密切相关。下面针对目前存在的 POOL 及双边交易模式分别介绍阻塞管理方法,并在此基础上详细阐述阻塞费用的计算。

(1) POOL 模式 在该模式下,发电方经过 POOL 出售电力,申报发电价格和发电容量;用户通过 POOL 购买电力。于是在不考虑网络约束的条件下,POOL 采用使购电费用最小的方法确定市场清算价 $C_{1,M}$,获得各节点的发电功率分别记为 $P_{1,\mathrm{I}}$,$P_{2,\mathrm{I}}$,$\cdots$,$P_{n,\mathrm{I}}$。于是,POOL 的总购电费用为

$$C_{\mathrm{I}} = \sum_{i=1}^{n} C_{1,M} \times P_{i,\mathrm{I}} \tag{10-45}$$

由以上安排的发电计划还必须经过网络约束检验。若没有阻塞,则执行发电计划。若出现传输阻塞,则必须在计及网络约束的条件下,采用使购电费用最小的目标函数,重新调度发电出力。通过优化求解,发电功率被重新安排,各节点的发电功率分别记为 $P_{1,\mathrm{II}}$,$P_{2,\mathrm{II}}$,$\cdots$,$P_{n,\mathrm{II}}$。阻塞消除后,所有发电方按系统边际电价 $C_{\mathrm{II},M}$ 结算:

$$C_{\mathrm{II},M} = \max[(C_1(P_{1,\mathrm{II}}),(C_2(P_{2,\mathrm{II}}),\cdots,(C_n(P_{n,\mathrm{II}})]$$

式中:$C_i(P_{i,\mathrm{II}})$ 为节点 i 的发电报价,$i=1,2,\cdots,n$。于是总的购电费用为

$$C_{\mathrm{II}} = \sum_{i=1}^{n} C_{\mathrm{II},M} \times P_{i,\mathrm{II}} \tag{10-46}$$

因此,阻塞费用为 $C_{\mathrm{T}} = C_{\mathrm{II}} - C_{\mathrm{I}}$。

(2) 双边交易模式 该模式中发电方和用户直接签订双边交易,双边交易量上报给系统调度员。在双边交易闭市后,系统调度员对双边交易进行网络约束检验。若没有阻塞,则执行双边交易计划;若出现阻塞,则需进行阻塞管理,调整双边交易。一般双边交易的调整通过交易者申报增、减投标完成。系统调度员采用使购买增、减投标费用最小的方法,在计及网络约束的前提下确定发电方和用户的功率调整值。通过优化问题的求解,可获得各节点的增投标功率值,分别记为 $\Delta P_{1,\mathrm{III}}^{+}$,$\Delta P_{2,\mathrm{III}}^{+}$,$\cdots$,$\Delta P_{n,\mathrm{III}}^{+}$;以及减投标功率值,分别记为 $\Delta P_{1,\mathrm{III}}^{-}$,$\Delta P_{2,\mathrm{III}}^{-}$,$\cdots$,$\Delta P_{n,\mathrm{III}}^{-}$。采用按报价结算的方法,支付增投标的费用为

$$C^{+} = \sum_{i=1}^{n} C_i^{+}(\Delta P_{i,\mathrm{III}}^{+}) \times \Delta P_{i,\mathrm{III}}^{+} \tag{10-47}$$

式中:$C_i^{+}(\Delta P_{i,\mathrm{III}}^{+})$ 为节点 i 的增投标报价。

收取减投标的费用为

$$C^{-} = \sum_{i=1}^{n} C_i^{-}(\Delta P_{i,\mathrm{III}}^{-}) \times \Delta P_{i,\mathrm{III}}^{-} \tag{10-48}$$

式中:$C_i^{-}(\Delta P_{i,\mathrm{III}}^{-})$ 为节点 i 的减投标报价。

因此,阻塞费用为 $C_{\mathrm{T}} = C^{+} - C^{-}$。

2.阻塞费用的分摊

在竞争的电力市场环境下,为消除网络阻塞所产生的阻塞费用,应该由市场成员承担,因此阻塞费用必须分摊给每个市场成员。通过合理分摊的机制使得阻塞费用在市场成员之间公平分摊,能够促进电网的有效利用,从而减少阻塞发生。

对市场成员进行阻塞费用的分摊,应该遵循以下两个方面的原则:

①反映引起阻塞的责任,公平地在市场成员中进行分摊,维持市场效率;

②完全回收阻塞费用。

这两个原则是对于阻塞费用分摊方法的设计的依据。

阻塞费用的分摊常用的是附加价格法,其基本思路是首先把全市场总的阻塞费用分摊给各个阻塞线路,进而得到每条阻塞线路的阻塞费用;然后根据市场成员对于线路的利用程度,将费用进一步进行分摊到线路的使用者。

在电力市场中,各项电力交易是市场利益的主体,市场运作中发生输电阻塞成本,应在各交易间合理分摊。

根据 10.4 节中提出的潮流追踪算法,计算输电线路的功率组成和发电机与负荷间的实际功率输送关系,为输电服务收费提供了合理的依据。

使用这种方法在确定阻塞费用时,计算步骤如下:

①计算全网的阻塞费用 ΔC;

②将阻塞费用分摊到每条阻塞线路 ΔC_{li};

③电网公司确定发电侧和负荷侧的分摊因子 U;

④根据潮流追踪分析发电机 j 对阻塞路 i 的贡献因子 G_{liGj} 及负荷 k 对阻塞线路 i 的汲取因子 L_{ijSk};

⑤得到发电机 j 在阻塞线路 i 中所分摊到的阻塞费用为 $\Delta C_{li}UG_{liGj}$;同理可得负荷 k 在阻塞线路 i 中所分摊到的阻塞费用为 $\Delta C_{li}UL_{ijSk}$。

这种方法主要的优点在于公平合理,为发电厂和用户均提供了较好的经济信号。算法简单易行,计算过程清晰,阻塞调度符合实际情况,调度目标函数满足实际调度要求。

小　结

电力市场的进程正在世界范围内展开,我国也在积极推动电力市场的发展。但是世界各国的市场模式并不相同且在不断探索修正,要使我国电力市场真正建立并能健康发展,还有很多基本理论及特殊问题急需解决。

电力市场是一门集经济学和电力系统运行为一体的专门学科,涉及的内容很多。本章叙述了电力市场的基本概念,微观经济学关于市场机制的基本内容。介绍了发电市场中分时竞价和分段竞价方式。简要叙述了输电费用计算与分摊的方法以及辅助服务的概念,给出了备用分类、无功市场竞价和输电阻塞管理的基本方法。

考虑到发电厂商的规模效益,电力市场不可能是一个微观经济学意义下的完全竞争市场,而只能是寡头竞争型的市场,因此必须注意以下问题。

(1)由于我国目前在供用电侧的市场并未完全开放,电力用户的电价受到严格管制,因此电力市场的需求弹性为零。这种电力市场具有很强的垄断势力,如无政府调控措施,电能的上网电价会出现很大的波动,市场是不稳定的,应引起重视。

(2)发电厂商是电力市场的主体,其竞价目标是为了获取最大利润。政府监管部门应充分尊重发电厂商在电力市场中的法人地位,以促进其提高生产效率和管理水平。同时也要加以宏观调控,使其盈利在合理范围内。

(3)电力市场中的独立调度机构管理竞价上网,完成系统优化调度,而且负责系统的安全运行,也是交易合同、辅助服务等的审核者与执行者。

(4)市场并不是万能的,政府无论在电力市场的建立过程中还是在营运过程中都必须充分发挥其监管和调控的职能。

(5)电力市场的辅助服务、阻塞管理以及关于市场稳定性和市场效率等问题还没有非常成熟的模式,很多问题还在发展的过程中逐步显现和得到解决。

由于能源和负荷分布不均,大规模新能源发电方式的涌现,我国电力系统依赖特高压输电通道进行跨区跨省输送电能,故而我国电力市场有着自身的显著特色。新一轮电力改革已做出了有益的尝试,推进了电力工业的良性发展。

思考题及习题

10-1 论述我国电力工业改革的必要性和艰巨性,我国电力市场取得了哪些成绩?

10-2 解释电力市场机制、主体和主要特征。

10-3 电力市场有哪些交易形式,其特点是什么?

10-4 简述发电厂商运营的数学模型。

10-5 简述实时电力市场出清的数学模型。

10-6 讨论电网公司在电力市场中的地位和作用。

10-7 什么是市场?什么是市场机制?并请结合国内外电力市场中电价竞价机制予以说明。

10-8 综述输电费用的分摊计算方法。

10-9 电力市场的辅助服务主要包括哪些内容,其运行或交易机制与电能市场有何不同?

参考文献

[1] 电力规划设计总院.中国能源发展报告 2019[M].北京:人民日报出版社,2020.

[2] 王锡凡.电力系统规划基础[M].北京:水利电力出版社,1994.

[3] 王锡凡,方万良,杜正春.现代电力系统分析[M].北京:科学出版社,2003.

[4] 李博之.高压架空输电线路施工技术手册[M].北京:水利电力出版,1989.

[5] 董吉谔.电力金具手册[M].北京:水利电力出版社,1989.

[6] Weedy B M,Cory B J. Electric Power Systems[M].London:John Wilely & Sons Ltd.U.K.,2001.

[7] 李光琦.电力系统暂态分析[M].3 版.北京:中国电力出版社,2007.

[8] 黄家裕.同步电机基本方程和短路分析[M].北京:水利电力出版社,1993.

[9] 韩祯祥.电力系统分析[M].杭州:浙江大学出版社,1993.

[10] STEVENSON W D. Elements of Power System Analysis[M]. New York:McGraw-Hill Book Co.,1982.

[11] 熊信银.发电厂电气部分[M].北京:中国电力出版社,2004.

[12] 胡志光.发电厂电气设备及运行[M].北京:中国电力出版社,2008.

[13] 全国电压电流等级和频率标准化技术委员会电能质量 公用电网谐波:GB/T 14549—1993[S].北京:中国标准出版社,1993.

[14] 许珉,杨宛辉,孙丰奇.发电厂电气主系统[M].北京:机械工业出版社,2006.

[15] 刘介才.工厂供电[M].北京:机械工业出版社,1991.

[16] 布西.工业投资项目的经济分析[M].陈启申,等译.北京:机械工业出版社,1985.

[17] DUNLOP R P, GUTMAN R, MARCHENKO P P. Analylical Development of Loadability Characterstics for EHV and UHV Transmission Lines[J].IEEE Trans. 1979,PAS-98(2).

[18] WANG Xifan, WANG Xiuli. Feasibility study of fractional frequency transmission system[J].IEEE Trans.on Power System,1996,11(2):962967.

[19] WANG Xifan, CAO Chengjun, ZHOU Zhichao. Experiment on fractional frequency transmission system[J].IEEE Trans.on Power System,2006,21(1):372377.

[20] 陈珩.电力系统稳态分析[M].3 版.陈怡,万秋兰,高山,修订.北京:中国电力出版社,2007.

[21] 夏道止.电力系统暂态分析[M].3 版.北京:中国电力出版社,2007.

[22] 尹克宁.电力工程[M].北京:中国电力出版社,2008.

[23] 国家电网公司建设运行部.灵活交流输电技术在国家骨干电网中的工程应用[M].北京:中国电力出版社,2007.

[24] 程浩忠.电力系统规划[M].北京:中国电力出版社,2008.

[25] 韩民晓,文俊,徐永海.高压直流输电原理与运行[M].北京:机械工业出版社,2009.

[26] 王官洁,任震.高电压直流输电技术[M].重庆:重庆大学出版社,1997.

[27] 张保会,尹项根.电力系统继电保护[M].北京:中国电力出版社,2005.

[28] 贺家李,宋从矩.电力系统继电保护原理[M].北京:中国电力出版社,2004.

[29] 葛耀中.新型继电保护与故障测距原理与技术[M].西安:西安交通大学出版社,2007.

[30] 朱声石.高压电网继电保护原理与技术[M].北京:中国电力出版社,2005.

[31] 熊信银,张步涵.电气工程基础[M].武汉:华中科技大学出版社,2005.

[32] 陈慈萱.电气工程基础[M].北京:中国电力出版社,2004.

[33] 李先彬.电力系统自动化[M].5 版.北京:中国电力出版社,2007.

[34] 杨冠城.电力系统自动装置原理[M].4 版.北京:中国电力出版社,2007.

[35] 王士政.电力系统控制与调度自动化[M].北京:中国电力出版社,2008.

[36] 柳永智,等.电力系统远动[M].2 版.北京:中国电力出版社,2006.

[37] 赵遵廉.电力市场运营系统[M].北京:中国电力出版社,2001.

[38] 张惠刚.变电站综合自动化原理与系统[M].北京:中国电力出版社,2004.

[39] 陈堂,等.配电系统及其自动化技术[M].北京:中国电力出版社,2003.

[40] 许克明,等.配电网自动化系统[M].重庆:重庆大学出版社,2007.

[41] 吴国良,等.配电网自动化系统应用技术问答[M].北京:中国电力出版社,2005.

[42] 解广润.电力系统过电压[M].北京:水利电力出版社,1985.

[43] 施围,邱毓昌,张乔根.高电压工程基础[M].北京:机械工业出版社,2006.

[44] 施围,郭洁.电力系统过电压计算[M].北京:高等教育出版社,2006.

[45] 周泽存.高电压技术[M].北京:水利电力出版社,1988.

[46] SCHWEPPE PPE F C, CARAMANIS M C, TRBORS R D, et al. Spot Pricing of Electricity[M].London:Kluwer Academic Publishers,1988.

[47] 于尔铿,韩放,谢开,等.电力市场[M].北京:中国电力出版社,1998.

[48] 王锡凡,王秀丽,陈皓勇.电力市场基础[M].西安:西安交通大学出版社,2003.

[49] 国家电力监管委员会.美国电力市场[M].北京:中国电力出版社,2005.

[50] PINDYCK R S, RUBINFELD D L.微观经济学[M].3 版.张军,等译.北京:中国人民大学出版社,1997.

[51] 谢识予.经济博弈论[M].上海:复旦大学出版社,1997.

[52] 中国电机工程学会专业发展报告 2018—2019(卷一)[R].北京:中国电力出版社,2019.

[53] 刘永前.风力发电场[M].北京:机械工业出版社,2013.

[54] 杨贵恒,张海星,张颖超,等.太阳能光伏发电系统及其应用[M].北京:化学工业出版社,2017.

[55] 王世明,曹宇.风力发电概论[M].上海:上海科学技术出版社,2019.

[56] 张建华,等.微电网运行控制与保护技术[M].北京:中国电力出版社,2010.

[57] 卢强,等.智能电力系统与智能电网[M].北京:清华大学出版社,2013.

[58] 陈昭玖,翁贞林.新能源经济学[M].清华大学出版社,2015.

[59] 甘德强,杨莉,冯冬涵.电力经济与电力市场[M].北京:机械工业出版社,2010.

[60] 汤广福.基于电压源换流器的高压直流输电技术[M].北京:中国电力出版社,2010.

[61] 国网江苏省电力公司.统一潮流控制器技术及应用[M].北京:中国电力出版社,2015.